靜力學(第五版)(公制版)

Engineering Mechanics: STATICS
5th Edition in SI units

ANTHONY BEDFORD
WALLACE FOWLER 原著

陳照忠・楊琳鏗・謝其昌 編譯

 全華圖書股份有限公司　印行

PEARSON 台灣培生教育出版股份有限公司
Pearson Education Taiwan Ltd.

國家圖書館出版品預行編目資料

靜力學 / Anthony Bedford, Wallace Fowler 原著；
陳照忠, 楊琳鏗, 謝其昌 編譯. -- 初版. --
臺北市 ： 臺灣培生教育, 2009.11
　　面；　公分
公制版
譯自：Engineering mechanics: statics, 5th ed in SI units.
ISBN 978-986-154-912-5 (平裝)

1.應用靜力學

440.131　　　　　　　　　　　　　　98018535

靜力學(第五版)(公制版)

Engineering Mechanics: STATICS, 5th Edition in SI units

原　　著	Anthony Bedford, Wallace Fowler
編　　譯	陳照忠・楊琳鏗・謝其昌
執行編輯	曾鴻祥・潘韻丞
出 版 者	台灣培生教育出版股份有限公司

地址：台北市重慶南路一段 147 號 5 樓

電話：(02) 2370-8168

傳眞：(02) 2370-8169

網址：www.pearson.com.tw

E-mail：Hed.srv.TW@Pearson.com

發 行 所	全華圖書股份有限公司
總 代 理	全華圖書股份有限公司

地址：23671 台北縣土城市忠義路 21 號

電話：(02) 2262-5666 (總機)

傳眞：(02) 2262-8333

網址：http://www.chwa.com.tw | www.opentech.com.tw

E-mail：book@chwa.com.tw

郵政帳號：0100836-1 號

初版一刷	2009 年 11 月
I S B N	978-986-154-912-5 (平裝)
圖書編號	06098
定　　價	新台幣 850 元

有著作權・侵害必究

原著序

在編寫第 5 版的工程力學（靜力學&動力學）之前，我們首先問自己的問題就是，應如何重新安排書中的內容，才能幫助學生更有效且有效率地學習力學。

從第 1 版開始，我們的目標便一直都是想要使教材編排的方式貼近教師在課堂上發展觀念的進程，並且強調視覺化解析以加強學生的理解。

現在，根據我們一路走來的多年課堂經驗，以及同事和學生們所提供的內部意見，我們設計了第 5 版的教材，以期更切合今日學生使用教科書學習力學的方式。在編撰以下新內容的過程當中，我們依然謹守最初的目標，也就是教授有效的解題步驟，和呈現自由體圖 (free-body diagram) 的核心重要性。

本版新特色

 1 觀念範例

本書設計了這種新的範例型態，用來幫助學生學習觀念和方法，並且測試他們的理解程度。對問題的討論會在視覺直觀上，與圖及公式在一種新的文字/視覺的整合情境形式中作聯繫，此形式即由以下各部分組織而成，以幫助讀者更有效率地閱讀。

・方略

此部分闡述解題的策略，並且向學生解釋所使用的原理。

・解答

此部分將解題相關步驟拆解而出，並且將解答以清晰及視覺強化的方式呈現。

・練習題

每個觀念範例末均會提供練習題，用來激勵學生投注更多時間在範例的思考上面，並測驗他們對於教材的理解程度。學生們可以很輕易地透過兩種方式知道自己的理解正不正確：對照與練習題同一頁中的答案，或是詳讀附錄中同樣以觀念範例的文字/視覺整合形式呈現的完整解答過程。

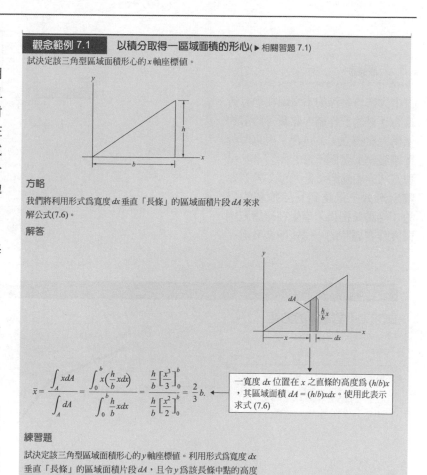

觀念範例 7.1　以積分取得一區域面積的形心（▶ 相關習題 7.1）

試決定該三角型區域面積形心的 x 軸座標值。

方略

我們將利用形式為寬度 dx 垂直「長條」的區域面積片段 dA 來求解公式(7.6)。

解答

$$\bar{x} = \frac{\int_A x dA}{\int_A dA} = \frac{\int_0^b x\left(\frac{h}{b}x dx\right)}{\int_0^b \frac{h}{b}x dx} = \frac{\frac{h}{b}\left[\frac{x^3}{3}\right]_0^b}{\frac{h}{b}\left[\frac{x^2}{2}\right]_0^b} = \frac{2}{3}b.$$

一寬度 dx 位置在 x 之直條的高度為 $(h/b)x$，其區域面積 $dA = (h/b)x dx$。使用此表示式 (7.6)

練習題

試決定該三角型區域面積形心的 y 軸座標值。利用形式為寬度 dx 垂直「長條」的區域面積片段 dA，且令 y 為該長條中點的高度來求解公式(7.7)。

答案：$\bar{y} = \frac{1}{3}h$。

本書設計了新的作業習題來鼓勵學生研讀相關的範例,並且增廣他們對於觀念的理解。相關的範例習題也會同時引註,使教師能輕鬆地以其為學生規劃特定主題的學習。

書中大部分各節的主文現在均有新編的「結論」作結。此新建段落的結構完整獨立,並包含了用以理解後續範例與習題所需的內容。其呈現方式亦如同觀念範例的文字/視覺整合形式,以達到易於瞭解的目的。結論並提供了學生在研讀範例與實作習題時的一個快速參考處。

▶5.76 說明圖示的各 L 型桿是否為無瑕疵或有瑕疵地被支撐。如果一根長桿是無瑕疵的被支撐著,試求在它的支承處的反作用力。(參觀念範例 5.6。)

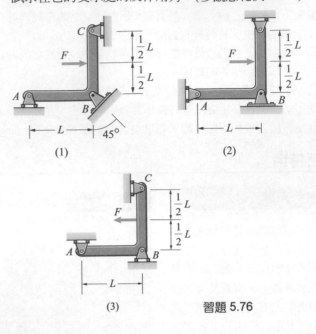

(1)   (2)

(3)   習題 5.76

結論

試求力 F 對線 L 的力矩

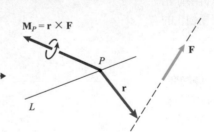

選取直線 L 任一點 P 並求出力 $\mathbf{F}$ 對點 P 的力矩 $\mathbf{M}_P$

4 習題

本版靜力學的習題有百分之三十為全新編寫。習題題目較長或較為困難時，前面會標示星號。

本書特色

 1 範例

除了新的觀念範例以外，在本書中，我們依然保有以往的範例，並依循：**方略/解答/重要提示**，此三步架構設計，以幫助學生發展解決工程問題的技巧。在「方略」部分，我們示範如何構思習題的解答方向；「解答」部分則呈現通往答案的詳細步驟。有些範例會專注於設計上的重點，並提供靜力學中工程設計應用的細節探討。

 2 視覺情境

我們瞭解幫助學生將力學習題作視覺具體化是很重要的。學生比較喜歡且較容易融入貼近生活的真實情境，進而刺激學習。本書包含許多照片及「擬照片寫真」的圖片來協助學生視覺化應用情境，並提供一個與真實工程實作更直接的聯繫。

 3 計算工具

有些教師在教授靜力學時傾向於不強調電腦的運用，而有些則將靜力學當作是把學生引進工程學中電腦應用的一個契機，讓他們用較低階的程式語言寫出自己的程式，或是使用較高階的解題軟體。本書的設計對於兩者皆適用。

範例 4.8 | **旋轉機器**(▶ 相關習題 4.100)

船員施力於咖啡研磨機的絞盤手柄如圖所示，其中 $\mathbf{F} = 4\mathbf{j} + 32\mathbf{k}$ N。試求他(a)對點 O；(b)對 x 座標軸重合之絞盤中心軸所施加的總力矩。

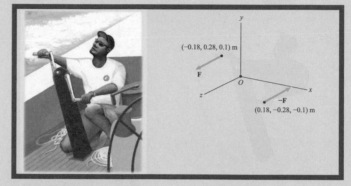

方略

(a)要得到對點 O 的總力矩，我們必須先將這兩個力對點 O 的力矩加總。令這兩個力矩的和記為 $\Sigma \mathbf{M}_O$。

(b)因為點 O 位在 x 座標軸，對 x 座標軸的總力矩等於 $\Sigma \mathbf{M}_O$ 平行於 x 座標軸的分量，即 $\Sigma \mathbf{M}_O$ 的 x 分量。

解答

(a)對點 O 總力矩等於

$$\Sigma \mathbf{M}_O = \begin{vmatrix} \mathbf{i} & \mathbf{j} & \mathbf{k} \\ -0.18 & 0.28 & 0.1 \\ 10 & 4 & 32 \end{vmatrix} + \begin{vmatrix} \mathbf{i} & \mathbf{j} & \mathbf{k} \\ 0.18 & -0.28 & -0.1 \\ 0 & -4 & -32 \end{vmatrix}$$

$$= 17.1\mathbf{i} + 11.5\mathbf{j} - 1.4\mathbf{k} \text{ (N-m)}$$

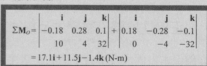

(a) 對 x 座標軸的總力矩

(b)對 x 座標軸總力矩是 $\Sigma \mathbf{M}_O$ 的 x 分量(圖 a)：

$$\Sigma \mathbf{M}_{x \, axis} = 17.1 \text{ (N-m)}$$

要提醒的是這是由式(4.4)所得到的結果：因為 $\mathbf{i}$ 是平行於 x 座標軸的一個單位向量，

$$\Sigma \mathbf{M}_{x \, axis} = (\mathbf{i} \cdot \Sigma \mathbf{M}_O)\mathbf{i} = 17.1 \text{ (N-m)}$$

為幫助學生辨識,並說明圖中元素,我們使用一致的辨識顏色來分別表示:

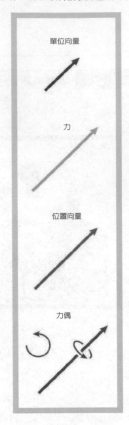

⑤ 正確性檢驗—對學生及授課教師的保障

盡力確保本書內文及解答手冊的正確性是我們對於學生及教師們的責任。我們採取的是一種三重正確性檢驗系統,當中除了作者還會有另外三方來解題,以確保解答正確且題目具有適當難度。我們的正確性檢驗小組由以下人士所組成:

· 維吉尼亞理工大學的 Scott Hendricks 教授
· 南佛羅里達大學的 Karim Nohra 教授
· Laurel Technical Services 出版社的 Kurt Norlin 先生

上述三位進一步地檢驗了本書內文、範例、習題及解答手冊,以協助確保正確性。若之後書中還有任何錯誤便是作者的責任。學生及教師對於書中謬誤或可改善部分的建議等,我們均竭誠歡迎。

我們的寄件地址是:

Department of Aerospace Engineering and Engineering Mechanics, University of Texas at Austin, Austin, Texas 78712。我們的 E-mail 信箱是:abedford@mail.utexas.edu。

學生及教師資源

· 「**The Statics Study Pack**」是設計供學生增進自由體圖繪製技巧的工具,並附有 50 道難度循序漸進的練習題及完整解答;可獨立購買,書號為 ISBN 978-981-06-7941-5。
· 授課教師可向當地書商索取授權之教學配件,如解答手冊及教學大綱 PPT 檔。

致謝

以下同事根據本身所學及教學經驗提供了審閱意見，對我們準備本書歷來版本的助益良多。

Shaaban Abdallah
University of Cincinnati

Edward E. Adams
Michigan Technological University

George G. Adams
Northeastern University

Raid S. Al-Akkad
University of Dayton

Jerry L. Anderson
Memphis State University

James G. Andrews
University of Iowa

Robert J. Asaro
University of California, San Diego

Leonard B. Baldwin
University of Wyoming

Haim Baruh
Rutgers University

Gautam Batra
University of Nebraska

David M. Bayer
University of North Carolina

Glenn Beltz
University of California–Santa Barbara

Mary Bergs
Marquette University

Don L. Boyer
Arizona State University

Spencer Brinkerhoff
Northern Arizona University

L. M. Brock
University of Kentucky

William (Randy) Burkett
Texas Tech University

Donald Carlson
University of Illinois

Major Robert M. Carpenter
U.S. Military Academy

Douglas Carroll
University of Missouri, Rolla

Paul C. Chan
New Jersey Institute of Technology

Namas Chandra
Florida State University

James Cheney
University of California, Davis

Ravinder Chona
Texas A & M University

Daniel C. Deckler
The University of Akron Wayne College

Anthony DeLuzio
Merrimack College

Mitsunori Denda
Rutgers University

James F. Devine
University of South Florida

Craig Douglas
University of Massachusetts, Lowell

Marijan Dravinski
University of Southern California

S. Olani Durrant
Brigham Young University

Estelle Eke
California State University, Sacramento

Bogdan I. Epureanu
University of Michigan

William Ferrante
University of Rhode Island

Robert W. Fitzgerald
Worcester Polytechnic Institute

George T. Flowers
Auburn University

Mark Frisina
Wentworth Institute

Robert W. Fuessle
Bradley University

Walter Gerstle
University of New Mexico

William Gurley
University of Tennessee, Chattanooga

John Hansberry
University of Massachusetts, Dartmouth

Mark J. Harper
United States Naval Academy

W. C. Hauser
California Polytechnic University, Pomona

Linda Hayes
University of Texas–Austin

R. Craig Henderson
Tennessee Technological University

Paul R. Heyliger
Colorado State University

James Hill
University of Alabama

Robert W. Hinks
Arizona State University

Allen Hoffman
Worcester Polytechnic Institute

Edward E. Hornsey
University of Missouri, Rolla

Robert A. Howland
University of Notre Dame

Joe Ianelli
University of Tennessee, Knoxville

Ali Iranmanesh
Gadsden State Community College

David B. Johnson
Southern Methodist University

E. O. Jones, Jr.
Auburn University

Serope Kalpakjian
Illinois Institute of Technology

Kathleen A. Keil
California Polytechnic University, San Luis Obispo

Yohannes Ketema
University of Minnesota

Seyyed M. H. Khandani
Diablo Valley College

Charles M. Krousgrill
Purdue University

B. Kent Lall
Portland State University

Chad M. Landis
Rice Unversity

Kenneth W. Lau
University of Massachusetts, Lowell

Norman Laws
University of Pittsburgh

William M. Lee
U.S. Naval Academy

Donald G. Lemke
University of Illinois, Chicago

Richard J. Leuba
North Carolina State University

Richard Lewis
Louisiana Technological University

John B. Ligon
Michigan Tech University

Bertram Long
Northeastern University

V. J. Lopardo
U.S. Naval Academy

Frank K. Lu
University of Texas, Arlington

Mark T. Lusk
Colorado School of Mines

K. Madhaven
Christian Brothers College

Nels Madsen
Auburn University

James R. Matthews
University of New Mexico

Gary H. McDonald
University of Tennessee

James McDonald
Texas Technical University

Jim Meagher
California Polytechnic State University, San Luis Obispo

Lee Minardi
Tufts University

Norman Munroe
Florida International University

Shanti Nair
University of Massachusetts, Amherst

Saeed Niku
California Polytechnic State University, San Luis Obispo

Mohammad Noori
North Carolina State University

Harinder Singh Oberoi
Western Washington University

James O'Connor
University of Texas, Austin

Samuel P. Owusu-Ofori
North Carolina A & T State University

Venkata Panchakarla
Florida State University

Assimina A. Pelegri
Rutgers University

Noel C. Perkins
University of Michigan

Corrado Poli
University of Massachusetts–Amherst

David J. Purdy
Rose-Hulman Institute of Technology

Yitshak Ram
Louisiana State University

Colin E. Ratcliffe
U.S. Naval Academy

Daniel Riahi
University of Illinois

Charles Ritz
California Polytechnic State University, Pomona

George Rosborough
University of Colorado, Boulder

Edwin C. Rossow
Northwestern University

Kenneth Sawyers
Lehigh University

Robert Schmidt
University of Detroit

Robert J. Schultz
Oregon State University

Richard A. Scott
University of Michigan

Brian Self
U.S. Air Force Academy

William Semke
University of North Dakota

Patricia M. Shamamy
Lawrence Technological University

Sorin Siegler
Drexel University

Peng Song
Rutgers State University

Candace S. Sulzbach
Colorado School of Mines

L. N. Tao
Illinois Institute of Technology

Craig Thompson
Western Wyoming Community College

John Tomko
Cleveland State University

Kevin Z. Truman
Washington University

John Valasek
Texas A & M University

Christine Valle
Georgia Institute of Technology

Dennis VandenBrink
Western Michigan University

Thomas J. Vasko
University of Hartford

Mark R. Virkler
University of Missouri, Columbia

William H. Walston, Jr.
University of Maryland

Andrew J. Walters
Mississippi University

Reynolds Watkins
Utah State University

Charles White
Northeastern University

Norman Wittels
Worcester Polytechnic Institute

Julius P. Wong
University of Louisville

T. W. Wu
University of Kentucky

Constance Ziemian
Bucknell University

第 5 版能有極為不同以往的新元素，尤其是文字與視覺情境的結合，都要歸功於撰寫過程中我們的學生、同事以及出版者的協助。我們初稿的審閱者給予我們鼓勵，以及相當有助益的改進建議。在新的呈現型態確立之後，Prentice Hall 出版社給了我們在本書撰寫上不可忽視的幫助。我們的編輯 Tacy Quinn 動員了像本書這類書籍所需的大型團隊力量，並且給予我們熱心的協助以及鞭辟入裡的建議。Marcia Horton 和 Tim Galligan 從對本書主要修訂的初步想法討論起，便貢獻心力直到本書的出版。Craig Little 繼續在此版製作時教導我們書籍製作的細節，並且協助讓本書的製作能夠按照行程進行。Xiaohong Zhu 也再次為第 5 版的美術設計及圖照片等內容提供高超的技術協助。Dee Bernhard 與 Mack Patterson 負責了我們與本書的審閱者及使用者之間的聯繫溝通。Jennifer Lonschein 為我們提供編輯與製作上的協助。David Alick、Ben Paris 和 Kristin Mayo 整合了我們的線上資源，這些資源現在也已成為本書使用者不可或缺的工具。Jonathan Boylan 設計了本書封面。我們還要感謝 Peter Schiavone 為我們編撰了隨書的 Study Pack，以及 Stephen Hunt 和 Roland Larson 所撰寫的 MATLAB/Mathcad 教學指導。而歷來工作中的重要同事 Scott Hendricks、Karim Nohra 和 Kurt Norlin 也予以體例風格與內容清晰與否的相關建議，訂正了許多我們的錯誤，並且修訂了解答手冊。如果還出現錯誤，那就是我們的責任。Nancy Bedford給予了我們編輯上的建議，並也協助了校稿。另外我們也要感謝其他在 Prentice Hall 及其他地方的專業人士所付出的貢獻。再一次，我要感謝我們的家人，尤其是 Nancy 和 Marsha，感謝他們在新版製作過程中所給予的包容與體諒。

Anthony Bedford 及 Wallace Fowler

Austin, Texas

作 者

Anthony Bedford 及 Wallace T. Fowler

Anthony Bedford 為德州大學奧斯汀分校航太工程與工程力學系的榮譽退休教授，且自 1968 年便於該系任教。身為德州大學傑出教師學會的一員，Bedford 教授將他的專業主要投注在工程力學的研究與教學上。他曾寫過有關混合體理論 (mixture theory)、波的傳播及高速碰撞力學的論文，並且也撰寫了 Hamilton's Principle in Continuum Mechanics、Introduction to Elastic Wave Propagation (與 D. S. Drumheller 合著)，及 Mechanics of Materials (與 K. M. Liechti 合著) 等書。Bedford 教授也有在道格拉斯飛行器公司 (Douglas Aircraft Company)，TRW 公司，與山迪亞國家實驗室 (Sandia National Laboratories) 等的業界從事經驗。

Wallace T. Fowler 為德州大學 Paul D. & Betty Robertson Meek 百年紀念的工程學教授，並且是 TSGC (Texas Space Grant Consortium) 的主導人。另身兼美國航太協會 (AIAA) 及美國工程教育學會 (ASEE) 成員的身份。Foeler 博士是 1976 年普通動力學傑出教學獎的受獎人，並獲頒 1985 年 AIAA－ASEE John Leland Atwood 獎 (獎勵國家傑出的航太教育者)，以及 1990-91 年德州大學系統校區校長諮議會教學獎，還有 1994 年的 ASEE Fred Merryfield 工程設計教學獎。在 1997 年也被遴選為德州大學傑出教師學會的一員。此外，Fowler 博士並於 2000-2001 年擔任美國工程教育協會的國家主席。Fowler 博士在德州大學奧斯汀分校的研究與教學主要是集中於太空系統的工程與設計。

編輯部序

「系統編輯」是我們的編輯方針，我們所提供給讀者的，絕不只是一本書，而是關於這門學科的所有知識，由淺入深並循序漸進。

本書譯自 Anthony Bedford 及 Wallace Fowler 所著之 Engineering Mechanics: STATICS, 5th in SI units；從力學的基本概念開始，內容涵蓋向量分析，力系與平衡，力矩，形心及質心，慣性矩，摩擦，虛功等一般靜力學的教材範圍，取材全面性且系統性，足以讓讀者學習到靜力學從最基本到最複雜的問題解決概念，同時嘗試應用到工程領域。本書適合作為公私立大學、科技大學與技術學院等相關科系之「靜力學」、「應用力學」、「工程力學」等課程使用，亦可供作高中數理資優生的物理進階參考教材。

研讀完本書，尚有原作者所著續作 Engineering Mechanics: DYNAMICS, 5th in SI units (敝司亦有中譯《動力學(第五版)(公制版)》，全華書號06099)，可提供讀者進一步的動力學知識及應用。其他相關書籍可參考下頁介紹及流程圖。若對本書內容及其他方面有任何意見，歡迎來函聯繫，我們將竭誠為您服務。

相關叢書介紹

書號：0203202
書名：應用力學(修訂二版)
編著：劉上聰
20K/464 頁/350 元

書號：0554902
書名：材料力學(修訂二版)
編著：李鴻昌
20K/832 頁/650 元

書號：05809007
書名：流體力學－第六版
　　　(附範例光碟)
英譯：黃和順・何正義・曾慶祺
　　　廖基堯
16K/944 頁/950 元

書號：0554701
書名：應用力學－靜力學(修訂版)
編著：李鴻昌
20K/672 頁/500 元

書號：0554801
書名：材料力學詳解(修訂版)
編著：李鴻昌
20K/480 頁/380 元

書號：0555901
書名：動力學(第二版)
編著：陳育堂・陳維亞
16K/224 頁/300 元

書號：05315007
書名：熱力學－第六版
英譯：林正仁・呂立鑫・蔡秉宏
16K/848 頁/779 元

◎上列書價若有變動，請以最新定價為準。

流程圖

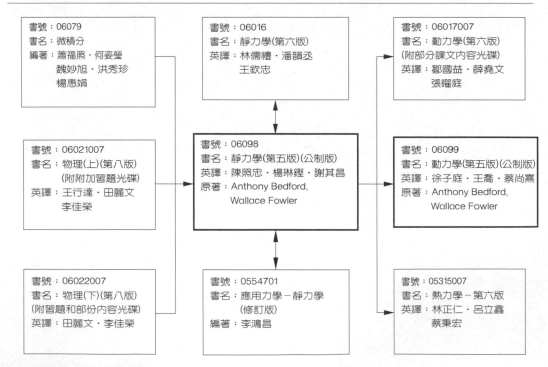

目 錄

第 8 章　慣性矩

第 9 章　摩擦力

第 10 章　內力與扭矩

第 11 章　虛功與位能

附錄

1 導言

工程師如何設計和建造我們使用的設備，從簡單的物體如椅子、削鉛筆機，到複雜如水壩、汽車、飛機和太空船？他們必須對設計如是裝置的背後的物理原理有深刻的理解，也必須能夠使用數學模型來預測它們的行為。工程科學系的學生藉著對力學研究開始涉獵如何分析和預測物理系統的行為。

◀ 工程師在結構體設計和組合的各個階段都遵循靜力學的原理。靜力學是結構設計技術的基礎科學之一。

1.1　工程與力學

背景概念

工程師如何在複雜的系統被具體的建造出來之前能事先設計和預測它們的特性？工程師常依賴自己以往設計所得的知識、實驗、創造力和創造性來開發新的設計。現代工程師新添了一個強大的技術：他們根據所設計之設備的物理特性來發展數學公式。藉由這些數學模型，工程師預測他們設計的行為，修改它們，並在它們的實際建造出來之前對其進行測試。航空工程師使用數學模型來預測太空船的飛行路徑。土木工程師使用數學模型來分析荷重對建築物和地基的影響。

在最基本的層面，力學研究力和其衍生的影響。基本的力學區分為研究物體平衡的**靜力學**(*statics*)，和研究物體運動的**動力學**(*dynamics*)。在基本力學所得到的結果可以直接運用在許多工程領域。機械及土木工程師運用靜力學推導出的平衡方程式來設計結構。土木工程師分析建築物對地震的反應而航空工程師使用動力學推導出的運動方程式確定衛星的軌道。

力學是第一個分析性的科學。因此，源自力學的基本概念、分析方法與力學衍生的觀念幾乎在各個工程領域都可以找得到。化學和電機工程的學生以力學的角度學習一些基本概念，如平衡、能量與穩定，有助於他們對這些基本概念的進一步的認識與了解。藉著學習力學，他們能夠回溯這些概念的歷史發展。

力學是由各式各樣規範物體行為之原理所組成。在這本書我們闡述這些原理，並提供範例說明它們的應用。雖然親自動手做與這些範例雷同的習題是蠻重要的，而我們也確實提供許多這樣的習題，但是我們的目標是幫助你了解得足以應付那些你尚未面對過的情況。每一世代的工程師都面對新的問題。

解出問題

在學習力學的過程中你會學習到解決問題的程序，這在我們後面的課程以及你個人整個職業生涯都使用得到。雖然不同類型的問題常需要不同的方法來解決，但下面的步驟適用於各類型的問題：

- ·釐清既有的數據以及你必須得出的數據，或答案。用你自己的話反覆的敘述問題往往非常有幫助。如果可能，確認你了解實際的物理系統或所牽涉到的模型。
- ·針對問題制定解決的策略。意即擬出適用的原理和方程式，並決定如何使用它們來解決問題。只要可能，儘量畫出示意圖裨於將問題視覺化與解出問題。
- ·只要有可能，請先試著猜測答案。這會引發你的直覺並常有助於你辨認出不正確的答案。

‧解出方程式，可能的話，解釋你的結果並與你猜測的答案加以
　比較。最後一步是真實性檢驗(reality check)。你得到的答案是
　否合理呢？

數字

工程上的測量、計算和結果都是以數字來表達。你需要了解我們如
何在範例和習題中表達數字以及如何表達你自己的計算結果。

有效數字　這個詞指的是數字有意義(即，準確)的位數，從第一個
非零數字向右數。7.630 和 0.007630 這兩個數字各有四個有效位數。
如果已經知道 7,630,000 這個數字中前 4 位數是真確的，這可以將
這個數字用科學記號的型式 7.630×10^6 顯現出來。

如果數字是由測量得到的，則它的有效位數的多寡將受限於測
量器的精度。如果測量結果顯示是 2.43，意指實際的值與 2.42 或
2.44 相較之下更接近 2.43。

數字也可能被截尾至某幾個有效數字。例如，我們可以將 π 的
值以三個有效數字來表達，3.14，或者我們可以用六個有效數字來
表達它，3.14159。當你使用一個計算器或計算機，有效數字的長短
則受限於該機設計時所能顯示的最大位數。

本書採用的數字　你應該將習題內所提供的數字視為是正確而不需
要你掛心其中有多少個有效數字。如果習題說某個數量等於 32.2，
你可以假設它的值是 32.200...。我們通常將範例計算過程中途的結
果和答案和習題的答案都至少以三個有效數字來表達。如果你使用
計算器，你的結果應該是準確的。當你作一連串的計算時，對中間
過程所得的數字結果予以截尾時，務必避免發生捨去誤差。而是，
在整個計算過程中，你可以將值留在計算機內，讓結果盡可能保有
最高的準確度。

空間和時間

空間(*Space*)單純指的是我們生活其中的三維空間。我們的日常經驗
讓我們對空間和空間中的點，或位置即具有直觀上的概念。在空間
中兩點之間的距離等於將這兩點連起來的長度。

測量空間中點與點之間的距離需要一個長度的單位。我們使用
國際制單位，又稱為 SI 單位，和美制單位(U.S. Customary Units)。
在 SI 單位，長度的單位是公尺(m)。在美制單位，長度的單位是呎
(ft)。

時間(*Time*)，當然，是我們所熟悉的，我們的生活透過它來量
度。日與夜的每日循環與我們鐘錶的小時、分鐘和秒給我們一個直
觀的時間概念。時間是以事件的重複間隔來衡量，例如時鐘鐘擺的
擺動或手錶中石英晶體的振動。在 SI 單位和美制單位，時間的單
位是秒(s)。分鐘(min)、小時(h)和日也常使用到。

如果空間中某個點的位置相對於某個參考點會隨時間而改變，位置的變化率稱爲**速度**(*velocity*)而速度的變化率稱爲**加速度**(*acceleration*)。在 SI 單位，速度是以每秒幾公尺(m/s)來表達而加速度是以每秒每秒，或每秒平方幾公尺(m/s²)來表達。在美制單位，速度以每秒幾呎(ft/s)和加速度是以每秒平方幾呎(ft/s²)來表達。

牛頓定律

基本力學奠基於牛頓在 1687 年所發表的**自然哲學之數學原理**(*Philosophiae Naturalis Principia Mathematica*)。雖然這原理非常原創，但卻是植基於其他先驅長期而努力理解出來的**概念**之上(圖 1.1)。

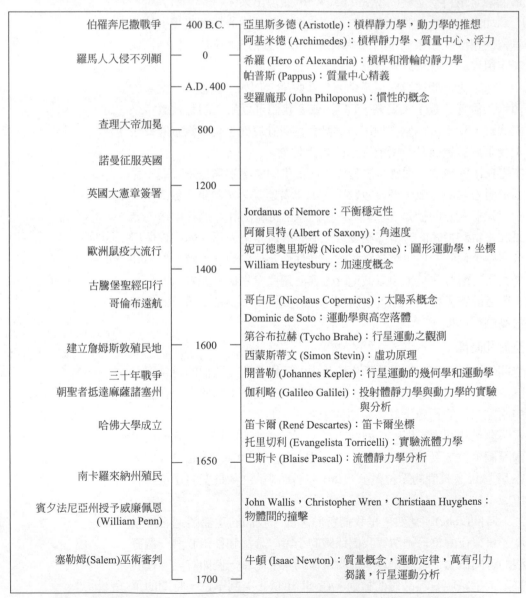

伯羅奔尼撒戰爭	400 B.C.	亞里斯多德 (Aristotle)：槓桿靜力學，動力學的推想
		阿基米德 (Archimedes)：槓桿靜力學、質量中心、浮力
羅馬人入侵不列顛	0	希羅 (Hero of Alexandria)：槓桿和滑輪的靜力學
		帕普斯 (Pappus)：質量中心精義
	A.D. 400	斐羅龐那 (John Philoponus)：慣性的概念
查理大帝加冕	800	
諾曼征服英國		
英國大憲章簽署	1200	
		Jordanus of Nemore：平衡穩定性
		阿爾貝特 (Albert of Saxony)：角速度
歐洲鼠疫大流行		妮可德奧里斯姆 (Nicole d'Oresme)：圖形運動學，坐標
	1400	William Heytesbury：加速度概念
古騰堡聖經印行		
哥倫布遠航		哥白尼 (Nicolaus Copernicus)：太陽系概念
		Dominic de Soto：運動學與高空落體
建立詹姆斯敦殖民地	1600	第谷布拉赫 (Tycho Brahe)：行星運動之觀測
		西蒙斯蒂文 (Simon Stevin)：虛功原理
三十年戰爭		開普勒 (Johannes Kepler)：行星運動的幾何學和運動學
朝聖者抵達麻薩諸塞州		伽利略 (Galileo Galilei)：投射體靜力學與動力學的實驗與分析
哈佛大學成立		笛卡爾 (René Descartes)：笛卡爾坐標
		托里切利 (Evangelista Torricelli)：實驗流體力學
	1650	巴斯卡 (Blaise Pascal)：流體靜力學分析
南卡羅來納州殖民		
賓夕法尼亞州授予威廉佩恩 (William Penn)		John Wallis，Christopher Wren，Christiaan Huyghens：物體間的撞擊
塞勒姆(Salem)巫術審判		牛頓 (Isaac Newton)：質量概念，運動定律，萬有引力芻議，行星運動分析
	1700	

圖 1.1　迄牛頓出版其原理(Principia)為止的力學發展年表及同時期的其他歷史事件

牛頓提出運動的三個「定律(laws)」，我們以現代的用語列述如下：

1. 當作用於粒子之力的總和為零時，粒子的速度將維持不變。特別的是，如果粒子最初的運動狀態是靜止的，則它會持續的保持在靜止不動的狀態。
2. 當作用於粒子之力的總和不為零時，則力的總和等於該粒子的線性動量變化率。如果質量不變，力的總和等於粒子**質量**與其加速度之積。
3. 兩個粒子彼此施加於對方之力的大小相等但方向相反。

請注意，在陳述牛頓定律之前我們並沒有定義力和質量。依現代的說法，這兩者可以透過第二定律來定義。為了說明起見，假設我們隨意選擇一個物體，並指定它的質量為一單位質量。然後，我們定義一個單位力，這個力剛好使我們的一單位質量產生一單位大小的加速度。原則上，我們就能由此定義任何物體的質量：我們施加一個單位力於此物體，測量所伴生的加速度，並運用運動第二定律來定義它的質量。我們也可以判斷任何力的大小：我們先將力作用於一個單位質量，測量所伴生的加速度，並運用運動第二定律來決定該力的大小。

因此，牛頓第二定律賦予**質量**(*mass*)與**力**(*force*)精確的定義。在SI單位，單位質量是公斤(kg)。單位力是牛頓(N)，等同於將 1 公斤的質量產生每秒平方 1 公尺的加速度之力。在美制單位，單位力是磅(lb)。單位質量是史拉格(slug)，等同於可被 1 磅的力加速至每秒平方 1 呎的質量。

雖然我們在這本書所討論的結果也適用於許多工程實務上遇到的問題，但是牛頓定律的真確性仍是有其侷限性的。例如，如果問題所涉及的速度與光速(3×10^8 m/s)相去不遠時就無法據以得到準確的結果。愛因斯坦的狹義相對論適用於這類問題。基本力學也不適用在長度大小落在原子尺度等級的問題。必須用量子力學來描述原子尺度內的現象。

國際單位制

在 SI 單位，長度是以公尺(m)來量度而質量單位是公斤(kg)。時間是以秒(s)量度，但偶爾也使用其他常見的量度單位，如分鐘(min)、小時(h)和日。公尺、公斤、與秒被稱為 SI 系統的**基本單位**(*base units*)。力是以牛頓(N)來量度。請記得這些單位是經由牛頓第二定律關聯在一起：1 牛頓相當於將 1 公斤質量的物體的加速度達到每秒平方 1 公尺時所需的力：

$$1 \text{ N} = (1 \text{ kg})(1 \text{ m/s}^2) = 1 \text{ kg-m/s}^2$$

表 1.1　SI單位中常使用到的前置字
以及它們所代表的倍數

前置字	縮寫	倍級
nano-	n	10^{-9}
micro-	μ	10^{-6}
milli-	m	10^{-3}
kilo-	k	10^{3}
mega-	M	10^{6}
giga-	G	10^{9}

由於牛頓是由基本單位所推導出來的,它因此被稱爲**導出單位**(*derived unit*)。

想要表示常見大小的數字,可由其前置字看出單位的倍級。最常見的前置字、其縮寫和它們所代表的倍級列於表 1.1。例如,1 km 代表 1 公里,等於 1000 公尺,1 Mg 代表 1 百萬克,亦即 10^6 g,或 1000 公斤。我們常使用千牛頓(kN)。

美制單位

在美制單位,長度是以呎(ft)來量度和力是以磅(lb)來量度。時間是以秒(s)來量度。這些是美制體系的基本單位。在此系統的單位,質量是導出單位。質量的單位是史拉格,這樣質量的物體被 1 磅的力加速時會達 1 呎每秒平方。牛頓第二定律指出,

$$1 \text{ lb} = (1 \text{ slug})(1 \text{ ft/s}^2)$$

從這個式子我們有

$$1 \text{ slug} = 1 \text{ lb-s}^2/\text{ft}$$

我們使用其他美制單位,如哩(1 哩＝5280呎)和吋(1 呎＝12吋)。我們還使用千磅(kip),即 1000 磅。

角度單位

在 SI 和美制這兩種單位中,角度常以弧度(rad)來表示。在圖 1.2 中我們將 θ 的角度以弧度來表示。它的定義是 θ 角開展的弧長與圓半徑的比值。角度也會以度來表示。因爲一整圓是 360 度(360°),而一整圓的圓周長等於 $2\pi R$,360°等於 2π 弧度。

含有角度的方程式通常是在角度爲弧度的前提下所導出。因此,當將一個以度爲單位的角度值代入方程式之前,你應該將它的單位先轉換成弧度。一個值得注意的例外是,許多計算機允許你計算函數如 $\sin\theta$ 時輸入的角度值可以是度或弧度。

單位的轉換

工程實務上常會出現需要將某種單位的值轉換爲另一種單位的值的情況。例如,如果方程式需用的數據中某些用的是 SI 單位,而另一些則用的是美制單位,在這些數據能夠被代入方程式之前,它們都必須先轉換至相同的單位系統。轉換單位是很直截了當的,但必須謹慎的做。

假設我們要以每秒呎(ft/s)來表示每小時 1 哩(mi/h)。因爲 1 哩等於 5280 呎和 1 小時等於 3600 秒,我們將這兩個式子寫成

$$\left(\frac{5280 \text{ ft}}{1 \text{ mi}} \right) \quad 與 \quad \left(\frac{1 \text{ h}}{3600 \text{ s}} \right)$$

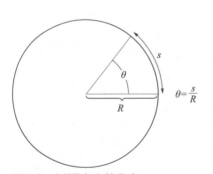

圖 1.2　以弧度定義角度

$$\theta = \frac{s}{R}$$

表 1.2　單位轉換

時間	1 分鐘	=	60 秒
	1 小時	=	60 分
	1 日	=	24 小時
長度	1 呎	=	12 吋
	1 哩	=	5280 呎
	1 吋	=	25.4 毫公尺
	1 呎	=	0.3048 公尺
角度	2π 弧度	=	360 度
質量	1 史拉格	=	14.59 公斤
力	1 磅	=	4.448 牛頓

比值等於 1 的式子。由此,我們有

$$1 \, \text{mi/h} = (1 \, \text{mi/h})\left(\frac{5280 \, \text{ft}}{1 \, \text{mi}}\right)\left(\frac{1 \, \text{h}}{3600 \, \text{s}}\right) = 1.47 \, \text{ft/s}$$

表 1.2 列出一些常用的單位轉換。

結論

· 釐清既有的數據以及你必須得出的答案。
· 針對問題構思解決的策略:擬出適用的原理
　和方程式以及它們該如何被運用。
· 只要有可能,請先試著猜測答案。
· 解出答案,儘可能解釋你的結果並與你猜測的
　答案加以比較。

解出問題:這些步驟適
用於各類型的問題

SI 單位－基本單位(base unit)時間為秒(s),長度為公尺(m),
質量為公斤(kg)。力的單位為牛頓(N),相當於將 1 公斤質量
加速到每秒平方 1 公尺所需要的力。

美制單位－基本單位時間為秒(s)。長度為呎(ft),力為磅(lb)
。質量的單位為史拉格,這樣大小質量的物體被 1 磅的力加
速時會達 1 呎每秒平方。

單位系統

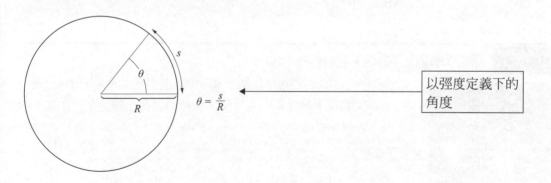

$$\theta = \frac{s}{R}$$

以弳度定義下的
角度

等值的物理量,例如 1 小時=60 分,
可以被寫成一個比值等於 1 的式子:
$$\left(\frac{1 \, \text{h}}{60 \, \text{min}}\right) = 1$$
並用以轉換單位。舉例來說,
$$15 \, \text{min} = 15 \, \text{min}\left(\frac{1 \, \text{h}}{60 \, \text{min}}\right) = 0.25 \, \text{h}$$

單位的轉換

北卡羅萊納州羅斯羅勒(Russ Rowlett)大學已經彙整完整的單位方面資料,讀者可以透過網址 www.unc.
edu/~rowlett/units 取得。

觀念範例 1.1　單位的轉換(▶相關習題 1.11)

一名男子騎自行車的速度為每秒 6 公尺(m/s)。請問他的速度是每小時幾公里(km/h)？

方略

一公里等於 1000 公尺而 1 小時等於 60 分×60秒＝3600秒。我們可以利用這些單位的轉換，算出以公里／小時為單位時他的速度。

解答

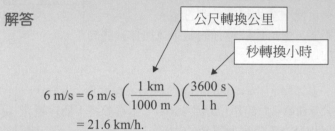

公尺轉換公里

秒轉換小時

$$6 \text{ m/s} = 6 \text{ m/s} \left(\frac{1 \text{ km}}{1000 \text{ m}}\right)\left(\frac{3600 \text{ s}}{1 \text{ h}}\right)$$
$$= 21.6 \text{ km/h}.$$

練習題

一名男子騎自行車的速度為每秒 10 呎(ft/s)。請問他的速度是每小時幾哩(mi/h)？

答案：6.82 mi/h。

範例 1.2　壓力單位的轉換(▶相關習題 1.16)

施加於一台深海潛水車殼體上某一點的壓力是 3.00×10^6 Pa(帕斯卡)。1 帕斯卡等於每平方公尺 1 牛頓。請算出這個壓力相當於每平方呎多少磅。

方略

由表 1.2，1 磅＝4.448牛頓以及 1 呎＝0.3048公尺。借助於這些單位的轉換，我們可以計算出壓力為每平方尺幾磅。

解答

壓力等於(取到 3 位有效數字)

$$3.00 \times 10^6 \text{ N/m}^2 = (3.00 \times 10^6 \text{ N/m}^2)\left(\frac{1 \text{ lb}}{4.448 \text{ N}}\right)\left(\frac{0.3048 \text{ m}}{1 \text{ ft}}\right)^2$$
$$= 62,700 \text{ lb/ft}^2$$

深海潛水車

重要提示

我們能不能用更直接的方式算出同樣的答案？請留意封面內頁的單位轉換 1 Pa＝0.0209 lb/ft²。因此，

$$3.00 \times 10^6 \, N/m^2 = (3.00 \times 10^6 \, N/m^2)\left(\frac{0.0209 \, lb/ft^2}{1 \, N/m^2}\right)$$

$$= 62{,}700 \, lb/ft^2$$

範例 1.3　　**由方程式推導單位**(▶ 相關習題 1.20)

假設愛因斯坦的方程式

$$E = mc^2$$

質量 m 以公斤為單位和光速 c 以每秒公尺為單位。

(a)E 的 SI 單位是什麼？

(b)如果在 SI 單位下 E 的值是 20，則在美制單位下它的值是多少？

方略

(a)因為我們知道 m 和 c 的單位，我們可以從給定的方程式推斷出 E 的單位。

(b)我們可以使用表 1.2 的質量和長度單位轉換將 E 的 SI 單位轉換成美制單位。

解答

(a)由 E 的方程式，

$$E = (m \, kg)(c \, m/s)^2$$

E 的 SI 單位是 kg-m²/s²。

(b)由表 1.2，1 slug＝14.59 kg 與 1 ft＝0.3048 m。因此，

$$1 \, kg\text{-}m^2/s^2 = (1 \, kg\text{-}m^2/s^2)\left(\frac{1 \, slug}{14.59 \, kg}\right)\left(\frac{1 \, ft}{0.3048 \, m}\right)^2$$

$$= 0.738 \, slug\text{-}ft^2/s^2$$

美制單位下的 E 值是

$$E = (20)(0.738) = 14.8 \, slug\text{-}ft^2/s^2$$

重要提示

在第(a)小題,我們怎麼能夠肯定的說我們經由得出 mc^2 的單位就能得出 E 的單位?方程式中每一項的因次,或單位,必須是一致的。例如,在方程式 $a+b=c$,a、b、c 各項的因次必須是一致的。這稱為方程式的齊次性。以一句口白來說明這個要求就是「不要拿蘋果和橘子相互比較。」

習題

1.1　π 的值是 3.14159265...。如果 C 是圓的周長而 r 是圓的半徑,請算出 r/C 的值至 4 位有效數字。

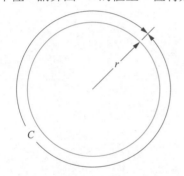

習題 1.1

1.2　自然對數的底是 $e=2.718281828...$。

(a)將 e 表示至 5 位有效位數。

(b)請計算 e^2 至 5 位有效位數。

(c)請使用你在第(a)小題所計算出的 e 值來計算 e^2 的值至 5 位有效位數。

[第(c)小題示範了在計算中使用四捨五入後的值的危險。]

1.3　機械人員在板上鑽個標稱(nominal)半徑為 $r=5\,\text{mm}$ 的圓孔。圓孔的實際半徑介於範圍 $r=5\pm0.01\,\text{mm}$。

(a)你可以寫出這個半徑值到幾位有效數字?

(b)你可以寫出這個圓孔的面積值到幾位有效數字?

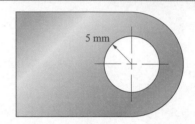

習題 1.3

1.4　足球門框的框開口是 24 呎寬和 8 呎高,所以其面積是 24 ft×8 ft = 192 ft²。它的面積值寫至 3 位有效數字會是多少?

習題 1.4

1.5　杜拜塔(The Burj Dubai)預定於 2008 年竣工,705 公尺的高度將使它成為世界第一高樓。其基地面積是 8000 m²。請將其高度和基地面積的單位轉換為美制單位至 3 位有效數字。

習題 1.5

1.6　假設您剛剛購買了法拉利 F355 Coupe 而你想知道你的 SAE(美制單位)扳手是否派得上用場。汽車的螺母 $n = 5$ mm, 10 mm, 15 mm, 20 mm, 25 mm。扳手的寬度分別是 $w = 1/4$ in, 1/2 in, 3/4 in, 1 in，請選出一個適合的扳手使得 w 不比 n 大於 2%，你該挑用哪一支扳手？

習題 1.6

1.7　假設已知聖母峰高度介於 29,032 呎和 29,034 呎之間。根據這個資料，高度的有效數字可以到幾位(a)呎？(b)公尺？

1.8　磁浮(magnetic levitation)列車由上海到達浦東機場時速度爲 430 km/h。求其它單位下的速度等於多少：(a)mi/h；(b)ft/s。

習題 1.8

1.9　2006 年冬季奧運會，愛沙尼亞的 Andrus Veer-palu 以 38 分 1.3 秒的時間贏得男子 15 公里越野滑雪比賽。請計算他的平均時速(距離除以所需要的時間)至三位有效數字(a)km/h；(b)mi/h。

1.10　保時捷的引擎在 4600 轉時輸出 229 ft-lb(呎磅)的扭力。請以 N-m(牛頓公尺)表示扭矩的值。

習題 1.10

▶1.11　在觀念範例 1.1 中男子的動能(kinetic energy)的定義是 $\frac{1}{2}mv^2$，其中 m 是他的質量 v 是他的速度。該名男子的質量是 68 公斤，他正以 6 m/s 的速度移動，所以他的動能是 $\frac{1}{2}(68\,\mathrm{kg})(6\,\mathrm{m/s})^2 = 1224$ kg-m²/s²。在美制單位下他的動能是多少？

1.12　在海平面重力加速度在 SI 單位是 $g=9.81\,\text{m/s}^2$。透過單位轉換，請使用這個值來算出在美制單位下海平面的重力加速度。

1.13　每雙週福隆(furlong per fortnight)是一個滑稽的速度單位，或許是由一個學生捏造出來用以戲謔必須常面對各種令人頭昏物理單位的工程師。一福隆等於 660 呎(1/8 mile)。一 fortnight 等於兩個星期(14 晚)。如果你以 2 m/s 的速度步行上班，則你的速度以每雙週福隆表示至三位有效數字時會是多少？

1.14　請計算樑的截面積(a)以 m^2；(b)以 in^2。

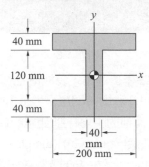

習題 1.14

1.15　美國標準槽鋼樑 C12×30 的截面積是 $A=8.81\,\text{in}^2$。此截面面積等於多少 mm^2？

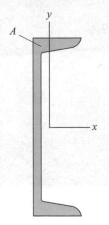

習題 1.15

▶1.16　壓力轉換器測量 $300\,\text{lb/in}^2$ 的值。請將這個壓力值以帕斯卡表示。一帕斯卡(Pa)等於每平方公尺一牛頓。

1.17　一馬力等於 550 ft-lb/s。一瓦特等於 1 N-m/s。請計算如果客機的噴射引擎輸出 7000 馬力相當於多少瓦特。

習題 1.17

1.18　第 7 章討論分佈荷重其單位是以每單位長度的重量來表示。如果分佈荷重為 400 N/m，此值相當於多少 lb/ft？

1.19　一個長方形對 x 軸的慣性矩可以由下述方程式算出

$$I=\frac{1}{3}bh^3$$

尺寸是 $b=200\,\text{mm}$ 與 $h=100\,\text{mm}$。請以下述單位計算 I 的值至 4 位有效數字(a)mm^4，(b)m^4，(c)in^4。

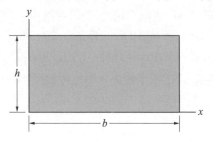

習題 1.19

▶1.20　在範例 1.3，如果將愛因斯坦的方程式換成方程式 $L=mc$，其中質量 m 的單位是公斤和光速 c 的單位是每秒公尺。(a)L 的 SI 單位是什麼？(b)如果在 SI 單位下 L 的值是 12，則在美制單位下它的值是多少？

1.21　方程式

$$\sigma = \frac{My}{I}$$

被使用於材料力學中計算樑的正交應力(normal stresses)。

(a)當這個方程式以 SI 基本單位表示的時候，M 的單位是牛頓公尺(N-m)，y 的單位是公尺(m)，I 的單位是公尺的四次方(m^4)。σ 的 SI 單位是什麼？

(b)如果 $M = 2000$N-m，$y = 0.1$m，且 $I = 7 \times 10^{-5}\,m^4$，在美制單位下 σ 的值是多少？

1.2　牛頓萬有引力

背景概念

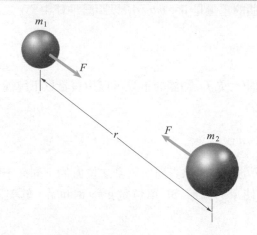

圖 1.3
作用於兩粒子之間的引力的大小相等且沿兩粒子連線的方向作用

　　牛頓假設兩個質量分別為 m_1 與 m_2 且相距 r 的粒子(圖 1.3)之間的重力(gravitational force)是

$$F = \frac{Gm_1 m_2}{r^2} \tag{1.1}$$

其中 G 稱為萬有引力常數。在 SI 單位 G 的值是 6.67×10^{-11} N-m^2/kg^2。根據這個假設，他計算出一個質量 m_1 的粒子和一個質量 m_2 的均勻球體之間的重力，發現也等於式(1.1)所算出者，式中 r 此時指的是由粒子至球體中心的距離。雖然地球不算是一個均勻的球體，我們可以使用這個結果估算質量 m 的物體在地球重力吸引下的重量。我們有

$$W = \frac{Gmm_E}{r^2} \tag{1.2}$$

其中 m_E 是地球的質量而 r 指的是由粒子至球體中心的距離。請注意一個物體的重量取決於它相對於地球中心的位置，而物體的質量指的是它所包含物質的多寡，而與它所在的位置沒有關係。

　　當一個物體的重量是唯一的作用力時，由此產生的加速度叫做重力加速度。在這種情況下，牛頓第二定律指出 $W = ma$，和由式(1.2)我們看到重力加速度是

$$a = \frac{Gm_E}{r^2} \tag{1.3}$$

我們將**海平面處重力加速度**(*acceleration due to gravity at sea level*)記為 g。地球的半徑記為 R_E，由式(1.3)我們看到 $Gm_E = gR_E^2$。將這個結果代入式(1.3)，我們得到以海平面重力加速度來表示距離地球中心 r 之處的重力加速度是：

$$a = g\frac{R_E^2}{r^2} \tag{1.4}$$

因為物體的重量是 $W = ma$，所以距離地球中心 r 之處的重量是

$$W = mg\frac{R_E^2}{r^2} \tag{1.5}$$

在海平面($r = R_E$)，物體的重量可以用質量以下述簡單的關係式寫成

$$W = mg \tag{1.6}$$

g 的值會隨著在地球表面所置身之位置的不同而不同。我們在範例和習題使用的值於 SI 單位是 $g = 9.81\,\mathrm{m/s^2}$，於美制單位則是 $g = 32.2\,\mathrm{ft/s^2}$。

結論

兩個質量分別為 m_1 與 m_2 且相距 r 的粒子之間的重力是

$$F = \frac{Gm_1m_2}{r^2} \tag{1.1}$$

其中 G 稱為萬有引力常數。
在 SI 單位 G 的值是

　$6.67 \times 10^{-11}\,\mathrm{N\text{-}m^2/kg^2}$

⟵ 牛頓萬有引力

將地球看成是一個半徑為 R_E 的均勻球體，距離地球中心 r 之處的重力加速度是：

$$a = g\frac{R_E^2}{r^2} \tag{1.4}$$

其中 g 是海平面處的重力加速度。

⟵ 地球重力所引起的加速度

$$W = mg \tag{1.6}$$

其中 m 是物體的質量而 g 是海平面處的重力加速度。

⟵ 一個位於海平面處的物體重量

觀念範例 1.4　　重量與質量(▶ 相關習題 1.22)

C 形鉗在海平面重 14 盎斯。[16 oz(盎斯) = 1 lb]。在海平面重力
加速度是 $g = 32.2$ ft/s²。請問 C 形鉗的質量是多少史拉格？

方略

我們必須先確定 C 形鉗是多少磅重。然後，我們可以使用式
(1.6)，來算出它的質量是多少史拉格。

解答

$$14 \text{ oz} = 14 \text{ oz} \left(\frac{1 \text{ lb}}{16 \text{ oz}} \right) = 0.875 \text{ lb}.$$　◀——　重量由 oz 轉換到 lb

$$m = \frac{W}{g} = \frac{0.875 \text{ lb}}{32.2 \text{ ft/s}^2} = 0.0272 \text{ slug}.$$　◀——　使用式 (1.6) 以 slug 為單位計算質量

練習題

C 形鉗的質量是 0.397 kg。在海平面由重力造成的加速度則是為
$g = 9.81$ m/s²。C 形鉗位在海平面的重量是多少牛頓？

答案：3.89 N。

範例 1.5　　計算物體的重量(▶ 相關習題 1.27)

當火星探測車完全組裝後，其質量是 180 公斤。在火星表面的
重力加速度是 3.68 m/s²，火星的半徑是 3390 公里。

(a)在地球的海平面上，探測車的重量是多少？

(b)在火星的地表探測車有多重？

(c)進入階段起於太空船到達距火星中心 3522 公里之處的大氣界
　面點。那時探測車的重量是多少？

方略

採用 $g = 9.81$ m/s² 並由式(1.6)算出探測車在地球海平面的重量。
我們用重力加速度 3.68 m/s² 與式(1.6)算出火星的表面上的重量。
要算出探測車於進入階段開始時的重量，我們為火星寫一個等
同於式(1.5)的方程式。

火星探測船組裝中

解答

(a)在地球海平面的重量是

$$W = mg$$
$$= (180\,\text{kg})(9.81\,\text{m/s}^2)$$
$$= 1770\,\text{N}(397\,\text{lb})$$

(b)令在火星表面的重力加速度是 $g_M = 3.68\,\text{m/s}^2$。所以在火星的表面上探測車的重量是

$$W = mg_M$$
$$= (180\,\text{kg})(3.68\,\text{m/s}^2)$$
$$= 622\,\text{N}(149\,\text{lb})$$

(c)令 $R_M = 3390\,\text{km}$ 是火星的半徑。由式(1.5)，探測車在火星中心上方 3522 公里處的重量是

$$W = mg_M \frac{R_M^2}{r^2}$$

$$= (180 \text{ kg})(3.68 \text{ m/s}^2)\frac{(3,390,000 \text{ m})^2}{(3,522,000 \text{ m})^2}$$

$$= 614 \text{ N}(138 \text{ lb})$$

重要提示

在第(c)小題，我們怎麼知道我們火星也一體適用式(1.5)呢？在式(1.5)中地球被模型化成一個均勻的球體。在相同的假定下這個方程式也適用於的其他星體。結果的準確性則取決於星體與球體形似和均勻的程度。

習題

▶1.22　月亮表面上的重力加速度是 1.62 m/s² (a)範例 1.4 中的 C 形鉗在月球表面上的質量會是多少？(b)C 形鉗在月球表面上的重量會是多少牛頓？

1.23　1 ft×1 ft×1 ft 立方的鐵在海平面重 490 磅。請算出相同物質 1 m×1 m×1 m 的立方體在海平面的重量是幾牛頓。

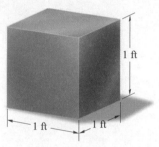

1 ft

1 ft　　1 ft

習題 1.23

1.24　太平洋的面積是 64,186,000 個平方哩而它的平均深度是 12,925 呎。假定海水每單位體積的重量是 64 lb/ft³。請算出太平洋的質量是(a)多少 slug；(b)多少 kg。

1.25　在海平面重力加速度是 $g = 9.81$ m/s²。地球的半徑是 6370 公里。萬有引力常數 $G = 6.67 \times 10^{-11}$ N-m²/kg²。請使用這個資料算出地球的質量。

1.26　一個人在海平面重 800 牛頓。地球的半徑是 6370 公里。如果他身在地球表面上方 300 公里的軌道上的太空站，請問地球的吸引此人的重力是多少？

▶1.27　月球表面上的重力加速度是 1.62 m/s²。月球的半徑是 $R_M = 1738$ km。

(參範例 1.5.)

(a)一個質量 10 公斤的物體的月球表面上的重量是幾牛頓？

(b)使用在範例 1.5 所介紹的方式，計算物體被放在月球表面上方的 1738 公里之處，月球作用於該物體的重力。

1.28　如果一個物體在地球的表面附近，與地球中心距離遠近所導致的重量變化量略而不計。在海平面的重力加速度是 $g = 9.81$ m/s²。地球的半徑是 6370 公里。一個物體在海平面的的重量是 mg，其中 m 是它的質量。距離地球表面上方多高之處物體的重量會減少至 0.99 mg？

1.29　海王星赤道直徑是 49,532 公里，它的質量是 1.0247×10^{26} kg。如果將海王星視爲一個均勻的球體，則在它表面之處的重力加速度是多少？(萬有引力常數是 $G = 6.67 \times 10^{-11}$ N-m²/kg²。)

習題 1.29

1.30　在地球和月亮之間的某個位置，地球施加於一個物體的重力等於月球施加於此物體的重力。請算出地球中心到這個位置的距離至三位有效數字是多少？從地球中心到月球中心的距離是 383,000 公里，且地球的半徑是 6370 公里。月球的半徑是 1738 公里，而且在它表面的重力加速度是 1.62 m/s²。

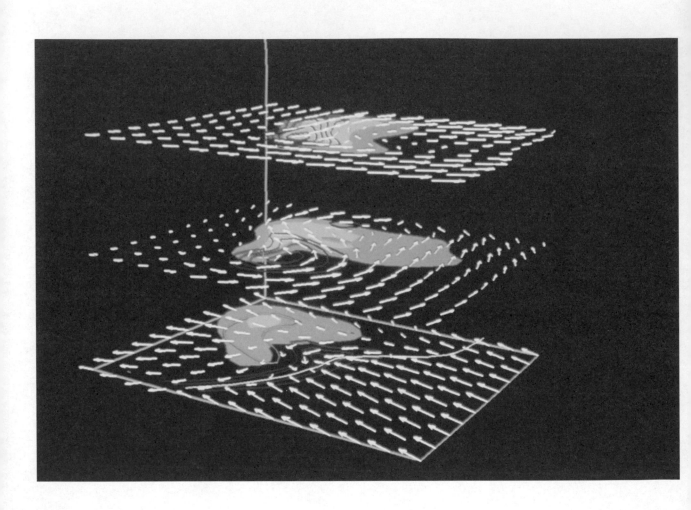

2 向 量

如果物體受到不同大小與不同方向的外力作用時，如何能決定作用於這個物體之合力的大小和方向呢？力是一種向量必須依照向量加法的定義來做加減。在工程上我們面對許多既有長度也有方向的量而可以視之為向量來予以表示與分析。這章我們回顧向量的運算，如何以分量表示向量，與展示向量在工程應用上的例子。

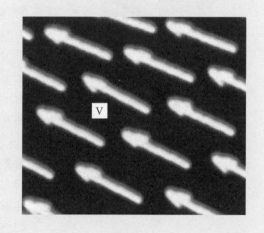

◀ 向量場顯示氣流在三個垂直位置的速度和方向。向量常用來描述與分析具有大小和方向的物理量，包括位置、力、動量、速度和加速度。

2.1　純量和向量

背景概念

　　一個完全由實數所描述的物理量被稱為**純量**。時間是純量。質量也是純量。例如,你會說一輛汽車的質量是 1200 公斤。

　　相較之下,要描述一個向量你必須同時敘明一個非負的實數,也就是**長度**,和方向。只有兩個向量的長度和方向都相同時,我們稱這兩個向量是相等的。

　　空間中一個點相對於另一個點的位置是一個向量。要描述一座城市相對於你家的位置,單單說距你家 100 哩還不算完整。你必須說位在你家西方的 100 哩遠。力也是向量。當你沿地板推一件家具時,你須施出足夠大小的力來推這件家具,也沿著你想要家具移動的方向推它。

　　我們以粗體字表示向量,**U, V, W,** ⋯,而以 |**U**| 代表向量 **U** 的長度。箭頭的方向代表向量的方向,箭頭的長短與向量長度成正比。例如,考慮在圖 2.1a 之機件的點 A 和 B。我們能使用如圖 2.1b 所示的向量 $\mathbf{r}_{AB}$ 標出 B 相對於點 A 的位置。$\mathbf{r}_{AB}$ 的方向從點 A 指向點 B。如果兩點之間的距離是 200 mm,其長度是 $|\mathbf{r}_{AB}| = 200\,\text{mm}$。

　　在圖 2.2 的鋼纜 AB 用來支撐電視轉播塔。我們可以用一個向量 **F** 來代表這條鋼纜作用於轉播塔的力。如果這條鋼纜施加 800-N 的力於塔,$|\mathbf{F}| = 800\,\text{N}$。(以這種方法懸掛的鋼纜會呈現垂凹,或彎曲現象且張力會沿著它的長度而變化。現在,我們假設懸掛之鋼纜的垂凹現象和張力的變化可以略而不計。這個假設在繩子或者鋼纜的重量與其張力相比之下甚小時是相當真確的。我們將在第 10 章更詳細地討論與分析懸掛的鋼纜和繩。)

　　向量是用來代表具有長度和方向之物理量的方便作法,但是那只是向量有用性的開始。一如我們使用所熟悉的加、減、乘等等規則做實數運算,向量的運算也有一套規則。這些規則為工程分析提供了強而有力的工具。

向量加法

當一個物體從空間的某個位置移動到另一個位置時,我們說它**位移**了一段距離。如果我們將一本書(或者,更確切地說,書上的某一點)從桌子上的某個位置移動到另一個位置,如圖 2.3 所示,我們能用向量 **U** 代表這個位移。**U** 的方向代表位移的方向,而 |**U**| 是這本書移動的距離。

　　假定我們把書本作第二次位移 **V**,如圖 2.3b 中所示。**U** 與 **V** 這兩個位移等同於從書本最初的位置直接位移到書本最後的位置,這個位移我們以向量 **W** 代表如圖 2.3c 所示。請注意不論我們先作位

(a)

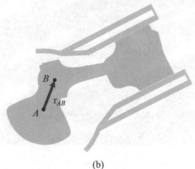

(b)

圖 2.1
(a) 一個機件上的兩個點 A 和 B
(b) 從 A 到 B 的向量 $\mathbf{r}_{AB}$

圖 2.2
以向量 **F** 代表鋼纜 AB 施加於塔的力

移 **U** 再作位移 **V** 或是我們先作位移 **V** 再作位移 **U**，書本最後的位置
都是相同的(圖 2.3d)。位移 **W** 的定義是位移 **U** 與 **V** 的和：

$$\mathbf{U} + \mathbf{V} = \mathbf{W}$$

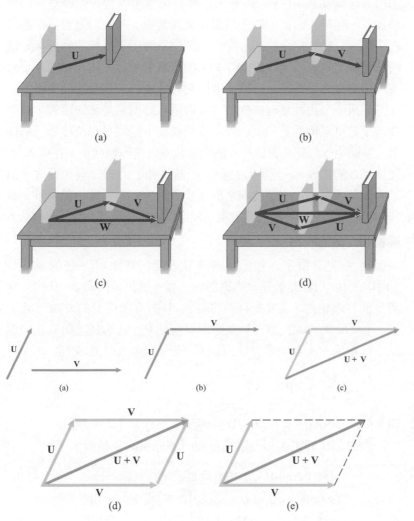

圖 2.3
(a)向量 **U** 代表一個位移
(b)位移 **U** 之後接著位移 **V**
(c)位移 **U** 和 **V** 等同於位移 **W**
(d)書的最後位置與位移發生的先後
  順序無關

圖 2.4
(a)兩向量 **U** 和 **V**
(b)**U** 的頭部置於 **V** 的尾部
(c)用三角形規則以得出 **U** 和 **V** 的和
(d)向量的前後順序不影響兩者的和
(e)用平行四邊形定則求 **U** 和 **V** 的和

　　向量加法的定義師法自位移的相加。考慮 **U** 與 **V** 兩個向量如圖
2.4a 所示。如果我們將兩個向量的首尾相連(圖 2.4b)，它們的和被
定義爲從向量 **U** 的尾巴連到向量 **V**(圖 2.4c)。這稱爲向量加法的**三
角形定則**。圖 2.4d 示範說明了兩個向量的和與哪個向量首接到哪個
向量尾並沒有關係。從這個圖中我們得到向量加法的**平行四邊形定
則**(圖 2.4e)。

　　向量加法的定義意謂

$$\mathbf{U} + \mathbf{V} = \mathbf{V} + \mathbf{U} \quad \text{向量加法是具有交換性的} \tag{2.1}$$

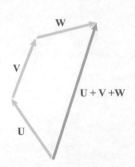

圖 2.5

三個向量 **U**、**V** 以及 **W** 的和

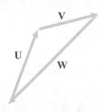

圖 2.6

三個向量 **U**、**V** 以及 **W** 之和等於零

圖 2.7

顯示各個點相對位置的箭頭是向量

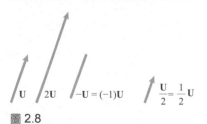

圖 2.8

向量 **U** 和一些它的純量倍數

與

$$(U+V)+W = U+(V+W)$$
向量加法是具有結合性的　　　　　　　　　　　　　　(2.2)

適用於任何向量 **U**、**V**、與 **W**。這些結果意謂著當兩個或更多向量被加在一起時，它們加的先後順序無關緊要。不拘向量首尾相連的次序都可以得到向量的和，從第一個向量的尾部直接連到最後一個向量的頭部就是向量的和(圖 2.5)。如果兩個或以上的向量的和等於零，那麼當它們首尾一一相連(圖 2.6)時會圍成一個封閉的多邊形。

如果一個物理量有長度和方向與適合於向量加法的定義，這個物理量就可以稱爲是一個向量。我們前文中已經見過位移是一個向量。空間中一個點相對於另一個點的位置也是一個向量。在圖 2.7，從 A 到 C 的向量 r_{AC} 等於 r_{AB} 與 r_{BC} 的向量和。力有方向和長度，但是力滿足向量加法的定義嗎？現在我們將先假定力是一種向量。當我們討論到力學時，我們將證明牛頓第二定律暗示了力是一個向量。

純量和向量的乘積

一個純量(實數數字)a 和一個向量 **U** 的乘積寫做 a**U**。它的長度是 $|a||\mathbf{U}|$，其中 $|a|$ 是純量 a 的絕對值。當 a 是正值的時候 a**U** 的方向與 **U** 的方向相同，當 a 是負值的時候 a**U** 的方向與 **U** 的方向相反。

(-1)**U** 的乘積寫成 $-$**U** 並稱爲負向量 **U**。它的長度與 **U** 相同但是方向相反。一個向量 **U** 除以純量 a 被定義爲如下的乘積

$$\frac{\mathbf{U}}{a} = \left(\frac{1}{a}\right)\mathbf{U}$$

圖 2.8 顯示一個向量 **U** 以及 **U** 與純量 2、-1 及 1/2 的乘積。

向量加法的定義和一個純量與一個向量的乘積暗示了

$$a(b\mathbf{U}) = (ab)\mathbf{U}，\text{乘積對純量的乘法具結合性} \qquad (2.3)$$
$$(a+b)\mathbf{U} = a\mathbf{U}+b\mathbf{U}，\text{乘積對純量加法具分配性} \qquad (2.4)$$
$$a(\mathbf{U}+\mathbf{V}) = a\mathbf{U}+a\mathbf{V}，\text{乘積對向量加法具分配性} \qquad (2.5)$$

任何純量 a 和 b 與向量 **U** 與 **V** 都適用。我們討論向量的分量時需要用到上述的結論。

向量減法

要得出兩個向量 **U** 與 **V** 的差可以將 **U** 加上向量 (-1)**V**：

$$U-V = U+(-1)V \qquad (2.6)$$

考慮圖 2.9a 所示的兩個向量 **U** 與 **V**。向量 (−1)**V** 與向量 **V** 的長度相同但是方向相反(圖 2.9b)。在圖 2.9c，我們對向量 **U** 加上向量 (−1)**V** 以得出 **U−V**。

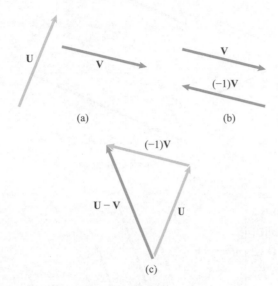

(a)

(b)

(c)

圖 2.9
(a)兩向量 **U** 和 **V**
(b)向量 **V** 和 (−1)**V**
(c)**U** 和 (−1)**V** 的和等於向量差 **U−V**

單位向量

單位向量(*unit vector*)指的是長度等於 1 的向量。單位向量對於有特別方向之向量提供了一個方便的方向表示法。如果單位向量 **e** 以及向量 **U** 的方向相同，我們能將 |**U**| 寫成它的長度的與單位向量 **e** 的乘積(圖 2.10)。

$$\mathbf{U} = |\mathbf{U}|\mathbf{e}$$

任何向量 U 可以被看成是它的長度以及與它同方向之單位向量的乘積。方程式的左右側同時除以 |**U**| 得到

$$\frac{\mathbf{U}}{|\mathbf{U}|} = \mathbf{e}$$

因此，任何向量除以它的本身的長度就得到一個與之有相同方向的單位向量。

圖 2.10
因為 **U** 和 **e** 方向相同，向量 **U** 等於它本身的大小與 **e** 的乘積

結論

一個完全由實數描述的物理量稱為一個**純量**。一個向量兼具了長度和方向並且滿足所定義的加法規則。一個向量用一個長度與向量大小成正比的箭頭圖形來表現。

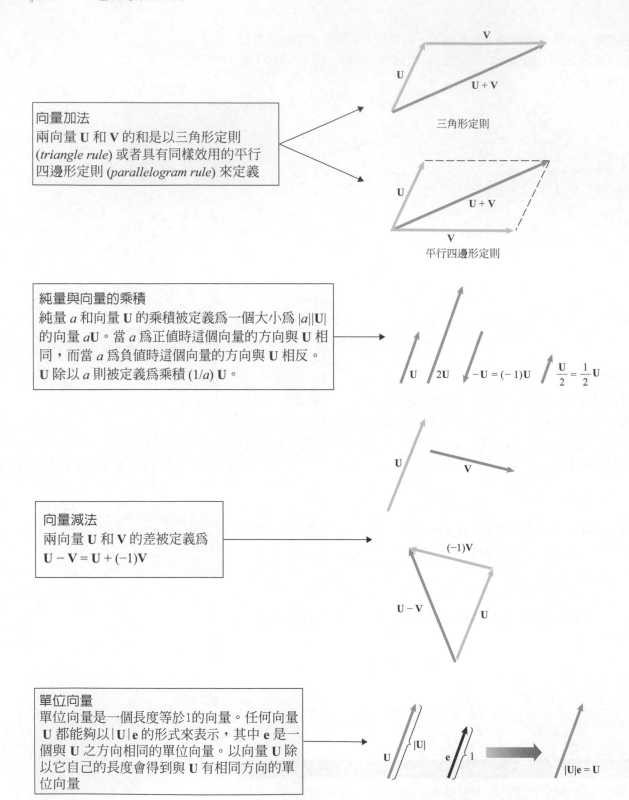

向量加法
兩向量 **U** 和 **V** 的和是以三角形定則
(*triangle rule*) 或者具有同樣效用的平行
四邊形定則 (*parallelogram rule*) 來定義

三角形定則

平行四邊形定則

純量與向量的乘積
純量 *a* 和向量 **U** 的乘積被定義爲一個大小爲 $|a||U|$
的向量 *a***U**。當 *a* 爲正值時這個向量的方向與 **U** 相
同,而當 *a* 爲負值時這個向量的方向與 **U** 相反。
U 除以 *a* 則被定義爲乘積 (1/*a*) **U**。

向量減法
兩向量 **U** 和 **V** 的差被定義爲
U − **V** = **U** + (−1)**V**

單位向量
單位向量是一個長度等於1的向量。任何向量
U 都能夠以 $|U|$ **e** 的形式來表示,其中 **e** 是一
個與 **U** 之方向相同的單位向量。以向量 **U** 除
以它自己的長度會得到與 **U** 有相同方向的單
位向量

觀念範例 2.1　向量的運算(▶ 相關習題 2.1)

所示之向量的長度是 $|\mathbf{U}| = 8$ 與 $|\mathbf{V}| = 3$。向量 $\mathbf{V}$ 是垂直的。請用圖解的方式量出向量 $\mathbf{U} + 2\mathbf{V}$ 的長度。

方略

按比例畫出兩個向量再運用向量加法的三角形定則,我們能量出向量 $\mathbf{U} + 2\mathbf{V}$ 的長度。

解答

按比例畫出向量 $\mathbf{U}$ 和 $2\mathbf{V}$,將它們頭尾相接

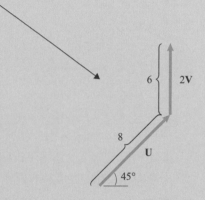

量出 $|\mathbf{U}+2\mathbf{V}|$ 的長度是13.0

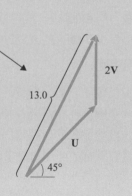

練習題

所示的向量的長度是 $|\mathbf{U}| = 8$ 與 $|\mathbf{V}| = 3$。向量 $\mathbf{V}$ 是垂直的。請以圖解的方式量出向量 $\mathbf{U} - 2\mathbf{V}$ 的長度。

答案: $|\mathbf{U}-2\mathbf{V}| = 5.7$。

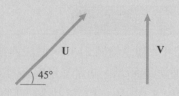

範例 2.2　向量相加 (▶ 相關習題 2.2)

一座運動體育場的屋頂的某部分將用鋼纜 AB 和 AC 予以支撐。繫住鋼纜之鐵塔所承受的力分別用向量 $\mathbf{F}_{AB}$ 與 $\mathbf{F}_{AC}$ 來代表。力的大小分別是 $|\mathbf{F}_{AB}| = 100$ kN 與 $|\mathbf{F}_{AC}| = 60$ kN。請算出鐵塔承受來自鋼纜作用力之合力的大小與方向。

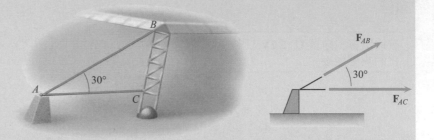

方略

按比例繪出向量並運用平行四邊形定則將向量相加,我們能量出兩向量之和的長度和方向。

解答

我們以等比例於 $\mathbf{F}_{AB}$ 和 $\mathbf{F}_{AC}$ 大小的長度畫出平行四邊形來得出這兩個力的和(圖 a)。透過量度這張圖,我們估計向量 $\mathbf{F}_{AB} + \mathbf{F}_{AC}$ 的大小為 155 kN 與它的方向是水平向上 19°。

(a) 圖解法

重要提示

在工程應用方面,向量的運算幾乎都透過理論分析的方式來求算。那麼為什麼還要費神學習圖解方法?如此做是提升你對向量的直覺並幫助你理解向量運算。此外,先畫出一張圖面上的答案經常有助於你構思出解析解。

習題

▶2.1　觀念範例 21 中,假設向量 $\mathbf{U}$ 與 $\mathbf{V}$ 所指向的方向如圖所示。向量 $\mathbf{V}$ 是垂直的。向量長度分別是 $|\mathbf{U}| = 8$ 與 $|\mathbf{V}| = 3$。請以圖解的方式算出向量 $\mathbf{U} + 2\mathbf{V}$ 的長度。

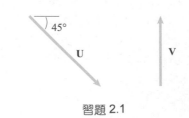

習題 2.1

▶2.2　假設在範例 2.2 的鐵塔移近體育場使得作用力 $\mathbf{F}_{AB}$ 與 $\mathbf{F}_{AC}$ 之間的夾角等於 50°。請畫出新的情境圖。作用力的大小分別是 $|\mathbf{F}_{AB}| = 100\,\mathrm{kN}$ 與 $|\mathbf{F}_{AC}| = 60\,\mathrm{kN}$。請以圖解的方式算出鋼纜施加於鐵塔的合力大小和方向。

參考以下幾個圖解出習題 2.3 到 2.5。力向量 $\mathbf{F}_A$、$\mathbf{F}_B$ 與 $\mathbf{F}_C$ 都位於同一個平面。

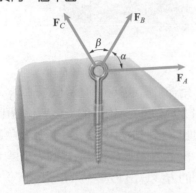

習題 2.3-2.5

2.3　$|\mathbf{F}_A| = 80\,\mathrm{N}$ 以及角度 $\alpha = 65°$。且 $|\mathbf{F}_A + \mathbf{F}_B| = 120\,\mathrm{N}$。請以圖解的方式算出向量 $\mathbf{F}_B$ 的大小。

2.4　$|\mathbf{F}_A| = 40\,\mathrm{N}$，$|\mathbf{F}_B| = 50\,\mathrm{N}$，與 $|\mathbf{F}_C| = 40\,\mathrm{N}$。角 $\alpha = 50°$ 與 $\beta = 80°$。請以圖解的方式算出 $\mathbf{F}_A + \mathbf{F}_B + \mathbf{F}_C$ 的大小。

2.5　$|\mathbf{F}_A| = |\mathbf{F}_B| = |\mathbf{F}_C| = 100\,\mathrm{N}$，與 $\alpha = 30°$ 角度。請以圖解的方式算出 $|\mathbf{F}_A + \mathbf{F}_B + \mathbf{F}_C|$ 的大小為最小值的時候，角度 β 以及 $|\mathbf{F}_A + \mathbf{F}_B + \mathbf{F}_C|$ 的最小值。

2.6　角度 $\theta = 50°$。請以圖解的方式算出向量 $\mathbf{r}_{AC}$ 的大小。

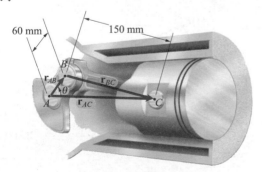

習題 2.6

2.7　向量 $\mathbf{F}_A$ 與 $\mathbf{F}_B$ 代表皮帶施加於滑輪的作用力。它們的大小是 $|\mathbf{F}_A| = 80\,\mathrm{N}$ 與 $|\mathbf{F}_B| = 60\,\mathrm{N}$。請以圖解的方式算出皮帶施加於滑輪的總力。

習題 2.7

2.8　作用力的總和 $\mathbf{F}_A + \mathbf{F}_B + \mathbf{F}_C = 0$。$|\mathbf{F}_A| = 100\,\mathrm{N}$ 與角度 $\alpha = 60°$。請以圖解的方式算出 $|\mathbf{F}_B|$ 與 $|\mathbf{F}_C|$。

2.9　作用力的總和 $\mathbf{F}_A + \mathbf{F}_B + \mathbf{F}_C = 0$。$|\mathbf{F}_A| = 100\,\mathrm{N}$ 與 $|\mathbf{F}_B| = 80\,\mathrm{N}$。請以圖解的方式算出 $|\mathbf{F}_C|$ 與角 α。

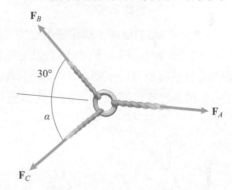

習題 2.8/2.9

2.10　作用於滑翔機的力可以用三個向量來描述。升力 $\mathbf{L}$ 與阻力 $\mathbf{D}$ 互相垂直。重量 $\mathbf{W}$ 的大小是 3500 N。作用力的總和 $\mathbf{W} + \mathbf{L} + \mathbf{D} = 0$。請以圖解的方式算出升力與阻力。

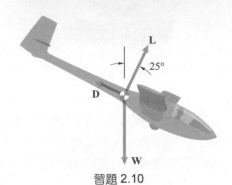

習題 2.10

2.11　一個球形的儲油槽被一條纜線所懸掛。油箱承受 3 個力，鋼纜的吊掛力 F_A 與 F_B 以及它的重量 W。儲油槽的重量是 $|W| = 3000\,N$。作用於儲油槽的力的向量和等於零。請以圖解的方式算出 F_A 與 F_B 的大小。

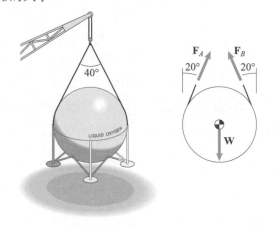

習題 2.11

2.12　繩子 ABC 施加大小相等的力 F_{BA} 與 F_{BC} 於木樁 B。施加於木樁 B 的二個力之合力的大小是 920 N。以圖解的方式算出 $|F_{BA}|$。

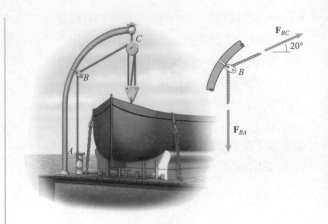

習題 2.12

2.13　兩台雪貓車(snowcats)拖拉一間緊急避難屋到南極洲 McMurdo 站附近的一個新位置(此處顯示的是上視圖。拖纜是水平的。)作用於緊急避難屋之合力 $F_A + F_B$ 的方向與 L 平行而它的大小是 1000 N。請以圖解的方式算出 F_A 與 F_B 的大小。

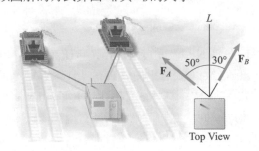

習題 2.13

2.14　一個調查員計算出從 A 到 B 的水平的距離是 400 m 而從 A 到 C 的水平距離是 600 m。請以圖解的方式算出向量 r_{BC} 的大小與角 α。

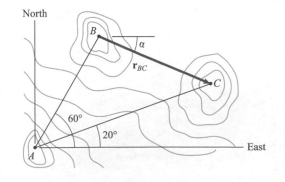

習題 2.14

2.15　向量 **r** 從點 *A* 延伸到 *B* 和 *C* 點之間的中點。請證明 $\mathbf{r} = \frac{1}{2}(\mathbf{r}_{AB} + \mathbf{r}_{AC})$。

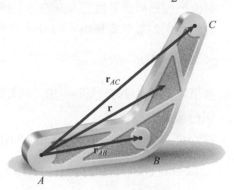

習題 2.15

2.16　畫個向量圖，請解釋為什麼 $\mathbf{U} + (\mathbf{V} + \mathbf{W}) = (\mathbf{U} + \mathbf{V}) + \mathbf{W}$。

2.2　二維分量

背景概念

　　當向量以自身相互垂直的分量來表示時，向量變得容易處理得多。這裡我們解釋怎樣將向量以直角座標的分量來表示並且提供一些範例說明如何利用向量分量作向量運算。

　　考慮圖 2.11a 的向量 **U**。藉由設置一個使向量 **U** 與 *x-y* 平面平行的直角座標系統，我們能將它寫成兩個互相垂直而分別平行於 *x* 軸的 $\mathbf{U}_x$ 與平行於 *y* 軸的 $\mathbf{U}_y$ 之**分量**的和(圖 2.11b)：

$$\mathbf{U} = \mathbf{U}_x + \mathbf{U}_y$$

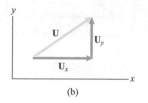
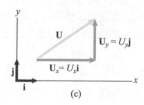

(a)　　　　　(b)　　　　　(c)

圖 2.11
(a)一個向量 **U**
(b)向量分量 $\mathbf{U}_x$ 和 $\mathbf{U}_y$
(c)向量分量可以以 **i** 和 **j** 表示

然後引進正 *x* 軸方向的單位向量 **i** 和正 *y* 軸方向的單位向量 **j**(圖 2.11c)，我們能將向量 **U** 表示成下述的形式

$$\mathbf{U} = U_x\mathbf{i} + U_y\mathbf{j} \tag{2.7}$$

純量 U_x 和 U_y 被稱為 **U** 的**純量分量**。**當我們參照一個向量的分量時，我們指的是參用它分量的純量部份**。我們用 U_x 與 U_y 代表 *x* 和 *y* 方向的分量 **U**。

向量的分量具體表現出這個向量在直角座標系統上的方向以及長度。因爲向量 **U** 與它本身的分量構成一個直角三角形(圖 2.11c)，我們能用勾股弦定理由它的分量算出 **U** 的長度：

$$|\mathbf{U}| = \sqrt{U_x^2 + U_y^2} \tag{2.8}$$

當事先知道向量的分量時，由這個方程式可以算出這個向量的長度。

以分量作向量運算

以向量分量表示兩個向量 **U** 和 **v** 的和

$$\mathbf{U} + \mathbf{V} = (U_x\mathbf{i} + U_y\mathbf{j}) + (V_x\mathbf{i} + V_y\mathbf{j})$$
$$= (U_x + V_x)\mathbf{i} + (U_y + V_y)\mathbf{j} \tag{2.9}$$

U + **V** 的分量等於向量 **U** 與 **V** 的分量的和。請注意我們使用式(2.2)、式(2.4)以及式(2.5)導出這個結果。

以圖形的方式推導式(2.9)具有啓發性。**U** 與 **V** 的和如圖 2.12a 所示。在圖 2.12b 我們引進一個座標系統並且標示出分量 **U** 與 **V**。在圖 2.12c 我們加進 x 和 y 的分量，獲得式(2.9)。

以 **U** 的分量表示出數字 a 和向量 **U** 的乘積是

$$a\mathbf{U} = a(U_x\mathbf{i} + U_y\mathbf{j}) = aU_x\mathbf{i} + aU_y\mathbf{j}$$

$a\mathbf{U}$ 各個座標方向的分量等於 a 與 **U** 分別沿各座標方向之分量的乘積。我們使用式(2.3)以及式(2.5)得出這個結果。

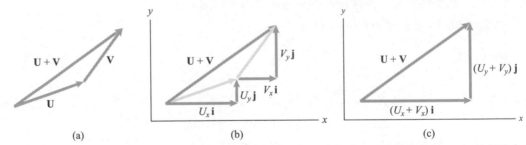

圖 2.12　(a)向量 **U** 與 **V** 的和。(b)**U** 與 **V** 的向量分量。(c)沿各座標方向之向量分量總和等於 **U** + **V** 於各該方向的分量

以向量分量表示位置向量

我們能以一個點的直角座標表示出這個點相對於另一點的位置向量。考慮座標爲 (x_A, y_A) 之點 A 及座標爲 (x_B, y_B) 之點 B。令 $\mathbf{r}_{AB}$ 代表 B 相對於 A 的位置向量(圖 2.13a)。亦即，我們將從點 A 到點 B 的向量記爲 $\mathbf{r}_{AB}$。從圖 2.13b 可看出 $\mathbf{r}_{AB}$ 可以由點 A 和點 B 的座標表示如下

$$\mathbf{r}_{AB} = (x_B - x_A)\mathbf{i} + (y_B - y_A)\mathbf{j} \tag{2.10}$$

請注意點 A 到點 B 之位置向量的 x 分量可由點 B 的 x 座標減去點 A 的 x 座標得到，而 y 分量可由點 B 的 y 座標減去點 A 的 y 座標得到。

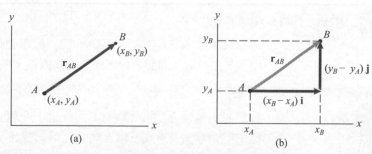

圖 2.13　(a)兩個點 A 與 B 以及從 A 到 B 的位置向量。(b)$\mathbf{r}_{AB}$ 的向量分量可以從 A 和 B 的座標計算出來

結論

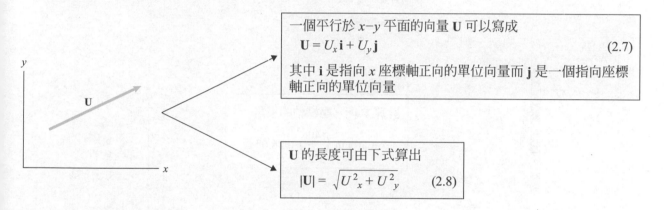

一個平行於 x–y 平面的向量 $\mathbf{U}$ 可以寫成

$$\mathbf{U} = U_x \mathbf{i} + U_y \mathbf{j} \tag{2.7}$$

其中 $\mathbf{i}$ 是指向 x 座標軸正向的單位向量而 $\mathbf{j}$ 是一個指向座標軸正向的單位向量

$\mathbf{U}$ 的長度可由下式算出

$$|\mathbf{U}| = \sqrt{U^2_{x} + U^2_{y}} \tag{2.8}$$

以分量作向量的運算

向量的加法 (或減法)，以及向量和一個數字的乘法可以借助向量的分量來達成

$$
\begin{aligned}
\mathbf{U} + \mathbf{V} &= (U_x \mathbf{i} + U_y \mathbf{j}) + (V_x \mathbf{i} + V_y \mathbf{j}) \\
&= (U_x + V_x)\,\mathbf{i} + (U_y + V_y)\,\mathbf{j} \tag{2.9} \\
a\mathbf{U} &= a(U_x \mathbf{i} + U_y \mathbf{j}) \\
&= aU_x \mathbf{i} + aU_y \mathbf{j}
\end{aligned}
$$

位置向量的分量表示式

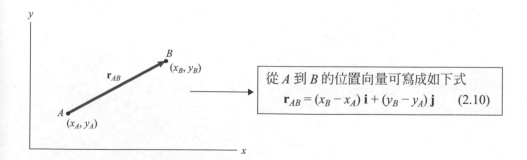

從 A 到 B 的位置向量可寫成如下式

$$\mathbf{r}_{AB} = (x_B - x_A)\,\mathbf{i} + (y_B - y_A)\,\mathbf{j} \tag{2.10}$$

觀念範例 2.3　計算分量(▶ 相關習題 2.31)

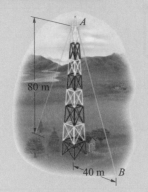

纜線從點 A 到點 B 施加了 900-N 的力於電視轉播塔的頂端並以向量 **F** 來代表。請將 **F** 以所示之座標系統下的各分量來表示。

方略

我們將用兩種方式計算向量 **F** 的分量。在第一個方法,我們將使用三角學計算 **F** 與 y 軸之間的夾角來算出分量。在第二個方法,我們將使用已知的纜線 AB 的斜率並使用相似三角形來計算 **F** 的分量。

解答

第一個方法

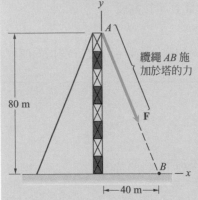

纜繩 AB 施加於塔的力

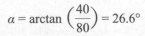

計算 **F** 與 y 座標軸的夾角:

$$\alpha = \arctan\left(\frac{40}{80}\right) = 26.6°$$

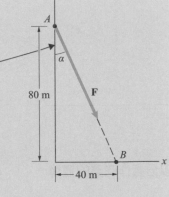

利用三角幾何學計算出 **F** 並寫爲它的分量表示式:

$$\mathbf{F} = |\mathbf{F}|\sin\alpha\mathbf{i} - |\mathbf{F}|\cos\alpha\mathbf{j}$$
$$= 900\sin 26.6°\ \mathbf{i} - 900\cos 26.6°\ \mathbf{j}\ (N)$$
$$= 402\mathbf{i} - 805\mathbf{j}\ (N)$$

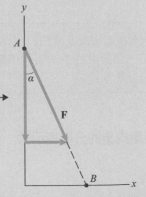

第二個方法

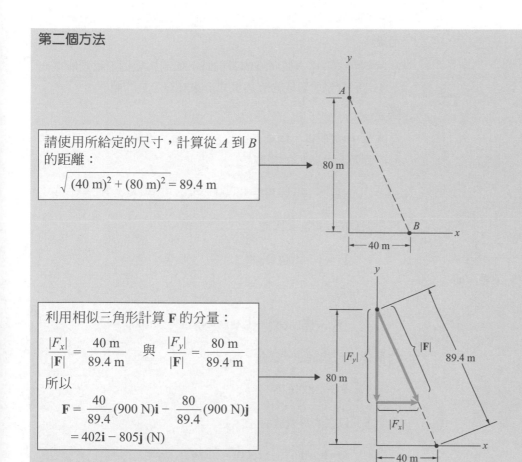

請使用所給定的尺寸，計算從 A 到 B 的距離：

$$\sqrt{(40\ \text{m})^2 + (80\ \text{m})^2} = 89.4\ \text{m}$$

利用相似三角形計算 **F** 的分量：

$$\frac{|F_x|}{|\mathbf{F}|} = \frac{40\ \text{m}}{89.4\ \text{m}} \quad \text{與} \quad \frac{|F_y|}{|\mathbf{F}|} = \frac{80\ \text{m}}{89.4\ \text{m}}$$

所以

$$\mathbf{F} = \frac{40}{89.4}(900\ \text{N})\mathbf{i} - \frac{80}{89.4}(900\ \text{N})\mathbf{j}$$

$$= 402\mathbf{i} - 805\mathbf{j}\ (\text{N})$$

練習題

纜線從點 A 到點 B 施加了 900-N 的力於電視轉播塔的塔頂並以向量 **F** 來代表。假定你更動點 B 的位置使得 **F** 的 y 分量的大小是 x 分量者的 3 倍。請將 **F** 以它的分量來表示。點 B 該放在 x 軸上離原點多遠的地方？

答案：**F** = 285**i** − 854**j** (N)。點 B 該放在 x 軸上離原點 26.7 m 之處。

範例 2.4　　　　從角度計算分量(▶ 相關習題 2.33)

液壓汽缸提供動力予很多機械設備。被加壓的液體(液壓)會推動汽缸內的活塞。液壓汽缸 AB 施加 20000-N 力予 B 處之傾卸卡車的車體上。請用所示的座標系統將 **F** 以 **F** 的分量來表示。

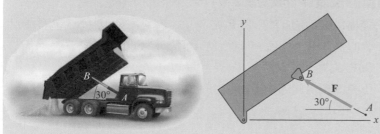

方略

當用角度來表達一個向量的方向時，如同本範例，我們能從向量和它的分量所形成的直角三角形來計算分量的值。

解答

在圖 a 中我們畫出向量 F 以及它的分量。從所構成的直角三角形，我們看得出 $\mathbf{F}_x$ 的長度是

$$|\mathbf{F}_x| = |\mathbf{F}|\cos30° = (20000\text{ N})\cos30° = 17300\text{ N}$$

$\mathbf{F}_x$ 指向負的 x 方向，因此

$$\mathbf{F}_x = -17300\mathbf{i}\ (\text{N})$$

$\mathbf{F}_y$ 的大小是

$$|\mathbf{F}_y| = |\mathbf{F}|\sin30° = (20000\text{ N})\sin30° = 10000\text{ N}.$$

向量分量 $\mathbf{F}_y$ 指向正 y 方向，因此

$$\mathbf{F}_y = 10000\mathbf{j}\ (\text{N})$$

向量 F，以它的分量來表示，是

$$\mathbf{F} = \mathbf{F}_x + \mathbf{F}_y = -17300\mathbf{i} + 1000\mathbf{j}\ (\text{N})$$

F 的 x 分量是 -17300 N，y 分量是 10000 N。

重要提示

當你已算出一個給定之向量的分量時，你應該能判斷它們看來是否合理。在這個範例裡你應能從向量的方向看出 x 分量是負的和 y 分量是正的。你也能由分量算出向量正確的大小。在這個範例裡，

$$|\mathbf{F}| = \sqrt{(-17300\text{ N})^2 + (20000\text{ N})^2} = 20000\text{ N}$$

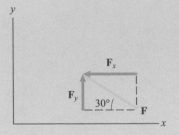

(a) 力 F 與其分量形成一直角三角形

範例 2.5　　計算未知向量的長度(▶ 相關習題 2.47)

纜線 A 和 B 施加力 $\mathbf{F}_A$ 與 $\mathbf{F}_B$ 於鉤上。$\mathbf{F}_A$ 大小是 100 N。調整纜線 B 的張力使合力 $\mathbf{F}_A + \mathbf{F}_B$ 垂直於鉤所釘掛的牆面。

(a)$\mathbf{F}_B$ 的大小是多少？

(b)兩條纜線施加於鉤的合力的大小是多少？

方略

兩力的向量和垂直於牆面，因此與牆面平行之分量的和應等於零。由這項條件我們能得出 $\mathbf{F}_B$ 大小的方程式。

解答

(a)於圖 a 所示的座標系統，$\mathbf{F}_A$ 與 $\mathbf{F}_B$ 的分量是

$$\mathbf{F}_A = |\mathbf{F}_A|\sin40°\mathbf{i} + |\mathbf{F}_A|\cos40°\mathbf{j}$$
$$\mathbf{F}_B = |\mathbf{F}_B|\sin20°\mathbf{i} - |\mathbf{F}_B|\cos20°\mathbf{j}$$

合力等於

$$\mathbf{F}_A + \mathbf{F}_B = (|\mathbf{F}_A|\sin40° + |\mathbf{F}_B|\sin20°)\mathbf{i}$$
$$+ (|\mathbf{F}_A|\cos40° - |\mathbf{F}_B|\cos20°)\mathbf{j}$$

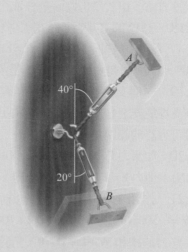

現在，我們設定與牆面平行的分量(y 分量)等於零：

$$|\mathbf{F}_A|\cos40° - |\mathbf{F}_B|\cos20° = 0$$

我們由此得到一個有關 $\mathbf{F}_B$ 大小的方程式：

$$|\mathbf{F}_B| = \frac{|\mathbf{F}_B|\cos40°}{\cos20°} = \frac{(100\,\text{N})\cos40°}{\cos20°} = 81.5\,\text{N}$$

(b)因為我們已經知道 $\mathbf{F}_B$ 的大小，我們能計算出鉤所承受的合力是：

$$\mathbf{F}_A + \mathbf{F}_B = (|\mathbf{F}_A|\sin40° + |\mathbf{F}_B|\sin20°)\mathbf{i}$$
$$= [(100\,\text{N})\sin40° + (81.5\,\text{N})\sin20°]\mathbf{i} = 92.2\mathbf{i}\,(\text{N})$$

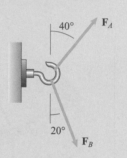

合力的大小是 92.2 N。

重要提示

我們能以較不正式的方法獲得(a)的答案。如果平行於牆面之合力的分量等於零，我們在圖 a 看得出 $\mathbf{F}_A$ 之垂直分量的大小必等於 $\mathbf{F}_B$ 之垂直分量的大小：

$$|\mathbf{F}_A|\cos40° = |\mathbf{F}_B|\cos20°$$

因此 $\mathbf{F}_B$ 的大小是

$$|\mathbf{F}_B| = \frac{|\mathbf{F}_B|\cos40°}{\cos20°} = \frac{(100\,\text{N})\cos40°}{\cos20°} = 81.5\,\text{N}$$

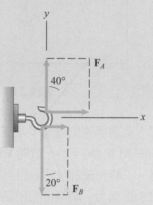

(a) 分解 $\mathbf{F}_A$ 與 $\mathbf{F}_B$ 為平行於和垂直於牆面的分量

習題

2.17　力 $\mathbf{F}=40\mathbf{i}-20\mathbf{j}$ (N)。$|\mathbf{F}|$ 的大小是多少？

方略：由式(2.8)以向量分量計算向量的大小。

2.18　工程師要估計作用於橋墩之力的分量 $\mathbf{F}=F_x\mathbf{i}+F_y\mathbf{j}$ 目前已經算出 $F_x=130$ MN，$|\mathbf{F}|=165$ MN，以及 F_y 是負的。請問 F_y 是多少？

2.19　一個支撐承受一個力 $\mathbf{F}=F_x\mathbf{i}+80\mathbf{j}$ (N)。如果該支撐能安全地支持大小 100 N 以內的力，則 F_x 分量可容許的範圍是什麼？

2.20　如果力 $\mathbf{F}_A=600\mathbf{i}-800\mathbf{j}$ (kN)與 $\mathbf{F}_B=200\mathbf{i}-200\mathbf{j}$ (kN)，則力 $\mathbf{F}=\mathbf{F}_A-2\mathbf{F}_B$ 的大小是多少？

2.21　作用於滑翔機的力包括它本身的重量 $\mathbf{W}=-500\mathbf{j}$ (lb)阻力 $\mathbf{D}=-200\mathbf{i}+100\mathbf{j}$ (lb)與升力 $\mathbf{L}$。這些力的總和 $\mathbf{W}+\mathbf{L}+\mathbf{D}=0$，請算出各分量和 $\mathbf{L}$ 的大小。

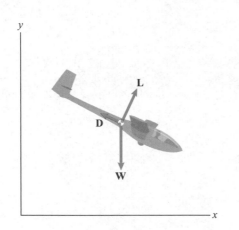

習題 2.21

2.22　兩個垂直的向量 $\mathbf{U}$ 與 $\mathbf{V}$ 同在 x-y 平面。向量 $\mathbf{U}=6\mathbf{i}-8\mathbf{j}$ 及 $|\mathbf{V}|=20$。請問 $\mathbf{V}$ 的分量是多少？

2.23　一條魚施加 40-N 的力於魚線上並以向量 $\mathbf{F}$ 來表示這個力。請寫出於所示的座標系統下 $\mathbf{F}$ 的分量。

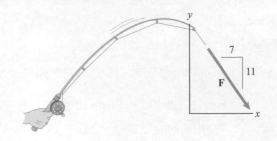

習題 2.23

2.24　一個人施加 300-N 的力 $\mathbf{F}$ 把板條箱推到一輛卡車上。(a)請使用所示的座標系統寫出 $\mathbf{F}$ 的分量。(b)板條箱的重量是 450 N。請算出那個人和板條箱重量兩者之合力的大小。

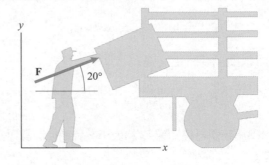

習題 2.24

2.25　飛彈引擎推送 260-kN 的力 $\mathbf{F}$。(a)請於所示的座標系統以 $\mathbf{F}$ 的分量寫出 $\mathbf{F}$。(b)飛彈的質量是 8800 kg。請算出引擎和飛彈重量兩者之合力的大小。

習題 2.25

2.26　依所示的構架，請寫出從點 A 到 D 點的位置向量 $\mathbf{r}_{AD}$ 的分量。使用你的結果算出從點 A 到點 D 的距離。

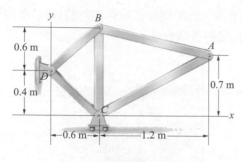

習題 2.26

2.27　A, B, … 是六角形結構件的接點。令 $\mathbf{r}_{AB}$ 是從 A 接點到 B 接點的位置向量，$\mathbf{r}_{AC}$ 從 A 接點到 C 接點的位置向量，以此類推。請寫出 $\mathbf{r}_{AC}$ 與 $\mathbf{r}_{AF}$ 等向量的分量。

2.28　請寫出 $\mathbf{r}_{AB} - \mathbf{r}_{BC}$ 向量的分量。

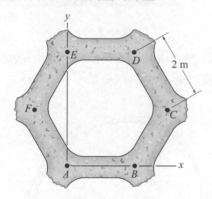

習題 2.27/2.28

2.29　點 A 的座標是 $(1.8, 3.0)$ m。點 B 的 y 座標是 0.6 m。向量 $\mathbf{r}_{AB}$ 與單位向量 $\mathbf{e}_{AB} = 0.616\mathbf{i} - 0.788\mathbf{j}$ 的方向相同。請問 $\mathbf{r}_{AB}$ 的分量是什麼？

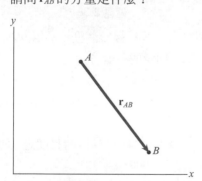

習題 2.29

2.30　(a)寫出車斗前端的點 A 到點 B 的位置向量。
(b)請寫出從點 B 到點 C 的位置向量的分量。
(c)使用(a)以及(b)的結果算出從點 A 到點 C 的距離。

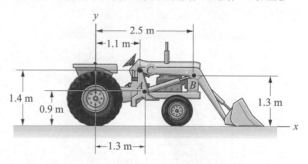

習題 2.30

▶2.31　在觀念範例 2.3 中，纜線 AB 施加 900-N 力於轉播塔的頂端。假定樁點 B 沿水平方向移離轉播塔，而纜線施加於塔頂之力 $\mathbf{F}$ 的大小與纜線的長度成正比。(a)如果力的大小是 1000 N，請問從塔到點 B 的距離是多少？(b)於所示之座標系統寫出 1000-N 之力 $\mathbf{F}$ 的分量。

2.32　計算位置向量 $\mathbf{r}_{AB}$ 的分量如果(a)$\theta = 30°$；(b) $\theta = 225°$。

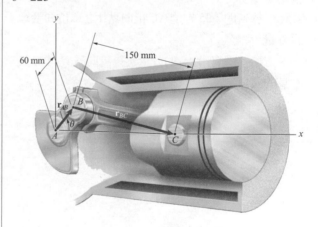

習題 2.32

▶2.33　於範例 2.4，固定點 A 的座標是 $(5, 0.3)$ m。司機把卡車的車體降低到一個座標為 $(3, 1)$ m 的新位置 B。當車體降到新的位置時，液壓汽缸施加於車體之力 $\mathbf{F}$ 的大小為 20 kN。畫張新的情境圖。寫出 $\mathbf{F}$ 的各個分量。

2.34　一個調查員測量點 A 的位置並算出 $\mathbf{r}_{OA}=400\mathbf{i}+800\mathbf{j}$ (m)。他想要確定點 B 的位置使得 $|\mathbf{r}_{AB}|=400$ m 與 $|\mathbf{r}_{OA}+\mathbf{r}_{AB}|=1200$ m。點 B 的直角座標是什麼？

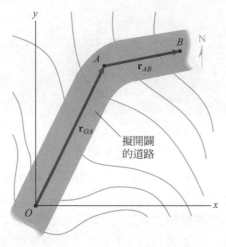

習題 2.34

2.35　從點 B 到點 A 位置向量 $\mathbf{r}_{BA}$ 的大小是 6 m 以及從點 C 到點 A 位置向量 $\mathbf{r}_{CA}$ 的大小是 4 m。$\mathbf{r}_{BA}$ 的分量是多少？

2.36　於習題2.35，從點 C 指向點 A 之單位向量 $\mathbf{e}_{CA}$ 的分量

　　方略：請寫出 $\mathbf{r}_{CA}$ 的分量然後將向量 $\mathbf{r}_{CA}$ 除以它本身的長度。

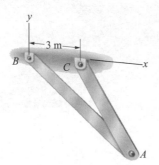

習題 2.35/2.36

2.37　帆船的 A、B 和 C 點的 x 和 y 座標如所示。
(a)請寫出一個平行於前桅桿 AB 並且從 A 指向 B 之單位向量的各個分量。

(b)請寫出一個平行於後桅桿 BC 並且從 C 指向 B 之單位向量的各個分量。

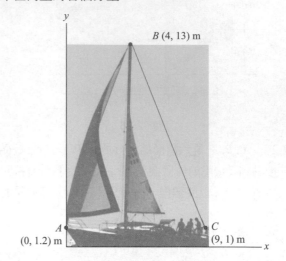

習題 2.37

2.38　桿 AB 的長度是 0.6 m。請寫出一個從 A 指向 B 之單位向量 $\mathbf{e}_{AB}$ 的各個分量。

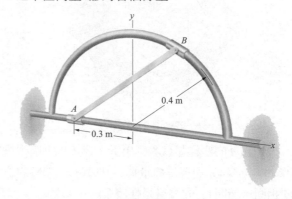

習題 2.38

2.39　請寫出一個平行於液壓致動器 BC 並且從 B 指向 C 之單位向量的各個分量。

2.40　液壓致動器 BC 於接點 C 施加一個平行於致動器且從 B 指向 C 的 1.2-kN 的力 $\mathbf{F}$。請寫出 $\mathbf{F}$ 的各個分量。

2.41　一個調查員得出 OA 線的長度是 1500 m 與 OB 線的長度是 2000 m。

(a)寫出從點 A 到點 B 之位置向量的分量。

(b)寫出從點 A 到點 B 之單位向量的分量。

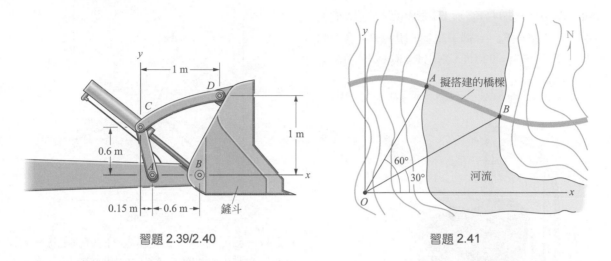

習題 2.39/2.40　　　　　　　　　　習題 2.41

2.42　纜線施加之力的大小分別是 $|\mathbf{T}_1| = 2800\,\mathrm{N}$、$|\mathbf{T}_2| = 3200\,\mathrm{N}$、$|\mathbf{T}_3| = 4000\,\mathrm{N}$ 與 $|\mathbf{T}_4| = 5000\,\mathrm{N}$。請問這 4 條纜線的合力大小是多少？

2.43　這 4 條纜線間的張力是相等的：$|\mathbf{T}_1| = |\mathbf{T}_2| = |\mathbf{T}_3| = |\mathbf{T}_4| = T$。請計算 T 的值使得這 4 條纜線施加於支撐的合力大小等於 12,500-N。

習題 2.42/2.43

2.44　繩 ABC 施加力 $\mathbf{F}_{BA}$ 與 $\mathbf{F}_{BC}$ 於阻塊 B。兩者的大小相等：$|\mathbf{F}_{BA}| = |\mathbf{F}_{BC}|$。繩子施加於阻塊 B 之合力的大小是 $|\mathbf{F}_{BA} + \mathbf{F}_{BC}| = 920\,\text{N}$。寫出 $\mathbf{F}_{BA}$ 與 $\mathbf{F}_{BC}$ 的分量來計算出 $|\mathbf{F}_{BA}|$。

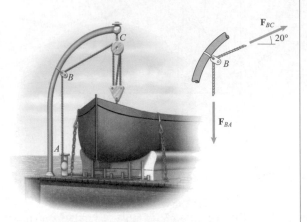

習題 2.44

2.45　水平方向的力 $\mathbf{F}_1$ 大小是 5 kN 且 $\mathbf{F}_1 + \mathbf{F}_2 + \mathbf{F}_3 = \mathbf{0}$。$\mathbf{F}_2$ 與 $\mathbf{F}_3$ 大小各是多少？

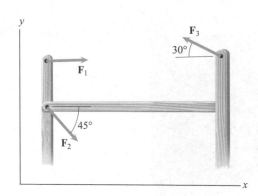

習題 2.45

2.46　有 4 組人玩拔河。B、C 和 D 組施力的大小是 $|\mathbf{F}_B| = 800\,\text{N}$，$|\mathbf{F}_C| = 1000\,\text{N}$，與 $|\mathbf{F}_D| = 900\,\text{N}$。如果 4 個力的向量和等於 0，請問 $\mathbf{F}_A$ 大小與的角度 α 是多少？

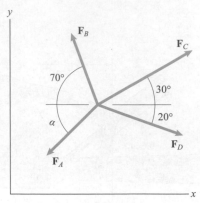

習題 2.46

▶2.47　於範例2.5，假定纜線 A 的繫綁點被移動使得纜線和牆面之間的角度由 40° 增加至 55°。請畫張示意圖說明兩纜線施加於掛鉤的力。如果你希望合力 $\mathbf{F}_A + \mathbf{F}_B$ 的大小為 200 N 並且與牆面垂直的方向的，所需要之 $\mathbf{F}_A$ 與 $\mathbf{F}_B$ 的大小是多少？

2.48　托架必須支撐如圖所示的兩個力，其中 $|\mathbf{F}_1| = |\mathbf{F}_2| = 2\,\text{kN}$。工程師計算托架能安全地支撐任何方向之合力大小是 3.5 kN。假設 $0 \leq \alpha \leq 90°$。安全範圍之內的角度 α 是多少？

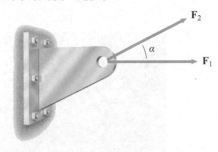

習題 2.48

2.49　下圖顯示 3 個力起作用於一個構件的接點。$\mathbf{F}_C$ 的大小是 60 kN，且 $\mathbf{F}_A + \mathbf{F}_B + \mathbf{F}_C = \mathbf{0}$。$\mathbf{F}_A$ 與 $\mathbf{F}_B$ 大小各是多少？

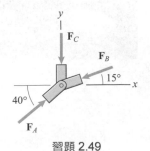

習題 2.49

2.50　有 4 個同平面的力作用於一根樑。$\mathbf{F}_B$ 與 $\mathbf{F}_C$ 互 相 垂 直。力 的 向 量 和 是 零。$|\mathbf{F}_B| = 10\,\text{kN}$ 與 $|\mathbf{F}_C| = 5\,\text{kN}$。請算出 $\mathbf{F}_A$ 與 $\mathbf{F}_D$ 的大小。

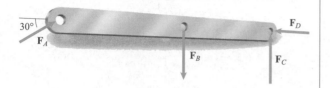

習題 2.50

2.51　有 6 個力作用於大樓結構的樑。力量的向量和是零。各力的大小分別是 $|\mathbf{F}_B| = |\mathbf{F}_E| = 20\,\text{kN}$，$|\mathbf{F}_C| = 16\,\text{kN}$，與 $|\mathbf{F}_D| = 9\,\text{kN}$。請計算 $\mathbf{F}_A$ 與 $\mathbf{F}_G$ 的大小。

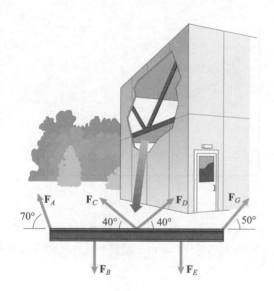

習題 2.51

2.52　人和降落傘的總重是 $|\mathbf{W}| = 1000\,\text{N}$。阻力 $\mathbf{D}$ 垂直於升力 $\mathbf{L}$。如果 3 力的向量和等於 0，$\mathbf{L}$ 與 $\mathbf{D}$ 的大小是多少？

習題 2.52

2.53　作用於汽車的 3 個力如圖所示。力 $\mathbf{T}$ 平行於 x 軸和力 $\mathbf{W}$ 的大小是 14 kN。如果 $\mathbf{T} + \mathbf{W} + \mathbf{N} = 0$，$\mathbf{T}$ 與 $\mathbf{N}$ 的大小各是多少？

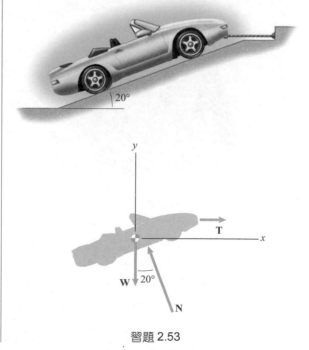

習題 2.53

2.54　纜線 A、B 和 C 支撐結構中的某根長柱。纜線施加的力的大小都相等：$|\mathbf{F}_A| = |\mathbf{F}_B| = |\mathbf{F}_C|$。三力之向量和的大小是 200 kN。請問 $|\mathbf{F}_A|$ 是多少？

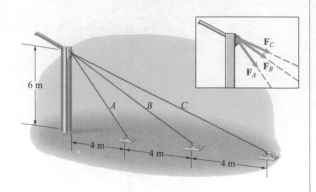

習題 2.54

2.55　由前支索 AB 與後支索 BC 所施加於船桅頂端 B 的合力為 $180\mathbf{i} - 820\mathbf{j}$ (N)。纜線 AB 與 BC 施加於 B 之力的大小是多少？

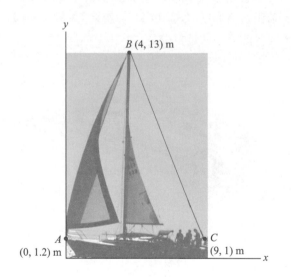

習題 2.55

2.56　所示由建築工程師所設計的結構屬於桁架的一部分用以支撐一個音樂廳的屋頂。AB、AC 與 AD 施加 $\mathbf{F}_{AB}$、$\mathbf{F}_{AC}$ 與 $\mathbf{F}_{AD}$ 等力於接點 A。大小為 $|\mathbf{F}_{AB}| = 4$ kN。如果 3 力的向量和等於 0，$\mathbf{F}_{AC}$ 與 $\mathbf{F}_{AD}$ 的大小各是多少？

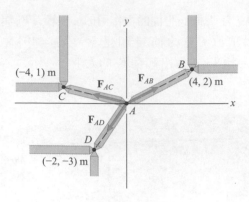

習題 2.56

2.57　距離 $s = 0.9$ m。
(a)請寫出由點 B 指向 A 的單位向量 $\mathbf{e}_{BA}$。
(b)請使用你在(a)所得的單位向量請寫出套環 C 的座標。

2.58　寫出套環 C 為距離 s 之函數的 x 與 y 座標。

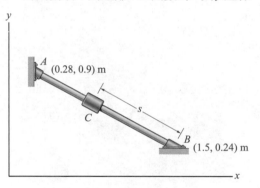

習題 2.57/2.58

2.59　位置向量 $\mathbf{r}$ 是從點 A 連到 B 與 C 連線上的一點。它的大小是 $|\mathbf{r}| = 6$ m。請將 $\mathbf{r}$ 以分量的形式來表示。

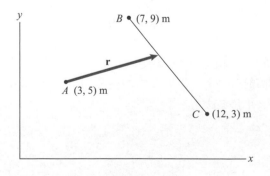

習題 2.59

2.60　令 $\mathbf{r}$ 是從 C 點指向沿 A 與 B 連線而與點 A 相距 s 之處的位置向量。請將 $\mathbf{r}$ 以分量的形式來表示。(你的答案以 s 表示出來)。

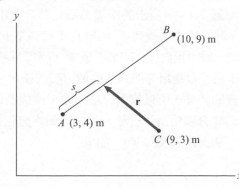

習題 2.60

2.3　三維分量

背景概念

　　很多工程應用要求向量以三維座標系統的分量來表示。在這一節裡我們解釋這種技術並且示範三維的向量運算。

　　我們首先回想如何畫出個三維物體。考慮一個三維物體如立方體。如果我們的觀看位置垂直於立方體的一個面時，我們得出圖 2.14a。由這個觀看位置，立方體看起來像是二維的。與頁面垂直的維度則看不到。要調整的話，我們將觀看位置向右上方移動，得到圖 2.14b。在這個**側斜的**視角，看得見第三維。立方體被隱藏的邊以虛線畫出來。

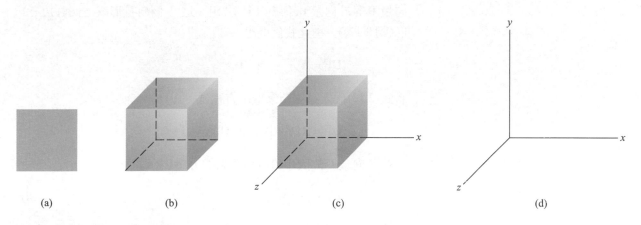

圖 2.14

(a)視線垂直於立方體面時所見到的立方體

(b)立方體的側斜視

(c)一個直角座標系統與立方的邊疊合

(d)三維的座標系統的寫法

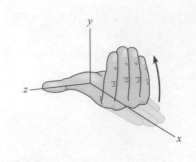

圖 2.15
認識一個右手座標系統

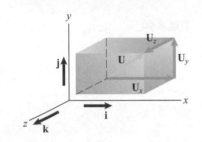

圖 2.16
一個向量 **U** 及其分量

我們能使用這種方法畫出三維座標系統。於圖 2.14c 我們將立方體的邊與三維直角座標系統的 x、y 和 z 軸對齊。一個三維座標系統示意如圖 2.14d。所示的座標系統是符合右手準則。如果右手手指指向 x 軸的正向然後彎下(如同在準備握拳頭)指向 y 軸的正向，拇指指向 z 軸的正向(圖 2.15)。或者，座標系統是用左手準則。因為在數學和工程應用方面的某些個方程式使用左手座標系統時會產生不正確的結果，所以我們只使用右手座標系統。

我們能分別使用平行於 x、y 和 z 軸之向量的分量 $\mathbf{U}_x$、$\mathbf{U}_y$ 與 $\mathbf{U}_z$ 來表示一個向量 **U**(圖 2.16)，如下

$$\mathbf{U} = \mathbf{U}_x + \mathbf{U}_y + \mathbf{U}_z \tag{2.11}$$

(我們圍繞這個向量畫了個框框讓你更容易看出向量各個分量的方向。)使用指向 x，y 和 z 方向的單位向量 **i**、**j** 和 **k**，我們可以將 **U** 寫成純量分量如下

$$\mathbf{U} = U_x\mathbf{i} + U_y\mathbf{j} + U_z\mathbf{k} \tag{2.12}$$

我們將純量 U_x、U_y 與 U_z 視為 **U** 的 x，y，和 z 的分量。

以向量分量表示向量的長度

考慮一個向量 **U** 以及它的分量(圖 2.17a)。由 $\mathbf{U}_y$，$\mathbf{U}_z$ 向量所構成的直角三角形中，以及兩者的總和 $\mathbf{U}_y + \mathbf{U}_z$(圖 2.17b)，我們可以看出

$$|\mathbf{U}_y + \mathbf{U}_z|^2 = |\mathbf{U}_y|^2 + |\mathbf{U}_z|^2 \tag{2.13}$$

向量 **U** 等於向量 $\mathbf{U}_x$ 與 $\mathbf{U}_y + \mathbf{U}_z$ 之和。這 3 個向量形成一個直角三角形(圖 2.17c)，由此我們得出

$$|\mathbf{U}|^2 = |\mathbf{U}_x|^2 + |\mathbf{U}_y + \mathbf{U}_z|^2$$

將式(2.13)代入這個結果得出方程式

$$|\mathbf{U}|^2 = |\mathbf{U}_x|^2 + |\mathbf{U}_y|^2 + |\mathbf{U}_z|^2 = U_x^2 + U_y^2 + U_z^2$$

因此，向量 **U** 的大小可以用 3 維的分量表示如下

$$|\mathbf{U}| = \sqrt{U_x^2 + U_y^2 + U_z^2} \tag{2.14}$$

方向餘弦

我們可以藉著標出一個向量和一個二維直角座標系統座標軸之間的夾角來描述此向量相對於該座標系統的方向。我們描述一個三維向量之方向的方法之一是標示出向量與座標軸正軸向之間的夾角 θ_x、θ_y 與 θ_z(圖 2.18a)。

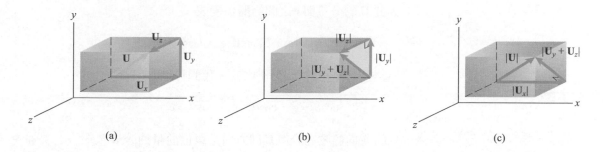

圖 2.17
(a)向量 $\mathbf{U}$ 和它的分量
(b)向量 $\mathbf{U}_y$、$\mathbf{U}_z$ 和 $\mathbf{U}_y + \mathbf{U}_z$ 形成的直角三角形
(c)向量 $\mathbf{U}$、$\mathbf{U}_x$ 和 $\mathbf{U}_y + \mathbf{U}_z$ 形成的直角三角形

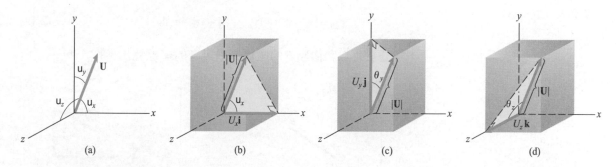

圖 2.18
(a)向量 $\mathbf{U}$ 和夾角 θ_x、θ_y 與 θ_z
(b)-(d)夾角 θ_x、θ_y 與 θ_z 與 $\mathbf{U}$ 的向量分量

　　於圖 2.18b-d，我們示範如何以角度 θ_x、θ_y 與 θ_z 寫出向量 $\mathbf{U}$ 的各分量

$$U_x = |\mathbf{U}|\cos\theta_x \text{，} U_y = |\mathbf{U}|\cos\theta_y \text{，} U_z = |\mathbf{U}|\cos\theta_z \qquad (2.15)$$

$\cos\theta_x$、$\cos\theta_y$ 與 $\cos\theta_z$ 稱之為 $\mathbf{U}$ 的**方向餘弦**。向量的方向餘弦並不是彼此沒有牽連的。如果我們將式(2.15)代入式(2.14)，我們發現方向餘弦滿足下述關係式

$$\cos^2\theta_x + \cos^2\theta_y + \cos^2\theta_z = 1 \qquad (2.16)$$

假定 $\mathbf{e}$ 是一個與 $\mathbf{U}$ 同方向的單位向量，因此

$$\mathbf{U} = |\mathbf{U}|\mathbf{e}$$

以分量表示，這個式子變成

$$U_x\mathbf{i} + U_y\mathbf{j} + U_z\mathbf{k} = |\mathbf{U}|(e_x\mathbf{i} + e_y\mathbf{j} + e_z\mathbf{k})$$

因此 **U** 的分量與 **e** 之間的關係變成

$$U_x = |\mathbf{U}|e_x，U_y = |\mathbf{U}|e_y，U_z = |\mathbf{U}|e_z$$

將這些式子與式(2.15)作比較，我們可以看出

$$\cos\theta_x = e_x，\cos\theta_y = e_y，\cos\theta_z = e_z$$

U 的方向餘弦等於與 **U** 同方向之單位向量的分量。

以分量表示位置向量

將二維的情況進一步的予以一般化，我們考慮座標為(x_A, y_A, z_A)的點 A 以及座標為(x_B, y_B, z_B)的點 B。從 A 到 B 的位置向量 $\mathbf{r}_{AB}$ 如圖 2.19a 所示，可以用 A 和 B 的座標表示如下

$$\mathbf{r}_{AB} = (x_B - x_A)\mathbf{i} + (y_B - y_A)\mathbf{j} + (z_B - z_A)\mathbf{k} \tag{2.17}$$

其分量可以藉由點 B 的座標減去點 A 的座標算出(圖 2.19b)。

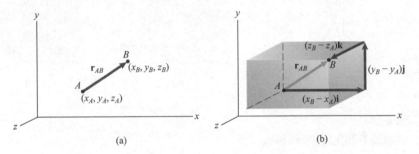

圖 2.19
(a)從點 A 到點 B 的位置向量
(b)$\mathbf{r}_{AB}$ 的分量可由 A 和 B 的座標算出

(a)　　　　　(b)

平行於給定直線之向量的分量

在三維的應用中，一個向量的方向常透過與向量平行之直線上的兩個點的座標標寫出來。這資料有助於計算向量的分量。

假定我們知道與向量 **U** 平行的那條直線上兩點 A 和 B 的座標(圖 2.20a)。我們能使用式(2.17)計算從 A 到 B 的位置向量 $\mathbf{r}_{AB}$(圖 2.20b)。我們能將 $\mathbf{r}_{AB}$ 除以它的長度得到一個從點 A 指向點 B 的單位向量 $\mathbf{e}_{AB}$(圖 2.20c)。因為 $\mathbf{e}_{AB}$ 的方向與 **U** 相同，我們能用 **U** 的長度與 $\mathbf{e}_{AB}$ 相乘的乘積來寫出 **U** 的純量分量。

更一般地說，假定我們知道一個向量 **U** 的大小以及任何 **U** 與 **V** 它有相同方向的向量 **U** 的分量。那麼 **V**/|**V**| 是一個與 **U** 同樣方向的單位向量，而我們也可以將它寫成 **U** = |**U**|(**V**/|**V**|) 來算出 **U**。

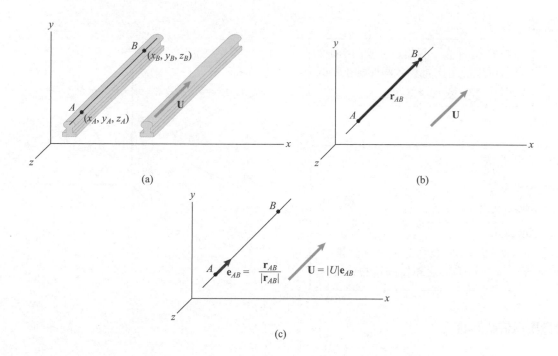

(a)

(b)

(c)

圖 2.20
(a)在一條與 **U** 平行的線上的兩點 A 和 B
(b)從 A 到 B 的位置向量
(c)從 A 指向 B 的單位向量 **e**$_{AB}$

結論

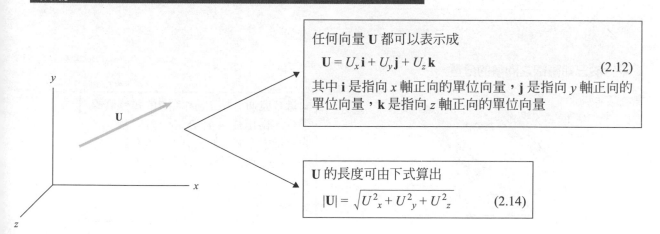

任何向量 **U** 都可以表示成

$$\mathbf{U} = U_x\mathbf{i} + U_y\mathbf{j} + U_z\mathbf{k} \qquad (2.12)$$

其中 **i** 是指向 x 軸正向的單位向量，**j** 是指向 y 軸正向的單位向量，**k** 是指向 z 軸正向的單位向量

U 的長度可由下式算出

$$|\mathbf{U}| = \sqrt{U^2_x + U^2_y + U^2_z} \qquad (2.14)$$

方向餘弦

向量 **U** 相對於一個給定之座標系統的方向可以使用向量和各座標軸正軸的夾角 θ_x、θ_y 與 θ_z 來表示

U 的分量可寫成

$$U_x = |\mathbf{U}|\cos\theta_x$$
$$U_y = |\mathbf{U}|\cos\theta_y \qquad (2.15)$$
$$U_z = |\mathbf{U}|\cos\theta_z$$

$\cos\theta_x$、$\cos\theta_y$ 與 $\cos\theta_z$ 稱為 **U** 的方向餘弦。方向餘等於與 **U** 同方向之單位向量的分量

以分量表示位置向量

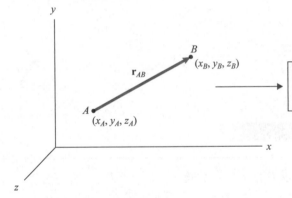

從 A 到 B 的位置向量可寫成如下式

$$\mathbf{r}_{AB} = (x_B - x_A)\,\mathbf{i} + (y_B - y_A)\,\mathbf{j} + (z_B - z_A)\,\mathbf{k} \qquad (2.17)$$

平行於已知直線之向量的分量

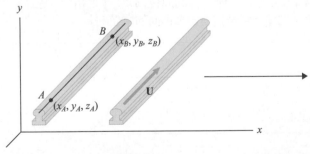

向量 **U** 與通過點 A 點和點 B 的這條直線平行。得出從 A 到 B 之位置向量 $\mathbf{r}_{AB}$ 的分量表示式。將 $\mathbf{r}_{AB}$ 除以其本身的長度可以得到與這條直線平行的單位向量 $\mathbf{e}_{AB}$。向量 **U** 的分量表示式即可寫成

$$\mathbf{U} = |\mathbf{U}|\mathbf{e}_{AB}$$

觀念範例 2.6　　**方向餘弦**(▶ 相關習題 2.67)

桁架的 C 點的座標是 $x_C = 4\,\mathrm{m}$，$y_C = 0$，$z_C = 0$，D 點的座標是 $x_D = 2\,\mathrm{m}$，$y_D = 3\,\mathrm{m}$，$z_D = 1\,\mathrm{m}$。從 C 點到 D 點的位置向量 $\mathbf{r}_{CD}$ 的方向餘弦是什麼？

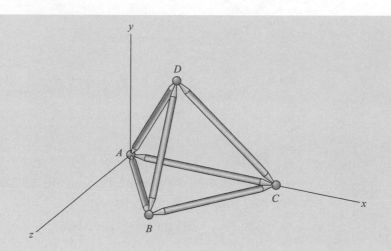

方略

知道 C 點和 D 點的座標，我們能寫出 $\mathbf{r}_{CD}$ 的分量。然後我們能計算 $\mathbf{r}_{CD}$ 的長度(從 C 到 D 的距離)並且使用式(2.15)算出 $\mathbf{r}_{CD}$ 的方向餘弦。

解答

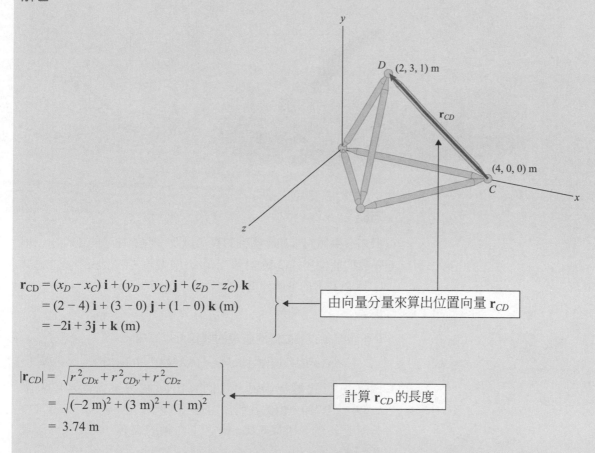

$$\mathbf{r}_{CD} = (x_D - x_C)\,\mathbf{i} + (y_D - y_C)\,\mathbf{j} + (z_D - z_C)\,\mathbf{k}$$
$$= (2 - 4)\,\mathbf{i} + (3 - 0)\,\mathbf{j} + (1 - 0)\,\mathbf{k}\ (\text{m})$$
$$= -2\mathbf{i} + 3\mathbf{j} + \mathbf{k}\ (\text{m})$$

由向量分量來算出位置向量 $\mathbf{r}_{CD}$

$$|\mathbf{r}_{CD}| = \sqrt{r^2_{CDx} + r^2_{CDy} + r^2_{CDz}}$$
$$= \sqrt{(-2\ \text{m})^2 + (3\ \text{m})^2 + (1\ \text{m})^2}$$
$$= 3.74\ \text{m}$$

計算 $\mathbf{r}_{CD}$ 的長度

$$\cos \theta_x = \frac{\mathbf{r}_{CDx}}{|\mathbf{r}_{CD}|} = \frac{-2 \text{ m}}{3.74 \text{ m}} = -0.535$$

$$\cos \theta_y = \frac{\mathbf{r}_{CDy}}{|\mathbf{r}_{CD}|} = \frac{3 \text{ m}}{3.74 \text{ m}} = 0.802$$

$$\cos \theta_z = \frac{\mathbf{r}_{CDz}}{|\mathbf{r}_{CD}|} = \frac{1 \text{ m}}{3.74 \text{ m}} = 0.267$$

← 計算方向餘弦

練習題

桁架的點 B 的座標是 $x_B = 2.4 \text{ m}$，$y_B = 0$，$z_B = 3 \text{ m}$。請計算從點 B 指向 D 點之單位向量 $\mathbf{e}_{BD}$ 的分量。

答案：$\mathbf{e}_{BD} = -0.110\mathbf{i} + 0.827\mathbf{j} - 0.551\mathbf{k}$。

範例 2.7　計算三維向量分量(▶ 相關習題 2.76)

起重機施加 3000-N 的力 $\mathbf{F}$ 於彈藥車上。$\mathbf{F}$ 與 x 軸的夾角是 $54°$，$\mathbf{F}$ 和 y 軸的夾角是 $40°$。$\mathbf{F}$ 的 z 分量是正的。請寫出 $\mathbf{F}$ 的分量表示式。

方略

只知道兩個向量和座標軸的夾角以及一個座標軸的正軸向，但是我們能使用式(2.16)計算出第 3 個夾角。然後我們能透過式(2.15)計算 $\mathbf{F}$ 的各個分量。

解答

$\mathbf{F}$ 與座標軸正軸之間的夾角的關係可以寫成

$$\cos^2\theta_x + \cos^2\theta_y + \cos^2\theta_z = (\cos 54°)^2 + (\cos 40°)^2 + \cos^2\theta_z = 1$$

由此方程式解出 $\cos\theta_z$，我們算出兩個答案 $\cos\theta_z = 0.260$ 與 $\cos\theta_z = -0.260$，由此我們知道 $\theta_z = 74.9°$ 或是 $\theta_z = 105.1°$。$\mathbf{F}$ 的 z 分量是正的，所以 $\mathbf{F}$ 與 z 軸之正向軸的夾角小於 $90°$。因此 $\theta_z = 74.9°$。

F的分量是

$$F_x = |\mathbf{F}|\cos\theta_x = 3000\cos54° = 1760\,\text{N}$$
$$F_y = |\mathbf{F}|\cos\theta_y = 3000\cos40° = 2300\,\text{N}$$
$$F_z = |\mathbf{F}|\cos\theta_z = 3000\cos74.9° = 1782\,\text{N}$$

重要提示

你應留意到知道一個數字的平方值並無法唯一的決定出這個數字是多少。如果$a^2 = 4$，則a可能是 2 或是 -2。在這個例子，夾角θ_x與θ_y的情報有助於我們解出式(2.16)中$\cos^2\theta_z$的值，其答案有兩個可能的θ_z值有一個簡單的幾何解釋何以如此。θ_x與θ_y兩個角足以定義一條與向量**F**平行的線，但不是**F**於該條線所沿的方向。我們所得到θ_z的兩個值對應於**F**沿該線的兩個可能方向。還需要額外的情報才足以決定出是哪個方向。在這個例子裡，額外的情報是**F**的z分量是正的。

範例 2.8　　計算三維向量分量(▶ 相關習題 2.86)

氣球的栓繩施加 800-N 力**F**於鉤O上。垂直線AB交x-z平面於點A。平面在z軸和線OA之間的夾角是 60°，線OA和之間的夾角是 45°請以**F**的分量寫出**F**。

方略

我們能根據既有的幾何情報用兩個步驟算出**F**分量。第一步，我們將**F**表示成兩個平行於線OA和AB的分量的和。與AB平行的分量是向量分量$\mathbf{F}_y$。然後我們能使用平行於OA的分量算出向量分量$\mathbf{F}_x$與$\mathbf{F}_z$。

解答

在圖a，我們以**F**的y分量$\mathbf{F}_y$與其平行於OA之$\mathbf{F}_h$分量的和來表示**F**。$\mathbf{F}_y$大小是

$$|\mathbf{F}_y| = |\mathbf{F}|\sin45° = (800\,\text{N})\sin45° = 566\,\text{N}$$

與$\mathbf{F}_h$大小是

$$|\mathbf{F}_h| = |\mathbf{F}|\cos45° = (800\,\text{N})\cos45° = 566\,\text{N}$$

在圖 b，我們以向量分量$\mathbf{F}_x$與$\mathbf{F}_z$來表示$\mathbf{F}_h$。$\mathbf{F}_x$大小是

$$|\mathbf{F}_x| = |\mathbf{F}_h|\sin60° = (566\,\text{N})\sin60° = 490\,\text{N}$$

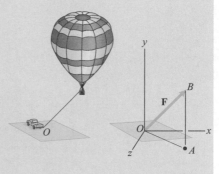

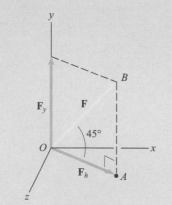

(a) 分解 **F** 為平行於 OA 與 OB 的向量分量

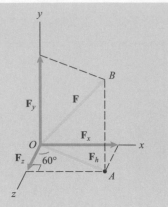

(b) 分解 $\mathbf{F}_h$ 為平行於 x 與 z 的向量分量

與 $\mathbf{F}_z$ 大小是

$$|\mathbf{F}_z| = |\mathbf{F}_h|\cos 60° = (566\,\text{N})\cos 60° = 283\,\text{N}$$

向量分量 $\mathbf{F}_x$，$\mathbf{F}_y$，與 $\mathbf{F}_z$ 都指向座標軸的正軸向，因此可以推論 $\mathbf{F}$ 的純量分量是正的：

$$\mathbf{F} = 490\mathbf{i} + 566\mathbf{j} + 283\mathbf{k}\ (\text{N})$$

重要提示

如同在這個範例所示範的，在一個三維座標系統需要二個角度值才足夠定義出一個向量的方向。所用的二個角度雖與範例所定義的方式並不一致，但是不管如何它們已被定義了，你能以類似於我們在這裡所使用的程序以長度和兩個指定的角度來決定向量分量。

範例 2.9　計算三維向量分量(▶ 相關習題 2.90)

一條繩子從點 B 穿過掛在牆上 A 處的金屬環而延長到 C 點。繩施加 $\mathbf{F}_{AB}$ 與 $\mathbf{F}_{AC}$ 的力在 A 處環上，且 $|\mathbf{F}_{AB}| = |\mathbf{F}_{AC}| = 200\,\text{N}$。繩施加於金屬環之合力 $\mathbf{F} = \mathbf{F}_{AB} + \mathbf{F}_{AC}$ 的大小是多少？

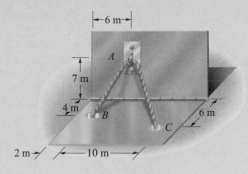

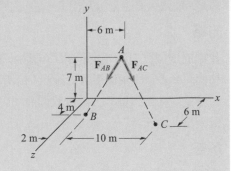

方略

作用力 $\mathbf{F}_{AB}$ 平行於從 A 到 B 的直線，作用力 $\mathbf{F}_{AC}$ 平行於從 A 到 C 的直線。因為我們能由所知的尺寸來計算 A，B 和 C 點的座標，算出與這兩個力同方向之單位向量的分量，再使用這些單位向量以純量分量來寫出作用力。

解答

令 $\mathbf{r}_{AB}$ 是從點 A 到點 B 的位置向量並令 $\mathbf{r}_{AC}$ 是從點 A 到 C 點的位置向量從(圖 a)。由所知的尺寸 A，B，C 點的座標為

$$A : (6, 7, 0)\,\text{m} \qquad B : (2, 0, 4)\,\text{m} \qquad C : (12, 0, 6)\,\text{m}$$

因此，r_{AB} 與 r_{AC} 的分量，座標以 m 為單位，可以算出是

$$r_{AB} = (x_B - x_A)\mathbf{i} + (y_B - y_A)\mathbf{j} + (z_B - z_A)\mathbf{k}$$
$$= (2-6)\mathbf{i} + (0-7)\mathbf{j} + (4-0)\mathbf{k}$$
$$= -4\mathbf{i} - 7\mathbf{j} + 4\mathbf{k} \,(\mathrm{m})$$

與

$$r_{AC} = (x_C - x_A)\mathbf{i} + (y_C - y_A)\mathbf{j} + (z_C - z_A)\mathbf{k}$$
$$= (12-6)\mathbf{i} + (0-7)\mathbf{j} + (6-0)\mathbf{k}$$
$$= 6\mathbf{i} - 7\mathbf{j} + 6\mathbf{k} \,(\mathrm{m})$$

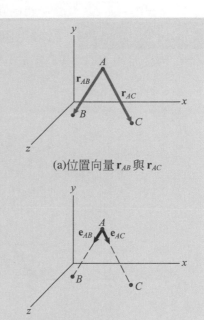

(a)位置向量 r_{AB} 與 r_{AC}

它們的長度是 $|r_{AB}| = 9\,\mathrm{m}$ 與 $|r_{AC}| = 11\,\mathrm{m}$。將 r_{AB} 與 r_{AC} 除以它們的長度，我們得到指向 F_{AB} 與 F_{AC} 方向的單位向量 e_{AB} 與 e_{AC}(圖b)：

$$e_{AB} = \frac{r_{AB}}{|r_{AB}|} = -0.444\mathbf{i} - 0.778\mathbf{j} + 0.444\mathbf{k}$$
$$e_{AC} = \frac{r_{AC}}{|r_{AC}|} = 0.545\mathbf{i} - 0.636\mathbf{j} + 0.545\mathbf{k}$$

(b)單位向量 e_{AB} 與 e_{AC}

作用力 F_{AB} 與 F_{AC} 是

$$F_{AB} = (200\,\mathrm{N})e_{AB} = -88.9\mathbf{i} - 155.6\mathbf{j} + 88.9\mathbf{k} \,(\mathrm{N})$$
$$F_{AC} = (200\,\mathrm{N})e_{AC} = 109.1\mathbf{i} - 127.3\mathbf{j} + 109.1\mathbf{k} \,(\mathrm{N})$$

繩施加於金屬環之合力等於

$$F = F_{AB} + F_{AC} = 20.2\mathbf{i} - 282.8\mathbf{j} + 198.0\mathbf{k} \,(\mathrm{N})$$

其大小為

$$|F| = \sqrt{(20.2)^2 + (-282.8)^2 + (198.0)^2} = 346\,\mathrm{N}$$

重要提示

你如何知道繩施加於金屬環 A 之合力的大小和方向可由 $F = F_{AB} + F_{AC}$ 的大小和方向來得出？在我們學習靜力學迄今為止，我們都假設力屬於一種向量，但是還沒有提供任何證明。在研究動力學時，會說明牛頓第二定律隱含力屬於一種向量。

範例 2.10　　計算力的分量(▶ 相關習題 2.95)

纜線 AB 施加 50-N 的力 $\mathbf{T}$ 於套環 A 上。請寫出 $\mathbf{T}$ 的分量表示式。

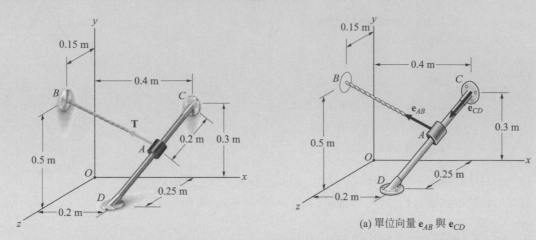

(a) 單位向量 $\mathbf{e}_{AB}$ 與 $\mathbf{e}_{CD}$

方略

令 $\mathbf{r}_{AB}$ 是從 A 到 B 的位置向量。我們將 $\mathbf{r}_{AB}$ 除以它的長度得出與力 $\mathbf{T}$ 有相同方向之單位向量 $\mathbf{e}_{AB}$。然後我們以它的大小和 $\mathbf{e}_{AB}$ 的乘積得出 $\mathbf{T}$ 的純量分量表示式。要開始進行這個程序，我們必須先算出套環 A 的座標。為此我們先得出從 C 點指向 D 點的單位向量 $\mathbf{e}_{CD}$ 並且乘以 0.2 m 來算出環 A 相對於 C 的座標。

解答

計算點 A 的座標　從 C 到 D 的位置向量，座標以公尺為單位，是

$$\mathbf{r}_{CD} = (0.2 - 0.4)\mathbf{i} + (0 - 0.3)\mathbf{j} + (0.25 - 0)\mathbf{k}$$
$$= -0.2\mathbf{i} - 0.3\mathbf{j} + 0.25\mathbf{k} \ (\text{m})$$

將這個向量除以它自身的長度，我們得出單位向量 $\mathbf{e}_{CD}$(圖 a)：

$$\mathbf{e}_{CD} = \frac{\mathbf{r}_{CD}}{|\mathbf{r}_{CD}|} = \frac{-0.2\mathbf{i} - 0.3\mathbf{j} + 0.25\mathbf{k}}{\sqrt{(-0.2)^2 + (-0.3)^2 + (0.25)^2}}$$
$$= -0.456\mathbf{i} - 0.684\mathbf{j} + 0.570\mathbf{k}$$

使用這個向量，我們算出從 C 到 A 的位置向量是：

$$\mathbf{r}_{CA} = (0.2 \text{ m})\mathbf{e}_{CD} = -0.091\mathbf{i} - 0.137\mathbf{j} + 0.114\mathbf{k} \ (\text{m})$$

從座標系統的原點到 C 的位置向量是，$\mathbf{r}_{OC} = 0.4\mathbf{i} + 0.3\mathbf{j}$ (m)，因此從原點到 A 的位置向量是

$$\mathbf{r}_{OA} = \mathbf{r}_{OC} + \mathbf{r}_{CA} = (0.4\mathbf{i} + 0.3\mathbf{j}) + (-0.091\mathbf{i} - 0.137\mathbf{j} + 0.114\mathbf{k})$$
$$= 0.309\mathbf{i} + 0.163\mathbf{j} + 0.114\mathbf{k} \ (\text{m})$$

A 的座標是 (0.309, 0.163, 0.114) m。

計算 T 的分量　使用點 A 的座標，找出從 A 到 B 的位置向量是

$$\mathbf{r}_{AB} = (0-0.309)\mathbf{i} + (0.5-0.163)\mathbf{j} + (0.15-0.114)\mathbf{k}$$
$$= -0.309\mathbf{i} + 0.337\mathbf{j} + 0.036\mathbf{k}\ (\text{m})$$

將這個向量除以它自身的長度，我們得出單位向量 $\mathbf{e}_{AB}$ (圖 a)：

$$\mathbf{e}_{AB} = \frac{\mathbf{r}_{AB}}{|\mathbf{r}_{AB}|} = \frac{-0.309\mathbf{i} + 0.337\mathbf{j} + 0.036\mathbf{k}\ (\text{m})}{\sqrt{(-0.309\,\text{m})^2 + (0.337\,\text{m})^2 + (0.036\,\text{m})^2}}$$
$$= -0.674\mathbf{i} + 0.735\mathbf{j} + 0.079\mathbf{k}$$

力 **T** 等於

$$\mathbf{T} = |\mathbf{T}|\mathbf{e}_{AB} = (50\,\text{N})(-0.674\mathbf{i} + 0.735\mathbf{j} + 0.079\mathbf{k})$$
$$= -33.7\mathbf{i} + 36.7\mathbf{j} + 3.9\mathbf{k}\ (\text{N})$$

重要提示

看看這個範例裡單位向量的兩種使用的方式。單位向量 $\mathbf{e}_{CD}$ 用來得到位置向量 $\mathbf{r}_{CA}$ 的分量，使得計算點 A 的座標成為可能。點 A 的座標隨即用於計算單位向量 $\mathbf{e}_{AB}$，藉此單位向量將力 **T** 寫為它的分量表示式。

習題

2.61　向量 $\mathbf{U} = 3\mathbf{i} - 4\mathbf{j} - 12\mathbf{k}$ 的長度是多少？
　　方略：向量長度可用式(2.14)的分量表示算出。

2.62　向量 $\mathbf{e} = \frac{1}{3}\mathbf{i} + \frac{2}{3}\mathbf{j} + e_z\mathbf{k}$ 是單位向量。請算出分量 e_z。

2.63　一位工程師計算出繫著點上承受之作用力為 $\mathbf{F} = 20\mathbf{i} + F_y\mathbf{j} - 45\mathbf{k}\ (\text{kN})$。如果繫著點可安全地支撐任何方向 80-kN 大小的力，請問 F_y 可接受的範圍。

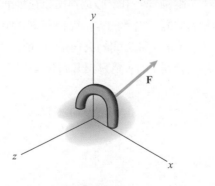

習題 2.63

2.64　向量 $\mathbf{U} = U_x\mathbf{i} + U_y\mathbf{j} + U_z\mathbf{k}$。它的大小 $|\mathbf{U}|$ $=30$。它的分量滿足下述方程式。$U_y = -2U_x$ 與 $U_z = 4U_y$。請計算各分量。

2.65　一個物體受到兩個力 $\mathbf{F}_1 = 20\mathbf{i} + 30\mathbf{j} - 24\mathbf{k}\ (\text{kN})$ 與 $\mathbf{F}_2 = -60\mathbf{i} + 20\mathbf{j} + 40\mathbf{k}\ (\text{kN})$ 的作用。請問作用於該物體的合力的大小是多少？

2.66　二個向量 $\mathbf{U} = 3\mathbf{i} - 2\mathbf{j} + 6\mathbf{k}$ 與 $\mathbf{V} = 4\mathbf{i} + 12\mathbf{j} - 3\mathbf{k}$。
(a)計算 **U** 與 **V** 的大小。
(b)計算向量 $3\mathbf{U} + 2\mathbf{V}$ 的大小。

▶**2.67**　於觀念範例 2.6 中，假定你想要重新設計桁架，改變 D 點的位置以便從 C 點到 D 點之向量 $\mathbf{r}_{CD}$ 的大小等於 3 m。要達成這個要求，讓 D 點的座標為 $(2, y_D, 1)$ m，並且計算 y_D 值使得 $|\mathbf{r}_{CD}| = 3$ m。畫一個桁架 D 點在新位置時的圖。新的 $\mathbf{r}_{CD}$ 方向餘弦是多少？

2.68　某一個作用力的向量的分量表示式已知為 **F** = 10**i**−20**j**−20**k** (N)。

(a)請問 **F** 的方向餘弦是多少？

(b)請算出與 **F** 有相同方向之單位向量 **e** 的分量。

2.69　纜線施加一個大小為 200 N 的力 **F** 於鉤 O 上。向量 **F** 與 x 軸之間的夾角為 40°，向量 **F** 與 y 軸之間的夾角為 70°。

(a)請問向量 **F** 與 z 軸之間的夾角是多少？

(b)請寫出 **F** 的向量分量表示式。

　　方略：(a)因為你已經知道向量 **F** 與 x 軸與 y 軸之間的夾角，你可以使用式(2.16)來計算 **F** 與 z 軸之間的夾角(由圖很清楚的知道 **F** 與 z 軸夾角的範圍介於 $0 < \theta_z < 180°$ 之間。)(b)**F** 的分量可以由式(2.15)得知。

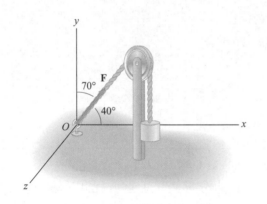

習題 2.69

2.70　一個單位向量的方向餘弦是 $\cos\theta_x = -0.5$ 與 $\cos\theta_y = 0.2$。它的 z 分量是正的。請寫出它的分量表示式。

2.71　飛機發動機輸出 200-kN 大小的總推力 **T**。**T** 與 x 軸之間的夾角是 120°，**T** 與 y 軸之間的夾角是 130°。**T** 的 z 分量是正的。

(a)請問 **T** 與 z 軸之間的夾角是多少？

(b)請寫出 **T** 的分量表示式。

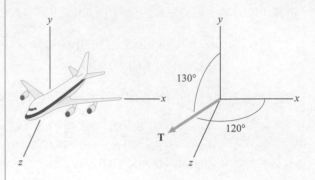

習題 2.71

請參考下圖求解習題 2.72 到 2.75。

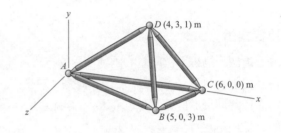

習題 2.72-2.75

2.72　請計算從點 B 到 D 點之位置向量 $\mathbf{r}_{BD}$ 的分量。使用你的結果來計算從 B 到 D 的距離。

2.73　從點 B 到 D 點之位置向量 $\mathbf{r}_{BD}$ 的方向餘弦是多少？

2.74　請計算從 C 點指向點 D 之單位向量 $\mathbf{e}_{CD}$ 的分量。

2.75　從 C 點指向點 D 之單位向量 $\mathbf{e}_{CD}$ 的方向餘弦是多少？

▶2.76　範例 2.7 中，假定彈藥車在地面上移動到一個新的位置。力 **F** 的大小保持在 3000 N。在新的位置，力 **F** 與 x 軸之間的夾角是 60°並且力 **F** 與 z 軸之間的夾角是 70°。請寫出 **F** 的分量表示式。

2.77　在太空梭的太空人使用雷達來計算二顆衛星 A 和 B 之位置向量的大小和方向餘弦。從太空梭到衛星 A 之向量 $\mathbf{r}_A$ 的長度為 2 km 及方向餘弦為 $\cos\theta_x = 0.768$，$\cos\theta_y = 0.384$，$\cos\theta_z = 0.512$。從太空梭到衛星 B 之向量 $\mathbf{r}_B$ 的長度為 4 km 及方向餘弦為 $\cos\theta_x = 0.743$，$\cos\theta_y = 0.557$，$\cos\theta_z = -0.371$。請問衛星彼此間的距離是多少？

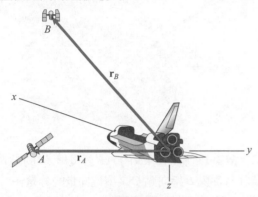

習題 2.77

2.78　考古學家測量一個哥倫比亞早期的神廟結構並得出尺寸如所示。請計算從點 A 到點 B 之位置向量的(a)長度和(b)方向餘弦。

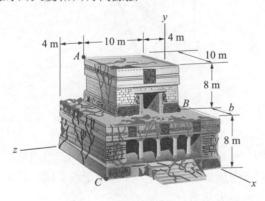

習題 2.78

2.79　考慮習題 2.78 所述的結構。在返回美國之後，考古學家發現一名研究生已經刪除唯一的一個儲存尺寸 b 的資料檔案。但是他從 GPS 所記錄的數據計算出點 B 到 C 點的距離是 16.61 m。
(a)距離 b 是多少？
(b)請計算出從點 B 到 C 點的方向餘弦。

2.80　在 A 和 B 的觀察者使用經緯儀測量從他們所在的位置到一枚飛行中的火箭的方向。如果某個時刻火箭的位置座標是(4, 4, 2) km，請計算兩位觀察者在測量的瞬時向量 $\mathbf{r}_{AR}$ 與 $\mathbf{r}_{BR}$ 的方向餘弦分別是多少。

2.81*　假設火箭位置的座標未知。在某特定時刻，位在 A 的人算出 $\mathbf{r}_{AR}$ 的方向餘弦是 $\cos\theta_x = 0.535$、$\cos\theta_y = 0.802$ 和 $\cos\theta_z = 0.267$，位在 B 的人算出 $\mathbf{r}_{BR}$ 的方向餘弦是 $\cos\theta_x = -0.576$、$\cos\theta_y = 0.798$ 與 $\cos\theta_z = -0.177$。請問此時火箭位置的座標為何？

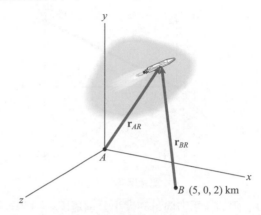

習題 2.80/2.81

2.82*　調查人員最初是使用以下的方式來測量聖母峰的高度的。他首先測量二個不同位置的高度，和這兩個位置之間的水平距離。例如，假定點 A 和 B 的海拔高度是 3000 m，並且相隔 10,000 m。他然後使用一台經緯儀測量從點 A 到山頂 P 之向量 $\mathbf{r}_{AP}$ 的方向餘弦，和從點 B 到山頂 P 向量之向量 $\mathbf{r}_{BP}$ 的方向餘弦。假設 $\mathbf{r}_{AP}$ 的方向餘弦分別是 $\cos\theta_x = 0.5179$，$\cos\theta_y = 0.6906$，以及 $\cos\theta_z = 0.5048$，並且 $\mathbf{r}_{BP}$ 的方向餘弦分別是 $\cos\theta_x = -0.3743$，$\cos\theta_y = 0.7486$，以及 $\cos\theta_z = 0.5472$。請使用這些數據，計算聖母峰的海拔高度。

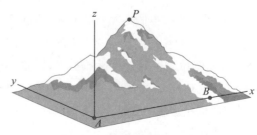

習題 2.82

2.83　從點 O 到點 A 的距離是 20 m。AB 直線與 y 軸平行，且點 B 在 x-z 平面上。請寫出向量 $\mathbf{r}_{OA}$ 的向量分量表示式。

　　方略：你可以將 $\mathbf{r}_{OA}$ 視為從 O 到 B 之向量和從 B 到 A 之向量的向量和。然後你可以將從 O 到 B 的向量寫成平行於 x 和 z 軸之分量的和。請見範例 2.8。

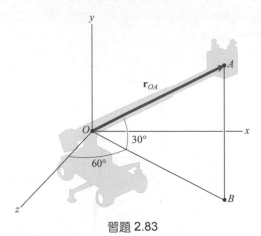

習題 2.83

2.84　兩個作用力向量的大小分別是 $|\mathbf{F}_A| = 140$ N 與 $|\mathbf{F}_B| = 100$ N。請計算兩作用力之合力 $\mathbf{F}_A + \mathbf{F}_B$ 的大小。

2.85　請計算向量 $\mathbf{F}_A$ 與 $\mathbf{F}_B$ 的方向餘弦。

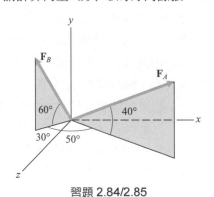

習題 2.84/2.85

▶2.86　範例 2.8 中，假定風向的改變導致氣球的位置隨之移動並且作用於鉤 O 之力 $\mathbf{F}$ 的大小增加至 900 N。在新的位置，向量分量 $\mathbf{F}_h$ 與 $\mathbf{F}$ 之間的夾角是 35°，以及在向量分量 $\mathbf{F}_h$ 與 $\mathbf{F}_z$ 之間的夾角度 40°。請畫圖顯示這些角度與分量 $\mathbf{F}$ 的關係。請寫出 $\mathbf{F}$ 的分量表示式。

2.87　一位工程師計算一個測地線拱頂其中之一根樑的軸向力的大小是 $|\mathbf{P}| = 7.65$ kN。直樑兩端 A 和 B 的直角座標分別是 $(-12.4, 22.0, -18.4)$ m，$(-9.2, 24.4, -15.6)$ m。請寫出 $\mathbf{P}$ 的向量分量表示式。

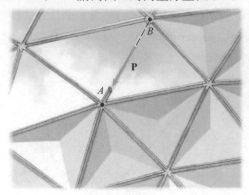

習題 2.87

2.88　纜線 BC 施加 8-kN 的力 $\mathbf{F}$ 於長桿 AB 的點 B。
(a)請計算從點 B 指向點 C 之單位向量的分量。
(b)請寫出 $\mathbf{F}$ 的向量分量表示式。

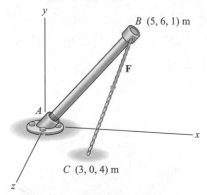

習題 2.88

2.89　一條纜線從 C 點延長到 E 點。它沿著從 C 到 E 的方向施加 400-N 的力 $\mathbf{T}$ 於盤子的 C 處。請寫出 $\mathbf{T}$ 的向量分量表示式。

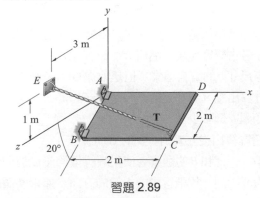

習題 2.89

▶2.90　於範例 2.9 中，假定 A 金屬環向上移動使得 A 的垂直距離從 7 m 增加到 8 m。因此之故，力 $\mathbf{F}_{AB}$ 與 $\mathbf{F}_{AC}$ 的大小增加到 $|\mathbf{F}_{AB}| = |\mathbf{F}_{AC}| = 240\,\mathrm{N}$。請問繩施加於環之合力 $\mathbf{F} = \mathbf{F}_{AB} + \mathbf{F}_{AC}$ 的大小是多少？

2.91　纜線 AB 沿著 A 與 B 的連線施加 200-N 的力 $\mathbf{F}_{AB}$ 於點 A。請寫出 $\mathbf{F}_{AB}$ 的分量表示式。

2.92　纜線 AB 沿著 A 與 B 的連線施加 200-N 的力 $\mathbf{F}_{AB}$ 於點 A。纜線 AC 沿著 A 與 C 的連線施加 100-N 的力 $\mathbf{F}_{AC}$ 於點 A。求兩纜線施於點 A 之合力大小。

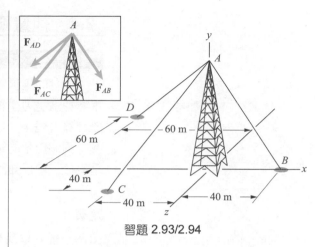

習題 2.93/2.94

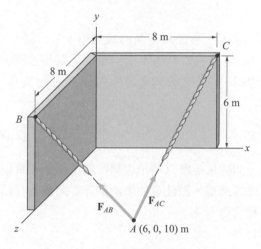

習題 2.91/2.92

2.93　一座 70 m 高的塔被 3 條纜線所支撐，並施加 $\mathbf{F}_{AB}$、$\mathbf{F}_{AC}$ 與 $\mathbf{F}_{AD}$ 等作用力於其上。每個作用力的大小是 2 kN。請寫出 3 條纜線施加於塔之合力的向量分量表示式。

2.94　作用力 $\mathbf{F}_{AB}$ 的大小是 2 kN。3 條纜線施加於塔的合力的向量和的 x 和 z 分量是 0。$\mathbf{F}_{AC}$ 與 $\mathbf{F}_{AD}$ 的大小是多少？

▶2.95　於範例 2.10，假定從 C 點到套環 A 的距離從 0.2 m 到 0.3 m，而力 $\mathbf{T}$ 增加到 60 N。請寫出 $\mathbf{T}$ 的向量分量表示式。

2.96　纜線 AB 施加 150-N 力 $\mathbf{T}$ 在套環 A 上。請寫出 $\mathbf{T}$ 的向量分量表示式。

2.97　半徑 4 m 的圓桿位在 x-y 平面上。請寫出從點 B 到套環 A 之位置向量的向量分量表示式。

2.98　纜線 AB 從 A 朝向 B 施加 60-N 的力 $\mathbf{T}$ 於套環 A。請寫出 $\mathbf{T}$ 的向量分量表示式。

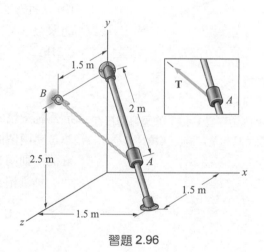

習題 2.96

習題 2.97/2.98

2.4　純量積

　　向量的兩種乘積，純量積和向量積，常常出現在科學和工程應用，特別是力學和電磁場理論。我們在第4章使用這兩個向量乘積於計算力對某一個點和直線的力矩。

　　兩個向量的純量積的用途很廣泛，包括計算一個向量平行於和垂直於一條已知直線的分量以及計算空間中兩條直線之間的夾角。

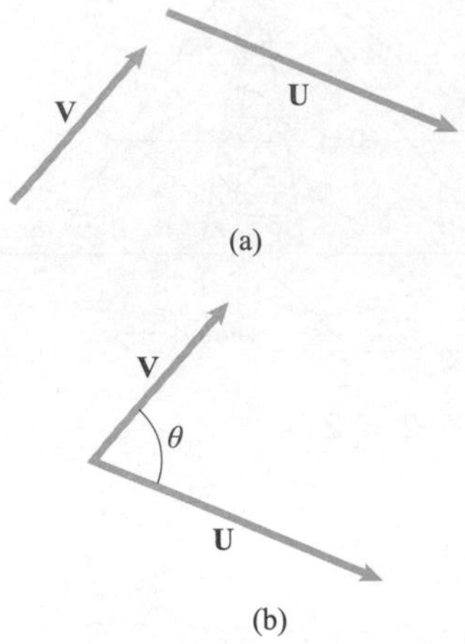

定義

兩個向量 U 以及 V(圖 2.21a)。考慮 U 與 V 的**純量積**，寫法是 U · V (所以名為「點積」)，被定義為當 U 與 V 兩向量的尾端相連時，U 的長度、V 的長度以及 U 與 V 之夾角 θ 之餘弦等三者的乘積(圖 2.21b)：

$$U \cdot V = |U||V|\cos\theta \tag{2.18}$$

因為純量積的結果是一個純量，所以點積也稱為純量積。純量積的單位是兩個向量之單位的乘積。**請注意如果兩個非零向量是互相垂直的，則兩者的純量積會等於零。**

　　純量積具有下述特性

$$U \cdot V = V \cdot U，{\small 純量積具交換性} \tag{2.19}$$
$$a(U \cdot V) = (aU) \cdot V = U \cdot (aV)，{\small 純量積具純量乘法結合性} \tag{2.20}$$
$$U \cdot (V + W) = U \cdot V + U \cdot W，{\small 純量積對向量加法具結合性} \tag{2.21}$$

適用於任何純量 a 與向量 U、V 與 W。

純量積的分量表示式

在這一節我們會針對向量的純量分量事先已知時推導出一個式子，讓你能夠算出這兩個向量的純量積。這個推導也得到一個向量間夾角的方程式。第一步是先計算單位向量 i，j，與 k 等單位向量的純量積。讓我們計算純量積 i · i。長度 |i| = 1，兩相同向量尾端連接時夾角等於零，因此我們有

$$i \cdot i = |i||i|\cos(0) = (1)(1)(1) = 1$$

i 與 j 的純量積是

$$i \cdot j = |i||j| \cdot \cos(90°) = (1)(1)(0) = 0$$

圖 2.21
(a)向量 U 和 V
(b)當兩個向量 U 和 V 的尾端連接在一起時 U 和 V 之間的夾角 θ

重複這樣的手法，我們有

$$\mathbf{i} \cdot \mathbf{i} = 1, \quad \mathbf{i} \cdot \mathbf{j} = 0, \quad \mathbf{i} \cdot \mathbf{k} = 0$$
$$\mathbf{j} \cdot \mathbf{i} = 0, \quad \mathbf{j} \cdot \mathbf{j} = 1, \quad \mathbf{j} \cdot \mathbf{k} = 0 \qquad (2.22)$$
$$\mathbf{k} \cdot \mathbf{i} = 0, \quad \mathbf{k} \cdot \mathbf{j} = 0, \quad \mathbf{k} \cdot \mathbf{k} = 1$$

兩向量 $\mathbf{U}$ 與 $\mathbf{V}$ 的純量積，以分量來表示，是

$$\begin{aligned}
\mathbf{U} \cdot \mathbf{V} &= (U_x \mathbf{i} + U_y \mathbf{j} + U_z \mathbf{k}) \cdot (V_x \mathbf{i} + V_y \mathbf{j} + V_z \mathbf{k}) \\
&= U_x V_x (\mathbf{i} \cdot \mathbf{i}) + U_x V_y (\mathbf{i} \cdot \mathbf{j}) + U_x V_z (\mathbf{i} \cdot \mathbf{k}) \\
&\quad + U_y V_x (\mathbf{j} \cdot \mathbf{i}) + U_y V_y (\mathbf{j} \cdot \mathbf{j}) + U_y V_z (\mathbf{j} \cdot \mathbf{k}) \\
&\quad + U_z V_x (\mathbf{k} \cdot \mathbf{i}) + U_z V_y (\mathbf{k} \cdot \mathbf{j}) + U_z V_z (\mathbf{k} \cdot \mathbf{k})
\end{aligned}$$

得到這個結果的過程中，我們使用了式(2.20)及式(2.21)。將式(2.22)代入這個式子，我們得到以兩個向量的純量分量所寫成的純量積方程式：

$$\mathbf{U} \cdot \mathbf{V} = U_x V_x + U_y V_y + U_z V_z \qquad (2.23)$$

要得到以向量分量表示角 θ 的方程式，我們將式(2.23)的純量積表示式與純量積的定義，式(2.18)，作相等後求出 $\cos\theta$：

$$\cos\theta = \frac{\mathbf{U} \cdot \mathbf{V}}{|\mathbf{U}||\mathbf{V}|} = \frac{U_x V_x + U_y V_y + U_z V_z}{|\mathbf{U}||\mathbf{V}|} \qquad (2.24)$$

向量平行於和垂直於一條直線之分量

在某些工程應用方面一個向量必須以其平行於和垂直於一條給定的直線的分量來表示。平行於一條直線的分量被稱為向量對該直線的**投影**。例如，當向量代表一個力的時候，力對一條直線的投影即等於力沿這條線方向的分量。

我們能使用純量積來計算向量平行於和垂直於一條直線的分量。考慮一個向量 $\mathbf{U}$ 以及一條直線 L(圖 2.22a)。我們可以將 $\mathbf{U}$ 表示成平行於和垂直於 L 之向量分量 $\mathbf{U}_\mathrm{p}$ 與 $\mathbf{U}_\mathrm{n}$ 的和(圖 2.22b)。

平行分量　以 $\mathbf{U}$ 與向量分量 $\mathbf{U}_\mathrm{p}$ 之間的夾角 θ 來表示，$\mathbf{U}_\mathrm{p}$ 的長度是

$$|\mathbf{U}_\mathrm{p}| = |\mathbf{U}|\cos\theta \qquad (2.25)$$

令 $\mathbf{e}$ 是平行於 L 的單位向量(圖 2.23)。$\mathbf{e}$ 與 $\mathbf{U}$ 的純量積等於

$$\mathbf{e} \cdot \mathbf{U} = |\mathbf{e}||\mathbf{U}|\cos\theta = |\mathbf{U}|\cos\theta$$

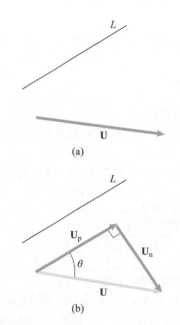

圖 2.22

(a)向量 $\mathbf{U}$ 和直線 L

(b)把 $\mathbf{U}$ 分解為平行於與垂直於 L 的兩個分量

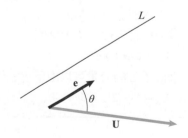

圖 2.23

平行於 $\mathbf{U}$ 的單位向量 $\mathbf{e}$

　　　　　　將這個結果與式(2.25)作比較，我們可以看出 U_p 的長度等於

$$|U_p| = e \cdot U$$

因此平行分量，或 U 投影於 L 的分量，是

$$U_p = (e \cdot U)e \tag{2.26}$$

(即使 e 並不是指向 U_p 的方向這個方程式仍然成立。在那種情況，角度 $\theta > 90°$ 且 $e \cdot U$ 是負的。)當向量的分量以及單位向量 e 平行於 L 的分量已知的時候，我們能使用方程式(2.26)。

垂直分量　一旦平行的向量分量已經算出，我們能從關係式 $U = U_p + U_n$ 得出向量的垂直分量：

$$U_n = U - U_p \tag{2.27}$$

結論

純量積
兩向量 U 和 V 的純量積被定義為

$$U \cdot V = |U||V|\cos\theta \tag{2.18}$$

其中 θ 是向量 U 和 V 的尾端連接在一起時 U 和 V 之間的夾角。請注意 $U \cdot U = |U|^2$
如果 $|U| \neq 0$ 和 $|V| \neq 0$，$U \cdot V = 0$ 若且唯若 U 和 V 相互垂直

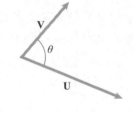

純量積的分量表示式
U 和 V 的純量積用向量的分量來表示

$$U \cdot V = U_x V_x + U_y V_y + U_z V_z \tag{2.23}$$

平行於和垂直於一條直線的向量分量
向量 U 可以分解為平行於一條給定的直線 L 的分量 U_p 與垂直於 L 之分量 U_n。如果是 e 一個與 L 平行的單位向量，U 的平行分量可寫成

$$U_p = (e \cdot U)\,e \tag{2.26}$$

垂直於 L 的分量可以由下述關係式算出

$$U_n = U - U_p \tag{2.27}$$

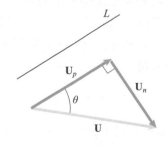

觀念範例 2.11 　　純量積(▶ 相關習題 2.99)

兩個向量 **U** 和 **V** 的分量分別是 $U = 6i - 5j - 3k$ 和 $V = 4i + 2j + 2k$。
(a)$U \cdot V$ 的值是多少？(b)**U** 與 **V** 尾端彼此相連時兩向量之間的夾角是多少？

方略

知道了 **U** 與 **V** 的分量，我們可以用式(2.23)來計算 $U \cdot V$ 的值。然後我們能使用純量積的定義，式(2.18)，來計算在向量之間的夾角。

解答

$$
\begin{aligned}
U \cdot V &= U_x V_x + U_y V_y + U_z V_z \\
&= (6)(4) + (-5)(2) + (-3)(2) \\
&= 8
\end{aligned}
$$

使用向量的分量算出 $U \cdot V$ 的值

$$U \cdot V = |U||V| \cos \theta$$

所以

$$
\begin{aligned}
\cos \theta &= \frac{U \cdot V}{|U||V|} \\
&= \frac{8}{\sqrt{(6)^2 + (-5)^2 + (-3)^2} \, \sqrt{(4)^2 + (2)^2 + (2)^2}} \\
&= 0.195
\end{aligned}
$$

因此 $\theta = 78.7°$

使用 $U \cdot V$ 的定義計算 θ

練習題

U 與 **V** 的分量是 $U = 6i - 5j - 3k$ 與 $V = V_x i + 2j + 2k$。請計算 V_x 分量的值使得向量 **U** 與 **V** 會互相垂直。
答案：$V_x = 2.67$。

範例 2.12   利用純量積計算向量的夾角(▶ 相關習題 2.100)

直線 AB 與 AC 之間的夾角 θ 是多少?

方略

我們知道 A，B，與 C 各點的座標，因此我們能計算從 A 到 B 的向量 $\mathbf{r}_{AB}$ 的分量以及從 A 到 C 的向量 $\mathbf{r}_{AC}$ 的分量(圖 a)。然後我們可以使用式(2.24)算出 θ。

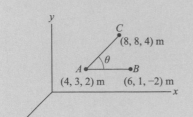

解答

向量 $\mathbf{r}_{AB}$ 與 $\mathbf{r}_{AC}$，座標的單位是公尺，是

$$\mathbf{r}_{AB} = (6-4)\mathbf{i} + (1-3)\mathbf{j} + (-2-2)\mathbf{k} = 2\mathbf{i} - 2\mathbf{j} - 4\mathbf{k} \,(\mathrm{m})$$
$$\mathbf{r}_{AC} = (8-4)\mathbf{i} + (8-3)\mathbf{j} + (4-2)\mathbf{k} = 4\mathbf{i} + 5\mathbf{j} + 2\mathbf{k} \,(\mathrm{m})$$

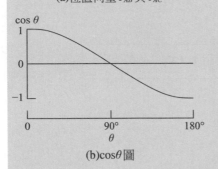

(a)位置向量 $\mathbf{r}_{AB}$ 與 $\mathbf{r}_{AC}$

它們的長度是

$$|\mathbf{r}_{AB}| = \sqrt{(2\,\mathrm{m})^2 + (-2\,\mathrm{m})^2 + (-4\,\mathrm{m})^2} = 4.90\,\mathrm{m}$$
$$|\mathbf{r}_{AC}| = \sqrt{(4\,\mathrm{m})^2 + (5\,\mathrm{m})^2 + (2\,\mathrm{m})^2} = 6.71\,\mathrm{m}$$

$\mathbf{r}_{AB}$ 與 $\mathbf{r}_{AC}$ 的純量積是

$$\mathbf{r}_{AB} \cdot \mathbf{r}_{AC} = (2\,\mathrm{m})(4\,\mathrm{m}) + (-2\,\mathrm{m})(5\,\mathrm{m}) + (-4\,\mathrm{m})(2\,\mathrm{m})$$
$$= -10\,\mathrm{m}^2$$

(b)$\cos\theta$ 圖

因此，

$$\cos\theta = \frac{\mathbf{r}_{AB} \cdot \mathbf{r}_{AC}}{|\mathbf{r}_{AB}||\mathbf{r}_{AC}|} = \frac{-10\,\mathrm{m}^2}{(4.90\,\mathrm{m})(6.71\,\mathrm{m})} = -0.304$$

夾角的值 $\theta = \arccos(-0.304) = 107.7°$。

重要提示

如果兩個向量的純量積是負的，代表什麼意思呢?從式(2.18)以及餘弦的圖(圖 b)，你可以看出只要兩個向量之間的夾角大於 90° 時，如本例，純量積就會是負的。

範例 2.13　　平行於和垂直於直線的向量分量(▶ 相關習題 2.111)

假定你使勁拉纜線 OA，在 O 施加 50-N 的 $\mathbf{F}$ 力。$\mathbf{F}$ 平行於和垂直於纜線 OB 的向量分量分別是多少？

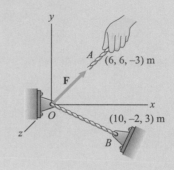

方略

以平行和垂直於 OB 的向量分量之和(圖 a)寫出 $\mathbf{F}$ 的表示式，我們能運用式(2.26)以及式(2.27)來計算向量分量。但是想要使用這些方程式，我們必須先寫出 $\mathbf{F}$ 的純量表示式並算出平行於纜線 OB 之單位向量的純量分量。我們先計算從 O 指向 A 之單位向量的分量且將它乘上 $|\mathbf{F}|$ 得到 $\mathbf{F}$ 的分量。

解答

從 O 到 A 和從 O 到 B 的位置向量(圖 b)是

$$\mathbf{r}_{OA} = 6\mathbf{i} + 6\mathbf{j} - 3\mathbf{k}\,(\mathrm{m})$$
$$\mathbf{r}_{OB} = 10\mathbf{i} - 2\mathbf{j} + 3\mathbf{k}\,(\mathrm{m})$$

它們的長度分別是 $|\mathbf{r}_{OA}| = 9\,\mathrm{m}$ 與 $|\mathbf{r}_{OB}| = 10.6\,\mathrm{m}$。將這些向量除以它們的長度後，得到從原點指向 A 和 B 的單位向量(圖 c)：

$$\mathbf{e}_{OA} = \frac{\mathbf{r}_{OA}}{|\mathbf{r}_{OA}|} = \frac{6\mathbf{i} + 6\mathbf{j} - 3\mathbf{k}\,(\mathrm{m})}{9\,\mathrm{m}} = 0.667\mathbf{i} + 0.667\mathbf{j} - 0.333\mathbf{k}$$
$$\mathbf{e}_{OB} = \frac{\mathbf{r}_{OB}}{|\mathbf{r}_{OB}|} = \frac{10\mathbf{i} - 2\mathbf{j} + 3\mathbf{k}\,(\mathrm{m})}{10.6\,\mathrm{m}} = 0.941\mathbf{i} - 0.188\mathbf{j} + 0.282\mathbf{k}$$

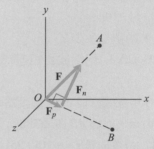

(a) $\mathbf{F}$ 平行於與垂直於 OB 的分量

力 $\mathbf{F}$ 的純量分量表示式是

$$\mathbf{F} = |\mathbf{F}|\mathbf{e}_{OA} = (50\,\mathrm{N})(0.667\mathbf{i} + 0.667\mathbf{j} - 0.333\mathbf{k})$$
$$= 33.3\mathbf{i} + 33.3\mathbf{j} - 16.7\mathbf{k}\,(\mathrm{N})$$

取 $\mathbf{e}_{OB}$ 與 $\mathbf{F}$ 的純量積，我們得到

$$\mathbf{e}_{OB} \cdot \mathbf{F} = (0.941)(33.3\,\mathrm{N}) + (-0.188)(33.3\,\mathrm{N})$$
$$+ (0.282)(-16.7\,\mathrm{N}) = 20.4\,\mathrm{N}$$

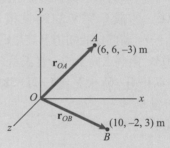

(b) 位置向量 $\mathbf{r}_{OA}$ 與 $\mathbf{r}_{OB}$

$\mathbf{F}$ 的平行分量是

$$\mathbf{F}_p = (\mathbf{e}_{OB} \cdot \mathbf{F})\mathbf{e}_{OB} = (20.4\,\mathrm{N})(0.941\mathbf{i} - 0.188\mathbf{j} + 0.282\mathbf{k})$$
$$= 19.2\mathbf{i} - 3.83\mathbf{j} + 5.75\mathbf{k}\,(\mathrm{N})$$

而垂直分量是

$$\mathbf{F}_n = \mathbf{F} - \mathbf{F}_p = 14.2\mathbf{i} + 37.2\mathbf{j} - 22.4\mathbf{k}\,(\mathrm{N})$$

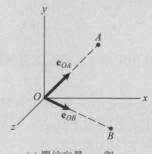

(c) 單位向量 $\mathbf{e}_{OA}$ 與 $\mathbf{e}_{OB}$

重要提示

我們如何能確知這兩個向量是互相垂直的？由式(2.18)很清楚的知道兩個非零向量的純量積只有在夾角為 90°時會等於零。我們可以利用這個診斷性的測試來確認於此範例所算出的 **F** 分量是互相垂直的。計算 $\mathbf{F}_p$ 與 $\mathbf{F}_n$ 的純量積，分量以牛頓為單位，我們得到

$$\mathbf{F}_p \cdot \mathbf{F}_n = (19.2)(14.2) + (-3.83)(37.2) + (5.75)(-22.4) = 0$$

習題

▶2.99 於觀念範例 2.11，假設向量 **V** 換為 $\mathbf{V} = 4\mathbf{i} - 6\mathbf{j} - 10\mathbf{k}$。

(a)$\mathbf{U} \cdot \mathbf{V}$ 的值是多少？

(b)當 **U** 與 **V** 的尾端彼此相連時兩向量的夾角是多少？

▶2.100 於範例 2.12，假設點 B 的座標換為 $(6, 4, 4)$ m。直線 AB 與 AC 間的夾角 θ 是多少？

2.101 位置向量 $\mathbf{r} = -10\mathbf{i} + 25\mathbf{j}$ (m)與力向量 $\mathbf{F} = 300\mathbf{i} + 250\mathbf{j} + 300\mathbf{k}$ (N)的純量積是多少？

2.102 假設 **U** 與 **V** 的純量積是 $\mathbf{U} \cdot \mathbf{V} = 0$。如果 $|\mathbf{U}| \neq 0$，請問你能知道 **V** 該是為何？

2.103 兩個之向量的分量表示式為 $\mathbf{U} = U_x\mathbf{i} - 4\mathbf{j} + 6\mathbf{k}$ 與 $\mathbf{V} = 3\mathbf{i} + 2\mathbf{j} - 3\mathbf{k}$。請使用純量積算出分量 U_x。

2.104 三個向量

$$\mathbf{U} = U_x\mathbf{i} + 3\mathbf{j} + 2\mathbf{k}$$
$$\mathbf{V} = -3\mathbf{i} + V_y\mathbf{j} + 3\mathbf{k}$$
$$\mathbf{W} = -2\mathbf{i} + 4\mathbf{j} + W_z\mathbf{k}$$

彼此互相垂直。請使用純量積算出分量 U_x、V_y 與 W_z。

2.105 長度 $|\mathbf{U}| = 10$ 與 $|\mathbf{V}| = 20$。

(a)使用式(2.18)算出 $\mathbf{U} \cdot \mathbf{V}$。

(b)使用式(2.23)算出 $\mathbf{U} \cdot \mathbf{V}$。

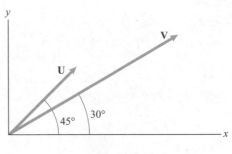

習題 2.105

2.106 藉由計算 $\mathbf{U} \cdot \mathbf{V}$，證明恆等式 $\cos(\theta_1 - \theta_2) = \cos\theta_1\cos\theta_2 + \sin\theta_1\sin\theta_2$。

方略：使用式(2.18)與式(2.23)這兩個關係式算出純量積。

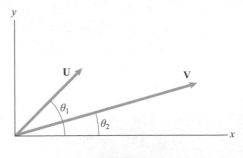

習題 2.106

2.107 請使用純量積計算帆船之船桅前支索(纜線 AB)以及後支索(纜線 BC)之間的夾角。

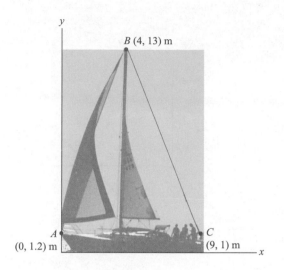

習題 2.107

2.108 請計算直線 AB 以及 AC 之間的夾角 θ
(a)使用餘弦定律(參附錄 A)；
(b)使用純量積。

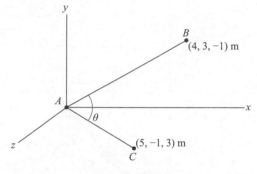

習題 2.108

2.109 船 O 測量船 A 和飛機 B 的位置並得到如所示的座標。請問視線 OA 和 OB 之間之夾角 θ 是多少？

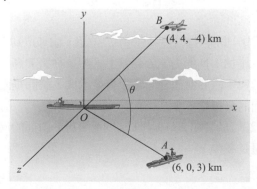

習題 2.109

2.110 太空梭上的太空人使用雷達計算兩個人造衛星 A 與 B 的位置向量的長度和方向餘弦。自太空梭至人造衛星 A 的向量 $\mathbf{r}_A$ 的距離是 2 km 與方向餘弦是 $\cos\theta_x = 0.768$、$\cos\theta_y = 0.384$、$\cos\theta_z = 0.512$。自太空梭至人造衛星 B 的向量 $\mathbf{r}_B$ 的距離是 4 km，而方向餘弦則分別是 $\cos\theta_x = 0.743$，$\cos\theta_y = 0.557$，$\cos\theta_z = -0.371$。請問 $\mathbf{r}_A$ 與 $\mathbf{r}_B$ 之間的夾角 θ 是多少？

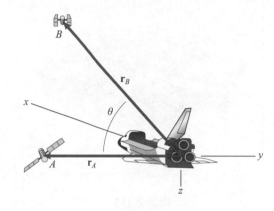

習題 2.110

▶2.111 於範例 2.13 中，如果將你施 50-N 力之點 A 的座標平移成為 $(8, 3, -3)$ m，請問 $\mathbf{F}$ 與纜線 OB 平行的向量分量是多少？

2.112 某個人施加力 $\mathbf{F} = 60\mathbf{i} - 40\mathbf{j}$ (N)於健身器的把手上。使用式(2.26)計算 $\mathbf{F}$ 平行於原點 O 與把手之連線的向量分量。

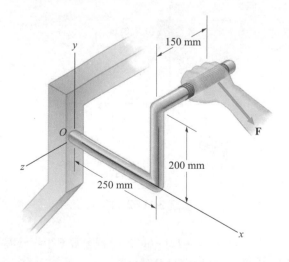

習題 2.112

2.113　在所示的瞬時,獵兔狗的推力向量是 **T** = 17,000**i** + 68,000**j** − 8,000**k** (N)且速度向量是 **υ** = 7.3**i** + 1.8**j** − 0.6**k** (m/s)。數值 $P = |\mathbf{T}_p||\mathbf{υ}|$,其中 $\mathbf{T}_p$ 是 **T** 平行於 **v** 的向量分量,等於目前發動機正傳輸至飛機的功率。請計算 P 的值。

習題 2.113

2.114　纜線自 A 延伸至 B 以及自 A 至 C。纜線 AC 施加 1000-N 的力 **F** 於 A。

(a)纜線 AB 與 AC 間的夾角是多少?

(b)請計算 **F** 平行於纜線 AB 的向量分量。

2.115　令 $\mathbf{r}_{AB}$ 是從 A 至點 B 的位置向量。請計算 $\mathbf{r}_{AB}$ 平行於纜線 AC 的向量分量。

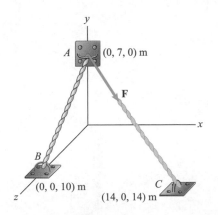

習題 2.114/2.115

2.116　力 **F** = 10**i** + 12**j** − 6**k** (N)。請計算 **F** 平行於與垂直於纜線 OA 的向量分量。

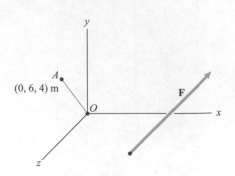

習題 2.116

2.117　繩 AB 施加 50-N 的力 **T** 於軸環 A。請計算 **T** 平行於長桿 CD 的向量分量。

2.118　於習題 2.117 中,請計算 **T** 垂直於長桿 CD 的向量分量。

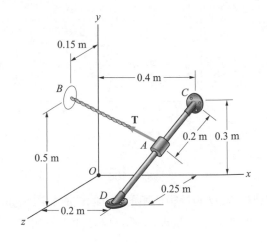

習題 2.117/2.118

2.119　圓盤 A 位在斜坡的中央位置。由 A 拉到 B 之繩索施加 1-N 的力 **F** 於圓盤上。如果你將 **F** 寫成平行於與垂直於斜面之向量分量表示式,請問垂直於斜面的分量是多少?

2.120　於習題 2.119 中,請問 **F** 平行於斜面的向量分量是多少?

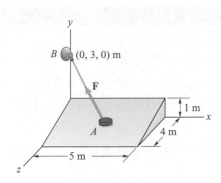

習題 2.119/2.120

2.121 在太空載具中的一名太空人接近太空站。在目前的這個時刻，太空站通知他目前的位置相對於太空站之原點的座標是 $r_G = 50i + 80j + 180k$ (m)而他的速度是 $v = -2.2j - 3.6k$ (m/s)。氣密門的位置是 $r_A = -12i + 20k$ (m)。請計算他的速度向量與從他目前的位置和氣密門之連線間的夾角。

2.122 於習題 2.121 中，請計算太空人平行於他目前的位置到氣密門之連線的速度向量分量。

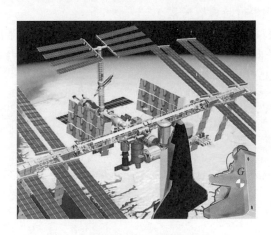

習題 2.121/2.122

2.123 P 點位在經度 30°W 緯度 45°N 的 Nova Scotia 省和法國之間的大西洋上。Q 點位在經度 60°E 緯度 20°N 的阿拉伯海中。請使用純量積計算並以地球半徑 R_E 寫出從 P 點沿著地表至 Q 點的最短距離。

方略：使用純量積計算 OP 與 OQ 間的夾角；然後將角度以弧度爲定義下算出從 P 點沿著地表至 Q 點的最短距離。

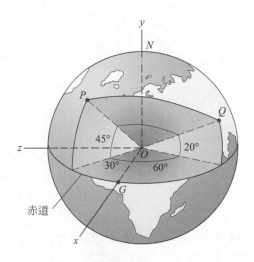

習題 2.123

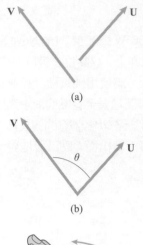

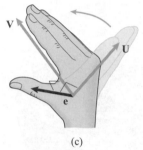

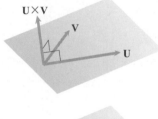

圖 2.24
(a)向量 **U** 和 **V**
(b)當向量的尾端互相連接時彼此之
　間的夾角 θ
(c)使用右手定則決定 **e** 的方向

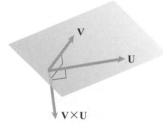

圖 2.25
U × **V** 與 **V** × **U** 的方向

2.5　向量積

背景概念

　　如同純量積一樣，向量向量積的應用也很常見，包括計算流體粒子的旋轉率和計算一個磁場施加於帶電粒子的力。由於向量積在計算力矩方面非常有用，因此在力學方面它是不可或缺的工具。在這一節裡我們示範如何計算向量積並且給予簡單的應用例子。

定義

考慮兩個向量 **U** 與 **V**(圖 2.24a)。**U** 與 **V** 的**向量積**，寫成 **U** × **V**，被定義為

$$\mathbf{U} \times \mathbf{V} = |\mathbf{U}||\mathbf{V}|\sin\theta\,\mathbf{e} \qquad (2.28)$$

角度 θ 是 **U** 與 **V** 尾端彼此相連時的夾角角度(圖 2.24b)。向量 **e** 的定義是同時垂直於 **U** 與 **V** 單位向量。由於這個定義讓 **e** 的方向有兩個可能，向量 **U**，**V**，與 **e** 構成一個右手指向系統。依右手定則所決定出 **e** 的方向，如圖 2.24c 所示。如果右手的手指所指是向量 **U** 的方向(向量積的第一個向量)然後將手指彎向向量 **V** 的方向(向量積的第二個向量)，這時大拇指所指的方向就是 **e** 的方向。

　　由於向量積的結果仍是一個向量，所以有時被稱為向量積。向量積的單位等於兩個向量的單位的乘積。請留意兩個非零向量的向量積於二個向量互相平行時會等於零。

　　向量積的一個有趣的特性是它不具交換性。式(2.28)暗示了向量 **U** × **V** 的長度等於向量 **V** × **U** 的長度，但是右手定則顯示兩者的方向是相反的(圖 2.25)。也就是說，

$$\mathbf{U} \times \mathbf{V} = -\mathbf{V} \times \mathbf{U} \quad \text{向量積不具交換性} \qquad (2.29)$$

向量積也滿足關係式

$$a(\mathbf{U} \times \mathbf{V}) = (a\mathbf{U}) \times \mathbf{V} = \mathbf{U} \times (a\mathbf{V}) \quad \text{向量積對純量具乘法結合性} \qquad (2.30)$$

以及

$$\mathbf{U} \times (\mathbf{V} + \mathbf{W}) = (\mathbf{U} \times \mathbf{V}) + (\mathbf{U} \times \mathbf{W}) \quad \text{向量積對向量加法具分配性} \qquad (2.31)$$

對於任何純量 a 與向量 **U**，**V**，與 **W**。

向量積的分量表示式

要推導出兩個向量的向量積的向量分量方程式，我們必須先計算由 **i**, **j**, **k** 等單位向量所構成的向量積。因為兩個相同的向量於尾端彼此相連時的夾角等於零，從而

$$i \times i = |i||i|\sin(0)e = 0$$

向量積 $i \times j$ 是

$$i \times j = |i||j|\sin 90°e = e$$

其中 e 是垂直於 i 與 j 的單位向量。$e = k$ 或 $e = -k$。援用右手定則，我們得到 $e = k$(圖 2.26)。因此，

$$i \times j = k$$

重複這個做法，我們有

$$i \times i = 0, \quad i \times j = k, \quad i \times k = -j$$
$$j \times i = -k, \quad j \times j = 0, \quad j \times k = i$$
$$k \times i = j, \quad k \times j = -i, \quad k \times k = 0 \qquad (2.32)$$

將這些單位向量排列成圓形就可以很輕鬆的記住上述結果，如圖 2.27a。相鄰兩向量的向量積等於第三個向量且向量積之各向量的順序與圖中箭頭所示者一致時此向量為正號，反之為負號。舉例來說，於圖 2.27b 我們可以看到 $i \times j = k$，但是 $i \times k = -j$。

　　兩向量 U 與 V 的向量積，以它們的分量來表示時，是

$$
\begin{aligned}
U \times V &= (U_x i + U_y j + U_z k) \times (V_x i + V_y j + V_z k) \\
&= U_x V_x (i \times i) + U_x V_y (i \times j) + U_x V_z (i \times k) \\
&\quad + U_y V_x (j \times i) + U_y V_y (j \times j) + U_y V_z (j \times k) \\
&\quad + U_z V_x (k \times i) + U_z V_y (k \times j) + U_z V_z (k \times k)
\end{aligned}
$$

將式(2.32)代入這個式子，我們得到下述方程式

$$
\begin{aligned}
U \times V &= (U_y V_z - U_z V_y)i - (U_x V_z - U_z V_x)j \\
&\quad + (U_x V_y - U_y V_x)k \qquad (2.33)
\end{aligned}
$$

這個結果可以用行列式作更精簡的表現

$$
U \times V = \begin{vmatrix} i & j & k \\ U_x & U_y & U_z \\ V_x & V_y & V_z \end{vmatrix} \qquad (2.34)
$$

這個方程式是根據式(2.32)，是我們使用右手指向座標系統所得到的。只有在使用右手指向座標系統來計算 U 與 V 的分量時才會得到正確的結果。

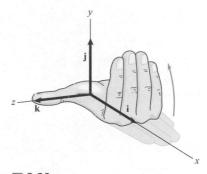

圖 2.26
右手定則告訴我們 $i \times j = k$

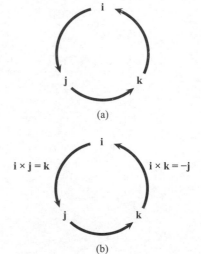

圖 2.27
(a)將單位向量繞成一個圈圈並用箭頭指出它們的前後順序
(b)你能使用這個圈圈判斷它們的向量積

計算一個 3×3 行列式

一個 3×3 行列式可以藉由重複前兩行並並沿著六個對角線計算各項的積:

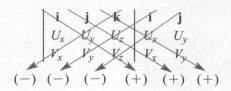

$$(-)\quad(-)\quad(-)\quad(+)\quad(+)\quad(+)$$

加入沿右下對角方向劃過時所經過的各項(藍色箭頭),並減去沿左下對角方向劃過時所經過的各項(紅色箭頭),可得出行列式的值:

$$\begin{vmatrix} \mathbf{i} & \mathbf{j} & \mathbf{k} \\ U_x & U_y & U_z \\ V_x & V_y & V_z \end{vmatrix} = \begin{array}{l} U_y V_z \mathbf{i} + U_z V_x \mathbf{j} + U_x V_y \mathbf{k} \\ - U_y V_x \mathbf{k} - U_z V_y \mathbf{i} - U_x V_z \mathbf{j} \end{array}$$

一個 3×3 行列式也可以寫成下述的式子來算出

$$\begin{vmatrix} \mathbf{i} & \mathbf{j} & \mathbf{k} \\ U_x & U_y & U_z \\ V_x & V_y & V_z \end{vmatrix} = \mathbf{i}\begin{vmatrix} U_y & U_z \\ V_y & V_z \end{vmatrix} - \mathbf{j}\begin{vmatrix} U_x & U_z \\ V_x & V_z \end{vmatrix} + \mathbf{k}\begin{vmatrix} U_x & U_y \\ V_x & V_y \end{vmatrix}$$

將 3×3 行列式第一行各項乘以劃掉該項所在的行與列得到之 2×2 行列式,就可以得到右側的式子。例如,第一行的第一項 **i** 乘以 2×2 行列式

$$\begin{vmatrix} \mathbf{i} & \mathbf{j} & \mathbf{k} \\ U_x & U_y & U_z \\ V_x & V_y & V_z \end{vmatrix}$$

請確認記得第二項是被減的。展開這個 2×2 行列式,我們得到這個行列式的值是:

$$\begin{vmatrix} \mathbf{i} & \mathbf{j} & \mathbf{k} \\ U_x & U_y & U_z \\ V_x & V_y & V_z \end{vmatrix} = (U_y V_z - U_z V_y)\mathbf{i} - (U_x V_z - U_z V_x)\mathbf{j} + (U_x V_y - U_y V_x)\mathbf{k}$$

混合積

在第 4 章,當我們討論相對於一條直線的力矩時,我們將使用一個稱為**混合三重積**(*Mixed Triple Products*)的運算,定義如下

$$\mathbf{U} \cdot (\mathbf{V} \times \mathbf{W}) \tag{2.35}$$

寫成向量的純量分量,

$$U \cdot (V \times W) = (U_x i + U_y j + U_z k) \cdot \begin{vmatrix} i & j & k \\ V_x & V_y & V_z \\ W_x & W_y & W_z \end{vmatrix}$$

$$= (U_x i + U_y j + U_z k) \cdot [(V_y W_z - V_z W_y) i$$
$$- (V_x W_z - V_z W_x) j + (V_x W_y - V_y W_x) k]$$

$$= U_x (V_y W_z - V_z W_y) - U_y (V_x W_z - V_z W_x)$$
$$+ U_z (V_x W_y - V_y W_x)$$

這個結果可以寫成行列式

$$U \cdot (V \times W) = \begin{vmatrix} U_x & U_y & U_z \\ V_x & V_y & V_z \\ W_x & W_y & W_z \end{vmatrix} \quad (2.36)$$

對調混合積中的任何兩個向量會更換正負號，但積的絕對值仍不
變。例如，

$$U \cdot (V \times W) = -W \cdot (V \times U)$$

　　如果於圖 2.28 中，向量 U、V 與 W 構成一個右手指向座標系
統，則六面體的體積可以證明等於 U · (V×W)。

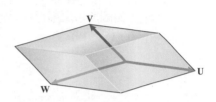

圖 2.28
由 U、V 以及 W 決定的平行六面體向
量

結論

向量積
兩個向量 U 與 V 的各量積的定義為

　$U \times V = |U||V| \sin \theta\, e$　　　　(2.28)

一如於純量積的定義，θ 是兩個向量於尾端彼此相連
時的夾角。單位向量 e 的定義是垂直於 U，垂直於 V
，而且其方向是使 U、V、e 構成一個右手指向系統。
如果 $|U| \neq 0$ 且 $|V| \neq 0$，若且唯若 U 與 V 互相平行則
$U \times V = 0$

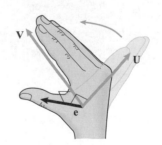

向量積的分量表示式
兩個向量 U 與 V 的向量積的向量分量表示為

　$U \times V = (U_y V_z - U_z V_y)\, i - (U_x V_z - U_z V_x)\, j$
　　　$+ (U_x V_y - U_y V_x)\, k$　　　　(2.33)

$$= \begin{vmatrix} i & j & k \\ U_x & U_y & U_z \\ V_x & V_y & V_z \end{vmatrix} \quad (2.34)$$

混合積

運算 **U · (V×W)** 稱爲 **U**、**V** 與 **W** 的混合積。它可以表示爲向量分量的行列式

$$\mathbf{U} \cdot (\mathbf{V} \times \mathbf{W}) = \begin{vmatrix} U_x & U_y & U_z \\ V_x & V_y & V_z \\ W_x & W_y & W_z \end{vmatrix} \qquad (2.36)$$

當 **U**、**V**、**W** 構成一個右手指向系統，如圖所示之平行六面體的體積等於 **U · (V×W)**

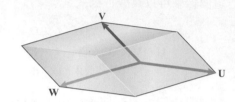

觀念範例 2.14

向量積（▶ 相關習題 2.124）

兩個向量 **U** 與 **V** 的分量是 **U** = 6**i**−5**j**−**k** 與 **V** = 4**i**+2**j**+2**k**。(a)計算向量積 **U×V**。(b)使用純量積證明 **U×V** 垂直於 **U**。

方略

(a)知道了 **U** 與 **V** 的分量，我們能夠使用式(2.33)計算 **U×V**。(b)一旦我們計算出 **U×V** 的分量，我們能夠藉由證明 **(U×V)·U** = 0 證明它垂直於 **U**。

解答

$$\mathbf{U} \times \mathbf{V} = (U_y V_z - U_z V_y)\,\mathbf{i} - (U_x V_z - U_z V_x)\,\mathbf{j}$$
$$+ (U_x V_y - U_y V_x)\,\mathbf{k}$$
$$= [(-5)(2) - (-1)(2)]\,\mathbf{i} - [(6)(2) - (-1)(4)]\,\mathbf{j}$$
$$+ [(6)(2) - (-5)(4)]\,\mathbf{k}$$
$$= -8\mathbf{i} - 16\mathbf{j} + 32\mathbf{k}$$

> (a) 使用向量的分量來計算 **U×V**

$$(\mathbf{U} \times \mathbf{V}) \cdot \mathbf{U} = (\mathbf{U} \times \mathbf{V})_x U_x + (\mathbf{U} \times \mathbf{V})_y U_y + (\mathbf{U} \times \mathbf{V})_z U_z$$
$$= (-8)(6) + (-16)(-5) + (32)(-1)$$
$$= 0$$

> (b) 證明 **(U×V)·U** = 0

練習題

兩個向量 **U** 與 **V** 的分量是 **U** = 3**i**+2**j**−**k** 與 **V** = 5**i**−3**j**−4**k**。計算一個垂直於 **U** 與垂直於 **V** 之單位向量的分量。

答案：**e** = −0.477**i** + 0.304**j** − 0.825**k** 或

   e = 0.477**i** − 0.304**j** + 0.825**k**。

範例 2.15　　從一點到一條直線的最短距離(▶ 相關習題 2.133)

考慮直線 OA 與 OB。

(a)計算一個單位向量垂直於 OA 與 OB 的分量。

(b)從點 A 到直線 OB 的最短距離是多少？

方略

(a)令 $\mathbf{r}_{OA}$ 與 $\mathbf{r}_{OB}$ 分別是從 O 到 A 與從 O 到 B 的位置向量(圖 a)。由於向量積 $\mathbf{r}_{OA} \times \mathbf{r}_{OB}$ 同時垂直於 $\mathbf{r}_{OA}$ 與 $\mathbf{r}_{OB}$，我們將計算出這個積並除以積本身的長度來得到一個垂直於直線 OA 與 OB 的單位向量。

(b)從 A 到直線 OB 的最短距離等於從 A 到 OB 且垂直於 OB 的直線長度 d(圖 b)。我們能夠看出 $d = |\mathbf{r}_{OA}|\sin\theta$，其中 θ 是 $\mathbf{r}_{OA}$ 與 $\mathbf{r}_{OB}$ 之間的夾角。從向量積的定義，$\mathbf{r}_{OA} \times \mathbf{r}_{OB}$ 的長度是 $|\mathbf{r}_{OA}||\mathbf{r}_{OB}|\sin\theta$，所以我們將 $\mathbf{r}_{OA} \times \mathbf{r}_{OB}$ 的長度除以 $\mathbf{r}_{OB}$ 的長度計算出 d。

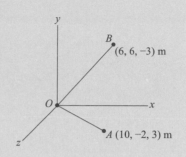

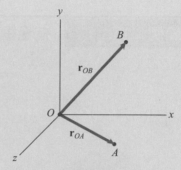

(a) 位置向量 $\mathbf{r}_{OA}$ 與 $\mathbf{r}_{OB}$

解答

(a)$\mathbf{r}_{OA}$ 與 $\mathbf{r}_{OB}$ 的分量是

$$\mathbf{r}_{OA} = 10\mathbf{i} - 2\mathbf{j} + 3\mathbf{k}\,(\text{m})$$
$$\mathbf{r}_{OB} = 6\mathbf{i} + 6\mathbf{j} - 3\mathbf{k}\,(\text{m})$$

使用式(2.34)，我們得到 $\mathbf{r}_{OA} \times \mathbf{r}_{OB}$：

$$\mathbf{r}_{OA} \times \mathbf{r}_{OB} = \begin{vmatrix} \mathbf{i} & \mathbf{j} & \mathbf{k} \\ 10 & -2 & 3 \\ 6 & 6 & -3 \end{vmatrix} = -12\mathbf{i} + 48\mathbf{j} + 72\mathbf{k}\,(\text{m}^2)$$

這個向量垂直於 $\mathbf{r}_{OA}$ 與 $\mathbf{r}_{OB}$。將其除以本身的長度，我們得到一個垂直於直線 OA 與 OB 的單位向量 $\mathbf{e}$：

$$\mathbf{e} = \frac{\mathbf{r}_{OA} \times \mathbf{r}_{OB}}{|\mathbf{r}_{OA} \times \mathbf{r}_{OB}|} = \frac{-12\mathbf{i} + 48\mathbf{j} + 72\mathbf{k}\,(\text{m}^2)}{\sqrt{(-12\,\text{m}^2)^2 + (48\,\text{m}^2)^2 + (72\,\text{m}^2)^2}}$$
$$= -0.137\mathbf{i} + 0.549\mathbf{j} + 0.824\mathbf{k}$$

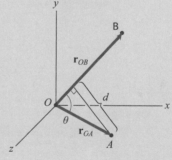

(b) 從 A 到直線 OB 的最短距離 d

(b)從圖 b，最短距離 d 等於

$$d = |\mathbf{r}_{OA}|\sin\theta$$

$\mathbf{r}_{OA} \times \mathbf{r}_{OB}$ 的長度是

$$|\mathbf{r}_{OA} \times \mathbf{r}_{OB}| = |\mathbf{r}_{OA}||\mathbf{r}_{OB}|\sin\theta$$

解出這個方程式的 $\sin\theta$，我們找出距離 d 等於

$$d = |\mathbf{r}_{OA}|\left(\frac{|\mathbf{r}_{OA} \times \mathbf{r}_{OB}|}{|\mathbf{r}_{OA}||\mathbf{r}_{OB}|}\right) = \frac{|\mathbf{r}_{OA} \times \mathbf{r}_{OB}|}{|\mathbf{r}_{OB}|}$$

$$= \frac{\sqrt{(-12\,\text{m}^2)^2 + (48\,\text{m}^2)^2 + (72\,\text{m}^2)^2}}{\sqrt{(6\,\text{m})^2 + (6\,\text{m})^2 + (-3\,\text{m})^2}} = 9.71\,\text{m}$$

重要提示

這個範例示範了向量方法的威力。從點 A 到直線 OB 最短距離之計算工作通常被公式化成一個微分學中的極小化問題，但是我們所展示的向量求解方式相較之下簡單許多。

範例 2.16　　**向量垂直於平面的分量**(▶ 相關習題 2.139)

繩子 CE 施加一個 500-N 力 $\mathbf{T}$ 於門 $ABCD$。$\mathbf{T}$ 垂直於門之分量的大小是多少？

方略

我們已經有門角 A，B，與門 C 的座標。取從 C 到 B 之位置向量 $\mathbf{r}_{CB}$ 與從 C 到 A 之位置向量 $\mathbf{r}_{CA}$ 的向量積，我們會得到一個垂直於門的向量。我們能夠將此向量除以它的長度得到一個垂直於門的單位向量然後援用式(2.26)計算 $\mathbf{T}$ 垂直於門的分量。

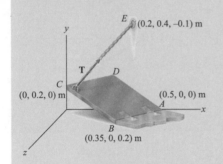

解答

$\mathbf{r}_{CB}$ 與 $\mathbf{r}_{CA}$ 的分量是

$$\mathbf{r}_{CB} = 0.35\mathbf{i} - 0.2\mathbf{j} + 0.2\mathbf{k}\,(\text{m})$$
$$\mathbf{r}_{CA} = 0.5\mathbf{i} - 0.2\mathbf{j}\,(\text{m})$$

它們的向量積是

$$\mathbf{r}_{CB} \times \mathbf{r}_{CA} = \begin{vmatrix} \mathbf{i} & \mathbf{j} & \mathbf{k} \\ 0.35 & -0.2 & 0.2 \\ 0.5 & -0.2 & 0 \end{vmatrix} = 0.04\mathbf{i} + 0.1\mathbf{j} + 0.03\mathbf{k}\,(\text{m}^2)$$

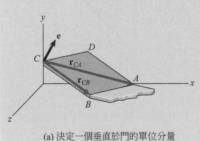

(a) 決定一個垂直於門的單位分量

這個向量除以其長度，得到一個垂直於門的單位向量 $\mathbf{e}$(圖 a)：

$$\mathbf{e} = \frac{\mathbf{r}_{CB} \times \mathbf{r}_{CA}}{|\mathbf{r}_{CB} \times \mathbf{r}_{CA}|} = \frac{0.04\mathbf{i} + 0.1\mathbf{j} + 0.03\mathbf{k}\,(\text{m}^2)}{\sqrt{(0.04\,\text{m}^2)^2 + (0.1\,\text{m}^2)^2 + (0.03\,\text{m}^2)^2}}$$

$$= 0.358\mathbf{i} + 0.894\mathbf{j} + 0.268\mathbf{k}$$

到使用式(2.26)，我們必須將 $\mathbf{T}$ 寫成它的純量分量表示式。從 C 到 E 的位置向量是

$$\mathbf{r}_{CE} = 0.2\mathbf{i} + 0.2\mathbf{j} - 0.1\mathbf{k} \,(\text{m})$$

所以我們能夠將力 **T** 表示為

$$\mathbf{T} = |\mathbf{T}|\frac{\mathbf{r}_{CE}}{|\mathbf{r}_{CE}|} = (500\,\text{N})\frac{0.2\mathbf{i} + 0.2\mathbf{j} - 0.1\mathbf{k}\,(\text{m})}{\sqrt{(0.2\,\text{m})^2 + (0.2\,\text{m})^2 + (-0.1\,\text{m})^2}}$$

$$= 333\mathbf{i} + 333\mathbf{j} - 167\mathbf{k}\,(\text{N})$$

T 平行於單位向量 **e** 的分量，意即 **T** 垂直於門的分量，是

$$(\mathbf{e} \cdot \mathbf{T})\mathbf{e} = [(0.358)(333\,\text{N}) + (0.894)(333\,\text{N})$$
$$+ (0.268)(-167\,\text{N})]\mathbf{e}$$
$$= 373\mathbf{e}\,(\text{N})$$

T 垂直於門的分量的大小是 373 N。

重要提示

為什麼計算力 **T** 垂直於門的分量非常有用？如果 y 座標軸是垂直的而繩子 CE 是唯一可以防止門下落的東西，你能夠直覺的看出是垂直於門之力分量讓門保持不墜的。我們會在第 5 章分析這類的問題。

習題

▶2.124 於觀念範例 2.14，假設向量 **V** 被改為 **V** = 4**i** − 6**j** − 10**k**。(a)計算向量積 **U** × **V**。(b)使用純量積證明 **U** × **V** 垂直於 **V**。

2.125 兩個向量 **U** = 3**i** + 2**j** 與 **V** = 2**i** + 4**j**。
(a)向量積 **U** × **V** 是多少？
(b)向量積 **V** × **U** 是多少？

2.126 一根 L 形長桿的兩截分別平行於 x 與 z 軸。繩子 AB 施加一個大小為 |**F**| = 500 N 的力於長桿的 A 處。計算向量積 $\mathbf{r}_{CA} \times \mathbf{F}$，其中 $\mathbf{r}_{CA}$ 是從點 C 到點 A 的位置向量。

2.127 一根 L 形長桿的兩截分別平行於 x 與 z 軸。繩子 AB 施加一個大小為 |**F**| = 500 N 的力於長桿的 A 處。計算向量積 $\mathbf{r}_{CB} \times \mathbf{F}$，其中 $\mathbf{r}_{CB}$ 是從點 C 到點 B 的位置向量。請與習題 2.126 的答案作比較。

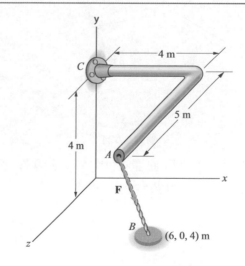

習題 2.126/2.127

2.128 假設兩個向量 **U** 與 **V** 的向量積是 **U** × **V** = **0**。如果 |**U**| ≠ 0，你能由此知道向量 **V** 是多少？

2.129　兩個向量 **U** 與 **V** 的向量積是 **U**×**V** = −30**i** + 40**k**。向量 **V** = 4**i** − 2**j** + 3**k**。向量 **U** = 4**i** + U_y**j** + U_z**k**。請計算 U_y 與 U_z。

2.130　長度 |**U**| = 10 與 |**V**| = 20。
(a)使用向量積的定義計算 **U**×**V**。
(b)使用向量積的定義計算 **V**×**U**。
(c)使用式(2.34)計算 **U**×**V**。
(d)使用式(2.34)計算 **V**×**U**。

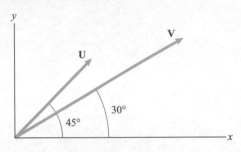

習題 2.130

2.131　力 **F** = 10**i** − 4**j** (N)。計算向量積 $\mathbf{r}_{AB}$×**F**。

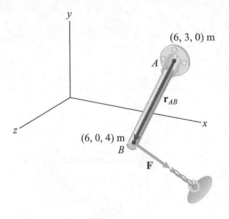

習題 2.131

2.132　藉由計算向量積 **U**×**V**，證明恆等式 $\sin(\theta_1 - \theta_2) = \sin\theta_1\cos\theta_2 - \cos\theta_1\sin\theta_2$。

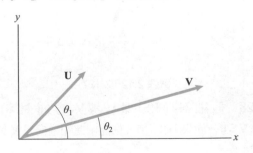

習題 2.132

▶2.133　於範例 2.15 中，從點 B 到直線 OA 的最短距離是多少？

2.134　(a)向量積 $\mathbf{r}_{OA}$×$\mathbf{r}_{OB}$ 是多少是？(b)請算出垂直於 $\mathbf{r}_{OA}$ 與 $\mathbf{r}_{OB}$ 單位向量 **e**。

2.135　使用向量積計算從點 B 到通過點 O 與點 A 之直線的最短直線長度。

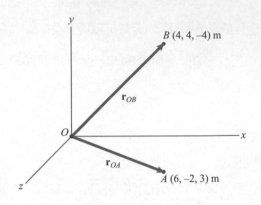

習題 2.134/2.135

2.136　纜線 BC 施加一個 1000-N 的力 **F** 於掛鉤 B。計算 $\mathbf{r}_{AB}$×**F**。

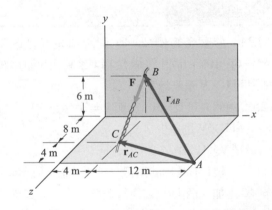

習題 2.136

2.137　力向量 **F** 沿著直線從點 A 朝向點 B。它的大小是 |**F**| = 20 N。點 A 與點 B 的座標是 x_A = 6 m，y_A = 8 m，z_A = 4 m 與 x_B = 8 m，y_B = 1 m，z_B = −2 m。
(a)請寫出向量 **F** 的分量表示式。
(b)使用式(2.34)計算向量積 $\mathbf{r}_A$×**F** 與 $\mathbf{r}_B$×**F**。

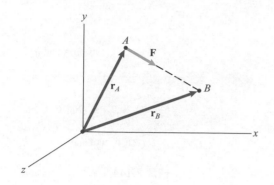

習題 2.137

2.138　繩子 *AB* 施加一個 50-N 力 **T** 於套環 *A*。令 r_{CA} 是從點 *C* 到點 *A* 的位置向量。計算向量積 $r_{CA} \times T$。

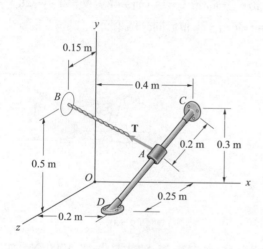

習題 2.138

▶2.139　於範例 2.16 中，假設繫掛點 *E* 被移到位置(0.3, 0.3, 0) m 而 **T** 的大小增加到 600 N。**T** 垂直於門之分量的大小是多少？

2.140　長桿 *AB* 是 6 m 長並垂直於長桿 *AC* 與 *AD*。使用向量積計算點 *B* 的座標 x_B, y_B, z_B。

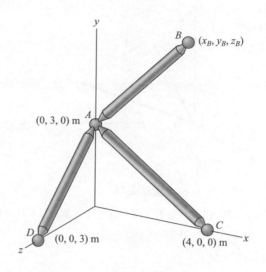

習題 2.140

2.141*　計算從點 *P* 到由 *A*，*B*，與 *C* 等三個點所定義之平面的最短距離。

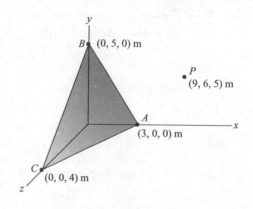

習題 2.141

2.142*　力向量 **F** 沿直線從點 *A* 朝向點 *B*。使用式 (2.28)-(2.31)證明

$$r_B \times F = r_A \times F$$

　　方略：令 r_{AB} 為從點 *A* 到點 *B* 的位置向量。請將 r_B 以 r_A 與 r_{AB} 來表示。請注意向量 r_{AB} 與 **F** 是平行的。

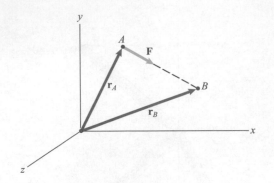

習題 2.142

2.143 針對向量 $\mathbf{U} = 6\mathbf{i} + 2\mathbf{j} - 4\mathbf{k}$，$\mathbf{V} = 2\mathbf{i} + 7\mathbf{j}$，與 $\mathbf{W} = 3\mathbf{i} + 2\mathbf{k}$，請計算下述混合積：

(a)$\mathbf{U} \cdot (\mathbf{V} \times \mathbf{W})$

(b)$\mathbf{W} \cdot (\mathbf{V} \times \mathbf{U})$

(c)$\mathbf{V} \cdot (\mathbf{W} \times \mathbf{U})$

2.144 使用混合積計算六面體的體積。

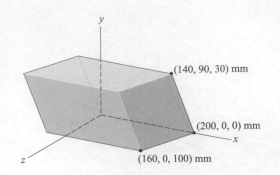

習題 2.144

2.145 請使用式(2.23)與式(2.34)，證明

$$\mathbf{U} \cdot (\mathbf{V} \times \mathbf{W}) = \begin{vmatrix} U_x & U_y & U_z \\ V_x & V_y & V_z \\ W_x & W_y & W_z \end{vmatrix}$$

2.146 三向量 $\mathbf{U} = \mathbf{i} + U_y\mathbf{j} + 4\mathbf{k}$，$\mathbf{V} = 2\mathbf{i} + \mathbf{j} - 2\mathbf{k}$，與 $\mathbf{W} = -3\mathbf{i} + \mathbf{j} - 2\mathbf{k}$ 位於同一個平面。分量 U_y 是多少？

複習習題

2.147 $\mathbf{F}$ 的大小是 8 kN。請寫出 $\mathbf{F}$ 的純量分量表示式。

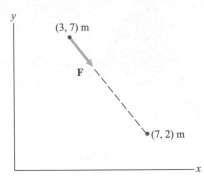

習題 2.147

2.148 垂直力 $\mathbf{W}$ 的大小是 3000 N，力 $\mathbf{B}$ 的大小是 7500 N。已知 $\mathbf{A} + \mathbf{B} + \mathbf{W} = \mathbf{0}$，請計算力 $\mathbf{A}$ 大小與夾角 α。

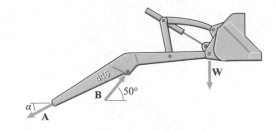

習題 2.148

2.149 垂直力向量 $\mathbf{A}$ 的大小是 1000 N。如果 $\mathbf{A} + \mathbf{B} + \mathbf{C} = \mathbf{0}$，力向量 $\mathbf{B}$ 與 $\mathbf{C}$ 的大小是多少？

2.150 水平力向量 $\mathbf{D}$ 的大小是 1200 N。如果 $\mathbf{D} + \mathbf{E} + \mathbf{F} = \mathbf{0}$，力向量 $\mathbf{E}$ 與 $\mathbf{F}$ 的大小是多少？

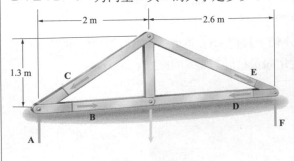

習題 2.149/2.150

解答習題 2.151 至 2.157 時請參考下圖。

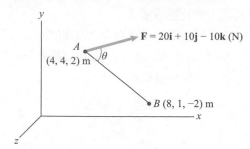

習題 2.151-2.157

2.151 $\mathbf{F}$ 的方向餘弦是多少？

2.152 計算一個平行於從 A 指向 B 之直線 AB 的單位向量的分量。

2.153 是直線 AB 與力 $\mathbf{F}$ 之間的夾角 θ 是多少？

2.154 計算向量 $\mathbf{F}$ 平行於直線 AB 的分量。

2.155 計算向量 $\mathbf{F}$ 垂直於直線 AB 的分量。

2.156 計算向量 $\mathbf{r}_{BA} \times \mathbf{F}$，其中 $\mathbf{r}_{BA}$ 是從 B 到 A 的位置向量。

2.157 (a)寫出從點 A 到點 B 之位置向量 $\mathbf{r}_{AB}$ 的分量表示式。

(b)一個向量 $\mathbf{R}$ 的大小 $|\mathbf{R}| = 200\,\mathrm{N}$ 並且平行於從 A 到 B 的直線。寫出 $\mathbf{R}$ 的分量表示式。

2.158 繩子施加一個大小為 $|\mathbf{F}| = 200\,\mathrm{N}$ 的力於竿頂 B。

(a)計算向量 $\mathbf{r}_{AB} \times \mathbf{F}$，其中 $\mathbf{r}_{AB}$ 是從 A 到 B 的位置向量。

(b)計算向量 $\mathbf{r}_{AC} \times \mathbf{F}$，其中 $\mathbf{r}_{AC}$ 是從 A 到 C 的位置向量。

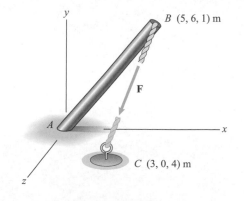

習題 2.158

2.159 招牌掛竿平行於 x 軸而且是 6 ft 長。點 A 位在 y-z 平面。(a)請寫出向量 $\mathbf{r}$ 的分量表示式。(b)$\mathbf{r}$ 的方向餘弦是多少？

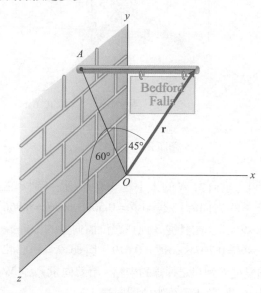

習題 2.159

2.160 力 $\mathbf{F}$ 的 z 分量是 80 N。(a)請寫出 $\mathbf{F}$ 的分量表示式。(b)$\mathbf{F}$ 與正座標軸之間的夾角 θ_x、θ_y 與 θ_z 各是多少？

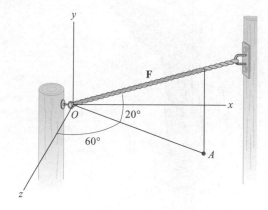

習題 2.160

2.161 力向量 $\mathbf{F}_B$ 的大小是 2 kN。請寫出它的分量表示式。

2.162 垂直力向量 $\mathbf{F}$ 的大小是 6 kN。計算向量 $\mathbf{F}$ 平行於與垂直於從 B 到 D 之直線的分量。

2.163 垂直力向量 $\mathbf{F}$ 的大小是 6 kN。已知 $\mathbf{F} + \mathbf{F}_A + \mathbf{F}_B + \mathbf{F}_C = 0$，$\mathbf{F}_A$，$\mathbf{F}_B$ 與 $\mathbf{F}_C$ 的大小各是多少？

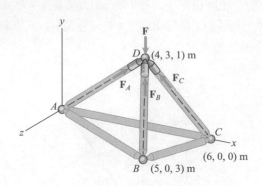

習題 2.161-2.163

2.164　垂直力 **W** 的大小是 160 N。從 A 到 B 之位置向量的方向餘弦是 $\cos\theta_x = 0.500$、$\cos\theta_y = 0.866$、與 $\cos\theta_z = 0$，並且從 B 到 C 之位置向量的方向餘弦是 $\cos\theta_x = 0.707$、$\cos\theta_y = 0.619$、與 $\cos\theta_z = -0.342$。G 點是從 B 到 C 之連線的中點。計算向量 $\mathbf{r}_{AG} \times \mathbf{W}$，其中 $\mathbf{r}_{AG}$ 是從 A 到 G 的位置向量。

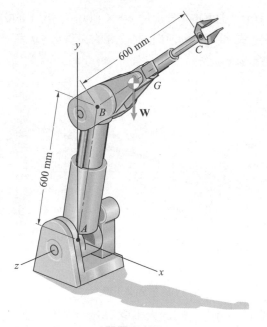

習題 2.164

2.165　繩子 CE 施加一個 500-N 的力 **T** 於門。
(a)請寫出 **T** 的分量表示式。
(b)計算 **T** 平行於從點 A 到點 B 之直線的向量分量。
2.166　於習題 2.165 中，令 $\mathbf{r}_{BC}$ 為從點 B 到 C 點的位置向量。計算向量積 $\mathbf{r}_{BC} \times \mathbf{T}$。

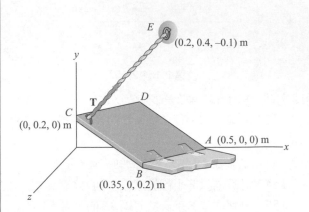

習題 2.165/2.166

3

力

在第 2 章我們以向量來代表力並使用向量加法計算合力。於這一章我們進一步探究力並介紹兩個在力學方面最重要的概念，平衡(equilibrium)與自由體圖(free-body diagram)。我們將使用自由體圖來分辨出作用於物體的力有哪些，並使用平衡來計算未知力。

◀ 橋的重力經由鋼纜被轉移到直立的支撐塔。在這一章我們使用自由體圖於物體處於平衡的狀態下分析作用於物體的力。

3.1 力、平衡與自由體圖

背景概念

　　力是一個熟悉的概念，從推、拉、舉等日常用語均可明顯看出使用上的頻繁。在工程方面我們面對大小不一的不同類型的力。於這一節我們闡明一些用來描述力的術語，討論在工程應用方面經常發生的特殊力，並介紹平衡與自由體圖等概念。

專有名詞

作用線　當以向量來代表一個力時，與這個向量共線的直線被稱爲力的**作用線**(*line of action*)(圖 3.1)。

力系　力系(*system of forces*)指的是一群特別的力的集合。如果力的作用線都位在同一個平面，這樣的力系稱爲**同平面**(*coplanar*)或**二維**(*two dimensional*)力系。除此之外的力系稱爲**三維**(*three dimensional*)力系。如果力的作用線都交會於一點則力系屬於**共點**(*concurrent*)力系(圖 3.2a)而如果力的作用線都是相互平行的則屬於**平行**(*parallel*)力系(圖 3.2b)。

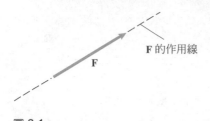

圖 3.1
力 **F** 與它的作用線

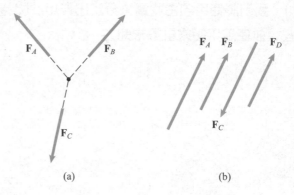

(a)   (b)

圖 3.2　(a)共點力。(b)平行力

外力與內力　我們說一個物體受到的是一個**外力**(*external force*)如果這個力是由另一個不同物體所作用予它的。當一個物體的某部份受到的力是由同物體的其他部分所作用的，我們說這個物體受到的是一個**內力**(*internal force*)。這兩個定義需要對於你所考慮的物體有明確的界定。舉例來說，假設你就是這個物體。當你是站著的時候，地板－另一個不同的物體－會施加一個外力於你的雙足。如果你的雙手彼此壓合在一起，則你的左手施加一個內力於你的右手。但是，如果你的右手就是你所要考慮的物體，由你的左手所施加予右手的力則算是一個外力。

徹體力與表面力　作用於一個物體的力如果及於整個物體被稱爲**徹體力**(*body force*)，而如果力的作用止於物體的外表被稱爲**表面力**(*sur-*

face force)。作用於物體的重力就屬於徹體力的一種。表面力是經由一個物體接觸另一個物體來發揮作用。徹體力或表面力都能夠經由電磁效應產生。

重力

每當你扛起沉重的物體時你都能感受到這種由地球重力作用於這物體的力。我們能夠將一個物體的重力，或是重量，以一個向量來代表 (圖 3.3)。

一個物體之重力的大小與質量 m 的關係是

$$|\mathbf{W}| = mg \tag{3.1}$$

其中 g 是在海平面的重力加速度。我們將使用公制單位值 $g = 9.81 \text{ m/s}^2$ 與美制單位值 $g = 32.2 \text{ ft/s}^2$。

重力，與電磁力，都是隔空發揮作用。物體受到這兩種力作用時並不需要與之直接接觸。於下一節中我們討論物體彼此間接觸所引起的力。

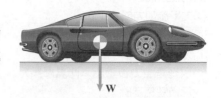

圖 3.3
以向量描述一個物體的重量

接觸力

接觸力(*Contact forces*)起因於物體彼此間接觸而引起的。例如，當你推牆面時你就施了一個接觸力(圖 3.4a)。你的手向牆面施加一個力可以用一個向量 $\mathbf{F}$ 來代表(圖 3.4b)。牆面會施加一個大小相同但方向相反的力 $-\mathbf{F}$ 於你的手(圖 3.4c)。(請回想牛頓第三運動定律：任何兩個粒子施加於對方的力是大小相等但方向相反的。如果你對於牆面會施加一個力於你的手掌心存懷疑，不妨試著站在溜冰鞋上用力推牆看看。)

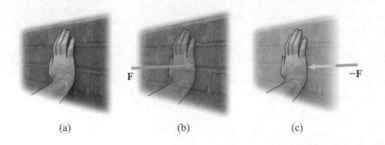

(a)　　　　　　(b)　　　　　　(c)

圖 3.4
(a)推壓牆面施加接觸力
(b)向量 $\mathbf{F}$ 代表你施加於牆面的力
(c)牆面施加 $-\mathbf{F}$ 的力於你的手

我們將著重於繩索、纜線與彈簧接觸物體表面時所施加於物體的接觸力。

表面　考慮兩個互相接觸的表面(圖 3.5a)。於圖 3.5b 中我們以向量 $\mathbf{F}$ 代表左側面施加於右側面的接觸力。我們能夠將 $\mathbf{F}$ 分解為一個垂直於這個面的分量 $\mathbf{N}$ 與一個平行於這個面的分量 $\mathbf{f}$(圖 3.5c)。分量 $\mathbf{N}$ 被稱為**垂直力**，而分量 $\mathbf{f}$ 被稱為**摩擦力**(*friction force*)。我們有時候會假設兩個面之間的摩擦力的大小相較於垂直力可以忽略不計，

於此狀況我們會說該表面是**平滑的**。在這個情況我們只會畫出垂直力(圖 3.5d)。當摩擦力無法被視而不見時,我們會說該表面是**粗糙的**。

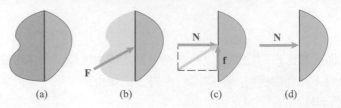

圖 3.5
(a)兩個接觸面
(b)力 **F** 施加力於右側面
(c)力 **F** 分解為垂直於和平行於表面的分量
(d)只有垂直力被畫出,此處摩擦力已被忽略不計

如果接觸面是弧面(圖 3.6a),則垂直力與摩擦力會垂直與平行於通過這兩弧面碰觸點的切面(圖 3.6b)。

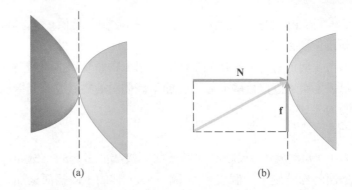

圖 3.6
(a)弧形的接觸面。虛線表示通過接觸點的切面
(b)在右側面的垂直力和摩擦力

繩索與纜線　接觸力能夠藉著將繩索或纜線繫住物體並拉動繩索來傳遞給這個物體。於圖 3.7a,起重機的纜線鉤住了一個裝建材的貨櫃。我們以向量 **T** 代表纜線施加於貨櫃的力(圖 3.7b)。**T** 的大小被稱為纜線的**張力**(*tension*),而 **T** 的作用線與纜線是共線的。纜線施加一個大小相同但方向相反的力 −**T** 於該起重機(圖 3.7c)。

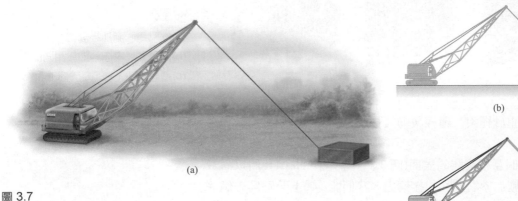

圖 3.7
(a)一台起重機的吊索鉤著貨櫃
(b)吊索施加力 **T** 於貨櫃
(c)吊索施加力 −**T** 於起重機

　　請留意我們事先假設纜線是挺直的而且鉤住貨櫃之處的張力等於靠近起重機之處的張力。如果纜線的重量比張力小很多，這樣的說法是近乎無誤的。要不然，纜線會明顯的下垂而張力也會沿著纜線的伸展方向而變動。於第 9 章我們將討論繩索與纜線的重量與它們的張力相較之下並不小的情況。現在，我們假設繩索與纜線是挺直的而它們的張力也不會隨著伸展方向而改變。

滑輪　滑輪是個具有溝緣的輪子常用來改變繩索或是纜線的方向(圖 3.8a)。現在，我們假設於滑輪兩側繩索的張力是同樣大小的(圖 3.8b)。當滑輪能夠平順的滾轉以及繩索或是纜線呈現靜止或是正以一定的速度轉動滑輪的時候，這樣的假設就不算太離譜，或至少是近乎真確的。

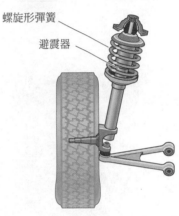

圖 3.9
汽車懸掛系統的螺旋形彈簧。圖示右側的組合方式稱為 MacPherson 支架

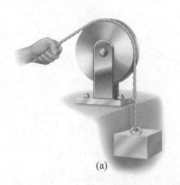

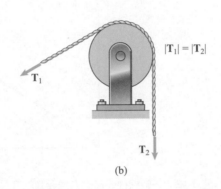

圖 3.8
(a)一個滑輪改變繩索或纜線的方向
(b)現在，你應該假設滑輪兩側的張力是相等的

彈簧　彈簧被使用在機械設備上提供接觸力，例如，車子的避震器(圖 3.9)。讓我們考慮一個螺旋形彈簧的自由伸展長度，也就是彈簧沒有掛上任何重物時的長度，是 L_0(圖 3.10a)。當彈簧伸展長度超過 L_0 的長度 L(圖 3.10b)，這時彈簧以力 **F** 將物體向外推(圖 3.10c)。物體施加一個大小相同但方向相反的力 $-\mathbf{F}$ 於彈簧(圖 3.10d)。當彈簧被壓縮至一個比 L_0 短的長度 L 時(圖 3.11a, b)，彈簧以一個力 **F** 反推物體而物體施加一個大小相同但方向相反的力 $-\mathbf{F}$ 於彈簧(圖 3.11c, d)。如果彈簧被壓縮過甚，它可能會出現翹曲(buckle)的現象(圖 3.11e)。被設計藉由壓縮來提供力量的彈簧常配置側支柱避免翹曲，例如，將它封裝於圓筒內。於車子的懸吊系統如圖 3.9 所示，螺旋圈內的減震器就是用來避免彈簧翹曲。

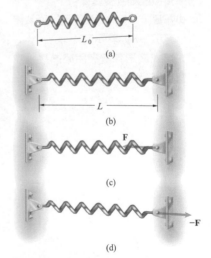

圖 3.10
(a)一個無伸展長度的彈簧 L_0
(b)彈簧伸展到一個長度 $L > L_0$
(c, d)彈簧的施力 **F** 和彈簧的受力 $-\mathbf{F}$

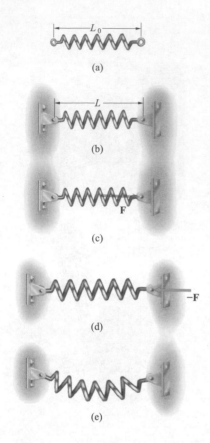

圖 3.11

(a)彈簧的長度 L_0

(b)彈簧被壓縮到長度 $L < L_0$

(c, d)彈簧以力 **F** 推一個物體，而物體施加 −**F** 力於彈簧

(e)如果螺旋形彈簧被壓縮過甚，它會出現翹曲的現象

彈簧能施加之力的大小與它的構成材質、它的設計、與它的伸展或壓縮的長度相對於其無掛重時的長度多寡有關。當彈簧伸縮的長度相對於其無掛重時的長度並不顯著時，螺旋形彈簧通常用來提供予機械裝置一個近乎與彈簧長度變化量等比例的力：

$$|\mathbf{F}| = k|L - L_0| \tag{3.2}$$

因為這種作用力是一個長度的線性函數(圖 3.12)，滿足這個特性的彈簧被稱為**線性彈簧**(*linear spring*)。**彈簧常數** k 與彈簧構成的材質及本身的設計有關。它的因次是(力)／(長度)。由 式(3.2) 請記得 k 等於將彈簧伸展或是壓縮一個單位長度所需要之力的大小。

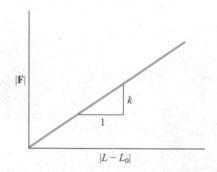

圖 3.12　一個線性彈簧施力與彈簧的伸長或壓縮長度的函數圖是一條斜率為 k 的直線

假設彈簧位伸展時的長度是 $L_0 = 1\,\text{m}$ 與 $k = 3000\,\text{N/m}$。如果彈簧是伸展至長度 $L = 1.2\,\text{m}$，它提供之拉力的大小等於

$$k|L - L_0| = 3000(1.2 - 1) = 600\,\text{N}$$

雖然螺旋形彈簧是常使用在機械設備，我們對之感興趣還有一個不同的理由。彈簧可用來當作力有與位移量相關之情形下的**模型**。例如，於圖 3.13a 中彎曲鋼樑所需要的力，力會是彎曲量 δ 的線性函數，或

$$|\mathbf{F}| = k\delta$$

如果 δ 並非很大的話，因此我們能夠以一個線性彈簧來模擬力－鋼樑的彎曲行為(圖 3.13b)。

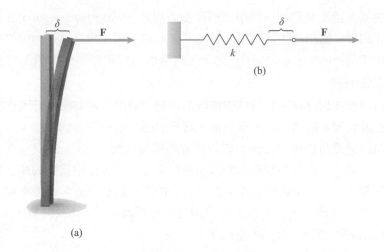

(a)

(b)

圖 3.13
(a)一根因受力而偏斜的鋼樑
(b)用一個線性彈簧模擬樑的行為

平衡

在日常的談話用語中，平衡意指一個不變動的狀態－平衡的狀態。在我們進一步闡明這個名詞在力學方面的意義之前，讓我們考慮一些熟悉的例子。如果你讀本文時正身在一個大樓中，你觀察周遭物**體相對於這棟大樓是呈現靜止(穩定)的**，例如家具，是處於平衡狀態。一個在這棟大樓靜止下坐著或站著的人也是處於平衡狀態。如果火車以固定的速度沿著一條筆直的軌道前進，在火車內的物體是相對於火車是靜止的，例如乘客座位或是一名站在走道的乘客(圖3.14a)，是處於平衡狀態。**相對於大樓靜止不動的人以及相對於火車是靜止不動的乘客都是處於沒有加速的狀態**。但是，如果火車開始增加或降低速度，站在火車走道的人將不再平衡而可能失去平衡(圖 3.14b)。

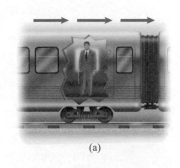

(a)

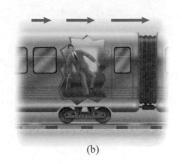

(b)

圖 3.14
(a)當火車以等速度移動時，站在走道的乘客是平衡的
(b)如果火車開始加速人不再平衡

　　我們定義一個物體處於平衡(*equilibrium*)狀態如果物體上的每一點都有相同的等速度，這稱之為**穩定的平移**(*steady translation*)。速度必須相對於一個牛頓定律適用的座標系統來量測。這樣的座標系統被稱為**牛頓**(*Newtonian*)或**慣性座標系統**(*inertial reference frame*)。在很多工程應用方面，對地球是固定不動的座標系統能夠被視作慣性座標系統。因此，只要是物體相對於地球作穩定的平移就被視為處於平衡狀態。在這本書從頭到尾我們都會採用這個假設。在前一段落文字中所引用的例子，大樓中的家具與靜止中的人以及相對於正以等速度移動中的火車是靜止不動的乘客都是相對於地球作穩定的平移運動也因此可以說是處於平衡狀態的。

　　作用於一個平衡中的物體之外力的向量總和等於零。我們將使用符號 $\Sigma \mathbf{F}$ 表示外力的總和。因此，當一個物體平衡時，

$$\Sigma \mathbf{F} = 0 \qquad\qquad (3.3)$$

在某些情況我們能夠使用這個**平衡方程式**(*equilibrium equation*)計算作用於一個處於平衡狀態的物體的未知力。第一步是畫張物體的**自由體圖**(*freebody diagram*)以分辨出有哪些力作用於這個物體。

自由體圖

自由體圖用來專注於所感到興趣的物體並協助分辨有哪些外力作用於此物體。雖然在靜力學方面，我們只關心處於平衡的物體，不過自由體圖也能使用於動力學以研究物體的運動。

雖然它是在力學方面的最重要的工具之一，自由體圖的概念很簡單。它是一張物體與作用於它之力的圖。除此之外，圖中不會加入其他無關的東西。圖中將自周遭環境**隔離**(*isolated*)或**釋放**(*freed*)而來的物體予以個別的畫出來。

要畫出一張自由體圖包含三個步驟：

1. **辨識出想要隔離的物體**：如下述例子所示，你所想要計算之特定的作用力常會左右你所選出的物體。

2. **畫出被隔離出來的物體，標示相關的尺寸與角度**：你的圖應該有相當程度的真確性，但是省略了不必要的枝節。

3. **畫向量來代表所有作用於這個已被隔離之物體的外力，並予以一一標示**：如果你不是有意的略掉重力，請記得要加入這個外力。

還需要一個座標系統用來寫出隔離出之物體的外力的分量表示式。在畫出自由體圖之前先選定一個座標系統會比較方便，但在某些情況下何者是最合用的座標系統並非顯而易見直到圖被畫出來之後。

一個簡單的例子示範如何選個自由體圖來計算特別的力而你也必須小心的區分出外力與內力。兩個靜止且相同重量 W 的木塊被一條繩索吊掛如圖 3.15。這是個平衡的系統。假設我們想要計算兩條繩索的張力。

想要計算繩索 AB 的張力，我們首先將一個由下方的木塊與一部分繩索 AB 所組成的「物體」分離出來(圖 3.16a)。我們然後自問沒有被包括在圖內之物體能夠施加多少力於我們分離出之物體。地球施加大小為 W 的重力於木塊。另外，我們「切斷」繩索 AB 之處，繩索受到一個大小等於繩索張力的接觸力(圖 3.16b)。這個圖中的箭頭指出力作用的方向。純量 W 是木塊的重量與 T_{AB} 是繩索 AB 的張力。我們假設自由體圖內部分繩索 AB 的重量相較於木塊的重量予以略而不計。

由於自由體圖是平衡的，外力總和等於零。以一個 y 軸朝上的座標系統(圖 3.16c)來表示，我們得到平衡方程式

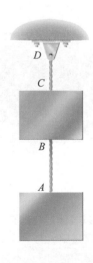

圖 3.15
被繩索吊掛的靜止木塊

$$\Sigma \mathbf{F} = T_{AB}\mathbf{j} - W\mathbf{j} = (T_{AB} - W)\mathbf{j} = \mathbf{0}$$

因此，繩索 AB 的張力是 $T_{AB} = W$。

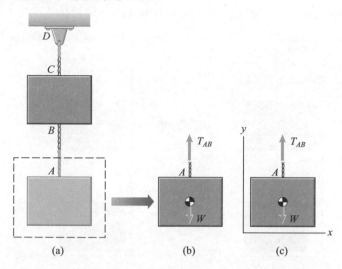

(a)　　　　(b)　　　　(c)

圖 3.16
(a)隔離出下方的木塊和部分繩索 AB
(b)標出外力完成自由體圖
(c)建立一個座標系統

　　我們能夠藉由分離出上方的木塊來計算繩索 CD 的張力(圖 3.17a)。外力是上方木塊的重量與兩條繩索的張力(圖 3.17b)。在這個例子我們得到平衡方程式

$$\Sigma \mathbf{F} = T_{CD}\mathbf{j} - T_{AB}\mathbf{j} - W\mathbf{j} = (T_{CD} - T_{AB} - W)\mathbf{j} = \mathbf{0}$$

由於 $T_{AB} = W$，我們得到 $T_{CD} = 2W$。

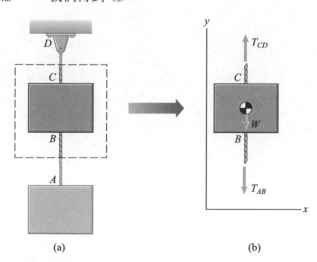

(a)　　　　　　(b)

圖 3.17
(a)隔離出上方的木塊以計算繩索 CD
　的張力
(b)上方木塊的自由體圖

　　我們也能夠藉由將兩個木塊與繩索 AB 視同是一個單一物體來計算繩索 CD 的張力(圖 3.18a, b)。平衡方程式是

$$\Sigma \mathbf{F} = T_{CD}\mathbf{j} - W\mathbf{j} - W\mathbf{j} = (T_{CD} - 2W)\mathbf{j} = \mathbf{0}$$

我們再次得到 $T_{CD} = 2W$。

　　為什麼繩索 AB 的張力沒有出現在圖 3.18b 的自由體圖呢？請謹記出現在自由體圖的都是外力。在這個例子由於繩索 AB 屬於自由體圖的一部分，它施加於上方與下方木塊的力屬於內力。

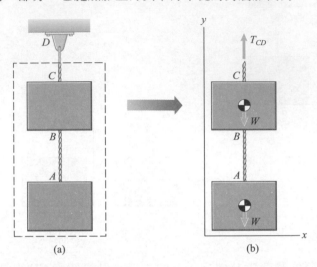

圖 3.18
(a)另一種計算繩索 CD 張力的方式
(b)含有兩木塊和繩索 AB 的自由體圖

結論

作用線
當直線與一個代表一個力的向量共線時被稱為這個力的作用線(line of action)

力系
如果力的作用線都位在一個平面，這樣的力系稱為二維力系。否則稱之為三維力系。如果力的作用線都交會於一點則力系屬於共點力系(concurrent)而如果力的作用線都是相互平行的則屬於平行力系(parallel)

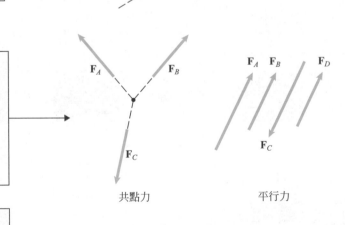

外力與內力
一個物體受到的是一個外力如果這個力是由另一個不同物體所作用予它的。當一個物體的某部份受到的力是由同物體的其他部分所作用的則稱為內力。

重力
一個物體的重力可以用一個向量來代表。
在海平面重力的大小與質量 m 的關係是
$$|\mathbf{W}| = mg \qquad (3.1)$$
其中 g 是在海平面的重力加速度

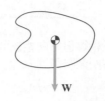

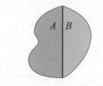

物體 A 與 B 及接觸的面

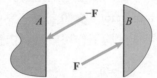

接觸力 A 與 B 相互施加予對方

接觸力
接觸中的物體相互施加予對方大
小相等但方向相反的力

分解作用於 B 的接觸力
為垂直力與摩擦力

摩擦力被略掉，僅畫出垂直力

物體 A 與 B 被一條纜線綁在一起

繩索與纜線
如果綁住兩個物體的繩索或纜線的比張力小
很多，它會施加大小相等但方向相反的力予
平行於繩索或纜線的物體上

作用於物體 A 與 B 的力

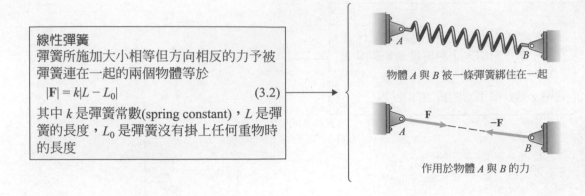

物體 *A* 與 *B* 被一條彈簧綁住在一起

作用於物體 *A* 與 *B* 的力

線性彈簧

彈簧所施加大小相等但方向相反的力予被彈簧連在一起的兩個物體等於

$$|\mathbf{F}| = k|L - L_0| \tag{3.2}$$

其中 k 是彈簧常數(spring constant)，L 是彈簧的長度，L_0 是彈簧沒有掛上任何重物時的長度

平衡

物體處於平衡的狀態如果相對於一個慣性座標它呈現穩定平移(steady translation)(物體上每一點都以相同的等速度移動)的狀態。於平衡狀態下作用於這個物體的所有外力的總和等於零：

$$\Sigma \mathbf{F} = \mathbf{0} \tag{3.3}$$

自由體圖

一張自由體圖(free-body diagram)是一張將物體自周遭環境隔離出來所畫的圖，圖中畫出作用於它的所有外力。要畫出一張自由體圖包含三個步驟

1. 辨識出想要隔離出的物體。
2. 為隔離的物體畫張圖。
3. 畫向量來代表所有作用於這個物體的外力。

3.2 二維力系

假設作用於一個物體之平衡的外力系是二維的(同一平面)。調整座標系統的方向讓力都位在 *x-y* 平面，我們能夠寫出外力總和為

$$\Sigma \mathbf{F} = (\Sigma F_x)\mathbf{i} + (\Sigma F_y)\mathbf{j} = \mathbf{0}$$

其中 ΣF_x 與 ΣF_y 分別是力的 x 與 y 分量的總和。因為只有向量的各分量都等於零的時候向量才會等於零，我們得到兩個純量的平衡方程式：

$$\Sigma F_x = 0 \quad , \quad \Sigma F_y = 0 \tag{3.4}$$

作用於平衡中物體之外力的 x 與 y 分量總和必須分別等於零。

觀念範例 3.1　　使用平衡條件計算外力(▶ 相關習題 3.1)

1440-kg 車子被一條從 A 拉到 B 的水平繩索固定於斜坡上。車子
煞車並沒有被使用，所以輪胎僅施加垂直力於斜坡。請計算由
繩索施加於車子之力的大小。

方略

因為車子是處於平衡狀態，我們能夠畫出它的自由體圖並使用
式(3.4)計算由繩索施加的力。

解答

畫出車子的自由體圖

為隔離出的車子畫張略圖

標示出重力、纜線與坡面作用
於車子的外力完成自由體圖

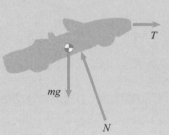

利用平衡方程式

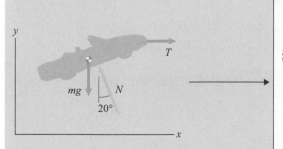

$$\Sigma F_x = T - N \sin 20° = 0$$
$$\Sigma F_y = N \cos 20° - mg = 0$$

消去 N 得到

$$T = \frac{mg \sin 20°}{\cos 20°}$$
$$= \frac{(1440 \text{ kg})(9.81 \text{ m/s}^2)\sin 20°}{\cos 20°}$$
$$= 5140 \text{ N}$$

練習題
假設繩索繫著點 B 移動向上使得繩索平行於斜坡。請計算由繩
索施加於車子之力的大小。
答案：4830 N。

範例 3.2　選擇自由體圖(▶ 相關習題 3.3)

汽車發動機塊體被一群繩索吊掛著。塊體的質量是 200 kg。系
統是靜止的。繩索 AB 與 AC 的張力各是多少？

方略

我們需要一個我們想要計算出之力所構成的自由體圖。藉由將
點 A 附近繩索接在一起的那部份隔離出來，我們得到一個塊體
重量與繩索 AB 與 AC 未知張力所構成的自由體圖。

解答

畫出自由體圖　將點 A 附近的繩索系統隔離出來(圖 a)，我們得
到一個塊體重量 $W = mg = (200\,\text{kg})(9.81\,\text{m/s}^2) = 1962\,\text{N}$ 與繩索 AB
與 AC 未知張力所構成的自由體圖(圖 b)。

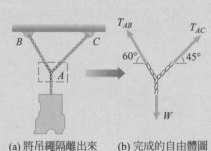

(a) 將吊繩隔離出來　　(b) 完成的自由體圖

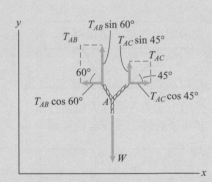

(c) 選用一個座標系統並將作用力分解成分量

利用平衡方程式　我們選取如圖 c 所示的座標系統並將繩索張
力分解為 x 與 y 分量。由此得到的平衡方程式是

$$\Sigma F_x = T_{AC}\cos 45° - T_{AB}\cos 60° = 0$$
$$\Sigma F_y = T_{AC}\sin 45° - T_{AB}\sin 60° - 1962\,\text{N} = 0$$

解出這些方程式，我們算出繩索的張力分別是 $T_{AB} = 1436\,\text{N}$ 與
$T_{AC} = 1016\,\text{N}$。

重要提示

你如何能夠選擇一個自由體圖允許你計算出特定的未知力。沒
有固定的規則可以告訴你該如何選擇自由體圖。你將從我們展
示的範例的各式情況中學到如何著手，但是你也將面臨新的狀
況。或許需要嘗試過好幾個自由體圖才能找到一個能提供你所
需要的訊息。請記得你所要計算之力應以外力的面貌出現於你
的自由體圖，以及你的目標是得出一組平衡方程式其個數等於
未知力的個數。

範例 3.3　　　　運用平衡於一個滑輪系統(▶ 相關習題 3.54)

滑輪系統中每個滑輪的質量是 m，被吊掛物體 A 的質量是 m_A。
計算欲使系統達於平衡狀態所需要的力 T。

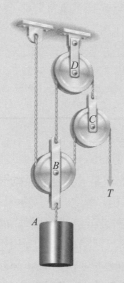

方略

畫出每一個滑輪的自由體圖並利用平衡條件，我們能夠將力 T 關
聯到滑輪與物體 A 的重量。

解答

我們首先畫出一個受到 T 力作用的滑輪 C 的自由體圖(圖 a)。請
留意我們假設被滑輪支持之兩側的繩索張力都等於 T(請見圖
3.8)。由平衡方程式

$$T_D - T - T - mg = 0$$

我們計算由滑輪 D 所支持之繩索的張力是

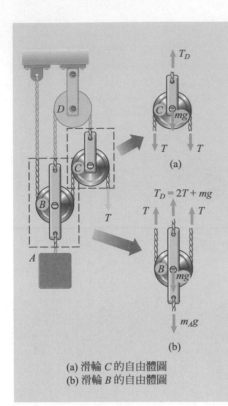

$$T_D = 2T + mg$$

我們現在可以將從滑輪 C 與 D 伸出以及連至滑輪 B 之繩索的張力以 T 表示出來。畫出滑輪 B 的自由體圖(圖 b)，我們得到平衡方程式

$$T + T + 2T + mg - mg - m_Ag = 0$$

求解後，我們得到 $T = m_Ag/4$。

重要提示

請留意於圖 a 與 b 中我們隔離的物體包含了一部份的繩索。於自由體圖中這部份繩索的重量被視為是外力。為什麼我們不將它們納進來？我們默認那部份繩索的重量相較於滑輪與被吊起之物體 A 的重量是可以予以忽略不計的。你會注意到本書於分析作用於物體之力的時候其重量常忽略不計的。對一個已知物體如果它的重量較諸作用於它身上的力小很多的時後，這是個真確的近似做法。但是在任何實際的工程應用，這個假設必須予以謹慎的評估。在第 7 章我們將更進一步討論物體的重量。

(a) 滑輪 C 的自由體圖
(b) 滑輪 B 的自由體圖

範例 3.4　飛機於平衡狀態下的力(▶ 相關習題 3.60-3.62)

下圖顯示飛行於垂直平面的一架飛機以及它的自由體圖。作用於這架飛機的力有它的重量 W，它的發動機送出的推力 T，以及因飛機機翼之壓力分布所產生的空氣動力。飛機沿虛線所畫出的路線移動。空氣動力被分解成一個垂直於飛行路線的分量－升力 L，及一個平行於飛行路線的分量－阻力 D。水平線與飛行路線之間的夾角 γ 被稱為航跡角(flight path angle)，而 α 是攻角(angle of attack)。如果飛機在一段時間內一直處於平衡狀態，則稱它是在穩定飛行。如果 $\gamma = 6°$，$D = 125 \text{ kN}$，$L = 680 \text{ kN}$，與飛機的質量是 72,000 kg，T 與 α 的值需是多少以維持穩定飛行？

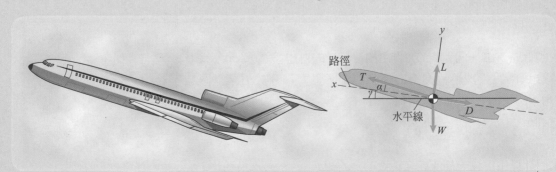

方略

假設飛機處於平衡狀態。利用式(3.4)於所給的自由體圖，我們能
得到兩個方程式用以計算 T 與 α。

解答

以圖中的座標系統來表示，平衡方程式是

$$\Sigma F_x = T\cos\alpha - D - W\sin\gamma = 0 \qquad (1)$$
$$\Sigma F_y = T\sin\alpha + L - W\cos\gamma = 0 \qquad (2)$$

其中飛機的重量是 $W = (72,000\,\text{kg})(9.81\,\text{m/s}^2) = 706,000\,\text{N}$。我們
求解式(2)得到 $\sin\alpha$，求解式(1)得到 $\cos\alpha$，兩者相除得到 $\tan\alpha$ 的
方程式：

$$\tan\alpha = \frac{W\cos\gamma - L}{W\sin\gamma + D}$$
$$= \frac{(706,000\,\text{N})\cos 6° - 680,000\,\text{N}}{(706,000\,\text{N})\sin 6° + 125,000\,\text{N}} = 0.113$$

攻角 $\alpha = \arctan(0.113) = 6.44°$。現在我們使用式(1)計算推力：

$$T = \frac{W\sin\gamma + D}{\cos\alpha}$$
$$= \frac{(706,000\,\text{N})\sin 6° + 125,000\,\text{N}}{\cos 6.44°} = 200,000\,\text{N}$$

請留意為穩定飛行所需的推力等於飛機重量的 28%。

習題

▶3.1　於觀念範例 3.1，假設車子停放之斜坡的角
度是從 20° 增加至 30°。請畫出此時車子的自由體
圖。假設從 A 到 B 的繩索必須施加 8500-N 水平力於
車子才能穩住車子。請以英磅為單位計算出車子的
重量。

3.2　如右圖所示，戒指重量是 5 N 並處於平衡狀
態。力 $F_1 = 4.5\,\text{N}$。計算力 F_2 與角度 α。

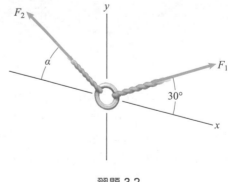

習題 3.2

▶3.3　於範例 3.2，假設繫綁點 C 是向右移動且繩索 AC 被伸展使得繩索 AC 與天花板之間的角度從 45°減低至 35°。繩索 AB 與天花板之間的角度保持在 60°。繩索 AB 與 AC 的張力各是多少？

3.4　200-kg 發動機塊體被繩索 AB 與 AC 吊掛著。角度 $\alpha = 40°$。虛線區所示的是隔離出系統的一部份後所得到的自由體圖。計算力 T_{AB} 與 T_{AC}。

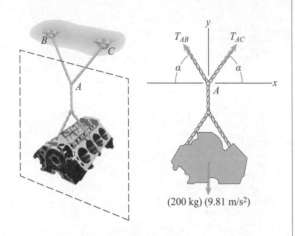

習題 3.4

3.5　被用來繫泊郵輪的一條粗重的繩索下垂如圖。如果繩索的質量是 90 kg，在 A 與 B 之繩索的張力是多少？

習題 3.5

3.6　一位生理學家估計肉食動物貂屬(Martes)的嚼肌(masseter muscle)，能夠使出逾 900 N 的嚼力 M。假設其下巴處於平衡狀態，並計算顳肌(temporalis muscle)需要出的力 T，與施加於被咬住之物體的作用力 P。

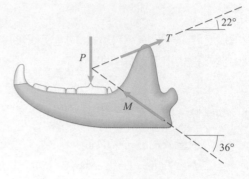

習題 3.6

3.7　兩個完全相同的彈簧，未伸展時的長度是 250 mm 且彈簧常數 $k = 1200$ N/m。
(a)畫出 A 塊的自由體圖。
(b)畫出 B 塊的自由體圖。
(c)兩個塊體的質量是多少？

3.8　兩個完全相同的彈簧，未伸展時的長度是 250 mm 且彈簧常數 k 未知且兩個塊體 A 與 B 的質量的和是 10 kg。計算 k 的值與兩個塊體的質量。

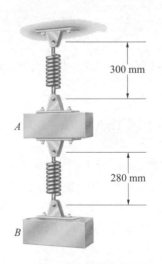

習題 3.7/3.8

3.9　斜面的表面是光滑的。(請記住「光滑」意指摩擦力可以忽略不計。)兩個完全相同的彈簧，未伸展時的長度是 250 mm 且彈簧常數 $k = 1200$ N/m。塊體 A 與 B 的質量是多少？

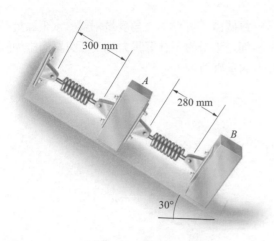

習題 3.9

3.10 起重機的質量是 20,000 kg。起重機的纜線被繫綁在一個質量為 400 kg 的沉箱。纜線的張力是 1 kN。
(a)計算水平地面施加於起重機之垂直力與摩擦力的大小。
(b)計算水平地面施加於沉箱之垂直力與摩擦力的大小。
　　方略：想要做(a)畫出虛線框內起重機與一部份纜線的自由體圖。

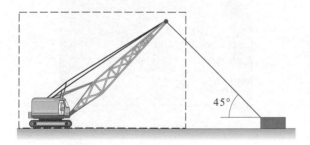

習題 3.10

3.11 斜坡面是光滑的。100-kg 板條箱被一個作用於繩索之力 T 拉住而靜止不動。
(a)畫出板條箱的自由體圖。
(b)計算力 T。

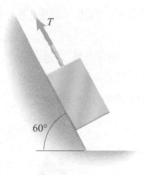

習題 3.11

3.12 1200-kg 車子靜止於傾斜的路面。
(a)如果 $\alpha=20°$，路面施加於車子輪胎的總垂直力與摩擦力是多少？
(b)車子要能夠保持靜止不動唯有平衡所需的總摩擦力不大於總垂直力的 0.6 倍。車子若要保持靜止不動則 α 的最大的角度可達多少？

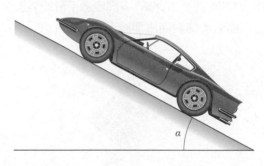

習題 3.12

3.13 450-N 板條箱於平滑的表面處於平衡狀態。彈簧常數是 $k=6000$ N/m。令 S 是彈簧的伸展量。試求一個以角度 α 為函數之 S(單位是公尺)的方程式。

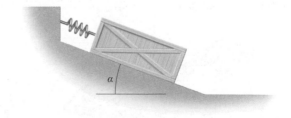

習題 3.13

3.14   600-N 盒子由繩索 *AB* 固定於光滑的傾卸卡車的床面。

(a)如果 α = 25°，繩索的張力是多少？

(b)如果繩索將可以安全地承受 400 N 以內的張力，α 的最大容許值是多少？

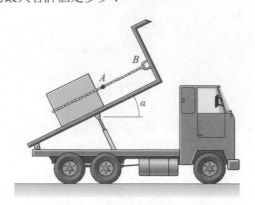

習題 3.14

3.15   80-N 盒子由繩索 *AB* 固定於平滑的斜面。計算繩索的張力與斜面施加於盒子的垂直力。

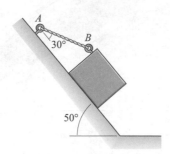

習題 3.15

3.16   1360-kg 車子與 2100-kg 拖車都是靜止的。車子的輪胎施加於泥濘地面的摩擦力可忽略不計。拖車繩索的張力是多少？

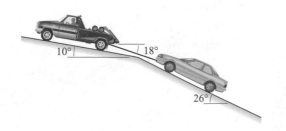

習題 3.16

3.17   每個盒子重 40 N。角度是相對於水平線量得的。表面是平滑的。計算張力繩索 *A* 與斜面施加於盒子 *B* 的垂直力。

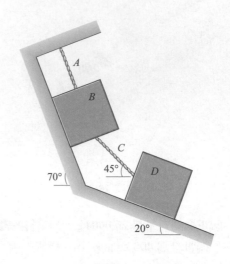

習題 3.17

3.18   一個 10-kg 圖畫被一條穿過釘子的吊線掛吊。吊線的長度是 1.3 m。

(a)吊線的張力是多少？

(b)吊線施加於釘子之力的大小是多少？

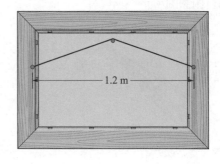

習題 3.18

3.19　一個 10-kg 圖畫被一條穿過兩個釘子的吊線掛吊。吊線的長度是 1.3 m。

(a)吊線的張力是多少？

(b)吊線施加於各個釘子之力的大小是多少？(假設繩索每一段的張力都是相等的。)

請比較你的答案與習題 3.18 的答案。

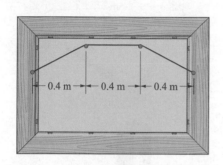

習題 3.19

3.20　假設 750-N 登山運動員處於平衡狀態。左側與右側繩索的張力各是多少？

3.21　如果於習題 3.20 中的登山運動員的質量是 80 kg，左側與右側繩索的張力各是多少？

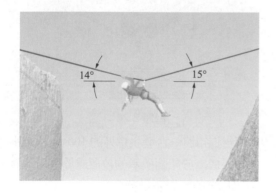

習題 3.20/3.21

3.22　建築工人施加 90-N 力於繩索拉住板條箱在如圖所示之位置保持平衡狀態。板條箱的重量是多少？

習題 3.22

3.23　一個建築工人於月球上，該處的重力加速度是 1.62 m/s²，拉住與習題 3.22 相同的板條箱在如圖所示之位置。她必須施加多少的力於繩索才能拉住板條箱使之保持平衡？計算時：(a)以牛頓為單位；(b)以磅為單位。

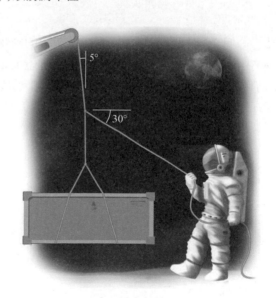

習題 3.23

3.24　一個人希望讓 200-N 的板條箱開始向右滑動。想要做到這件事，由繩索施加於板條箱之力的水平分量必須 0.35 倍於地板施加於板條箱的垂直力。於圖 a，人沿著如圖所示的方向拉繩索。於圖 b，人將繩索綁到一個支點如圖所示並將繩索向上拉。在上述各個例子中他必須施加於繩索之力的大小是多少？

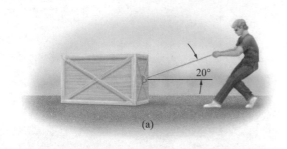

(a)

(b)

習題 3.24

3.25　一個交通工程師想要在一條四線幹線的兩條右線道中心上方懸吊一個 500-N 的交通號誌燈，如圖所示。點 A 與點 C 位在相同的高度。計算繩索 AB 與 BC 的張力。

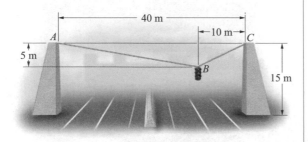

習題 3.25

3.26　繩索 AB 是 3 m 長與繩索 BC 是 4 m 長。點 A 與點 C 位在相同的高度。被吊掛的物體的質量是 350 kg。計算繩索 AB 與 BC 的張力。

3.27　繩索 AB 的長度是可調整的。繩索 BC 是 4 m 長。如果你不希望繩索 AB 或是繩索 BC 的張力超過 3 kN，繩索 AB 可接受的最小長度是多少？

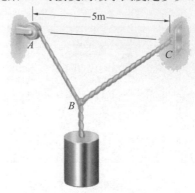

習題 3.26/3.27

3.28　上方與下方繩索的張力各是多少？(你的答案請以 W 表示出來。不計入滑輪的重量。)

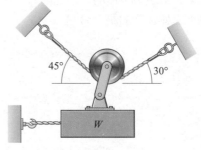

習題 3.28

3.29　兩台拖車將一台發生意外的 100-kg 機車拖離峽谷。如果機車於如圖所示的位置處於平衡狀態，繩索 AB 與 AC 的張力各是多少？

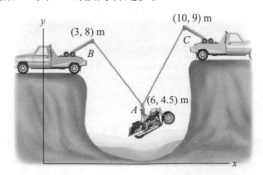

習題 3.29

3.30　一個候選太空人於一個空氣軸承平台進行實驗。當他進行調校時，該平台由水平方向的栓繩 *AB*、*AC* 與 *AD* 固定。栓繩所施加的力是唯一作用於該平台的水平方向的力。如果栓繩 *AC* 的張力是 2 N，另外兩條栓繩的張力是多少？

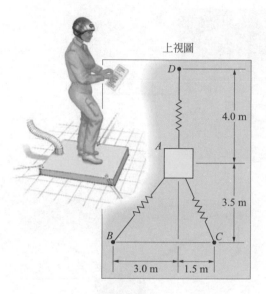

習題 3.30

3.31　裝載混凝土的水桶重 5800 N。繩索 *AB* 與 *AC* 的張力是多少？

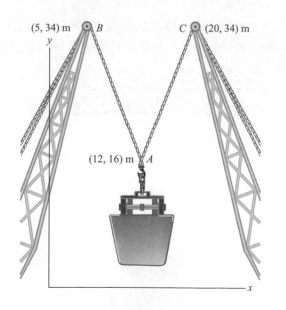

習題 3.31

3.32　滑套 *A* 處於平衡狀態而桿是平滑的。滑套的質量是多少？

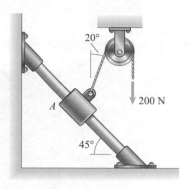

習題 3.32

3.33　20-kg 的質量被三條繩索吊著。繩索 *AC* 是配置有一個夾緊螺母使得它的張力能夠被調整且一個應力計 可用來量測它的張力。如果繩索 *AC* 的張力是 40 N，繩索 *AB* 與 *AD* 的張力是多少？

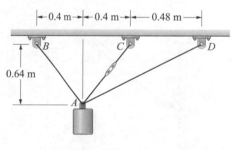

習題 3.33

3.34　結構接點處於平衡狀態。如果 $F_A = 1000\,\text{N}$ 與 $F_D = 5000\,\text{N}$，F_B 與 F_C 是多少？

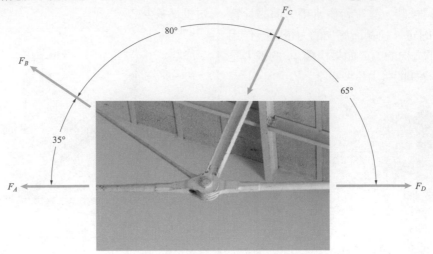

習題 3.34

3.35　軸環 A 滑行於平滑的長桿上。質量 $m_A = 20\,\text{kg}$ 與 $m_B = 10\,\text{kg}$。當 $h = 0.1\,\text{m}$，彈簧是未伸展的。當系統處於平衡狀態，$h = 0.3\,\text{m}$。計算彈簧常數 k。

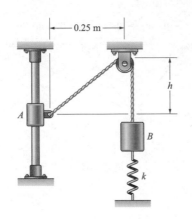

習題 3.35

3.36*　假設你希望設計一組繩索從天花板吊掛一個重量 W 的物體。兩條繩索必須一模一樣，尺寸 b 是固定的。每一條繩索的張力 T 與它的橫截面積 A 的比值必須等於一個訂定值 $T/A = \sigma$。你的設計的「費用」等於兩條繩索之材料的總體積，$V = 2A\sqrt{b^2 + h^2}$。計算可使費用降到最低時的 h 值。

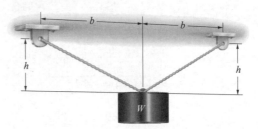

習題 3.36

3.37　繩索系統吊掛電影道具上方的一排 1000-N 燈光。計算繩索 AB，CD，與 CE 的張力。

3.38　一個技術員藉著拆除繩索 CE 來更動那排 1000-N 燈光的位置。更動位置後繩索 AB 的張力是多少？

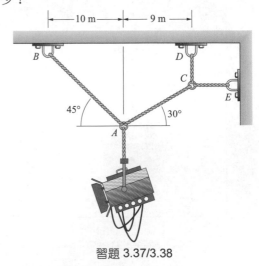

習題 3.37/3.38

3.39　在準備下一個展出活動時，一名史密森尼博物館 (Smithsonian Institution) 的館員繫了三條水平方向的繩索來拉動被垂吊的 Voyager 飛機至牆側如圖所示。飛機的質量是 1250 kg。計算繩索 AB，BC，與 CD 段的張力。

3.40　一個卡車經銷商想要吊掛一個行銷用的 4000-kg 卡車如圖所示。距離 b = 15 m，繩索 AB 與 BC 的總長度是 42 m。點 A 與點 C 位在相同的高度。繩索的張力是多少？

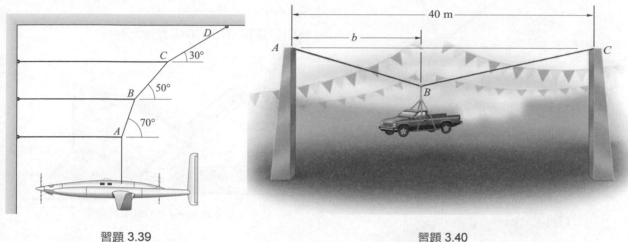

習題 3.39　　　　　　　　　　　　　　習題 3.40

3.41　距離 h = 12 cm，繩索的張力 AD 是 200 N。繩索 AB 與 AC 的張力是多少？

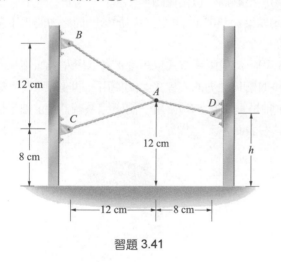

習題 3.41

3.42　你正在設計一組繩索系統用以懸吊一個重量 W 的物體。因為你的設計要求點 A 與 B 點如圖所示的那樣安置，你沒有辦法控制角度 α，但是你能藉著調整點 C 的位置來選擇所要的角度 β。證明如果角度 α ≥ 45° 時，想要極小化繩索 AB 與 BC 的張力，你必須選用 β = α。

　　方略：畫出三條繩索在點 A 的合力圖。

習題 3.42

3.43* 繩索 ABC 的長度是 1.4 m。2-kN 的力施加於一個小滑輪。系統為靜止。繩索的張力是多少？

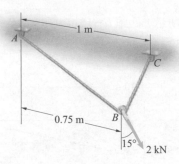

習題 3.43

3.44 質量 $m_1 = 12$ kg 與 $m_2 = 6$ kg 是由所示的繩索系統所吊掛。繩索 BC 是水平方向的。計算角度 α 與繩索 AB，BC，與 CD 的張力。

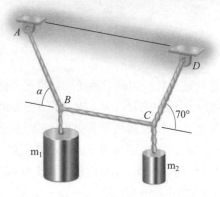

習題 3.44

3.45 重量 $W_1 = 50$ N 與 W_2 是由所示的繩索系統所吊掛。計算重量 W_2 與繩索 AB，BC，與 CD 的張力。

3.46 假設 $W_2 = W_1/2$。如果你不希望任何一條支持繩索的張力超過 200 N，W_1 的最大可接受值是多少？

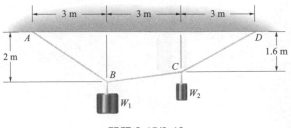

習題 3.45/3.46

3.47 液壓唧筒承受三個力。一個 8-kN 的力施加於唧筒的 B 處而平行於唧筒並且從 B 指向 C。連桿 AC 施加一個力於 C 處且平行於從 A 到 C 的連線。連桿 CD 施加一個力於 C 處且平行於從 C 到 D 的連線。

(a)畫出唧筒的自由體圖。(唧筒的重量是可以忽略不計的。)

(b)計算連桿 AC 與 CD 施力的大小。

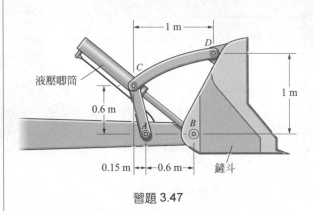

習題 3.47

3.48 50-N 唧筒靜置於兩個平滑的表面。

(a)畫出唧筒的自由體圖。

(b)如果 $\alpha = 30°$，左右表面施加於唧筒之力的大小是多少？

3.49 使用兩種方式以角度 α 表示出左表面施加於 50-N 唧筒之力的方程式：(a)使用一個座標系統其中 y 軸是垂直的，(b)使用一個座標系統其中 y 軸平行於右表面。

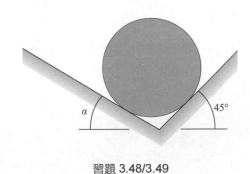

習題 3.48/3.49

3.50 兩個一模一樣的彈簧，未伸展的長度 0.4 m。當在 B 處吊掛 50-kg 質量，每一個彈簧的長度增長至 0.6 m。彈簧常數 k 是多少？

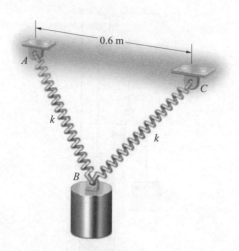

習題 3.50

3.51 繩索 AB 長度是 0.5 m。彈簧未伸展的長度是 0.4 m。當在 B 處吊掛 50-kg 質量，彈簧的長度增長至 0.45 m。彈簧常數 k 是多少？

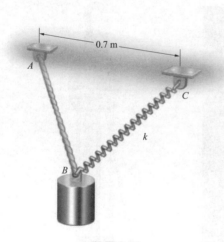

習題 3.51

3.52* 質量 m 的小球體被綁在一條長度 L 的繩線上並靜置於一個半徑 R 的固定不動的球體的平滑表面。球體的中心位在繩線被繫綁之處的正下方。以 m，L，h，R 表示寫出繩線張力的方程式。

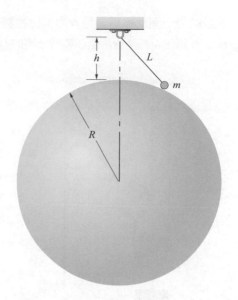

習題 3.52

3.53 斜面是平滑的。計算必須施加於繩索之力 T 使得 100-kg 的板條箱能保持平衡並將你的答案與習題 3.11 的答案作比較。

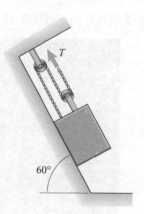

習題 3.53

▶3.54 於範例 3.3，假設被吊掛物體的質量是 m_A 與滑輪的質量分別是 $m_B = 0.3m_A$，$m_C = 0.2m_A$ 與 $m_D = 0.2m_A$ 證明讓系統達於平衡狀態時所需的力 T 等於 $0.275m_Ag$。

3.55　系統的每一個滑輪質量是 m 與吊掛物體 A 的質量是 m_A。計算讓系統達於平衡狀態時所需的力 T。

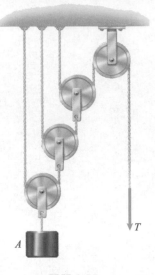

習題 3.55

3.56　被吊掛的質量 $m_1 = 50\ \text{kg}$。忽略不計滑輪的質量，計算質量 m_2 的值需為多少，以讓系統達於平衡狀態。

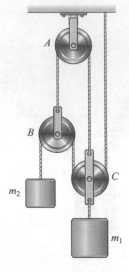

習題 3.56

3.57　男孩使用重塊與滑輪組舉起自己如圖所示。如果重塊與滑輪組的重量是可以忽略不計的，與男孩與他所坐的橫竿的重量共是 600 N，他必須施加於繩索的力是多少才足以於固定速率下舉起他自己？(忽略不計繩索偏離垂直方向造成的影響。)

習題 3.57

3.58　由一個，兩個，與三個滑輪所組成的滑輪系統如圖所示。忽略不計滑輪的重量，計算每種組成情況支持重量 W 所需的力 T。

3.59　如圖所示各式的滑輪系統的滑輪數量很顯然能擴充至任意的數目 N。

(a)忽略不計滑輪的重量，計算足以支持重量 W 所需的力 T 並將它表示爲系統中滑輪數目 N 的函數。

(b)使用(a)小題的結果，計算一個具有 10 個滑輪的滑輪系統足以支持重量 W 所需的力 T。

▶3.60　一架 14,000-kg 飛機於一個垂直面穩定飛行中。航跡角是 $\gamma = 10°$，攻角是 $\alpha = 4°$，發動機輸出的推力是 $T = 60\,kN$。作用於飛機之升力與阻力的大小各是多少？(參見範例 3.4。)

▶3.61　一個飛機穩定飛行中，攻角 $\alpha = 0$，推阻比(thrust-to-drag ratio)是 $T/D = 2$，與升阻比(lift-to-drag ratio)$L/D = 4$。航跡角 γ 是多少？(參見範例 3.4。)

▶3.62　一個飛機於穩定飛行狀態下滑行($T = 0$)，它的升阻比是 $L/D = 4$。

(a)航跡角 γ 是多少？

(b)如果飛機自高度 1000 m 滑行至高度零，它所航行的水平距離是多少？(參見範例 3.4。)

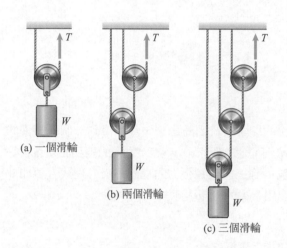

(a) 一個滑輪

(b) 兩個滑輪

(c) 三個滑輪

習題 3.58/3.59

3.3　三維力系

我們到現在已接觸過的平衡狀況都限定於二維平面的力。當作用於一個物體之平衡的外力系是三維的，我們能夠寫出外力總和爲

$$\Sigma \mathbf{F} = (\Sigma F_x)\mathbf{i} + (\Sigma F_y)\mathbf{j} + (\Sigma F_z)\mathbf{k} = 0$$

這個方程式中各分量必須等於零，由此得到三個純量平衡方程式：

$$\Sigma F_x = 0 \ , \quad \Sigma F_y = 0 \ , \quad \Sigma F_z = 0 \tag{3.5}$$

作用於平衡中物體之外力的 x, y，與 z 分量總和必須分別等於零。

（▶ 相關習題 3.63）

觀念範例 3.5

100-kg 啣筒由繫在 B，C，與 D 點的繩索從天花板吊掛著。繩索 AB、AC 與 AD 的張力各是多少？

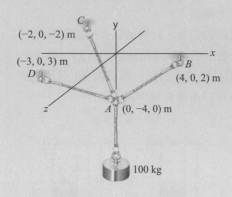

方略

將靠近點 A 部份的繩索系統隔離出來，我們得到一個受繩索的張力的自由體圖。因為外力沿 x，y，與 z 方向的總和必須各自等於零，我們能夠得到三個未知張力的三個平衡方程式。要如此做，我們必須寫出張力的分量表示式。

解答

畫出自由體圖並加上平衡條件

將點 A 附近的吊繩隔離出來並畫出吊繩的張力。這些張力的總和須等於零：

$$\Sigma\mathbf{F} = \mathbf{T}_{AB} + \mathbf{T}_{AC} + \mathbf{T}_{AD} - (981\ \text{N})\mathbf{j} = 0$$

寫出張力的分量表示式

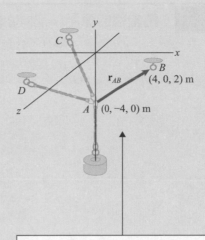

$$\mathbf{r}_{AB} = (x_B - x_A)\mathbf{i} + (y_B - y_A)\mathbf{j} + (z_B - z_A)\mathbf{k}$$
$$= 4\mathbf{i} + 4\mathbf{j} + 2\mathbf{k} \text{ (m)}$$
$$\mathbf{e}_{AB} = \frac{\mathbf{r}_{AB}}{|\mathbf{r}_{AB}|} = 0.667\mathbf{i} + 0.667\mathbf{j} + 0.333\mathbf{k}$$

> 將從 A 到 B 的位置向量除以它的長度得到一個與 $\mathbf{T}_{AB}$ 方向一致的單位向量 $\mathbf{r}_{AB}$

$$\mathbf{T}_{AB} = T_{AB}\mathbf{e}_{AB}$$
$$= T_{AB}(0.667\mathbf{i} + 0.667\mathbf{j} + 0.333\mathbf{k})$$
$$\mathbf{T}_{AC} = T_{AC}(-0.408\mathbf{i} + 0.816\mathbf{j} - 0.408\mathbf{k})$$
$$\mathbf{T}_{AD} = T_{AD}(-0.514\mathbf{i} + 0.686\mathbf{j} + 0.514\mathbf{k})$$

> 將 $\mathbf{T}_{AB}$ 寫成吊繩 AB 的張力 T_{AB} 與單位向量 $\mathbf{e}_{AB}$ 的乘積來得到它的分量表示式。應用相同的程序得出 $\mathbf{T}_{AC}$ 與 $\mathbf{T}_{AD}$ 的分量表示式。

> 將這些式子代入平衡方程式
> $$\mathbf{T}_{AB} + \mathbf{T}_{AC} + \mathbf{T}_{AD} - (981 \text{ N})\mathbf{j} = 0$$
> 由於沿 $\mathbf{i}$、$\mathbf{j}$、$\mathbf{k}$ 的分量必須等於零,從而推導出三個方程式

$$0.667T_{AB} - 0.408T_{AC} - 0.514T_{AD} = 0$$
$$0.667T_{AB} + 0.816T_{AC} + 0.686T_{AD} - 981 \text{ N} = 0$$
$$0.333T_{AB} - 0.408T_{AC} + 0.514T_{AD} = 0$$

解這三個方程式得到 $T_{AB} = 519 \text{ N}$,$T_{AC} = 636 \text{ N}$,$T_{AD} = 168 \text{ N}$。

練習題

假設繩索 AB、AC 與 AD 被拉長,使得繫綁之處的點 A 其位置是 $(0, -6, 0)$ m。各繩索的張力是多少?

答案:$T_{AB} = 432 \text{ N}$,$T_{AC} = 574 \text{ N}$,$T_{AD} = 141 \text{ N}$。

範例 3.6   純量積的應用(▶ 相關習題 3.79)

100-N「滑套」C 被繩索 AC 固定於平滑的長桿。計算繩索的張力與長桿施加於滑套之力。

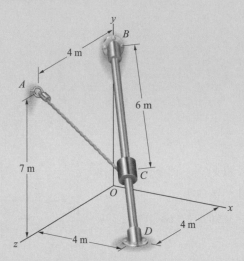

方略

因為我們想要計算出作用於滑套的力,我們必須畫出它的自由體圖。作用於滑套的外力有它本身的重量與繩索及長桿施加於它的力。如果我們以前一題的做法來求解這個範例,我們的下一步將是寫出各張力的分量表示式。然而,我們並不知道長桿對長桿施力的方向。由於平滑的長桿施加的摩擦力可忽略不計,我們因此可以肯定的說力是垂直於長桿的軸向。因此我們能夠藉由計算方程式與平行於這個長桿之單位向量的純量積自方程式 $\Sigma\mathbf{F}=\mathbf{0}$ 中剔除這個力。

解答

畫出自由體圖   我們隔離出滑套(圖 a)並標示出滑套的重量、繩索施加的張力 $\mathbf{T}$、與長桿施加的垂直力 $\mathbf{N}$(圖 b)完成整個自由體圖。

應用平衡方程式   作用於自由體圖之外力的總和是

$$\Sigma\mathbf{F}=\mathbf{T}+\mathbf{N}-(100\,\text{N})\mathbf{j}=\mathbf{0} \tag{1}$$

令 $\mathbf{e}_{BD}$ 代表從點 B 指向 D 點的單位向量。由於 $\mathbf{N}$ 垂直於長桿,$\mathbf{e}_{BD}\cdot\mathbf{N}=0$。因此,

$$\mathbf{e}_{BD}\cdot(\Sigma\mathbf{F})=\mathbf{e}_{BD}\cdot[\mathbf{T}-(100\,\text{N})\mathbf{j}]=0 \tag{2}$$

求算 $\mathbf{e}_{BD}$：我們計算從點 B 指向 D 點的向量，

$$\mathbf{r}_{BD}=(4-0)\mathbf{i}+(0-7)\mathbf{j}+(4-0)\mathbf{k}=4\mathbf{i}-7\mathbf{j}+4\mathbf{k}\,(\mathrm{m})$$

並除以它本身的長度得到單位向量 $\mathbf{e}_{BD}$：

$$\mathbf{e}_{BD}=\frac{\mathbf{r}_{BD}}{|\mathbf{r}_{BD}|}=\frac{4}{9}\mathbf{i}-\frac{7}{9}\mathbf{j}+\frac{4}{9}\mathbf{k}$$

寫出 $\mathbf{T}$ 的分量表示式：我們必須計算滑套 C 的座標。我們能夠以單位向量 $\mathbf{e}_{BD}$ 寫出從點 B 到點 C 之向量，

$$\mathbf{r}_{BC}=6\mathbf{e}_{BD}=2.67\mathbf{i}-4.67\mathbf{j}+2.67\mathbf{k}\,(\mathrm{m})$$

然後將它與從原點 O 到 B 的向量相加得到從 O 到 C 的向量：

$$\begin{aligned}\mathbf{r}_{OC}&=\mathbf{r}_{OB}+\mathbf{r}_{BC}=7\mathbf{j}+(2.67\mathbf{i}-4.67\mathbf{j}+2.67\mathbf{k})\\&=2.67\mathbf{i}+2.33\mathbf{j}+2.67\mathbf{k}\,(\mathrm{m})\end{aligned}$$

這個向量的分量是點 C 的座標。現在我們能夠計算出與 $\mathbf{T}$ 同方向的單位向量。從 C 到 A 的向量是

$$\begin{aligned}\mathbf{r}_{CA}&=(0-2.67)\mathbf{i}+(7-2.33)\mathbf{j}+(4-2.67)\mathbf{k}\\&=-2.67\mathbf{i}+4.67\mathbf{j}+1.33\mathbf{k}\,(\mathrm{m}),\end{aligned}$$

以及從 C 點指向點 A 的單位向量是

$$\mathbf{e}_{CA}=\frac{\mathbf{r}_{CA}}{|\mathbf{r}_{CA}|}=-0.482\mathbf{i}+0.843\mathbf{j}+0.241\mathbf{k}$$

令 T 為繩索 AC 的張力。接著我們能夠寫出向量 $\mathbf{T}$ 為

$$\mathbf{T}=T\mathbf{e}_{CA}=T(-0.482\mathbf{i}+0.843\mathbf{j}+0.241\mathbf{k})$$

計算 $\mathbf{T}$ 與 $\mathbf{N}$：將 $\mathbf{e}_{BD}$ 的表示式與 $\mathbf{T}$ 的分量表示式代入(2)式得到

$$\begin{aligned}0&=\mathbf{e}_{BD}\cdot[\mathbf{T}-(100\,\mathrm{N})\mathbf{j}]\\&=\left(\frac{4}{9}\mathbf{i}-\frac{7}{9}\mathbf{j}+\frac{4}{9}\mathbf{k}\right)\cdot[-0.482T\mathbf{i}+(0.843T-100\,\mathrm{N})\mathbf{j}+0.241T\mathbf{k}]\\&=-0.762T+77.8\,\mathrm{N}\end{aligned}$$

我們得到張力 $T=102\,\mathrm{N}$。

現在我們能夠使用(1)計算出長桿施加於滑套的力：

$$\begin{aligned}\mathbf{N}&=-\mathbf{T}+(100\,\mathrm{N})\mathbf{j}\\&=-(102\,\mathrm{N})(-0.482\mathbf{i}+0.843\mathbf{j}+0.241\mathbf{k})+(100\,\mathrm{N})\mathbf{j}\\&=49.1\mathbf{i}+14.0\mathbf{j}-24.6\mathbf{k}\,(\mathrm{N})\end{aligned}$$

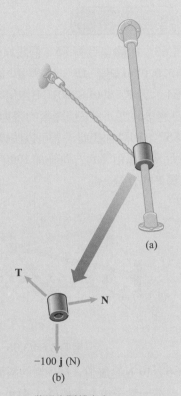

(a)

$\mathbf{T}$

$\mathbf{N}$

$-100\,\mathbf{j}\,(\mathrm{N})$

(b)

(a) 將滑套隔離出來
(b) 滑套的自由體圖畫出了重力、纜線與長桿所施加的力

重要提示

藉由計算滑套之平衡方程式與平行於平滑的長桿 BD 之單位向量 $\mathbf{e}_{BD}$ 的純量積,我們得到(2)式,這個示子中並不含有垂直力 **N**。為什麼會出現這個情況?正式的回答是 $\mathbf{e}_{BD}$ 垂直於 **N**,因此 $\mathbf{e}_{BD} \cdot \mathbf{N} = 0$。但是由物理上解釋(2)則提供一個更令人誠服的解釋:滑套重量平行於長桿的分量被 **T** 平行於長桿的分量所平衡。平滑的長桿施加於滑套的垂直力並沒有任何平行於長桿的分量。我們因此能夠直接解出繩索的張力而不需要知道垂直力 **N**。

習題

▶3.63 於觀念範例3.5,假設原繫綁的點 B 被移到點(5, 0, 0) m 繩索 AB、AC 與 AD 的張力是多少?

3.64 力 $\mathbf{F} = 800\mathbf{i} + 200\mathbf{j}$ (N)作用在繩索 AB、AC 與 AD 連接的點 A。三條繩索的張力各是多少?

3.65* 假設你想要沿著可以使繩索 AB、AC 與 AD 張力大小都相等的方向施加 1000-N 的力 **F** 於點 A。計算 **F** 的分量。

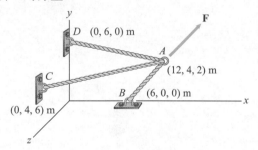

習題 3.64/3.65

3.66 10-N 金屬盤 A 被平滑的斜面與繩索 AB 和 AC 所支撐。盤子位在座標(5, 1, 4) m。各繩索張力是多少?

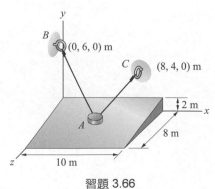

習題 3.66

3.67 堆土機施加力 $\mathbf{F} = 2\mathbf{i}$ (N)於 A。繩索 AB、AC 與 AD 的張力是多少?

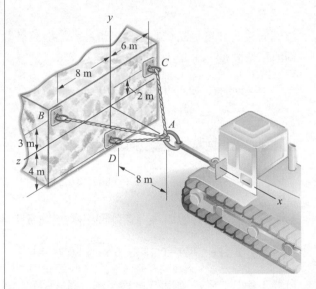

習題 3.67

3.68 在試驗開始之前,一群志願學生在 B,C,與 D 抓住栓繩來固定一個準備實行高空試驗的氣球。氣球的質量、實驗裝備、與它裝載的瓦斯一共是 90 kg,氣球受到的浮力是 1000 N。監督試驗進行的教授保守的估計於所需的時間長度內每一名學生能夠至少施加 40-N 的張力於栓繩。根據這項估計,在 B,C,與 D 所需的學生人數最少是多少?

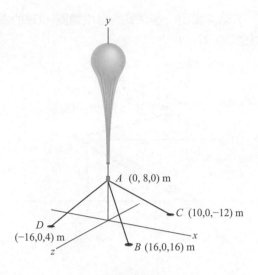

習題 3.68

3.69　20-kg 的質量被繫綁於三根 2-m 長的立柱的繩索所吊掛。點 A 位在(0, 1.2, 0) m。計算繩索 AB、AC 與 AD 的張力。

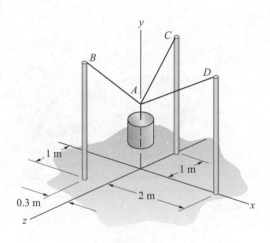

習題 3.69

3.70　水平方向的牆板的重量 $W = 20,000\,\text{N}$。計算繩索 AB、AC 與 AD 的張力。

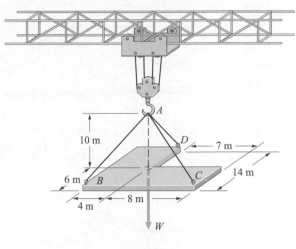

習題 3.70

3.71　於圖 a 的車子與支撐它的棧板重 13500 N。兩者被四條繩索 AB，AC，AD，與 AE 所吊掛。棧板吊掛的位置如圖 b 所示。繩索 AB 與 AE 的張力相等。計算繩索的張力。

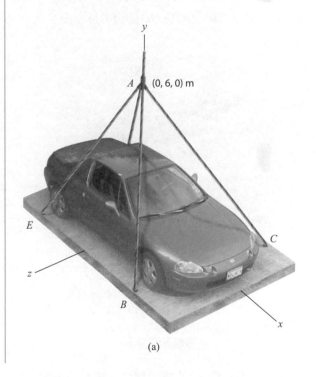

(a)

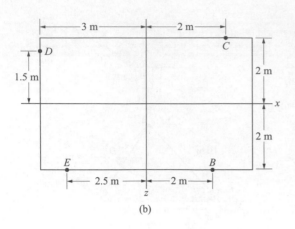

習題 3.71

方略：畫出一個球 B 的自由體圖。(球的重量可以忽略不計。)

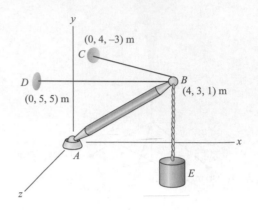

習題 3.74

3.72　被直升機吊掛 680-kg 的載重處於平衡狀態。載重受到的空氣阻力是水平方向的。y 軸指向垂直方向，繩索 OA 位在 x-y 平面。計算阻力的大小與繩索 OA 的張力。

3.73　三條繩索的吊掛點 B，C，與 D 的座標分別是 $(-3.3, -4.5, 0)$ m，$(1.1, -5.3, 1)$ m，與 $(1.6, -5.4, -1)$ m。繩索 OB、OC 與 OD 的張力是多少？

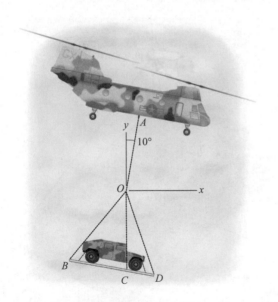

習題 3.72/3.73

3.74　如果長桿 AB 的質量相較於被吊掛物體 E 的質量可忽略不計，長桿從 A 朝向 B 施加力於「球」B。物體 E 的質量是 200 kg。y 軸向上。計算繩索 BC 與 BD 的張力。

3.75*　14000-N 車子靜置於平面。單位向量 $\mathbf{e}_n = 0.456\mathbf{i} + 0.570\mathbf{j} + 0.684\mathbf{k}$ 垂直於這個平面。計算總垂直力 $\mathbf{N}$ 與車輪施加於平面的總摩擦力 $\mathbf{f}$ 的大小。

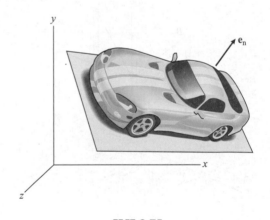

習題 3.75

3.76　圖示之系統中下錨固定一個被繩索吊掛之屋頂的柵柱。如果繩索 AB 的張力是 900 kN，繩索 EF 與 EG 的張力各是多少？

3.77*　每一條系統內的繩索可以安全的支撐 1500 kN 以內的張力。根據這個準則，繩索 AB 的最大的容許張力值是多少？

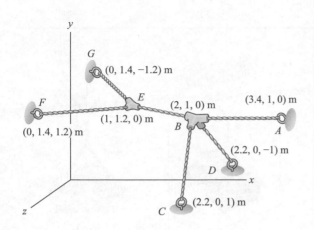

習題 3.76/3.77

3.78 200-kg 於 A 處之滑套由繩索 AB 固定於平滑的垂直長桿。

(a)計算繩索的張力。

(b)計算長桿施加於滑套之力。

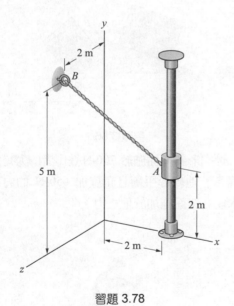

習題 3.78

▶3.79 於範例 3.6，假設繩索 AC 被換成一條更長的繩索使得從點 B 至滑套 C 的距離從 6 m 增加至 8 m。計算繩索的張力。

3.80 繩索 AB 讓 8-kg 的軸環 A 固定於平滑的長桿 CD。y 軸指向向上。繩索的張力是多少？

3.81* 計算平滑的長桿施加於軸環 A 之垂直力的大小。

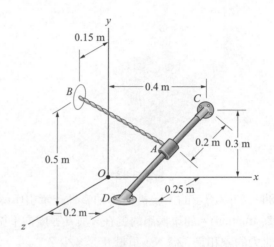

習題 3.80/3.81

3.82* 10-kg 軸環 A 與 20-kg 軸環 B 被一條從 A 到 B 的 3-m 繩索固定於平滑的長桿而力 F 作用於 A。力 F 平行於長桿。計算 F。

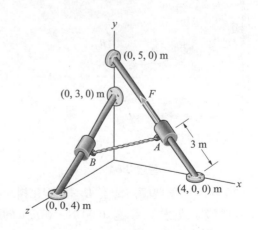

習題 3.82

複習習題

3.83　100-N 板條箱由繩索 AB 固定於平滑的表面。計算繩索的張力與表面施加於板條箱垂之直力的大小。

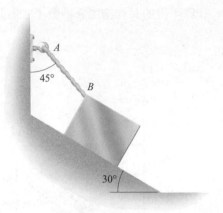

習題 3.83

3.84　如圖所示的系統被稱為勒塞耳氏牽引(Russell's traction)。如果病患的腿在 A 與 B 等處向下施加之力的總和是 32.2 N，重量 W 是多少？

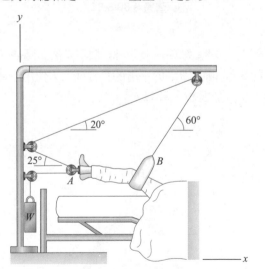

習題 3.84

3.85　1600-N 引擎塊體被繩索 AB 與 AC 吊掛。如果你不希望 T_{AB} 或是 T_{AC} 超過 1600 N，角度 α 的可接受最小值是多少？

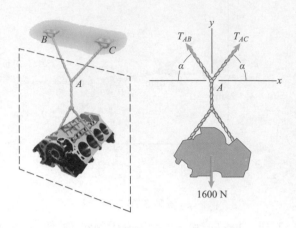

習題 3.85

3.86　繩索 AB 為水平，其右側盒子重 100 N。斜面為平滑。(a)繩索的張力是多少？(b)位於繩索左側的盒子重量是多少？

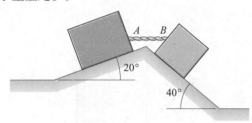

習題 3.86

3.87　煙囪形斜壁面施於 700-N 登山者的力是垂直於壁面。若他處於平衡且正施加 650-N 的力於繩索，求左右壁面施加於他之力。

習題 3.87

3.88　被吊掛物體 A 的質量是 m_A 且滑輪的質量可以忽略不計。計算讓系統達於平衡狀態 T 所需要的力。

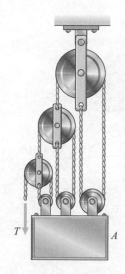

習題 3.88

3.89　組件 A，包括滑輪，重 60 N。讓系統達於平衡狀態所需要的力 F 是多少？

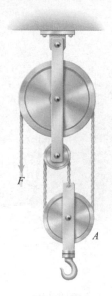

習題 3.89

3.90　木塊 A 的質量是 42 kg，與木塊 B 的質量是 50 kg。表面是平滑的。如果木塊處於平衡狀態，力 F 是多少？

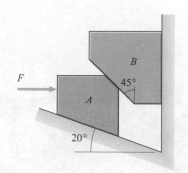

習題 3.90

3.91　登山者 A 正由兩位朋友的協助下爬上冰滑的斜坡。他的質量是 80 kg，與斜坡施加於他之力的方向餘弦是 $\cos\theta_x = -0.286$，$\cos\theta_y = 0.429$，與 $\cos\theta_z = 0.857$。y 軸是垂直的。如果登山者於如圖所示的位置處於平衡狀態，繩索 AB 與 AC 的張力與繩索施加於他之力的大小各是多少？

3.92　考慮於習題 3 由兩位朋友協助的登山者 A。為了試圖讓繩索的張力更加的一致，朋友 B 移動至位置 $(4, 2, 0)$ m。新的繩索 AB 與 AC 的張力與繩索施加於登山者力的大小各是多少？

習題 3.91/3.92

3.93　一個登山者幫助他的朋友登上一個冰滑的斜坡。他的朋友拖拉一箱補給品。如果這名朋友的質量是 90 kg 與補給品的質量是 22 kg，繩索 AB 與 CD 的張力是多少？假設斜坡是平滑的。也就是說，斜坡僅施加垂直力於這個人與箱子。

習題 3.93

3.94　1440-kg 車子以等速度行駛於如圖所示的斜面。作用於車子之空氣動力的阻力是 $D=530\,\text{N}$，該力平行於路面，與升力是 $L=360\,\text{N}$，該力垂直於路面。計算路面施加於車子的總垂直力與摩擦力的大小。

習題 3.94

3.95　一名工程師爲新無線電望遠鏡做先期設計研究預期架設一個三角接收平台由相距 40-m 塔的繩索支撐。接收平台質量是 20 Mg(百萬公克)且位於塔尖下方 10 m。繩索承受的張力將會是多少？

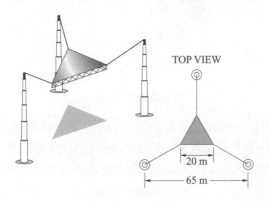

習題 3.95

3.96　要支撐帳篷，繩索 AB 的張力必須爲 400 N。繩索 AC，AD，與 AE 的張力是多少？

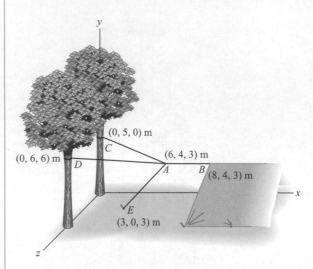

習題 3.96

3.97　繩索 AB 被繫在 3-m 長的直立柱子的柱尖，它的張力是 50 kN。繩索 AO，AC，與 AD 的張力是多少？

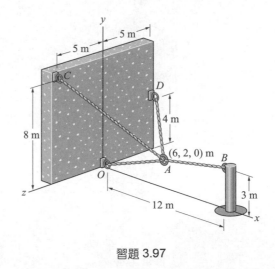

習題 3.97

3.98* 1350-kg 車子是在靜置於一個平面而它的剎車已剎住。單位向量 $\mathbf{e_n} = 0.231\mathbf{i} + 0.923\mathbf{j} + 0.308\mathbf{k}$ 垂直於該平面。y 軸向上。繩索從 A 到 B 的方向是 $\cos\theta_x = -0.816$，$\cos\theta_y = 0.408$，$\cos\theta_z = -0.408$，繩索的張力是 1.2 kN。計算車輪施加於平面垂直力與摩擦力的大小。

3.99* 車子的煞車被釋放，由繩索 AB 將車子固定於該平面。車子的前輪以被定位好使得輪胎沒有施加任何平行於車軸方向的摩擦力。單位向量 $\mathbf{e_p} = -0.941\mathbf{i} + 0.131\mathbf{j} + 0.314\mathbf{k}$ 是平行於平面且與車軸共在一條直線上。繩索的張力是多少？

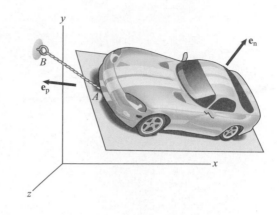

習題 3.98/3.99

設計專題 1

一個簡易可行的物體重量磅秤的設計如圖所示。線 AB 的長度是 0.5 m。當一個物體是被放進秤盤時，彈簧伸展而線 AB 隨之扭轉。物體的重量能夠藉由觀察角度 α 的變化量而予以計算出來。

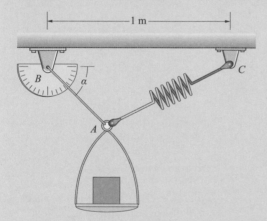

(a)假設代秤重之物體的質量介於 0.2-2 kg 之間。挑選彈簧的未掛重長度以及彈簧常數使得正確的重量讀數落在所要求的範圍之內。(忽略不計秤盤與彈簧的重量。請留意想要正確的計算出重量角度 α 需有相當程度的變化量。)

(b)假設你能夠使用相同的組件－秤盤、量角器、彈簧、線－以及一個甚或是多個滑輪。請建議另一個可行的組合秤重的方式。使用靜力學分析你的所提議的組合方式並與如圖所示之適用於物體質量介於 0.2~2 kg 的組合方式的準確度做比較。

設計專題 2

假設吊掛 100-kg 質量之繩索系統的 A，C，與 D 點的位置是固定不動的，但是允許你任意指定點 B 的 x 與 z 座標。請研究選擇不同的點 B 位置對於繩索張力的影響。如果繩索 AB 費用與繩索的張力與它的長度的乘積成正比，請研究選擇不同的點 B 位置對於繩索費用的影響。請寫篇扼要的報告描述你的研究結果與推薦的點 B 位置。

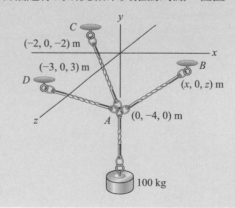

4 力與力矩系統

力表現出來的效果不僅僅與它們的大小與方向有關也與它們所施加的力矩(moment)有關。物體的轉動如車輪、引擎的傳動軸與發電機的轉子都是起因於施加於它們的力所產生的力矩。如果一個物體處於平衡狀態,作用於這物體之力對任一點的力矩都會等於零。在我們繼續往下討論自由體圖與平衡之前,我們必須解釋如何計算力矩並且介紹力與力矩的等效系統觀念。

◀ 大樓吊車的平衡配重在建材組裝過程期間所施加的巨大力矩必須由吊車的結構體來承受。在這一章我們計算力矩並分析力與力矩系統。

4.1　力矩的二維描述

背景概念

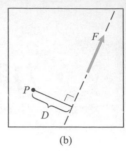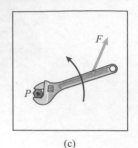

圖 4.1
(a)力 F 與點 P
(b)從點 P 到 F 的作用線的垂直距離 D
(c)力矩的方向是逆時針方向

考慮一個大小為 F 的力與一個點 P，然後以垂直於這個力向量與點所在的平面的角度來觀看它們(圖 4.1a)。力對 P 之**力矩**的大小等於乘積 DF，其中 D 是從 P 到力的作用線的垂直距離(圖 4.1b)。在這個例子中，力會依逆時針方向繞轉點 P。也就是說，如果我們想像這個力作用於一個物體使之繞點 P 旋轉，這個力會造成逆時針方向的旋轉(圖 4.1c)。我們稱這個力矩的方向是逆時針方向的。**我們定義逆時針方向的力矩為正向的而順時針方向力矩是負向的。**(這樣的定義方式是一般性的習慣，儘管在某些場合下我們定義順時針方向的力矩為正向時會顯得更方便。)因此，力對 P 的力矩是

$$M_P = DF \tag{4.1}$$

要提醒的是如果 F 的作用線通過 P，垂直距離 $D=0$ 而 F 對 P 點的力矩會等於零。

力矩的因次是(距離)×(作用力)。舉例來說，於 SI 單位力矩寫為牛頓－公尺而於美制單位寫為呎－磅。

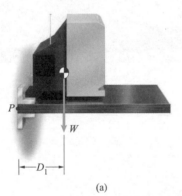

(a)

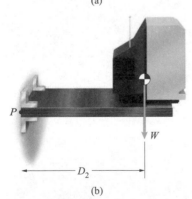

(b)

圖 4.2
(a)將電視靠近牆面擺置使得施加於
　檯座支點 P 處的力矩為最小
(b)將電視遠離牆面擺置會對支點 P 處
　施加很大的力矩

假設你希望將一台電視機放到一個檯座上，不過你不確定檯子和牆面之間支點所提供的支撐力是否足以撐住這台電視機。本能的，你會將電視機擺到離牆面近一些的位置(圖 4.2a)，你知道如果你將電視機擺離牆面遠一些的位置(圖 4.2b)支點可能因此斷裂。這兩個擺放方式的差別在哪裡呢？在各情況中電視機施加予檯子之重量的大小與方向都是相同的，但是施加予支點的力矩則不盡相同。電視機離牆面近的時候它的重量對 P 施加的力矩，$M_P = -D_1 W$，小於電視機離牆面遠的時候對 P 的力矩，$M_P = -D_2 W$。

如果力都是二維(共平面)且與某個點位在同一個平面，這一節我們說明的方法能夠運用於計算這樣的力系對該點之力矩的總和。舉例來說，考慮如圖 4.3 所示的建築吊車。由負重 W_1 與平衡配重 W_2 對點 P 施加的力矩總和等於

$$\Sigma M_P = D_1 W_1 - D_2 W_2$$

這力矩會促使直塔的塔頂轉動甚至可能使之傾倒。若調整距離 D_2 使得 $D_1 W_1 = D_2 W_2$，負重與平衡配重對點 P 所造成的力矩即等於零。

 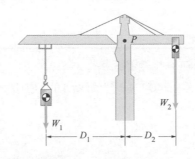

圖 4.3
用於建造高層建築物的塔型吊車

如果 F 寫成分力的形式來表示的時候，這個力對點 P 的力矩等於它的各分力對 P 之力矩的總和。我們將在下一節證明這個非常有用的結果。

結論

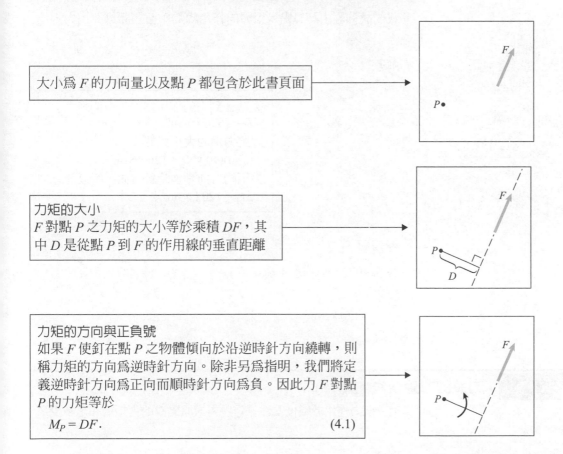

大小爲 F 的力向量以及點 P 都包含於此書頁面

力矩的大小
F 對點 P 之力矩的大小等於乘積 DF，其中 D 是從點 P 到 F 的作用線的垂直距離

力矩的方向與正負號
如果 F 使釘在點 P 之物體傾向於沿逆時針方向繞轉，則稱力矩的方向爲逆時針方向。除非另爲指明，我們將定義逆時針方向爲正向而順時針方向爲負。因此力 F 對點 P 的力矩等於

$$M_P = DF. \tag{4.1}$$

如果 F 寫成分力的形式來表示的時候時，F 對點 P 之力矩等於 F 各分力對點 P 之力矩的總和

觀念範例 4.1   求算力矩(▶ 相關習題 4.1)

40-kN 的力對點 A 的力矩是多少？

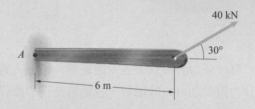

方略

我們能夠經由計算點 A 至力的作用線的垂直距離來算出力矩的大小。

解答

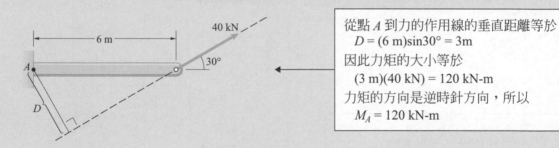

從點 A 到力的作用線的垂直距離等於
$D = (6\ m)\sin 30° = 3m$
因此力矩的大小等於
$(3\ m)(40\ kN) = 120\ kN\text{-}m$
力矩的方向是逆時針方向，所以
$M_A = 120\ kN\text{-}m$

練習題

分解 40-kN 力為水平與垂直分力，然後計算各分力對 A 的力矩總和。

答案：120 kN-m。

範例 4.2   力系的力矩(▶ 相關習題 4.12)

有 4 個力作用於機械零件。這些力對原點 O 的力矩總和是多少？

方略

除了 4-kN 力之外，我們能夠直接地從已知的資訊中求得力對點 O 的力矩。我們先寫出它的分力形式並加總各分力的力矩來求出它的力矩。

解答

3-kN 力的力矩　　3-kN 力的作用線通過 O。它對點 O 沒有施加力矩。

5-kN 力的力矩　　5-kN 力的作用線也通過 O。它對點 O 也沒有施加任何力矩。

2-kN 力的力矩　　從點 O 至 2-kN 力的作用線的垂直距離是 0.3 m，對點 O 之力矩的方向是順時針方向。2-kN 力對 O 點的力矩是

$$-(0.3 \text{ m})(2 \text{ kN}) = -0.600 \text{ kN-m}$$

(要提醒的是我們將垂直距離的單位從毫公尺已轉換爲公尺，得到答案的單位是千牛頓－公尺。)

4-kN 力的力矩　　於圖a，我們引進一個座標系統並寫出 4-kN 力沿 x 與 y 座標軸方向的分力。從 O 至 x 分力的作用線的垂直距離是 0.3 m，對點 O 之力矩的方向是順時針方向。x 分力對點 O 的力矩等於

$$-(0.3 \text{ m})(4\cos 30° \text{ kN}) = -1.039 \text{ kN-m}$$

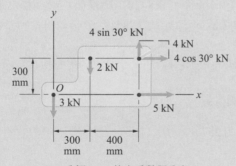

(a) 分解 4-kN 的力爲數個分力

從點 O 至 y 分力的作用線的垂直距離是 0.7 m，對點 O 之力矩的方向是逆時針方向。y 分力對點 O 的力矩等於

$$(0.7 \text{ m})(4\sin 30° \text{ kN}) = 1.400 \text{ kN-m}$$

這四個力對點 O 的力矩總和等於

$$\Sigma M_0 = -0.600 - 1.039 + 1.400 = -0.239 \text{ kN-m}$$

這四個力對點 O 施加了一個 0.239 kN-m 順時針方向的力矩。

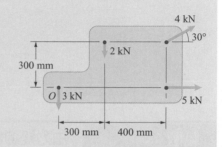

重要提示

如果物體所承受之力系的力都已經事先知道了,那麼求出這些力的合力對既定點的力矩有什麼用處呢?我們在第5章的討論,會涉及物體處於平衡狀態時對任何一點的力矩總和應等於零,所以計算出力矩的總和有助於我們判斷平衡與否。(要提醒的是在這個範例中物體並沒有處於平衡狀態的。)進一步的說,於動力學中力作用於物體的力矩總和必須先算出來,以便分析物體的不規則運動。

範例 4.3   由力矩的總和求算未知力(▶ 相關習題 4.23)

重量 $W = 300\,N$。重量 W 以及纜線 AB 施加於長桿 CA 之張力對 C 的力矩總和等於零。試求纜線的張力是多少?

方略

令 T 代表纜線 AB 的張力。使用途中所示的尺寸,我們能夠以 T 表示出纜線施加於長桿之張力的水平與垂直分力。然後將長桿的重量與纜線施加之張力對 C 的力矩總和設為零,由此我們得到 T 的方程式。

解答

使用相似三角形關係,我們寫出纜線施加於長桿之張力的水平與垂直分力(圖a)。長桿重量與纜線 AB 張力對 C 的力矩總和等於

$$\Sigma M_C = 0.4\left(\frac{4}{5}T\right) - 0.4\left(\frac{3}{5}T\right) - 0.2W = 0$$

解出 T,我們得到

$$T = 0.357\,W = 107.1\,N$$

重要提示

這個範例提前展示了在第 5 章我們將討論到的應用並且示範了為什麼你必須知道如何計算力的力矩。如果長桿處於平衡狀態,對 C 力矩總和應等於零。應用這個條件可以協助我們計算出纜線的張力。為什麼我們不需要去考慮長桿施加予 C 的支撐力呢?因為我們知道這個支撐力對 C 的力矩會等於零。

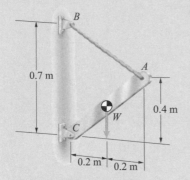

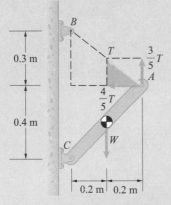

(a) 分解纜線的張力為水平與垂直分力

習題

▶4.1 於觀念範例 4.1，40-kN 力水平向上 30°。假設這個力改成水平向下 30°。畫一張樑的圖標出力的新方向。這個力對點 A 的力矩是多少？

4.2 質量 $m_1 = 20\,kg$。懸掛於長桿 AB 的兩個質量之重力於 B 處施加的總力矩大小爲 170 N-m。這些重力對點 A 的總力矩大小是多少？

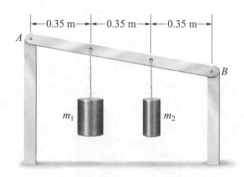

習題 4.2

4.3 天車的輪子朝下施力於水平 I－樑 B 與 C 處。如果在 B 處的力是 200 kN 而在 C 處的力是 220 kN，試求樑上各力對(a)點 A，(b)點 D 的力矩總和。

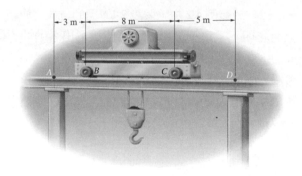

習題 4.3

4.4 對鉗子需要施加多少力 F 才能在螺栓的中心點 P 產生 4 N-m 的力矩？

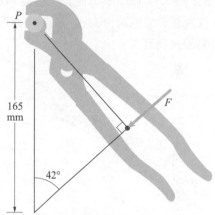

習題 4.4

4.5 兩個大小相等的力 F 施加於扳手如圖所示。如果鬆開螺母需要 50 N-m 的力矩，則 F 的值應該是多少？

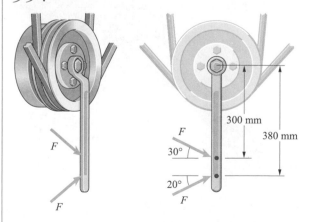

習題 4.5

4.6　力 $F = 8$ kN。這個力對點 P 的力矩是多少？

4.7　如果力 F 對 Q 的力矩的大小是 30 kN-m，試求 F 是多少？

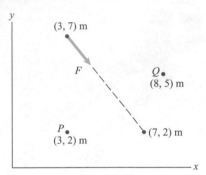

習題 4.6/4.7

4.8　如果 15-kN 的力 F 對 A 的力矩超過 18 kN-m 的時候，樑左端的支點將會失效。根據這個準則，樑可允許的最長長度是多少？

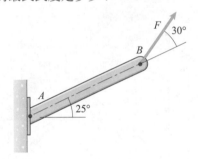

習題 4.8

4.9　長桿 AP 的長度是 650 mm。滑輪的半徑是 120 mm。相同大小的力 $T = 50$ N 施加於纜線末端。這些力(a)對 A；(b)對 P 的力矩總和是多少？

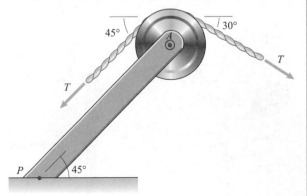

習題 4.9

4.10　力 $F = 12$ kN。結構工程師算出 F 對 P 之力矩的大小不能超過 5 kN-m。試求角度 α 可接受的範圍是多少？假設 $0 \le \alpha \le 90°$。

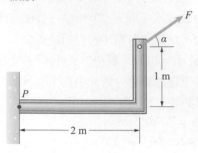

習題 4.10

4.11　長桿 AB 的長度是 350 mm。垂直力 F 對點 B 與 C 施加的力矩是 $M_B = -1.75$ kN-m 與 $M_C = -4.20$ kN-m。試求力 F 與長桿 AC 的長度。

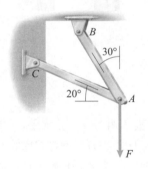

習題 4.11

▶4.12　於範例 4.2 中，假設 2-kN 力的方向改成朝上而非朝下。畫一張機器零件圖標示出各力的方向。這些力對原點 O 的力矩總和是多少？

4.13　兩個大小相等但是方向相反的力作用於樑。試求這兩個力(a)對點 P；(b)對點 Q；(c) 對座標為 $x = 7$ m，$y = 5$ m 之點的力矩總和。

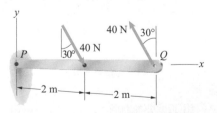

習題 4.13

4.14　某重量對點 E 施加的力矩是 152 N-m。這個重量對點 S 施加的力矩是多少？

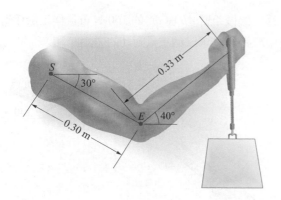

習題 4.14

4.15　纜線 A、B 與 C 施加大小相等的張力 $F_A = F_B = F_C$ 於柱子 D。這三條纜線在點 D 之張力對 E 的總力矩的大小是 1350 kN-m。試求 F_A 是多少？

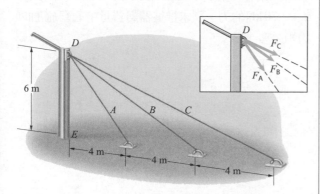

習題 4.15

4.16　三個力作用於管件。試求這三個力對點 P 的力矩總和。

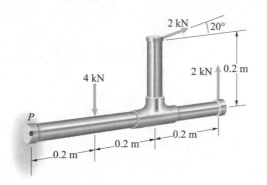

習題 4.16

4.17　力 $F_1 = 30$ N、$F_2 = 80$ N 與 $F_3 = 40$ N。這些力對點 A 的力矩總和是多少？

4.18　力 $F_1 = 30$ N。三個力的向量總和等於零。試求這三個力對點 A 的力矩總和是多少？

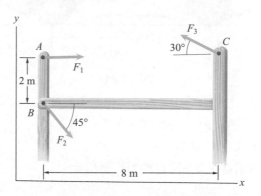

習題 4.17/4.18

4.19　力 $F_A = 30$ N、$F_B = 40$ N、$F_C = 20$ N、$F_D = 30$ N。這些力對座標系統原點的力矩總和是多少？

4.20　力 $F_A = 30$ N。作用於樑之力的向量總和等於零，且這些力對座標系統原點的力矩總和等於零。

(a) 試求力 F_B、F_C 與 F_D。(b)試求這些力對樑右末端的力矩總和。

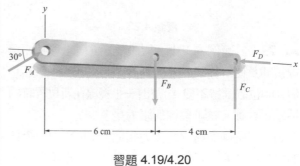

習題 4.19/4.20

4.21　三個力作用於車子。力的總和等於零且力對點 P 的力矩總和等於零。

(a)試求力 A 與 B。

(b)試求這些力對點 Q 的力矩總和。

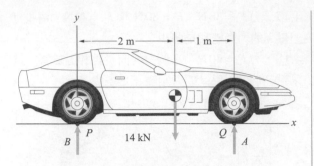

習題 4.21

4.22   五個力作用於管件。這些力的向量總和等於零且對點 P 的力矩總和等於零。

(a)試求力 A、B 與 C。

(b)試求這些力對點 Q 的力矩總和。

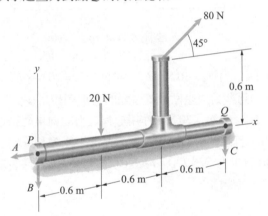

習題 4.22

▶4.23   於範例 4.3 中,假設支點 B 向上移動而纜線被伸長使得從 C 到 B 的垂直距離為 0.9 m。(點 C 與 A 的位置維持不變。)畫出一張纜線在新位置時的系統示意圖。試求纜線的張力是多少?

4.24   滑輪兩側纜線的張力相同。800-N 力與纜線施加於長桿 B 與 C 處的張力對點 A 的力矩總和等於零。試求纜線的張力是多少?

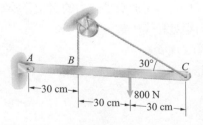

習題 4.24

4.25   機械手臂 AB 與 BC 的 160-N 重量作用於手臂的中心點。試求三個重量對 A 的力矩總和。

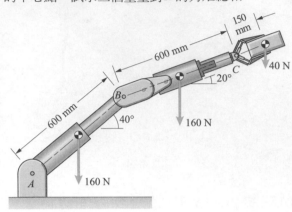

習題 4.25

4.26   太空梭的姿態推進器施加兩個大小為 $F = 7.70\,kN$ 的力。試求推進器對質量中心 G 施加的力矩是多少?

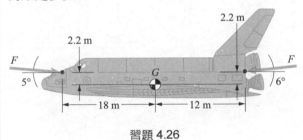

習題 4.26

4.27   力 F 對 A 施加一個 200 N-m 逆時針方向的力矩且對 B 施加一個 100 N-m 順時針方向力矩。F 與 θ 分別是多少?

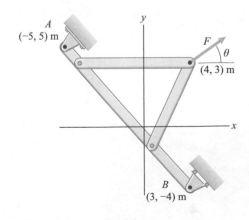

習題 4.27

4.28 五個力作用於一台除草機換檔機構的連桿上。這五個作用於連桿之力的向量總和等於零。這些力對 A_x 與 A_y 兩力之作用點的力矩總和也等於零。
(a)試求力 A_x、A_y 與 B。
(b)試求這些力對力 B 之作用點的力矩總和。

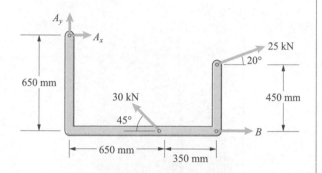

習題 4.28

4.29 某個土木工程系學生在他的設計專題中搭建了一個模型桁架並有五個力作用其上。尺寸是 $b=300$ mm 與 $h=400$ mm 以及 $F=100$ N。這些力對 A_x 與 A_y 作用點的力矩總和等於零。如果桁架的重量略而不計，試求力 B 是多少？

4.30 尺寸是 $b=0.9$ m 與 $h=1.2$ m 以及 $F=300$ N。作用於桁架各力的向量總和等於零，而且各力對 A_x 與 A_y 作用點的力矩總和也等於零。
(a)試求力 A_x、A_y 與 B。
(b)試求各力對力 B 作用點的力矩總和。

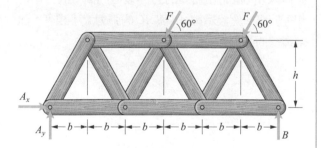

習題 4.29/4.30

4.31 質量 $m=70$ kg。樑 B 處的纜線張力對 A 的力矩是多少？

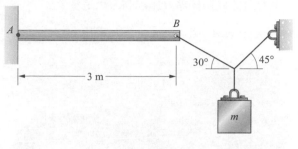

習題 4.31

4.32 重量 W_1 與 W_2 被懸掛在如圖所示的纜線系統。重量 $W_1=50$ N。纜線 BC 是水平的。試求於直柱 D 處纜線 CD 張力對點 P 的力矩。

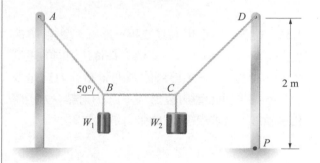

習題 4.32

4.33 長桿 AB 施力於點 B 用以支撐垂直的擋水牆。這個力平行於長桿。土木工程師長桿希望對點 O 施加一個 38 kN-m 力矩。長桿須施力的大小是多少？

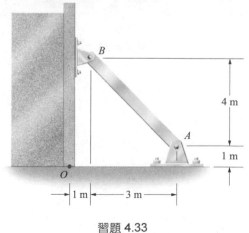

習題 4.33

4.34　某飛釣(fly-casting)比賽參賽者的釣線被草絆住。如果釣魚線的張力是 25 N，釣魚線施加於魚竿之張力對他握釣桿點 H 施加的力矩是多少？

習題 4.34

4.35　纜線 AB 與 AC 協助支撐一座塔。纜線 AB 的張力是 5 kN。點 A、B、C 與 O 都位在相同的垂直面。(a)纜線 AB 施加於塔的張力對點 O 力矩是多少？(b)如果兩條纜線施加於塔的張力對點 O 力矩總和等於零，試求纜線 AC 的張力是多少？

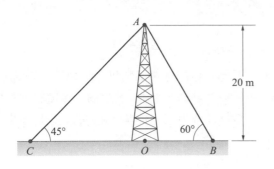

習題 4.35

4.36　從 B 到 A(帆船的前桅支索)的繩索 B 處施加230-N 力。從 B 到 C(後桅支索)的纜線在 B 處施加660-N 力。帆船船桅的底座位在 $x=4\,\mathrm{m}$，$y=0$ 之處。由前桅支索與後桅支索施加在 B 處之力對船桅底座的力矩總和是多少？

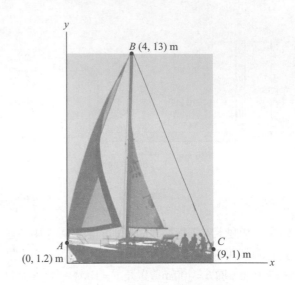

習題 4.36

4.37　纜線 AB 施加 290-kN 力於吊車的懸臂點 B。纜線 AC 施加 148-kN 力於懸臂點 C。試求由纜線 AB 與 AC 施加於懸臂之力對 P 的力矩總和。

4.38　吊車懸臂的質量是 9000 kg。它的重量作用於點 G。吊車懸臂的重量、纜線 AB 施加在點 B 的力與纜線 AC 施加在點 C 的力等幾個力對 P 的力矩總和等於零。假設纜線 AB 與 AC 的張力大小相等。試求纜線的張力。

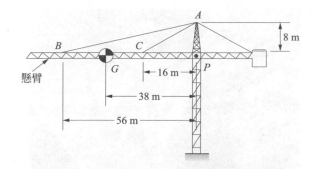

習題 4.37/4.38

4.39　行李車與旅行箱的質量合計是 12 kg。它們的重力作用於 A。A 處重力與行李車手把垂直力 F 對座標系統原點的力矩總和等於零。試求力 F(a)如果 α=30°；(b)如果 α=50°。

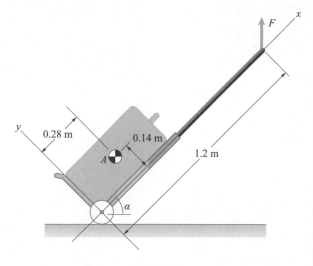

習題 4.39

4.40　液壓活塞 BC 施加 300-kN 力於吊車懸臂 C 處。力平行於缸體。這個力對 A 的力矩是多少？

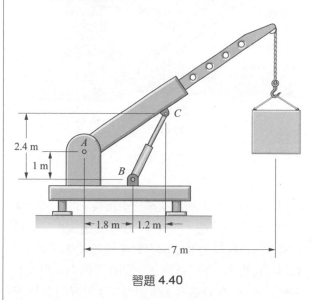

習題 4.40

4.41　液壓活塞 AB 於梯子 B 處施加一個平行於活塞方向的 2000-N 力。活塞施加於梯子之力與梯子重量 W 對 C 的力矩總和等於零。梯子的重量是多少？

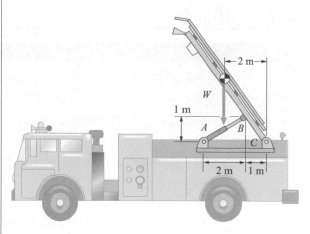

習題 4.41

4.42　液壓活塞在 B 處施加一個平行於活塞方向的 8-kN 力並且從 C 朝向 B。試求這個力對點 A 與 D 的力矩。

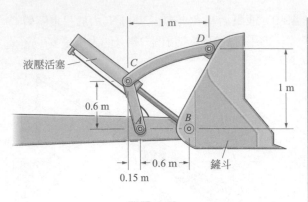

習題 4.42

4.43 如圖中所示的是支撐挖土機鏟子的兩個完全一樣結構中的一個。長桿 *BC* 在 *C* 處施加一個從 *C* 朝向 *B* 的 700-N 力。這個力對 *K* 的力矩是多少？

4.44 長桿 *BC* 在 *C* 處施加一個從 *C* 朝向 *B* 的力。液壓活塞 *DH* 在 *D* 處施加一個從 *D* 朝向 *H* 的 1550-N 力。這兩個力對 *K* 的力矩總和等於零。長桿 *BC* 在 *C* 處施加的力大小是多少？

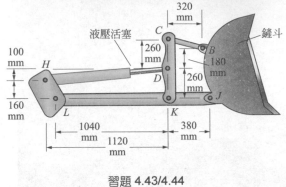

習題 4.43/4.44

4.2　力矩向量

背景概念

　　一個力對某個點的力矩屬於一種向量。在這一節裡我們將定義這類的向量並說明如何算出它。我們接著證明我們使用第 4.1 節所介紹之力矩的二維描述時，我們也同時表明了力矩向量的大小與方向。

　　考慮力向量 **F** 與點 *P*(圖 4.4a)。**F** 對 *P* 的**力矩**為向量

$$\mathbf{M}_P = \mathbf{r} \times \mathbf{F} \tag{4.2}$$

其中 **r** 是從 *P* 到 **F** 作用線上**任何**一點的位置向量(圖 4.4b)。

力矩的大小

由向量積的定義，$\mathbf{M}_P$ 的大小等於

$$|\mathbf{M}_P| = |\mathbf{r}||\mathbf{F}|\sin\theta$$

其中 θ 是 **r** 與 **F** 這兩個向量尾部相連時候兩者之間所夾的角度。從 *P* 到 **F** 的作用線垂直距離等於 $D = |\mathbf{r}|\sin\theta$(圖 4.4c)。因此力矩 $\mathbf{M}_P$ 的大小等於從 *P* 到 **F** 的作用線的垂直距離與 **F** 的大小之乘積：

$$|\mathbf{M}_P| = D|\mathbf{F}| \tag{4.3}$$

要提醒的是如果我們知道向量 $\mathbf{M}_P$ 與 $\mathbf{F}$，這個方程式能夠用來解出垂直距離 D。

力矩的方向

我們知道從向量積的定義 $\mathbf{M}_P$ 應該同時垂直於 $\mathbf{r}$ 與 $\mathbf{F}$。這意謂著 $\mathbf{M}_P$ 垂直於 P 與 $\mathbf{F}$ 所在的平面(圖 4.5a)。留意於這個圖中我們以一個繞轉向量的圓弧箭頭來標示一個力矩。

$\mathbf{M}_P$ 的方向也就是力矩的方向：右拇指向 $\mathbf{M}_P$ 所朝向的方向，這時其餘各手指併彎成的「弧」就是 $\mathbf{F}$ 繞轉 P 的方向(圖 4.5b)。

式(4.2)所得到的結果並不因向量 $\mathbf{r}$ 與 $\mathbf{F}$ 作用線之交點的位置不同而有所不同。除了使用圖 4.6a 中的向量 $\mathbf{r}$，我們也能使用圖 4.6b 所示的向量 $\mathbf{r}'$。向量 $\mathbf{r} = \mathbf{r}' + \mathbf{u}$，其中 $\mathbf{u}$ 平行於 $\mathbf{F}$(圖 4.6c)。因此，

$$\mathbf{r} \times \mathbf{F} = (\mathbf{r}' + \mathbf{u}) \times \mathbf{F} = \mathbf{r}' \times \mathbf{F}$$

因為平行於向量 $\mathbf{u}$ 與 $\mathbf{F}$ 的向量積會等於零。

結論是，一個力 $\mathbf{F}$ 對一個點 P 的力矩具有三個性質：

1. $\mathbf{M}_P$ 的大小等於 $\mathbf{F}$ 與從 P 到 $\mathbf{F}$ 作用線的垂直距離的乘積。如果 $\mathbf{F}$ 的作用線通過 P，則 $\mathbf{M}_P = \mathbf{0}$。
2. $\mathbf{M}_P$ 垂直於 P 與 $\mathbf{F}$ 所在的平面。
3. $\mathbf{M}_P$ 的方向經由右手法則(圖 4.5b) 決定了力矩的方向。因為向量積不具交換性，公式 $\mathbf{M}_P = \mathbf{r} \times \mathbf{F}$ 中各向量必須保持正確的前後順序。

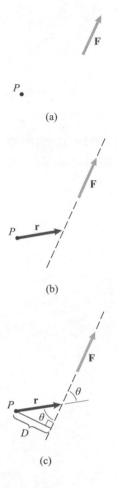

圖 4.4

(a)力 $\mathbf{F}$ 與點 P

(b)從點 P 到 $\mathbf{F}$ 的作用線的向量 $\mathbf{r}$

(c)角度 θ 與垂直距離 D

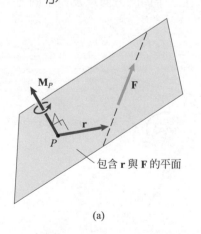

(a)

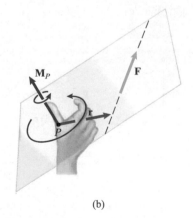

(b)

圖 4.5

(a)$\mathbf{M}_P$ 垂直於 P 與 $\mathbf{F}$ 所在的平面

(b)$\mathbf{M}_P$ 的方向指出力矩的方向

讓我們求算圖 4.7 中力 $\mathbf{F}$ 對點 P 的力矩。因為式(4.2) 中的向量 $\mathbf{r}$ 可以為連接到 $\mathbf{F}$ 作用線上任何一點的位置向量，我們採用從 P 到 $\mathbf{F}$ 作用點的這條位置向量(圖 4.7b)：

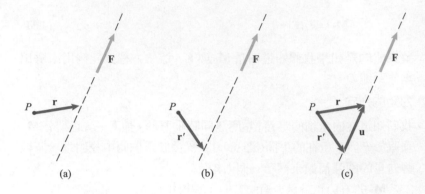

圖 4.6
(a)從點 P 到 $\mathbf{F}$ 作用線的向量 $\mathbf{r}$
(b)另一個不同的向量 $\mathbf{r'}$
(c) $\mathbf{r} = \mathbf{r'} + \mathbf{u}$

$$\mathbf{r} = (12-3)\mathbf{i} + (6-4)\mathbf{j} + (-5-1)\mathbf{k} = 9\mathbf{i} + 2\mathbf{j} - 6\mathbf{k} \text{ (m)}$$

力矩是

$$\mathbf{M}_P = \mathbf{r} \times \mathbf{F} = \begin{vmatrix} \mathbf{i} & \mathbf{j} & \mathbf{k} \\ 9 & 2 & -6 \\ 4 & 4 & 7 \end{vmatrix} = 38\mathbf{i} - 87\mathbf{j} + 28\mathbf{k} \text{ (N-m)}$$

$\mathbf{M}_P$ 的大小，

$$|\mathbf{M}_P| = \sqrt{(38)^2 + (-87)^2 + (28)^2} = 99.0 \text{ N-m}$$

等於 $\mathbf{F}$ 的大小與從點 P 到 $\mathbf{F}$ 作用線之垂直距離 D 的乘積。因此，

$$D = \frac{|\mathbf{M}_P|}{|\mathbf{F}|} = \frac{99.0 \text{ N-m}}{9 \text{ N}} = 11.0 \text{ m}$$

$\mathbf{M}_P$ 的方向也同時告訴我們 P 與 $\mathbf{F}$ 所在之平面的方向以及力矩的方向(圖 4.7c)。

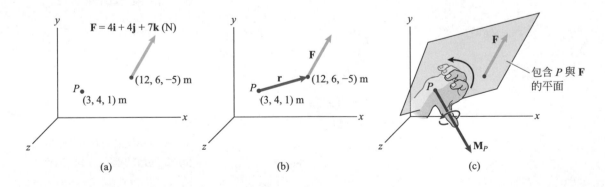

圖 4.7
(a)力 $\mathbf{F}$ 與點 P
(b)從點 P 到 $\mathbf{F}$ 作用點的向量 $\mathbf{r}$
(c) $\mathbf{M}_P$ 垂直於 P 與 $\mathbf{F}$ 所在的平面。右手法則指出力矩的方向

與二維描述的關係

如果我們的視線垂直於點 P 與 $\mathbf{F}$ 力所在的平面，我們在第 4.1 節使用的力矩的二維描述同時說明了向量 $\mathbf{M}_P$ 的大小與方向。在這個狀況下，$\mathbf{M}_P$ 垂直於紙面的，而右手法則進一步指出它的方向是遠離或是朝向紙面。

　　舉例來說，於圖 4.8a 中，視線垂直於 x-y 平面而 10-N 的力位於 x-y 平面。假設我們希望求算這個力對原點 O 的力矩。從 O 到力的作用線的垂直距離是 4 m。這個力對點 O 的力矩的二維描述為大小等於 $(4\,\text{m})(10\,\text{N}) = 40\,\text{N-m}$ 且方向為逆時針方向，或

$$M_O = 40\,\text{N-m}$$

這告訴我們向量 $\mathbf{M}_O$ 的大小是 40 N-m，右手法則(圖 4.8b)則指出它的方向是遠離紙面的。因此，

$$\mathbf{M}_O = 40\mathbf{k}\ (\text{N-m})$$

我們能夠使用式(4.2)來確認這項結果。如果我們令 $\mathbf{r}$ 為從 O 到力作用點的向量(圖 4.8c)，

$$\mathbf{M}_O = \mathbf{r} \times \mathbf{F} = (4\mathbf{i} + 2\mathbf{j}) \times 10\mathbf{j} = 40\mathbf{k}\ (\text{N-m})$$

正如這個範例所顯示的，力矩的二維描述決定了力矩向量。反之亦然。$\mathbf{M}_O$ 的大小等於力的大小與從 O 到力的作用線之垂直距離的乘積，40 N-m，而向量 $\mathbf{M}_O$ 的方向指出力矩是逆時針方向的 (圖 4.8b)。

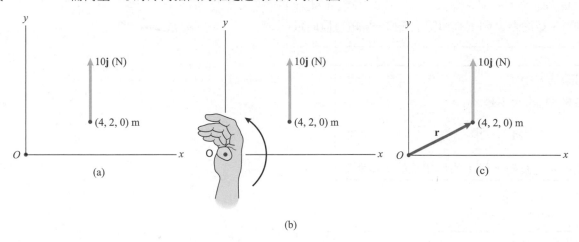

圖 4.8
(a)位於 x-y 平面的力
(b)逆時針方向的力矩指出 $\mathbf{M}_O$ 的方向是遠離紙面的
(c)從 O 至 $\mathbf{F}$ 作用點之向量 $\mathbf{r}$

伐立農定理(Varignon's Theorem)

令 $\mathbf{F}_1, \mathbf{F}_2, \cdots, \mathbf{F}_N$ 是一個共點力系其中各力的作用線交會於點 Q。這個力系對點 P 的力矩等於

$$(\mathbf{r}_{PQ} \times \mathbf{F}_1) + (\mathbf{r}_{PQ} \times \mathbf{F}_2) + \cdots + (\mathbf{r}_{PQ} \times \mathbf{F}_N)$$
$$= \mathbf{r}_{PQ} \times (\mathbf{F}_1 + \mathbf{F}_2 + \cdots + \mathbf{F}_N)$$

其中 $\mathbf{r}_{PQ}$ 是從 P 到 Q 的向量(圖 4.9)。這項結果稱爲**伐立農定理**(*Varignon's Theorem*)，得自向量積的分配律性質，式(2.31)。這個定理證實了一個力對點 P 的力矩等於它的各分力對 P 的力矩總和。

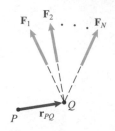

圖 4.9　一個共點力系與一個點 P

結論

力矩
力 $\mathbf{F}$ 對點 P 的力矩的定義是

$\mathbf{M}_P = \mathbf{r} \times \mathbf{F}$ (4.2)

其中 $\mathbf{r}$ 是從點 P 到 $\mathbf{F}$ 作用線上任何一點的位置向量

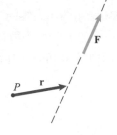

力矩的大小
向量 $\mathbf{M}_p$ 的大小是

$|\mathbf{M}_p| = D|\mathbf{F}|$ (4.3)

其中 D 是從點 P 到 $\mathbf{F}$ 的作用線的垂直距離

力矩的方向
向量 $\mathbf{M}_P$ 垂直於點 P 與 $\mathbf{F}$ 向量所在的平面。將右手拇指指向 $\mathbf{M}_P$ 的方向，其餘手指指向 $\mathbf{F}$ 對點 P 所傾向旋轉的方向

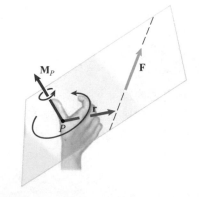

觀念範例 4.4　　求算力矩 (▶ 相關習題 4.45)

試求 90-N 力 **F** 對點 A 的力矩。

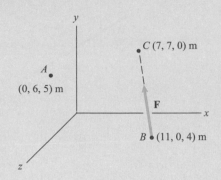

方略

想要應用式 (4.2)，我們必須先寫出力 **F** 的各分力。向量 **r** 代表從點 A 到 **F** 的作用線上任意一點的向量，所以我們選擇使用從點 A 到點 B 的向量。

解答

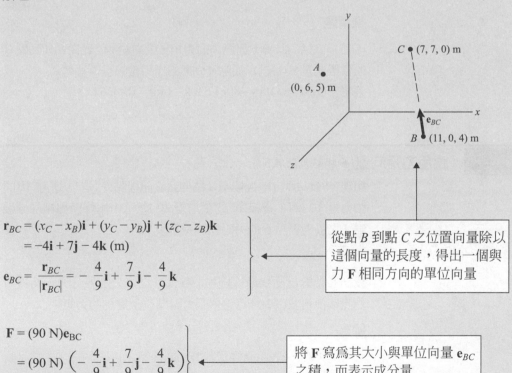

$\mathbf{r}_{BC} = (x_C - x_B)\mathbf{i} + (y_C - y_B)\mathbf{j} + (z_C - z_B)\mathbf{k}$

$\quad = -4\mathbf{i} + 7\mathbf{j} - 4\mathbf{k}$ (m)

$\mathbf{e}_{BC} = \dfrac{\mathbf{r}_{BC}}{|\mathbf{r}_{BC}|} = -\dfrac{4}{9}\mathbf{i} + \dfrac{7}{9}\mathbf{j} - \dfrac{4}{9}\mathbf{k}$

從點 B 到點 C 之位置向量除以這個向量的長度，得出一個與力 **F** 相同方向的單位向量

$\mathbf{F} = (90\ \mathrm{N})\mathbf{e}_{BC}$

$\quad = (90\ \mathrm{N})\left(-\dfrac{4}{9}\mathbf{i} + \dfrac{7}{9}\mathbf{j} - \dfrac{4}{9}\mathbf{k}\right)$

$\quad = -40\mathbf{i} + 70\mathbf{j} - 40\mathbf{k}$ (N)

將 **F** 寫為其大小與單位向量 $\mathbf{e}_{BC}$ 之積，而表示成分量

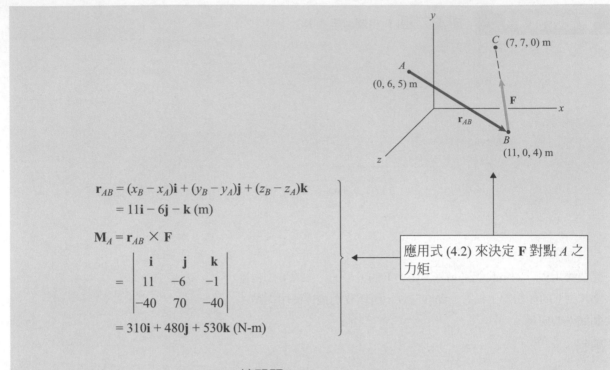

$$r_{AB} = (x_B - x_A)\mathbf{i} + (y_B - y_A)\mathbf{j} + (z_B - z_A)\mathbf{k}$$
$$= 11\mathbf{i} - 6\mathbf{j} - \mathbf{k}\ (\text{m})$$

$$M_A = r_{AB} \times F$$

$$= \begin{vmatrix} \mathbf{i} & \mathbf{j} & \mathbf{k} \\ 11 & -6 & -1 \\ -40 & 70 & -40 \end{vmatrix}$$

$$= 310\mathbf{i} + 480\mathbf{j} + 530\mathbf{k}\ (\text{N-m})$$

> 應用式 (4.2) 來決定 **F** 對點 A 之力矩

練習題

(a)使用式(4.2)計算 **F** 對點 A 的力矩，令向量 **r** 代表從點 A 到點 C 的位置向量。(b)試求從點 A 到 **F** 的作用線的垂直距離。

答案：(a)$M_A = 310\mathbf{i} + 480\mathbf{j} + 530\mathbf{k}$ (N-m)。(b)866 m。

範例 4.5 ▌▶應用力矩向量(▶ 相關習題 4.57)

纜線 AB 與 AC 自地板接點 A 拉伸到牆面接點 B 與 C。纜線 AB 的張力是 10 kN，纜線 AC 的張力是 20 kN。由兩條纜線施加於接點 A 之張力對點 O 的力矩總和是多少？

方略

我們必須寫出兩條纜線施加於接點 A 之張力的各分力。然後我們能夠使用式(4.2)計算這些張力對點 O 所施加的力矩。

解答

令 F_{AB} 與 F_{AC} 代表由兩條纜線施加於接點 A 的張力(圖 a)。為了寫出 F_{AB} 的分各分力，我們先寫出從 A 到 B 的位置向量，

$$(0-4)\mathbf{i} + (4-0)\mathbf{j} + (8-6)\mathbf{k} = -4\mathbf{i} + 4\mathbf{j} + 2\mathbf{k}\ (\text{m})$$

與並除以它的長度得到一個與 F_{AB} 同方向的單位向量 e_{AB}(圖 b)：

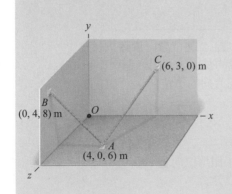

$$\mathbf{e}_{AB} = \frac{-4\mathbf{i} + 4\mathbf{j} + 2\mathbf{k}\,(\mathrm{m})}{\sqrt{(-4\,\mathrm{m})^2 + (4\,\mathrm{m})^2 + (2\,\mathrm{m})^2}} = -\frac{2}{3}\mathbf{i} + \frac{2}{3}\mathbf{j} + \frac{1}{3}\mathbf{k}$$

現在我們將 $\mathbf{F}_{AB}$ 寫成

$$\mathbf{F}_{AB} = 10\mathbf{e}_{AB} = -6.67\mathbf{i} + 6.67\mathbf{j} + 3.33\mathbf{k}\,(\mathrm{kN})$$

我們援用相同的作法寫出力 $\mathbf{F}_{AC}$ 的分量表示式：

$$\mathbf{F}_{AC} = 5.71\mathbf{i} + 8.57\mathbf{j} - 17.14\mathbf{k}\,(\mathrm{kN})$$

選擇向量 r　理由是因為這兩個力的作用線都通過點 A，我們能夠使用從 O 到 A 的向量來求算這兩個力對點 O 的力矩(圖 a)：

$$\mathbf{r} = 4\mathbf{i} + 6\mathbf{k}\,(\mathrm{m})$$

計算 r×F　力矩總和等於

$$\sum \mathbf{M}_O = (\mathbf{r} \times \mathbf{F}_{AB}) + (\mathbf{r} \times \mathbf{F}_{AC})$$

$$= \begin{vmatrix} \mathbf{i} & \mathbf{j} & \mathbf{k} \\ 4 & 0 & 6 \\ -6.67 & 6.67 & 3.33 \end{vmatrix} + \begin{vmatrix} \mathbf{i} & \mathbf{j} & \mathbf{k} \\ 4 & 0 & 6 \\ 5.71 & 8.57 & -17.14 \end{vmatrix}$$

$$= -91.4\mathbf{i} + 49.5\mathbf{j} + 61.0\mathbf{k}\,(\mathrm{kN\text{-}m})$$

重要提示

力 $\mathbf{F}_{AB}$ 與 $\mathbf{F}_{AC}$ 的作用線相交於 A。要提醒的是，根據伐立農定理，我們能夠先這兩個力相加，得到

$$\mathbf{F}_{AB} + \mathbf{F}_{AC} = -0.952\mathbf{i} + 15.24\mathbf{j} - 13.81\mathbf{k}\,(\mathrm{kN})$$

然後算出這兩個力對點 O 的力矩總和進而算出這兩個力對點 O 的力矩總和：

$$\sum \mathbf{M}_O = \mathbf{r} \times (\mathbf{F}_{AB} + \mathbf{F}_{AC})$$

$$= \begin{vmatrix} \mathbf{i} & \mathbf{j} & \mathbf{k} \\ 4 & 0 & 6 \\ -0.952 & 15.24 & -13.81 \end{vmatrix}$$

$$= -91.4\mathbf{i} + 49.5\mathbf{j} + 61.0\mathbf{k}\,(\mathrm{kN\text{-}m})$$

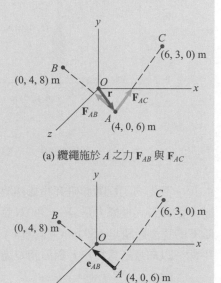

(a) 纜繩施於 A 之力 $\mathbf{F}_{AB}$ 與 $\mathbf{F}_{AC}$

(b) 單位向量 $\mathbf{e}_{AB}$ 與 $\mathbf{F}_{AB}$ 同向

習題

►4.45　於觀念範例 4.4 中，**F** 對座標系統原點的力矩是多少？

4.46　使用式(4.2)求算 80-N 力對原點 O 的力矩令 **r** 代表(a)從 O 到 A；(b)從 O 到 B 的向量。

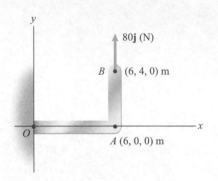

習題 4.46

4.47　某生物工程師於研究投擲標槍所造成的傷害時，估算最大投擲力是 $|\mathbf{F}| = 360\,\mathrm{N}$ 而從 O 到的作用線 **F** 的垂直距離是 550 mm。向量 **F** 與點 O 位於 x-y 平面。以向量形式寫出 **F** 對肩膀 O 處的力矩。

習題 4.47

4.48　使用式(4.2)計算 100-kN 力(a)對 A；(b)對 B 的力矩。

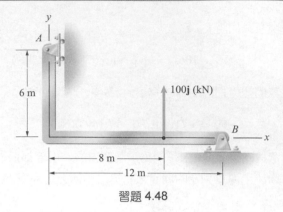

習題 4.48

4.49　纜線 AB 於支點 A 處施加一個從 A 朝向 B 的 200-N 力。使用式(4.2)計算這個力對點 P 的力矩，(a)令 **r** 代表從 P 到 A 的向量；(b)令 **r** 代表從 P 到 B 的向量。

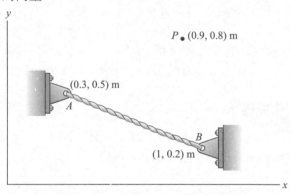

習題 4.49

4.50　**F** 的作用線位在 x-y 平面。**F** 對點 O 的力矩是 140**k** (N-m)，**F** 對 A 的力矩是 280**k** (N-m)。**F** 的各分力是多少？

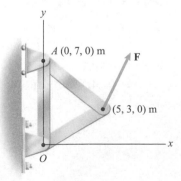

習題 4.50

4.51　使用式(4.2)計算三個力(a)對 A；(b)對 B 的力矩總和。

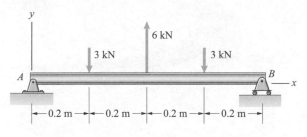

習題 4.51

4.52　三個力施加於平板上。使用式(4.2)計算三個力對原點 O 的力矩總和。

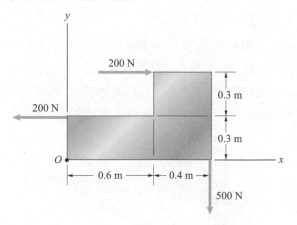

習題 4.52

4.53　三個力作用於平板上。使用式(4.2)計算三個力對點 P 的力矩總和。

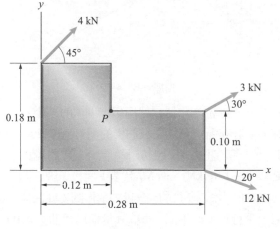

習題 4.53

4.54　(a)試著計算從 A 到力的作用線的垂直距離，以求出 150-N 力對 A 力矩的大小。
(b)使用式(4.2)求出 150-N 力對 A 力矩的大小。

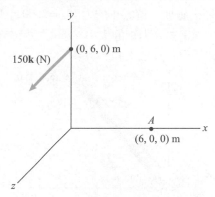

習題 4.54

4.55　(a)試計算從 A 到的力的作用線垂直距離，以求出 600-N 力對 A 力矩的大小。
(b)使用式(4.2)計算 600-N 力對 A 力矩的大小。

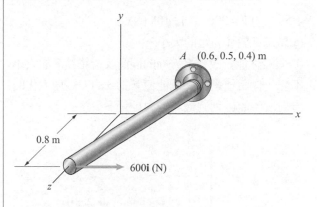

習題 4.55

4.56　$\mathbf{F}$ 對點 B 力矩的大小是多少？

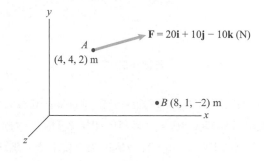

習題 4.56

▶4.57 於範例 4.5 中，假設接點 C 被移到位置(8, 2, 0) m 而纜線 AC 張力更換爲 25 kN。由兩條纜線施加於接點 A 之張力對點 O 力矩總和是多少？

4.58 繩子施加一個大小的力 $|\mathbf{F}| = 2000$ N 於平板 B 處。試求 $\mathbf{F}$ 對 A 力矩的大小。

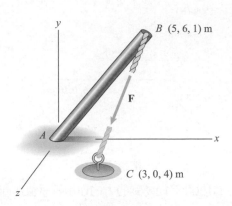

習題 4.58

4.59 力 $\mathbf{F} = 30\mathbf{i} + 20\mathbf{j} - 10\mathbf{k}$ (N)。

(a)試求 $\mathbf{F}$ 對 A 力矩的大小。

(b)假設你能夠改變 $\mathbf{F}$ 方向的同時又能維持 $\mathbf{F}$ 的大小不變，你希望選出一個能使 $\mathbf{F}$ 對 A 的力矩極大化的方向。所能得到的最大的力矩是多少？

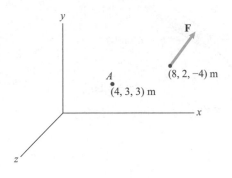

習題 4.59

4.60 作用力 $\mathbf{F}$ 的方向餘弦分別是 $\cos\theta_x = 0.818$、$\cos\theta_y = 0.182$ 與 $\cos\theta_z = -0.545$。如果 $\mathbf{F}$ 對點 O 力矩的大小超過 100 kN-m，樑 O 處的支點會崩壞。試求力 $\mathbf{F}$ 能夠施加到樑身的最大安全值。

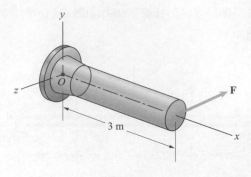

習題 4.60

4.61 施加於健身機握把的力 $\mathbf{F}$ 指向單位向量 $\mathbf{e} = \frac{2}{3}\mathbf{i} - \frac{2}{3}\mathbf{j} + \frac{1}{3}\mathbf{k}$ 的方向而它的大小是 120 N。試求 $\mathbf{F}$ 對原點 O 力矩的大小。

4.62 力 $\mathbf{F}$ 指向單位向量 $\mathbf{e} = \frac{2}{3}\mathbf{i} - \frac{2}{3}\mathbf{j} + \frac{1}{3}\mathbf{k}$ 的方向。支點 O 能安全地支撐 560 N-m 大小的力矩。(a)根據這個條件，$\mathbf{F}$ 的最大安全值是多少？(b)如果力 $\mathbf{F}$ 可以朝任何方向作用，$\mathbf{F}$ 的最大安全值是多少？

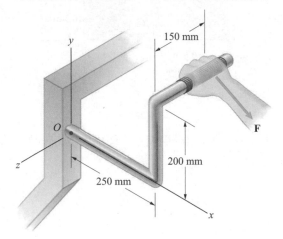

習題 4.61/4.62

4.63 科羅拉多州博爾德市(Boulder)的某土木工程師，估計在所能預期之最惡劣的契努克(Chinook)風勢下，高速公路標示牌能承受的總力是 $\mathbf{F} = 2.8\mathbf{i} - 1.8\mathbf{j}$ (kN)。令 $\mathbf{M}_O$ 代表 $\mathbf{F}$ 對標示牌之圓支柱底座 O 的力矩。$\mathbf{M}_O$ 的 y 分量被稱作圓支柱底座的扭矩，平行於 x-z 平面的 $\mathbf{M}_O$ 分量稱爲彎曲力矩(bending moment)。試求扭矩與彎曲力矩的大小。

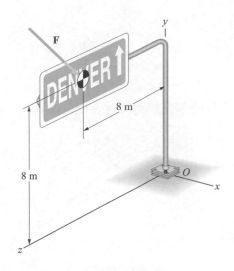

習題 4.63

4.64　機器臂 *OA* 與 *AB* 的重量作用在它們臂的中心點。臂 *OA* 中心線的方向餘弦是 $\cos\theta_x = 0.500$、$\cos\theta_y = 0.866$ 與 $\cos\theta_z = 0$，臂 *AB* 中心線的方向餘弦是 $\cos\theta_x = 0.707$、$\cos\theta_y = 0.619$ 與 $\cos\theta_z = -0.342$。兩個手臂重量對點 *O* 的力矩總和是多少？

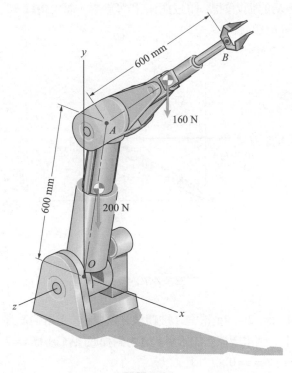

習題 4.64

4.65　繩索 *AB* 張力是 1000 N。如果你希望兩條繩索施加於樹的張力對樹底 *O* 的力矩大小為 1500 N-m，繩索 *AC* 的張力須是多少？

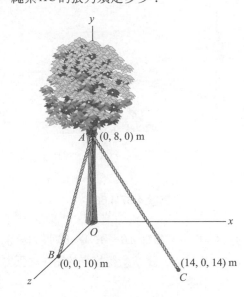

習題 4.65

4.66*　力 **F** 作用於桿頂 *A*。它的大小是 $|\mathbf{F}| = 6$ kN 且 *x* 分力是 $F_x = 4$ kN。點 *A* 的座標如圖所示。試求 **F** 對桿底 *P* 的力矩儘可能為最大時 **F** 的分力。

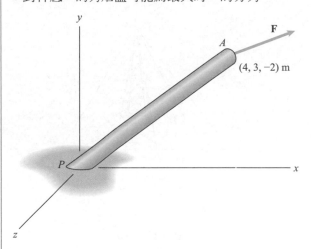

習題 4.66

4.67　力 **F** = 5**i** (kN) 作用於環 *A* 其中纜線 *AB*、*AC* 與 *AD* 是連在一起的。由力 **F** 與纜線施加於環的三個張力對點 *D* 的力矩總和是多少？

　　方略：這個環處於平衡狀態。使用你所知道的四個作用於這個環的力。

4.68 於習題 4.67 中，試求由纜線 AB 施加於環 A 之張力對點 D 的力矩。

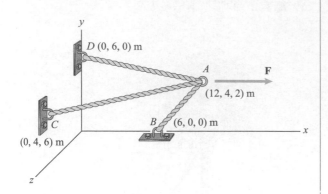

習題 4.67/4.68

4.69 塔高 70 m。纜線 AB、AC 與 AD 張力分別是 4 kN、2 kN 與 2 kN。試求纜線施加於點 A 之張力對原點 O 的力矩總和。

4.70 假設纜線 AB 的張力是 4 kN，你希望調整纜線 AC 與 AD 的張力使得纜線施加於點 A 的張力對原點 O 的力矩總和等於零。試求各張力。

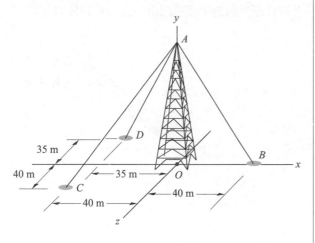

習題 4.69/4.70

4.71 纜線 AB 張力是 150 N。纜線 AC 張力是 100 N。試求纜線施加於牆面之力對 D 的力矩總和。

4.72 兩條纜線沿垂直於牆面方向施加的總張力是 2 kN。纜線施加於牆面的張力對 D 的力矩總和的大小是 18 kN-m。試求纜線張力是多少？

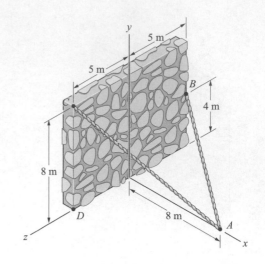

習題 4.71/4.72

4.73 纜線 BD 張力是 1 kN。由此，纜線 BD 於「圓球」B 處施加一個從 B 朝向 D 的 1-kN 力。試求這個張力對點 A 的力矩。

4.74* 假設懸掛之物體 E 的質量是 100 kg 與長桿 AB 的質量是 20 kg。假設長桿的重量作用於它的中心點位置。如果由長桿的重量以及施加於「圓球」B 處的張力對點 A 的力矩總和等於零，試求纜線 BC 與 BD 的張力。

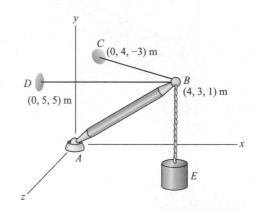

習題 4.73/4.74

4.75 200-kg 滑套 A 被纜線 AB 固定於平滑的直桿上。試求纜線施加於滑套之力對桿底(點 C 座標 $x=2$ m，$y=z=0$)的力矩。

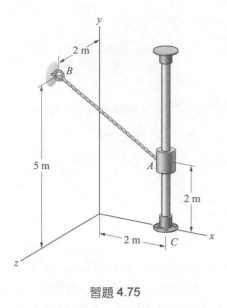

習題 4.75

4.76　為了評估鋼樁的設計是否堪用，你必須算出纜線 *AB* 施加於樁 *B* 處之張力對樁底部的力矩。纜線 *AC* 上安裝了一個校準過的應變規(strain gauge)指出纜線 *AC* 的張力是 22 kN。試求這個力矩是多少？

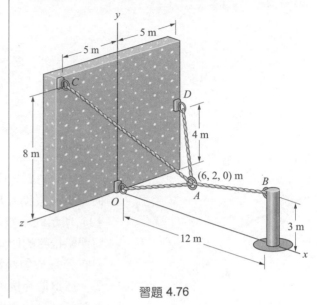

習題 4.76

4.3　力對線的力矩

背景概念

圖 4.10 中的裝置稱為**絞盤**，使用於航海船隻具有橫帆的時代。船員推動手柄來轉動絞盤如圖 4.10a 所示，提供諸如起錨與吊起船桁這類作業所需的動力。施加到手柄之一的垂直力 **F** 如圖 4.10b 所示不會讓絞盤旋轉，即使對點 *P* 力矩的大小都是 *d*|**F**|。

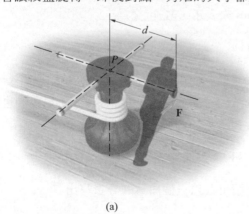

(a)

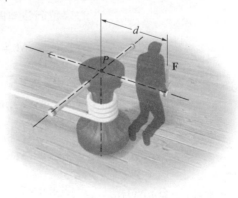

(b)

圖 4.10

(a)轉動絞盤

(b)垂直力 **F** 無法轉動絞盤

圖 4.11
施加一個力於渦輪轉軸 L

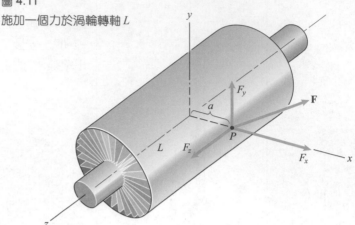

圖 4.11
施加一個力於渦輪轉軸 L

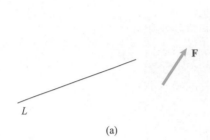

(a)

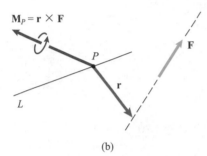

(b)

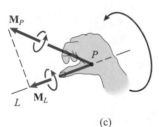

(c)

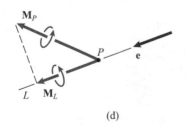

(d)

圖 4.12
(a)直線 L 與力 $\mathbf{F}$
(b)$\mathbf{M}_P$ 是力 $\mathbf{F}$ 對直線 L 上點 P 的力矩
(c)$\mathbf{M}_L$ 是力 $\mathbf{F}$ 對直線 L 力矩
(d)沿 L 的單位向量 $\mathbf{e}$

　　一個力對一條線或是座標軸之繞轉傾向的程度，稱為力對直線的力矩。假設力 $\mathbf{F}$ 作用於一個物體如渦輪繞轉一個軸 L，我們以圖 4.11 所示的座標系統將 $\mathbf{F}$ 分解為數個分力。分力 F_x 與 F_z 並沒有能將渦輪推轉的傾向，正如平行於絞盤之軸的力並不能使絞盤轉動。只有分力 F_y 對渦輪軸施加了一個大小為 aF_y 的力矩而使渦輪得以轉動。於這個範例中，由於選用了一個方便的座標系統，可以讓我們能夠很容易的求出 $\mathbf{F}$ 對 L 的力矩。我們現在介紹一個可用作力對任意直線之力矩的表示法。

定義

考慮一條直線 L 與 $\mathbf{F}$ 力(圖 4.12a)。令 $\mathbf{M}_P$ 是 $\mathbf{F}$ 對 L 上任意點 P 的力矩(圖 4.12b)。$\mathbf{F}$ 對 L 的力矩等於 $\mathbf{M}_P$ 平行於 L 的分量，這個分量我們記為 $\mathbf{M}_L$(圖 4.12c)。$\mathbf{F}$ 對 L 的力矩的大小是 $|\mathbf{M}_L|$，當右手的拇指指向 $\mathbf{M}_L$ 的方向，其餘手指所彎的方向就是對 L 力矩的方向。以 L 上的單位向量 $\mathbf{e}$(圖 4.12d) 來表示，$\mathbf{M}_L$ 可寫為

$$\mathbf{M}_L = (\mathbf{e} \cdot \mathbf{M}_P)\mathbf{e} \qquad (4.4)$$

(單位向量 $\mathbf{e}$ 可能指向兩個方向中的一個。請參見第 2.5 節平行於及垂直於直線之向量分量的討論。)力矩 $\mathbf{M}_P = \mathbf{r} \times \mathbf{F}$，所以我們也能夠將 $\mathbf{M}_L$ 表示成

$$\mathbf{M}_L = [\mathbf{e} \cdot (\mathbf{r} \times \mathbf{F})]\mathbf{e} \qquad (4.5)$$

這個表示式中的混合積可改以三個向量的分量寫出

$$\mathbf{e} \cdot (\mathbf{r} \times \mathbf{F}) = \begin{vmatrix} e_x & e_y & e_z \\ r_x & r_y & r_z \\ F_x & F_y & F_z \end{vmatrix} \qquad (4.6)$$

值得留意的是純量 $\mathbf{e} \cdot \mathbf{M}_P = \mathbf{e} \cdot (\mathbf{r} \times \mathbf{F})$ 同時決定了 $\mathbf{M}_L$ 的大小與方向。$\mathbf{e} \cdot \mathbf{M}_P$ 的絕對值是 $\mathbf{M}_L$ 的大小。如果 $\mathbf{e} \cdot \mathbf{M}_P$ 是正的，$\mathbf{M}_L$ 指向 $\mathbf{e}$ 的方向，如果 $\mathbf{e} \cdot \mathbf{M}_P$ 是負的，$\mathbf{M}_L$ 指向 $\mathbf{e}$ 的反方向。

式(4.4)或式(4.5)所得到的結果與在 L 上選取何點來計算 $\mathbf{M}_P = \mathbf{r} \times \mathbf{F}$ 並沒有關係。如果我們使用圖 4.13 中的點 P 來計算 $\mathbf{F}$ 對 L 的力矩，我們會得到式(4.5)的結果。如果我們改用 P' 會得到相同的結果，

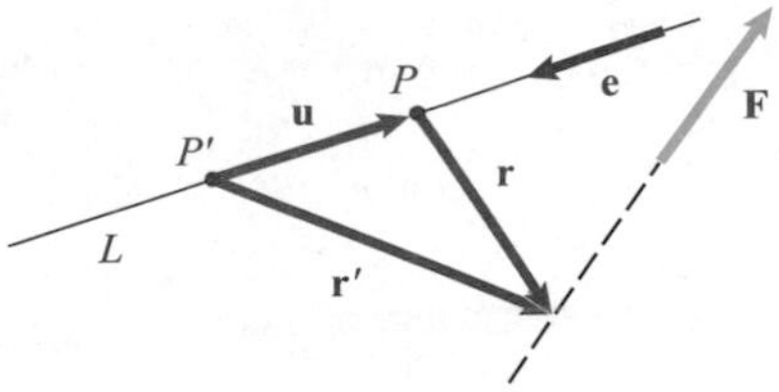

$$[\mathbf{e} \cdot (\mathbf{r}' \times \mathbf{F})]\mathbf{e} = \{\mathbf{e} \cdot [(\mathbf{r} + \mathbf{u}) \times \mathbf{F}]\}\mathbf{e}$$
$$= [\mathbf{e} \cdot (\mathbf{r} \times \mathbf{F}) + \mathbf{e} \cdot (\mathbf{u} \times \mathbf{F})]\mathbf{e}$$
$$= [\mathbf{e} \cdot (\mathbf{r} \times \mathbf{F})]\mathbf{e}$$

因爲 $\mathbf{u} \times \mathbf{F}$ 垂直於 $\mathbf{e}$。

應用

爲了展示 $\mathbf{M}_L$ 是 $\mathbf{F}$ 對 L 繞轉之傾向性的量度，我們回到圖 4.11 的渦輪。令 Q 是 L 上的一個點與原點相距任意的距離 b(圖 4.14a)。從 Q 到 P 的向量 $\mathbf{r}$ 爲 $\mathbf{r} = a\mathbf{i} - b\mathbf{k}$，所以 $\mathbf{F}$ 對 Q 的力矩是

$$\mathbf{M}_Q = \mathbf{r} \times \mathbf{F} = \begin{vmatrix} \mathbf{i} & \mathbf{j} & \mathbf{k} \\ a & 0 & -b \\ F_x & F_y & F_z \end{vmatrix} = bF_y\mathbf{i} - (aF_z + bF_x)\mathbf{j} + aF_y\mathbf{k}$$

由於 z 軸與 L 是重合的，單位向量 $\mathbf{k}$ 沿著 L。因此 $\mathbf{F}$ 對 L 的力矩是

$$\mathbf{M}_L = (\mathbf{k} \cdot \mathbf{M}_Q)\mathbf{k} = aF_y\mathbf{k}$$

分力 F_x 與 F_z 對 L 並沒有施加任何力矩。如果我們假設是 F_y 正的，它對渦輪軸如圖 4.14b 所示的方向施加了一個大小爲 aF_y 的力矩。

現在讓我們計算對任意一條直線 L(圖 4.15a)的力矩。第一步是選取直線上的某個點。如果我們選了點 A(圖 4.15b)，從 A 到 $\mathbf{F}$ 的作用點的向量 $\mathbf{r}$ 爲

$$\mathbf{r} = (8-2)\mathbf{i} + (6-0)\mathbf{j} + (4-4)\mathbf{k} = 6\mathbf{i} + 6\mathbf{j} \text{ (m)}$$

$\mathbf{F}$ 對 A 的力矩等於

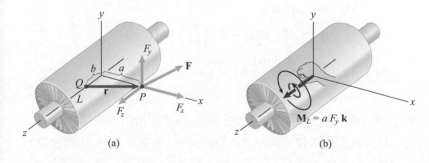

(a)　　　　　　　　(b)

圖 4.13

使用不同的點 P 與 P' 來求算 $\mathbf{F}$ 對 L 的力矩

圖 4.14

(a) Q 是直線 L 上任一點而 $\mathbf{r}$ 是從點 Q 到點 P 的向量

(b) $\mathbf{M}_L$ 以及對 L 之力矩的方向

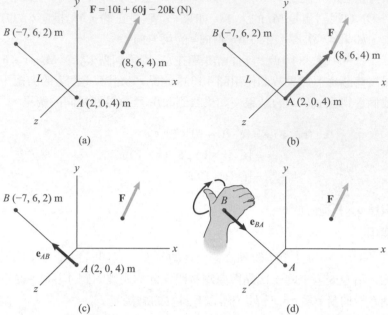

圖 4.15
(a)力 **F** 與直線 L
(b)從點 A 到 **F** 的作用點的向量 **r**
(c)$\mathbf{e}_{AB}$ 從點 A 指向點 B
(d)右手法則指出力矩的方向

$$\mathbf{M}_A = \mathbf{r} \times \mathbf{F} = \begin{vmatrix} \mathbf{i} & \mathbf{j} & \mathbf{k} \\ 6 & 6 & 0 \\ 10 & 60 & -20 \end{vmatrix}$$
$$= -120\mathbf{i} + 120\mathbf{j} + 300\mathbf{k} \text{ (N-m)}$$

下一步是求出 L 上的單位向量。從 A 到 B 的向量爲

$$(-7-2)\mathbf{i} + (6-0)\mathbf{j} + (2-4)\mathbf{k} = -9\mathbf{i} + 6\mathbf{j} - 2\mathbf{k} \text{ (m)}$$

將這個向量除以它的長度,我們得到從 A 朝向 B 的單位向量 $\mathbf{e}_{AB}$(圖 4.15c):

$$\mathbf{e}_{AB} = -\frac{9}{11}\mathbf{i} + \frac{6}{11}\mathbf{j} - \frac{2}{11}\mathbf{k}$$

F 對 L 的力矩是

$$\mathbf{M}_L = (\mathbf{e}_{AB} \cdot \mathbf{M}_A)\mathbf{e}_{AB}$$
$$= \left[\left(-\frac{9}{11}\right)(-120\,\text{N-m}) + \left(\frac{6}{11}\right)(120\,\text{N-m})\right.$$
$$\left. + \left(-\frac{2}{11}\right)(300\,\text{N-m})\right]\mathbf{e}_{AB}$$
$$= 109\mathbf{e}_{AB} \text{ (N-m)}$$

$\mathbf{M}_L$ 的大小是 109 N-m;將右手拇指指向 $\mathbf{e}_{AB}$ 即指出力矩的方向。

如果我們改用從 B 朝向 A 的單位向量 $\mathbf{e}_{BA}$ 求算 $\mathbf{M}_L$,我們會得到

$$\mathbf{M}_L = -109\mathbf{e}_{BA} \text{ (N-m)}$$

我們得到相同的大小，而負號表示 $\mathbf{M}_L$ 的方向與 $\mathbf{e}_{BA}$ 者相反，所以 $\mathbf{M}_L$ 的方向是前後一致的。因此右手法則指向相同的方向(圖 4.15d)。

　　前述的幾個例子展示了三個實用而我們能夠用更一般化的語彙予以敘述的結果：

- 當 $\mathbf{F}$ 的作用線垂直於一個包含 L 的平面(圖 4.16a)，$\mathbf{F}$ 對 L 力矩的大小等於的 $\mathbf{F}$ 大小與從 L 到作用線與平面交點的垂直距離 D 的乘積：$|\mathbf{M}_L| = |\mathbf{F}|D$。

- 當 $\mathbf{F}$ 的作用線平行於 L 的時候(圖 4.16b)，$\mathbf{F}$ 對 L 的力矩等於零：$\mathbf{M}_L = 0$。因為 $\mathbf{M}_P = \mathbf{r} \times \mathbf{F}$ 垂直於 $\mathbf{F}$，所以 $\mathbf{M}_P$ 垂直於 L 且 $\mathbf{M}_P$ 平行於 L 的分量等於零。

- 當 $\mathbf{F}$ 的作用線與 L 相交(圖 4.16c)，$\mathbf{F}$ 對 L 的力矩等於零。由於我們能夠選取 L 上的任一點來計算 $\mathbf{M}_P$，我們因此能夠使用 $\mathbf{F}$ 的作用線與 L 的交點。對這點的力矩 $\mathbf{M}_P$ 等於零，所以它平行於 L 的分量等於零。

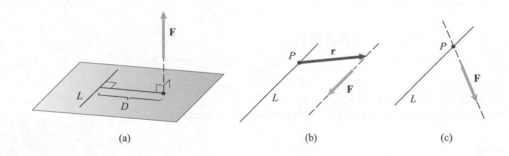

(a)　　　　　　　(b)　　　　　　　(c)

圖 4.16
(a) $\mathbf{F}$ 垂直於包含 L 的平面
(b) $\mathbf{F}$ 平行於 L
(c) $\mathbf{F}$ 作用線交 L 於 P

結論

試求力 **F** 對線 L 的力矩

選取直線 L 任一點 P 並求出力 **F** 對點 P 的力矩 $\mathbf{M}_P$

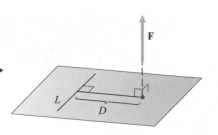

$\mathbf{M}_P$ 平行於 L 的分量，記爲 $\mathbf{M}_L$，是 **F** 對直線的力矩。(右手拇指朝向 $\mathbf{M}_L$ 的方向，其餘手指朝向對直線之力矩的方向。)

如果 **e** 是平行於 L 的單位向量。

$$\mathbf{M}_L = (\mathbf{e} \cdot \mathbf{M}_p)\mathbf{e}. \qquad (4.4)$$

特殊情況

當 **F** 的作用線垂直於包含 L 的平面，$|\mathbf{M}_L| = |\mathbf{F}|D$，其中 D 是從 L 至作用線與這個平面之交點的垂直距離

當 **F** 的作用線平行於 L，$\mathbf{M}_L = \mathbf{0}$

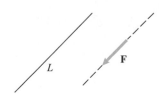

當 **F** 的作用線與 L 相交，$\mathbf{M}_L = \mathbf{0}$

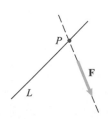

觀念範例 4.6　　力對線的力矩(▶ 相關習題 4.87)

力 **F** 對長桿 BC 中心軸的力矩是多少？

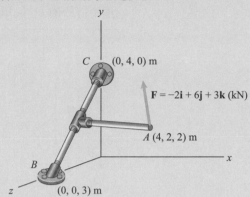

方略

由於我們知道 A、B 與 C 的座標點，我們能夠算出 **F** 對長桿中心軸上某個點的力矩。我們將算出對點 B 的力矩。這個力矩平行於軸 BC 的分量就等於 **F** 對桿中心軸的力矩。先得出平行於桿中心軸的單位向量，接著我們能夠使用式(4.4)來計算平行分量。

解答

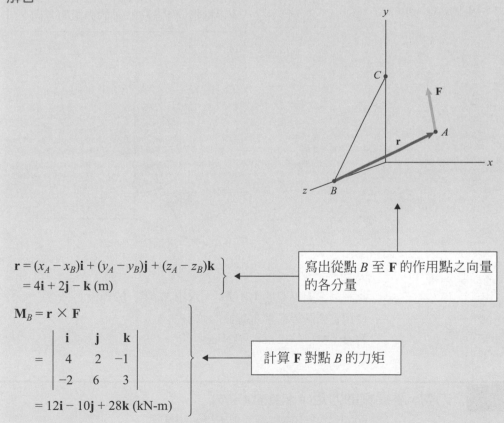

$$\mathbf{r} = (x_A - x_B)\mathbf{i} + (y_A - y_B)\mathbf{j} + (z_A - z_B)\mathbf{k}$$
$$= 4\mathbf{i} + 2\mathbf{j} - \mathbf{k} \text{ (m)}$$

寫出從點 B 至 **F** 的作用點之向量的各分量

$$\mathbf{M}_B = \mathbf{r} \times \mathbf{F}$$
$$= \begin{vmatrix} \mathbf{i} & \mathbf{j} & \mathbf{k} \\ 4 & 2 & -1 \\ -2 & 6 & 3 \end{vmatrix}$$
$$= 12\mathbf{i} - 10\mathbf{j} + 28\mathbf{k} \text{ (kN-m)}$$

計算 **F** 對點 B 的力矩

$$\mathbf{r}_{BC} = (x_C - x_B)\mathbf{i} + (y_C - y_B)\mathbf{j} + (z_C - z_B)\mathbf{k}$$
$$= 4\mathbf{j} - 3\mathbf{k} \text{ (m)}$$
$$\mathbf{e}_{BC} = \frac{\mathbf{r}_{BC}}{|\mathbf{r}_{BC}|} = 0.8\mathbf{j} - 0.6\mathbf{k}$$

將從點 B 到點 C 之位置向量除以向量本身的長度，得出一個平行於軸 BC 的單位向量

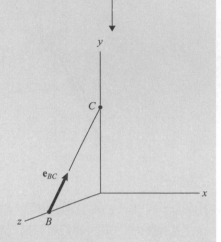

$$\mathbf{M}_{BC} = (\mathbf{e}_{BC} \cdot \mathbf{M}_B)\,\mathbf{e}_{BC}$$
$$= [(0)(12) + (0.8)(-10) + (-0.6)(28)]\mathbf{e}_{BC}$$
$$= -24.8\mathbf{e}_{BC} \text{ (kN-m)}$$

應用式 (4.4) 求出 F 對 BC 軸的力矩。請留意所得的結果是負值。右手拇指指向與單位向量 $\mathbf{e}_{BC}$ 方向相反，其餘手指指向 F 對 BC 軸的力矩的方向。

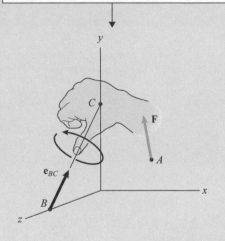

練習題

試求力 F 對點 C 的力矩 $\mathbf{M}_C$。求出 $\mathbf{M}_C$ 平行於桿軸的分量之後，使用它來計算 F 對 BC 軸的力矩。

答案：$\mathbf{M}_{BC} = -24.8\mathbf{e}_{BC}$ (kN-m)。

範例 4.7　力對 x 座標軸的力矩 (▶ 相關習題 4.77)

500-N 力對 x 座標軸的力矩是多少？

方略

有兩種方法可以讓我們求出力矩。

第一個方法　我們能夠使用式(4.5)與(4.6)。因為 **r** 可以是從 x 座標軸上的任一點延伸至力的作用線，我們因此使用從 O 到力作用點的向量。向量 **e** 須是 x 座標軸方向的單位向量，所以我們採用 **i** 或是 $-$**i**。

第二個方法　這個範例是我們討論過的特殊狀況中的第一個狀況，由於 500-N 力垂直於 x-z 平面。我們能夠直接地從既有的資料中求出力矩的大小與方向。

解答

第一個方法　計算向量 **r**。從 O 到力的作用點的向量是(圖 a)

$$\mathbf{r} = 4\mathbf{i} + 3\mathbf{k} \ (\text{m})$$

計算向量 **e**。我們能夠使用單位向量 **i**。

計算 $\mathbf{M}_L$。利用式(4.6)，該混合積是

$$\mathbf{i} \cdot (\mathbf{r} \times \mathbf{F}) = \begin{vmatrix} 1 & 0 & 0 \\ 4 & 0 & 3 \\ 0 & 500 & 0 \end{vmatrix} = -1500 \ \text{N-m}$$

接著由式(4.5)知，這個力對 x 座標軸的力矩是

$$\mathbf{M}_{x\,\text{axis}} = [\mathbf{i} \cdot (\mathbf{r} \times \mathbf{F})]\mathbf{i} = -1500\,\mathbf{i} \ (\text{N-m})$$

力矩的大小是 1500 N-m，而它的方向如圖 b 所示。

第二個方法　因為 500-N 力垂直於 x 座標軸所在的平面(x-z 平面)，對 x 軸力矩的大小等於從 x 座標軸至該力作用線與 x-z 平面交點的垂直距離(圖 c)：

$$|\mathbf{M}_{x\,\text{axis}}| = (3 \ \text{m})(500 \ \text{N}) = 1500 \ \text{N-m}$$

將手指彎向對 x 座標軸之力矩的方向(圖 c)，右手法則告訴我們 $\mathbf{M}_{x\,\text{axis}}$ 指向 x 座標軸的負向。因此，

$$\mathbf{M}_{x\,\text{axis}} = -1500\,\mathbf{i} \ (\text{N-m})$$

重要提示

於這個範例中鉸鏈被設計來對 x 座標軸旋轉。如果沒有其他的力作用於這扇門，你可以看得出 500-N 朝上的力使門有向上旋轉的傾向。力對 x 座標軸的力矩，而不是力對某個點的力矩，用以量度這個使門繞轉其鉸鏈的傾向程度。進一步的說，這個力對 x 座標軸之力矩的方向則指出門傾向旋轉的方向。(參圖 b。)

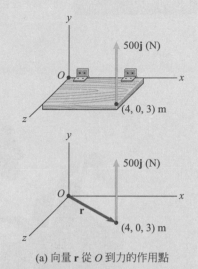

(a) 向量 **r** 從 O 到力的作用點

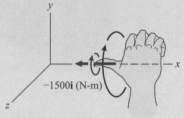

(b) 力矩的方向

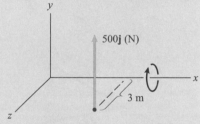

(c) x 座標軸與力的作用線與 x-z 平面交點之間的距離是 3 呎。箭頭的方向是對 x 座標軸之力的方向

範例 4.8 旋轉機器(▶相關習題 4.100)

船員施力於咖啡研磨機的絞盤手柄如圖所示,其中 $\mathbf{F} = 4\mathbf{j} + 32\mathbf{k}$ N。試求他(a)對點 O;(b)對 x 座標軸重合之絞盤中心軸所施加的總力矩。

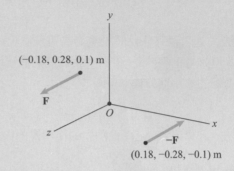

方略

(a)要得到對點 O 的總力矩,我們必須先將這兩個力對點 O 的力矩加總。令這兩個力矩的和記爲 $\Sigma \mathbf{M}_O$。

(b)因爲點 O 位在 x 座標軸,對 x 座標軸的總力矩等於 $\Sigma \mathbf{M}_O$ 平行於 x 座標軸的分量,即 $\Sigma \mathbf{M}_O$ 的 x 分量。

解答

(a)對點 O 總力矩等於

$$\Sigma \mathbf{M}_O = \begin{vmatrix} \mathbf{i} & \mathbf{j} & \mathbf{k} \\ -0.18 & 0.28 & 0.1 \\ 0 & 4 & 32 \end{vmatrix} + \begin{vmatrix} \mathbf{i} & \mathbf{j} & \mathbf{k} \\ 0.18 & -0.28 & -0.1 \\ 0 & -4 & -32 \end{vmatrix}$$

$$= 17.1\mathbf{i} + 11.5\mathbf{j} - 1.4\mathbf{k} \text{ (N-m)}$$

(b)對 x 座標軸總力矩是 $\Sigma \mathbf{M}_O$ 的 x 分量(圖 a):

$$\Sigma \mathbf{M}_{x\,axis} = 17.1\,\mathbf{i} \text{ (N-m)}$$

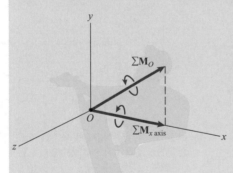

(a) 對 x 座標軸的總力矩

要提醒的是這是由式(4.4)所得到的結果:因爲 $\mathbf{i}$ 是平行於 x 座標軸的一個單位向量,

$$\Sigma \mathbf{M}_{x\,axis} = (\mathbf{i} \cdot \Sigma \mathbf{M}_O)\mathbf{i} = 17.1\,\mathbf{i} \text{ (N-m)}$$

習題

▶4.77 力 $\mathbf{F}=20\mathbf{i}+40\mathbf{j}-10\mathbf{k}$ (N)使用於範例 4.7 中所描述的兩個步驟來計算 $\mathbf{F}$ 對 z 座標軸的力矩。

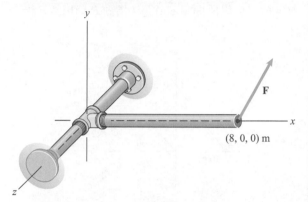

習題 4.77

4.78 以式(4.5)與(4.6)計算 20-N 力對(a)x 軸，(b)y 軸，(c)z 軸的力矩。(先不用公式來算)

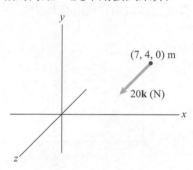

習題 4.78

4.79 平行 y 軸的三力作用於矩形板。以式(4.5)與(4.6)計算三力對 x 軸的力矩總和。(先不用公式來算)

4.80 三個平行於 y 座標軸的力。試求力(a)對 y 座標軸；(b)對 z 座標軸的力矩總和。

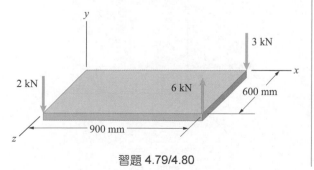

習題 4.79/4.80

4.81 某人施加力 $\mathbf{F}=2\mathbf{i}-4\mathbf{j}+12\mathbf{k}$ (N)於門的 C 處。點 C 位在 x-y 平面。這個人對與 y 座標軸重合的門鉸鍊中心軸施加的力矩是多少？

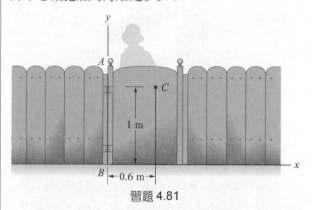

習題 4.81

4.82 四個力作用於平板。它們的分量如下。試求力(a)對 x 座標軸；(b)對 z 座標軸的力矩總和。

$$\mathbf{F}_A=-2\mathbf{i}+4\mathbf{j}+2\mathbf{k} \text{ (kN)} \text{，} \mathbf{F}_B=3\mathbf{j}-3\mathbf{k} \text{ (kN)}$$

$$\mathbf{F}_C=2\mathbf{j}+3\mathbf{k} \text{ (kN)} \text{，} \mathbf{F}_D=2\mathbf{i}+6\mathbf{j}+4\mathbf{k} \text{ (kN)}$$

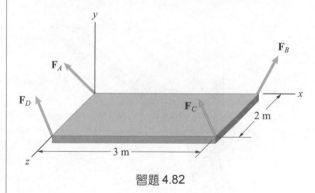

習題 4.82

4.83 力 $\mathbf{F}=30\mathbf{i}+20\mathbf{j}-10\mathbf{k}$ (N)。

(a)$\mathbf{F}$ 對 y 座標軸的力矩是多少？

(b)假設你維持 $\mathbf{F}$ 的大小不變，但是調整它的方向使 $\mathbf{F}$ 對 y 座標軸的力矩盡可能為最大。所得的力矩的大小是多少？

4.84 力 $\mathbf{F}$ 對 x 座標軸的力矩為 $-80\mathbf{i}$ (N-m)，對 y 座標軸力矩為零，對 z 座標軸力矩為 $160\mathbf{k}$ (N-m)。如果 $F_y=80\,\text{N}$，F_x 與 F_z 分別是多少？

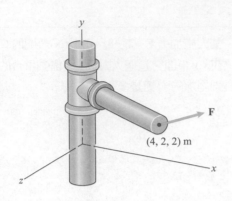

習題 4.83/4.84

4.85　機器手臂靜止不動。臂 AB 與 BC 的重量作用於臂的中心點。臂 AB 中心線的方向餘弦是 $\cos\theta_x = 0.500$，$\cos\theta_y = 0.866$，$\cos\theta_z = 0$ 而臂 BC 中心線的方向餘弦是 $\cos\theta_x = 0.707$，$\cos\theta_y = 0.619$，$\cos\theta_z = -0.342$。雙臂重量對 z 座標軸所施加的總力矩是多少？

4.86　於習題 4.85 中，雙臂重量對 x 座標軸所施加的總力矩是多少？

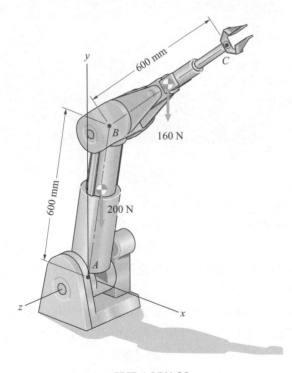

習題 4.85/4.86

▶4.87　於觀念範例 4.6 中，假設力改為 $\mathbf{F} = -2\mathbf{i} + 3\mathbf{j} + 6\mathbf{k}$ (kN)。試求力對長桿 BC 中心軸的力矩的大小。

4.88　試求 20-N 力對直線 AB 的力矩。使用式(4.5)與(4.6)，令單位向量 $\mathbf{e}$(a)從 A 指向 B；(b)從 B 指向 A。

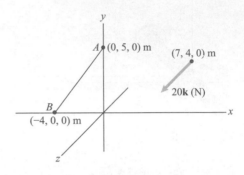

習題 4.88

4.89　力 $\mathbf{F} = -10\mathbf{i} + 5\mathbf{j} - 5\mathbf{k}$ (kN)。試求 $\mathbf{F}$ 對直線 AB 的力矩。畫張標示力矩方向的概略圖。

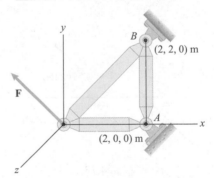

習題 4.89

4.90　力 $\mathbf{F} = 10\mathbf{i} + 12\mathbf{j} - 6\mathbf{k}$ (kN)。$\mathbf{F}$ 對直線 AO 的力矩是多少？畫張標示力矩方向的概略圖。

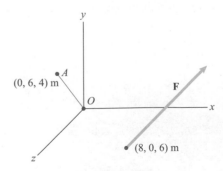

習題 4.90

4.91　纜線的張力 AB 是 1 kN。試求纜線於 B 處對掀板施加之力對 x 軸所產生的力矩。請畫張標示力矩方向的概略圖。

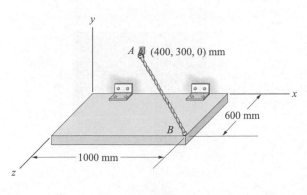

A (400, 300, 0) mm

600 mm

1000 mm

習題 4.91

4.92　試求作用於 D 之力對通過鉸鏈 A 與 B 之直線的力矩。(通過 A 與 B 之直線位於 y-z 平面。)

4.93　纜線 CE 的張力是 160 N。試求纜線施加於掀板 C 處之張力對通過鉸鏈 A 與 B 之直線的力矩。

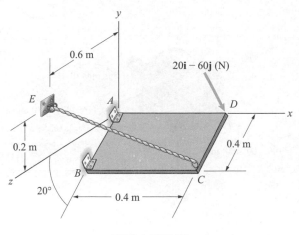

0.6 m

20i − 60j (N)

E　　A　　D

0.2 m

z　20°　B　C

0.4 m

0.4 m

習題 4.92/4.93

4.94　A 的座標是 $(-2.4, 0, -0.6)$ m，B 的座標是 $(-2.2, 0.7, -1.2)$ m。施加於帆船主帆 AB 的 B 處之力為 130 N。試求這個力對桅桿中心線(y 座標軸)的力矩。畫張標示力矩方向的概略圖。

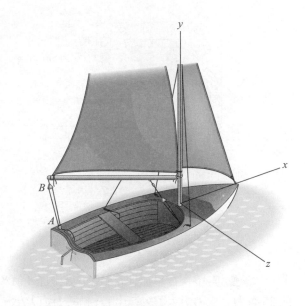

y

x

B

A

z

習題 4.94

4.95　纜線 AB 的張力是 200 N。試求由纜線施加於點 B 之張力對各個座標軸的力矩。請畫圖標示出力矩的方向。

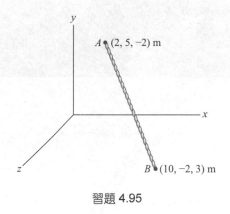

A (2, 5, −2) m

x

z

B (10, −2, 3) m

習題 4.95

4.96　蒸汽噴嘴施加於渦輪葉片的總力為 $\mathbf{F} = 20\mathbf{i} - 120\mathbf{j} + 100\mathbf{k}$ (N)，並有效地作用於點(100, 80, 300) mm。試求作用於渦輪中心軸 (x 座標軸) 的力矩是多少？

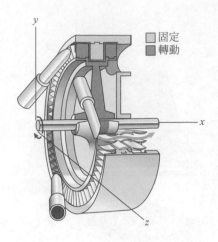

習題 4.96

4.97　氣動桿 AB 支撐車蓋且於配件 B 處施加 A 朝 B 的 35-N 力。求力對車蓋絞鏈中心 z 軸的力矩大小。

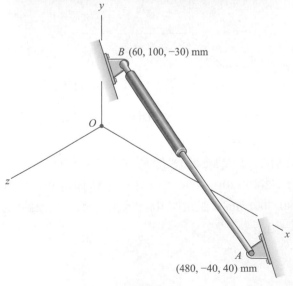

B (60, 100, −30) mm

O

z

x

A

(480, −40, 40) mm

習題 4.97

4.98　纜線 AB 的張力是 80 N。纜線施加於牆面 B 處之張力對直線 CD 的力矩是多少？

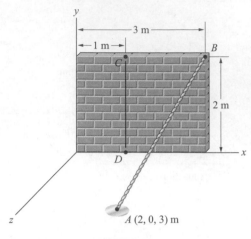

習題 4.98

4.99　力 $\mathbf{F}$ 的大小是 0.2 N 而它的方向餘弦是 $\cos\theta_x = 0.727$，$\cos\theta_y = -0.364$ 與 $\cos\theta_z = 0.582$。試求 $\mathbf{F}$ 對捲輪中心軸 AB 的力矩的大小。

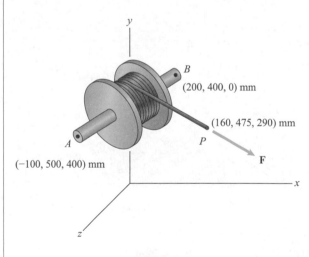

習題 4.99

▶4.100　一名駕駛人施加如圖所示的兩個力以鬆開螺帽。$\mathbf{F}$ 的方向餘弦是 $\cos\theta_x = \dfrac{4}{13}$，$\cos\theta_y = \dfrac{12}{13}$，與 $\cos\theta_z = \dfrac{3}{13}$。如果對 x 座標軸力矩的大小必須達 48 N-m 才足以鬆開螺帽，駕駛人必須施加力的大小是多少？(參範例 4.8。)

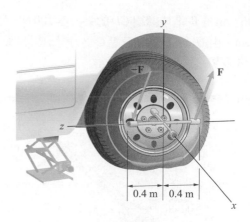

習題 4.100

4.101 纜線 *AB* 的張力是 2 kN。由纜線施加於 *A* 處之張力對軸 *CD* 力矩的大小是多少？請畫張標示作用於軸之力矩方向的概略圖。

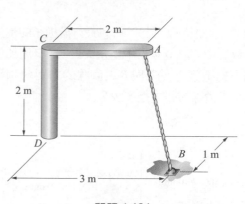

習題 4.101

4.102 車輪中心軸通過座標系統原點而其方向餘弦是 $\cos\theta_x = 0.940$，$\cos\theta_y = 0$，$\cos\theta_z = 0.342$。路面施於輪胎之力有效的作用於點 $x=0$，$y=-0.36\,\text{m}$，$z=0$ 且為 $\mathbf{F} = -720\mathbf{i} + 3660\mathbf{j} + 1240\mathbf{k}\,(\text{N})$。$\mathbf{F}$ 對車輪中心軸的力矩是多少？

習題 4.102

4.103 *OA* 的方向餘弦 $\cos\theta_x = 0.500$，$\cos\theta_y = 0.866$，$\cos\theta_z = 0$；線 *AG* 則為 $\cos\theta_x = 0.707$，$\cos\theta_y = 0.619$，$\cos\theta_z = -0.342$。求 250-N 重力對點 *OA* 的力矩。繪製標示作用於軸之力矩方向的概略圖。

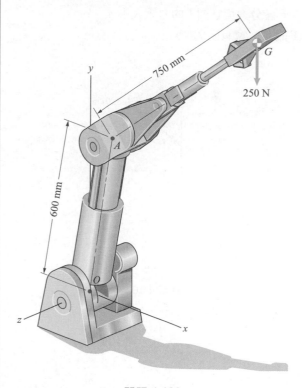

習題 4.103

4.104　方向盤的半徑爲 200 mm。從 O 到 C 的距離是 1 m。方向盤中心 C 位於 x-y 平面。駕駛人施加力 $\mathbf{F} = 10\mathbf{i} + 10\mathbf{j} - 5\mathbf{k}$ (N) 於方向盤 A 處。如果角度 $\alpha = 0$，作用於軸 OC 之力矩的大小是多少？請畫張標示作用於軸之力矩方向的概略圖。

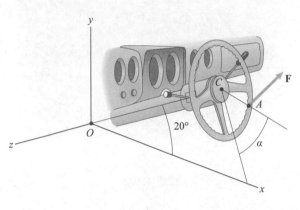

習題 4.104

4.105*　力 $\mathbf{F}$ 的大小是 10 N。假設你希望找出力 $\mathbf{F}$ 的方向使得它對直線 L 的力矩的大小達到最大。試求 $\mathbf{F}$ 各分力與它對 L 的力矩大小。
($\mathbf{F}$ 的答案會有兩個。)

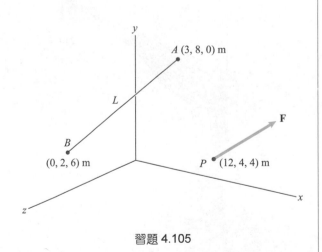

習題 4.105

4.106　重量 W 造成纜線 CD 的張力爲 100 N。如果 $d = 2$ m，由纜線 CD 施加於點 C 之力對 z 座標軸的力矩是多少？

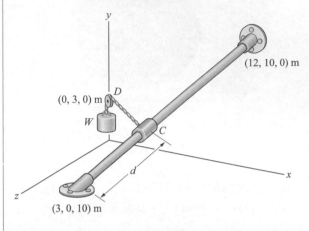

習題 4.106

4.107*　y 座標軸朝上。4-kg 長方形板子的重量作用於板的中心點 G。板子重量與纜線 CD 施加於板的張力對通過支點 A 與 B 之直線的力矩總和等於零。試求纜線的張力是多少？

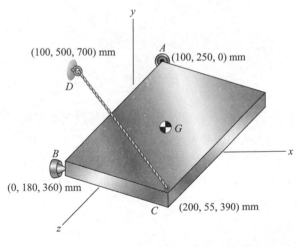

習題 4.107

4.4 力偶

　　現在我們已經說明了如何計算由力所產生的力矩，考慮這個問題：是否有可能施加一個力矩於物體而它不必承受任何的淨力呢？答案是肯定的，這種情況出現於光碟片開始轉動或是螺絲起子扭轉一顆螺絲。力施加於這些物體，其中淨力等於零但淨力矩卻非為零。

　　兩個相等大小、方向相反、且力的作用線互異的力稱為**力偶**（*couple*，圖 4.17a）。即使作用力的向量總和等於零，力偶仍使物體具有旋轉的傾向，力偶非常特殊的地方就是**對任何一點的力矩都是相同的**。

　　一個力偶的力矩簡單的說就是各個力對點 P 之力矩的總和（圖 4.17b）：

$$\mathbf{M} = [\mathbf{r}_1 \times \mathbf{F}] + [\mathbf{r}_2 \times (-\mathbf{F})] = (\mathbf{r}_1 - \mathbf{r}_2) \times \mathbf{F}$$

向量 $\mathbf{r}_1 - \mathbf{r}_2$ 等於向量 $\mathbf{r}$ 如圖 4.17c 所示，所以我們能夠將力矩寫為

$$\mathbf{M} = \mathbf{r} \times \mathbf{F}$$

因 $\mathbf{r}$ 與 P 所在的位置沒有關連，力矩 $\mathbf{M}$ 對**任何點** P 都是一樣的大小。

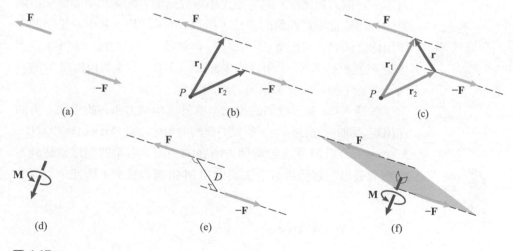

圖 4.17
(a) 一個力偶
(b) 求算對點 P 的力矩
(c) 向量 $\mathbf{r} = \mathbf{r}_1 - \mathbf{r}_2$
(d) 力偶之力矩的表示
(e) 兩力作用線之間的距離 D
(f) $\mathbf{M}$ 垂直於含 $\mathbf{F}$ 與 $-\mathbf{F}$ 的平面

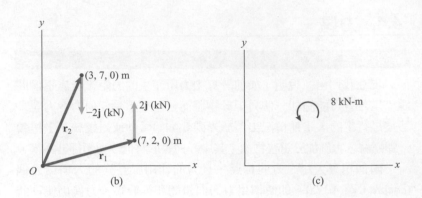

(a)　　　　　　　　　　(b)　　　　　　　　　　(c)

圖 4.18

(a)由 2-kN 力組成的一個力偶

(b)求算對點 O 的力矩

(c)力偶的二維表示

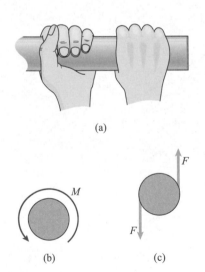

(a)

(b)　　　　　(c)

圖 4.19

(a)扭轉一根圓桿

(b)求算對圓桿中心軸的力矩

(c)施以兩個大小相同但是方向相反的
　力可以得到相同的效果

由於力偶只施加力矩而力的總和等於零,所以圖上常只畫出力矩(圖 4.17d)。就像**艾麗絲夢遊仙境**中露齒微笑的貓(Cheshire cat),除了它的笑容其它的都隱而不現,力本身並不出現;只有力所施加的力矩可以被看見。但是我們辨認這類的力矩的方式是稱其為**力偶的力矩**(*moment of a couple*)或簡稱**力偶**(*couple*)。

留意於圖 4.17c 中 $\mathbf{M}=\mathbf{r}\times\mathbf{F}$ 是 $\mathbf{F}$ 對力 $-\mathbf{F}$ 的作用線上某個點的力矩。一個力對某個點的力矩大小等於這個力的大小與該點至這個力的作用線之垂直距離的乘積,所以 $|\mathbf{M}|=D|\mathbf{F}|$,其中 D 是兩個力作用線之間的垂直距離 (圖 4.17e)。向量積 $\mathbf{r}\times\mathbf{F}$ 垂直於 $\mathbf{r}$ 與 $\mathbf{F}$,這意思是 $\mathbf{M}$ 垂直於 $\mathbf{F}$ 與 $-\mathbf{F}$ 所在的平面(圖 4.17f)。右手拇指指向 $\mathbf{M}$ 的方向,其餘手指彎的弧會指向力矩的方向。

於圖 4.18a 中,我們的視線垂直於這兩個力所在的平面。力的作用線之間的距離是 $4\,\mathrm{m}$,所以力偶的力矩大小是 $|\mathbf{M}|=(4\,\mathrm{m})(2\,\mathrm{kN})=8\,\mathrm{kN\text{-}m}$。力矩 $\mathbf{M}$ 垂直於兩個力所在的平面。右手四指以逆時針方向彎成弧形,我們由右手法則知道 $\mathbf{M}$ 指離書頁面。因此,力偶的力矩是

$$\mathbf{M}=8\mathbf{k}\,(\mathrm{kN\text{-}m})$$

我們也能夠透過計算兩個力對**任何點**的力矩總和來計算力偶的力矩。力對原點 O 的力矩總和是(圖 4.18b)

$$\begin{aligned}\mathbf{M}&=[\mathbf{r}_1\times(2\mathbf{j})]+[\mathbf{r}_2\times(-2\mathbf{j})]\\&=[(7\mathbf{i}+2\mathbf{j})\times(2\mathbf{j})]+[(3\mathbf{i}+7\mathbf{j})\times(-2)\mathbf{j}]\\&=8\mathbf{k}\,(\mathrm{kN\text{-}m})\end{aligned}$$

於二維的情況，如這個例子，以標示力矩向量的方式來代表力偶其實並不方便，因為這個向量是垂直於紙面的。取而代之的作法是，我們寫出力偶的大小值並搭配一個指示力偶方向的圓形箭頭來代表力偶(圖 4.18c)。

　　抓住一根長桿並扭轉它(圖 4.19a)，就是對桿的中心軸施加了一個力矩(圖 4.19b)。雖然扭力是以一個複雜的方式施加並分佈至整個長桿的表面，但這與施加兩個相等但方向相反的力所造成的效果是相同的(圖 4.19c)。當我們如圖 4.19b 所示的代表一個力偶，或以力矩向量 **M** 表示時，我們就暗示某些力系作用產生這個力矩。力系(如扭轉長桿所施加的扭力，或是作用於傳動軸之力對這個軸所施加的力矩) 常常比兩個相等但方向相反的力複雜許多，但是兩者產生的效果卻是一致的。基於這個理由，我們能夠將實際的力系**模型**成一個單純的二個力。

結論

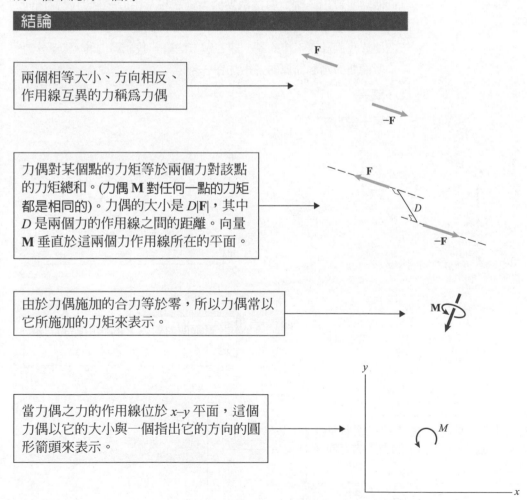

兩個相等大小、方向相反、作用線互異的力稱為力偶

力偶對某個點的力矩等於兩個力對該點的力矩總和。(力偶 **M** 對任何一點的力矩都是相同的)。力偶的大小是 $D|\mathbf{F}|$，其中 D 是兩個力的作用線之間的距離。向量 **M** 垂直於這兩個力作用線所在的平面。

由於力偶施加的合力等於零，所以力偶常以它所施加的力矩來表示。

當力偶之力的作用線位於 x–y 平面，這個力偶以它的大小與一個指出它的方向的圓形箭頭來表示。

觀念範例 4.9　力偶的力矩(▶ 相關習題 4.108)

力 **F** = 10**i**−4**j** (N)。試求力偶所產生的力矩。以力矩的大小與一個指示其方向的圓形箭頭來表示這個力矩。

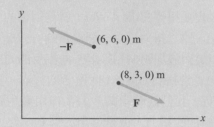

方略

我們將以兩種方法來求算力矩。第一個方法是，我們先選取一個點並算出兩個力對這個點的力矩總和。由於一個力偶對任何一點所產生的力矩效果都相同，所以我們能夠選用一個任何方便於我們計算工作的點。第二個方法是，我們將力的 x 與 y 分力所構成的兩個力偶的力矩加在一起。

解答

第一個方法

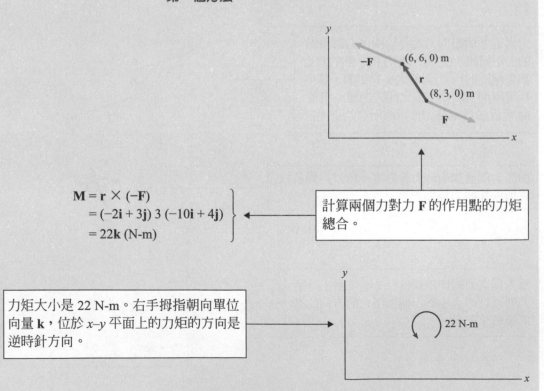

$$\mathbf{M} = \mathbf{r} \times (-\mathbf{F})$$
$$= (-2\mathbf{i} + 3\mathbf{j}) \, 3 \, (-10\mathbf{i} + 4\mathbf{j})$$
$$= 22\mathbf{k} \text{ (N-m)}$$

計算兩個力對力 **F** 的作用點的力矩總合。

力矩大小是 22 N-m。右手拇指朝向單位向量 **k**，位於 x–y 平面上的力矩的方向是逆時針方向。

22 N-m

第二個方法

兩個力的分力構成兩個力偶。

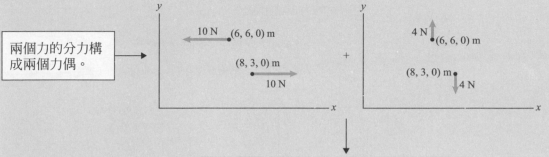

由 10-N 力偶作用的力矩是 (3 m)(10 N) = 30 N-m，力矩是逆時針方向。由 4-N 力偶作用的力矩是 (2 m)(4 N) = 8 N-m，力矩是順時針方向。因此逆時針方向的總和力矩是 30 − 8 = 22 N-m。

練習題

使用向量積求出力 **F** 與 −**F** 對位在座標 (10, 7, 3) m 之點 P 的力矩總和。以力矩的大小與一個指示其方向的圓形箭頭來表示這個力矩。

答案：22 **k** (N-m)，或是 22 N-m 逆時針方向。

範例 4.10　　求算未知的力 (▶ 相關習題 4.113)

兩個力 A 與 B 及一個 200 kN-m 力偶作用於樑。這些力的總和等於零，且對樑左端點的力矩總和等於零。力 A 與 B 是多少？

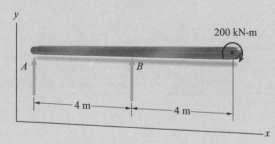

方略

將這兩個力加在一起 (力偶施加於樑的淨力應等於零) 並將力與力偶對樑左端點的力矩加在一起，我們能夠寫出這兩個未知力的兩個方程式。

解答

力的總和是

$$\Sigma F_y = A + B = 0$$

力偶的力矩(200 kN-m　順時針方向)對任何點都相同，所以對樑左端點的力矩總和等於

$$\Sigma M_{\text{left end}} = (4\,\text{m})B - 200\,\text{kN-m} = 0$$

力是 $B = 50\,\text{N}$ 與 $A = -50\,\text{N}$。

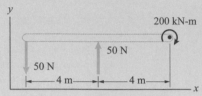

作用於樑的兩個力構成一個力偶

重要提示

要提醒的是對樑左端點的總力矩等於力 B 產生的力矩與 200 kN-m 力偶的力矩兩者的總和。正如我們在第 5 章所觀察到的，如果一個同時承受了力與力偶的物體處於平衡狀態，力的總和應等於零而且對任何一點的力矩總和，包括源自力偶的力矩，等於零。於這個範例中我們需要同時用到這些條件來計算未知力 A 與 B。

範例 4.11　　兩個力偶的力矩總和(▶ 相關習題 4.119)

試求兩個力偶施加於管子的力矩總和。

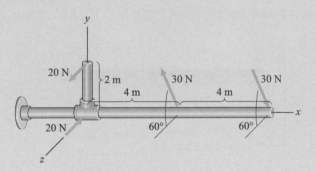

方略

我們將各力偶施加的力矩以向量形式來表示。要將 30-N 的力偶以向量形式來表示，我們先寫出這個力的各分力。我們隨後將力矩向量加總來計算力偶的力矩總和。

解答

考慮 20-N 力偶。力偶之力矩的大小是 $(2\,\text{m})(20\,\text{N}) = 40\,\text{N-m}$。這個力矩向量的方向垂直於 y-z 平面，右手法則告訴我們它指向正 x 座標軸方向。20-N 力偶的力矩是 $40\mathbf{i}$ (N-m)。

　　將 30-N 力分解成 y 與 z 兩個分力，我們得到兩個力偶如圖 a 所示。由 y 分力所構成之力偶的力矩是 $-(30\sin60°)(4)\mathbf{k}$ (N-m)，由 z 分力所構成之力偶的力矩是 $(30\cos60°)(4)\mathbf{j}$ (N-m)。

　　因此力矩總和等於

$$\sum\mathbf{M} = 40\mathbf{i} + (30\cos60°)(4)\mathbf{j} - (30\sin60°)(4)\mathbf{k} \text{ (N-m)}$$
$$= 40\mathbf{i} + 60\mathbf{j} - 104\mathbf{k} \text{ (N-m)}$$

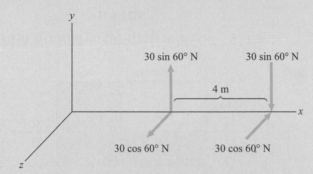

(a) 分解 30-N 的力成 y 與 z 分力

重要提示

雖然這個範例中我們所使用的方法有助於你認出各力偶對力矩總和的貢獻，但是這個方法只有在力的方位及其作用點於所置身的座標系統中顯得相當單純的時候才有利。若非如此，你不妨任意選取一點來算出各力對這點的力矩總和。

習題

▶4.108　於觀念範例 4.9，假設力的作用點 $\mathbf{F}$ 從 (8, 3, 0) m 移到 (8, 8, 0) m 畫圖顯示這個力的新位置。由你所畫的圖中，力偶產生的力矩是順時針方向或是逆時針方向？試求力偶的力矩。以力矩的大小與一個指示其方向的圓形箭頭來表示這個力矩。

4.109　一些力位於 x-y 平面。
(a)試求力偶的力矩並將這個力偶以圖 4.18c 的方式來表示。
(b)兩個力對點 (10, −40, 20) m 的力矩總和是多少？

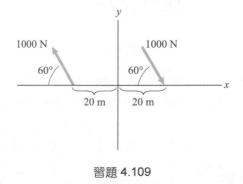

習題 4.109

4.110　力偶的力矩是 $600\mathbf{k}$ (N-m)。角度 α 是多少？

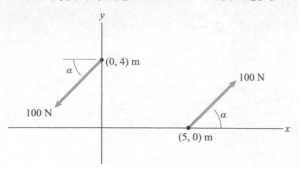

習題 4.110

4.111　點 P 位於 x-y 平面，$|\mathbf{F}| = 100$ N，且力偶的力矩是 $-500\mathbf{k}$ (N-m)。P 的座標是多少？

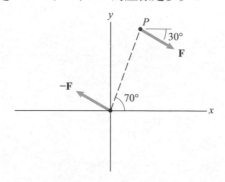

習題 4.111

4.112　三個大小相等的力平行地作用於一個正三角形的三個邊。(a) 證明這些力對任何一點的力矩總和都是相同的。(b) 試求力矩總和的大小。

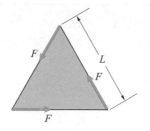

習題 4.112

▶4.113　於範例 4.10 中，假設 200 kN-m 力偶原來的順時針方向改成逆時針方向。畫張顯示作用於這根樑的力與力偶的概略圖。力 A 與 B 是多少？

4.114　兩個力偶的力矩如圖所示。對點 P 的力矩總和是多少？

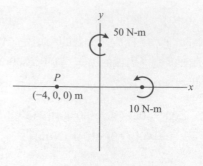

習題 4.114

4.115　試求兩個力偶施加於平板的力矩總和。

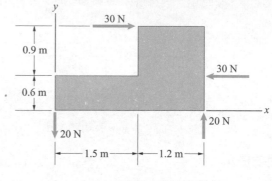

習題 4.115

4.116　試求力偶與兩個力對 A 施加的力矩總和。

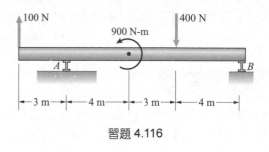

習題 4.116

4.117　試求力偶與兩個力對 A 施加的力矩總和。

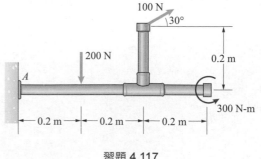

習題 4.117

4.118　力與力偶對長桿施加的力矩總和等於零。
(a)力偶 C 的大小是多少？
(b)試求作用於長桿之力與力偶對點 B 的力矩總和。

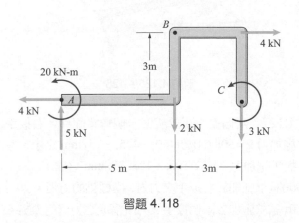

習題 **4.118**

▶4.119　於範例 4.11 中，假設上方的 20-N 力原來沿正 z 座標軸方向作用，取代爲沿正 x 座標軸方向作用。下方 20-N 力原來沿負的 z 座標軸方向作用，取代爲沿負的 x 座標軸方向作用。畫張標示管子作用力的概略圖。試求兩個力偶施加於管子的力矩總和。

4.120　(a)力偶的力矩是多少？
(b)試求兩個力作用線之間的垂直距離。

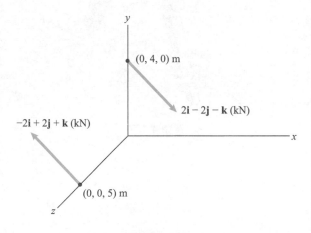

習題 **4.120**

4.121　試求三個力偶施加於平板的力矩總和。(80-N 力位於 x-z 平面。)

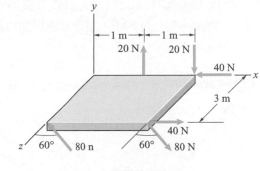

習題 **4.121**

4.122　兩個力偶施加於 T 形結構之力矩總和的大小是多少？

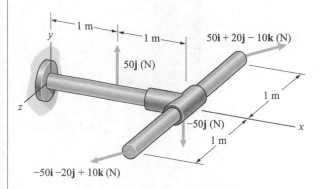

習題 **4.122**

4.123　纜線 AB 與 CD 張力是 500 N。
(a)證明纜線施加於長方形掀板 B 與 C 處的兩個張力構成一個力偶。
(b)纜線施加於掀板的力矩是多少？

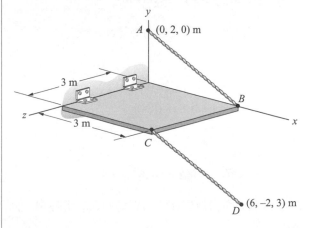

習題 **4.123**

4.124　纜線 AB 與 CD 施加一個力偶於垂直的管子。每一條纜線的張力是 8 kN。試求纜線施加於管子之力矩的大小。

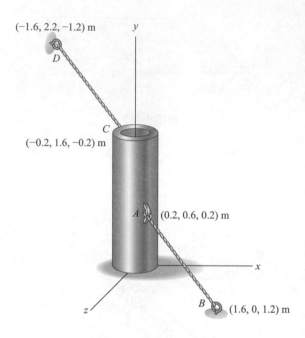

習題 4.124

4.125　長桿的荷重分別是

$$F_B = 2i + 6j + 3k \text{ (kN)}$$
$$F_C = i - 2j + 2k \text{ (kN)}$$

與力偶

$$M_C = 2i + j - 2k \text{ (kN-m)}$$

試求兩個力與力偶對 A 的力矩總和。

4.126　力

$$F_B = 2i + 6j + 3k \text{ (kN)}$$
$$F_C = i - 2j + 2k \text{ (kN)}$$

與力偶

$$M_C = M_{Cy}j + M_{Cz}k \text{ (kN-m)}$$

試求兩個力與力偶對 A 的力矩總和等於零時 M_{Cy} 與 M_{Cz} 的值。

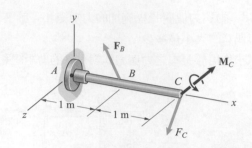

習題 4.125/4.126

4.127　兩個扳手用於旋緊一個彎管配件。右扳手施加力 $F = 50k$ (N)於(150, −125, −75) mm 之處,左扳手施加力 $−F$ 於(100, −125, 75) mm 之處。

(a)試求施加於右扳手之力對 x 座標軸的力矩。

(b)試求施加於兩個扳手之力所構成之力偶的力矩。

(c)根據(a)與(b)的結果,解釋爲什麼使用了兩個扳手。

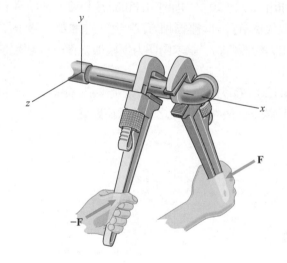

習題 4.127

4.5　等效系統

背景概念

　　力與力矩系統其實只是力與力偶的力矩所形成的特殊集合。工程上面對的力與力矩系統可以非常複雜。特別對於如水施於水壩壩體之壓力這類型的分佈力為然。所幸,如果所關心的侷限於合力與總力矩,我們就能夠將非常複雜的力與力矩系統簡化許多。

等效的條件

我們定義兩個力與力矩系統,記為系統 1 與系統 2,是**等效的**若兩者的合力相等,也就是

$$(\Sigma \mathbf{F})_1 = (\Sigma \mathbf{F})_2 \tag{4.7}$$

以及對一個點 P 的力矩總和是相等,也就是

$$(\Sigma \mathbf{M}_P)_1 = (\Sigma \mathbf{M}_P)_2 \tag{4.8}$$

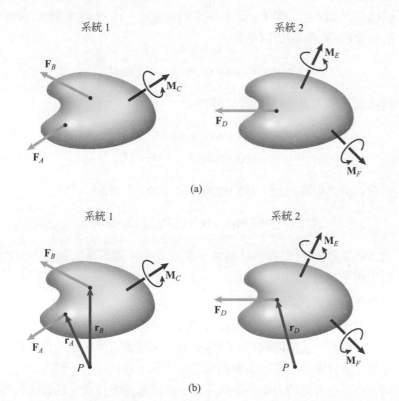

(a)

(b)

圖 4.20
(a)不同力與力矩系統作用於一物體
(b)求算各個系統對點 P 的力矩總和

　　要了解等效的條件所代表的意思,考慮如圖 4.20a 的力與力矩系統。於系統 1,物體承受了兩個力 $\mathbf{F}_A$ 與 $\mathbf{F}_B$ 與一個力偶 $\mathbf{M}_C$。於系統 2,物體承受了一個力 $\mathbf{F}_D$ 與兩個力偶 $\mathbf{M}_E$ 與 $\mathbf{M}_F$。等效的第一個條件是

$$(\Sigma \mathbf{F})_1 = (\Sigma \mathbf{F})_2 :$$
$$\mathbf{F}_A + \mathbf{F}_B = \mathbf{F}_D \tag{4.9}$$

如果我們求算對點 P 的力矩總和如圖 4.20b，等效的第二個條件是

$$(\Sigma \mathbf{M}_P)_1 = (\Sigma \mathbf{M}_P)_2 :$$
$$(\mathbf{r}_A \times \mathbf{F}_A) + (\mathbf{r}_B \times \mathbf{F}_B) + \mathbf{M}_C = (\mathbf{r}_D \times \mathbf{F}_D) + \mathbf{M}_E + \mathbf{M}_F \tag{4.10}$$

如果這些條件都被滿足了，系統 1 與 2 就是等效的。

　　我們將使用這個範例來示範說明，**如果兩個力與力矩系統的合力相等且對一個點 P 的力矩總和相等，則對任何一點的力矩總和一樣是相等的**。假設式(4.9)被滿足，式(4.10)對圖 4.20b 所示的點 P' 滿足。對另一個不同的點(圖 4.21)，我們將證明

$$(\Sigma \mathbf{M}_{P'})_1 = (\Sigma \mathbf{M}_{P'})_2 :$$
$$(\mathbf{r}'_A \times \mathbf{F}_A) + (\mathbf{r}'_B \times \mathbf{F}_B) + \mathbf{M}_C = (\mathbf{r}'_D \times \mathbf{F}_D) + \mathbf{M}_E + \mathbf{M}_F \tag{4.11}$$

依據從 P' 到 P 的向量 $\mathbf{r}$，圖 4.21 中的向量 $\mathbf{r}'_A$，$\mathbf{r}'_B$ 與 $\mathbf{r}'_D$ 與圖 4.20b 中的向量 $\mathbf{r}_A$，$\mathbf{r}_B$ 與 $\mathbf{r}_D$ 的關係是

$$\mathbf{r}'_A = \mathbf{r} + \mathbf{r}_A \ , \quad \mathbf{r}'_B = \mathbf{r} + \mathbf{r}_B \ , \quad \mathbf{r}'_D = \mathbf{r} + \mathbf{r}_D$$

這些式子代入式(4.11)，我們得到

$$[(\mathbf{r} + \mathbf{r}_A) \times \mathbf{F}_A] + [(\mathbf{r} + \mathbf{r}_B) \times \mathbf{F}_B] + \mathbf{M}_C$$
$$= [(\mathbf{r} + \mathbf{r}_D) \times \mathbf{F}_D] + \mathbf{M}_E + \mathbf{M}_F$$

重新安排式中的各項，我們能夠寫出這個方程式為

$$[\mathbf{r} \times (\Sigma \mathbf{F})_1] + (\Sigma \mathbf{M}_P)_1 = [\mathbf{r} \times (\Sigma \mathbf{F})_2] + (\Sigma \mathbf{M}_P)_2$$

由式(4.9)與(4.10)來看，這個式子是成立的。兩個系統對任一點的力矩總和是相等的。

以等效的系統代表一般的系統

如果我們在意的只是某個既有的力與力矩系統作用於某個物體的合力與總力矩，我們能夠以一個等效系統來**代表**這個系統。這樣說的意思是將實際作用於一個物體的力與力偶，取代以另一個與之有相同大小之合力與總力矩的不同系統。透過這樣的作法，我們能夠將一個既有的系統取代為一個較不複雜的系統，以簡化作用於物體之力與力矩的分析工作，並且獲取更好的直覺去了解它們對物體的作用。

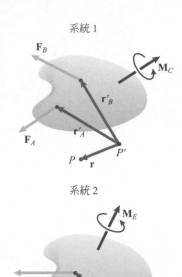

圖 4.21
求算各個系統對另一個不同點 P' 的力矩總和

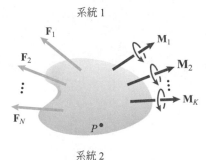

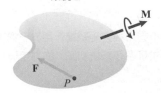

圖 4.22
(a)一個任意的力與力矩系統
(b)一個作用於點 P 的力與一個力偶

以單力與單力偶代表一個系統　讓我們考慮隨意的一個力與力矩系統以及點 P(如圖 4.22 系統 1)。我們能夠以一個作用於 P 的單力與一個單力偶(系統 2)來代表這個系統。這兩個系統等效的條件是

$$(\Sigma \mathbf{F})_2 = (\Sigma \mathbf{F})_1 :$$
$$\mathbf{F} = (\Sigma \mathbf{F})_1$$

以及

$$(\Sigma \mathbf{M}_P)_2 = (\Sigma \mathbf{M}_P)_1 :$$
$$\mathbf{M} = (\Sigma \mathbf{M}_P)_1$$

如果 $\mathbf{F}$ 等於系統 1 中的合力而 $\mathbf{M}$ 等於系統 1 中對 P 的力矩總和,這些條件就能被滿足。

　　因此不論一個力與力矩系統是如何的複雜,都能以一個作用於給定點的單力與單力偶來代表。

以單力與單力偶代表一個力　一個作用於點 P 的力 $\mathbf{F}_P$(如圖 4.23a 中的系統 1)能夠以一個作用於另一個不同的點 Q 的力 $\mathbf{F}$ 與力偶 $\mathbf{M}$ 來代表(系統 2)。系統 1 中對點 Q 的力矩等於 $\mathbf{r} \times \mathbf{F}_P$,其中 $\mathbf{r}$ 是從 Q 到 P 的向量(圖 4.23b)。這兩個系統等效的條件是

$$(\Sigma \mathbf{F})_2 = (\Sigma \mathbf{F})_1 :$$
$$\mathbf{F} = \mathbf{F}_P$$

以及

$$(\Sigma \mathbf{M}_Q)_2 = (\Sigma \mathbf{M}_Q)_1 :$$
$$\mathbf{M} = \mathbf{r} \times \mathbf{F}_P$$

如果力 $\mathbf{F}$ 等於力 $\mathbf{F}_P$ 而且力偶 $\mathbf{M}$ 等於 $\mathbf{F}_P$ 對 Q 的力矩,則這兩個系統是等效的。

以單力代表共點力　一個所有力的作用線都交會於一個點 P 的共點力系(圖 4.24 中的系統 1)能夠以一個力作用線通過點 P 之單力來代表(系統 2)。兩個系統的合力是相等,如果

$$\mathbf{F} = \mathbf{F}_1 + \mathbf{F}_2 + \cdots + \mathbf{F}_N$$

這兩個系統中對 P 的力矩總和都等於零,所以如果力 $\mathbf{F}$ 等於系統 1 的合力那麼這兩個系統就是等效的。

以單力代表平行力　一個合力不等於零的平行力系能夠以一個單力 $\mathbf{F}$ 來代表(圖 4.25)。我們於範例 4.14 中示範說明這個結果。

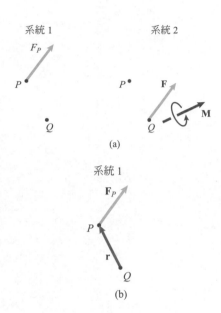

圖 4.23
(a)系統 1 是一個作用於點 P 的力 $\mathbf{F}_P$。系統 2 由一個作用於點 Q 的力 $\mathbf{F}$ 與一個力偶 $\mathbf{M}$ 所組成
(b)求算系統 1 對點 Q 的力矩

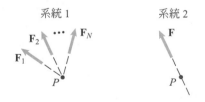

圖 4.24
一個共點力系與一個僅由力 $\mathbf{F}$ 組成的力系

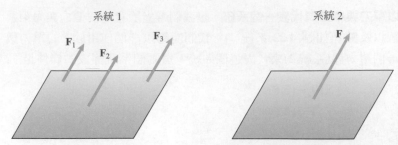

圖 4.25　一個平行力系與一個僅由力 **F** 組成的力系

以扳手代表一個系統

我們已經證明了力與力矩系統能夠以一個作用於給定點之單力與單力偶來代表。這引起了一個有趣的問題：能夠等效於任何一個力與力矩系統的極簡系統是什麼？

要思索這個問題，讓我們先從一個作用於點 P 的任意的力 **F** 與一個任意的力偶 **M**(圖 4.26a 中的系統 1)著手並看看是否能夠以一個更簡單的系統來代表這個系統。舉例來說，我們能以作用於另一個不同的點 Q 的力 **F** 與零個力偶(圖 4.26b)來代表它嗎？合力與系統 1 者相同。如果我們能夠選擇點 Q 使得 $\mathbf{r} \times \mathbf{F} = \mathbf{M}$，其中 **r** 是從 P 到 Q 的向量(圖 4.26c)，對 P 的力矩總和也與系統 1 者相同，則這兩個系統是等效的。但是向量 $\mathbf{r} \times \mathbf{F}$ 垂直於 **F**，所以唯有 **M** 垂直於 **F** 時，這個向量才可能等於 **M**。這意思是說，一般而論，我們無法僅僅以力 **F** 來代表系統 1。

圖 4.26
(a)系統 1 有一個力與一個力偶
(b)系統 1 是否能以一個力與零個力偶來代表
(c)**F** 對點 P 的力矩等於 $\mathbf{r} \times \mathbf{F}$
(d)**F** 沿 y 座標軸，**M** 位於 x-y 平面
(e)系統 2 是 **F** 與 **M** 平行於 **F** 的分量

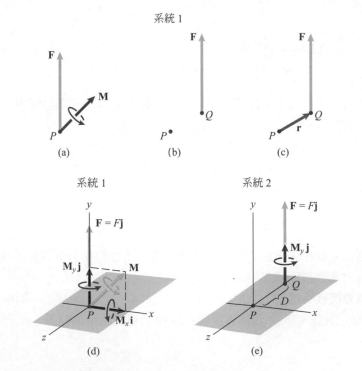

不過，我們能夠以作用於點 Q 的力 **F**，與 **M** 平行於 **F** 的分量來代表系統 1。圖 4.26d 顯示於所安排的座標系統下，系統 1 的 **F** 沿 y 座標軸的方向而 **M** 則被容納於 x-y 平面。根據這個座標系統，我們能夠分別寫出力與力偶爲 $\mathbf{F} = F\mathbf{j}$ 與 $\mathbf{M} = M_x\mathbf{i} + M_y\mathbf{j}$。圖 4.26e 中的系統 2 的組成分別是作用於 z 座標軸上某個點之力 **F** 與 **M** 平行於 **F** 的分量。如果我們選取一段距離 D 使得 $D = M_x/F$，系統 2 就會等效於系統 1。這兩個系統中力的總和都等於 **F**。系統 1 中對 P 的力矩總和爲 **M**，系統 2 對 P 的力矩總和等於

$$(\Sigma \mathbf{M}_P)_2 = [(-D\mathbf{k}) \times (F\mathbf{j})] + M_y\mathbf{j} = M_x\mathbf{i} + M_y\mathbf{j} = \mathbf{M}$$

一個力 **F** 與一個平行於 **F** 的力偶 $\mathbf{M}_P$ 被稱爲一個**扳手**(wrench)。**它是一個極簡系統能等效於任意的力與力矩系統。**

我們如何能夠以一個扳手來代表一個給定的力與力矩系統？如果系統是個單力或是個單力偶或是由一個力 **F** 與一個平行於 **F** 的力偶所組成的時候，則它是一個扳手，我們無法予以進一步簡化。如果系統較諸一個單力與一個單力偶複雜，我們可以先選個方便的點 P 並且以一個作用於 P 的力 **F** 與一個力偶 **M** 來代表這個系統(圖 4.27a)。接著想要以一個扳手代表這個系統的話，還需要兩個步驟：

1. 分別求出 **M** 平行於與垂直於 **F** 的分量(圖 4.27b)。
2. 由作用於點 Q 的力 **F** 與平行分量 $\mathbf{M}_P$ 組成扳手(圖 4.27c)。要達到等效，所選的點 Q 必須足以使 **F** 對 P 的力矩等於垂直分量 $\mathbf{M}_n$ (圖 4.27d)，也就是說，使 $\mathbf{r}_{PQ} \times \mathbf{F} = \mathbf{M}_n$。

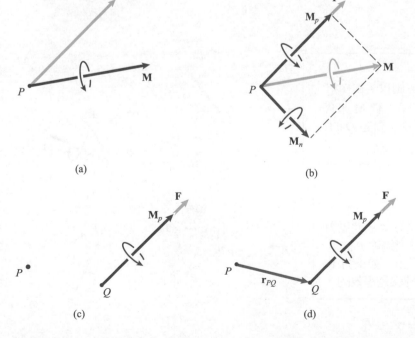

(a)

(b)

(c)

(d)

圖 4.27
(a)如果有必要，先將系統以單力與單力偶來代表
(b)**M** 平行與垂直於 **F** 的分量
(c)扳手
(d)選取 Q 使得 **F** 對 P 的力矩等於 **M** 的垂直分量

結論

等效的力與力矩系統

包含**力與力矩之系統**僅為特別的一組力與力偶而生的力矩。我們將兩個包含力與力矩之系統(標為系統 1 及系統 2)定義為等效，若以下條件被滿足：

1. 系統 1 中之力的總和等於系統 2 中之力的總和。
2. 系統 1 之力矩與系統 1 中之力對任一點 P 之力矩兩者之和，等於系統 2 之力矩與系統 2 中之力對任一點 P 之力矩兩者之和。

以等效系統代表力與力矩系統

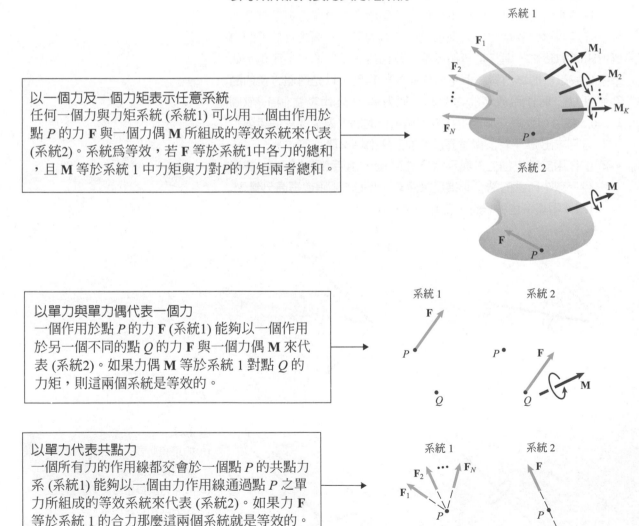

以一個力及一個力矩表示任意系統
任何一個力與力矩系統 (系統1) 可以用一個由作用於點 P 的力 **F** 與一個力偶 **M** 所組成的等效系統來代表 (系統2)。系統為等效，若 **F** 等於系統1中各力的總和，且 **M** 等於系統 1 中力矩與力對 P 的力矩兩者總和。

以單力與單力偶代表一個力
一個作用於點 P 的力 **F** (系統1) 能夠以一個作用於另一個不同的點 Q 的力 **F** 與一個力偶 **M** 來代表 (系統2)。如果力偶 **M** 等於系統 1 對點 Q 的力矩，則這兩個系統是等效的。

以單力代表共點力
一個所有力的作用線都交會於一個點 P 的共點力系 (系統1) 能夠以一個由力作用線通過點 P 之單力所組成的等效系統來代表 (系統2)。如果力 **F** 等於系統 1 的合力那麼這兩個系統就是等效的。

以單力代表平行力
一個合力不等於零的平行力系 (系統1)
能夠以一個由單力 **F** 所組成的等效系統
來代表。如果力 **F** 等於系統 1 的和力，
且系統1各力對任何一點的力矩總合等
於系統 2 的力對同一點的力矩總和，那
麼這兩個系統就是等效的。

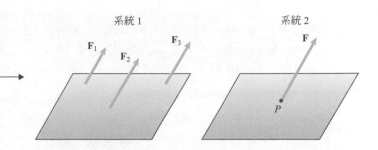

觀念範例 4.12　　(▶ 相關習題 4.151)

系統 1 的組成包括下述的力與力偶：

$$\mathbf{F}_A = -10\mathbf{i} + 10\mathbf{j} - 15\mathbf{k} \ (kN)$$

$$\mathbf{F}_B = 30\mathbf{i} + 5\mathbf{j} + 10\mathbf{k} \ (kN)$$

$$\mathbf{M}_C = -90\mathbf{i} + 150\mathbf{j} + 60\mathbf{k} \ (kN\text{-}m)$$

假設希望以一個由作用於座標(4, 3, −2) m 之點 P 的力 **F** 與一個
力偶 **M** 所組成的等效系統(系統 2)來代表系統 1。試求 **F** 與 **M**。

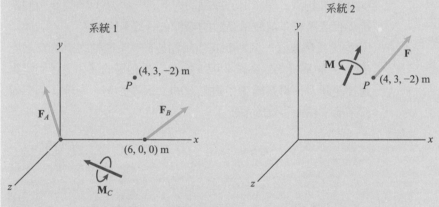

方略

如果 **F** 等於系統 1 的合力且 **M** 等於系統 1 中各力與各力矩對點
P 的力矩總和，所需的等效條件就被滿足了。我們能夠利用這
些條件計算 **F** 與 **M**。

解答

$$\mathbf{F} = \mathbf{F}_A + \mathbf{F}_B$$
$$= 20\mathbf{i} + 15\mathbf{j} - 5\mathbf{k} \ (kN)$$

← 力 **F** 必須等於系統 1 中的總和

$$M = \begin{vmatrix} \mathbf{i} & \mathbf{j} & \mathbf{k} \\ -4 & -3 & 2 \\ -10 & 10 & -15 \end{vmatrix} + \begin{vmatrix} \mathbf{i} & \mathbf{j} & \mathbf{k} \\ 2 & -3 & 2 \\ 30 & 5 & 10 \end{vmatrix}$$

力偶 $\mathbf{M}$ 必須等於系統 1 中各力以及各力矩對點 P 的力矩總和。

$$+ (-90\mathbf{i} + 150\mathbf{j} + 60\mathbf{k})$$
$$= -105\mathbf{i} + 110\mathbf{j} + 90\mathbf{k} \text{ (kN-m)}$$

練習題

假設你希望以一個作用於座標系統原點的力 $\mathbf{F}'$ 與一個力偶 $\mathbf{M}'$ 組成的等效系統(系統 3)來代表系統 2。試求 $\mathbf{F}'$ 與 $\mathbf{M}'$。

答案：$\mathbf{F}' = 20\mathbf{i} + 15\mathbf{j} - 5\mathbf{k}$ (kN)，$\mathbf{M}' = -90\mathbf{i} + 90\mathbf{j} + 90\mathbf{k}$ (kN-m)。

範例 4.13　以更簡單的等效系統代表一個系統(▶ 相關習題 4.137)

系統 1 有兩個力與一個作用於一根管子的力偶。以(a)一個作用於座標系統原點 O 的單力與一個單力偶以及(b)一個單力來代表系統 1。

方略

(a)我們能夠以一個作用於原點的力 $\mathbf{F}$ 與一個力偶 M(圖 a 中的系統 2)代表系統 1 並使用等效的條件來計算 $\mathbf{F}$ 與 M。

(b)假設我們放置一個力 $\mathbf{F}$ 其作用點位於 x 座標軸的距離 D 之處(圖 b 中的系統 3)。系統 2 與 3 的合力是相等的。如果我們能夠選擇距離 D 使得系統 3 中對點 O 的力矩等於 $\mathbf{M}$，系統 3 即等效於系統 2 從而等效於系統 1。

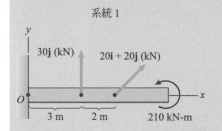

系統 1

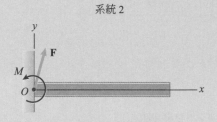

系統 2

(a) 一個作用於 O 的力 $\mathbf{F}$ 與一個力偶 M

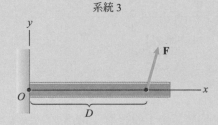

系統 3

(b) 一個由作用於 x 座標上某一點之力 $\mathbf{F}$ 所組成的系統

解答

(a)等效需要的條件是

$$(\Sigma \mathbf{F})_2 = (\Sigma \mathbf{F})_1 :$$
$$\mathbf{F} = 30\mathbf{j} + (20\mathbf{i} + 20\mathbf{j}) \text{ (kN)} = 20\mathbf{j} + 50\mathbf{j} \text{ (kN)}$$

與

$$(\Sigma M_O)_2 = (\Sigma M_O)_1:$$
$$M = (30\,\text{kN})(3\,\text{m}) + (20\,\text{kN})(5\,\text{m}) + 210\,\text{kN-m}$$
$$= 400\,\text{kN-m}$$

(b)於系統 2 與 3 的合力相等。寫出對點 O 之力矩的方程式得到

$$(\Sigma M_O)_3 = (\Sigma M_O)_2:$$
$$(50\,\text{kN})D = 400\,\text{kN-m}$$

我們發現如果 $D = 8\,\text{m}$，系統 3 就會等效於系統 2。

重要提示

於(b)，為什麼我們要假設力的作用點位在 x 座標軸上呢？為了要以一個單力代表圖 a 中所示的系統，我們必須將力的作用線放在能使這個力對點 O 施加一個 400 kN-m 且逆時針方向的力矩。將力的作用點放在 x 座標軸距離 D 之處是達到這個要求的簡捷作法。

範例 4.14　　**以一個單力代表平行力**(▶ 相關習題 4.154)

系統 1 由平行力所組成。假設你希望以一個力 **F**(系統 2)代表它。試求 **F** 是多少以及它的作用線與 x-z 平面之交點的位置？

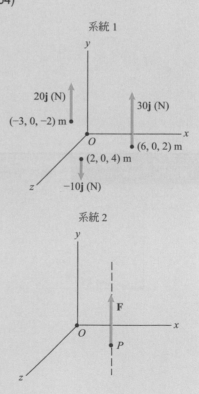

方略

我們能夠由兩個系統合力必須相等的條件算出 **F**。要使兩個系統等效，所選的作用點 P 必須能使得對某個點的力矩總和是相等的。這個條件告訴我們作用線與 x-z 平面之交點的位置。

解答

合力必須相等：

$$(\Sigma \mathbf{F})_2 = (\Sigma \mathbf{F})_1:$$
$$\mathbf{F} = 30\mathbf{j} + 20\mathbf{j} - 10\mathbf{j}\,(\text{N}) = 40\mathbf{j}\,(\text{N})$$

對任意點的力矩總和必須相等： 令點 P 的座標是 (x, y, z)。對原點 O 的力矩總和必須相等。

$$(\Sigma M_O)_2 = (\Sigma M_O)_1:$$

$$\begin{vmatrix} \mathbf{i} & \mathbf{j} & \mathbf{k} \\ x & y & z \\ 0 & 40 & 0 \end{vmatrix} = \begin{vmatrix} \mathbf{i} & \mathbf{j} & \mathbf{k} \\ 6 & 0 & 2 \\ 0 & 30 & 0 \end{vmatrix} + \begin{vmatrix} \mathbf{i} & \mathbf{j} & \mathbf{k} \\ 2 & 0 & 4 \\ 0 & -10 & 0 \end{vmatrix} + \begin{vmatrix} \mathbf{i} & \mathbf{j} & \mathbf{k} \\ -3 & 0 & -2 \\ 0 & 20 & 0 \end{vmatrix}$$

展開行列式，我們得到

$$[20\,\text{N-m}+(40\,\text{N})z]\mathbf{i}+[100\,\text{N-m}-(40\,\text{N})x]\mathbf{k}=\mathbf{0}$$

對原點的力矩總和會相等，如果

$$x=2.5\,\text{m}$$
$$z=-0.5\,\text{m}$$

如果 $\mathbf{F}=40\mathbf{j}\,(\text{N})$ 系統是等效的而它的作用線交 x-z 平面於 $x=2.5\,\text{m}$ 與 $z=-0.5\,\text{m}$。要提醒的是我們並沒有得到 P 的 y 座標方程式。如果 $\mathbf{F}$ 被施於作用線上的任一點，則系統就是等效的。

重要提示

於這個範例中我們能夠以一個更簡單的方式來算出點 P 的 x 與 z 座標。因為對於等效的系統而言，對任一點的力矩總和必須相等，對任一直線的力矩總和也必須是相等的。寫出對 x 座標軸之力矩總和的方程式

$$(\Sigma M_{x\,\text{axis}})_2=(\Sigma M_{x\,\text{axis}})_1:$$
$$-(40\,\text{N})z=-(30\,\text{N})(2\,\text{m})+(10\,\text{N})(4\,\text{m})+(20\,\text{N})(2\,\text{m})$$

我們得到 $z=-0.5\,\text{m}$。同樣的，寫出對 z 座標軸的力矩總和得到

$$(\Sigma M_{z\,\text{axis}})_2=(\Sigma M_{z\,\text{axis}})_1:$$
$$(40\,\text{N})x=(30\,\text{N})(6\,\text{m})-(10\,\text{N})(2\,\text{m})-(20\,\text{N})(3\,\text{m})$$

我們得到 $x=2.5\,\text{m}$。

範例 4.15　以一個扳手代表一個力與力偶(▶ 相關習題 4.170，4.171)

某系統由下述力與力偶所組成

$$\mathbf{F}=3\mathbf{i}+6\mathbf{j}+2\mathbf{k}\,(\text{N}),$$
$$\mathbf{M}=12\mathbf{i}+4\mathbf{j}+6\mathbf{k}\,(\text{N-m})$$

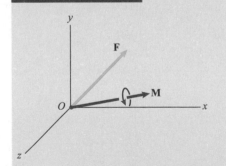

以一個扳手代表這個系統，並求出扳手之力的作用線與 x-z 平面的交點。

方略

扳手是力 $\mathbf{F}$ 與 $\mathbf{M}$ 平行於 $\mathbf{F}$ 的分量(圖 a 及 b)。我們必須選取作用點 P 使得 $\mathbf{F}$ 對點 O 的力矩等於垂直分量 $\mathbf{M}_n$。讓 P 是 x-z 平面上的任意一點，我們能夠解出 $\mathbf{F}$ 的作用線與這個平面的交點。

解答

將 **F** 除以其大小值，我們得到一個與 **F** 方向相同的單位向量 **e**：

$$\mathbf{e} = \frac{\mathbf{F}}{|\mathbf{F}|} = \frac{3\mathbf{i} + 6\mathbf{j} + 2\mathbf{k}\,(\mathrm{N})}{\sqrt{(3\,\mathrm{N})^2 + (6\,\mathrm{N})^2 + (2\,\mathrm{N})^2}}$$

$$= 0.429\mathbf{i} + 0.857\mathbf{j} + 0.286\mathbf{k}$$

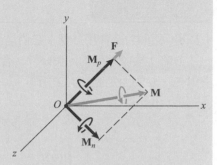

(a) 分解 **M** 為平行於垂直於 **F** 的分量

我們能夠使用 **e** 來計算 **M** 平行於 **F** 的分量：

$$\mathbf{M}_P = (\mathbf{e} \cdot \mathbf{M})\mathbf{e}$$

$$= [(0.429)(12\,\mathrm{N\text{-}m}) + (0.857)(4\,\mathrm{N\text{-}m})$$

$$+ (0.286)(6\,\mathrm{N\text{-}m})]\mathbf{e}$$

$$= 4.408\mathbf{i} + 8.816\mathbf{j} + 2.939\mathbf{k}\,(\mathrm{N\text{-}m})$$

M 垂直於 **F** 的分量等於

$$\mathbf{M}_n = \mathbf{M} - \mathbf{M}_P = 7.592\mathbf{i} - 4.816\mathbf{j} + 3.061\mathbf{k}\,(\mathrm{N\text{-}m})$$

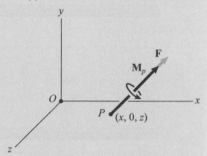

(b) 作用於 *x-y* 平面上某一點的扳手

　　扳手如圖 b 所示。令 P 的座標是 $(x, 0, z)$。**F** 對點 O 的力矩是

$$\mathbf{r}_{OP} \times \mathbf{F} = \begin{vmatrix} \mathbf{i} & \mathbf{j} & \mathbf{k} \\ x & 0 & z \\ 3 & 6 & 2 \end{vmatrix} = -6z\mathbf{i} - (2x - 3z)\mathbf{j} + 6x\mathbf{k}\,(\mathrm{N\text{-}m})$$

列出這個力矩 **M**$_n$ 與的方程式，也就是

$$-6z\mathbf{i} - (2x - 3z)\mathbf{j} + 6x\mathbf{k}\,(\mathrm{N\text{-}m}) = 7.592\mathbf{i} - 4.816\mathbf{j} + 3.061\mathbf{k}\,(\mathrm{N\text{-}m})$$

我們得到方程式

$$-6z = 7.592$$

$$-2x + 3z = -4.816$$

$$6x = 3.061$$

解出這些方程式，我們找出 P 的座標點是 $x = 0.501\,\mathrm{m}$，$z = -1.265\,\mathrm{m}$。

重要提示

為什麼我們將點 P 放在 *x-z* 平面上的任一點 $(x, 0, z)$ 呢？我們的目標是將扳手之力 **F** 的作用線所放的位置能使 **F** 對點 O 的力矩等於 **M**$_n$ 的條件能被滿足。將 **F** 的作用點放在點 $(x, 0, z)$ 然後使用這個條件算出 x 與 z 是個計算作用線所需的位置的方便途徑。點 $(x, 0, z) = (0.510, 0, -1.265)\,\mathrm{m}$ 就是作用線與 *x-z* 平面的交點。

習題

4.128　兩個力系作用於樑。它們是否等效？

方略：檢驗等效的兩個條件。合力必須相等，與對任一點的力矩總和必須相等。

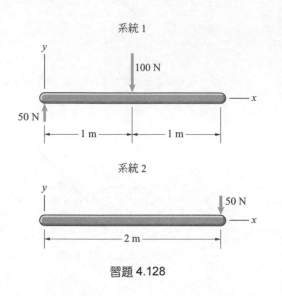

習題 4.128

4.129　兩個力與力矩系統作用於樑。它們是否等效？

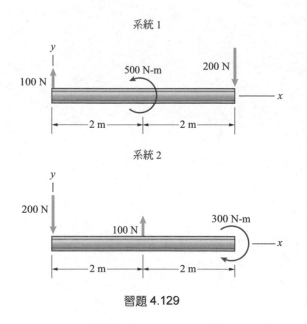

習題 4.129

4.130　四個力與力矩系統作用於一個 8-m 樑。哪些系統是等效的？

4.131　將一個力偶加入其中一個系統就能夠使得四個系統是等效的。該加到哪一個系統，以及被加入的力偶必須是多少？

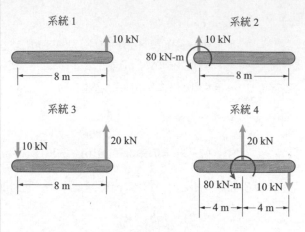

習題 4.130/4.131

4.132　系統 1 是一個作用於點 O 的力 **F**。系統 2 是沿著同一條作用線作用於另一個點 O' 的力 **F**。請解釋為什麼這兩個系統是等效的。[這個簡單的結果被稱為可移性原理(principle of transmissibility)。]

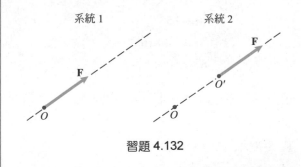

習題 4.132

4.133　下述兩個情況中纜線施加於木材之力的向量總和都一樣。證明施加於木材之力系是等效的。

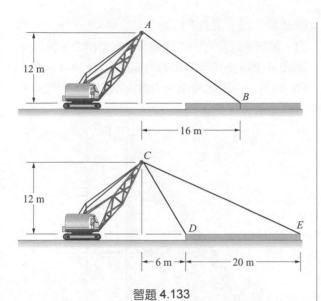

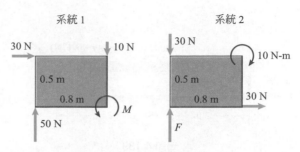

習題 4.133

4.134　系統 1 與 2 各擁有一個力偶。如果兩力系是等效，F 是多少？

習題 4.136

▶4.137　於範例 4.13 中，假設於系統 1 的 30-kN 垂直力被取代為 230-kN 垂直力。畫出新系統 1 的概略圖。如果你如同系統 3 一般以單力 F 來代表系統 1，這個力必須放 x 座標軸的位置 D 為何？

4.138　三個力與一個力偶施加於樑(系統 1)。

(a)如果你以一個施加於 A 的力與一個力偶(系統 2)來代表系統 1，F 與 M 是多少？

(b)如果以力 F(系統 3)代表系統 1，距離 D 須為何？

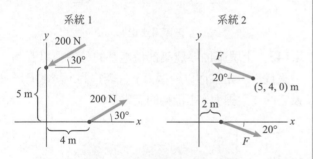

習題 4.134

4.135　兩個等效的力與力矩系統作用於 L 形桿。試求力 F_A 與 F_B 與力偶 M。

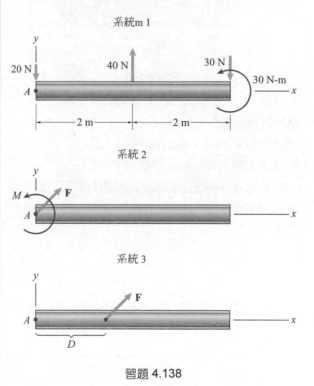

習題 4.138

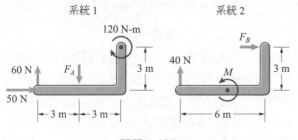

習題 4.135

4.136　兩個等效的力與力矩系統作用於平板。試求力 F 與力偶 M。

4.139　以一個力 F 代表作用於樑的兩個力以及力偶。試求 F 並求算它的作用線與 x 座標軸的交點。

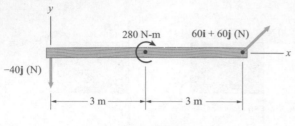

習題 **4.139**

4.140 支框承受三個力與一個力偶。如果以一個力 **F** 代表這個系統,試求 **F** 是多少以及它的作用線與 x 座標軸的交點爲何?

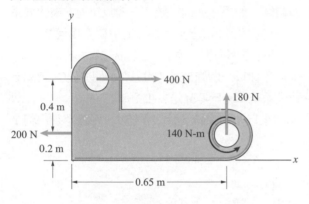

習題 **4.140**

4.141 作用於樑之力的向量總和等於零,與力矩總和對樑左端點等於零。

(a)試求力 A_x 與 A_y,與力偶 M_A。

(b)試求對樑右端點的力矩總和。

(c)如果你以一個作用於樑左端點的力 **F** 與一個力偶 M 代表 600-N 力、200-N 力與 30 N-m 力偶,**F** 與 M 是多少?

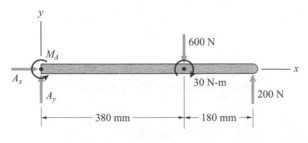

習題 **4.141**

4.142 作用於桁架之力的向量總和等於零,且對原點 O 的力矩總和等於零。

(a)試求力 A_x,A_y 與 B。

(b)如果你以一個力 **F** 代表 2-kN、4-kN 與 6-kN 等力,試求 **F** 以及它的作用線與 y 座標軸的交點?

(c)如果你將於(b)所算出的力換成 2-kN、4-kN 與 6-kN 等力,作用於桁架之力的向量總和與對點 O 的力矩總和各是多少?

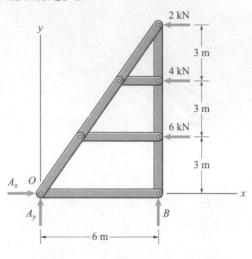

習題 **4.142**

4.143 土壤施加於建築部份地基的分佈力以五個力來代表。如果你以一個力 **F** 代表它們,試求 **F** 以及它的作用線與 x 座標軸的交點?

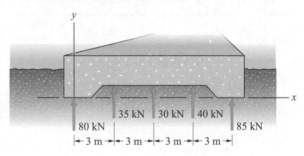

習題 **4.143**

4.144 在某瞬間,分佈於飛機的翼面的空氣動力施加如圖所示的 88-kN 與 16-kN 垂直力與 22 kN-m 逆時針方向的力偶。如果你以一個作用於質量中心 G 的力 **F** 與力偶 M 組成的系統來代表這些力與力偶,**F** 與 M 是多少?

4.145 如果你以一個力 **F** 代表作用於飛機的兩個力與力偶,試求 **F** 以及它的作用線與 x 座標軸的交點?

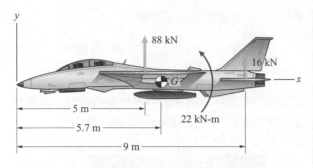

習題 4.144/4.45

4.146　系統為平衡狀態。若以一作用於 A 的力 **F** 與一個力偶 **M** 代表力 **F**$_{AB}$ 與 **F**$_{AC}$，**F** 與 **M** 是多少？

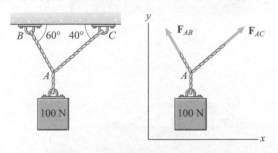

習題 4.146

4.147　三個力作用於樑。
(a)以一個作用於原點 O 的力 **F** 與一個力偶 M 來代表這個系統。
(b)以一個單力來代表系統。試求力的作用線與 x 座標軸的交點？

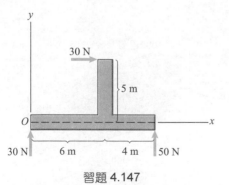

習題 4.147

4.148　纜線 AB 的張力是 400 N，纜線 CD 的張力是 600 N。
(a)如果你以一個作用於原點 O 的力 **F** 與一個力偶 M 代表纜線施加於左側直柱的張力，**F** 與 M 是多少？
(b)如果你僅以力 **F** 代表纜線施加於左側直柱的張力，試求它的作用線與 y 座標軸的交點？

4.149　纜線 AB 與 CD 的張力各是 400 N。如果你以一個力 **F** 代表纜線施加於右側直柱的張力，試求 **F** 以及它的作用線與 y 座標軸的交點？

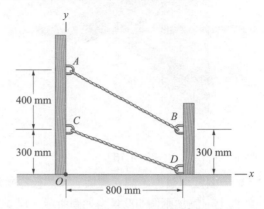

習題 4.148/4.149

4.150　如果你以一個力 **F** 代表作用於樑截面的三個力，試求 **F** 以及它的作用線與 x 座標軸的交點？

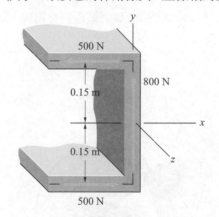

習題 4.150

▶4.151　於觀念範例 4.12 中，假設力 **F**$_B$ 被改為 **F**$_B$ = 20**i** − 15**j** + 30**k** (kN)，而你希望以一個由一個作用於位在座標 (4, 3, −2) m 之點 P 的力 **F** 與一個力偶 **M** 所組成的等效系統(系統 2)代表系統 1。試求 **F** 與 **M**。

4.152　牆面支架承受力如圖所示。
(a)試求這個力對 z 座標軸施加的力矩。
(b)試求這個力對 y 座標軸施加的力矩。
(c)如果你以一個作用於 O 的力 **F** 與一個力偶 **M** 代表這個力，**F** 與 **M** 是多少？

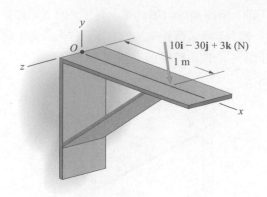

$10\mathbf{i} - 30\mathbf{j} + 3\mathbf{k}$ (N)

1 m

習題 4.152

4.153 一個籃球員作了個「灌籃」，然後短暫地吊在籃框上，施加兩個 500-N 力如圖所示。尺寸是 $h = 0.37\,\mathrm{m}$ 與 $r = 0.24\,\mathrm{m}$，角度 $\alpha = 120°$。

(a)如果你以一個作用於 O 的力 $\mathbf{F}$ 與一個力偶 $\mathbf{M}$ 代表他所施加的力，$\mathbf{F}$ 與 $\mathbf{M}$ 是多少？

(b)如果 $|\mathbf{M}| > 500\,\mathrm{N\text{-}m}$ 玻璃籃板將會粉碎。請問它會碎裂嗎？

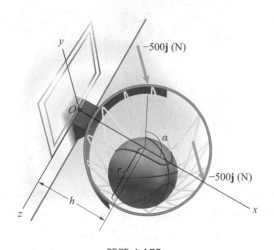

$-500\mathbf{j}$ (N)

$-500\mathbf{j}$ (N)

習題 4.153

▶**4.154** 於範例 4.14，假設系統 1 中的 30-N 向上的力被換為一個 25-N 向上的力。如果你希望以一個單力 $\mathbf{F}$(系統 2)代表系統 1，試求 $\mathbf{F}$ 的作用線與 x-z 平面的交點？

4.155 路面施加於車輪的垂直力是

$$\mathbf{N}_A = 5140\mathbf{j}\ (\mathrm{N})\ ,\quad \mathbf{N}_B = 5027\mathbf{j}\ (\mathrm{N})$$
$$\mathbf{N}_C = 3613\mathbf{j}\ (\mathrm{N})\ ,\quad \mathbf{N}_D = 3559\mathbf{j}\ (\mathrm{N})$$

如果你以一個單一等效的力 $\mathbf{N}$ 代表這些力，試求 $\mathbf{N}$ 是多少以及它的作用線與 x-z 平面的交點？

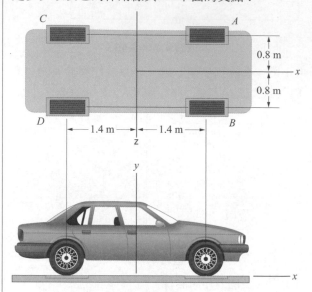

0.8 m

0.8 m

1.4 m　　1.4 m

習題 4.155

4.156 兩個力作用於樑。如果你以一個作用於 C 的力 $\mathbf{F}$ 與一個力偶 $\mathbf{M}$ 代表它們，$\mathbf{F}$ 與 $\mathbf{M}$ 是多少？

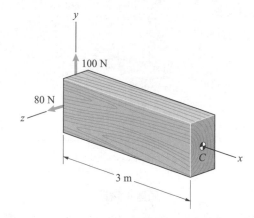

100 N

80 N

3 m

習題 4.156

4.157 一個大小為 P 之軸向力作用於樑。如果你以一個作用於原點 O 的力 $\mathbf{F}$ 與一個力偶 $\mathbf{M}$ 來代表它，$\mathbf{F}$ 與 $\mathbf{M}$ 是多少？

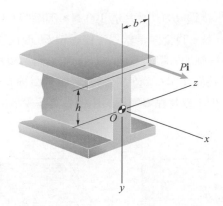

習題 4.157

4.158 手搖鑽被用來卸除螺絲釘。

(a)如果你以一個作用於原點 O 的力 $\mathbf{F}$ 與一個力偶 $\mathbf{M}$ 代表作用於手搖鑽的力，$\mathbf{F}$ 與 $\mathbf{M}$ 是多少？

(b)如果你以一個作用於位在座標(x_P, y_P, z_P)之點 P 的力$\mathbf{F}'$ 與一個力偶 $\mathbf{M}'$ 代表作用於手搖鑽的力，$\mathbf{F}'$ 與 $\mathbf{M}'$ 是多少？

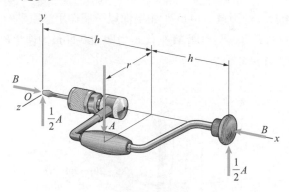

習題 4.158

4.159 兩個力與一個力偶作用於立方體上。如果你以一個作用於點 P 的力 $\mathbf{F}$ 與一個力偶 $\mathbf{M}$ 來代表它們，$\mathbf{F}$ 與 $\mathbf{M}$ 是多少？

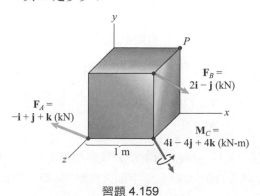

習題 4.159

4.160 兩個軸承受如圖所示的力矩(力偶)。

(a)如果你以一個作用於原點 O 的力 $\mathbf{F}$ 與一個力偶 $\mathbf{M}$ 代表兩個力偶，$\mathbf{F}$ 與 $\mathbf{M}$ 是多少？

(b)兩個力偶施加之總力矩的大小是多少？

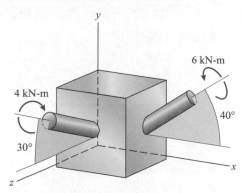

習題 4.160

4.161 作用於長桿的兩個力與力矩系統是等效的。如果

$$\mathbf{F}_A = 30\mathbf{i} + 30\mathbf{j} - 20\mathbf{k} \text{ (kN)}$$
$$\mathbf{F}_B = 40\mathbf{i} - 20\mathbf{j} + 25\mathbf{k} \text{ (kN)}$$
$$\mathbf{M}_B = 10\mathbf{i} + 40\mathbf{j} - 10\mathbf{k} \text{ (kN-m)}$$

$\mathbf{F}$ 與 $\mathbf{M}$ 是多少？

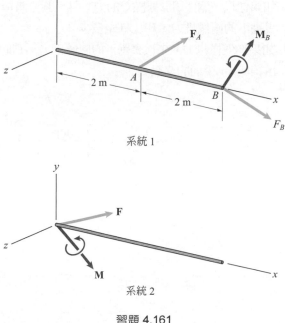

習題 4.161

4.162　點 G 位於塊體的中心。力是

$$\mathbf{F}_A = -20\mathbf{i} + 10\mathbf{j} + 20\mathbf{k}\,(N)$$
$$\mathbf{F}_B = 10\mathbf{i} - 10\mathbf{k}\,(N)$$

如果你以一個作用於 G 的力 $\mathbf{F}$ 與一個力偶 $\mathbf{M}$ 代表這兩個力，$\mathbf{F}$ 與 $\mathbf{M}$ 是多少？

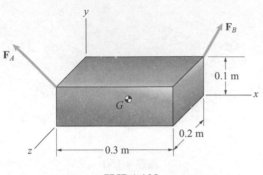

習題 4.162

4.163　機身上方的引擎施加推力 $T_0 = 90\,\mathrm{kN}$，機翼下每一具引擎施加推力 $T_U = 60\,\mathrm{kN}$。圖中的尺寸是 $h = 3\,\mathrm{m}$，$c = 4\,\mathrm{m}$，$b = 5\,\mathrm{m}$。如果你以一個作用於原點 O 的力 $\mathbf{F}$ 與一個力偶 $\mathbf{M}$ 來代表這三個推力，$\mathbf{F}$ 與 $\mathbf{M}$ 是多少？

4.164　考慮於習題 4.163 所提及的飛機並假設駕駛員右側下方的引擎失去推力。

(a)如果你以一個作用於原點 O 的力 $\mathbf{F}$ 與一個力偶 $\mathbf{M}$ 代表剩下的兩個推力，$\mathbf{F}$ 與 $\mathbf{M}$ 是多少？

(b)如果你僅僅以力 $\mathbf{F}$ 來代表剩下的兩個推力，它的作用線與 x-y 平面的交點？

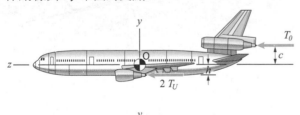

習題 4.163/4.164

4.165　纜線 AB 的張力是 100 N，與纜線 CD 的張力是 60 N。假設你希望以一條纜線 EF 取代這兩條纜線使得施加於牆面 E 處的力等效於纜線 AB 與 CD 施加於牆面 A 與 C 處的兩個力。試求纜線 EF 的張力是多少，以及點 E 與 F 的座標各是多少？

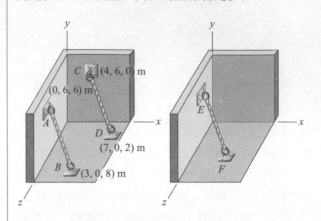

習題 4.165

4.166　距離 $s = 4\,\mathrm{m}$。如果你以一個作用於原點 O 的力 $\mathbf{F}$ 與一個力偶 $\mathbf{M}$ 來代表力與 200-N-m 力偶，$\mathbf{F}$ 與 $\mathbf{M}$ 是多少？

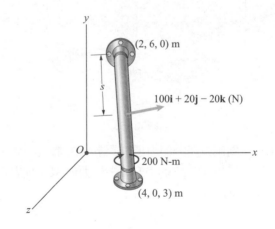

習題 4.166

4.167　系統 1 中的力 $\mathbf{F}$ 與力偶 $\mathbf{M}$ 是

$$\mathbf{F} = 12\mathbf{i} + 4\mathbf{j} - 3\mathbf{k}\,(N)$$
$$\mathbf{M} = 4\mathbf{i} + 7\mathbf{j} + 4\mathbf{k}\,(N\text{-}m)$$

假設希望以一個扳手(系統 2)代表系統 1。試求力偶 $\mathbf{M}_P$ 與力的作用線與 x-z 平面之交點的 x 與 z 座標。

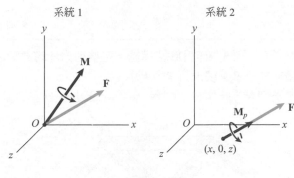

習題 4.167

4.168　某個系統由作用於原點 O 的力 $\mathbf{F}$ 與一個力偶 $\mathbf{M}$ 所組成,其中

$$\mathbf{F} = 10\mathbf{i}\,(N)\ ,\quad \mathbf{M} = 20\mathbf{j}\,(N\text{-}m)$$

如果你以一個由力 $\mathbf{F}$ 與一個平行力偶 $\mathbf{M}_P$ 組成的扳手來代表這個系統,試求 $\mathbf{M}_P$ 是多少以及 $\mathbf{F}$ 的作用線與 y-z 平面的交點?

4.169　某系統由作用於原點 O 之力 $\mathbf{F}$ 與一個力偶 $\mathbf{M}$ 所組成,其中

$$\mathbf{F} = \mathbf{i} + 2\mathbf{j} + 5\mathbf{k}\,(N)$$
$$\mathbf{M} = 10\mathbf{i} + 8\mathbf{j} - 4\mathbf{k}\,(N\text{-}m)$$

如果你以一個由力 $\mathbf{F}$ 與一個平行力偶 $\mathbf{M}_P$ 組成的扳手來代表它,(a)試求 $\mathbf{M}_P$,並求出 $\mathbf{F}$ 的作用線與(b) x-z 平面,(c) y-z 平面的交點。

▶4.170　考慮於範例 4.15 中所提到的作用於原點 O 的力 $\mathbf{F}$ 與力偶 $\mathbf{M}$。如果你以一個扳手代表這個系統,試求力的作用線與 x-y 平面的交點?

▶4.171　考慮於範例 4.15 中所提到的作用於原點 O 的力 $\mathbf{F}$ 與力偶 $\mathbf{M}$。如果你以一個扳手代表這個系統,試求力的作用線與平面 $y = 3\,m$ 的交點?

4.172　一個扳手由作用於原點 O 且大小為 100 N 之力與一個大小為 60 N-m 之力偶所組成。力與力偶從 O 指向點 $(1, 1, 2)\,m$。如果你以一個作用於點 $(5, 3, 1)\,m$ 的力 $\mathbf{F}$ 與一個力偶 $\mathbf{M}$ 代表這個扳手,$\mathbf{F}$ 與 $\mathbf{M}$ 是多少?

4.173　系統 1 由兩個力與一個力偶所組成。假設你希望以一個扳手(系統 2)代表它。試求力 $\mathbf{F}$、力偶 $\mathbf{M}_P$ 與 $\mathbf{F}$ 的作用線與 x-z 平面交點的 x 與 z 座標。

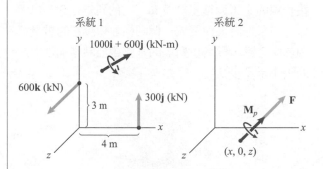

習題 4.173

4.174　水管工人施加如圖所示的兩個力以鬆脫水管。

(a)他對管軸施加的總力矩是多少?

(b)如果你以一個作用於 O 的力 $\mathbf{F}$ 與一個力偶 $\mathbf{M}$ 代表這兩個力,$\mathbf{F}$ 與 $\mathbf{M}$ 是多少?

(c)如果你以一個由力 $\mathbf{F}$ 與一個平行力偶 $\mathbf{M}_P$ 組成的扳手來代表這兩個力,試求 $\mathbf{M}_P$ 是多少以及 $\mathbf{F}$ 的作用線與 x-y 平面的交點?

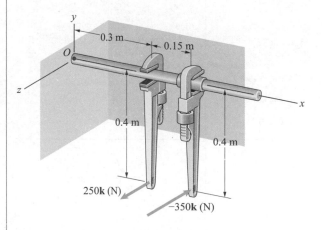

習題 4.174

複習習題

4.175 比薩斜塔高約 55 m 與直徑寬 7 m。塔頂離鉛垂線的水平偏移量約 5 m。它的質量是 3.2×10^6 kg。如果你將塔模擬成一個圓柱並假設它的重量集中於中心點,則塔重對塔的基座中心點施加之力矩的大小是多少?

習題 4.175

4.176 纜線 AB 於支點 A 施加一個從 A 朝 B 的 300-N 之力。試求這個力對點 P 施加之力矩的大小。

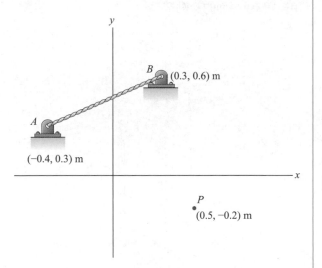

習題 4.176

4.177 三個力作用於結構體。這些力對 A 的力矩總和等於零。試求力 F 的大小。

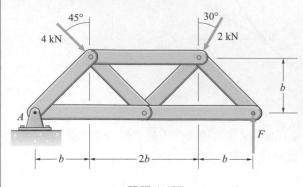

習題 4.177

4.178 試求 400-N 力(a)對 A,(b)對 B 的力矩。

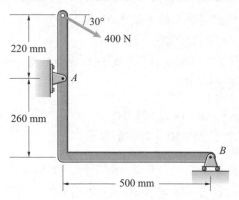

習題 4.178

4.179 試求三個力與力偶對 A 施加的力矩總和。

4.180 如果你以一個由作用於 A 的力 $\mathbf{F}$ 與一個力偶 $\mathbf{M}$ 所組成的等效系統來代表這三個力與力偶,$\mathbf{F}$ 與 $\mathbf{M}$ 的大小是多少?

習題 4.179/4.180

4.181　作用於樑之力的向量總和等於零，而且對 A 的力矩總和等於零。

(a)力 A_x，A_y 與 B 各是多少？

(b)對 B 的力矩總和是多少？

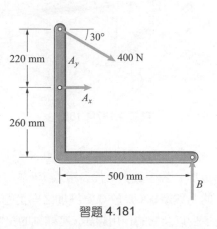

習題 4.181

4.182　液壓活塞 BC 沿平行於活塞的方向施加一個 4850-N 力於檯桿 C 處。角度 $\alpha = 40°$。施加於活塞檯桿之力與被懸吊之荷重的重量對 A 的力矩總和等於零。懸吊之荷重的重量是多少？

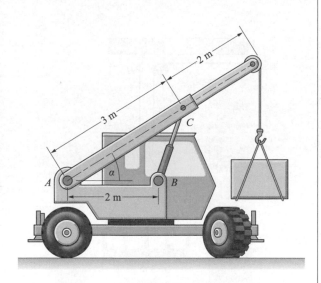

習題 4.182

4.183　力 $\mathbf{F} = 260\mathbf{i} + 60\mathbf{j}$ (N)。

(a)試求 $\mathbf{F}$ 對點 A 的力矩。

(b)從點 A 到的作用線 $\mathbf{F}$ 的垂直距離是多少？

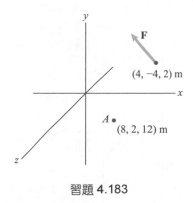

習題 4.183

4.184　20-kg 質量以纜線繫於三根 2-m 高的直柱。點 A 位於 $(0, 1.2, 0)$ m。試求纜線 AB 施加於直柱之力對柱底 E 的力矩。

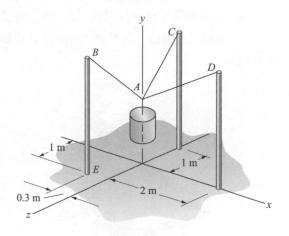

習題 4.184

4.185　兩個力偶的總力矩是多少？

(a)寫出力矩大小並說明力矩是順時針方向或是逆時針方向。

(b)請將答案以向量的形式寫出。

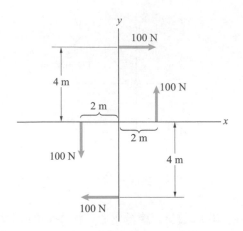

習題 4.185

4.186　長桿 AB 於 B 處施加一個力 $F = -30i + 175j - 60k$ (N) 來支撐平臺型鋼琴的琴蓋。B 的座標是 (0.9, 1.2, 0.9) m。這個力對琴蓋之鉸鍊線 (x 座標軸) 的力矩是多少？

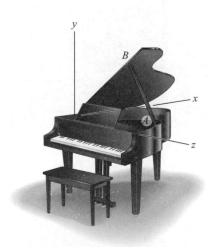

習題 4.186

4.187　試求 800-N 垂直力對點 C 的力矩。

4.188　試求 800-N 垂直力對通過點 C 與 D 之直線的力矩。

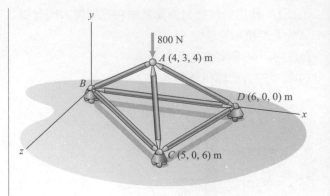

習題 4.187/4.188

4.189　纜線與滑輪系統支持重 1500-N 的工作檯。如果你以單一的等效力 F 代表纜線 EF 於 E 處施加之向上的力與纜線 GH 於 G 處施加之向上的力，試求 F 是多少以及它的作用線與 x 座標軸的交點？

4.190　纜線與滑輪系統支持重 1500-N 的工作檯。

(a)纜線 AB 與 CD 的張力是多少？

(b)如果你以單一等效力 F 代表纜線於 A 與 C 處施加於工作檯的力，試求 F 與它的作用線與 x 座標軸的交點？

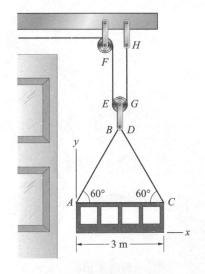

習題 4.189/4.190

4.191　兩個系統是等效的。試求力 A_x 與 A_y 與力偶 M_A。

4.192　如果你以一個作用於原點的力 **F** 與一個力偶 M 代表習題 4.191 的等效系統，**F** 與 M 是多少？

4.193　如果你以一個力 **F** 代表習題 4.191 的等效系統，試求 **F** 是多少以及它的作用線與 x 座標軸的交點？

系統 1

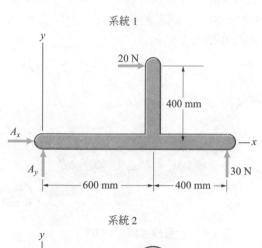

系統 2

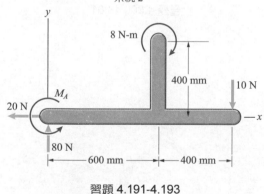

習題 4.191-4.193

4.194　兩個系統是等效的。如果

$$\mathbf{F} = -100\mathbf{i} + 40\mathbf{j} + 30\mathbf{k} \ (\text{N})$$
$$\mathbf{M}' = -80\mathbf{i} + 120\mathbf{j} + 40\mathbf{k} \ (\text{N-m})$$

試求 **F'** 與 **M**。

系統 1　　　　　系統 2

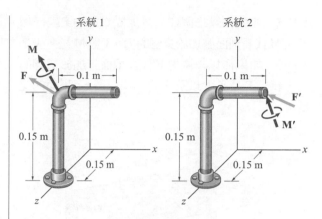

習題 **4.194**

4.195　拖船 A 與 B 施加力 $F_A = 1$ kN，$F_B = 1.2$ kN 與於船身。角度 $\theta = 30°$。如果你以一個作用於原點 O 的力 **F** 與一個力偶 M 代表兩個力，**F** 與 M 是多少？

4.196　拖船 A 與 B 施加力 $F_A = 600$ N 與 $F_B = 800$ N 於船身。角度 $\theta = 45°$。如果你以一個力 **F** 代表這兩個力，試求 **F** 是多少以及它的作用線與 y 座標軸的交點？

4.197　拖船 A 與 B 欲施加兩個等效於作用於原點 O 之 2-kN 大小之力 **F** 的力於船身。如果 $F_A = 800$ N，試求 F_B 與 θ 的值須為多少。

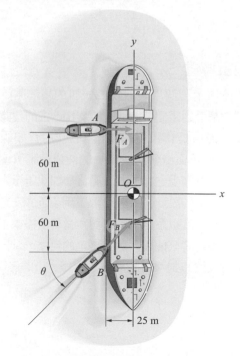

習題 **4.195-4.197**

4.198　如果你以一個作用於原點 O 的力 $\mathbf{F}$ 與一個力偶 $\mathbf{M}$ 代表地面施加於桌腳的力，$\mathbf{F}$ 與 $\mathbf{M}$ 是多少？

4.199　如果你以一個力 $\mathbf{F}$ 代表地面施加於桌腳的力，試求 $\mathbf{F}$ 是多少以及它的作用線與 x-z 平面的交點？

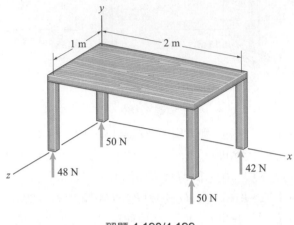

習題 4.198/4.199

4.200　連桿施加兩個力於曲柄軸。$\mathbf{F}_A$ 的方向餘弦是 $\cos\theta_x = -0.182$、$\cos\theta_y = 0.818$ 與 $\cos\theta_z = 0.545$ 且它的大小是 4 kN。$\mathbf{F}_B$ 方向餘弦是 $\cos\theta_x = 0.182$、$\cos\theta_y = 0.818$ 與 $\cos\theta_z = -0.545$ 且它的大小是 2 kN。如果你以一個作用於原點 O 的力 $\mathbf{F}$ 與一個力偶 $\mathbf{M}$ 代表這兩個力，$\mathbf{F}$ 與 $\mathbf{M}$ 是多少？

4.201　如果你以一個由一個力 $\mathbf{F}$ 與一個平行力偶 $\mathbf{M}_P$ 所組成的扳手來代表習題 4.200 中連桿施加於曲柄軸的兩個力，試求 $\mathbf{F}$ 與 $\mathbf{M}_P$ 是多少以及 $\mathbf{F}$ 的作用線與 x-z 平面的交點？

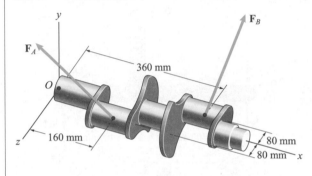

習題 4.200/4.201

設計專題

如圖所示一個用來鍛鍊二頭肌的相當原始的設備。請針對這個裝置的配置提出改進的建議。你能夠使用具有彈性的繩索（其作用有如線性彈簧），配重與滑輪。找出一個使這個裝置使用時對手肘關節處之力矩的變動量與如圖所示之設計相去不遠的設計方式。要考慮到裝置的安全性、它的可靠度以及可供尺寸與力量程度需求不盡相同的使用者來使用。選定特定的尺寸，求出使用這個裝置時對手肘關節處之力矩大小的範圍。

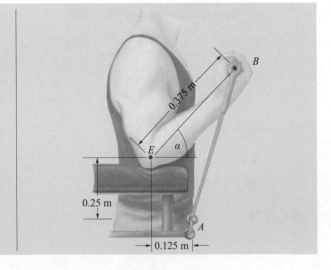

5

平衡狀態之物體

承襲第 3 章與第 4 章所發展出的觀念，我們先說明一般
性的平衡方程式。我們會描述各式各樣支撐或固定結構
構件的方式。接著我們說明如何使用自由體圖與平衡方
程式來算出結構構件的支承(support)所施加的未知力與
力偶。這樣安排方式的主要出發點是為回答結構分析最
核心的問題踏出第一步：工程師是如何設計出能夠承受
重物的結構元件呢？

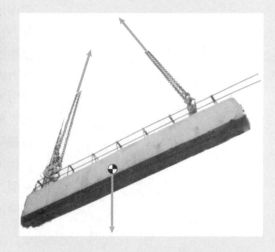

◀ 樑在本身重量及鍊條施力兩者作用下處於平衡。本章應用平衡方
程式來決定作用於物體的未知力與未知力偶。

5.1　二維上的應用

當物體承受一個力與力矩系統而處於平衡狀態時，下述條件會被滿足：

1. 力的總和等於零：

$$\Sigma \mathbf{F} = \mathbf{0} \tag{5.1}$$

2. 對任何點的力矩總和等於零：

$$\Sigma \mathbf{M}_{\text{any point}} = \mathbf{0} \tag{5.2}$$

由第 4 章我們所討論的等效力與力矩系統中，式(5.1) 與(5.2)告訴我們作用於一個處於平衡狀態的物體之力與力矩系統等效於一個不具有力也不具有力偶的系統。我們得以由此深入了解平衡的本質。從施加到平衡狀態之物體的合力與合力矩觀點來看，其效果與沒有力或力偶施加於該物體是一樣的。這個觀察讓我們更清楚的了解如果作用於一個物體的合力等於零而且對某個點的力矩總和也等於零的話，那麼對任一點的力矩總和都會等於零。

純量平衡方程式

當作用於一個處於平衡狀態之物體的重物與反作用力(reactions)構成一個二維的力與力矩系統時，這些力與力矩彼此間的關係可以透過三個純量平衡方程式建立起來：

$$\Sigma F_x = 0 \tag{5.3}$$
$$\Sigma F_y = 0 \tag{5.4}$$
$$\Sigma M_{\text{any point}} = 0 \tag{5.5}$$

一個很自然會想要問的問題是：是不是可以對很多點一一計算力矩總和，然後再利用式(5.5)得到很多的方程式。答案是可以的，而且在某些情況這樣的作法反而更顯得好用。但這樣的作法有個陷阱-額外得到的方程式與式(5.3)-(5.5)這幾個方程式並不是互為線性獨立的。換句話說，**從二維的自由體圖沒有辦法建立三個以上而又能線性獨立的平衡方程式，也就是說我們最多只能解出三個未知的力或力偶。**於第 5.2 節中我們會進一步討論這一點。

支承

當你站著的時候，地面支撐著你。當你坐在一張椅子而腳擱在地面上，椅子與地面支撐著你。於這一節我們專注於有哪些支撐或固定物體的方式。由物體的支承施加於物體的力與力偶被稱為反作用

力，可以說是支承「抗拒」其他作用於這個物體的力與力偶或**重物**的事實表現。舉例來說，一座橋樑靠著橋墩這類的支承所提供的反作用力架起來，而橋樑的重物可以是橋樑本身的重量、行走其上的行人與車輛以及風力等等的力量。

　　一些常用的支承已有標準的格式，稱之爲**支承慣例符號**(*support convectiions*)來代表。日常生活所見的支承都非常類似於支承慣例符號，即使或有出入，只要實際所用的支承施加相同的(或近乎相同的)反作用力，我們還是會以這些符號來代表實際所用的支承。

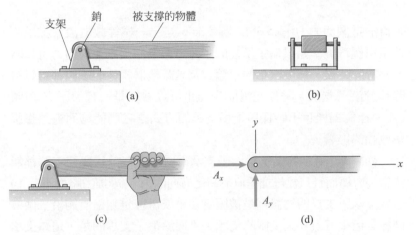

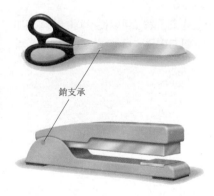

圖 5.1
(a)銷支承
(b)側視圖顯示出銷穿過樑
(c)手握一根被支撐的長桿
(d)銷支承能夠施加兩個分力

銷支承　圖 5.1a 展示一根**銷支承**(*pin support*)。這張圖畫出一個支架，某個物體(例如樑)被固定於支架上，其中這個物體及支架同時被一根平滑的銷所穿過。其側視如圖 5.1b 所示。

　　要了解一個銷支承所能施加的反作用力，想像手裡握著一根固定於銷支承的桿子(圖 5.1c)。如果你試著移動但不轉動這根長桿(也就是說，平移這根桿子)，這個支承會施加一個反作用力阻止這樣的平移動作。但是，你能讓這根桿子繞著銷軸心旋轉。這種支承無法對銷軸心施以任何力偶來阻止這樣的繞轉動作。因此銷支承無法於銷軸心施以任何力偶，但它能沿任何方向對物體施加一個力，這個力常常以分力的形式來表現(圖 5.1d)。圖上箭頭指向反作用力 A_x 與 A_y 的正方向。如果你所算出的 A_x 或 A_y 是負的，則反作用力箭頭的方向相反。

　　銷支承適於代表任何能沿任何方向施加力但不能施加力偶的支承。許多常見的裝置都可以見到銷支承的使用，特別是設計用來能彼此繞轉的連接零件(圖 5.2)。

圖 5.2　剪刀與釘書機的銷支承

滾子支承　被稱爲**滾子支承**(*roller support*)(圖 5.3a)的符號代表一個裝在滾輪上的銷支承。與銷支承相同的是，滾子支承無法對銷軸心施加任何的力偶。由於滾子支承能夠順著自己滾動的平面自由地前後移動，所以它也不能夠施加任何平行於這個平面的力，只能施加

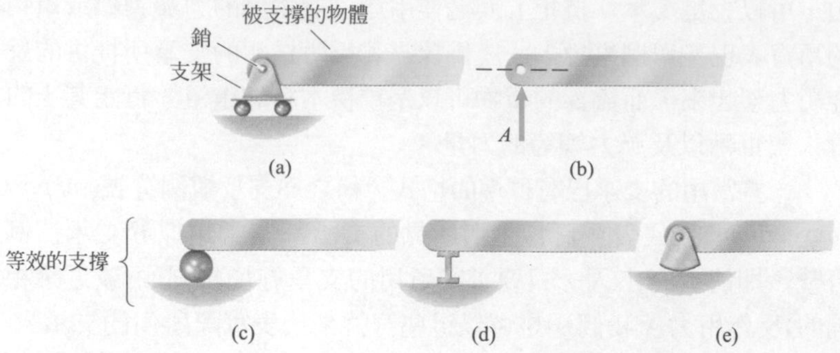

被支撐的物體
銷
支架

(a)

(b)
A

等效的支撐

(c)

(d)

(e)

圖 5.3
(a)滾子支承
(b)反作用力是一個垂直於面的力
(c)-(e)等支承等效於滾子支承

圖 5.4
以光滑面支撐一個物體

垂直於這個面的力(圖 5.3b)。圖 5.3c-e 是另一個等效於滾子支承的常用慣例符號。如果輪子承受的摩擦力相較於垂直方向的力可以略而不計的時候,那麼汽車的車輪以及承載機器組件的滾輪都可以被歸類於滾子支承。一片光滑的表面也可以看作是一種滾子支承(圖 5.4)。樑與橋樑也不時採用這種支撐的方式讓它們能夠面對熱膨脹與收縮的影響。

　　如圖 5.5 所示的支承與滾子支承雷同之處在於這兩種支承都無法施加力偶而且只能施加垂直於特定方向的力。(摩擦力略而不計。)這些支承所支撐的物體都是被固定在銷或滑塊這類僅能夠沿一個方向移動但垂直方向則受限的支承。不同於滾子支承的是,這類支承能夠從上方或下方施加垂直力。

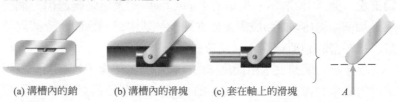

圖 5.5
這些支承除了可以從不同的方向施加垂直力之外,其他都類似於滾子支承

(a) 溝槽內的銷　　(b) 溝槽內的滑塊　　(c) 套在軸上的滑塊
A

固定支承　　**固定支承**(*fixed support*)所支撐的物體可以說是嵌進了壁面(圖 5.6a)。這個慣例符號也被稱為**嵌入支承**(*built-in support*)。要了解這種支承的反作用力,不妨想像有一根的桿子被固定於固定支承(圖 5.6b)。如果你想要左右挪動這根桿子,固定支承會施加一個反作用力阻止桿子被挪走,而如果你想要上下轉動桿子,固定支承也會施加一個反作用力偶來阻止桿子被轉動。一個固定支承能夠施加兩個方向的反作用力的分力以及一個力偶(圖 5.6c)。以 M_A 代表由固定支承施加的力偶而以弧形箭頭標示出這力偶的作用方向。籬笆柱子與路燈燈桿都算是固定支承的一種。鑲接在一起的各個附屬件如果彼此間不能相對的移動或轉動,譬如鎚子的鎚頭與它的握把,也能看作是固定支承。

表 5.1 列出在二維的應用上常見的各種支承慣例符號，包括那些我們已在第 3 章討論過的。儘管符號的數量看似多的驚人，不過透過範例與習題你會對這些符號更加熟悉。你也不妨觀察日常生活中所看到的物體被支撐的方式，進而思索那樣的支承是否能採用某個支承慣例符號來代表。

表 5.1　二維應用的支承

支撐	反作用力
繩索或纜線　　彈簧	T 共線力
與光滑面接觸	A 垂直於支撐面的力
與粗糙面接觸	y　x　A_x　A_y 兩個分力
銷支撐	y　x　A_x　A_y 兩個分力
滾子支承 等效的支撐	A 垂直於支承面的力
受到限制的銷支撐或滑塊	A 垂直力
固定(埋入)支承	y　x　M_A　A_x　A_y 兩個分力與一個力偶分量

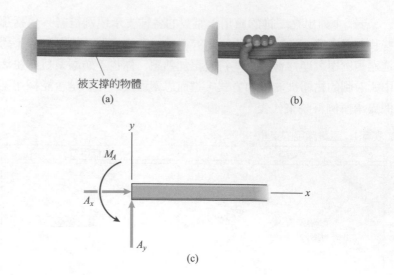

圖 5.6
(a)固定支承
(b)手握被支撐的長桿
(c)固定支承能施加的反作用力

自由體圖

於第 3 章我們曾介紹過自由體圖以及如何使用它們來計算處於平衡狀態下簡單的物體所承受的力。但是透過使用支承慣例符號，我們能夠模型出更複雜的物體樣子並以一個更有系統的作法建構出物體的自由體圖。

　　舉例來說，於圖 5.7a 中的樑它的左端點有一個銷支承以及在右端點有一個滾子支承而且承受了一個力 F。滾子支承靜止於一個斜度為 30°的斜面。要得到樑的自由體圖，我們首先將樑與它的支承隔離出來(圖 5.7b)，因為在這張自由體圖中，除了樑本身以外，其他物體都不會出現。標示出支承可能施加於樑的反作用力之後我們就完成了整張的自由體圖(圖 5.7c)。請留意在 B 處的滾子支承所施加的反作用力是垂直於支承所在的平面。

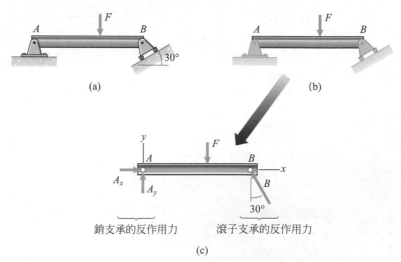

圖 5.7
(a)具有銷支承與滾子支承的樑
(b)將樑與兩個支承分開
(c)完成的自由體圖

　　圖 5.8 中的物體在左端點有一個固定支承。一條繩索穿過一個滑輪後連到物體上的兩個點。我們先將這個物體與它的支承隔離(圖 5.8b)然後標示出在固定支承處的反作用力以及由纜線所施加的張力來完成整張自由體圖(圖 5.8c)。**不要忘記在固定支承處還有個力偶。**由於我們假設滑輪左右兩側纜線的張力都是相同的，所以由纜線施加的兩個力具有同樣的大小 T。

　　一旦你完成了平衡狀態之物體的自由體圖來區辨這個物體所承受的重物與作用於它的反作用力，你就能夠應用平衡方程式。

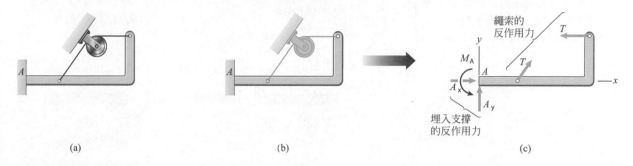

(a)　　　　　　　　　(b)　　　　　　　　　(c)

圖 5.8
(a)具有固定支承的物體
(b)將物體隔離出來
(c)完成的自由體圖

結論

平衡方程式

當物體處於平衡狀態，作用於這個物體的力與力矩系統滿足兩個條件。

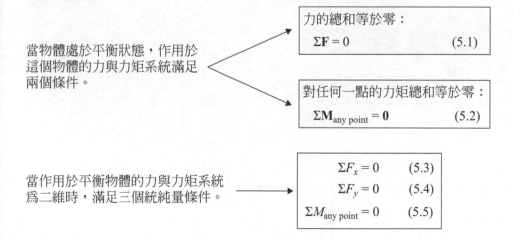

力的總和等於零：
$$\Sigma\mathbf{F} = 0 \qquad (5.1)$$

對任何一點的力矩總和等於零：
$$\Sigma\mathbf{M}_{\text{any point}} = \mathbf{0} \qquad (5.2)$$

當作用於平衡物體的力與力矩系統為二維時，滿足三個統純量條件。

$$\Sigma F_x = 0 \qquad (5.3)$$
$$\Sigma F_y = 0 \qquad (5.4)$$
$$\Sigma M_{\text{any point}} = 0 \qquad (5.5)$$

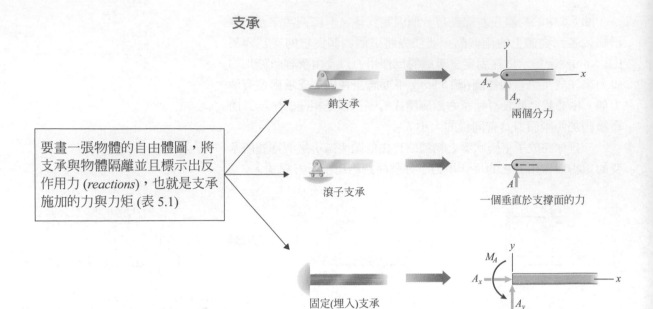

支承

銷支承 → 兩個分力 (A_x, A_y)

滾子支承 → 一個垂直於支撐面的力 (A)

固定(埋入)支承 → 兩個分力與力偶 (M_A, A_x, A_y)

要畫一張物體的自由體圖，將支承與物體隔離並且標示出反作用力 (*reactions*)，也就是支承施加的力與力矩 (表 5.1)

觀念範例 5.1　在固定支承處的反作用力(▶ 相關習題 5.1)

樑在 A 處有一個固定支承並承受一個 4-kN 的力。(a)畫出樑的自由體圖。(b)試求在固定支承處的反作用力。

方略

要畫出樑的自由體圖我們必須將樑與嵌入支承隔離並標示出支承可能施加於樑的反作用力。然後我們應用平衡方程式計算出未知的反作用力。

解答

(a) 畫張樑的自由體圖，與固定支承作隔離並且標示出這個支承的反作用力。

(b) 寫出平衡方程式，

$$\Sigma F_x = A_x = 0$$

$$\Sigma F_y = A_y - 4 \text{ kN} = 0$$

$$\Sigma M_{\text{left end}} = M_A - (2 \text{ m})(4 \text{ kN}) = 0$$

求解得到

$$A_x = 0, \ A_y = 4 \text{ kN}, \ M_A = 8 \text{ kN-m}$$

練習題

槓具有銷支承與滾子支承並承受一個 4-kN 力。(a)畫出樑的自由
體圖。(b)試求在支承處的反作用力。

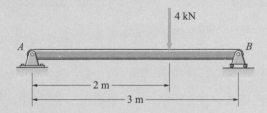

答案：$A_x = 0$，$A_y = 1.33$ kN，$B = 2.67$ kN。

範例 5.2　　在固定支承處的反作用力(▶ 相關習題 5.9)

物體在 A 處有一個固定支承並承受兩個力與一個力偶。在支承
處的反作用力是多少？

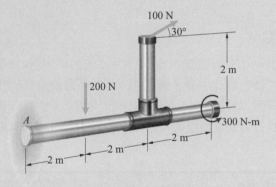

方略

我們先將物體與在 A 處的固定支承隔離出來之後得到一張自由
體圖並一一標示出施加在 A 處的反作用力，包括由固定支承所
可能施加的力偶。然後我們應用平衡方程式計算出未知的反作用
力。

解答

畫出自由體圖　我們先將物體與它的支承隔離然後標示出在固
定支承處的反作用力(圖 a)。一共有三個未知的反作用力：兩個
分力 A_x 與 A_y 與一個力偶 M_A。(請記住我們能夠隨自己意思的訂
定這些箭頭的方向。)我們也分解出 100-N 力的各個分力。

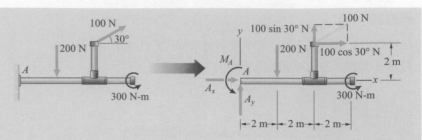

(a) 畫自由體圖

應用平衡方程式　算出對點A的力矩總和，平衡方程式是

$$\Sigma F_x = A_x + 100\cos 30° \, N = 0$$

$$\Sigma F_y = A_y - 200 \, N + 100\sin 30° \, N = 0$$

$$\Sigma M_{\text{point}A} = M_A + 300 \, N\text{-}m - (2 \, m)(200 \, N)$$
$$- (2 \, m)(100\cos 30° \, N) + (4 \, m)(100\sin 30° \, N) = 0$$

解出這些方程式，我們得到反作用力是$A_x = 286.6 \, N$，$A_y = 150 \, N$，以及$M_A = 73.2 \, N\text{-}m$。

重要提示

為什麼 300 N-m 力偶與在固定支承處的力偶M_A並沒有出現在前兩個平衡方程式中呢？請記住力偶並不會提供任何的淨力。同時，因為力偶對任何一點所提供的力矩都是相同的，因此 300 N-m 逆時針方向之力偶對A的力矩還是 300 N-m 逆時針方向。

範例 5.3　選擇計算力矩的參考點(▶ 相關習題 5.15)

結構體AB支撐一個被懸掛的 2-Mg(百萬公克)質量。這個結構體被固定於一個位在A處直槽內的滑塊以及在B處的一個銷支承。試求在A與B處的反作用力各是多少？

方略

我們移走在A與B處的支承並畫出這個結構體與所懸掛之質量的自由體圖。請留意在A處的支承僅能夠施加水平方向的反作用力。然後我們應用平衡方程式計算出在A與B處的反作用力。

解答

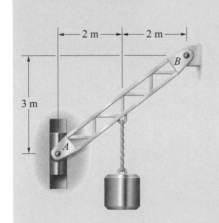

畫出自由體圖　我們將這個結構體以及質量與各個支承隔離出來並一一標示出在支承處的各個反作用力以及 2000-kg 質量的重量(圖 a)。在A處的直槽僅能夠對滑塊施加水平方向的力。

應用平衡方程式　算出對點B的力矩的總和，我們得出平衡方程式是

$$\sum F_x = A + B_x = 0$$
$$\sum F_y = B_y - (2000)(9.81)\,\text{N} = 0$$
$$\sum M_{\text{point }B} = (3\,\text{m})A + (2\,\text{m})[(2000)(9.81)\,\text{N}] = 0$$

反作用力分別是 $A = -13.1\,\text{kN}$，$B_x = 13.1\,\text{kN}$ 與 $B_y = 19.6\,\text{kN}$。

重要提示

儘管寫出平衡方程式時所用來計算力矩的參考點可以隨意地選取，但是精心選出一個好的參考點常常有助於簡化你的答案。在這個範例中，點 B 位在 B_x 與 B_y 這兩個未知力的作用線。算出對 B 的力矩，我們得到的方程式只有一個未知力，也就是在 A 處的反作用力。

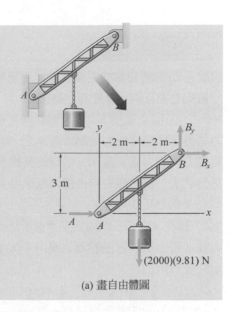

(a) 畫自由體圖

範例 5.4　**對行李手推車的分析**(▶ 相關習題 5.65-5.68)

如圖是一個機場行李手推車以及車體於傾斜姿勢下維持平衡狀態的自由體圖。如果行李手推車支撐重量 $W = 200\,\text{N}$、角 $\alpha = 30°$、$a = 16\,\text{cm}$、$b = 32\,\text{cm}$、與 $d = 96\,\text{cm}$，這名使用者須施加的力 F 是多少？

方略

於自由體圖中未知的反作用力分別是來自地面施加的力 F 與垂直力 N。如果我們計算對輪子中心 C 的力矩總和，我們會得到一個方程式其中只有 F 是唯一的未知數。

解答

對 C 的力矩總和為

$$\sum M_{(\text{point }C)} = d(F\cos\alpha) + a(W\sin\alpha) - b(W\cos\alpha) = 0$$

解出 F，我們得到

$$F = \frac{(b - a\tan\alpha)W}{d}$$

代入 W、α、a、b 與 d 等值得到解 $F = 280.2\,\text{N}$。

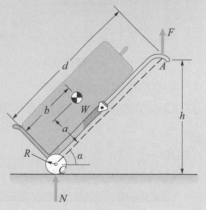

習題

假設各個物體都處於平衡狀態。在答案式子中，x 分量向右為正與 y 分量向上為正。

▶5.1 於觀念範例 5.1 中，假設除了 4-kN 向下的力之外，樑在它的右端點處還承受一個 6 kN-m 逆時針方向的力偶。畫出一張樑的圖標示出它的新的受力狀況。畫出樑的自由體圖並應用平衡方程式計算在 A 處的反作用力。

5.2 樑在 A 處有一個固定支承並承受兩個力與一個力偶。畫出樑的自由體圖並應用平衡條件計算在 A 處的反作用力。

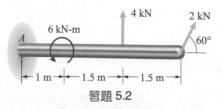

習題 5.2

5.3 樑承受一個重物 $F = 400\,N$ 並受到繩索以及在 A 與 B 處光滑面所支撐。

(a)畫出樑的自由體圖。

(b)在 A 與 B 處的反作用力的大小是多少？

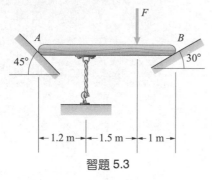

習題 5.3

5.4 (a)畫出樑的自由體圖。

(b)試求繩索的張力與在 B 處的反作用力。

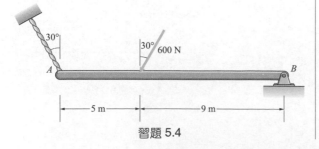

習題 5.4

5.5 (a)畫出 300-N 懸臂鑽床的自由體圖，假設在 A 與 B 處的表面是光滑的。

(b)試求在 A 與 B 處的反作用力。

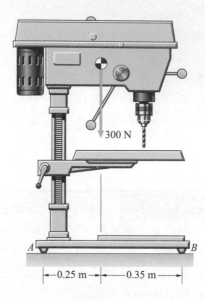

習題 5.5

5.6 人與跳水板的質量分別是是 54 kg 與 36 kg。假設人與板都處於平衡的狀態。

(a)畫出跳水板的自由體圖。

(b)試求在支承 A 與 B 處的反作用力。

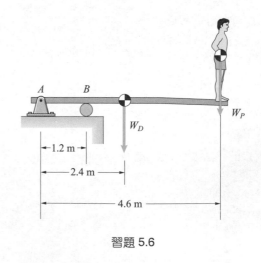

習題 5.6

5.7　燙衣板在 A 與 B 處有支承而且這兩個支承可以被視作滾子支承。(a)畫出燙衣板的自由體圖。(b)試求在 A 與 B 處的反作用力。

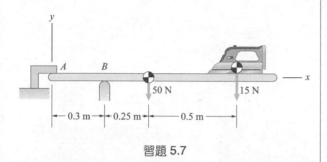

習題 5.7

5.8　距離 $x=9\,\text{m}$。(a)畫出樑的自由體圖。(b)試求在支承處的反作用力。

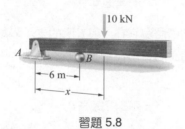

習題 5.8

▶5.9　於範例 5.2 中，假設 200-N 向下的力與 300-N-m 逆時針方向力偶的位置互相對調；200-N 向下的力作用於水平長桿的右端點處而 300-N-m 逆時針方向力偶作用於水平長桿之支承 A 右方 2 m 處。畫出一張圖標示出這根長桿新的受力狀況。畫出物體的自由體圖並應用平衡方程式計算出在 A 處的反作用力。

5.10　(a)畫出樑的自由體圖。(b)試求在支承處的反作用力。

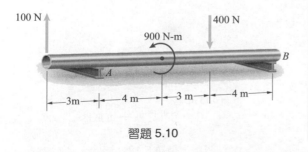

習題 5.10

5.11　人施加 20-N 力於剪鉗。剪鉗的部分自由體圖如圖示。請留意在 C 處連接兩個鉗身的插銷其作用有如一個銷支承。試求在 C 處的反作用力與螺帽施加於鉗子的力 B。

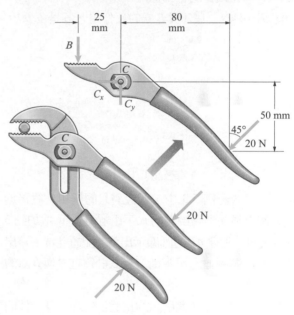

習題 5.11

5.12　(a)畫出樑的自由體圖。(b)試求在銷支承 A 處的反作用力。

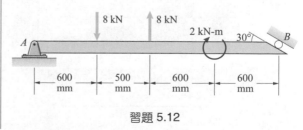

習題 5.12

5.13 (a)畫出樑的自由體圖。
(b)試求在支承處的反作用力。

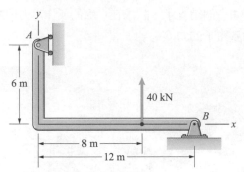

習題 5.13

5.14 (a)畫出樑的自由體圖。
(b)若 $F = 4\,kN$，在 A 與 B 處的反作用力各是多少？

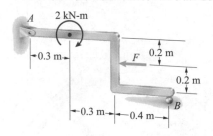

習題 5.14

▶5.15 於範例 5.3 中，假設質量的懸掛位置移近點 B 使得從 A 到懸掛點的水平距離由 2 m 增加到 3 m。畫出一張樑 AB 的圖顯示出新的配置狀況。畫出樑的自由體圖並應用平衡方程式計算在 A 與 B 處的反作用力。

5.16 一個人在如圖所示的位置作伏地挺身。他的 800-N 的重量 W 作用於如圖所示的點。三個長度為 $a = 375\,mm$，$b = 1000\,mm$ 與 $c = 400\,mm$。試求來自地面施加他各隻手與各隻腳的垂直力。

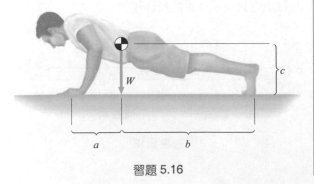

習題 5.16

5.17 液壓活塞 AB 沿著平行於塞身的方向於梯子的 B 處施加一個 2000-N 的力。試求梯子的重量與在 C 處的反作用力。

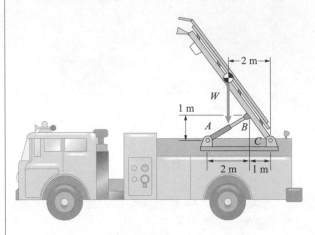

習題 5.17

5.18 將結構體與它在 A 與 E 處的支承隔離出來畫出這個結構體的自由體圖。試求在 A 與 E 處的反作用力。

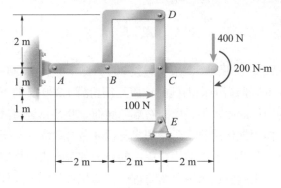

習題 5.18

5.19 (a)畫出樑的自由體圖。
(b)試求纜線的張力與在 A 處的反作用力。

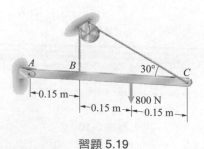

習題 5.19

5.20　彈簧 CD 沒有伸展時的長度是 350 mm。假設你希望桿 ABC 施加一個 120-N 的垂直力於光滑面的 A 處。試求所需要的彈簧常數 k 值與在 B 處的反作用力。

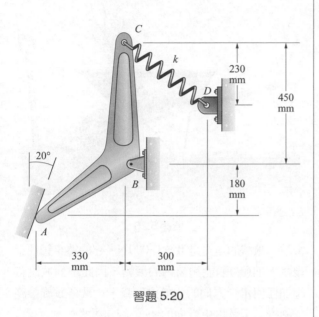

習題 5.20

5.21　如圖裝飾藝術件莫比爾(Mobiles)處於平衡狀態。魚 B 重 2.7 N。試求魚 A、C 與 D 的重量。(水平吊桿的重量不計。)

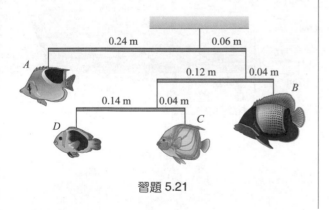

習題 5.21

5.22　車子輪底的距離(車輪間的距離)是 2.82 m。車子的質量是 1760 kg 它的重量作用於點 $x = 2.00$ m，$y = 0.68$ m。如果角 $\alpha = 15°$，斜坡施加於兩個後輪的總垂直力是多少？

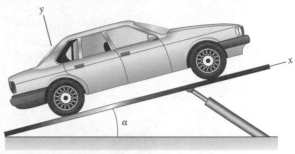

習題 5.22

5.23　連桿 AB 施加一個平行於桿身的力於怪手之車斗 A 處。重量 $W = 6000$ N。畫出車斗的自由體圖並計算在 C 處的反作用力。(在 C 處的連接方式等效於車斗的一個銷支承。)

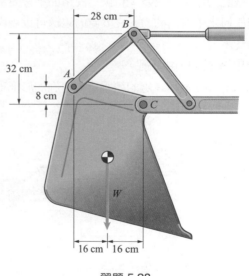

習題 5.23

5.24   72.5-N 的鏈鋸在 A 處承受被它鋸下之木材的重量。試求此人使用鋸子時為了讓鋸子保持平衡所需的反作用力 R，B_x 與 B_y。

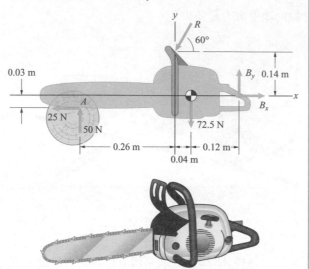

習題 5.24

5.25   拖車的質量是 2.2 Mg(百萬公克)。距離 $a = 2.5\,\text{m}$ 與 $b = 5.5\,\text{m}$。卡車處於靜止的狀態且拖車的車輪能夠自由的滾轉，也就是說路面不會對車體施加任何水平方向的力。在 B 處的鉸鏈可以視作一個銷支承。

(a)畫出拖車的自由體圖。

(b)試求施加於後輪 A 處的總垂直力與施加於拖車銷支承 B 處的反作用力。

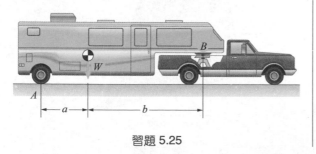

習題 5.25

5.26   獨輪手推車與它的重物的總重量是 $W = 500\,\text{N}$。(a)將 A 處的支承舉離地面所需要向上的力 F 的大小是多少？(b)將車輪舉離地面所需要向下的力 F 的大小是多少？

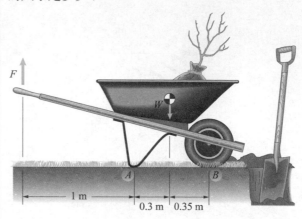

習題 5.26

5.27   飛機的重量是 $W = 12000\,\text{N}$。它的煞車鎖住了後輪。前(鼻)輪能夠自由的滾轉，因此地面並沒有施加任何水平方向的力於這個輪子。飛機螺旋槳施加的推力 T 是水平方向的。

(a)畫出飛機的自由體圖。試求施加於鼻輪的反作用力與施加於後輪的總垂直反作用力：

(b)當 $T = 0$。

(c)當 $T = 1250\,\text{N}$。

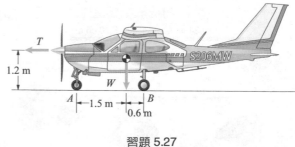

習題 5.27

5.28   一名負責制定堆高機荷重上限的工安工程師分析如圖所示的情境。尺寸是 $a = 1.25\,\text{m}$，$b = 0.5\,\text{m}$ 與 $c = 1.40\,\text{m}$。堆高機的重量與操作人員共重 $W_F = 2\,\text{kN}$。當堆高機支撐的重量 W_L 增加，地面施加於後輪 B 處的垂直力會減少。當在 B 處的垂直力等於零，堆高機就會向前傾倒。試求出現這個情況時的 W_L 值。

習題 5.28

5.29　古生物學家推測，劍龍可以用它的後肢站起來做短時間的進食。根據如圖所示的自由體圖並假設 $m = 2000\,\text{kg}$，試求韌帶肌與脊柱在 B 與 C 處施加之力的大小並計算角 α 的值。

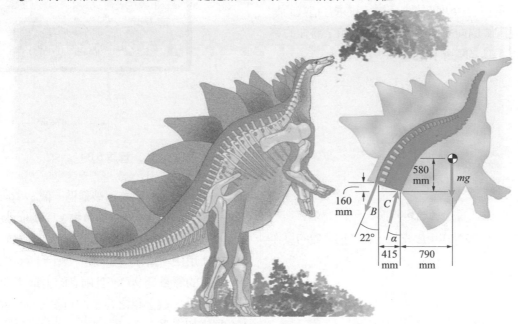

習題 5.29

5.30　電風扇的重量是 $W = 100\,\text{N}$。它的底座有四個等間隔且長度為 $b = 0.3\,\text{m}$ 的腳。各腳的末端有個襯墊貼近地面來支撐電風扇。高度是 $h = 0.9\,\text{m}$。如果電風扇的扇葉施加推力 $T = 10\,\text{N}$，施加於 A 處兩隻腳的總垂直力是多少？

5.31　電風扇的重量是 $W = 100\,\text{N}$。它的底座有四個等間隔且長度為 $b = 0.3\,\text{m}$ 的腳。各腳的末端有個襯墊貼近地面來支撐電風扇。高度是 $h = 0.9\,\text{m}$。當電風扇的推力 T 增加，在 A 處兩隻腳所受到的垂直力會減少。當在 A 處的垂直力等於零的時候，電風扇會向前傾倒。試求出現這個情況時的 T 值。

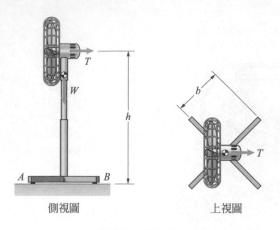

側視圖   上視圖

習題 5.30/5.31

5.32　在一個縮減成本的措施下,如習題 5.31 所述的電風扇的製造商建議電風扇原來的四隻改以三隻等間隔的腳來支撐。一名工程師被指派分析這項設計變更所可能引起的安全顧慮。電風扇的重量減輕至 $W=95\,N$。尺寸 b 與 h 維持不變。試求在這樣的設計下出現電風扇向前傾倒現象時的 T 值?將你的答案與習題 5.31 的答案作比較。

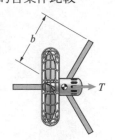

習題 5.32

5.33　力 $F=400\,N$ 作用於支架。在 A 與 B 處的反作用力各是多少?

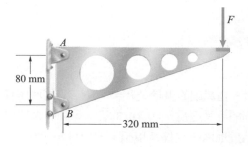

習題 5.33

5.34　招牌的重量 $W_s=160\,N$ 作用於如圖所示的點。長桿 AD 的重量 50-N 作用於長桿的中點處。試求纜線 AE 的張力與在 D 處的反作用力。

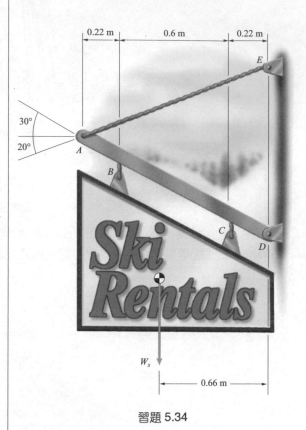

習題 5.34

5.35　如圖所示的裝置,被稱爲一個 swape 或 sha-doof,幫助人舉起一個重的重物。(這類的裝置出現於埃及最早可溯及 1550 B.C.而且目前仍然於世界不同之處使用中。)尺寸 $a=3.6\,m$ 與 $b=1.2\,m$。長桿與平衡配重的質量是 90 kg 且兩者的重量 W 作用於如圖所示的點。被上舉之荷重的質量是 45 kg。試求人必須施加之垂直方向的力是多少以支撐靜止的荷重(a)當荷重離地面不遠之處(如圖所示的位置);(b)當荷重於地面上方 1 m 之處。 假設繩索保持垂直。

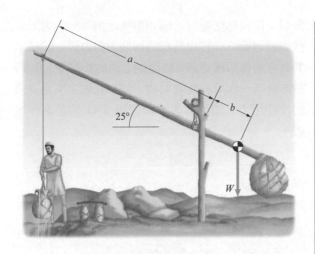

習題 5.35

5.36　這樣的結構，被稱為桁架(trusss)，在 A 處有一個銷支承且在 B 處有一個滾子支承並承受了兩個力。試求在各個支承處的各反作用力。

方略：畫出視整個桁架為單一物體時的自由體圖。

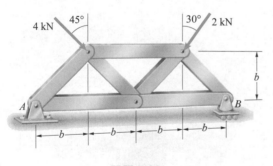

習題 5.36

5.37　一名奧林匹克運動員維持在「鐵十字(iron cross)」的姿勢靜止不動。他左臂的重量與身體不包括雙臂的重量如圖所示。距離是 $a = b = 0.225$ m 與 $c = 0.325$ m。將他的肩膀 S 視為一個固定支承並計算在他肩膀處之反作用力的大小。也就是說，試求他的肩膀必須支撐的力與力偶。

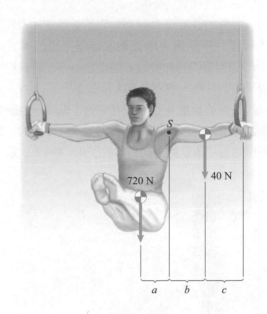

習題 5.37

5.38　試求在 A 處的反作用力。

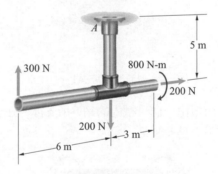

習題 5.38

5.39　車子的煞車鎖住後輪而前輪則可以自由的滾動。試求當車停妥(a)於一個坡度為 $\alpha = 15°$ 的上坡面；(b)於一個坡度為 $\alpha = -15°$ 的下坡面之後，路面施加於前輪與後輪的力。

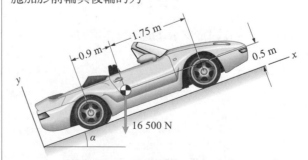

習題 5.39

5.40 長桿的長度是 $L=4$ m。它的重量 $W=60$ N 作用於長桿的中點處。地面與牆面是光滑的。當角 $\alpha=0$ 時彈簧是沒有伸展的。如果當 $\alpha=40°$ 時長桿會呈現平衡的狀態,彈簧常數 k 是多少?

5.41 長桿的重量 W 作用於在它的中點處。地面與牆面是光滑的。當角 $\alpha=0$ 時彈簧是沒有伸展的。試求長桿處於平衡狀態時的角 α 並以 W、k 與 L 表示。

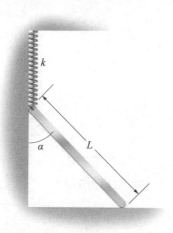

習題 5.40/5.41

5.42 平板由一個滑槽內的銷 B 所支撐。在支承處的反作用力是多少?

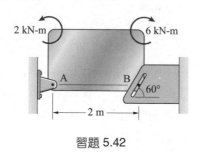

習題 5.42

5.43 試求在固定支承 A 處的反作用力。

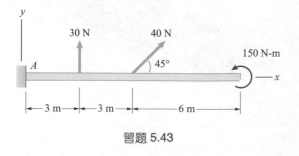

習題 5.43

5.44 假設你想要以一個如圖所示的等效的力 F 來代表習題 5.43 中作用於樑的兩個力與力偶。(a)試求 F 與它的作用線穿過 x 座標軸之處的距離 D。(b)假設 F 是唯一作用於樑的重物,試求在固定支承 A 處的反作用力。將你的答案與習題 5.43 的答案作比較。

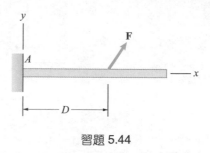

習題 5.44

5.45 位於右側的自行車煞車伸入自行車架 A 處。以纜線張力 T 表示出煞車墊在輪框 B 處施加的力。

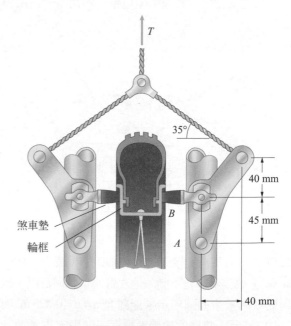

習題 5.45

5.46 各個懸掛重量的質量是 80 kg。試求在支承 A 與 E 處的反作用力。

5.47 懸掛重量的質量各為 m。在 A 與 E 處支承各足以支撐一個 6 kN 大小的力。根據這個標準,m 的最大安全值是多少?

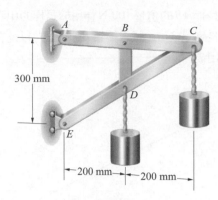

習題 5.46/5.47

5.48　纜線 BC 的張力是 500 N。試求在固定支承處的反作用力。

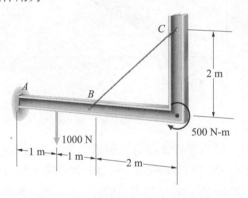

習題 5.48

5.49　纜線 AB 的張力是 2 kN。於圖中的兩個不同的狀況中，在 C 處的反作用力是多少？

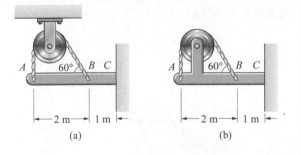

習題 5.49

5.50　試求在支承處的反作用力。

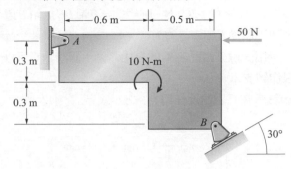

習題 5.50

5.51　重量 W＝2 kN。試求纜線的張力與在 A 處的反作用力。

5.52　纜線可以安全的支撐 6 kN 以內的張力。根據這個標準，重量 W 的最大安全值是多少？

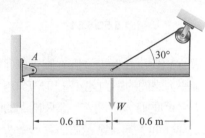

習題 5.51/5.52

5.53　被夾鉗緊緊鉗住的兩個木塊於銷 D 處施加一個從 A 朝向 D 的 200-N 力。螺旋滾軸 BE 於銷 E 處施加一個從 B 朝向 E 的力。

(a)畫出一個夾鉗臂 DCE 的自由體圖，假設銷 C 可以視作銷支承。

(b)試求在 C 處的反作用力。

5.54 被夾鉗緊緊鉗住的兩個木塊於銷 A 處施加一個從 D 朝向 A 的 200-N 力。螺旋滾軸 BE 於銷 B 處施加一個從 E 朝向 B 的力。

(a)畫出一個夾鉗臂 ABC 的自由體圖，假設銷 C 可以視作銷支承。

(b)試求在 C 處的反作用力。

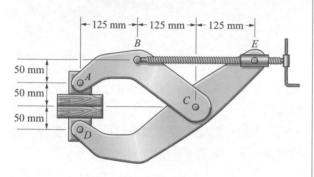

習題 5.53/5.54

5.55 假設你想要設計個安全閥在圓管(直徑 = 150 mm)與大氣壓力之間的壓力差 p 達 10 MPa(百萬帕；一帕等於 1 N/m²)的時候會開啓。當閥關閉的時候彈簧被壓縮了 20 mm。彈簧常數應該等於多少？

習題 5.55

5.56 長桿 AB 的重量 100-N 作用於長桿的中點處。長桿的長度是 3 m。試求繩索 BC 的張力以及在 A 處的反作用力。

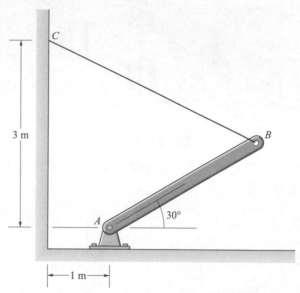

習題 5.56

5.57 吊車臂在 A 處有一個銷支承。液壓活塞 BC 沿平行 BC 的方向施加一個力於臂 C 處。吊車臂質量 200 kg 而它的重量可以假設爲作用於 A 點右方 2 m 之處。如果被懸掛之箱體的質量是 800 kg 且系統處於平衡狀態，液壓活塞施加之力的大小是多少？

5.58 於習題 5.57，吊車臂施加在 A 處銷支承之力的大小是多少？

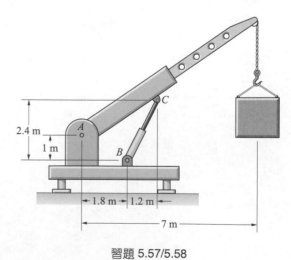

習題 5.57/5.58

5.59　一條固定於 D 與 E 處之纜線上懸掛了一套揚聲系統。揚聲系統的質量是 130 kg 且它的重量作用於 G 處。試求纜線的張力以及在 A 與 C 處的反作用力。

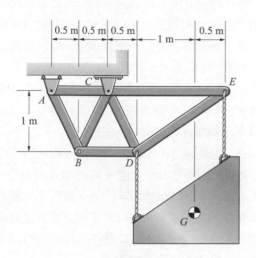

習題 5.59

5.60　重量 $W_1 = 1000$ N。忽略長桿 AB 的重量。纜線穿過個滑輪 C 處。試求重量 W_2 與在銷支承 A 處的反作用力。

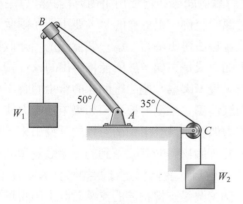

習題 5.60

5.61　尺寸 $a = 2$ m 與 $b = 1$ m。力偶 $M = 2400$ N-m。彈簧常數是 $k = 6000$ N/m 而且如果 $h = 0$ 則彈簧是沒有伸展的。當 $h = 2$ m 且樑是水平的時候系統會呈現平衡的狀態。試求力 F 與在 A 處的反作用力。

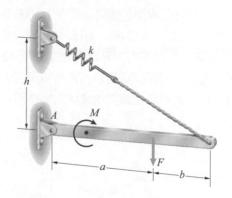

習題 5.61

5.62　長桿長 1 m 且它的重量 W 作用於它的中點處。距離 $b = 0.75$ m 與角 $\alpha = 30°$。彈簧常數是 $k = 100$ N/m 而當長桿為垂直的時候彈簧是沒有伸展的。試求 W 以及在 A 處的反作用力。

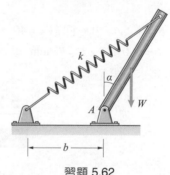

習題 5.62

5.63　一具起重架吊起 75-kN 的重物。吊桿 BC 與 DE 各為 6 m 長。距離是 $a = 4.5$ m 與 $b = 0.6$ m 與角 $\theta = 30°$。試求纜線 AB 的張力以及在 C 與 D 之處的反作用力。

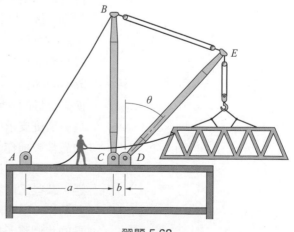

習題 5.63

5.64　飛機升降舵的控制機構如圖所示。(升降舵是位於飛機機尾的水平控制面。)升降舵被固定於構件 *EDG* 。空氣動力的壓力對升降舵施加一個 12 N-m 順時鐘的力偶。 纜線 *BG* 是鬆垮的所以不必考慮它的張力。試求力 *F* 與在銷支承 *A* 處的反作用力。

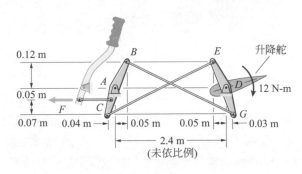

習題 5.64

▶5.65　於範例 5.4 中，假設 $\alpha = 40°$、$d = 1\,\text{m}$、$a = 200\,\text{mm}$、$b = 500\,\text{mm}$、$R = 75\,\text{mm}$ 以及行李的質量是 40 kg。試求 *F* 與 *N* 。

▶5.66　於範例 5.4 中，假設 $\alpha = 35°$、$d = 1.15\,\text{m}$、$a = 0.25\,\text{m}$、$b = 0.35\,\text{m}$、$R = 0.075\,\text{m}$ 而你不希望使用者施加的的力 *F* 超過 100 N。試求放進手推車之行李最重的可達多少？

▶5.67　作設計決定時最困難的一件事是你並不知道使用者會以何種方式將行李放進如範例 5.4 中的手推車。假設你在設計時假設重量作用位置落在某個「封閉區間」$R \leq a \leq 0.75c$ 與 $0 \leq b \leq 0.75d$ 之內。如果 $\alpha = 30°$、$c = 0.35\,\text{m}$、$d = 1.2\,\text{m}$、$R = 0.075\,\text{m}$ 與 $W = 400\,\text{N}$，使用者施加的力 *F* 須達多少以上時可以不用顧慮行李會被如何的放置？

▶5.68　於範例 5.4 中，假設使用者握住的手推車的手把離地 $h = 0.9\,\text{m}$ 之處。同時令 $R = 0.075\,\text{m}$、$a = 0.15\,\text{m}$、$b = 0.3\,\text{m}$ 與 $d = 1.2\,\text{m}$。使用者的施力與行李重量的比值是 $F/W = 0.132$。假設推車適合身高範圍介於 $0.6 \leq h \leq 0.9$ 的使用者使用。請以不同之高度 *h* 畫出 *F/W* 的函數圖。

5.2　靜不定物體

背景概念

　　於第 5.1 節我們已討論過關於如何使用平衡方程式計算平衡狀態之物體的未知力與力偶的範例。很重要的是，要小心在兩個常見的情況下使用這種作法並無法得出解答。第一個情況是，一個物體的自由體圖中出現的未知力或是力偶多於所能推導出的線性獨立平衡方程式的數目。舉例來說，因為一個二維問題的自由體圖不可能得到推導出三個以上的線性獨立平衡方程式，如果未知的力或力偶超過三個，則這些力或力偶會無法全由平衡方程式計算出來。舉例來說，這種情況會出現於一個物體的實際用到的支承數量超過維持其平衡狀態所必要的支承數目。我們稱這樣的物體有**贅餘支承**(*redundant supports*)。第二個情況是支撐物體的支承設計上出現瑕疵，使得這樣的支承承受重物時不能保持平衡狀態。我們稱這樣的物體具有**瑕疵支承**(*improper supports*)。無論是這兩種情況中的哪一種，物體都被稱作是**靜不定**(*statically indeterminate*)的物體。

　　工程師要提高強度與安全性時都會盡可能的使用贅餘支承。不過，某些工程設計要求物體是不完全的被支撐使得它能自由的做某些動作。這些兩個狀況－支承較平衡所需者還多或是不足－是很常見的我們將予以詳細的考慮。

贅餘支承

考慮一根具有固定支承的樑(圖 5.9a)。由它的自由體圖(圖 5.9b)，我們得到平衡方程式

$$\Sigma F_x = A_x = 0$$

$$\Sigma F_y = A_y - F = 0$$

$$\Sigma M_{\text{point} A} = M_A - \left(\frac{L}{2}\right)F = 0$$

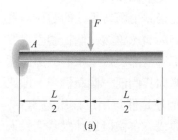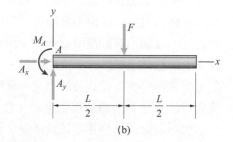

圖 5.9
(a)一根具有固定支承的樑
(b)其自由體圖有三個未知的力

假設我們知道荷重 F，我們有三個方程式與三個未知的反作用力，由此我們得到解答 $A_x = 0$、$A_y = F$ 與 $M_A = FL/2$。

　　現在假設我們在樑的右端點處加進一個滾子支承(圖 5.10a)。由新的自由體圖(圖 5.10b)，我們得到平衡方程式

$$\Sigma F_x = A_x = 0 \qquad (5.6)$$

$$\Sigma F_y = A_y - F + B = 0 \qquad (5.7)$$

$$\Sigma M_{\text{point} A} = M_A - \left(\frac{L}{2}\right)F + LB = 0 \qquad (5.8)$$

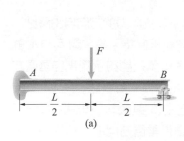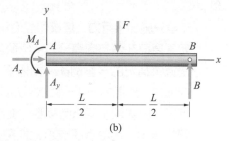

圖 5.10
(a)一具有固定支承與滾子支承的樑
(b)其自由體圖有四個未知的力

現在我們有三個方程式與四個未知的反作用力。儘管第一個方程式告訴我們 $A_x = 0$，但是我們無法由(5.7)與(5.8)這兩個方程式解出另外三個反作用力 A_y、B 與 M_A。

　　面對這樣的處境，學生常常想要藉著計算對其他參考點，如點 B，的力矩總和來嘗試擁有另一個方程式：

$$\Sigma M_{\text{point} B} = M_A + \left(\frac{L}{2}\right)F - LA_y = 0$$

不幸的是，這樣的作法其實幫不上什麼忙。這多出來的方程式並不是一個線性獨立方程式，而是式(5.7)與(5.8)的線性組合：

$$\Sigma M_{\text{point }B} = M_A + \left(\frac{L}{2}\right)F - LA_y$$

$$= \underbrace{M_A - \left(\frac{L}{2}\right)F + LB}_{\text{式}(5.8)} - \underbrace{L(A_y - F + B)}_{\text{式}(5.7)}$$

一如這個範例所想表明的，物體的支承每多出一個就會引進額外的反作用力。反作用力的數目與線性獨立平衡方程式的數目兩者間的差值被稱為**贅餘度**(*degree of redundancy*)。雖然一個物體因為贅餘支承的關係而屬於靜不定的物體，不過全部反作用中的一部份還是可能透過平衡方程式被算出來。提醒你我們前一個範例中，即使我們無法算出其他幾個反作用力，我們還是能算出反作用力 A_x。

因為贅餘支承幾乎是俯拾即是，你或許會懷疑為什麼我們投入那麼多的精力教你如何分析那些能夠從平衡方程式完整的算出所有反作用力的物體。我們想要培養你對平衡的瞭解並寫出平衡方程式。因為贅餘支承的反作用力**能夠**由平衡方程式再加上力與力偶與物體變形(deformation)，即形狀改變，之間的關係而建立的方程式來算出。因此能夠寫出平衡方程式是解題的第一步。

瑕疵支承

如果物體承載重物後會失去原有的平衡狀態，我們說這個物體具有瑕疵支承(Improper Supports)。因此具有瑕疵支承的物體承載重物後會出現移動的現象。在二維的問題中，移動的現象會以兩種方式表現：

1. **支承只施加平行力**：這讓物體沿垂直於支承力的方向自由移動。如果負荷在該方向有分力，物體就難再保持平衡。圖 5.11a 就是這樣情況的一個例子。兩個滾子支承只能夠承受來自垂直方向的力，然而力 F 有一個水平方向的分力。所以當 F 被加上去的時候，樑會朝水平方向移動。從自由體圖(圖 5.11b)就可以很明顯的看出。因為滾子支承只能夠提供垂直方向的反作用力，所以水平方向之力的總和無從等於零。

2. **支承能只能夠施加共點力**：如果負荷對支承各反作用力之作用線的交點的力矩不等於零，則物體無法保持平衡。舉例來說，考慮於圖 5.12a 中的樑。由它的自由體圖(圖 5.12b)我們看到反作用力 A 與 B 對點 P，它們的作用線相交之處，沒有施加任何力矩但負荷 F 則有。對點 P 的力矩總和不等於零，當負荷加上之後樑會因此轉動。

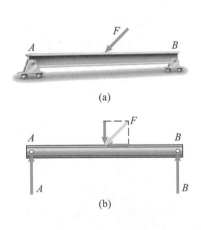

(a)

(b)

圖 5.11

(a) 一根具有兩個滾子支承的樑在承受如圖示的負荷後不再處於平衡狀態

(b) 沿水平方向的力的總和不等於零

　　除非題目中明白指明支承屬於瑕疵支承，否則我們的範例與習題中所提到的物體都沒有用到瑕疵支承。你應該培養查看那些處於平衡狀態之物體的習慣並且想想爲什麼承載負荷後這些物體能夠沒有瑕疵的被支撐著。

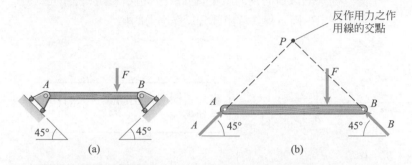

圖 5.12
(a)一根斜面上有個滾子支承的樑
(b)對點 P 的力矩總和不等於零

結論

在兩個情況下一個被支撐著的物體被稱爲是**靜不定的**：

贅餘支承

物體擁有的支承數目多於維持平衡所需要的最小的數目。反作用力的數目與線性獨立之平衡方程式數目的差值稱爲**贅餘度** (*degree of redudancy*)

瑕疵支承

無法在負荷作用下維持物體的平衡的支承

觀念範例 5.5　　區分靜不定物體(▶ 相關習題 5.69)

樑有兩個銷支承且承受了一個 2-kN 力。
(a)證明樑屬於靜不定並算出樑的贅餘度。
(b)儘可能計算出反作用力。

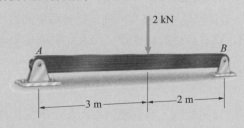

方略

如果樑的自由體圖中未知的反作用力多於我們能夠得到之線性獨立平衡方程式的數目，則樑屬於靜不定。反作用力的數目與平衡方程式的數目的差值就是贅餘度。即使樑屬於靜不定，還是可能解出平衡方程式解出部分反作用力的值。

解答

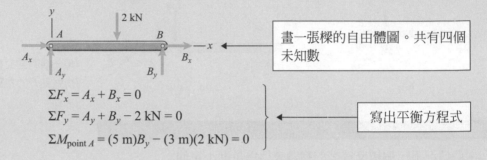

$\Sigma F_x = A_x + B_x = 0$

$\Sigma F_y = A_y + B_y - 2 \text{ kN} = 0$

$\Sigma M_{\text{point } A} = (5 \text{ m})B_y - (3 \text{ m})(2 \text{ kN}) = 0$

> 畫一張樑的自由體圖。共有四個未知數

> 寫出平衡方程式

> 共有三個線性獨立的平衡方程式，所以樑是靜不定的而贅餘度是 $4 - 3 = 1$。我們無法從平衡方程式算出 A_x 或 B_x，但是可以算出 A_y 與 B_y

$$B_y = \frac{(3 \text{ m})(2 \text{ kN})}{(5 \text{ m})} = 1.2 \text{ kN}$$

$$A_y = 2 \text{ kN} - B_y = 0.8 \text{ kN}$$

> 算出 A_y 與 B_y

練習題

假設樑在點 A 的銷支承換成固定支承。(a)證明樑屬於靜不定並計算贅餘度。(b)儘可能計算出反作用力。

答案：(a)贅餘度是 2。(b)沒有任何反作用力能被算來。

範例 5.6　無瑕疵與有瑕疵支承(▶ 相關習題 5.75，5.76)

說明各個 L 型長桿是否爲沒有瑕疵或是有瑕疵的被支撐著。如果一根長桿是沒有瑕疵的被支撐，試求在它的支承處的反作用力。

方略

畫出各長桿的自由體圖，我們能夠判斷支承的反作用力是否對長桿只能施加平行方向的或是共點的力。如果確是如此，我們就能判斷出負荷加到長桿之後會不會讓長桿失去平衡。

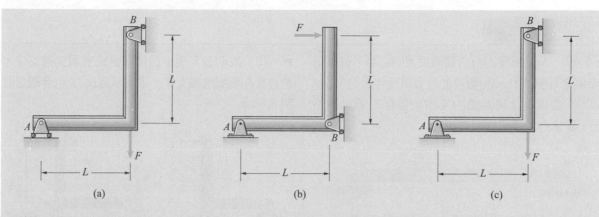

(a)　　　　(b)　　　　(c)

解答

考慮長桿的自由體圖(如下圖所示)：

長桿(a)　兩個滾子支承的反作用力的作用線相交於 P 且負荷 F 對 P 施加了一個力矩。這根長桿是有瑕疵的被支撐著。

長桿(b)　兩個滾子支承的反作用力的作用線相交於 A 且負荷 F 對 A 施加了一個力矩。這根長桿也是有瑕疵的被支撐著。

長桿(c)　三個支承力既不互相平行也不共點。這根長桿是無瑕疵的被支撐著。平衡方程式是

$$\Sigma F_x = A_x - B = 0$$
$$\Sigma F_y = A_y - F = 0$$
$$\Sigma M_{\text{point}A} = BL - FL = 0$$

解出這些方程式，反作用力是 $A_x = F$，$A_y = F$，與 $B = F$。

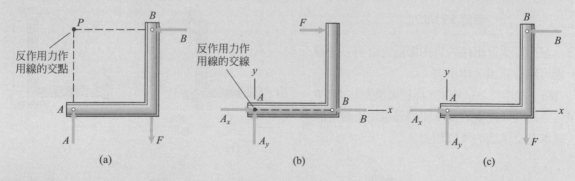

(a)　　　　(b)　　　　(c)

重要提示

學習力學中不可或缺的部份是培養你對我們所研究之物理系統的行為的直覺。在這個範例中，想一想這三個系統的負荷所引起的效應，看看你是不是能夠預測這些系統是否為無瑕疵的被支撐著。負荷會不會讓長桿移動呢？然後看看你的判斷是否能夠從範例所提供的的分析中得到確認。

習題

▶5.69　(a)畫出樑的自由體圖並證明它屬於靜不定（參觀念範例 5.5）。(b)儘可能計算出反作用力。

5.70　選用在 A 與 B 處的支承使得樑不會是靜不定。試求在支承處的反作用力。

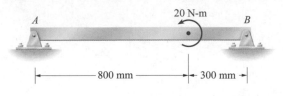

20 N-m

A　　800 mm　　300 mm　　B

習題 5.69/5.70

5.71　(a)畫出樑的自由體圖並證明它是靜不定。（外力偶 M_0 已知。）(b)分析一根樑的撓曲(deflection)，滾子支承垂直方向的反作用力 B 與力偶 M_0 的關係是 $B = 2M_0/L$。在 A 處的反作用力是多少？

5.72　選用在 A 與 B 處的支承使得樑不會是靜不定。試求在支承處的反作用力。

M_0

A　　　L　　　B

習題 5.71/5.72

5.73　畫出 L 型管組件的自由體圖並證明它是靜不定。儘可能計算出反作用力。

　　方略：設座標系統使得 x 座標軸通過點 A 與 B。

5.74　選用在 A 與 B 的支承使得管組件不會是靜不定。試求在支承處的反作用力。

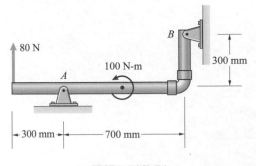

80 N

100 N-m

B

300 mm

A

300 mm　　700 mm

習題 5.73/5.74

▶5.75　說明各 L 型桿為無瑕疵或有瑕疵被支撐。若長桿非瑕疵地被支撐，求支承處反力。（參觀念範例 5.6。）

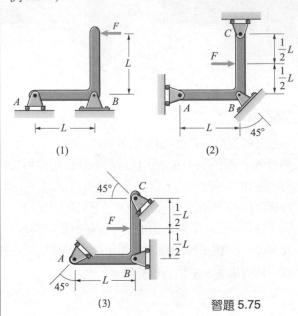

(1)　　　　　　　　(2)

(3)　　　　　　習題 5.75

▶5.76　說明圖示的各 L 型桿是否為無瑕疵或有瑕疵地被支撐。如果一根長桿是無瑕疵的被支撐著，試求在它的支承處的反作用力。（參觀念範例 5.6。）

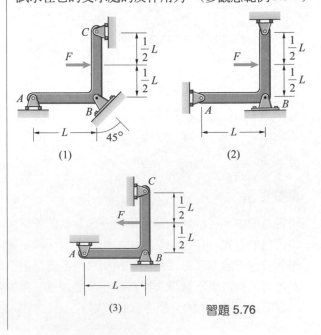

(1)　　　　　　　　(2)

(3)　　　　　　習題 5.76

5.3　三維的應用

背景概念

　　我們已經看過當一個處於平衡狀態的物體承受了二維的力與力矩系統時,所得到的線性獨立平衡方程式不會超過三個。而在三維的力與力矩系統的情況,能得到的線性獨立平衡方程式的數目最多六個。三個分力的總和須等於零以及三個分力對一個點的力矩總和須等於零。要計算一個物體承受三維的力與力矩系統時的反作用力－畫張自由體圖並應用平衡方程式－的步驟與二維者類似。

純量平衡方程式

當一個物體處於平衡狀態,作用於這個物體的力與力偶系統滿足式(5.1)與(5.2)。力的總和等於零且對任何點的力矩總和等於零。將這些方程式以三維的直角座標的分量來寫出時,我們就得到六個純量平衡方程式。

$$\Sigma F_x = 0 \tag{5.9}$$
$$\Sigma F_y = 0 \tag{5.10}$$
$$\Sigma F_z = 0 \tag{5.11}$$
$$\Sigma M_x = 0 \tag{5.12}$$
$$\Sigma M_y = 0 \tag{5.13}$$
$$\Sigma M_z = 0 \tag{5.14}$$

力矩的總和可以對任何一個參考點求算。儘管求出對其他參考點的力矩總和可以增加方程式的數目,不過這些新增的方程式不會線性獨立於上述六個方程式。**從一個既有的自由體圖,並無法得到六個以上的線性獨立平衡方程式,所以最多只有六個未知的力或力偶能被算出來。**

　　在三維的情況計算反作用力所需要的步驟,在我們討論過的二維上的應用時就曾經接觸過了。首先將物體隔離出來得到一個自由體圖並一一標示出作用於這個物體的負荷與各個反作用力,然後使用式(5.9)-(5.14)算出各個反作用力。

支承

我們呈現三維的問題上常用到的五種支承慣例符號。即使當實際所用的支承外觀上與這些符號模型或有出入,如果它們施以物體相同(或近乎相同)的反作用力我們仍會以這些符號模型來代表這些支承。

球窩支承　於**球窩支承**(*ball and socket support*)，被支撐的物體固定於一個包覆於球體座內的球(圖 5.13a)。這個球體座允許球在座內自由的滾動(座與球之間的摩擦力略而不計)但是卻不允許球四處的移來移去。

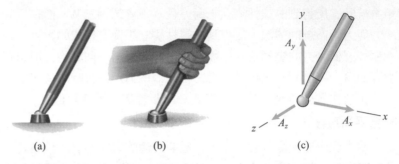

圖 5.13
(a)一個球窩支承
(b)手握一根被支撐的長桿
(c)球窩支承可以施加三個分力

　　想像握著一根固定於一個球窩支承的長桿(圖 5.13b)。如果你試著沿某個方向移動這根長桿(移動但不轉動它)，球窩支承會施加一個反作用力來阻止這樣的移動。不論如何，你能夠將長桿繞著球窩支承轉動。這種支承無法施加任何反作用力偶阻止物體的旋轉。因此一個球窩支承不能施加力偶但能夠施加三個分力(圖 5.13c)。它是類似二維銷支承的三維情形。

　　人類的臀部關節就是球窩支承的一個例子(圖 5.14)。汽車的變速桿在桿的移動範圍內也可以被模型成一個球窩支承。

滾子支承　**滾子支承**(*roller support*，圖 5.15a)是一個能在支撐面自由滾動的球窩支承。滾子支承只能夠沿垂直於支撐面的方向施加力(圖 5.15b)。用於支撐家具腳的滾動「菊輪(asters)」就是屬於這種類型的支承。

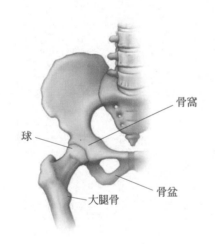

圖 5.14
人類大腿骨借助球窩支承固定於骨盆

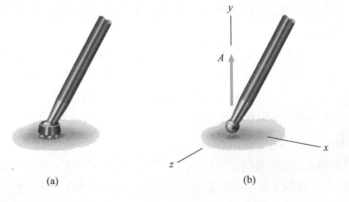

圖 5.15
(a)滾子支承
(b)作用力垂直於支撐面

鉸鍊　鉸鍊支承(hinge support)是我們熟知用來支撐門的裝置。它允許被支撐的物體對一條直線，**鉸鍊軸**，自由轉動。於圖 5.16a 中一個物體固定於鉸鍊。座標系統的 z 座標軸與鉸鍊軸重合在一起。

如果你想像手握一根固定於鉸鍊的長桿(圖 5.16b)，你可以發現這根長桿能繞著鉸鍊軸左右轉動。鉸鍊無法對鉸鍊軸(z 座標軸)施加力偶來抗拒任何的旋轉動作。不過，長桿無法繞著 x 或 y 座標軸轉動，因為鉸鍊能夠對這兩個座標軸施加力偶來抗拒這個動作。另外，你也無法上下移動這根長桿。鉸鍊能夠施加於一個物體如圖 5.16c 所示的反作用力。共有三個分力，A_x、A_y 與 A_z 與對 x 與 y 座標軸的力偶，M_{Ax} 與 M_{Ay}。

在某些情況，不是鉸鍊沒有施加任何力偶於它所支撐的物體，就是施加的力偶小得可以不列入考慮。後面情況的一個例子是，如果鉸鍊軸與門完美的對齊(各鉸鍊與座標軸完全重合)。於這些狀況，鉸鍊對門只會施加反作用力而沒有任何力偶(圖 5.16d)。也會發生鉸鍊施加零力偶於物體與施加零力沿鉸鍊軸的方向的狀況。(鉸鍊可能實際上被設計來使它不能支撐一個平行於鉸鍊軸的力。)然後鉸鍊僅能沿垂直於鉸鍊軸的方向施加力(圖 5.16e)。於範例與習題，我們指出當一個鉸鍊沒有施加於圖 5.16c 中所有的五個反作用力。

軸承　圖 5.17a 所示之類型的軸承(bearing)用來支持一個圓軸同時也允許這個圓軸繞著軸本身的中心線轉動。軸承的反作用力則與鉸鍊所能施加者一模一樣。於最一般的狀況(圖 5.17b)，軸承能沿各座標軸方向對圓軸施加力並且能夠沿垂直於圓軸的座標軸施加力偶，但是無法對圓軸所在的座標軸施加任何力偶。

一如在鉸鍊的情況，也會出現軸承不施加任何力偶(圖 5.17c)或是不施加任何力偶以及任何平行於圓軸所在的座標軸的力的情況(圖 5.17d)。某些軸承設計上會蓄意的採用這種方式作特定的應用。於範例與習題中，當一個軸承不提供如圖 5.17b 中所示的所有反作用力時我們會先予以指明。

固定支承　你其實對固定支承(fixed support)，或稱作嵌入支承(built-in support，圖 5.18a)並不陌生。想像你手持一根具有一個固定支承的長桿(圖 5.18b)。你無法將它移動分毫而且你也不能繞任何座標軸轉動它。這種支承能夠沿各個座標軸方向施加力 A_x、A_y 與 A_z 與對各個座標軸施加力偶 M_{Ax}、M_{Ay} 與 M_{Az}(圖 5.18c)。

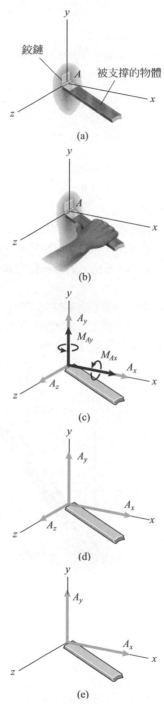

圖 5.16
(a)一個鉸鍊。z 軸沿鉸鍊軸
(b)作用力垂直於支撐面
(c)一般而言，鉸鍊可以施加五個反作用力：三個分力與兩個力偶分量
(d)鉸鍊沒有施加力偶時的反作用力
(e)鉸鍊沒有施加力偶或平行於鉸鍊軸之力時的反作用力

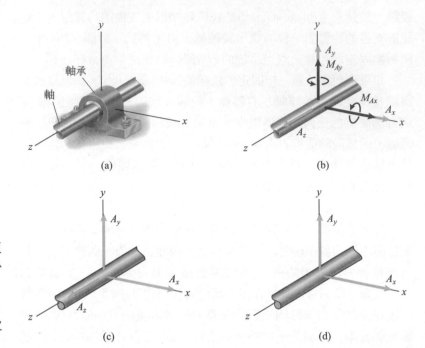

圖 5.17
(a)一個軸承。z 座標軸與軸重合
(b)一般而言,軸承可以施加五個反
　作用力:三個分力與兩個力偶分
　量
(c)軸承沒有施加力偶時的反作用力
(d)軸承沒有施加力偶或平行於軸之
　力時的反作用力

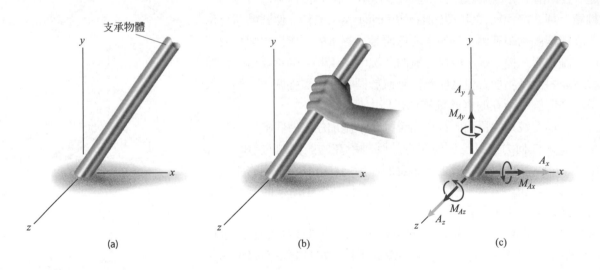

圖 5.18
(a)一個固定支承
(b)手握一根被支撐的長桿
(c)固定支承可以施加六個分力:三個分力與三個力偶分量

表 5.2 總結三維應用上常用的支承慣例符號。

表 5.2　三維應用的支承

支承	反作用力
 繩索或纜線	 共線力
 與光滑面接觸	 垂直力
 與粗糙面接觸	 三個分力
 球窩支承	 三個分力
 滾子支承	 垂直力

表 5.2   三維應用的支承(續)

支承	反作用力
鉸鏈 (z 座標軸平行於鉸鏈軸)	三個分力與二個力偶分量
軸承 (z 座標軸平行於支撐的軸)	(沒有施加任何力偶的時候) (沒有施加任何力偶與座標軸方向的力的時候)
固定(埋入)支承	三個分力與三個力偶分量

結論

平衡方程式

如果一個物體處於平衡狀態，作用於它的外力總和等於零，

$\Sigma \mathbf{F} = \mathbf{0}$ ⟶

$$\Sigma F_x = 0 \qquad (5.9)$$
$$\Sigma F_y = 0 \qquad (5.10)$$
$$\Sigma F_z = 0 \qquad (5.11)$$

而且作用於物體之力及力偶對任一點之力矩總和等於零，

$\Sigma \mathbf{M}_{\text{any point}} = \mathbf{0}$ ⟶

$$\Sigma M_x = 0 \qquad (5.12)$$
$$\Sigma M_y = 0 \qquad (5.13)$$
$$\Sigma M_z = 0 \qquad (5.14)$$

支承

使用於三維應用的支承例子。
(表 5.2)

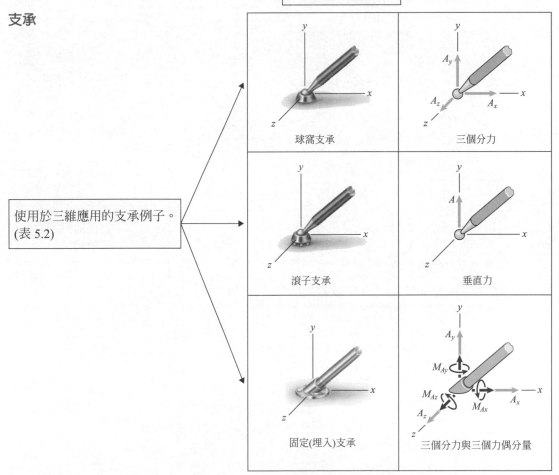

球窩支承　　三個分力

滾子支承　　垂直力

固定(埋入)支承　　三個分力與三個力偶分量

觀念範例 5.7　　計算三維反作用力(▶ 相關習題 5.86)

長桿 *AB* 由纜線 *BC* 與 *BD* 以及在 *A* 處的球窩支承所支撐。纜線
BC 平行於 *z* 座標軸且纜線 *BD* 平行於 *x* 座標軸。200-N 力作用於
長桿的中點處。試求纜線的張力與在 *A* 處的反作用力。

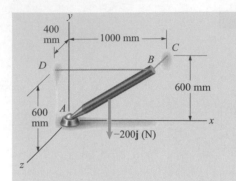

−200**j** (N)

方略

我們必須將長桿隔離出來得到長桿的自由體圖並且標示出纜線與球窩支承所施加的反作用力。然後我們能夠應用平衡方程式計算反作用力。

解答

畫出長桿的自由體圖

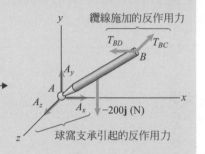

纜線施加的反作用力

T_{BD}　T_{BC}

球窩支承引起的反作用力

隔離長桿並標示出纜線與球窩支承施加的反作用力。

應用平衡方程式

$$\Sigma F_x = A_x - T_{BD} = 0$$
$$\Sigma F_y = A_y - 200 \text{ N} = 0$$
$$\Sigma F_z = A_z - T_{BC} = 0$$

沿各座標軸之分力的總和等於零。

$$\Sigma \mathbf{M}_{\text{point } A} = [\mathbf{r}_{AB} \times (-T_{BC}\mathbf{k})] + [\mathbf{r}_{AB} \times (-T_{BD}\mathbf{i})] + \left[\frac{1}{2}\, \mathbf{r}_{AB} \times (-200\mathbf{j})\right]$$

$$= \begin{vmatrix} \mathbf{i} & \mathbf{j} & \mathbf{k} \\ 1 & 0.6 & 0.4 \\ 0 & 0 & -T_{BC} \end{vmatrix} + \begin{vmatrix} \mathbf{i} & \mathbf{j} & \mathbf{k} \\ 1 & 0.6 & 0.4 \\ -T_{BD} & 0 & 0 \end{vmatrix} + \begin{vmatrix} \mathbf{i} & \mathbf{j} & \mathbf{k} \\ 0.5 & 0.3 & 0.2 \\ 0 & -200 & 0 \end{vmatrix}$$

$$= (-0.6T_{BC} + 40)\mathbf{i} + (T_{BC} - 0.4T_{BD})\mathbf{j} + (0.6T_{BD} - 100)\mathbf{k}.$$

對任何點的力矩等於零。

這個向量的各分量 (對三個座標軸之力矩的和) 必須等於零。

$$\Sigma M_x = -(0.6 \text{ m})T_{BC} + 40 \text{ N-m} = 0,$$
$$\Sigma M_y = (1 \text{ m})T_{BC} - (0.4 \text{ m})T_{BD} = 0,$$
$$\Sigma M_z = (0.6 \text{ m})T_{BD} - 100 \text{ N-m} = 0.$$

解出六個純量平衡方程式後得到
$A_x = 166.7 \text{ N}, \ A_y = 200 \text{ N}$
$A_z = 66.7 \text{ N}, \ T_{BC} = 66.7 \text{ N}$
或 $T_{BD} = 166.7 \text{ N}$.

練習題

假設纜線 BC 與 BD 被移走而且在 A 處的球窩支承被換成固定支承。試求在 A 處的反作用力。

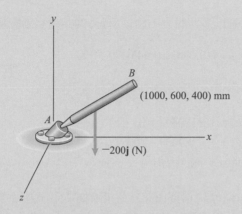

答案：$A_x = 0$，$A_y = 200\,\text{N}$，$A_z = 0$，

$M_{Ax} = -40\,\text{N-m}$，$M_{Ay} = 0$，$M_{Az} = 100\,\text{N-m}$。

範例 5.8　　**鉸鍊支承的反作用力**(▶ 相關習題 5.104)

長桿 AC 長 4 m 由在 A 處的鉸鍊與纜線 BD 所支撐。鉸鍊軸與 z 座標軸重合。長桿的中心線位在 x-y 平面且纜線的固定點 B 是長桿的中點。試求纜線的張力與鉸鍊施加於長桿的反作用力。

方略

我們將長桿 AC 與纜線及鉸鍊隔離得出長桿的自由體圖。(表 5.2 列出鉸鍊所能夠施加於長桿的反作用力)然後我們能夠應用平衡方程式計算反作用力。

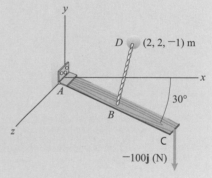

解答

畫出自由體圖　我們將長桿與鉸鍊支承及纜線隔離並一一標示出它們施加的反作用力(圖 a)。A_x、A_y 與 A_z 是鉸鍊所施加的分力以及 M_{Ax} 與 M_{Ay} 是鉸鍊對 x 與 y 座標軸所施加的力偶。(請記住鉸鍊無法對長桿施加任何鉸鍊軸方向的力偶。)以 T 代表纜線的張力。

應用平衡方程式　要寫出平衡方程式，必須首先將纜線的張力改以它的分力來表示。點 B 的座標是 $(2\cos 30°, -2\sin 30°, 0)\,\text{m}$，所以從 B 至 D 的位置向量是

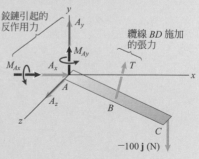

(a)長桿的自由體圖

$$\mathbf{r}_{BD} = (2-2\cos 30°)\mathbf{i} + [2-(-2\sin 30°)]\mathbf{j} + (-1-0)\mathbf{k}$$
$$= 0.268\mathbf{i} + 3\mathbf{j} - \mathbf{k}\,(\text{m})$$

將向量除以其大小值以得到從點 B 指向點 D 的單位向量 $\mathbf{e}_{BD}$：

$$\mathbf{e}_{BD} = \frac{\mathbf{r}_{BD}}{|\mathbf{r}_{BD}|} = 0.084\mathbf{i} + 0.945\mathbf{j} - 0.315\mathbf{k}$$

現在我們能夠以張力的大小值以及 $\mathbf{e}_{BD}$ 的乘積寫出纜線的張力：

$$T\mathbf{e}_{BD} = T(0.084\mathbf{i} + 0.945\mathbf{j} - 0.315\mathbf{k})$$

沿各座標方向之分力的總和必須等於零：

$$\Sigma F_x = A_x + 0.084T = 0$$
$$\Sigma F_y = A_y + 0.945T - 100\,\text{N} = 0 \tag{1}$$
$$\Sigma F_z = A_z - 0.315T = 0$$

如果我們對 A 計算力矩的總和，所得到的方程式中不會出現 A_x、A_y 與 A_z 等未知力。從 A 到 B 以及從 A 到 C 的位置向量是

$$\mathbf{r}_{AB} = 2\cos30°\mathbf{i} - 2\sin30°\mathbf{j}\,(\text{m})$$
$$\mathbf{r}_{AC} = 4\cos30°\mathbf{i} - 4\sin30°\mathbf{j}\,(\text{m})$$

對 A 的力矩總和，力的單位是 N 且距離的單位是 m，等於

$$\Sigma \mathbf{M}_{\text{point}A} = M_{Ax}\mathbf{i} + M_{Ay}\mathbf{j} + [\mathbf{r}_{AB} \times (T\mathbf{e}_{BD})] + [\mathbf{r}_{AC} \times (-100\mathbf{j})]$$

$$= M_{Ax}\mathbf{i} + M_{Ay}\mathbf{j} + \begin{vmatrix} \mathbf{i} & \mathbf{j} & \mathbf{k} \\ 1.732 & -1 & 0 \\ 0.084T & 0.945T & -0.315T \end{vmatrix} + \begin{vmatrix} \mathbf{i} & \mathbf{j} & \mathbf{k} \\ 3.464 & -2 & 0 \\ 0 & -100 & 0 \end{vmatrix}$$

$$= (M_{Ax} + 0.315T)\mathbf{i} + (M_{Ay} + 0.546T)\mathbf{j} + (1.72T - 346)\mathbf{k} = 0$$

由這個向量程式，我們得到一組純量方程式

$$\Sigma M_x = M_{Ax} + (0.315\,\text{m})T = 0$$
$$\Sigma M_y = M_{Ay} + (0.546\,\text{m})T = 0$$
$$\Sigma M_z = (1.72\,\text{m})T_{BD} - 346\,\text{N-m} = 0$$

解出這些方程式得到各反作用力

$$T = 201\,\text{N}\ ,\quad M_{Ax} = -63.4\,\text{N-m}\ ,\quad M_{Ay} = -109.8\,\text{N-m}$$

然後從式(1)我們得到鉸鍊施加於長桿的反作用力：

$$A_x = -17.0\,\text{N}\ ,\quad A_y = -90.2\,\text{m}\ ,\quad A_z = 63.4\,\text{N}$$

重要提示

請留意於表 5.2 中鉸鍊或軸承施加的反作用力有三個可能性。你如何知道該選用哪一個？在某些情況，鉸鍊對物體所施加的力偶其實並不明顯而且順著鉸鍊軸方向施加的力也微不足道。舉例來說，當一個物體有兩個鉸鍊支承而這兩個支承的鉸鍊軸是位在一條直線上(參範例 5.9)，不妨假設各鉸鍊不會施加任何力偶於這個物體。但一般而言，作出這樣的判斷需要經驗。在後續的範例與習題中，我們會明白指出哪些鉸鍊的反作用力是你可以假設的。當你心有猶豫時，應該假設鉸鍊可能施加的反作用力是如表 5.2 所示的完整組合(三個分力與兩個力偶分量)。

範例 5.9　　**完全對齊的鉸鍊的反作用力**(▶ 相關習題 5.112)

平板由 A 與 B 處之鉸鍊與纜線 CE 所支撐。完全對齊的鉸鍊並不會向平板施加任何的力偶而且在 A 處的鉸鍊也不會沿鉸鍊軸的方向施加任何的反作用力予平板。試求在鉸鍊處的反作用力與纜線的張力。

方略

我們使用 A 與 B 處鉸鍊施加的反作用力的資料來畫出平板的自由體圖。在應用平衡方程式之前，我們必須先寫出纜線施加於平板的張力的各個分力。

解答

畫出自由體圖　隔離出平板並標示鉸鍊處的各個反作用力及纜線施加的張力(圖 a)。圖中 T 是纜線 CE 施加於平板的張力。

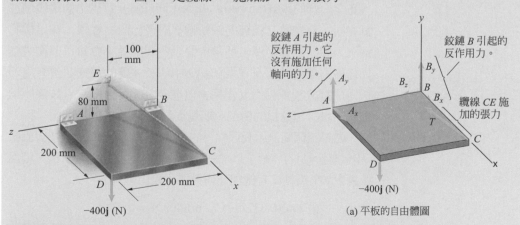

(a) 平板的自由體圖

應用平衡方程式　因為我們已經知道點 C 與 E 的座標，我們能夠將纜線的張力寫成它的大小值 T 與一個從 C 朝向 E 之單位向量的乘積。結果是

$$T(-0.842\mathbf{i}+0.337\mathbf{j}+0.421\mathbf{k})$$

沿各座標方向之分力的總和等於零：

$$\Sigma F_x = A_x + B_x - 0.842T = 0$$

$$\Sigma F_y = A_y + B_y + 0.337T - 400 = 0 \tag{1}$$

$$\Sigma F_z = B_z + 0.421T = 0$$

如果我們計算對 B 的力矩總和，所得到的方程式並不會出現在 B 處的三個未知的反作用力。對 B 的力矩總和，力的單位是 N 與距離的單位是 m，等於

$$\Sigma M_{\text{point }B} = \begin{vmatrix} \mathbf{i} & \mathbf{j} & \mathbf{k} \\ 0.2 & 0 & 0 \\ -0.842T & 0.337T & 0.421T \end{vmatrix} + \begin{vmatrix} \mathbf{i} & \mathbf{j} & \mathbf{k} \\ 0 & 0 & 0.2 \\ A_x & A_y & 0 \end{vmatrix} + \begin{vmatrix} \mathbf{i} & \mathbf{j} & \mathbf{k} \\ 0.2 & 0 & 0.2 \\ 0 & -400 & 0 \end{vmatrix}$$

$$= (-0.2A_y + 80)\mathbf{i} + (-0.0842T + 0.2A_x)\mathbf{j} + (0.0674T - 80)\mathbf{k} = 0$$

純量方程式是

$$\Sigma M_x = -(0.2\,\text{m})A_y + 80\,\text{N-m} = 0$$

$$\Sigma M_y = -(0.0842\,\text{m})T + (0.2\,\text{m})A_x = 0$$

$$\Sigma M_z = (0.0674\,\text{m})T - 80\,\text{N-m} = 0$$

解出這些方程式，我們得到各個反作用力

$$T = 1187\,\text{N} \,,\quad A_x = 500\,\text{N} \,,\quad A_y = 400\,\text{N}$$

然後從式(1)，在 B 處的反作用力是

$$B_x = 500\,\text{N} \,,\quad B_y = -400\,\text{N} \,,\quad B_z = -500\,\text{N}$$

重要提示

「完全對齊的鉸鍊(properly aligned hinges)」意思指的是幾個被釘在同一個物體之鉸鍊的鉸鍊軸都對齊於同一條線。在這樣的情況，如同這個範例，通常會假設各個鉸鍊不會對這個物體施加任何力偶。請留意在這個範例中假設 A 處的鉸鍊並沒有施加任何平行於鉸鍊軸的反作用力但在 B 處的鉸鍊則有。鉸鍊能夠刻意的設計出這樣的情況，或是從鉸鍊安裝的方式得到。

如果這個範例中我們唯一的目標是算出張力 T，透過對直線 AB(z 座標軸)的力矩予以加總的方式更容易達到這個目標。因為鉸鍊對 z 座標軸沒有施加任何力偶，我們得到方程式

$$(0.2\,\text{m})(0.337T) - (0.2\,\text{m})(400\,\text{N}) = 0$$

由此得到 $T = 1187\,\text{N}$。

習題

5.77　長桿 AB 在 A 處有一個固定支承並承受力

$$\mathbf{F}_B = 2\mathbf{i} + 6\mathbf{j} + 3\mathbf{k}\,(\text{kN})$$

$$\mathbf{F}_C = \mathbf{i} - 2\mathbf{j} + 2\mathbf{k}\,(\text{kN})$$

(a)畫出長桿的自由體圖。
(b)試求在 A 處的反作用力。

　　方略：(a)畫張長桿與支承隔離開來的圖。再加入兩個外力以及來自固定支承的反作用力完成長桿的自由體圖(參表 5.2)。(b)使用純量平衡方程式(5.9)-(5.14)求出各個反作用力。

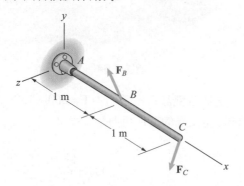

習題 5.77

5.78　長桿 AB 在 A 處有一個固定支承。纜線的張力 BC 是 8 kN。試求在 A 處的反作用力。

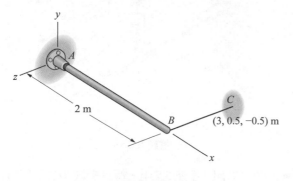

習題 5.78

5.79　長桿 AB 在 A 處有一個固定支承。在 B 處的套環被固定在桿上。繩索 BC 的張力是 10 kN。(a)畫出長桿的自由體圖。(b)試求在 A 處的反作用力。

5.80　長桿 AB 在 A 處有一個固定支承。在 B 處的套環被固定在長桿上。假設你不希望 A 處的支承所承受的力偶的大小超過 100 kN-m。繩索 BC 可容許的最大張力是多少？

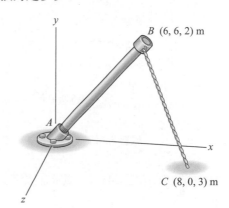

習題 5.79/5.80

5.81　高速公路的標誌牌受到其本身之重量與預期承受之最強烈的風力的總和是 $\mathbf{F} = 2.8\mathbf{i} - 1.8\mathbf{j}\,(\text{kN})$。試求在固定支承處的反作用力。

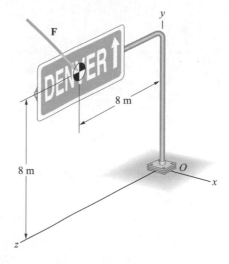

習題 5.81

5.82　纜線的張力 AB 是 800 N。試求在固定支承處的反作用力 C。

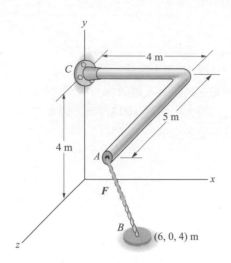

習題 5.82

5.83　纜線的張力 AB 是 24 kN。試求在固定支承處的反作用力 D。

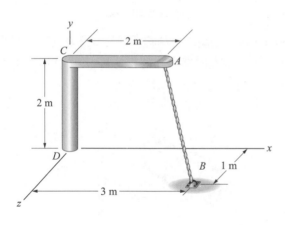

習題 5.83

5.84　機械臂呈現靜止且 y 座標軸是垂直的。臂 AB 與 BC 的重量作用在各臂的中點。臂 AB 中心線的方向餘弦是 $\cos\theta_x = 0.174$、$\cos\theta_y = 0.985$、$\cos\theta_z = 0$ 與臂 BC 中心線的方向餘弦是 $\cos\theta_x = 0.743$、$\cos\theta_y = 0.557$、$\cos\theta_z = -0.371$。在 A 處支承的作用有如一個固定支承。

(a)兩個臂的重量對 A 的力矩總和是多少？

(b)在 A 處的反作用力是多少？

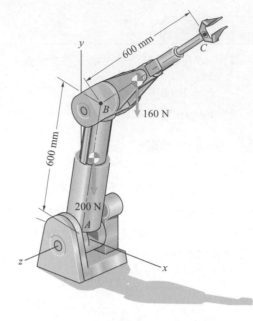

習題 5.84

5.85　施加於健身氣把手的力 $\mathbf{F} = 260\mathbf{i} - 130\mathbf{j}$ (N)。在 O 處固定支承的反作用力是多少？

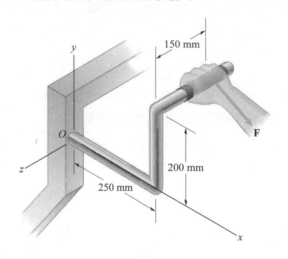

習題 5.85

▶5.86　於觀念範例 5.7 中，假設纜線 BD 被拉長且固定點 D 從 $(0, 600, 400)$ mm 移到 $(0, 600, 600)$ mm。(桿 AB 的端點 B 還是在同一個位置。)畫出一張長桿與它的支承的示意圖顯示在新位置的纜線 BD。畫出長桿的自由體圖並應用平衡條件算出纜線的張力以及在 A 處的反作用力。

5.87　力 **F** 沿單位向量 $0.512\mathbf{i}-0.384\mathbf{j}+0.768\mathbf{k}$ 方向作用於吊桿 ABC 的 C 點且它的大小是 8 kN。吊桿由在 A 處的球窩支承與纜線 BD 及 BE 所支撐。在 B 處的套環固定於吊桿。

(a)畫出吊桿的自由體圖。

(b)試求纜線的張力與在 A 處的反作用力。

5.88　於習題 5.87 中的纜線 BD 與 BE 各能夠安全的支撐 25 kN 以內的張力。根據這個標準，力 **F** 可以接受的最大值是多少？

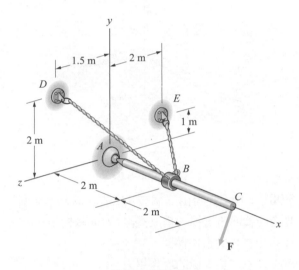

習題 5.87/5.88

5.89　被懸掛的重物在 A 處施加一個力 $F=600\,\mathrm{N}$ 且長桿 OA 的重量略而不計。試求纜線的張力以及在球窩支承 O 處的反作用力。

5.90　被懸掛的重物在 A 處施加一個力 $F=600\,\mathrm{N}$ 且長桿 OA 重 200 N。假設長桿的重量作用於它的中點處。試求纜線的張力以及在球窩支承 O 處的反作用力。

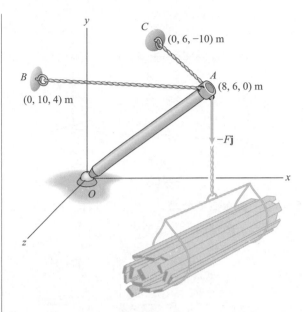

習題 5.89/5.90

5.91　158,000-kg 的飛機停放在地面($z=0$ 是地面)。起落架的支點分別在 A、B 與 C 等處。飛機重量之作用點 G 的座標是 $(3, 0.5, 5)\,\mathrm{m}$。由地面施加於起落架的垂直反作用力的大小是多少？

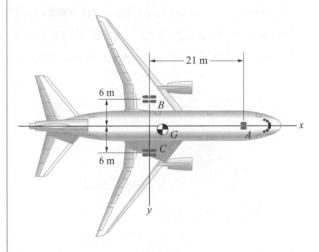

習題 5.91

5.92　三條垂直纜線 A、B 與 C 吊掛一個水平的三角板。每一條纜線的張力是 80 N。試求板重量作用點的 x 與 z 座標。

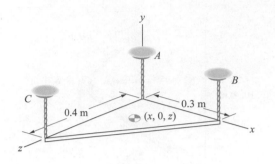

習題 5.92

5.93　三條垂直的纜線 A、B 與 C 支撐一片 800-kg 水平牆板。纜線的張力是多少？

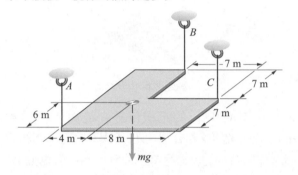

習題 5.93

5.94　長桿 AC 由一條纜線 BD 與一個在 A 處能夠對 z 座標軸旋轉的軸承所支撐。人在 C 施加一個力 $\mathbf{F} = 50\mathbf{j}\,(\text{N})$。試求纜線的張力以及在 A 處的反作用力。

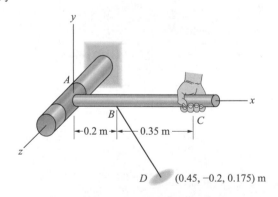

習題 5.94

5.95　L 型長桿由一個在 A 處的軸承所支撐並靜放在 B 處的水平光滑面上。垂直力 $F = 4\,\text{kN}$ 與距離 $b = 0.15\,\text{m}$。試求在 A 與 B 處的反作用力。

5.96　垂直力 $F = 4\,\text{kN}$ 與距離 $b = 0.15\,\text{m}$。如果以一個由單力組成的等效系統來代表在 A 與 B 處的反作用力，試求這個單力應該是多少以及它的作用線與 x-z 平面的交點為何？

5.97　垂直力 $F = 4\,\text{kN}$。在 A 處的軸承可以安全地支撐一個 2.5-kN 大小的力以及一個 0.5 kN-m 大小的力偶。根據這個標準，可以接受之距離 b 是多少？

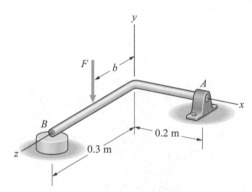

習題 5.95-5.97

5.98　1.1-m 長桿由一個在 A 處的球窩支承與兩片光滑的牆面所支撐。垂直纜線 CD 的張力是 1 kN。
(a)畫出長桿的自由體圖。
(b)試求在 A 與 B 處的反作用力。

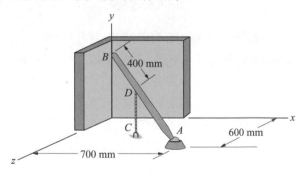

習題 5.98

5.99　8-m 長桿由一個在 A 處的球窩支承、纜線 BD 與一個在 C 處的滾子支承所支撐。在 B 處的套環固定於長桿的中點處。力 $\mathbf{F} = -50\mathbf{k}\,(\text{N})$。試求纜線 BD 的張力與在 A 與 C 處的反作用力。

5.100　長桿長 8 m。力 $\mathbf{F} = F_y\mathbf{j} - 50\mathbf{k}\,(\text{N})$。試求讓 C 處的滾子支承一直停留在地面的情況下 F_y 的最大值可達多少？

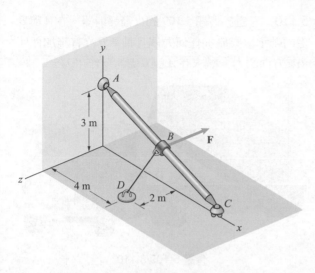

習題 5.99/5.100

5.101　塔高 70 m。每條纜線的張力是 2 kN。將塔 A 的基座視爲一個固定支承。在 A 處的反作用力是多少？

5.102　塔高 70 m。如果纜線的張力 BC 是 2 kN，你希望在 A 處的固定支承施加於塔的力偶等於零，纜線 BD 與 BE 的張力須是多少？在 A 處所得到的反作用力是多少？

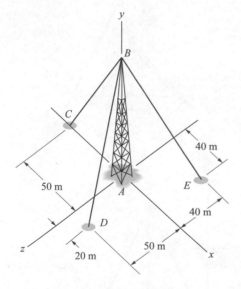

習題 5.101/5.102

5.103　空間桁架在 B、C 與 D 處有滾子支承且在 A 處承受了一個垂直力 F = 20 kN。各滾子支承的反作用力是多少？

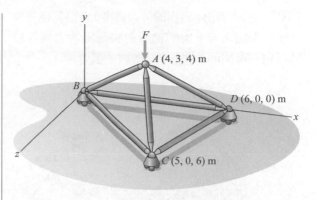

習題 5.103

▶5.104　於範例 5.8 中，假設纜線 BD 拉長而且原來的固定點 B 移到長桿的端點 C 之處。固定點 D 與長桿的位置則未作更動。畫出一張長桿的圖顯示在新位置的纜線 BD。畫出長桿的自由體圖並應用平衡條件計算纜線的張力以及在 A 處的反作用力。

5.105　200-N 的門由在 A 與 B 處的鉸鍊所支撐。y 座標軸是垂直方向的。鉸鍊對門沒有施加任何力偶且在 B 處的鉸鍊沒有施加任何平行於鉸鍊軸的力。門的重量作用於在它的中點處。在 A 與 B 處的反作用力是多少？

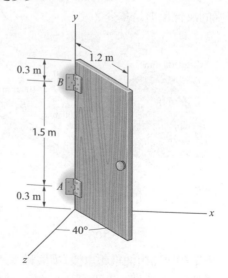

習題 5.105

5.106　垂直的纜線被固定在 A 處。試求纜線的張力以及在軸承 B 處由力 $\mathbf{F} = 10\mathbf{i} - 30\mathbf{j} - 10\mathbf{k}$ (N)引起的反作用力。

5.107   若力 **F** 沿 z 方向的分力為零，**F** 沿其他方向的分力未知。若 B 處的軸承對軸所施的力偶等於 $\mathbf{M}_B = \mathbf{6j} - \mathbf{6k}$ N-m，求力 **F** 及纜線的張力。

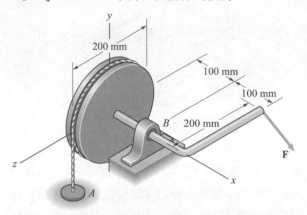

習題 5.106/5.107

5.108   於習題 5.106 的裝置是設計不良的，因為在 B 處的軸承必須承受力偶，造成軸承被「咬死。」（想像打開只有一個鉸鏈所支持的門。）在改良後的設計，B 與 C 處的軸承不再支撐任何力偶而且在 C 處的軸承並沒有沿 x 方向施加任何力。如果力 $\mathbf{F} = \mathbf{10i} - \mathbf{30j} - \mathbf{10k}$ (N)，垂直纜線的張力以及在軸承 B 與 C 處的反作用力是多少？

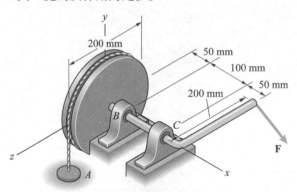

習題 5.108

5.109   火箭發射器由油壓起重機 DE 與軸承 A 與 B 所支撐。軸承位於 x 軸並沿平行於 x 軸的方向支撐軸。液壓活塞 DE 對火箭發射器施加 D 朝 E 的力。D 的座標是 $(2.1, 0, 2.1)$ m 且 E 的座標是 $(2.7, 1.8, 1.2)$ m。重量 $W = 150$ kN 作用於 $(1.35, 1.5, 0.6)$ m。火箭發射器在 E 處反作用力的大小是多少？

5.110   考慮於習題 5.109 的火箭發射器。在 A 與 B 處的軸承沒有施加任何力偶且軸承 B 沒有施加任何沿 x 方向的力。試求在 A 與 B 處的反作用力。

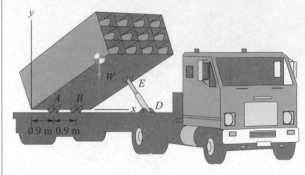

習題 5.109/5.110

5.111   吊車的纜線 CD 固定於一個靜置於 D 處的物體。吊車由軸承 E 與 F 與水平的纜線 AB 所支撐。纜線 AB 的張力是 8 kN。試求纜線 CD 的張力。

方略：因為軸承施加於吊車的反作用力並沒有對 z 座標軸施加任何的力矩，所以纜線 AB 與 CD 施加於吊車之力對 z 座標軸的力矩總和會等於零。

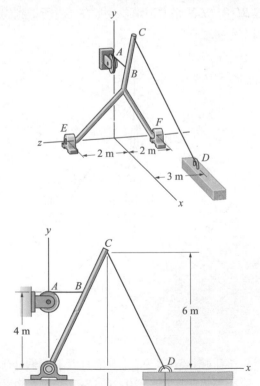

習題 5.111

▶5.112 於範例 5.9 中，假設纜線 CE 縮短了而且它原來的固定點 E 移到點 (0, 80, 0) mm。平板仍然保持在原來的位置。畫出一張平板與它的支承的示意圖顯示在新位置的纜線 CE。畫出平板的自由體圖並應用平衡條件計算鉸鍊處的反作用力與纜線張力。

5.113 平板由 A 與 B 處的鉸鍊與纜線 CE 所支撐且在 D 處承受一個力。鉸鍊所固定之平板的板邊位在 y-z 平面且鉸鍊軸平行於點 A 與 B 的連線。鉸鍊沒有施加任何力偶於平板。求纜線 CE 的張力是多少？

5.114 於習題 5.113 中，在 B 處的鉸鍊沒有對平板施加任何沿鉸鍊軸方向的力。在 A 與 B 處的鉸鍊對平板所施加之力的大小是多少？

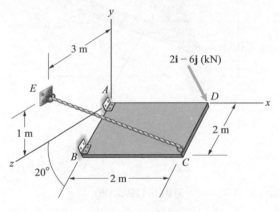

習題 5.113/5.114

5.115 長桿 ABC 由在 A 與 C 處的球窩支承以及纜線 BD 所支撐。被懸掛的質量是 1800 kg。試求纜線的張力。

5.116* 於習題 5.115 中，假設在 A 處的球窩支承被設計成使得它不會施加任何平行於 A 與 C 連線的力。試求在 A 處的反作用力與 C。

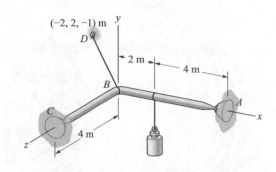

習題 5.115/5.116

5.117 在 A、B 與 C 處的軸承並沒有對長桿施加任何力偶而且也沒有施加任何桿軸方向的力。試求長桿上的兩個力在各軸承引起的反作用力。

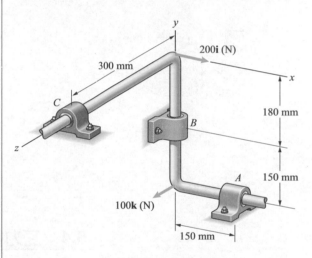

習題 5.117

5.118 將帆船船桅固定於甲板之支承其作用如同一個球窩支承。將三角帆固定於船桅的桅繩對船桅施加一個 1000-N 的力。這個力與船中心線的夾角是 15°。(參上視圖。)三角帆帆杆對船桅 P 處施加一個 250-N 的力。這個力與船之中心線的夾角是 45°。(參上視圖。)船桅由後支索 AB 與左舷橫桅索 ACD 這兩條纜繩所支撐。(前支索 AE 與右舷橫桅索 AFG 是鬆弛的，所以這兩條纜繩的張力可以略而不計。)試求纜線 AB 與 CD 的張力及船桅底座的反作用力。

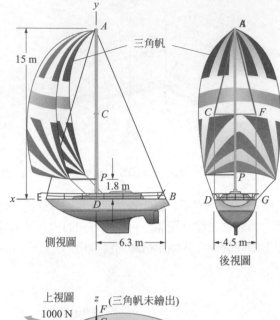

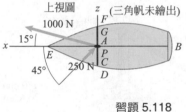

習題 5.118

5.119* 長桿 AC 由纜線 BD 與一個在 A 處能對 AE 軸旋轉的軸承所支撐。人在 C 處施加一個力 $\mathbf{F} = 50\mathbf{j}$ (N)。試求纜線的張力。

方略：使用長桿的自由體圖中各作用之力對 AE 軸的力矩總和須等於零的事實。

5.120* 求習題 5.119 中，軸承 A 處的反作用力。

方略：於長桿的自由體圖軸承施加之力偶寫成 $\mathbf{M}_A = M_{Ax}\mathbf{i} + M_{Ay}\mathbf{j} + M_{Az}\mathbf{k}$。除平衡方程式外，令 $\mathbf{M}_A$ 平行於 AE 軸之分量等於零來得到另一個方程式。

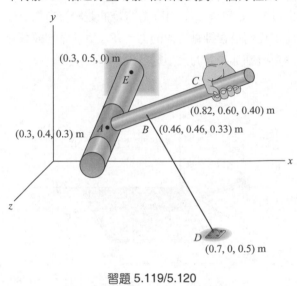

習題 5.119/5.120

5.4　二力構件與三力構件

背景概念

我們已經探討過如何使用平衡方程式分析各種支撐與受力方式下的物體。在這裡我們討論兩個常出現的特殊受力類型值得我們特別的關注。第一種類型，二力構件(two-force member)，特別的重要並且在第 6 章的結構分析中扮演了重要的角色。

二力構件

如果作用於一個物體的力與力矩系統等效於兩個作用在不同點的力，我們稱這個物體為二力構件。舉例來說，於圖 5.19a 中的物體承受兩組作用線相交於 A 與 B 的共點力。因為我們能夠以作用在 A 與 B 處的單力來代表(圖 5.19b)，其中 $\mathbf{F} = \mathbf{F}_1 + \mathbf{F}_2 + \cdots + \mathbf{F}_N$ 以及 $\mathbf{F}' = \mathbf{F}'_1 + \mathbf{F}'_2 + \cdots + \mathbf{F}'_M$，這個物體是一個二力構件。

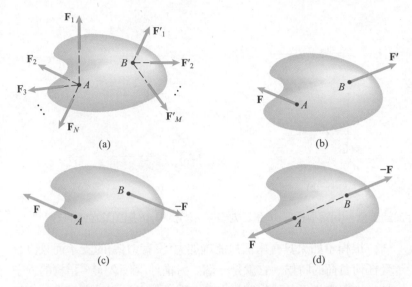

(a)

(b)

(c)

(d)

圖 5.19

(a)一個承受兩組共點力的物體

(b)以兩個力 **F** 及 **F′** 代表共點力

(c)如果物體處於平衡的狀態，這兩個
　　力必然大小相等且方向相反

(d)這兩個力會構成一個力偶除非它
　　們有相同的作用線

　　如果物體處於平衡狀態，有關力 **F** 與 **F′** 的事實我們能夠推論出
多少？只有當 **F′** = −**F** 時力的總和等於零(圖 5.19c)。進一步的說，
力 **F** 與 −**F** 構成一個力偶，所以力矩總和並不會等於零，除非這兩
個力的作用線剛好落在於點 A 與 B 的連線上(圖 5.19d)。因此平衡的
事實告訴我們**這兩個力不但大小相等，方向相反而且有同一條作用
線**。不過，若沒有其他額外的資料可用的話，我們無法算出這兩個
力的大小。

　　固定於兩個點的纜線(圖 5.20a)就是一個耳熟能詳的二力構件例
子(圖 5.20b)。纜線施加於固定點的張力直接落在這兩點間的連線上
(圖 5.20c)。

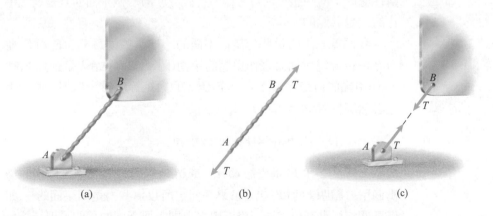

(a)

(b)

(c)

圖 5.20

(a)一個固定於 A 與 B 的纜線

(b)這條纜線是二力構件

(c)這條纜線所施加的力

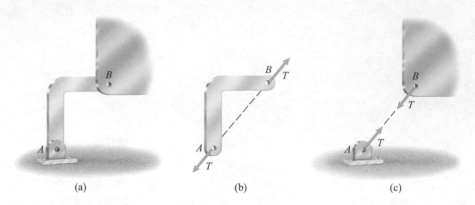

圖 5.21　(a)長桿 *AB* 將物體固定於銷支承。(b)這根長桿 *AB* 是二力構件。(c)長桿 *AB* 施加於物體的力

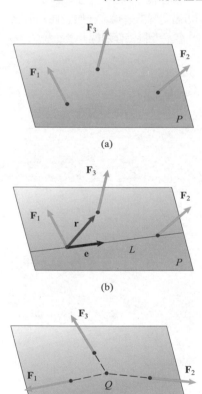

(a)

(b)

(c)

圖 5.22
(a)三個力與平面 *P*
(b)計算 **F**₃ 對 *L* 的力矩
(c)如果這些力不是互相平行的，則它
　們必然是共點的

一根桿子如果具有兩個只能施加力(沒有力偶)的支承而且沒有承受任何負荷的時候，它就是一個二力構件(圖 5.21a)。這樣的桿子本身常被用來當做其他物體的支承。因為桿子是個二力構件，施加於桿之力的作用線必然落在支承間的連線上(圖 5.21b)。請留意，與纜線不同的是，桿能夠在 *A* 與 *B* 處施加與圖 5.21c 所示的方向相同或相反的力。(換句話說，纜線只能夠朝外拉它的支承，而長桿則能夠推或拉。)

這些例子中我們假設纜線與桿的重量相較於支承施加於它們的力是可以被略而不計的。若非如此，這兩者就不能歸類於二力構件。

三力構件

如果作用於一個物體的力與力矩系統等效於三個作用於不同點的力，我們稱這個物體是一個**三力構件**。我們能夠證明如果一個三力構件處於平衡狀態，則這三個力會置身於同一個平面而且是彼此平行的或是共點的。

我們首先證明這些力是同平面的。稱這些力為 **F**₁、**F**₂ 與 **F**₃ 並令 *P* 是包含這三個力之作用點的平面(圖 5.22a)。令 *L* 是通過 **F**₁ 與 **F**₂ 作用點的直線。因為 **F**₁ 與 **F**₂ 對 *L* 的力矩等於零，**F**₃ 對 *L* 的力矩也必然等於零(圖 5.22b)：

$$[\mathbf{e} \cdot (\mathbf{r} \times \mathbf{F}_3)]\mathbf{e} = [\mathbf{F}_3 \cdot (\mathbf{e} \times \mathbf{r})] = 0$$

這個方程式要求 **F**₃ 垂直於 **e**×**r**，意謂 **F**₃ 包含於 *P* 平面。同樣的邏輯適用於證明 **F**₁ 與 **F**₂ 包含於 *P* 平面，所以這些力是同平面的。(如果三個作用點都位在同一條直線之上則需要不同的證明，但結論是相同的。)

如果這三個同平面的力並不互相平行，則這些力作用線會交於一點。假設兩個力的作用線相交於點 Q。因這兩個力對 Q 的力矩會等於零，所以只有第三個力的作用線也通過點 Q 的情況下，這三個力對點 Q 的力矩總和才有可能會等於零。因此，這些力不是相互平行就是共點的(圖 5.22c)。

　　分析平衡狀態下之物體的工作，常常能因事先認出這個物體是否屬於二力構件或是三力構件而變得簡單。不論如何，這樣的做法並非沒有代價。一旦畫出如圖 5.20b 與 5.21b 的二力構件自由體圖，平衡方程式即無用武之地。而當我們要求作用於三力構件的非平行之力的作用線要重合在一起時，我們已經隱隱的使用了對一個點的力矩總和必等於零的事實，而無法再從這個條件得到更多的資訊。

結論

二力構件

如果處於平衡狀態的物體承受了兩個作用於不同點的力而且沒有其他的力或力偶，則稱它是個二力構件。平衡的條件要求了這兩個力需大小相等且方向相反且平行於這兩個點之間的連線。

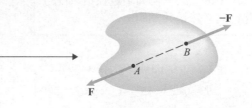

三力構件

如果處於平衡狀態的物體承受了三個作用於不同點的力而且沒有其他的力或力偶，則稱它是個三力構件。平衡的條件要求了這三個力須同在一個平面且彼此相互平行或它們的作用線相交於一點。

觀念範例 5.10　　二力與三力構件(▶ 相關習題 5.121)

長方形平板的 500-N 重量作用在板的中點處。忽略連桿 AB 的重量。試求施加於平板 B 與 C 處的反作用力。

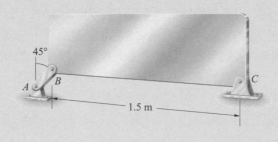

方略

平板承受了本身的重量與 B 和 C 處銷支承所施加的反作用力，所以它是一個三力構件。連桿 BC 是一個二力構件，所以它施加於平板 B 處之反作用力的作用線必須與 A 與 B 間的連線重合。我們能夠使用這個資訊來簡化平板的自由體圖。

　由二力構件 AB 施加於平板的反作用力必須是與 A 與 B 間的連線重合。

解答

桿 AB 作用於平板的力必定沿著 A 與 B 的連線方向，而平板重量的作用線是垂直的，所以在平板上的三個力不是互相平行的。因此它們必然是共點的。

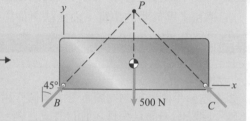

$$\Sigma F_x = B \sin 45° - C \sin 45° = 0$$
$$\Sigma F_y = B \cos 45° + C \cos 45° - 500 \text{ N} = 0$$

解得反作用力 $B = C = 353.6$ N

應用平衡方程式

練習題

假設平板被換成一個 500-N 平板其厚度(垂直於書頁的尺寸)不是均勻的。這不均勻平板之重量作用線位在點 B 右方 1.125 m 之處。試求施加於平板 B 與 C 處的反作用力。

答案：$B = 176.4$ N，$C = 395.2$ N。

範例 5.11   二力構件(▶ 相關習題 5.122)

L 型長桿在 A 處有一個銷支承且在 B 處承受一個 6-kN 力。忽略長桿的重量。試求角 α 與在 A 處的反作用力。

方略

長桿是一個二力構件因為它只承受了在 B 處的 6-kN 力以及由銷支承所施加的力。(如果我們無法忽略的重量長桿，它就不會是個二力構件。)我們使用兩個作法來計算角以及 A 處的反作用力，首先一如平常的應用平衡方程式然後使用長桿是一個二力構件的事實。

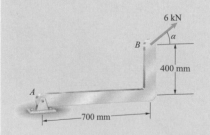

解答

應用平衡方程式　我們於圖 a 中畫出長桿的自由體圖，顯示出在銷支承的反作用力。算出對點 A 的力矩總和，平衡方程式是

$$\Sigma F_x = A_x + 6\cos\alpha \text{ kN} = 0$$
$$\Sigma F_y = A_y + 6\sin\alpha \text{ kN} = 0$$
$$\Sigma M_{\text{point }A} = (0.7\text{ m})(6\sin\alpha \text{ kN}) - (0.4\text{ m})(6\cos\alpha \text{ kN}) = 0$$

從第三個方程式我們看出 $\alpha = \arctan(0.4/0.7)$。在這個範圍內 $0 \leq \alpha \leq 360°$，這個方程式有兩個解答 $\alpha = 29.7°$ 與 $\alpha = 209.7°$。知道了 α，我們能夠從前面兩個平衡方程式計算出 A_x 與 A_y。α 的兩個解是

$$\alpha = 29.7° \text{ , } A_x = -5.21\text{ kN , } A_y = -2.98\text{ kN}$$

與

$$\alpha = 209.7° \text{ , } A_x = 5.21\text{ kN , } A_y = 2.98\text{ kN}$$

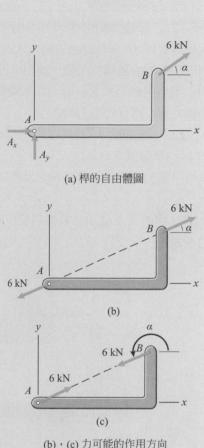

(a) 桿的自由體圖

(b)

(c)

(b)，(c) 力可能的作用方向

視長桿為一個二力構件　我們知道在 B 處的 6-kN 力與銷支承施加的力必須大小相等，方向相反而且是落在點 A 與 B 間的連線上。圖 b 與 c 畫出兩個可能的方向。認出長桿屬於一種二力構件之後，我們立刻知道力可能的方向以及在 A 處的反作用力的大小。

　　於圖 b 中我們可以看出 $\alpha = 0.4/0.7$，所以 $\alpha = 29.7°$ 以及在 A 處之反作用力的各分力是

$$A_x = -6\cos 29.7° \text{ kN} = -5.21\text{ kN}$$
$$A_y = -6\sin 29.7° \text{ kN} = -2.98\text{ kN}$$

　　於圖 c 中，$\alpha = 180° + 29.7° = 209.7°$ 以及在 A 處之反作用力的各分力是

$$A_x = 6\cos 29.7° \text{ kN} = 5.21\text{ kN}$$
$$A_y = 6\sin 29.7° \text{ kN} = 2.98\text{ kN}$$

重要提示

為什麼要費心去辨認物體是否為二力構件呢？如此做可以告訴你作用於物體之力的方向而且力大小會相同與方向相反。如同這個範例所展示的，這樣的資訊常常有助於簡化問題的解答。

習題

▶5.121　於觀念範例 5.10 中，假設移動 A 處的支承使得長桿 AB 與垂線的夾角由 45° 減少至 30°。長方形平板的位置維持不變。畫出平板的自由體圖並標示出作用於平板之三個力作用線的交點 P。試求平板 B 與 C 處反作用力的大小。

▶5.122　施加於 L 型長桿 B 處的反作用力大小是 60 N。(參範例 5.11。)

(a)在 A 處的支承施加於長桿之反作用力的大小是多少？

(b)在 A 處的支承施加於長桿的反作用力的 x 與 y 分力各是多少？

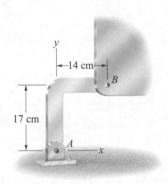

習題 5.122

5.123　懸掛的重物重 1000 N。如果結構本身的重量略而不計則它是一個三力構件。使用這個事實計算在 A 與 B 處的反作用力的大小。

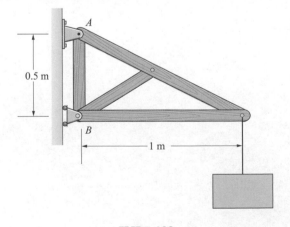

習題 5.123

5.124　重量 $W=50\,N$ 作用於圓盤的中心。使用圓盤是一個三力構件的事實計算纜線的張力以及在銷支承處反作用力的大小。

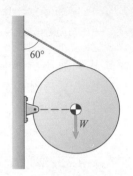

習題 5.124

5.125　重量 $W=40\,N$ 作用於圓盤的中心。盤的表面是粗糙的。將圓盤舉離地面所需要的力 F 是多少？

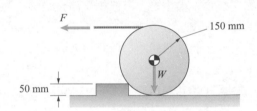

習題 5.125

5.126　使用水平長桿是一個三力構件的事實際萬角 α 以及在 A 與 B 處之反作用力的大小。假設 $0 \le \alpha \le 90°$。

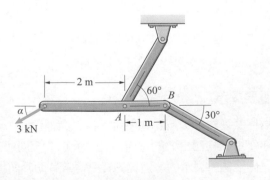

習題 5.126

5.127　懸掛的重物重 600 N。使用 *ABC* 是一個三力構件的事實，試求在 *A* 與 *B* 處反作用力的大小。

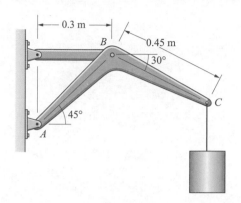

習題 5.127

5.128　(a)L 型長桿是否為一個三力構件？
(b)試求在 *A* 與 *B* 處反作用力的大小。
(c)作用於 L 型長桿的三個力是否共點？

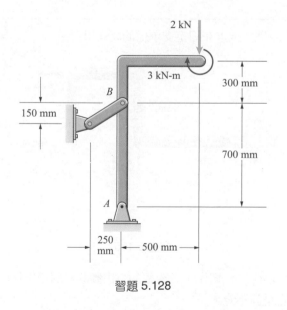

習題 5.128

5.129　液壓活塞在 *B* 處施加一個水平方向的力以支撐怪手挖斗的重量 *W* = 7500 N。試求液壓活塞必須施加之力的大小。(液壓活塞施加於 *B* 處、二力構件 *AB* 與二力構件 *BD* 之力的向量總和必須等於零。)

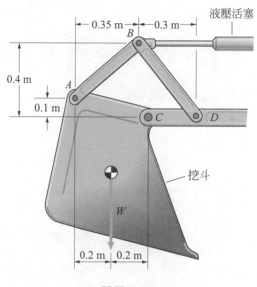

習題 5.129

5.130　前端卸載機的構件 *ACG* 承受一個重物 *W* = 2 kN 並由一個在 *A* 處的銷支承以及液壓活塞 *BC* 所支撐。將液壓活塞視為一個二力構件。
(a)畫出液壓活塞與構件 *ACG* 的自由體圖。
(b)試求於構件 *ACG* 的反作用力。

5.131　於習題 5.130 中，使用構件 *ACG* 是一個三力構件的事實，試求作用於構件 *ACG* 的反作用力。

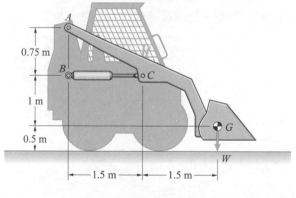

習題 5.130/5.131

5.132　*A* 長方形平板承受兩個力 *A* 與 *B*(圖a)。於圖 b，這兩個力是被分解為數個分力。先寫出各分力 A_x、A_y、B_x 與 B_y 的平衡方程式，證明 *A* 與 *B* 兩個力大小相等，方向相反並且落在它們的作用點的連線上。

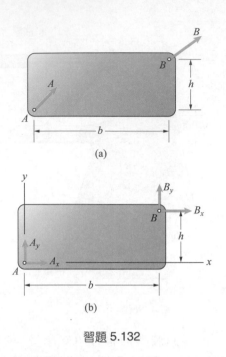

(a)

(b)

習題 5.132

5.133　一個處於平衡狀態的物體承受三個力，這些力的作用點同在一條直線上。證明這些力是同平面的。

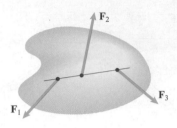

習題 5.133

複習習題

5.134　懸掛的纜線重 12 N。

(a)畫出纜線的自由體圖。(在 A 與 B 處纜線的張力不相等。)

(b)試求在 A 與 B 處纜線的張力。

(c)在纜線的最低點處纜線的張力是多少？

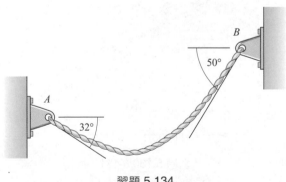

習題 5.134

5.135　試求在固定支承處的反作用力。

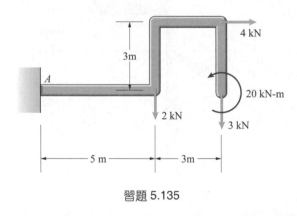

習題 5.135

5.136　(a)畫出 50-N 平板的自由體圖並解釋為什麼它是靜不定。

(b)盡可能算出在 A 與 B 處的反作用力。

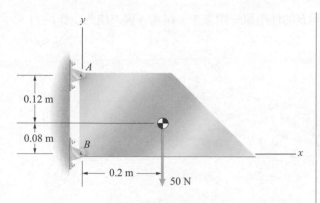

習題 5.136

5.137　貨車的質量是 4000 kg。它的車輪被鎖住而且它的纜線張力是 $T = 10$ kN。(a)畫出貨車的自由體圖。(b)試求 A 與 B 處路面施於貨車車輪的垂直力。

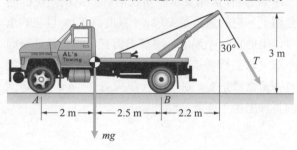

習題 5.137

5.138　設鎚子施於釘頭的力爲垂直且鎚子重忽略。(a)畫鎚子的自由體圖。(b)若 $F = 100$ N，求鎚子施於釘子及鎚子施於地面的垂直力與摩擦力大小。

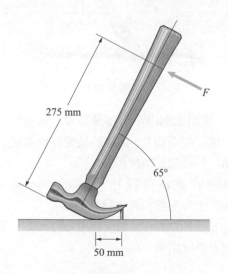

習題 5.138

5.139　彈簧常數 $k = 9600$ N/m 且彈簧沒有伸展時的長度是 30 mm。將在 A 處的螺栓視爲一個銷支承且假設在 C 處的表面是光滑的。試求在 A 處的反作用力以及在 C 處的垂直力。

5.140　工程師正在設計釋放機構希望施加在 C 處的垂直力是 120 N。如果彈簧沒有伸展時的長度是 30 mm，所需要的彈簧常數 k 是多少？

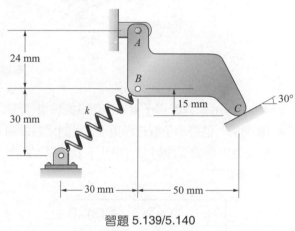

習題 5.139/5.140

5.141　桁架支撐一個 90-kg 的懸掛物體。在支承 A 與 B 處的反作用力是多少？

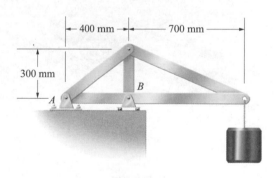

習題 5.141

5.142　拖車停放在 15°斜坡。車輪可隨意轉動。車門 H 的作用像一銷支承。試求 A 與 H 處的反作用力。

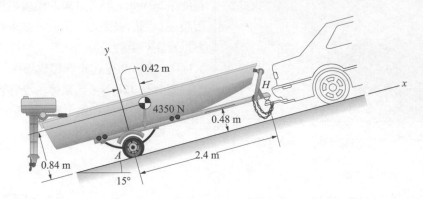

習題 5.142

5.143　工程師想判斷車子重量作用點的位置(質量中心)在何處,他將車子放在秤重上並針對兩個值測量車輪垂直方向的反作用力,得出下表結果。距離 b 與 h 是多少?

α	A_y(kN)	B(kN)
10°	10.134	4.537
20°	10.150	3.677

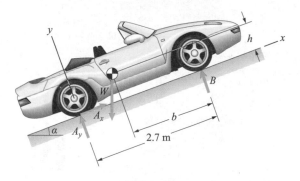

習題 5.143

5.144　長桿被銷支承固定在滑行於兩根固定桿的套環上。它的質量是 10 kg,長度為 1 m 且它的重量作用於它的中點處。摩擦力與套環的質量都略而不計。當長桿垂直的時候($\alpha = 0$)彈簧是沒有伸展的且彈簧常數是 $k = 100\,N/m$。試求於 $0 \leq \alpha \leq 60°$ 範圍內長桿處於平衡狀態時的值。

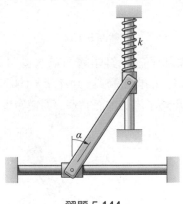

習題 5.144

5.145　使用如圖所示的各種裝置,你能夠施加力 F 來支撐一個重物 R。這樣的裝置分別被稱為第一類、第二類與第三類槓桿。

(a)比值 R/F 被稱為機械利益(mechanical advantage)。試求每一類槓桿的機械利益。

(b)試求每一類槓桿在 A 處反作用力的大小。(將你的答案以 F 表達出來。)

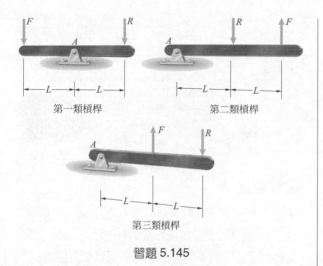

第一類槓桿　　　　第二類槓桿

第三類槓桿

習題 5.145

5.146　水平的長方形平板重量施加的力是 800 N。長方形平板的重量作用於它的中點處。如果你將三條纜線施加於平板的反作用力以一個單一等效的力來代表，這個單力是多少且它的作用線與平板之交點的位置？

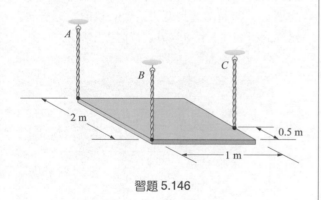

習題 5.146

5.147　20-kg 質量懸掛於固定在三根 2-m 高直柱上的纜線。點 A 位於 $(0, 1.2, 0)$ m。試求在 E 處之固定支承的反作用力。

5.148　於習題 5.147 中，每一根直柱的固定支承能夠安全地支撐 800 N-m 大小的力偶。
根據這個標準，被懸掛質量的最大安全值是多少？

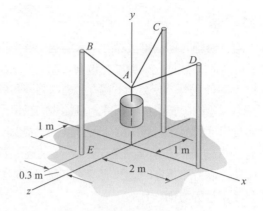

習題 5.147/148

5.149　80-N 長桿一個在 A 處的球窩支承所支撐，它倚靠在光滑的牆面與纜線 BC。長桿的重量作用在它的中點處。
(a)畫出長桿的自由體圖。
(b)試求纜線 BC 的張力與在 A 處的反作用力。

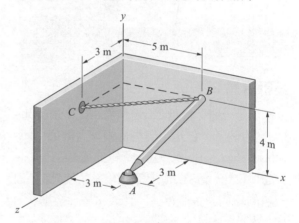

習題 5.149

5.150　水平長桿的重量 W 由在 A 處一個的滾子支承與纜線 BC 所支撐。使用長桿是一個三力構件的事實計算角 α、纜線張力與在 A 處之反作用力的大小。

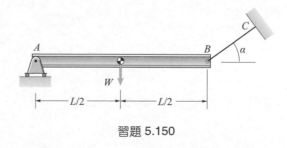

習題 5.150

設計專題 1

如圖所示傳統的獨輪車被設計用來運送一個重物 W 而由使用者於握柄處施加一個向上的力 F 以為支撐。(a)使用靜力學分析 a 與 b 之選取範圍對於獨輪車載重的影響。這些尺寸對獨輪車的易使用性與實用性的潛在影響一併列入考慮。(b)提議一個有別於傳統的設計而能夠達到同樣功能的設計。使用靜力學將你的設計與獨輪車在承載能力與易使用性等方面作比較。

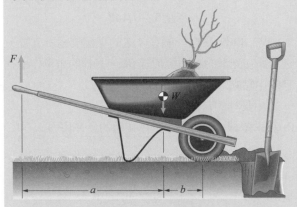

設計專題 2

下圖展示一個受歡迎之裝置稱為「莫比爾(mobiles)」的例子,它是由美國藝術家考爾德(Alexander Calder,1898-1976)所發表的藝術品。假設你想要設計一個莫比爾代表太陽系並且選取不同顏色的球代表各個行星。代表水星、金星、地球、火星、木星、土星、天王星、海王星、冥王星之球的質量是 10 g、25 g、25 g、10 g、50 g、40 g、40 g、40 g 與 10 g。假設你所使用的十字桿與線的質量可以略而不計。設計你的莫比爾使得各行星依照相對於太陽的順序來擺放。寫個簡單的報告包括你的設計圖以及分析證明你的莫比爾是平衡的。

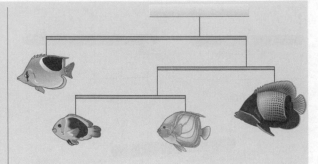

設計專題 3

傾卸卡車床體(圖 a)由兩串接液壓活塞 AB 舉起(圖 b)。貨車床體與重物的質量是 16,000 kg 且重量作用於 G。(設床體升起時 G 對床體的位置不變)(a)畫圖有關角 α 從零至 30°時液壓活塞支撐靜止床體所須之總力。(b)考慮其他明顯可行的固定點 A 與 B 的位置並探討 α 從零至 30°時你的選擇對液壓活塞須施加之總力的影響。比較對固定點的選擇與圖 a 的選擇兩者的費用,假設液壓活塞的費用正比於 α 從零至 30°時液壓活塞的最大施力與 α = 30°時活塞長度的乘積(c)以簡短報告展示你的研究並對點 A 與 B 之位置提出建議。

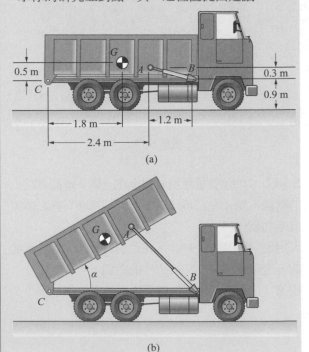

6

靜力平衡中的結構

在工程中，結構這個名詞可以指任何有支撐與負載能力的物體。在本章中，我們考慮由相互連接的零件或構件所組成的結構。為了設計此種結構，或為了決定現存的結構是否足夠，去決定作用在該結構整體以及其上個別構件上的作用力與力偶是需要的。我們首先說明關於被稱為桁架之結構是怎麼一回事，該結構是完全由兩力構件所組成。支撐某些公路橋樑之鋼構件的類似結構即為桁架。我們再考量被稱為骨架之結構，視其是否為靜止及支撐負載所設計，如為機械，則考量其設計是為移動或為負戴之目的。

◀ 搭建石柱群之新石器時代的工程師為耐久結構之設計做了例子。對於作用於結構個別構件上之力偶及作用力之求解，本章會描述其技巧。

6.1　桁架

　　我們能解釋桁架構造的特性如支撐房屋橫樑之簡例(圖 6.1)。假設我們將三隻柱子自基部串在一起成為一三角形。如果我們增加一支撐物如圖 6.2a 就可得一能支撐圖 F 之負載。增加更多三角形可使我們形成更多精密之結構(圖 6.2b 與 c)。這些柱子是結構中之構件，柱子間連結部分叫**接點**。即使這些實例非常簡單，你可由圖 6.2c 名為華倫桁架看出是類似支撐橋樑及屋頂之結構(圖 6.3)。如果這些結構被支撐負載於其接點，柱子重量可不計，每支柱子都是兩力之構件。我們稱此種結構為**桁架**。

　　我們在圖 6.4a 中繪製一桁架其中一支零件的自由體圖。由於它是一兩力之構件，且力是作用於尖端，是施加於各接點構件作用力之總合，方向相反但強度相同，且是沿接點間之線使力。我們稱此力 T 為構件中之**軸力**。當 T 所示之方向為正值時(指作用力被各自帶離開)，此時之構件處於**張力狀態**。當作用力被帶向各自時，此構件則處於**壓力狀態**。

圖 6.1
一傳統房屋是由木板做的桁架來支撐

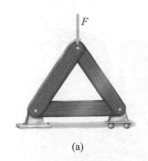

(a)

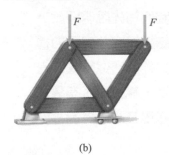

(b)

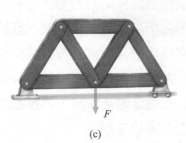

(c)

圖 6.2　將柱子栓接以形成三角形之法來成為結構

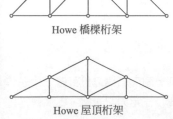

Howe 橋樑桁架　　Pratt 橋樑桁架

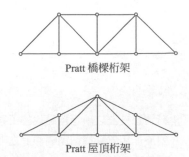

Howe 屋頂桁架　　Pratt 屋頂桁架

圖 6.3　橋樑與屋頂結構之簡例(線條代表構件而圓圈代表接點)

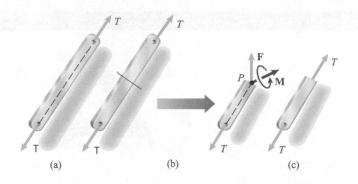

(a) (b) (c)

圖 6.4
(a)桁架之每一構件為兩力構件
(b)求得構件部分之自由體圖
(c)內力與作用於接點之作用力相等且
　　相反，且內力偶為零

在圖 6.4b 中我們以一平面將構件「切隔」，並於平面之一邊構件部份繪一自由體圖。我們以一作用力 **F** 代表不屬於自由體圖部份所施加之內力與力矩，此 **F** 力作用於其平面截取軸心與力偶 **M** 之 P 點。此時 P 之力矩總合需為零 **M** = **0**。因此我們有一兩力構件，意指 **F** 作用力對於施加於接點之 T 力需方向相反但強度相同(圖 6.4c)。內力是一種張力或壓力，與作用於接點之張力或壓力相等。注意一條繩子與電線之相似度，在此內力就是作用於尖端之張力。

雖然許多實際之結構包含「屋頂桁架」與「橋樑桁架」都是由連接於尖端處之柱子組成，卻少有此栓接點。例如圖 6.5 即為一橋樑桁架之接點。構件之尖端是焊接於接點且無法轉動。很明顯地此種接點可在構件上施加力偶。為何此種結構稱為桁架。

原因在它們被設計來作為桁架之功用，它們可支撐負重主要因其構件之軸力。它們通常被作為桁架之**示範**，將接點視為栓接是基於假設施力於結構上之力偶相較於軸力相對是較小的。在練習題中提到之那些作為桁架之釘鎖接點結構，你可將其視為桁架之示範。

圖 6.5　一橋樑桁架之接點

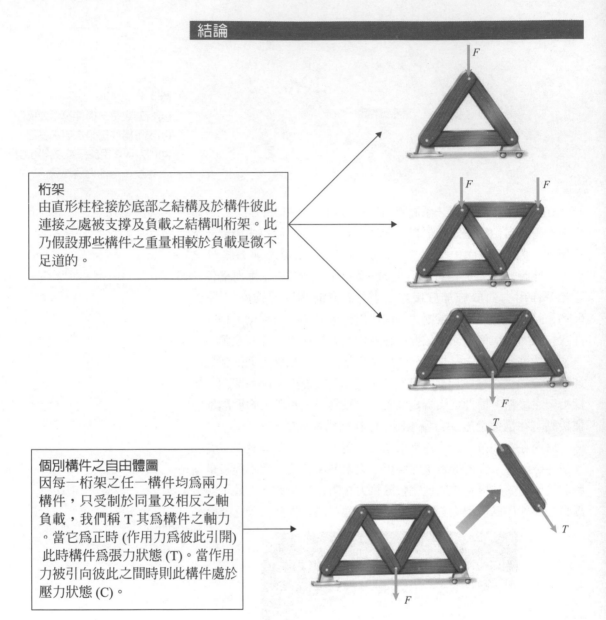

桁架
由直形柱栓接於底部之結構及於構件彼此連接之處被支撐及負載之結構叫桁架。此乃假設那些構件之重量相較於負載是微不足道的。

個別構件之自由體圖
因每一桁架之任一構件均為兩力構件，只受制於同量及相反之軸負載，我們稱 T 其為構件之軸力。當它為正時 (作用力為彼此引開) 此時構件為張力狀態 (T)。當作用力被引向彼此之間時則此構件處於壓力狀態 (C)。

6.2　接點法

背景概念

　　接點法涉及連續繪出桁架接點之自由體圖並使用平衡方程式來決定構件中之軸力。開始前通常需要繪一全桁架之自由體圖(將桁架當單一物件看)並決定在其支撐點之作用力。例如我們考量圖 6.6a 中有長兩米之構件及在 B 和 D 點之負載。在圖 6.6b 中我們繪出其自由體圖。自以下平衡方程式，

$$\Sigma F_x = A_x = 0$$

$$\Sigma F_y = A_y + E - 400\,\text{N} - 800\,\text{N} = 0$$

$$\Sigma M_{\text{point}\,A} = -(1\,\text{m})(400\,\text{N}) - (3\,\text{m})(800\,\text{N}) + (4\,\text{m})E = 0$$

我們得到作用力 $A_x = 0$，$A_y = 500\,\text{N}$，及 $E = 700\,\text{N}$。

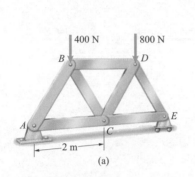

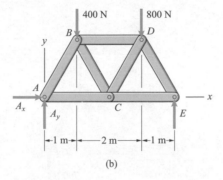

圖 6.6

(a)一支撐兩個負載之華倫桁架

(b)桁架之自由體圖

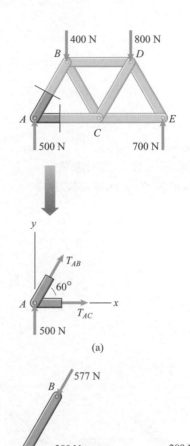

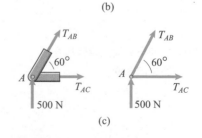

我們下一步是選一接點並繪其自由體圖。在圖 6.7a 中我們切下構件 AB 及 AC 以將接點 A 分離出。T_{AB} 及 T_{AC} 分別是構件 AB 及 AC 之軸力。雖然代表未知軸力的箭頭方向可任意選擇，要注意如取得正值之軸力，則我們選取之構件將處於張力狀態。持續用此法選取方向可幫我們避免誤差。

接點 A 之平衡方程式為：

$$\Sigma F_x = T_{AC} + T_{AB}\cos60° = 0$$

$$\Sigma F_y = T_{AB}\sin60° + 500\,\text{N} = 0$$

求解這些方程式，得到之軸力為 $T_{AB} = -577\,\text{N}$ 及 $T_{AC} = 289\,\text{N}$。構件 AB 處於壓力，而構件 AC 則處於張力狀態(圖 6.7b)。

雖用一實際數字在圖 6.7a 中代表接點幫你了解自由體圖，當你自行工作時可用一簡單之數字只顯示作用於接點(圖 6.7c)之作用力。

我們再用切隔構件 AB，BC 及 BD(圖 6.8a)之法取得接點 B 之自由體圖。由接點 B 之平衡方程式，

$$\Sigma F_x = T_{BD} + T_{BC}\cos60° + 577\cos60°\,\text{N} = 0$$

$$\Sigma F_y = -400\,\text{N} + 577\sin60°\,\text{N} - T_{BC}\sin60° = 0$$

我們得到 $T_{BC} = 115\,\text{N}$ 及 $T_{BD} = -346\,\text{N}$。構件 BC 處於張力，而構件 BD 處於壓力(圖 6.8b)。連續繪出各接點之自由體圖，我們可求出構件之軸力。

圖 6.7

(a)求得接頭 A 之自由體圖

(b)構件 AB 及 AC 之軸力

(c)接頭 A 之實際簡單之自由體圖

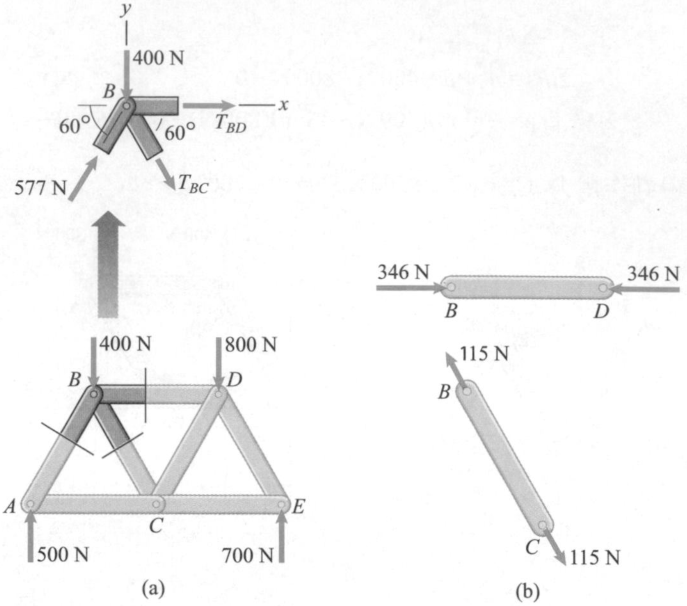

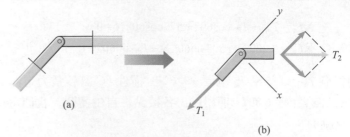

圖 6.8
(a)求得接頭 B 之自由體圖
(b)構件 BD 及 BC 中之軸力

在二維空間下,你只能自接點之自由體圖中取得兩個獨立之平衡方程式。因作用力是同時發生,因此在一點上力矩和並不能形成額外之獨立方程式。因此當應用接點法時,你選擇分析之接點應不含兩個以上之未知力。在舉例時我們首先分析接點 A,因其受柱支撐之已知作用力和 T_{AB} 及 T_{AC} 等未知作用力(圖 6.7a)。然後我們可分析接點 B 因其受制於兩已知作用力及兩未知作用力,T_{BC} 及 T_{BD}(圖 6.8a)。如果我們要先分析接點 B,將產生三種未知作用力。

當你在決定一桁架構件之軸作用力時,如果了解三種特殊型態之接點則可輕鬆很多。

· **具有兩共線構件且無負載之桁架接點**(圖 6.9)。作用力之和需為零,$T_1 = T_2$。軸力相等。
· **具有兩非共線構件且無負載之桁架接點**(圖 6.10)。在 x 方向之作用力和需為零,$T_2 = 0$。因此 T_1 也須為零。軸力為零。
· **具有三構件之桁架接點,其中兩個為共線且無負載**(圖 6.11)。由於 x 方向之作用力和需為零,$T_3 = 0$。在 y 方向之作用力和需為零,所以 $T_1 = T_2$。在共線構件中之軸作用力是相等的,而且第三構件之軸作用力也為零。

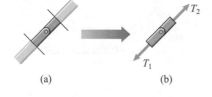

圖 6.9
(a)一接頭具有兩共線且無負載
(b)接頭之自由體圖

圖 6.10
(a)有兩非共線構件且無負載之接頭
(b)接頭之自由體圖

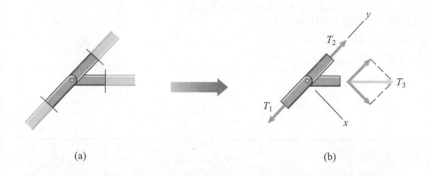

(a)

(b)

圖 6.11
(a)有三構件之接頭,其中兩個為共
　線且無負載
(b)接頭之自由體圖

結論

接點法

開始前,通常須畫一全桁
架之自由體圖,將其視為
單一物件而套用平衡方程
式來決定支撐點之作用力。

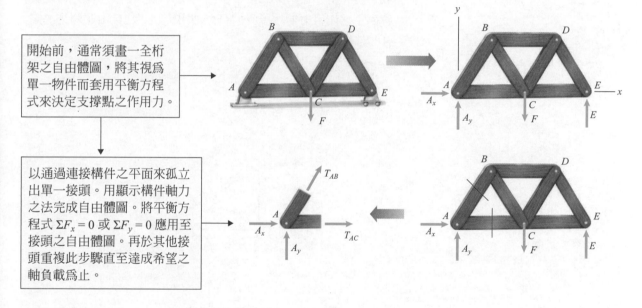

以通過連接構件之平面來孤立
出單一接頭。用顯示構件軸力
之法完成自由體圖。將平衡方
程式 $\Sigma F_x = 0$ 或 $\Sigma F_y = 0$ 應用至
接頭之自由體圖。再於其他接
頭重複此步驟直至達成希望之
軸負載為止。

特殊接點

如一接頭由兩共線構件組成且無外負載
於接頭處,而於各構件中之軸力應是相
等的。

如一接頭由兩非共線構件組成且無外負
載則在任一構件中應無軸力。

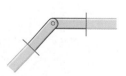

若由三個構件組成之接頭而其中兩個是共
線構件組成且無外負載於接頭處，而其共
線構件中之軸力應是相等的且於第三構件
中之軸力應為零。

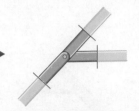

觀念範例 6.1　接點法(▶ 相關習題 6.1)

在桁架之 AB 及 AC 構件中求其軸力。

方略

我們首先繪一全桁架之自由體圖，視其為一單一物件，再求支
撐點上之作用力。然後我們可以繪出接點 A 之自由體圖來決定
AB 及 AC 構件之軸力。

解答

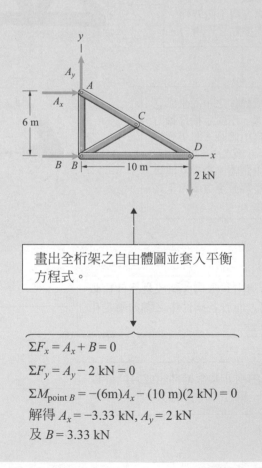

畫出全桁架之自由體圖並套入平衡
方程式。

$$\Sigma F_x = A_x + B = 0$$

$$\Sigma F_y = A_y - 2 \text{ kN} = 0$$

$$\Sigma M_{\text{point } B} = -(6\text{m})A_x - (10 \text{ m})(2 \text{ kN}) = 0$$

解得 $A_x = -3.33$ kN, $A_y = 2$ kN
及 $B = 3.33$ kN

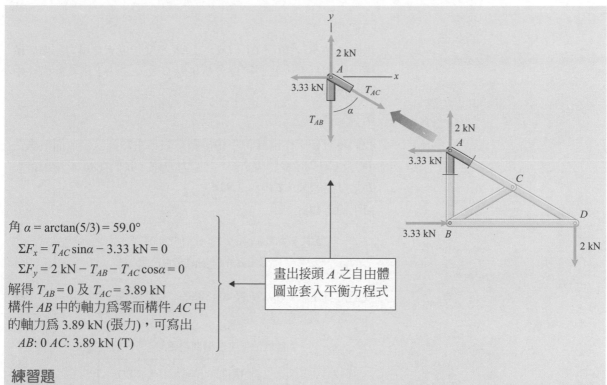

角 $\alpha = \arctan(5/3) = 59.0°$

$\Sigma F_x = T_{AC} \sin\alpha - 3.33 \text{ kN} = 0$

$\Sigma F_y = 2 \text{ kN} - T_{AB} - T_{AC} \cos\alpha = 0$

解得 $T_{AB} = 0$ 及 $T_{AC} = 3.89$ kN
構件 AB 中的軸力為零而構件 AC 中
的軸力為 3.89 kN (張力)，可寫出

　AB: 0 AC: 3.89 kN (T)

畫出接頭 A 之自由體
圖並套入平衡方程式

練習題

求出桁架之 BC 及 BD 兩構件中之軸力。根據對接點 A 之分析了
解在 AB 構件中之軸力為零。

答案：BC：0，BD：3.33 kN(C)。

範例 6.2　　　橋樑桁架(▶ 相關習題 6.31)

一橋樑結構需支撐之負載以及結構連接處之栓支撐可見圖(1)。
一土木工程學生被指派設計一結構所提出之方案見圖(2)。構件
中之軸力為何？

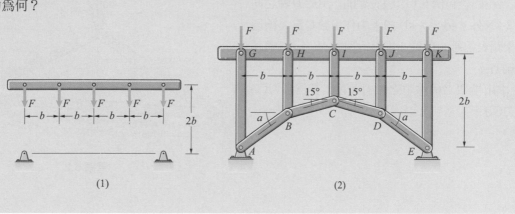

方略

垂直構件 *AG*，*BH*，*CI*，*DJ*，及 *EK* 承受強度 *F* 之壓力。由於結構中之對稱性，我們可以分析接點 *C* 及 *B* 之法求出其餘構件中之軸承載。

解答

我們將它留下作為練習用繪接點 *C* 之自由體圖表示，而其構件 *BC* 及 *CD* 則承受強度 1.93*F* 之壓力負載。我們在圖 a 繪製接點 *B* 之自由體圖，$T_{BC} = -1.93F$。

自平衡方程式

$$\Sigma F_x = -T_{AB}\cos\alpha + T_{BC}\cos15° = 0$$
$$\Sigma F_y = -T_{AB}\sin\alpha + T_{BC}\sin15° - F = 0$$

我們得到 $T_{AB} = -2.39F$ 及 $\alpha = 38.8°$。使其對稱，則 $T_{DE} = T_{AB}$。構件中之軸力見下表。

(a) 接點 *B* 之自由體圖

橋樑衍架中各構件之軸力

構件	軸力
AG, *BH*, *CI*, *DJ*, *EK*	*F*(C)
AB, *DE*	2.39*F*(C)
BC, *CD*	1.93*F*(C)

習題

▶6.1　在觀念範例 6.1 中假設除開作用於 *D* 點之向下力 2-kN 外，另一 2-kN 向下力作用於 *C* 點。繪製一桁架圖表示新的負載。求出桁架之 *AB* 及 *AC* 構件中之軸力。

6.2　求出桁架之構件中之軸力並指出其為張力(T)或壓力(C)。

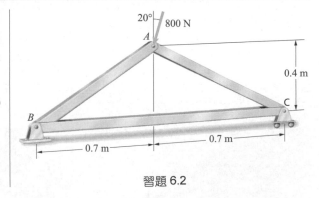

習題 6.2

6.3　桁架之構件 *AB* 承受一 5000-N 之張力。求出 *AC* 構件中之軸力與重量 *W*。

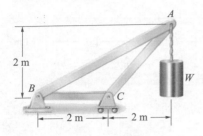

習題 6.3

6.4　求出桁架之構件 *BC* 及 *CD* 中之軸力。

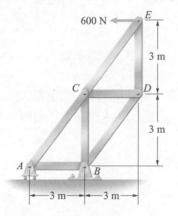

習題 6.4

6.5　每一懸吊之重量其質量 $m = 20\,\text{kg}$。求出桁架構件中之軸力並指出它們是張力(T)還是壓力(C)。

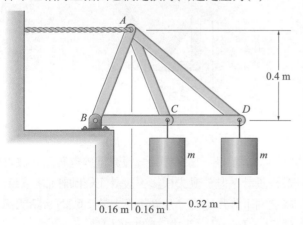

習題 6.5

6.6　求出桁架構件中最大之張力及壓力，並指出發生在何種構件：(a) $h = 0.1\,\text{m}$；(b) $h = 0.5\,\text{m}$。觀察一簡單之設計變更如何影響最大之軸負載。

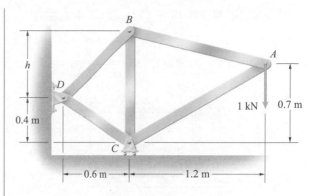

習題 6.6

6.7　此鋼骨桁架橋是在蒙太那省波茲曼之加拉丁國家森林。假設支撐橋身之協力桁架之一的負載如圖示。求出構件 *AB*，*BC*，*BD*，及 *BE* 中之軸力。

6.8　求出橋樑桁架之構件中最大的張力及壓力值，並指出是何構件。

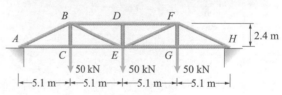

習題 6.7/6.8

6.9　在 6.7 及 6.8 兩題中支撐橋身之桁架叫 Pratt 桁架。假設橋樑設計人決定採用下圖之 Howe 桁架。求出構件中最大的張力及壓力值，並指出是何構件。將解答與 6.8 問題之解答作一比較。

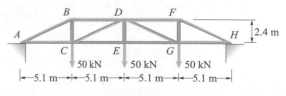

習題 6.9

6.10　求出桁架構件 *BD*，*CD*，及 *CE* 中之軸力。

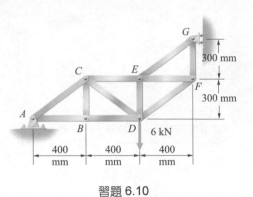

習題 6.10

6.11　負載 $F_1 = F_2 = 8$ kN。求出構件 *BD*，*BE*，及 *BG* 中之軸力。

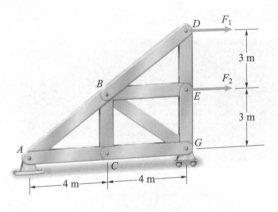

習題 6.11

6.12　求出以下桁架構件最大的張力及壓力值，並指出是何構件：(a) $h = 0.1$ m；(b) $h = 0.2$ m。注意一個簡單的設計變化是如何影響最大的軸負載。

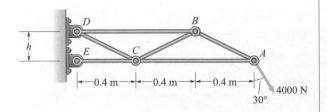

習題 6.12

6.13　桁架在 *C* 及 *E* 支撐負載。如 $F = 3$ kN 則於構件 *BC* 及 *BE* 中之軸力為何？

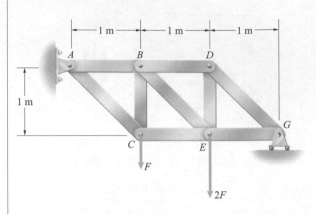

習題 6.13

6.14　如你不欲將桁架之構件置於大於 20 kN 之軸負載(張力或壓力)，求出向下作用力 *F* 之最大可接受強度。

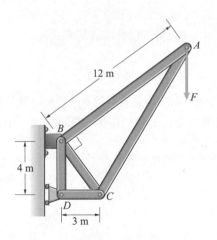

習題 6.14

6.15　桁架是一為將擔架一邊緊繫於救難直昇機之最初設計。基於動力模擬，設計工程師評估擔架造成之向下作用力在 *A* 及 *B* 將不大於 1.6 kN。請問構件 *CF*，*DF*，及 *FG* 中之軸力為何？

6.16　已知直昇機引擎性能經過堤昇，工程師設計桁架時經新的模擬得知結論擔架在 A 及 B 點形成之向下作用力可大至 1.8 kN。請問於構件 DE，DF，及 DG 中之軸力為何？

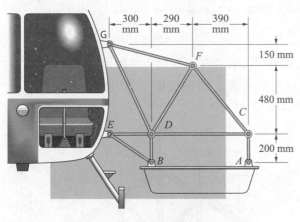

習題 6.15/6.16

6.17　以重量 W 表示求出構件中之軸力為何。

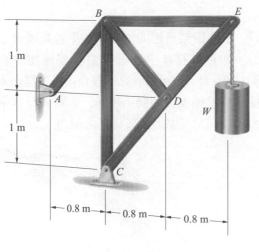

習題 6.17

6.18　桁架之構件的長度如下。懸吊起重機之質量為 900 公斤。求出構件中之軸力為何。

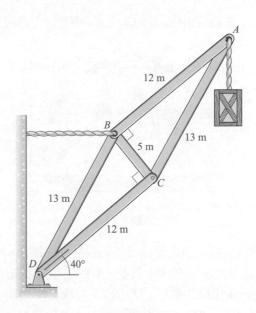

習題 6.18

6.19　負載 $F_1 = 3000\,\mathrm{N}$ 及 $F_2 = 1500\,\mathrm{N}$ 求出構件 AE，BD，及 CD 之軸力為何。

6.20　負載 $F_1 = 2250\,\mathrm{N}$ 及 $F_2 = 750\,\mathrm{N}$。求出構件 AB，AC，及 BC 中之軸力為何。

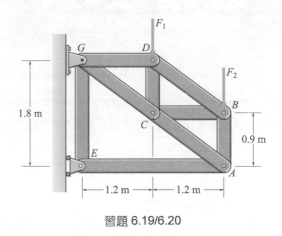

習題 6.19/6.20

6.21　求桁架構件 BC，CD，CE 中之軸力為何。

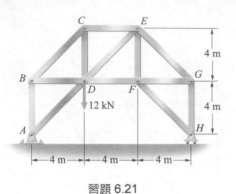

習題 6.21

6.22　支撐走道之華倫桁架是設計來支撐 B，D，F，及 H 之垂直 50-kN 負載。假設這些負載施加於桁架，求出構件 BC，CD，及 CE 形成之軸力為何？

6.23　就 6.22 習題之華倫桁架，求出構件 DF，EF，及 FG 中之軸力為何。

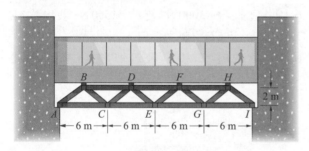

習題 6.22/6.23

6.24　Pratt 橋樑桁架支撐五個作用力($F = 300$ kN)。空間 $L = 8$ m。求出構件 BC，BI，及 BJ 中之軸力。

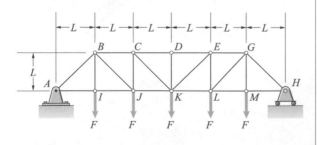

習題 6.24

6.25　如圖中之屋頂桁架，求出構件 AD，BD，DE，及 DG 中之軸力。將 A 及 I 之支撐示範作為滾軸支撐。

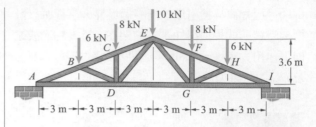

習題 6.25

6.26　Howe 桁架可協助支撐屋頂。以 A 及 G 之支撐作為示範之滾軸支撐。求出構件 AB，BC，及 CD 中之軸力。

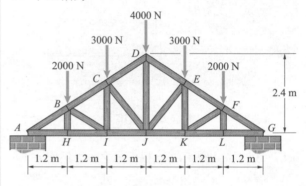

習題 6.26

6.27　平面桁架是組成近海鑽油平台起重機之一部分。起重機在 B，C，及 D 之桁架施加垂直的 75-kN 作用力。你可將 A 之支撐作為栓支撐而 E 之支撐作為滾軸支撐而向衝線施一正常力但非平行力。角 $\alpha = 45°$。求出桁架構件之軸力。

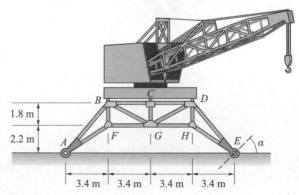

習題 6.27

6.28　(a)設計一連接支撐 A 及 B 且於 C 及 D 支撐負載。(b)求出在(a)中你設計之桁架。

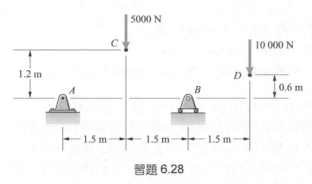

習題 6.28

6.29　(a)設計一桁連接 A 及 B 支撐點並越過障礙物再支撐 C 之負載。

(b)求出在(a)中設計之桁架其構件之軸力。

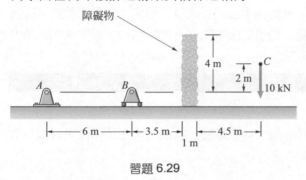

習題 6.29

6.30　假設你要設計一在 A 及 B 有支撐之桁架(圖 a)來支撐一 3-kN 於 C 點向下之負載。最簡單之設計(圖 b)是使 AC 構件有一 5-kN 之張力。重新設計桁架使最大張力小於 3-kN。

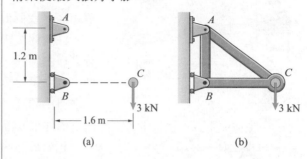

習題 6.30

▶6.31　在 6.2 例中之橋樑結構只需將 15 度角增為 20 度即可提供一較大弧形。如處理完，求出構件 AB，BC，CD 及 DE 中之軸力。

6.3　剖面法

背景概念

當我們需了解桁架中某些構件之軸力時，我們常用比接點法更好之剖面法更快的作出判斷。例如讓我們重新考量以往接點法慣用之華倫桁架(圖 6.12a)。它支撐 B 及 D 之負載，且每一構件為兩米長。假設我們要求出構件 BC 中之軸力。

正如同在接點法中，開始時需繪製一全桁架之自由體圖再決定支撐點之作用力。此步驟之結果見圖 6.12b。我們下一步切斷構件 AC，BC 及 BD 以取得桁架**切斷面**或部分之自由體圖(圖 6.13)。加總 B 之力矩，此剖面部分之平衡方程式為：

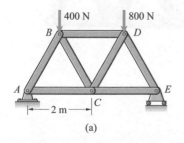

(a)

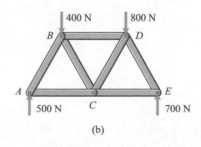

(b)

圖 6.12

(a)一華倫桁架支撐兩負載

(b)桁架之自由體圖，顯示支撐點之作用力

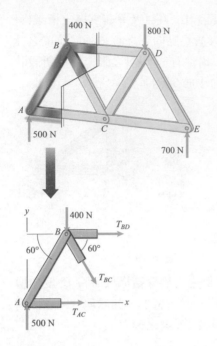

圖 6.13
取得桁架一區塊之自由體圖

$$\Sigma F_x = T_{AC} + T_{BD} + T_{BC}\cos60° = 0$$
$$\Sigma F_y = 500\,\text{N} - 400\,\text{N} - T_{BC}\sin60° = 0$$
$$\Sigma M_{\text{point}\,B} = (2\sin60°\,\text{m})T_{AC} - (2\cos60°\,\text{m})(500\,\text{N}) = 0$$

解題後，我們得到 $T_{AC} = 289\,\text{N}$, $T_{BC} = 115\,\text{N}$ 及 $T_{BD} = -346\,\text{N}$。

　　注意此法與接點法之相似性。兩法都涉及切斷構件取得桁架部分之自由體圖。在接點法中，我們自一接點移往另一接點並繪出它們之自由體圖與求出構件之軸力。在剖面法中，我們試圖取得一單一之自由體圖可讓我們求得特殊構件之軸力。在我們的實例中以切隔三構件來取得自由體圖，包含一個我們要求出 BC 構件的軸力。

　　相對於那些接點之自由體圖，用在剖面法之自由體圖其作用力通常不是並存的，就如例中我們可求得三個獨立平衡方程式。雖然有例外，通常需選一段要切斷不超過三個之構件，否則未知之軸力將多過於平衡方程式。

結論

剖面法

當一桁架特殊構件之軸力需求解時，剖面法常比接點法更可取得有效之結果。

開始前通常最好先將視為個別物件之全桁架之自由體圖畫出並套入平衡方程式來求出支撐點之作用力

將平面穿越足量之構件來分離桁架之一部分或一區塊。同時設法將平面穿越那些未知軸力之構件。完成區塊之自由體圖將顯示構件之軸力。再將平衡方程式套入區塊之自由體圖

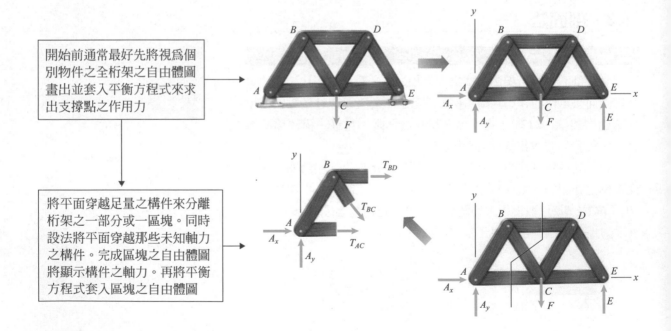

觀念範例 6.3　　剖面法(▶ 相關習題 6.32)

桁架之水平構件每件長度一米。求出構件 CD，CJ，及 IJ 中之軸力。

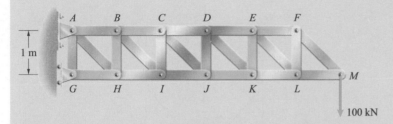

方略

將平面穿越構件 CD，CJ，及 IJ，我們將可獲得一區塊即可求得所需之軸力。

解答

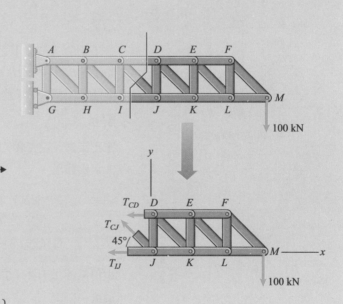

將平面穿越構件 CD，CJ 及 IJ 並畫出區塊之自由體圖

$\Sigma F_x = -T_{CD} - T_{CJ} \cos 45° - T_{IJ} = 0$

$\Sigma F_y = T_{CJ} \sin 45° - 100 \text{ kN} = 0$

$\Sigma M_{\text{point } J} = (1 \text{ m})T_{CD} - (3 \text{ m})(100 \text{ kN}) = 0$

應用平衡方程式

解得 $T_{CD} = 300$ kN, $T_{CJ} = 141$ kN
及 $T_{IJ} = -400$ kN 軸負重為
CD: 300 kN (T), CJ: 141 kN (T)
IJ: 400 kN (C)

練習題

用剖面法求出桁架構件 DE，DK，及 JK 中之軸力。

答案：DE：200 kN(T)，DK：141 kN(T)，JK：300 kN(C)。

範例 6.4 | **選取一適當剖面**(▶ 相關習題 6.33)

求解桁架構件 DG 及 BE 中之軸力。

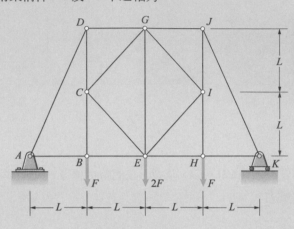

方略

若不切除三個以上之構件我們無法取得一區塊內包含切除構件 DG 及 BE。然而切下之構件 DG, BE, CD，及 BC 造成一區塊因而能求出構件 DG 及 BE 之軸力。

解答

求出支撐點之作用力 由平衡方程式我們在圖 a 中繪出全桁架之自由體圖：

$$\Sigma F_x = A_x = 0$$
$$\Sigma F_y = A_y + K - F - 2F - F = 0$$
$$\Sigma M_{\text{point}A} = -LF - (2L)(2F) - (3L)F + (4L)K = 0$$

可得反作用力 $A_x = 0$，$A_y = 2F$，及 $K = 2F$。

選擇一剖面

在圖 b 中我們用切取構件 DG，CD，BC 及 BE 來取得一區塊。因行動曲線 T_{BE}，T_{BC}，及 T_{CD} 經過點 B，故我們可加總 B 點之力矩而求出 T_{DG}：

$$\Sigma M_{\text{point}B} = -L(2F) - (2L)T_{DG} = 0$$

軸力 $T_{DG} = -F$。然後，由平衡方程式

$$\Sigma F_x = T_{DG} + T_{BE} = 0$$

我們看到 $T_{BE} = -T_{DG} = F$。構件 DG 在壓力狀態，而構件 BE 在張力狀態。

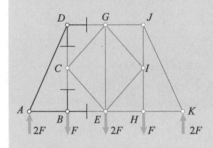

(a) 整個桁架的自由體圖

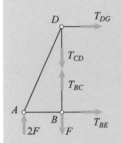

(b) 取桁架之一剖面為，將平面通過構件 DG、CD、BC 及 BE

重要提示

這是一聰明例子，但不是一在練習中遇到之典型問題。用來解決問題之區塊既使對一結構分系之老手也並不明顯。要注意在表 b 中之自由體圖是靜止非確定性，雖然它可用以求出構件 *DG* 及 *BE* 中之軸力。

習題

▶6.32　在範例 6.3 中，用剖面法求構件 *BC*，*BI* 及 *HI* 中之軸力。

▶6.33　在例題 6.4 中將平面穿越構件 *BE*，*CE*，*CG* 及 *DG* 可得桁架一區塊。就構件 *DG* 及 *BE* 之軸力已確定之事實，用你的區塊來求出構件 *CE* 及 *CG* 之軸力。

6.34　桁架在 *J* 處支撐一 100-kN 之負載。有一每個長一米之水平構件。

(a)用接點法求構件 *DG* 中之軸力。

(b)用剖面法求構件 *DG* 中之軸力。

6.35　有一每個長一米之水平構件。用剖面法求構件 *BC*，*CF* 及 *FG* 中之軸力。

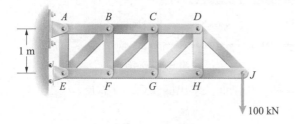

習題 6.34/6.35

6.36　用剖面法求構件 *AB*，*BC* 及 *CE* 中之軸力。

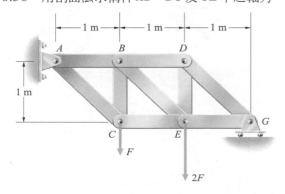

習題 6.36

6.37　用剖面法求構件 *DF*，*EF* 及 *EG* 中之軸力。

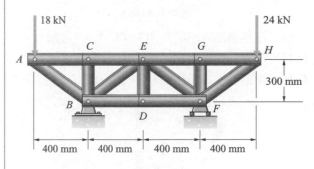

習題 6.37

6.38　Pratt 橋樑桁架之載重如圖。用剖面法求出構件 *BD*，*BE* 及 *CE* 中之軸力。

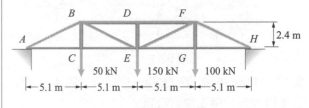

習題 6.38

6.39　Howe 橋樑桁架之載重如圖。用剖面法求出構件 *BD*，*CD* 及 *CE* 中之軸力。

6.40　對於 Howe 橋樑桁架，可用剖面法求出構件 *DF*，*DG* 及 *EG* 中之軸力。

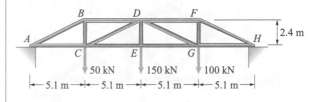

習題 6.39/6.40

6.41　Pratt 橋樑桁架支撐五個作用力 $F = 340\,\mathrm{kN}$。長度 $L = 8\,\mathrm{m}$。用剖面法求出構件 JK 之軸力。

6.42　就問題 6.41 之 Pratt 橋樑桁架，用剖面法求出構件 EK 之軸力。

6.43　華倫桁架上之人行道在 B, D, F 及 H 施加垂直之負載 50-kN。用剖面法求出構件 CE 之軸力。

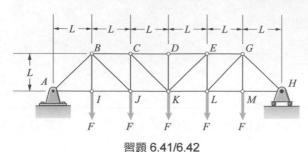

習題 6.41/6.42

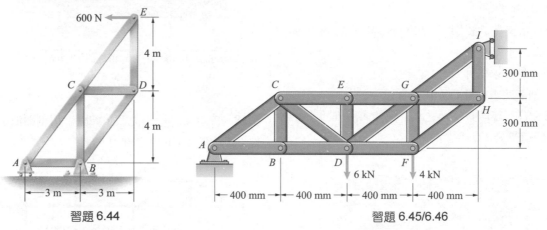

習題 6.43

6.44　用剖面法求出構件 AC，BC 及 BD 之軸力。

6.45　用剖面法求出構件 FH，GH 及 GI 之軸力。

6.46　用剖面法求出構件 DF，DG 及 EG 之軸力。

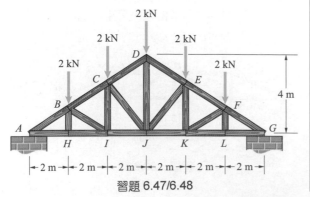

習題 6.44

習題 6.45/6.46

6.47　Howe 桁架協助支撐一個屋頂。將 A 及 G 點之支撐作為滾軸支撐之示範。

(a)用接點法求出構件 BI 之軸力。

(b)用剖面法求出構件 BI 之軸力。

6.48　用剖面法求出構件 EJ 之軸力。

6.49　用剖面法求出構件 CE，DE 及 DF 之軸力。

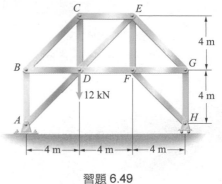

習題 6.49

習題 6.47/6.48

6.50 用剖面法於圖示之橋樑桁架求構件 CE，CF 及 DF 之軸力。

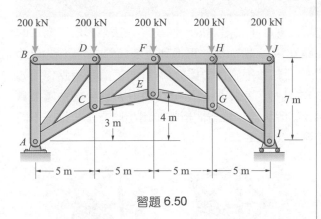

習題 6.50

6.51 荷重 F = 20 kN，而尺寸為 L = 2 m。用剖面法求出構件 HK 之軸力。

方略：切下構件 HK，HI，IJ 及 JM 可取得一區塊。即使得到之自由體圖為靜止不確定性你仍能求出構件 HK 及 JM 之軸力。

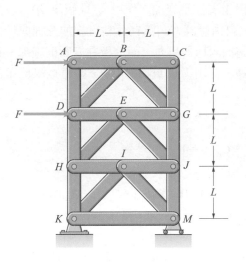

習題 6.51

6.52 支架重量為 W = 5000 N。電纜線在 A 及 D 通過滑輪？

(a)求出構件 FG 及 HI 之軸力？

(b)繪出各區塊之自由體圖，並解釋為何構件 FG 及 HI 之軸力相等。

6.53 桶子之重量是 W = 5000 N 電纜線在 A 及 D 通過滑輪。求出構件 IK 及 JL 之軸力。

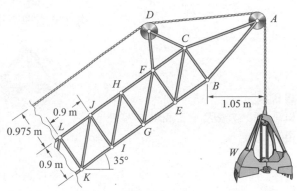

習題 6.52/6.53

6.54 桁架於 N，P 及 R 支撐負載。求出構件 IL 及 KM 之軸力。

6.55 求出構件 HJ 及 GI 之軸力。

6.56 繪出各區塊之自由體圖，並解釋為何構件 DE，FG 及 HI 之軸力為零。

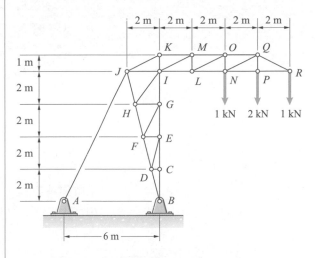

習題 6.54-6.56

6.4　空間桁架

背景概念

　　我們可以連結六支柱子之尾端成一四角形之法來形成一簡單的三維空間結構如圖 6.14a。增加構件可得到更多精?之結構(圖 6.14b及 c)。如果它們的接點並不施加力偶於構件(即是這些接點作用如同球與插座支撐)之此種三維空間結構叫**空間桁架**且於接點處被負載支撐。空間桁架的解析與二維空間桁架使用相同方法。惟一不同處在需處理更複雜之幾何學。

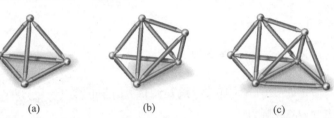

圖 6.14
具有六個，九個及十二個構件之空間桁架

(a)　　　　(b)　　　　(c)

　　考量圖 6.15a 之空間桁架。假設一負載 $\mathbf{F} = -2\mathbf{i} - 6\mathbf{j} - \mathbf{k}$ (kN)。接點 A，B 及 C 平躺於平滑之地版上。接點 A 被平滑牆壁之角落所支撐，而接點 C 直觸牆背後。我們可應用接點法在此桁架上。

　　首先我們必需求出由支撐點施加之作用力(地版及牆)。我們於圖 6.15b 繪製全桁架之自由體圖。角落在 A 點可施加三種成份作用力，地板與牆在 C 點施加兩種作用力，而地板在 B 點則施加一正常力。在 A 點之力矩加總，作用力以 kN 為單位，距離以米為單位則平衡方程式為

$$\Sigma F_x = A_x - 2 = 0$$
$$\Sigma F_y = A_y + B_y + C_y - 6 = 0$$
$$\Sigma F_z = A_z + C_z - 1 = 0$$
$$\Sigma M_{\text{point}A} = (\mathbf{r}_{AB} \times B_y\mathbf{j}) + [\mathbf{r}_{AC} \times (C_y\mathbf{j} + C_z\mathbf{k})] + (\mathbf{r}_{AD} \times \mathbf{F})$$
$$= \begin{vmatrix} \mathbf{i} & \mathbf{j} & \mathbf{k} \\ 2 & 0 & 3 \\ 0 & B_y & 0 \end{vmatrix} + \begin{vmatrix} \mathbf{i} & \mathbf{j} & \mathbf{k} \\ 4 & 0 & 0 \\ 0 & C_y & C_z \end{vmatrix} + \begin{vmatrix} \mathbf{i} & \mathbf{j} & \mathbf{k} \\ 2 & 3 & 1 \\ -2 & -6 & -1 \end{vmatrix}$$
$$= (-3B_y + 3)\mathbf{i} + (-4C_z)\mathbf{j} + (2B_y + 4C_y - 6)\mathbf{k} = 0$$

求解這些方程式，我們得到作用力 $A_x = 2$ kN，$A_y = 4$ kN，$A_z = 1$ kN，$B_y = 1$ kN，$C_y = 1$ kN，及 $C_z = 0$。

　　在此例，我們可求得 C 接點處(圖 6.15c)之自由體圖的構件 AC，BC 及 CD 中之軸力。要寫出接點之平衡方程式，我們必需以其成份列出三種軸力。因構件 AC 沿 x 軸，我們於接點 C 施加作用力 T_{AC} 作為向量 $-T_{AC}\mathbf{i}$。讓 $\mathbf{r}_{CB}$ 為 C 至 B 之位向量：

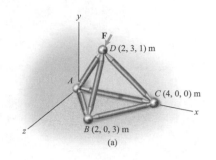
(a)

$$\mathbf{r}_{CB} = (2-4)\mathbf{i} + (0-0)\mathbf{j} + (3-0)\mathbf{k} = -2\mathbf{i} + 3\mathbf{k}\ (\text{m})$$

以其長度除以此向量，得到自 C 指往 B 之單位向量，亦即

$$\mathbf{e}_{CB} = \frac{\mathbf{r}_{CB}}{|\mathbf{r}_{CB}|} = -0.555\mathbf{i} + 0.832\mathbf{k}$$

然後以軸力 T_{BC} 將接點 C 上之力表示為以下向量：

$$T_{BC}\mathbf{e}_{CB} = T_{BC}(-0.555\mathbf{i} + 0.832\mathbf{k})$$

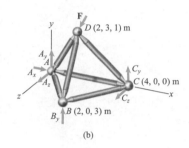
(b)

利用同樣方法，以軸力 T_{CD} 將接點 C 上之力表示為以下向量：

$$T_{CD}(-0.535\mathbf{i} + 0.802\mathbf{j} + 0.267\mathbf{k})$$

使該接點上之力的總和等於 0，可得：

$$-T_{AC}\mathbf{i} + T_{BC}(-0.555\mathbf{i} + 0.832\mathbf{k})$$
$$+ T_{CD}(-0.535\mathbf{i} + 0.802\mathbf{j} + 0.267\mathbf{k}) + (1\ \text{kN})\mathbf{j} = 0$$

而得出三條平衡方程式：

$$\Sigma F_x = -T_{AC} - 0.555T_{BC} - 0.535T_{CD} = 0$$
$$\Sigma F_y = 0.802T_{CD} + 1\ \text{kN} = 0$$
$$\Sigma F_z = 0.832T_{BC} + 0.267T_{CD} = 0$$

解這三式，軸力為 $T_{AC} = 0.444\ \text{kN}$，$T_{BC} = 0.401\ \text{kN}$ 及 $T_{CD} = -1.247$ kN。構件 AC 及 BC 為張力，而構件 CD 為壓縮。持續作出接點之自由體圖，我們即可求出所有構件中之軸力。

　　範例曾展示，三平衡方程式可自三維空間接點之自由體圖求得，逐選來解析之接點通常須受已知力及不多於三個的未知力。

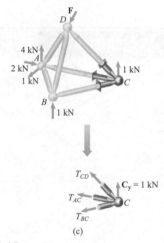
(c)

圖 6.15
(a)一空間桁架支撐一個負載 $\mathbf{F}$
(b)全桁架之自由體圖
(c)取得接頭 C 之自由體圖

結論

一**空間桁架**之構件是非共面的。靜定性空間桁架其構件之軸力可以接點法求得。

開始前通常最好先將視為個別物件之全桁架之自由體圖畫出並套入平衡方程式來求出支撐點之作用。

以平面穿越連接之構件來分離各別之接頭。顯示各構件之軸力來完成自由體圖。將平衡方程式 $\Sigma\mathbf{F} = \mathbf{0}$ 應用到接頭之自由體圖。再其他接頭重複此步驟，直至求得希望之軸負載。

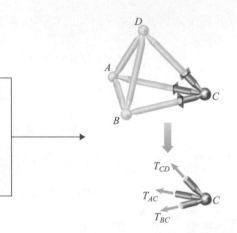

觀念範例 6.5　　**空間桁架**(▶ 相關習題 6.57)

空間桁架在 B，C 及 D 點有滾軸支撐另在 A 點支撐一垂直的負載 1200-N。求構件 AD，BD 及 CD 中之軸力。

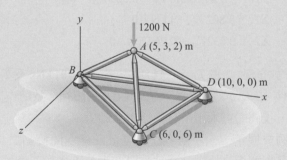

方略

我們將先繪一全桁架之自由體圖，將其視為單獨物件，再求出支撐點之作用力。然後我們繪出接點 D 之自由體圖再由此求出構件 AD，BD 及 CD 之軸力。

解答

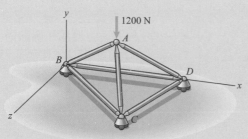

$\Sigma F_y = B + C + D - 1200 \text{ N} = 0$

$\Sigma M_{\text{point } B} = \mathbf{r}_{BA} \times [-1200\mathbf{j} \ (\text{N})] + \mathbf{r}_{BC} \times C\mathbf{j} + \mathbf{r}_{BD} \times D\mathbf{j}$

$$= \begin{vmatrix} \mathbf{i} & \mathbf{j} & \mathbf{k} \\ 5 & 3 & 2 \\ 0 & -1200 & 0 \end{vmatrix} + \begin{vmatrix} \mathbf{i} & \mathbf{j} & \mathbf{k} \\ 6 & 0 & 6 \\ 0 & C & 0 \end{vmatrix} + \begin{vmatrix} \mathbf{i} & \mathbf{j} & \mathbf{k} \\ 10 & 0 & 0 \\ 0 & D & 0 \end{vmatrix}$$

$= (2400 - 6C)\mathbf{i} + (-6000 + 6C + 10D)\mathbf{k} = 0$

解得 $B = 440$ N, $C = 400$ N 及 $D = 360$ N

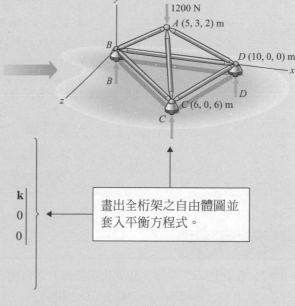

畫出全桁架之自由體圖並套入平衡方程式。

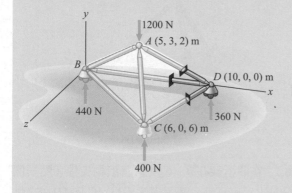

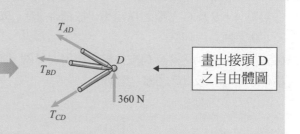

畫出接頭 D 之自由體圖

$\mathbf{r}_{DA} = -5\mathbf{i} + 3\mathbf{j} + 2\mathbf{k} \ (\text{m})$

$\mathbf{e}_{DA} = \dfrac{\mathbf{r}_{DA}}{|\mathbf{r}_{DA}|} = -0.811\mathbf{i} + 0.487\mathbf{j} + 0.324\mathbf{k}$

$T_{AD}\mathbf{e}_{DA} = T_{AD}(-0.811\mathbf{i} + 0.487\mathbf{j} + 0.324\mathbf{k})$

$T_{BD}\mathbf{e}_{DB} = -T_{BD}\mathbf{i}$

$T_{CD}\mathbf{e}_{DC} = T_{CD}(-0.555\mathbf{i} + 0.832\mathbf{k})$

將 D 由 A 至之位移向量除以其本身長度，而得到 D 由 A 至之單位向量 $\mathbf{e}_{DA}$。利用 $T_{AD}\mathbf{e}_{DA}$ 的寫法，以其分量表示構件 AD 中之軸力。以同樣方式，利用分量表面構件 BD 及 CD 中的軸力。

$$T_{AD}\mathbf{e}_{DA} + T_{BD}\mathbf{e}_{DB} + T_{CD}\mathbf{e}_{DC} + (360 \text{ N})\mathbf{j} = 0$$

這條方程式 $\mathbf{i}$、$\mathbf{j}$，$\mathbf{k}$ 分量須各為零，產生以下三式：

$$-0.811T_{AD} - T_{BD} - 0.555T_{CD} = 0$$
$$0.487T_{AD} + 360 \text{ N} = 0$$
$$0.324T_{AD} + 0.832T_{CD} = 0$$

解得 $T_{AD} = -740$ N, $T_{BD} = 440$ N 及 $T_{CD} = 288$ N 軸力為 AD: 740 N (C)
BD: 440 N (T), CD: 288 N (T)

應用平衡關係

練習題

求出桁架構件 AB 及 AC 之軸力。

答案：AB：904 N(C)，AC：680 N(C)。

習題

▶6.57　在範例 6.5 中繪出空間桁架接點 B 之自由體圖並應用來求得構件 AB，BC 及 BD 之軸力。

6.58　空間桁架於 D 點支撐一 10-kN 之垂直負載。在接點 A，B 及 C 支撐之作用力。於構件 AD，BD 及 CD 之軸力為何？

6.59　於接點 A，B 及 C 支撐點之作用力見圖。於構件 AB，AC 及 AD 之軸力為何。

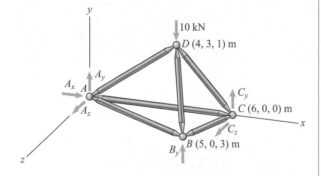

習題 6.58/6.59

6.60　空間桁架於 A 點支撐一垂直負載 F。每一構件之長為 L，而桁架於 B，C 及 D 以水平之滾軸支撐。求出構件 AB，AC 及 AD 中之軸力。

6.61　求問題 6.60 的構件 AB，BC 及 BD 之軸力。

習題 6.60/6.61

6.62　空間桁架在 B，C 及 D 有滾軸支撐 A 點一個 12-kN 之垂直負載。請問構件 AB，AC 及 AD 中之軸力為何。

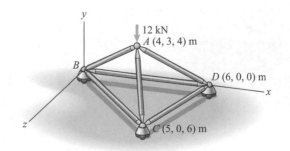

習題 6.62

6.63　圖示空間桁架是飛機起落架之示範。在 C，D 及 E 有球承支撐。設輪子旁作用於 A 點作用力 $\mathbf{F}=40\mathbf{j}$ (kN)，求構件 AB，AC 及 AD 之軸力。

6.64　在問題中若一作用力施加於桁架之 A 點為 $\mathbf{F}=10\mathbf{i}+60\mathbf{j}+20\mathbf{k}$ (kN)，試問構件 BC，BD 及 BE 之軸力？

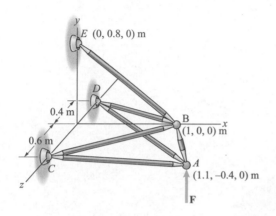

習題 6.63/6.64

6.65　一空間桁架於 C 及 D 之水平面受一滾軸支撐同時於 E 點受球承支撐。y 軸心點向上。懸吊物之質量為 120 kg。桁架接點之座標為 A：(1.6, 0.4, 0) m，B：(1.0, 1.0, −0.2) m，C：(0.9, 0, 0.9) m，D：(0.9, 0, −0.6) m，E：(0, 0.8, 0) m。求出構件 AB，AC 及 AD 之軸力。

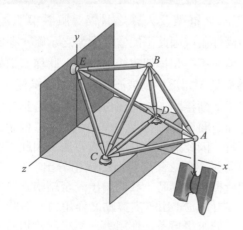

習題 6.65

6.66　平面左方施工用起重機之自由體圖見圖。接點 A，B 及 C 之座標(公尺)分別為(1.5, 1.5, 0)，(0, 0, 1)，及(0, 0, −1)。軸力 P_1，P_2，及 P_3 與 x 軸是平行的。軸力 P_4，P_5，及 P_6 指向單位向量之方向

$$\mathbf{e}_4=0.640\mathbf{i}-0.640\mathbf{j}-0.426\mathbf{k}$$
$$\mathbf{e}_5=0.640\mathbf{i}-0.640\mathbf{j}+0.426\mathbf{k}$$
$$\mathbf{e}_6=0.832\mathbf{i}-0.555\mathbf{k}$$

起重機重量及其支撐之負載形成在自由體圖上作用力和為 $-F\mathbf{j}=-44\mathbf{j}$ (kN)作用點(−20, 0, 0) m 請問軸力 P_3？

　方略：應用穿越接點 A 及 B 之力矩為零。

6.67　在問題 6.66，求軸力 P_1，P_4，及 P_5。

　方略：寫出所有自由體圖之平衡方程式。

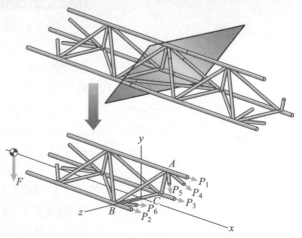

習題 6.66/6.67

6.68 望遠鏡之鏡面蓋由一六支柱子形成之空間桁架所支撐。蓋子之質量爲三百萬公克,其重量施加於 G。自望遠鏡軸心至 A,B 及 C 點之距離爲一米,而由軸心至 D,E 及 F 之距離爲 2.5 米。如望遠鏡之軸心爲垂直(α = 90°),請問桁架構件中之軸力爲何?

6.69 考慮問題 6.68 中之望遠鏡。如介於水平及望遠鏡軸心之 α 爲 20°,求出桁架構件之軸力。

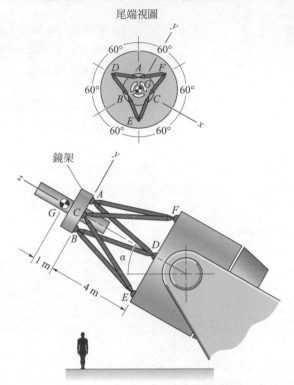

習題 6.68/6.69

6.5 框架及機械

背景概念

許多結構,例如汽車之框架及人體之骨骼,肌腱與肌肉(圖 6.16),不是完全由兩力構件組成因此不能當爲桁架之示範。在此部份我們將探討彼此連結但並不符和桁架定義之構件。此種結構如是爲固定及支撐負載即爲**框架**,如爲移動或施加負重即爲**機械**。

爲了解構桁架有時需切斷接點或剖面部份之構件來得到自由體圖,作用於切點之內力即是簡單之軸力(見圖 6.4)。而對於框架或機械裝置這通常並不是事實,因此需一不同之解構方法。因此不切斷構件,而是將全構件有時是它們之集合體自結構中分出。

在開始解構一框架或機械結構時,我們繪出一全結構之自由體圖(即是將結構視爲單一物件)並求出其支撐點之作用力。有時全結構將是靜不定,但它有助於求得更多之作用力。然後我們再繪出單獨構件之自由體圖,或選取之構件集合體,再應用平衡方程式求出作用其上之作用力及力偶。舉例如圖 6.17 之靜力結構。構件 BE 是一兩力構件,而其它三構件 ABC,CD 及 DEG 則否。此種結構稱爲框架。我們之目地即是求出這些構件上之作用力。

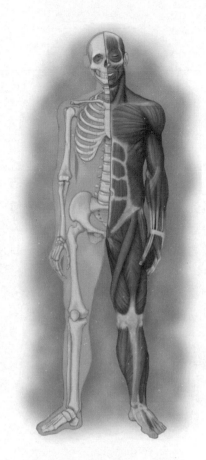

圖 6.16
人體的內部結構及車子框架不是衍架

解析全結構

在圖 6.18 中我們繪出全框架之自由體圖。它是靜力非確定性：有四個未知作用力，A_x，A_y，G_x，及 G_y，然而我們只能寫出三個獨立平衡方程式。然而，注意在 A 點交叉之三個未知作用力之作用線。加總 A 之力矩可得：

$$\Sigma M_{\text{point}A} = (2\,\text{m})G_x + (1\,\text{m})(8\,\text{kN}) - (3\,\text{m})(6\,\text{kN}) = 0$$

我們可得作用力 $G_x = 5\,\text{kN}$。然後，由平衡方程式

$$\Sigma F_x = A_x + G_x + 8\,\text{kN} = 0$$

我們得到作用力 $A_x = -13\,\text{kN}$。雖然我們不能自全結構之自由體圖求得 A_y 或 G_y 我們可以分析個別構件來達目的。

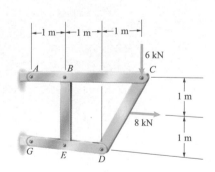

圖 6.17　支承兩荷重之框架

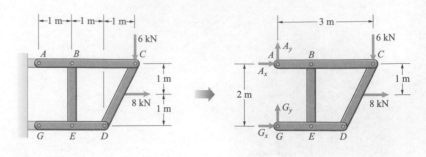

圖 6.18
得出整個框架之自由體圖

解析構件

下一步是繪出構件之自由體圖。爲此,視構件間之連結當作是一種支撐。就此來看,可如第 5 章中將每一構件視爲一支撐物來分析。另外,構件彼此間施加之作用力及力偶其**強度相同但方向相反**。簡單示範對教學有幫助。圖 6.19a 中若兩手互握,右手向左手施力,而左手也同樣施加強度相同方向相反之力於右手(圖 6.19b)。同樣,若向左手施加一力偶,左手即向右手施加同強度但方向相反之力偶。

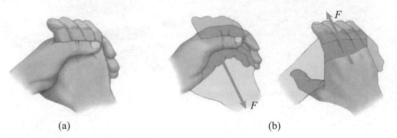

圖 6.19
牛頓定律的演示:
(a)緊握雙手,拉左手
(b)雙手產生大小相等方向相反之力

於圖 6.20 中我們將框架「分解」並繪其構件之自由體圖。觀察到構件之間互相施加之作用力是相同且相反的。例如,於 C 點之構件 ABC 之自由體圖,自構件 CD 施加之作用力可以 C_x 及 C_y 代表。構件 ABC 在 C 點施加於構件 CD 上之作用力必需相等且相反如圖。

在完成分析前我們需討論這些自由體圖之兩個重要之特點。

兩力構件   構件 BE 是一個兩力構件,我們在圖 6.20 中繪其自由體圖時列入考慮。作用力 T 是構件 BE 之軸力,同時有一等量但相反之作用力在 B 點施加於構件 ABC 同時於 E 點施加在構件 GED。

了解在框架及機械結構中之兩力構件後再繪其自由體圖,將可減少未知項之數目並大爲簡化分析法。在例題中,如未將構件 BE 當作兩力構件,其自由體圖會有四個未知作用力(圖 6.21a)。將其視爲兩力構件(圖 6.21b),我們將可減少三個未知作用力。

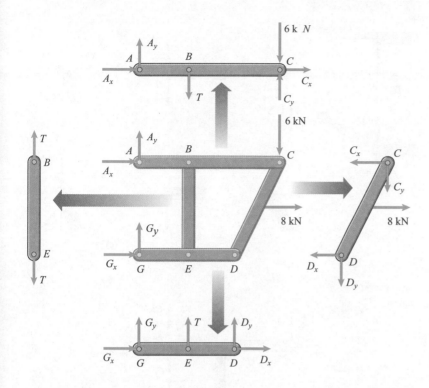

圖 6.20
得出構件之自由體圖

施加於接點之負載　當一負載施加於一接點時就有問題發生：此負載將出現在個別構件自由體圖之何處呢？答案是你可將負載放在任一構件上。例如在圖 6.17 中，於構件 ABC 及 CD 連接處之接點施加 6-kN 之負載。在繪出個別構件之自由體圖時(圖 6.20)，我們假設一個 6-kN 之負載施於構件 ABC。構件 ABC 之自由體圖上之力成份 C_x 及 C_y 是由構件 CD 施加之力。

要解釋爲何我們可以繪出自由體圖，假設此作用力 6 kN 施於由栓連結之構件 ABC 及 CD，同時繪出栓及兩構件之個自地自由體圖(6.22a)。兩個力成份 C'_x 及 C'_y 是由構件 ABC 上之栓施力形成，它們也是構件 CD 上之栓施加之力。如果我們將栓及構件 ABC 之自由體圖重疊，則可得如圖 6.22b 中之兩個自由體圖，正如圖 6.20 中我們繪的一樣。同樣方法，將栓及構件 CD 之自由體圖重疊，我們可得如圖 6.22c 中之兩個自由體圖。

如此當一負載作用於一接點時，在繪製個別構件之自由體圖時可置於接點的任一構件上。只要確定不要將其置於一個以上之構件。

爲了偵測構件之自由體圖中的誤差，將其重組合是有幫助的(圖 6.23a)。構件間連接點之作用力取消(一旦構件重組它們就成內力)，同時全結構自由體圖即可恢復(圖 6.23b)。

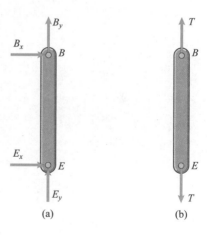

(a)　(b)

圖 6.21
構件 BE 的自由體圖：
(a)不視爲二力構件
(b)視爲二力構件

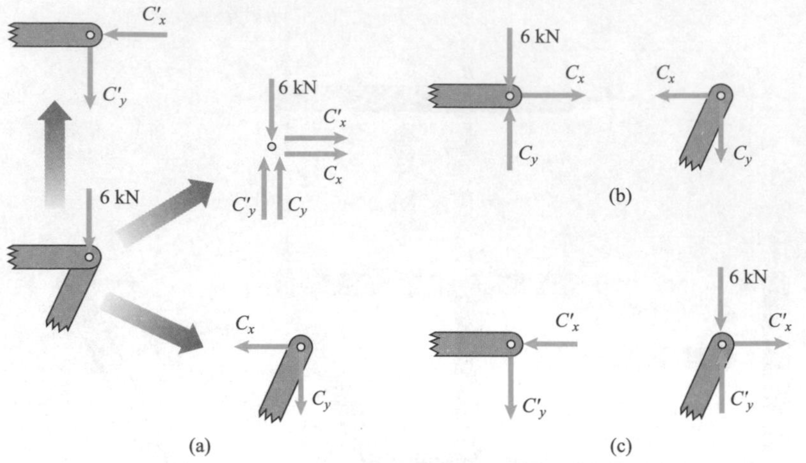

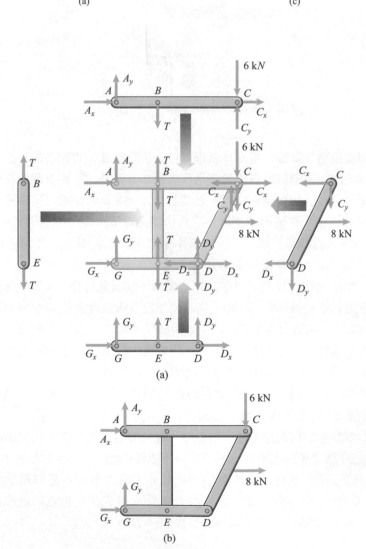

圖 6.22

(a)畫出栓及兩構件之自由體圖

(b)將栓疊至構件 ABC

(c)將栓疊至構件 CD

圖 6.23

(a)重組個別構件之自由體圖

(b)恢復全構件之自由體圖

　　我們最後一步乃將平衡方程式套入構件之自由體圖(圖 6.24)。在二維空間下,我們可自一結構之每一構件的自由體圖中得到三個獨立平衡方程式,而此結構我們不當它為兩力構件。(當假設一兩力構件之作用力是相等而相反的軸力時,我們已為構件使用了三個平衡方程式。)在此例子,除了兩力構件還有另三構件,故我們能寫出 $3 \times 3 = 9$ 個獨立之平衡方程式,還有九個未知作用力:A_x, A_y, C_x, C_y, D_x, D_y, G_x, G_y 及 T。

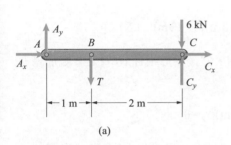
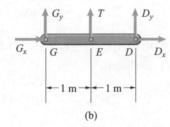
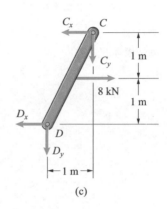

(a)　　　　　　　　(b)　　　　　　　　(c)

圖 6.24
構件之自由體圖

　　我們之前分析全結構求得之 $A_x = -13\,\text{kN}$ 及 $G_x = 5\,\text{kN}$ 我們由全結構的自由體圖所得之平衡方程式不是獨立的來自構件,而是來求得 A_x 及 G_x,以便在求解構件方程式時有個開頭。考量構件 ABC 之自由體圖(圖 6.24a)。由於我們知道 A_x,故 C_x 可由以下方程式求得

$$\Sigma F_x = A_x + C_x = 0$$

求得 $C_x = -A_x = 13\,\text{kN}$。再考量 GED 之自由體圖(圖 6.24b)。我們可以由以下方程式求得 D_x

$$\Sigma F_x = G_x + D_x = 0$$

得到 $D_x = -G_x = -5\,\text{kN}$。再考量構件 CD 之自由體圖(圖 6.24c)。由於我們已知 C_x,便可由 D 之力矩和來求得 C_y:

$$\Sigma M_{\text{point}\,D} = (2\,\text{m})C_x - (1\,\text{m})C_y - (1\,\text{m})(8\,\text{kN}) = 0$$

我們得到 $C_y = 18\,\text{kN}$。然後由方程式

$$\Sigma F_y = -C_y - D_y = 0$$

我們發現 $D_y = -C_y = -18\,\text{kN}$。現在我們再回到構件 ABC 及 GED 之自由體圖來求得 A_y 及 G_y。於構件 ABC 之 B 點將力矩加總可得

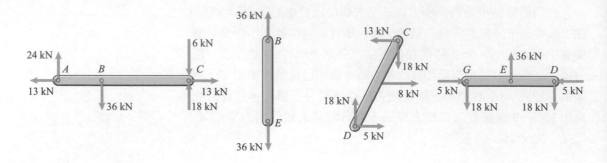

圖 6.25
框架構件上之力

$$\Sigma M_{\text{point }B} = -(1\,\text{m})A_y + (2\,\text{m})C_y - (2\,\text{m})(6\,\text{kN}) = 0$$

我們可得 $A_y = 2C_y - 12\,\text{kN} = 24\,\text{kN}$。然後，於構件 GED 之 E 處加總力矩，我們可得

$$\Sigma M_{\text{point }E} = (1\,\text{m})D_y - (1\,\text{m})G_y = 0$$

從那我們得到 $G_y = D_y = -18\,\text{kN}$。最後，自構件 GED 之自由體圖，我們應用平衡方程式

$$\Sigma F_y = D_y + G_y + T = 0$$

它給我們結果 $T = -D_y - G_y = 36\,\text{kN}$。構件上之作用力見圖 6.25。正如此例所示，仔細選取方程式之次序，可讓構件之作用力之求解變為簡化。

　　我們了解求解框架及機械結構上之力偶與作用力需要兩步驟：

1. **求出支撐點之作用力**：畫出全結構自由體圖，再求出其支撐點之作用力。雖然此步驟並不重要，但它可讓構件之分析大為簡化。如自由體圖是靜力非確定性，盡可能求出更多之作用力。

2. **分析構件**：畫出構件之自由體圖，再應用平衡方程式以求得其上作用力。確認兩力構件就可簡化此步驟。若一負載施於結構之接點時，可將此負載置於連接此接點任一構件之自由體圖上。

結論

一由互相連結構件組成之結構若不屬桁架，且設計為保持靜止並支撐負載，則叫**框架**；若目的為移動且可負重則稱為**機械**。在平衡情況下，作用於一框架或機械之個別構件上的作用力及力偶，常以平衡方程式應用於單獨構件來求得。

開始時，繪出視爲單一物體的整個結構的自由體圖，再應用平衡方程式，這樣通常有幫助。即使整個結構的自由體圖爲靜不定，仍可能從接著的個別構件分析而決定反作用力。

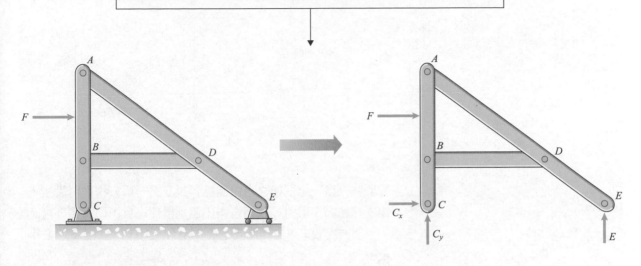

繪出個別構件之自由體圖，並對其應用平衡方程式。注意到在兩構件相接處，對彼此產生之反作用力爲大小相等方向相反。注意到，構件 *BD* 爲二力構件。辨別出二力構件可簡化結構分析。

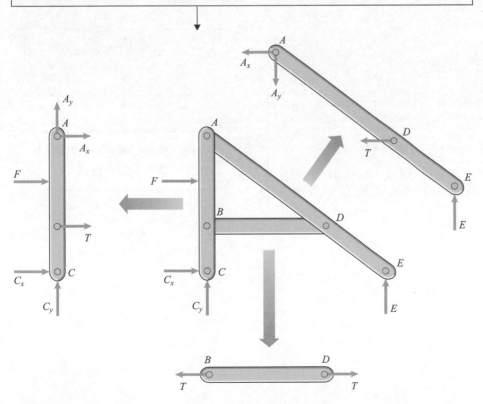

觀念範例 6.6   框架分析(▶ 相關習題 6.70)

求出施於框架構件上之力偶與作用力。

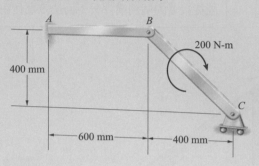

方略

我們將先畫一全框架之自由體圖，視其為一單一物件再設法求出支撐點之作用力。我們再畫出個別構件之自由體圖然後再套入平衡方程式來求出作用其上之作用力及力偶。

解答

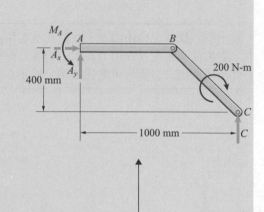

$\Sigma F_x = A_x = 0$

$\Sigma F_y = A_y + C = 0$

$\Sigma M_{\text{point } A} = M_A - 200 \text{ N-m} + (1.0 \text{ m})C = 0$

反作用力 $A_x = 0$，但 A_y，C 及 M_A 無法由此些方程式決定。整個框架之自由體圖為靜不定。

繪出整個框架之自由體圖，並應用平衡方程式

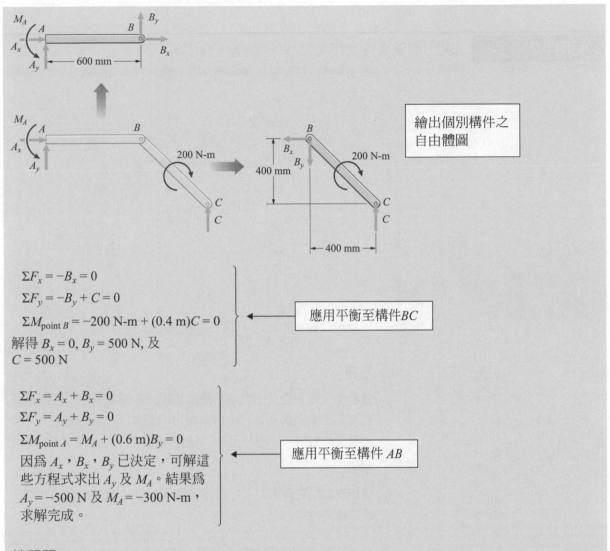

繪出個別構件之
自由體圖

$\Sigma F_x = -B_x = 0$

$\Sigma F_y = -B_y + C = 0$

$\Sigma M_{\text{point } B} = -200 \text{ N-m} + (0.4 \text{ m})C = 0$

解得 $B_x = 0$, $B_y = 500$ N, 及
$C = 500$ N

應用平衡至構件 BC

$\Sigma F_x = A_x + B_x = 0$

$\Sigma F_y = A_y + B_y = 0$

$\Sigma M_{\text{point } A} = M_A + (0.6 \text{ m})B_y = 0$

因為 A_x, B_x, B_y 已決定, 可解這
些方程式求出 A_y 及 M_A。結果為
$A_y = -500$ N 及 $M_A = -300$ N-m,
求解完成。

應用平衡至構件 AB

練習題

框架於 A 及 C 有栓支撐。求 B 及 C 之構件 BC 上的力及力偶。

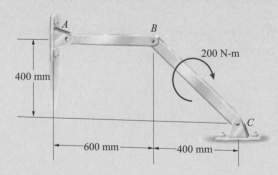

答案：$B_x = -500$ N，$B_y = 0$，$C_x = 500$ N，$C_y = 0$。(在答案之說明
中，x 成份是向右之正值而 y 成份則為向上之正值。)

範例 6.7   **求出框架構件之作用力**(▶ 相關習題 6.74)

框架支撐一懸吊重量 $W = 200\,\mathrm{N}$。試求出構件 $ABCD$ 及 CEG 之作用力。

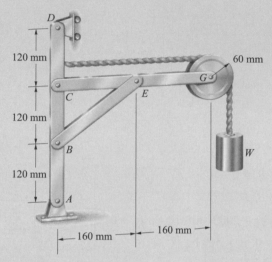

方略

畫出一全框架之自由體圖再設法求出支撐點之作用力。然後我們再畫出個別構件之自由體圖應用平衡方程式求出作用其上的力偶與作用力。同時柱子 BE 是兩力構件是一有助益之事實。

解答

求出支撐點之作用力   在圖 a 中我們畫出全框架之自由體圖，由平衡方程式

$$\Sigma F_x = A_x - D = 0$$

$$\Sigma F_y = A_y - 200\,\mathrm{N} = 0$$

$$\Sigma M_{\text{point}A} = (0.36\,\mathrm{m})D - (0.38\,\mathrm{m})(200\,\mathrm{N}) = 0$$

我們得到作用力 $A_x = 211\,\mathrm{N}$，$A_y = 200\,\mathrm{N}$，及 $D = 211\,\mathrm{N}$。

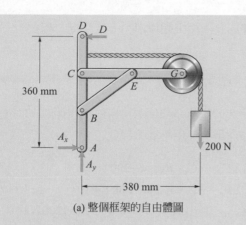

(a) 整個框架的自由體圖

分析構件　我們求得構件之自由體圖見圖 b。注意 BE 是一兩力構件。$\alpha = \arctan(6/8) = 36.9°$。

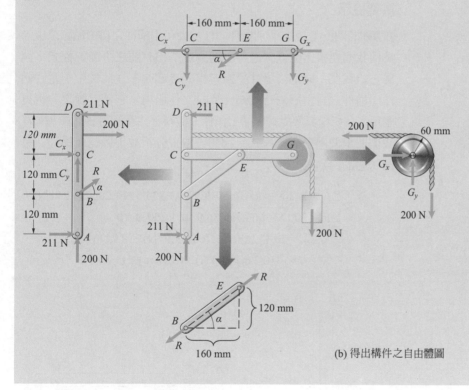

(b) 得出構件之自由體圖

滑輪之自由體圖有兩個未知作用力。由平衡方程式

$$\Sigma F_x = G_x - 200\,\text{N} = 0$$
$$\Sigma F_y = G_y - 200\,\text{N} = 0$$

我們得到 $G_x = 200\,\text{N}$ 及 $G_y = 200\,\text{N}$。目前在構件 CEG 之自由體圖上只有三個未知作用力。由平衡方程式

$$\Sigma F_x = -C_x - R\cos\alpha - 200\,\text{N} = 0$$
$$\Sigma F_y = -C_y - R\sin\alpha - 200\,\text{N} = 0$$
$$\Sigma M_{\text{point}\,C} = -(0.16\,\text{m})R\sin\alpha - (0.32\,\text{m})(200\,\text{N}) = 0$$

得到 $C_x = 333.3\,\text{N}$，$C_y = 200\,\text{N}$，及 $R = 666.7\,\text{N}$，完成解題(圖 c)。

重要提示

對類似問題，框架之個別構件的作用力可由構件之自由體圖求出。為何我們要畫出全框架之自由體圖並解出有關之平衡方程式？因為它給我們一個解決構件平衡方程式之起頭。在此例中，當我們作出構件之自由體圖時已知 A 及 D 之作用力，它使其餘之分析更簡單。分析全框架能為你的工作作一檢視。注意到對於構件 $ABCD$ 我們並未使用平衡方程式。我們可檢查分析並再確認此構件在平衡狀態(圖 c)：

$$\Sigma F_x = 211\,\text{N} - 666.7\cos36.9°\,\text{N} + 333.3\,\text{N} + 200\,\text{N} - 211\,\text{N} = 0$$
$$\Sigma F_y = 200\,\text{N} - 666.7\sin36.9°\,\text{N} + 200\,\text{N} = 0$$
$$\Sigma M_{\text{point}\,A} = (0.12\,\text{m})(666.7\cos36.9°\,\text{N}) - (0.24\,\text{m})(333.3\,\text{N})$$
$$- (0.3\,\text{m})(200\,\text{N}) + (0.36\,\text{m})(211\,\text{N}) = 0$$

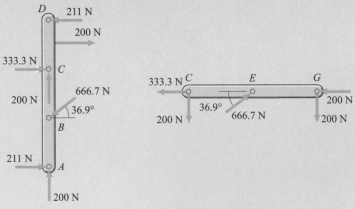

(c) 構件 $ABCD$ 及 CEG 上之力

範例 6.8　**分析機械**(▶ 相關習題 6.103)

若作用力 150-N 施加於鉗子上,請問 E 點之圓珠受力如何?

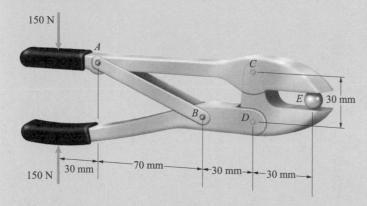

方略

一支鉗子是一種簡單機械,其結構設計是為移動及施加作用力。構件之連接點是設計來製造一機械之優點,讓一物體受力大於其使用者施加之力。

　　在此例沒有資料得自全結構之自由體圖。我們必需畫出構件之自由體圖再求出於毬體施加之作用力。

解答

於圖 a 中我們分解鉗子而得到構件之自由體圖,編號為(1),(2),及(3)。在自由體圖(1)及(3)所施與之作用力 R 是被兩力構件 AB 所施加。角 $\alpha = \arctan(30/70) = 23.2°$。我們目的是求出由球體施於 E 處之作用力。

　　構件(3)之自由體圖只有三個未知力及 150-N 之負載,因此我們只從自由體圖即可得出 R,D_x,及 D_y。平衡方程式為

$$\Sigma F_x = D_x + R\cos\alpha = 0$$
$$\Sigma F_y = D_y - R\sin\alpha + 150\,\text{N} = 0$$
$$\Sigma M_{\text{point}\,B} = (30\,\text{mm})D_y - (100\,\text{mm})(150\,\text{N}) = 0$$

求解這些方程式,我們得到 $D_x = -1517\,\text{N}$,$D_y = 500\,\text{N}$,及 $R = 1650\,\text{N}$。已知 D_x,我們可加總 C 之力矩,即利用構件(2)之自由體圖,而得出 E 的值:

$$\Sigma M_{\text{point}\,C} = -(30\,\text{mm})E - (30\,\text{mm})D_x = 0$$

由鉗子施於球體之作用力是 $E = -D_x = 1517\,\text{N}$。鉗子之機械效益為 $(1517\,\text{N})/(150\,\text{N}) = 10.1$。

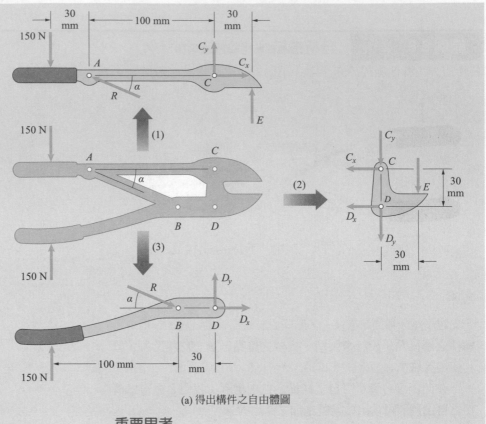

(a) 得出構件之自由體圖

重要思考

求出鉗子的構件之作用力之動機為何？此程序在機器及工具之設計上是重要的。為了設計鉗子之基本架構及選取材質及構件之空間配置，需要確定施加於構件上之所有作用力，正如我們在例題中所作。一旦作用力得知，我們可由材料之力學來評估構件是否能支撐重物。

習題

假設物體處於平衡狀態。在答案之說明中，x 分量是向右為正，而 y 分量是向上為正。

▶ 6.70　在範例 6.6 中，假設除一個 200 N-m 之力偶外，一框架在其水平之 C 點有一 400-N 之向左的作用力。畫一框架顯示新的負載。求出作用於框架之 AB 構件上的作用力與力偶。

6.71　懸吊於 E 點之物體重 200 N。求出於 A 及 C 之構件 ACD 上之作用力。

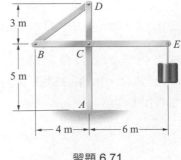

習題 6.71

6.72　懸吊在 G 點之物體其質量 100 kg，求出構件 CDE 上 C 點及 E 點的之作用力。

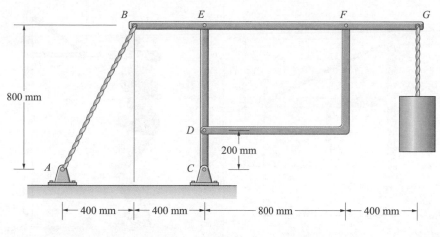

習題 6.72

6.73　作用力 $F = 10$ kN。求出構件 ABC 之作用力，如圖 6.25 明示你的答案。

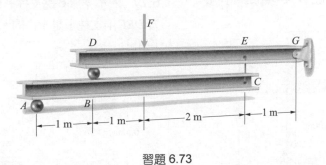

習題 6.73

▶6.74　在例題 6.7 中，假設重新設計框架使兩力構件 BE 中 C 點至 E 點之距離由 160 mm 增至 200 mm。求出構件 $ABCD$ 上作用於 C 點之作用力。

6.75　電纜線 BD 之張力為 2500 N。求出案(1)及案(2)於 A 點之作用力。

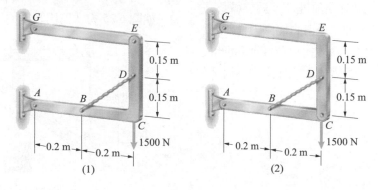

習題 6.75

6.76　求出構件 ABCD 於 A，C 及 D 點之作用力。

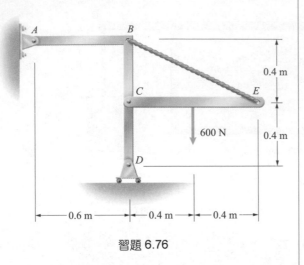

習題 6.76

6.77　求出構件 ABC 作用於 A 及 C 點上之作用力。

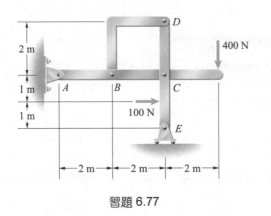

習題 6.77

6.78　一運動員在一蹲射機前健身。為旋轉柱子 ABD，她必需在 A 點施加一垂直力使兩力構件 BC 中的軸力強度為 1800 N。當柱子 ABD 即將開始旋轉，在垂直柱 CDE 上 D 點及 E 點之作用力為何？

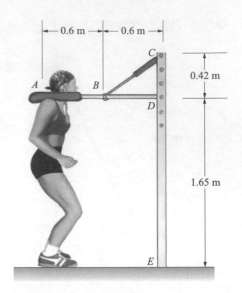

習題 6.78

6.79　一框架於 C 點支撐一 6-kN 之垂直負載。ABC 及 DEF 兩支柱子是水平的。求出 A 及 D 處框架上之作用力。

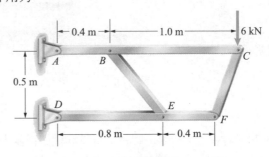

習題 6.79

6.80　質量 m = 120 kg。求出構件 ABC 上之作用力，如圖 6.25 方式寫出答案。

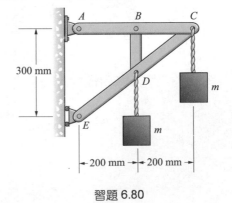

習題 6.80

6.81 求出構件 *BCD* 上之作用力。

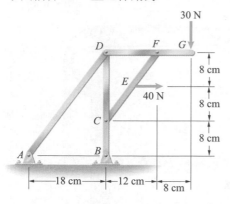

習題 6.81

6.82 有一懸吊物重 *W* = 250 N。求出 *F* 點之作用力及彈簧內之張力。(溝槽式構件 *DE* 是垂直的)

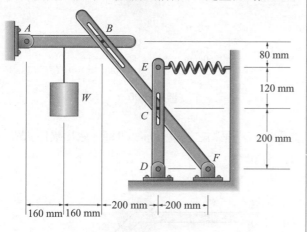

習題 6.82

6.83 質量 *m* = 50 kg。柱子 *DE* 是水平狀。求出構件 *ABCD* 上之作用力，答案如圖 6.25 一樣的列出。

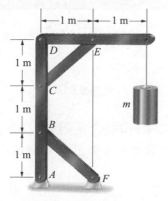

習題 6.83

6.84 求出構件 *BCD* 上之作用力。

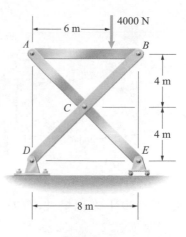

習題 6.84

6.85 求出構件 *ABC* 上之作用力。

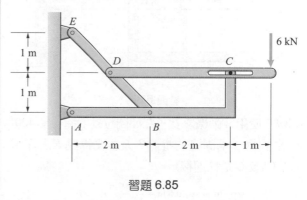

習題 6.85

6.86 求出構件 *ABD* 上之作用力。

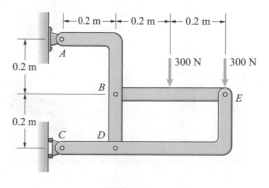

習題 6.86

6.87 質量 $m = 12\,\mathrm{kg}$ 求出構件 CDE 上之作用力。

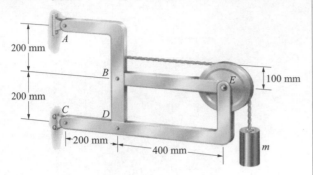

習題 6.87

6.88 重量 $W = 400\,\mathrm{N}$ 求出構件 $ABCD$ 上之作用力。

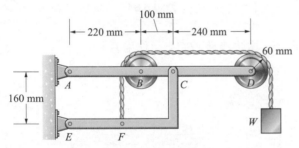

習題 6.88

6.89 使用運動機之女子在如圖位置手握一重 400-N 之靜物。求固定支撐點 E 及栓支撐點 F 之作用力？(A 及 C 是栓連接)

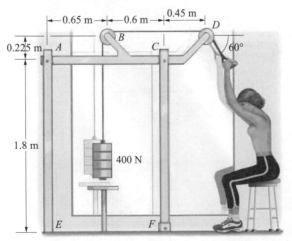

習題 6.89

6.90 求 A 及 B 點構件 ABC 上之作用力。

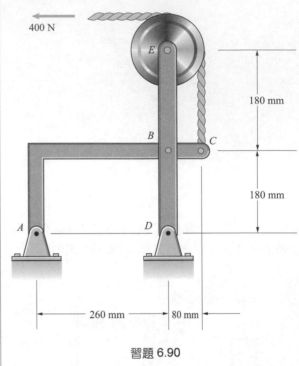

習題 6.90

6.91 一懸吊物之質量為 $m = 50\,\mathrm{kg}$。求出構件 ABC 上之作用力。

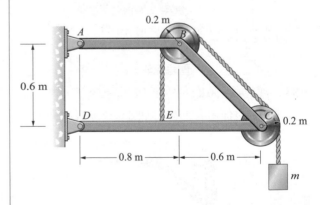

習題 6.91

6.92 一彈簧未延申時之長度為 L_0 請問系統何時可趨於平衡狀態使角 α 滿足以下關係 $\sin\alpha = 2(L_0 - 2F/k)/L$。

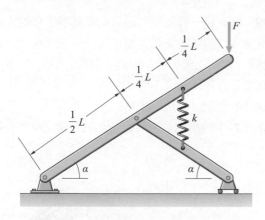

習題 6.92

6.93 栓支撐 B 將安全的支撐強度 24-kN 之作用力。基於此點，請問框架能安全支撐之最大質量 m 為何？

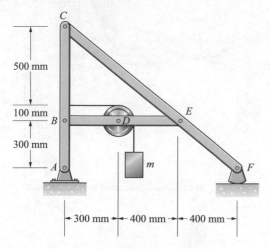

習題 6.93

6.94 求出 A 及 C 點之作用力。

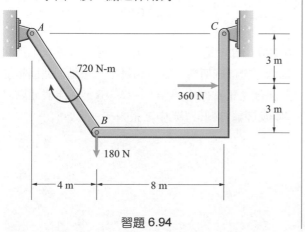

習題 6.94

6.95 求構件 AD 上之作用力。

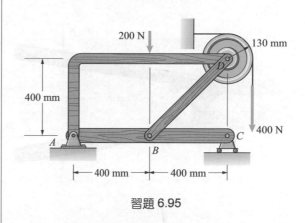

習題 6.95

6.96 圖中框架用來支撐高張力纜線。如 $b=1\,m$，$\alpha=30°$，及 $W=1000\,N$，於構件 HJ 中之軸力為何？

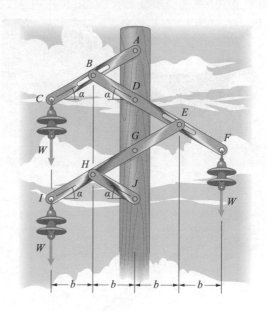

習題 6.96

6.97　求螺栓剪施於球體之作用力，以及兩力構件 AB 之軸力。

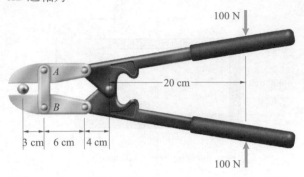

100 N

20 cm

3 cm　6 cm　4 cm

100 N

習題 6.97

6.98　一女子施加一 20-N 之作用力於一鉗子如圖。
(a)請問施加於 B 點螺栓上之鉗子的作用力強度？
(b)求栓鎖連接點 C 之鉗子彼此施加之作用力強度。

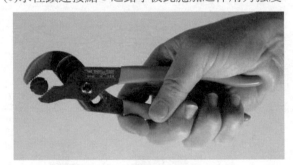

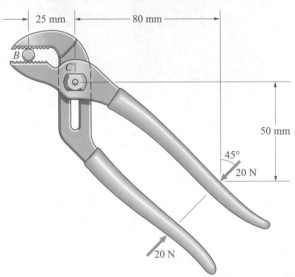

25 mm　80 mm

B

C

50 mm

45°
20 N

20 N

習題 6.98

6.99　圖 a 是一骨頭及二頭肌肉連結個人手臂支撐一質量。二頭肌內支張力將前臂成一水平位置，如同圖 b 中說明之簡易機械模具。前臂之重量是 9 N，同時質量 m = 2 kg。
(a)求出二頭肌 AB 中之張力。
(b)求出在手軸接點 C 由前臂施加於上臂之作用力強度。

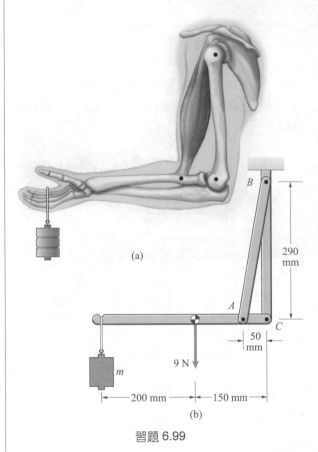

(a)

B

290 mm

A

C

50 mm

9 N

m

200 mm　150 mm

(b)

習題 6.99

6.100　圖 a 是馬的後腿骨及肌腱。而圖 b 則為腿部之生物機械架構。假設馬是靜止不動而路面施加於腿部之正常作用力為 N = 1200 N，求出表面屈肌 BC 及漆蓋骨韌帶 DF 中之張力。

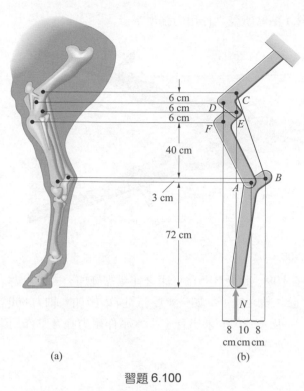

6.101　施加於左方活塞之壓力為 2 kN。求出能使系統達於平衡之力偶數 M。

6.102　求上題 6.101 中，構件 AB 上 A 點及 B 點之作用力。

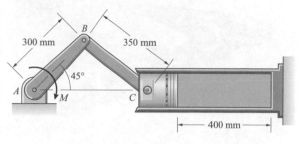

習題 6.101/602

▶6.103　在例 6.8 中假設被鉗子所夾物移向左方使 D 至 E 點之物體水平距離自 30 mm 減為 20 mm。畫一鉗子簡圖表示物體新位子。當一 150 N 之力施加在鉗子上則 E 點物體之受力值為何？

習題 6.100

6.104　挖土機之鐵鏟是被栓支撐於 E 點及一兩力構件 BC。圖中作用點之鐵鏟重量 W 為 1500-N。求出鐵鏟在 E 點之作用力及兩力構件 BC 中軸力之強度。

6.105　挖土機之鐵鏟在點 E 有一栓支撐。鐵鏟之位置是被一水平水壓活塞 AB 控制，而活塞是透過一兩力構件 BC 及 BD 所連接之鐵鏟控制。此一重 1500-N 之鐵鏟作用於圖中之點。請問此活塞要施加多少作用力才能讓鐵鏟保持平衡？

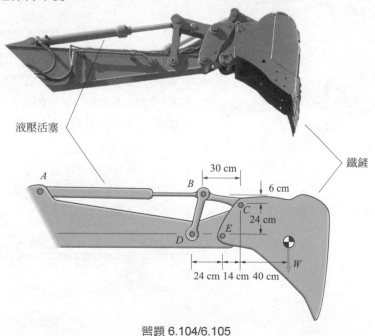

習題 6.104/6.105

6.106　一女子施加 20-N 作用力於一園藝剪。求出於 A 點區所受之作用力強度。

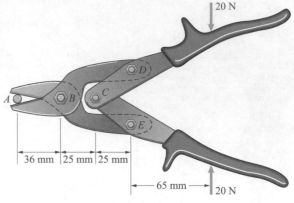

習題 6.106

6.107　一人施加一 40-N 之作用力於板手之把柄。求出板手於 A 點施加於螺栓上之作用力。

6.108　求出板手構件於 B 點互相施加之作用力及兩力構件 DE 中之軸力。

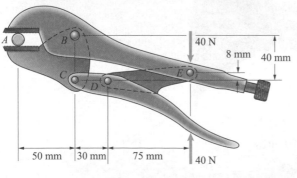

習題 6.107/6.108

6.109　此設計乃為打印之作業需施加一大作用力於 A 點之柱子。如一水壓汽缸 DE 施加一軸力 800 N 及 α = 80°，求出有多少水平作用力在 A 點作用於水平柱子。

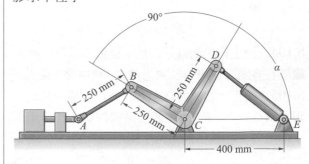

習題 6.109

6.110　此設施以延伸水壓啟動器 DE 來舉起一負載 W。柱子 AD 及 BC 長度均為 4 米，而距離則為 b = 2.5 m 及 h = 1.5 m。如 W = 3000 N，請問啟動器需施加多少力才能讓其支撐之負重保持平衡？

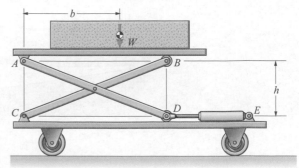

習題 6.110

6.111　四支柱子組合運作於堆高機。支撐堆高機手臂之力為 $W = 8\,kN$。求出構件 CDE 上之作用力。

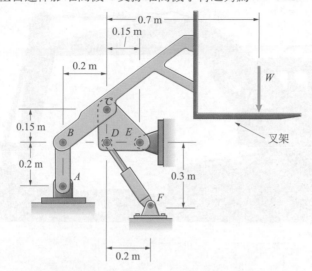

習題 6.111

6.112　如一挖土車之水平力為 $F = 8000\,N$，則水壓啓動器 AC 中之軸力強度為何？

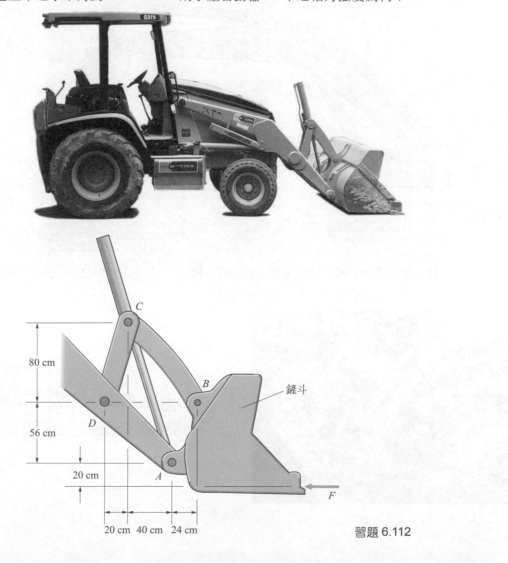

習題 6.112

6.113　一個 10-kN 之水平力作用於鏟土車之機械手。求出於 A 及 F 之構件 ACF 上之作用力。

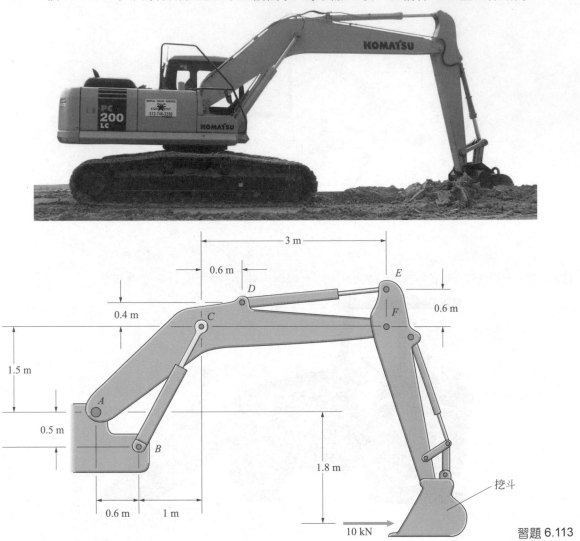

習題 6.113

6.114　圖中之結構(支撐鏟土機其機械臂的兩個相同結構之一)支撐在 G 點之向下力 $F = 1800\,N$。構件 BC 及 DH 視為兩力構件。求出構件 CDK 於 K 點之作用力。

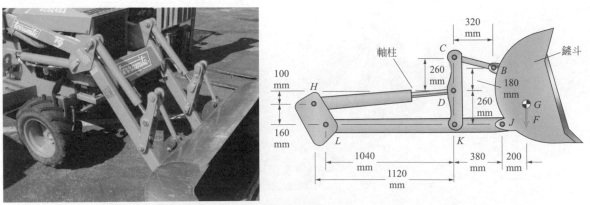

習題 6.114

複習習題

6.115　已知負載 $F_1 = 440\,\text{N}$ 及 $F_2 = 160\,\text{N}$。求出各構件之軸力。指出它們是在張力狀態(T)亦或壓力狀態(C)。

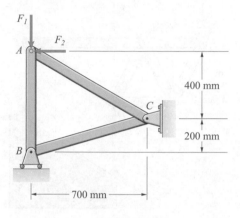

習題 6.115

6.116　桁架支撐一負載 $F = 10\,\text{kN}$。求出構件 AB，AC 及 BC 中之軸力。

6.117　桁架之每一構件可安全支撐一 40 kN 張力及一 32 kN 壓力。基於此標準，請問可安全施加於 C 點之最大向下負載 F？

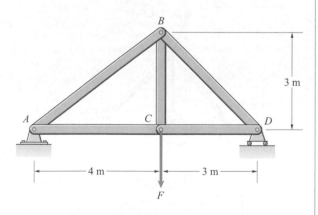

習題 6.116/6.117

6.118　Pratt 橋樑桁架於 F，G 及 H 支撐負載。求出構件 BC，BG 及 FG 中之軸力。

6.119　求出構件 CD，GD 及 GH 中之軸力。

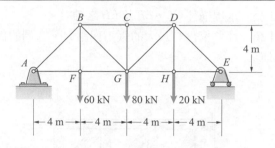

習題 6.118/6.119

6.120　桁架於 F 及 H 支撐負載。求出構件 AB, AC, BC, BD, CD 及 CE 中之軸力。

6.121　求出構件 EH 及 FH 中之軸力。

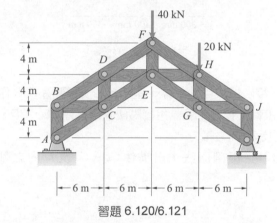

習題 6.120/6.121

6.122　求出構件 BD，CD 及 CE 中之軸力。

6.123　求出構件 DF，EF 及 EG 之軸力。

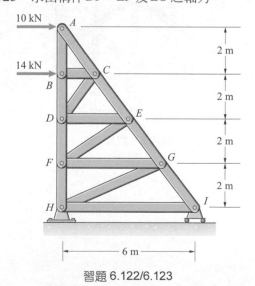

習題 6.122/6.123

6.124 桁架於 G 點支撐一個之負載 400-N。求出構件 AC，CD 及 CF 中之軸力。

6.125 求出構件 CE，EF 及 EH 之軸力。

6.126 那些構件有最大的張力與壓力，它們的值為何？

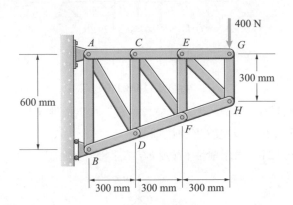

習題 6.124-6.126

6.127 桁架協助支撐一屋頂。於支撐點 A 及 G 作為滾輪支撐之示範。用接點法求出構件 BC，CD，CI 及 CJ 內之軸力。

6.128 用剖面法求出構件 CD，CJ 及 IJ 內之軸力。

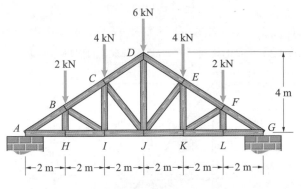

習題 6.127/6.128

6.129 一揚聲器系統自桁架下以攬線垂吊於 D 及 E 處。揚聲器系統之質量為 130 kg，它的重量作用於 G。求出構件 BC 及 CD 中之軸力。

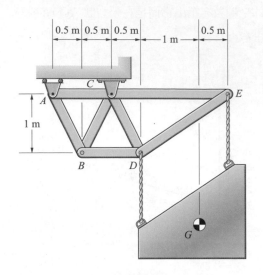

習題 6.129

6.130 懸吊物之質量為 900 kg。求出柱子 AB 及 AC 中之軸力。

方略：畫出接點 A 之自由體圖。

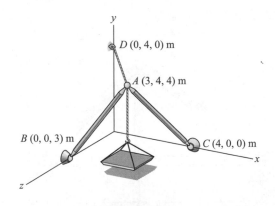

習題 6.130

6.131 求出構件 ABC 上之作用力，如圖 6.25 之方式寫出答案。以兩方式得到答案：

(a)當你繪製個別構件之自由體圖時，將 4000-N 之負載加於構件 ABC 之自由體圖。

(b)當繪製個別構件之自由體圖時，將 4000-N 之負載加於構件 CD 之自由體圖。

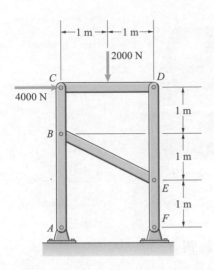

習題 6.131

6.132　質量 m = 120 kg。求出構件 ABC 上之作用力。

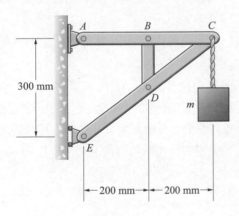

習題 6.132

6.133　求出構件 ABC 上 B 點及 C 點的作用力。

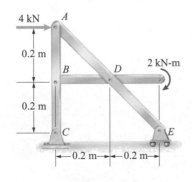

習題 6.133

6.134　有一卡車及其拖車停在一十度之斜坡。重 70-kN 之卡車及重 40-kN 之拖車作用於圖示之點。卡車之煞車阻擋了後輪在 B 點之滑動。卡車之前輪在 C 點而拖車車輪在 A 點都可自由轉動，這表示它們對路面並未形成摩擦力。拖車接觸之 D 點如一栓支撐。求出於 B，C 及 D 施加卡車之作用力。

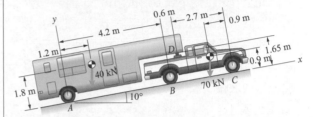

習題 6.134

6.135　3000-N 重之鏟斗作用於 0.45 m 之右方垂直線 CE。ADE 是水平線。水壓啟動器 AB 為一兩力構件。求出水壓啟動器 AB 內之軸力與在 C 及 E 處施加在鏟斗之作用力。

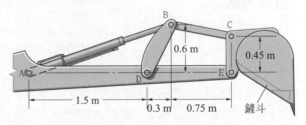

習題 6.135

6.136　求出螺栓剪施加於螺栓上之作用力。

6.137　求出螺栓剪構件於栓連接處 B 施加於彼此之作用力強度及兩力構件 CD 中之軸力。

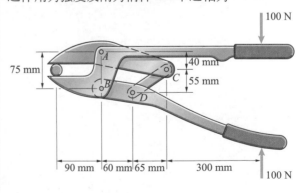

習題 6.136/6.137

設計專題 1

設計一桁架結構以一寬八米之未支撐寬度來支撐一人行橋。若被桁架支撐之通道假設爲木製，保守估計一負載使結構能充份的支撐。要考慮兩方案：(1)你的客戶要以一桁架置於橋之下端作爲支撐因此上方之結構不致於形成阻礙。(2)客戶要將桁架置於上方如此可將其作爲一扶持之把手。以上兩種方案就每一方案應用靜力學原理估一最大之軸力以配合結構之構件。研究其它替代方案並比較形成之軸負載。

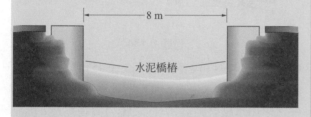

水泥橋樁

設計專題 2

圖示之桁架連接擔架之一端於一救難直昇機。考量替代之桁架設計讓它在 A 及 B 支撐擔架而在 E 及 G 處被支撐。以你設計構件之最大張力及最大壓力與圖中之桁架作一比較。假設桁架之成本與其構件長度總和成正比，比較你的設計成本與圖中之桁架。寫一簡單報告說明你的分析及欲採用之方案。

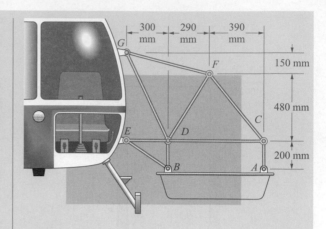

設計專題 3

到一健身中心選一看來有趣之健身機械。(例如，它也許用到重量滑輪及槓桿)量測其周長(選在非使用時)，畫一簡圖或照像及收集分析所需資料。用靜力學求出一個人在使用此設施時需施加之作用力大小。

建議對設備設計作改變(不單是增加重量)以便讓使用人可增加其最大作用力。

寫一簡單報告，其中：(1)說明原來之設施；(2)呈現你的模型及設施之分析；(3)說明您提議之變更及支持它們之分析；(4)介紹您要的設計變更，以增加使用者使用時可增加之最大作用力。

7

形心與質心

一物體的重量並不作用在一單一點，而是分布在該物體的整個體積。但是該重量可以由作用在被稱為質心之一點上的單一等效作用力來表示。當平衡方程式被用來藉由某物體的支撐以決定作用在其上的反作用力，若該物體重量被包含在該分析中，則質心的位置必須被知道。物體的動力行為也端視它們質心的位置。在本章中我們定義質心並且說明關於各種不同物體的質心如何決定。我們也介紹可以被解釋為面積、體積，與線段之平均位置的定義。這些平均位置被稱為形心。形心與特殊種類物體的質心相一致，而且它們也出現在許多其他的工程應用中。

◀ 為了平衡，女子的質心—其重量等效之作用點—必須在手的正上方。本章介紹平均位置，或形心的概念，並說明如何找出物體質心位置。

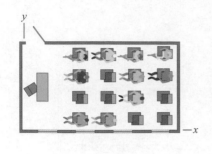

(a)

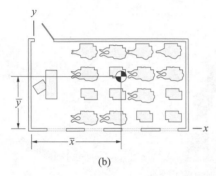

(b)

圖 7.1
(a)在一教室中的一群學生
(b)他們的平均位置

7.1　面積的形心

背景概念

　　假設我們想要決定一群坐在室內之學生的平均位置。首先，我們引進一座標系統使得我們可以標示出個別學生的位置。例如，我們可以將座標軸與房間的牆壁對齊(圖 7.1a)。我們將學生從 1 數到 N，並將 1 號學生的位置記為(x_1, y_1)，2 號學生的位置記為(x_2, y_2)，且依此類推。平均 x 座標，我們記為 $\bar{x}$，為他們 x 座標之總和除以 N；亦即，

$$\bar{x} = \frac{x_1 + x_2 + \cdots + x_N}{N} = \frac{\sum_i x_i}{N} \tag{7.1}$$

其中符號 $\sum_i$ 意指「包含 i 範圍的總和」。而平均 y 座標為

$$\bar{y} = \frac{\sum_i y_i}{N} \tag{7.2}$$

我們由圖 7.1b 中所示的符號來說明該平均位置。

　　現在假設我們分發一些錢幣給這些學生。令給予 1 號學生的錢幣數目為 c_1，給予 2 號學生的數目為 c_2，並且依此類推。在此房間中錢幣的平均位置為何？很顯然地，錢幣的平均位置可能和學生的平均位置不相同。例如，若在房間前面的學生有較多的錢幣，錢幣的平均位置將會比學生平均位置更靠近房間的前面。

　　為了決定錢幣平均位置的 x 座標，我們需要將所有錢幣 x 座標相加除以錢幣的數目。我們可以藉由將每個學生的 x 軸座標乘以錢幣的數目並相加以得到所有錢幣 x 軸座標的總和。我們可以藉由相加這些數目 $c_1, c_2, \cdots$ 以得到錢幣的數目。如此，錢幣平均位置的 x 軸座標為

$$\bar{x} = \frac{\sum_i x_i c_i}{\sum_i c_i} \tag{7.3}$$

我們可以用相同方法來決定錢幣的平均 y 軸座標：

$$\bar{y} = \frac{\sum_i y_i c_i}{\sum_i c_i} \tag{7.4}$$

藉由將符號 $c_1, c_2, \cdots$ 指定為其他含意，我們可以決定關於學生其他的量測值。例如，我們可以決定他們年齡的平均位置或是他們身高的平均位置。

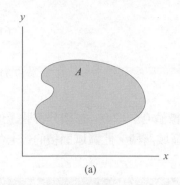

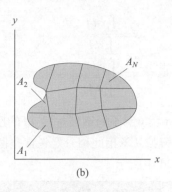

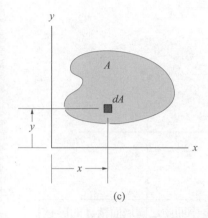

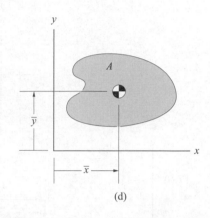

圖 7.2
(a)面積 A
(b)將 A 分成 N 個部分
(c)微分區域範圍面積 dA，其座標值
　為(x, y)
(d)此區域面積的形心

更一般性地，我們可以使用公式(7.3)與(7.4)來決定任何一組我們可以找到與位置間關係之數量的平均位置。由這些方程式所得到的平均位置被稱為**權重平均位置**，或稱為**形心**。與位置(x_1, y_1)相關的「權重」為 c_1，與位置(x_2, y_2)相關的「權重」為 c_2，且依此類推。在公式(7.1)與(7.2)中，與每位學生相關位置的權重為 1。當實施人口普查時，美國人口的形心－人口的平均位置－以此方式來決定。

讓我們考慮在 $x\text{-}y$ 平面中一任意區域面積 A(圖 7.2a)。將此區域面積分成數個部分 $A_1, A_2, \cdots, A_N$(圖 7.2b)並將這些部分的位置記為$(x_1, y_1), (x_2, y_2), ..., (x_N, y_N)$。我們可以利用公式(7.3)與(7.4)，以這些小區域面積做為權重來得到形心，或此區域面積的平均位置：

$$\bar{x} = \frac{\sum_i x_i A_i}{\sum_i A_i} \quad , \quad \bar{y} = \frac{\sum_i y_i A_i}{\sum_i A_i} \tag{7.5}$$

若我們進行此程序，則會產生一個問題：這些區域面積$A_1, A_2, ..., A_N$的正確的位置為何？我們可以將 A 分成更小塊的區域以降低它們位置的不確定性，但是我們仍然只得到關於 $\bar{x}$ 與 $\bar{y}$ 的近似值而已。為了得到形心正確的位置，我們必須對這些小區域面積的尺寸取極限近似為零。我們藉由將公式(7.5)取代為積分而得到此極限值

$$\bar{x} = \frac{\int_A x dA}{\int_A dA} \tag{7.6}$$

$$\bar{y} = \frac{\int_A y dA}{\int_A dA} \tag{7.7}$$

其中 x 與 y 爲不同區域片段 dA 的座標值 (圖 7.2c)。在積分符號上的下標符號 A 意指此積分是包含整個區域面積。此區域面積的形心如圖 7.2d 中所示。

結論

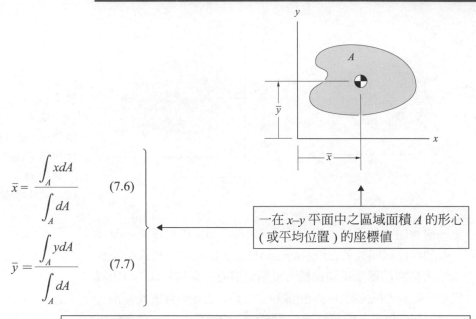

$$\bar{x} = \frac{\int_A x dA}{\int_A dA} \tag{7.6}$$

$$\bar{y} = \frac{\int_A y dA}{\int_A dA} \tag{7.7}$$

一在 x–y 平面中之區域面積 A 的形心 (或平均位置) 的座標值

記住一區域面積的形心爲其平均位置，這通常有助於定出形心。若一區域面積有對於一軸的「鏡像」對稱性，其形心將位於該軸上。若一區域面積對於兩個軸對稱，該形心則位於該兩個軸的交叉點上

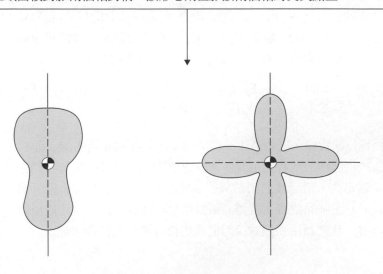

觀念範例 7.1　　**以積分取得一區域面積的形心**(▶ 相關習題 7.1)

試決定該三角型區域面積形心的 x 軸座標值。

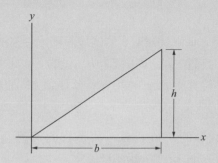

方略

我們將利用形式為寬度 dx 垂直「長條」的區域面積片段 dA 來求解公式(7.6)。

解答

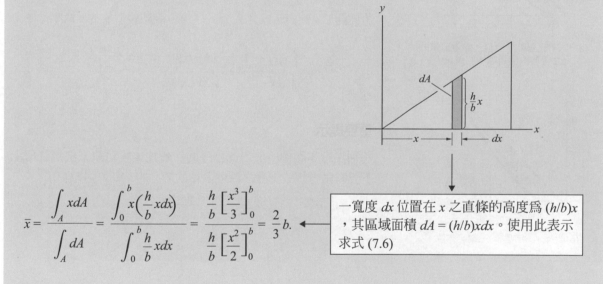

$$\bar{x} = \frac{\int_A xdA}{\int_A dA} = \frac{\int_0^b x\left(\frac{h}{b}xdx\right)}{\int_0^b \frac{h}{b}xdx} = \frac{\frac{h}{b}\left[\frac{x^3}{3}\right]_0^b}{\frac{h}{b}\left[\frac{x^2}{2}\right]_0^b} = \frac{2}{3}b.$$

一寬度 dx 位置在 x 之直條的高度為 $(h/b)x$，其區域面積 $dA = (h/b)xdx$。使用此表示求式 (7.6)

練習題

試決定該三角型區域面積形心的 y 軸座標值。利用形式為寬度 dx 垂直「長條」的區域面積片段 dA，且令 y 為該長條中點的高度來求解公式(7.7)。

答案：$\bar{y} = \frac{1}{3}h$。

範例 7.2　　由兩個方程式所定義的區域面積(▶ 相關習題 7.2，7.3)

試決定此區域面積的形心。

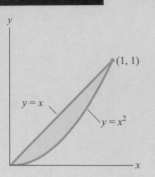

方略

我們可以利用一垂直長條型式的區域面積片段來決定該形心的座標值，正如我們在觀念範例 7.1 中所做的。在此案例中該長條必須被定義使得其從下端曲線($y=x^2$)延伸到上端曲線($y=x$)。

解答

令 dA 為圖 a 中的垂直長條。該長條的高度為 $x-x^2$，因此 $dA=(x-x^2)dx$。此形心的 x 軸座標值為

$$\bar{x}=\frac{\int_A x\,dA}{\int_A dA}=\frac{\int_0^1 x(x-x^2)dx}{\int_0^1 (x-x^2)dx}=\frac{\left[\dfrac{x^3}{3}-\dfrac{x^4}{4}\right]_0^1}{\left[\dfrac{x^2}{2}-\dfrac{x^3}{3}\right]_0^1}=\frac{1}{2}$$

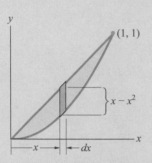

(a) 一寬度 dx 的垂直條。該垂直氣的高度等於兩個函數中的差值。

該長條中點的 y 軸座標值為 $x^2+\dfrac{1}{2}(x-x^2)=\dfrac{1}{2}(x+x^2)$(圖 b)。將此關於 y 的表示式代入公式(7.7)，得到該型心的 y 軸座標值：

$$\bar{y}=\frac{\int_A y\,dA}{\int_A dA}=\frac{\int_0^1 \left[\dfrac{1}{2}(x+x^2)\right](x-x^2)dx}{\int_0^1 (x-x^2)dx}=\frac{\dfrac{1}{2}\left[\dfrac{x^3}{3}-\dfrac{x^5}{5}\right]_0^1}{\left[\dfrac{x^2}{2}-\dfrac{x^3}{3}\right]_0^1}=\frac{2}{5}$$

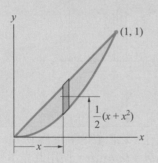

(b) 此垂直條中點的 y 軸座標值。

重要提示

特別注意本範例所使用此程序的一般性。它可用來決定任何上下界有兩方程式定義之區域面積的形心的 x 與 y 軸座標值。

習題

▶7.1　在觀念範例 7.1 中，假設此三角區域面積如下圖所示。利用積分法來決定此形心的 x 與 y 軸座標值。(注意基於觀念範例 7.1 的結果你已經知道這個答案。)

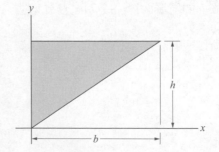

習題 7.1

►7.2　在範例 7.2 中，假設此區域被重新定義如下。試決定此形心的 x 軸座標值。

►7.3　在範例 7.2 中，假設此區域被重新定義如下。試決定此形心的 y 軸座標值。

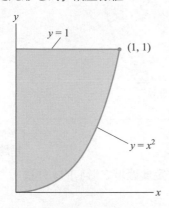

習題 7.2/7.3

7.4　試決定此區域的形心。

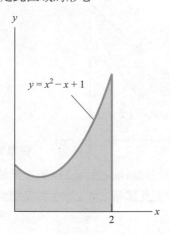

習題 7.4

7.5　試決定此區域之形心的座標值。

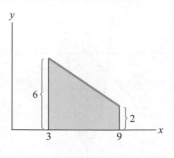

習題 7.5

7.6　試決定該區域面積形心的 x 軸座標值，並比較你從附錄 B 中所給之值而得到的答案。

7.7　試決定該區域面積形心的 y 軸座標值，並比較你從附錄 B 中所給之值而得到的答案。

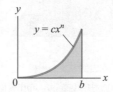

習題 7.6/7.7

7.8　假設一位藝術系學生想要彩繪一木板如下所示，內含水平與垂直線通過該彩繪區域的形心，並要你決定該形心的座標值。他們爲何？

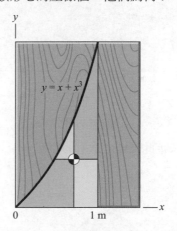

習題 7.8

7.9　試決定常數 c 之值使得該區域面積的形心 y 軸座標值爲 $\bar{y}=2$。其形心的 x 軸座標值爲何？

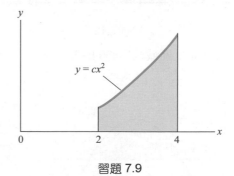

習題 7.9

7.10　試決定此金屬盤截面積形心的座標值。

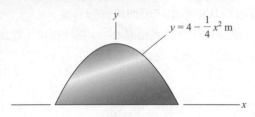

$$y = 4 - \frac{1}{4}x^2 \text{ m}$$

習題 7.10

7.11　一位建築師想要建造一如下圖所示的牆面。為估計風負載的影響，他必須決定此牆的面積以及其形心的座標值。這兩個量為何？

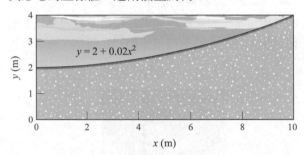

$$y = 2 + 0.02x^2$$

x (m)

習題 7.11

7.12　試決定此區域之形心的座標值。

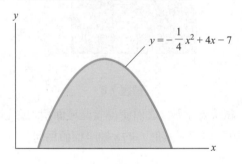

$$y = -\frac{1}{4}x^2 + 4x - 7$$

習題 7.12

7.13　試決定此區域之形心的座標值。

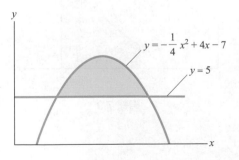

$$y = -\frac{1}{4}x^2 + 4x - 7$$

$$y = 5$$

習題 7.13

7.14　試決定此區域之形心的 x 軸座標值。

7.15　試決定此區域之形心的 y 軸座標值。

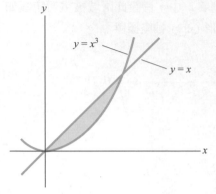

$$y = x^3$$

$$y = x$$

習題 7.14/7.15

7.16　試決定此區域之形心的 x 分量。

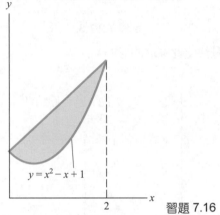

$$y = x^2 - x + 1$$

習題 7.16

7.17　試決定此區域之形心的 x 軸座標值。

7.18　試決定此區域之形心的 y 軸座標值。

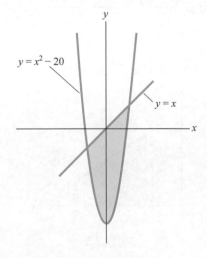

$$y = x^2 - 20$$

$$y = x$$

習題 7.17/7.18

7.19　此區域之形心的 x 軸座標值為何？

7.20　此區域之形心的 y 軸座標值為何？

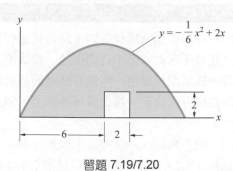

$y = -\dfrac{1}{6}x^2 + 2x$

習題 7.19/7.20

7.21　一位農學家想要量測介於兩條路之間耕地之間的降雨。該雨量計應該放置之點的座標值為何？

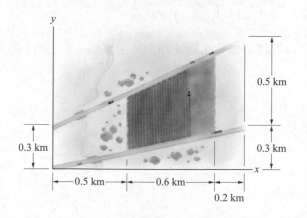

習題 7.21

7.22　一重力霸的橫截面如下圖所示。試決定係數 a 與 b 以使得此截面之形心的 y 軸座標值為 10 m。

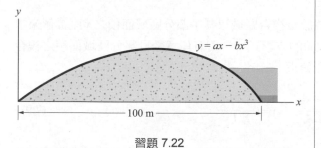

$y = ax - bx^3$

100 m

習題 7.22

7.23　英國在第二次世界大戰時所使用的噴火式戰機(Supermarine Spitfire)有橢圓形截面的翼面。試決定該形心的座標值。

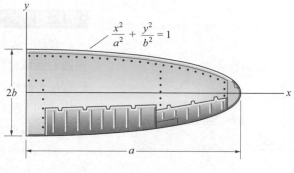

$\dfrac{x^2}{a^2} + \dfrac{y^2}{b^2} = 1$

習題 7.23

7.24　試決定此區域之形心的座標值。

方略：撰寫關於圓形邊界的方程式如形式 $y = (R^2 - x^2)^{1/2}$ 並使用一寬度 dx 的垂直「條」作為面積 dA 的單位面積。

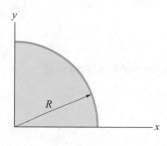

習題 7.24

7.25*　若 $R = 6$ 且 $b = 3$，此區域面積形心的 y 軸座標值為何？

7.26*　在問題 7.25 中之區域面積形心的 x 軸座標值為何？

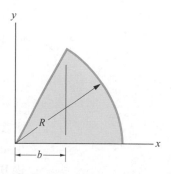

習題 7.25/7.26

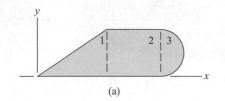

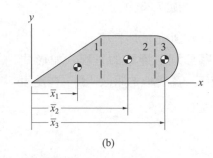

圖 7.3

(a)三個簡單區域面積組成的複合區域面積

(b)部件的形心

7.2　複合區域

背景概念

　　雖然一區域面積的形心可以由積分過程得到，但是此過程對於複雜的區域會變得困難且冗長。在此章節中我們描述一種簡單許多的程序，此程序適用在若一區域面積是由一些簡單區域面積的結合所組成的。我們可以不需要積分來決定一**複合區域**的形心，假設其小區域片段的形心是已知的。

　　圖 7.3a 中的區域是由一個三角形、一個四邊形以及一個半圓形所組成，我們分別稱為區域 1、2，與 3。此複合區域形心的 x 座標值為

$$\bar{x} = \frac{\int_A x\,dA}{\int_A dA} = \frac{\int_{A_1} x\,dA + \int_{A_2} x\,dA + \int_{A_3} x\,dA}{\int_{A_1} dA + \int_{A_2} dA + \int_{A_3} dA} \tag{7.8}$$

這些小區域形心的 x 座標值如圖 7.3b 中所示。由區域 1 形心的 x 座標軸之方程式，

$$\bar{x}_1 = \frac{\int_{A_1} x\,dA}{\int_{A_1} dA}$$

我們得到

$$\int_{A_1} x\,dA = \bar{x}_1 A_1$$

使用此方程式以及關於區域 2 與 3 的相同方程式，我們可以將公式 (7.8)改寫為

$$\bar{x} = \frac{\bar{x}_1 A_1 + \bar{x}_2 A_2 + \bar{x}_3 A_3}{A_1 + A_2 + A_3}$$

我們已經得到關於該複合區域以其中部分區域面積之 x 座標值來求取其本身 x 座標值的方程式。一帶有任意數目部分區域面積之複合區域形心的座標值為

$$\bar{x} = \frac{\sum_i \bar{x}_i A_i}{\sum_i A_i} \ , \ \ \bar{y} = \frac{\sum_i \bar{y}_i A_i}{\sum_i A_i} \tag{7.9}$$

當我們將一區域分成數個已知形心的小塊區域面積時，我們可以利用這些描述式來決定其形心。某些簡單區域面積的形心被表列於附錄 B 中。

　　我們藉由將一區域面積分成有限數量的小塊區域面積並撰寫關於其權重平均位置的方程式來開始我們對於一區域面積形心的討論。而結果，公式(7.5)，為近似的，因為該區域小區塊位置中的不確定性所致。確切方程式(7.9)則是完全相同的，除了這些小區塊區域面積的位置為它們的形心。

　　圖 7.4a 中的區域包含了一個三角形區域面積內有一圓形的洞，或切除的部分。指定三角形區域(沒有切除該洞之前的整個三角形)為此複合區域的區域 1(圖 7.4b)而該切除區域為區域 2(圖 7.4c)，我們得到此複合區域形心的 x 座標值：

$$\bar{x} = \frac{\int_{A_1} x\,dA - \int_{A_2} x\,dA}{\int_{A_1} dA - \int_{A_2} dA} = \frac{\bar{x}_1 A_1 - \bar{x}_2 A_2}{A_1 - A_2}$$

此方程式在形式上與公式(7.9)是完全相同的，除了對應該切除部分的符號為負號。如此範例所示，我們可以用公式(7.9)透過將切除部分當作負的區域面積來決定包含切除部分之複合區域面積的形心。

　　我們看到，要決定一複合區域形心需要三個步驟：

1. **選擇小區域面積**：試著將一複合區域分割成一些形心你知道或容易計算的小區域面積。
2. **決定關於這些小區域面積的值**：決定每個小區域面積的形心。尋找對稱的例子以簡化你的工作。
3. **計算此形心**：使用公式(7.9)來決定該複合區域面積的形心。

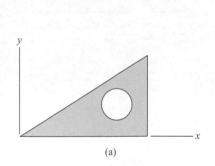
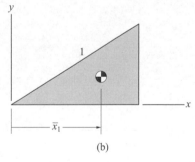
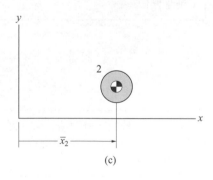

(a)　　　　　　　(b)　　　　　　　(c)

圖 7.4
(a)一含有切除部分的面積
(b)三角形區域面積
(c)此切除部分的區域面積

結論

$$\bar{x} = \frac{\bar{x}_1 A_1 + \bar{x}_2 A_2 + \cdots}{A_1 + A_2 + \cdots} = \frac{\sum\limits_i \bar{x}_i A_i}{\sum\limits_i A_i}$$

$$\bar{y} = \frac{\bar{y}_1 A_1 + \bar{y}_2 A_2 + \cdots}{A_1 + A_2 + \cdots} = \frac{\sum\limits_i \bar{y}_i A_i}{\sum\limits_i A_i}$$

(7.9)

一包含部件 1、2，....所構成之複合區域面積的形心座標值。A_i 為第 ith 部件的面積，而 x_i 與 y_i 則為形心A_i的座標值。

若一區域面積含有一個洞或一個切除部分，該區域面積的形心可以由公式(7.9)藉由將切除部分式為負的面積還決定。

一三角形面積帶有一圓形切除部分。

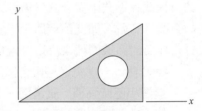

此三角形面積沒有切除部分。令此區域面積為 A_1 而 $\bar{x}_1$ 令為其形心的 x 軸座標值。

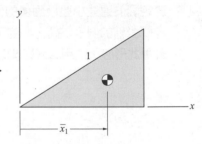

圓形切除部分的區域面積。令此區域面積為 A_2 而 $\bar{x}_2$ 令為其形心的 x 軸座標值。

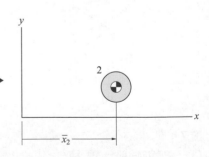

此三角形帶有切除部分之區域形心的 x 座標值為

$$\bar{x} = \frac{\bar{x}_1 A_1 - \bar{x}_2 A_2}{A_1 - A_2}$$

觀念範例 7.3　　複合區域的形心 (▶ 相關習題 7.27)

試決定複合區域面積形心的 x 軸座標值。

方略

我們必須將此區域面積分割成簡單的小區域面積 (在此範例中小區域面積是明顯的)，試決定關於小區域的面積與形心位置，並利用公式 $(7.9)_1$。

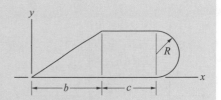

解答

選擇小區域
將此面積分成簡單的部件。這些小區域形心的 x 座標值如圖所示

試決定關於這些小區域的值
表列出應用公式 $(7.9)_1$ 所需的項目。參附錄 B

	$\bar{x}_i$	A_i	$\bar{x}_i A_i$
部件1(三角形)	$\dfrac{2}{3}b$	$\dfrac{1}{2}b(2R)$	$\left(\dfrac{2}{3}b\right)\left[\dfrac{1}{2}b(2R)\right]$
部件2(四方形)	$b+\dfrac{1}{2}c$	$c(2R)$	$\left(b+\dfrac{1}{2}c\right)[c(2R)]$
部件3(半圓形)	$b+c+\dfrac{4R}{3\pi}$	$\dfrac{1}{2}\pi R^2$	$\left(b+c+\dfrac{4R}{3\pi}\right)\left(\dfrac{1}{2}\pi R^2\right)$

$$\bar{x} = \frac{\bar{x}_1 A_1 + \bar{x}_2 A_2 + \bar{x}_3 A_3}{A_1 + A_2 + A_3}$$

$$= \frac{\left(\dfrac{2}{3}b\right)\left[\dfrac{1}{2}b(2R)\right] + \left(b+\dfrac{1}{2}c\right)[c(2R)] + \left(b+c+\dfrac{4R}{3\pi}\right)\left(\dfrac{1}{2}\pi R^2\right)}{\dfrac{1}{2}b(2R) + c(2R) + \dfrac{1}{2}\pi R^2}$$

計算形心
使用公式 $(7.9)_1$ 來決定此形心的 x 軸座標值

練習題

試決定此複合區域面積形心的 y 軸座標值。

範例 7.4　含有切除部分之區域面積的形心 (▶ 相關習題 7.28)

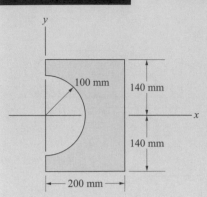

試決定此區域面積的形心。

方略

除了嘗試將此區域面積分割成數塊小面積，一個較爲簡單的方式爲試此區域爲一長方形區域面積扣掉一半圓形切除區域的複合區域面積。則我們可以藉由視該切除部分爲一負區域面積來應用公式(7.9)。

解答

選擇小區域　我們分別稱沒有切除半圓的整個長方形以及待切除的半圓部分爲小區域 1 和 2(圖 a)。

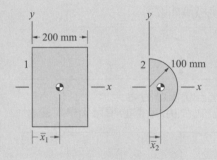

(a) 矩形與半圓形切除部分

決定關於這些小區域的值　從附錄B，該切除部分形心的 x 軸座標值爲

$$\bar{x}_2 = \frac{4R}{3\pi} = \frac{4(100)}{3\pi} \text{ mm}$$

關於決定該形心 x 軸座標值的資訊總結在下表中。特別注意我們視該切除部分爲一負的區域面積。

決定 $\bar{x}$ 的資訊

	$\bar{x}_i$ (mm)	A_i (mm^2)	$\bar{x}_i A_i$ (mm^3)
部件 1(矩形)	100	(200)(280)	(100)[(200)(280)]
部件 2(切除部分)	$\dfrac{4(100)}{3\pi}$	$-\dfrac{1}{2}\pi(100)^2$	$-\dfrac{4(100)}{3\pi}\left[\dfrac{1}{2}\pi(100)^2\right]$

計算形心 該形心的 x 軸座標值為

$$\bar{x} = \frac{\bar{x}_1 A_1 + \bar{x}_2 A_2}{A_1 + A_2} = \frac{(100)[(200)(280)] - \frac{4(100)}{3\pi}\left[\frac{1}{2}\pi(100)^2\right]}{(200)(280) - \frac{1}{2}\pi(100)^2}$$

$$= 122\,\text{mm}$$

由於該區域的對稱性，$\bar{y} = 0$。

重要提示

若你試著將該區域面積分割成簡單的小區域，你將會對我們所使用的方法感到欣賞。我們能夠藉由處理兩個簡單區域，一個沒有切除部分的長方形以及半圓形的切除部分，來決定該形心。決定區域面積的形心時，以此方法通常都可加以簡化。

習題

▶7.27 在觀念範例 7.3 中，假設此區域如下所示。令該尺寸 $R = 6\,\text{cm}$、$c = 14\,\text{cm}$，且 $b = 18\,\text{cm}$。使用公式 $(7.9)_1$ 來決定此形心的 x 軸座標值。

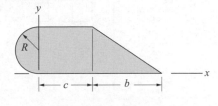

習題 7.27

▶7.28 在範例 7.4 中，假設該區域被給予第二個半圓形切除區域如下所示。試決定此形心的 x 軸座標值。

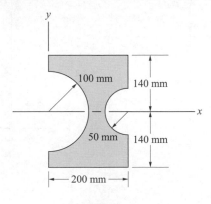

習題 7.28

對於習題 7.29 至 7.36，試決定形心的座標值。

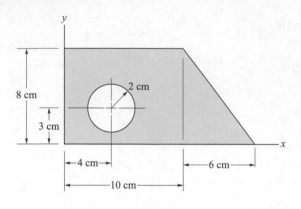

習題 7.29

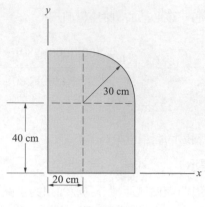

習題 7.32

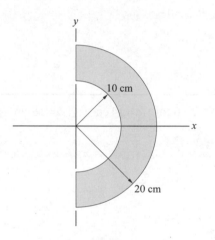

習題 7.30

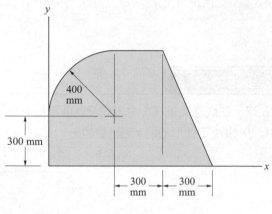

習題 7.33

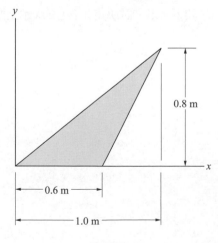

習題 7.31

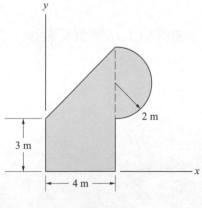

習題 7.34

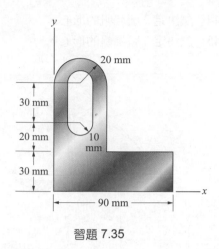

習題 7.35

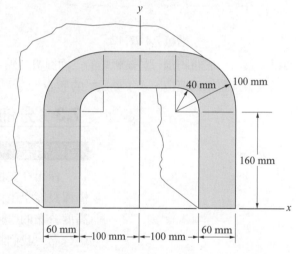

習題 7.36

7.37 該尺寸 $b=42\,\mathrm{mm}$ 且 $h=22\,\mathrm{mm}$。試決定該橫樑橫截面的 y 軸座標值。

7.38 若此橫樑橫截面積為 $8400\,\mathrm{mm}^2$ 且此區域面積形心的 y 軸座標值為 $\bar{y}=90\,\mathrm{mm}$，b 與 h 的尺寸為何？

7.39 試決定此橫樑橫截面形心的 y 座標值為何。

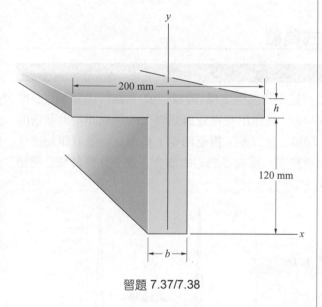

習題 7.37/7.38

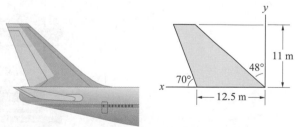

習題 7.39

7.40 試決定該飛機垂直安定面的形心座標值。

習題 7.40

7.41 圖示面積具橢圓形邊界。若 $a=30\,\mathrm{mm}$、$b=15\,\mathrm{mm}$，$\varepsilon=6\,\mathrm{mm}$，面積形心的 x 座標值為何？

7.42　藉由以 a、b，與 ε 來決定問題 7.41 中所示之區域面積形心的 x 軸座標值，以及評估當 $\varepsilon \to 0$ 時的限制，試證此四分之一橢圓線形心的 x 軸座標值為

$$\bar{x} = \frac{4a(a+2b)}{3\pi(a+b)}$$

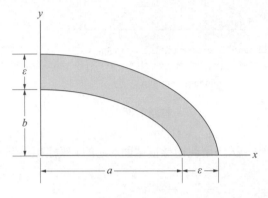

習題 7.41/7.42

7.43　圖示一艘紐約飛行員縱帆船的三面風帆。點的座標值以釐米為單位，求 1 號風帆的形心。

7.44　試決定 2 號風帆的形心。

7.45　試決定 3 號風帆的形心。

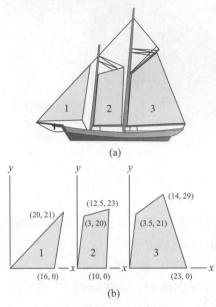

習題 7.43-7.45

7.3　分佈式負載

背景概念

　　作用在支撐一建築物樓板之樑（縱樑）上的負載即為分布在整個橫樑長度上(圖 7.5a)。風作用在電視傳訊塔上的負載即是沿著塔的高度分布的(圖 7.5b)。在許多工程應用中，負載為沿著直線連續性地分布。我們將會證明一區域之形心的概念在遭受此種負載之物體的分析中很有用。

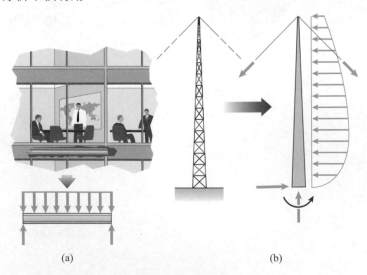

圖 7.5
分佈式作用力的範例：
(a)由樓板作用在一大樓結構樑上的均勻分布式負載
(b)沿著一高塔高度的分佈式風負載

描述分佈式負載

我們可以用一簡單的範例來說明這種負載如何在分析上來表示。假設我們在一樑上堆沙袋，如圖 7.6a 中所示。很顯然地由沙袋所作用的負載分佈在整個樑的長度上而其在某給定位置 x 值的大小要看在該位置上沙袋堆的高度來決定。爲了描述此負載，我們定義一函數 w 使得作用在該樑一無限小片段 dx 上的**向下**作用力爲 wdx。利用此函數我們可以模擬由沙袋所施加任意值大小的負載(圖 7.6b)。在此圖中的箭頭意指該負載作用在向下的方向。負載沿直線分布，從諸如一橫樑本身重量的簡單範例到類似沿一機翼長度分布的升力，皆可由函數 w 來模擬。由於 w 與 dx 的乘積爲一作用力，w 的維度是(作用力)／(長度)。例如，w 在SI單位中可以被表示爲牛頓／公尺，或者在美國常用單位中表示爲磅／呎。

決定作用力與力矩

讓我們假設描述一特殊分佈負載的函數 w 爲已知(圖 7.7a)。w 的圖表被稱爲**負載曲線**。由於作用在直線一片段 dx 上的作用力爲 wdx，我們可以藉由將此分佈曲線對 x 作積分來決定總作用力 F：

$$F = \int_L wdx \qquad (7.10)$$

我們也能以積分來決定由分佈式負載繞一點所做的力矩。例如，作用在片段上 dx 之作用力所造成對原點的力矩爲 $xwdx$，因此由分佈式負載所造成對原點的總力矩爲

$$M = \int_L xwdx \qquad (7.11)$$

　　當僅考慮分佈負載所施加的總作用力與總力矩時，可將其重新表示爲一單一等效作用力 F(圖 7.7b)。相同地，該作用力須施加在 x 軸上的 $\bar{x}$ 位置處以使 F 對原點的力矩等於分佈式負載對原點的力矩：

$$\bar{x}F = \int_L xwdx$$

因此，若我們將作用力 F 置於該位置處，則等同於該分佈式負載

$$\bar{x} = \frac{\int_L xwdx}{\int_L wdx} \qquad (7.12)$$

區域面積類比

注意該項目 wdx 等於在負載曲線與 x 軸之間一小片段「區域面積」dA(圖 7.8a)。(我們使用引號是因爲事實上 wdx 是作用力而不是面積。)以此來解釋，公式(7.10)說明由分佈式負載所施加的總作用力等於介於負載曲線與 x 軸之間的「區域面積」A：

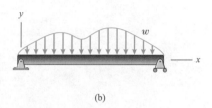

圖 7.6
(a)將此橫樑負載幾包沙包
(b)此分布式載重模擬沙包所施加的
　　負載

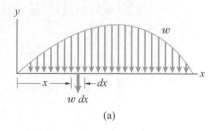
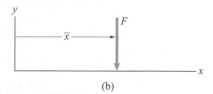

圖 7.7
(a)一分布式載重以及施加在一微分
元件 dx 上的作用力
(b)該等效作用力

$$F = \int_L w\,dx = \int_A dA = A \qquad (7.13)$$

將 $w\,dx = dA$ 代入公式(7.12)中，我們得到

$$\bar{x} = \frac{\int_L xw\,dx}{\int_L w\,dx} = \frac{\int_A x\,dA}{\int_A dA} \qquad (7.14)$$

作用力 F 若作用在介於分佈式負載曲線與 x 軸之間「區域面積」的形心處，則等同於分佈式負載(圖 7.8b)。當該負載曲線相對簡單時，利用此類比，藉由一等效作用力來描述一分佈式負載可以非常有用。

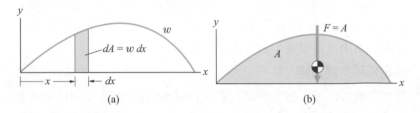

(a) (b)

圖 7.8
(a)決定介於函數 w 與 x 軸之間的「區域面積」
(b)此等效作用力等於其「區域面積」，且作用力線通過其形心

結論

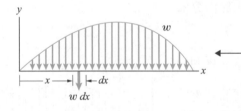

為了描述此沿著 x 軸分布的負載，我們定義一函數 w 使得在 x 軸的一元件 dx 上的向下作用力為 $w\,dx$。w 的圖表被稱爲負載曲線

$$F = \int_L w\,dx \qquad (7.10)$$

$$M = \int_L xw\,dx \qquad (7.11)$$

能以積分決定由分佈式載重 w 作用在 x 軸的一小段長度 L 上，所造成的總向下作用力及對原點的順時針力矩

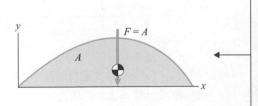

由分佈式載重所造成的總向下作用力 F 等於介於該負載曲線與 x 軸之間的「區域面積」A。當此作用力以一向量來表示，若該向量通過此「區域面積」的形心時，等同於此分佈式負載。(亦即，由此作用力向量所造成對於原點的順時針力矩等於 M。)此被稱作面積類比

觀念範例 7.5　　負有分布式載重的橫樑(▶ 相關習題 7.46)

此橫樑承受一「三角形」分布式載重，在 B 點處之值為 100 N/m。(亦即，該函數 w 從 A 點處的 $w=0$ 線性增加到 B 點處的 $w = 100$ N/m。)

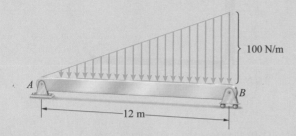

方略

可藉由一等效作用力將此區域面積類比表示為一分佈式負載。然後可以應用此等效方程式來決定作用在 A 與 B 點處的作用力。

解答

三角形分布載重的「區域面積」等於一半的基底乘以高，或

$$\frac{1}{2}(12 \text{ m}) \times (100 \text{ N/m}) = 600 \text{ N}$$

此三角形「區域面積」的形心位在

$$\bar{x} = \frac{2}{3}(12 \text{ m}) = 8 \text{ m}$$

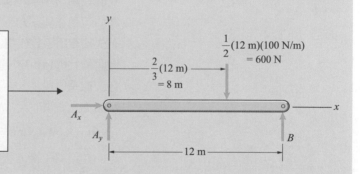

$$\Sigma F_x = A_x = 0$$
$$\Sigma F_y = A_y + B - 600 \text{ N} = 0$$
$$\Sigma M_{\text{point } A} = (12 \text{ m})B - (8 \text{ m})(600 \text{ N}) = 0$$

應用平衡

解得 $A_x = 0$, $A_y = 200$ N
$B = 400$ N

練習題

(a)試決定關於此範例中三角形分布式載重 w 為 x 的函數。(b)利用公式(7.10)與(7.11)來決定由於此三角形分布式載重所造成的總向下作用力以及針對橫樑左端點之順時針方向總力矩。

答案：(a)$w = \dfrac{100}{12}x$ N/m。(b)$F = 600$ N，$M = 4800$ N-m。

範例 7.6　承受分布式載重的橫樑(▶ 相關習題 7.48)

此橫樑承受兩個分布式載重。試決定在 A 點與 B 點處的作用力。

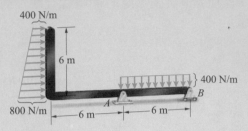

方略

可以容易地應用此類比藉於 A 與 B 之間均勻分布載重的區域。將在該樑垂直段的分布式載重視為均勻與三角形分布式載重的總和並藉由等效作用力來使用於類似每個分布式載重的區域面積。

解答

我們在圖 a 中繪製該樑的自由體圖，將左邊的分布式載重表示為均勻載重與三角形載重的總和。在圖 b 中，我們講此三個分布式載重用等效作用力來描述。在右邊該均勻分布式載重的「區域面積」為 $(6\,\text{m})\times(400\,\text{N/m})=2400\,\text{N}$，而其形心距 B 點處 3 m。在該樑垂直段均勻分布式載重的區域面積為 $(6\,\text{m})\times(400\,\text{N/m})=2400\,\text{N}$，而其形心位在 $y=3\,\text{m}$ 處。三角形分布式載重的面積為 $\frac{1}{2}(6\,\text{m})\times(400\,\text{N/m})=1200\,\text{N}$，形心位於 $y=\frac{1}{3}(6\,\text{m})=2\,\text{m}$。

從這些平衡方程式

$$\Sigma F_x = A_x + 1200\,\text{N} + 2400\,\text{N} = 0$$

$$\Sigma F_y = A_y + B - 2400\,\text{N} = 0$$

$$\Sigma M_{\text{point}A} = (6\,\text{m})B - (3\,\text{m})(2400\,\text{N}) - (2\,\text{m})(1200\,\text{N}) - (3\,\text{m})(2400\,\text{N})$$
$$= 0$$

我們得到 $A_x = -3600\,\text{N}$，$A_y = -400\,\text{N}$，$B = 2800\,\text{N}$。

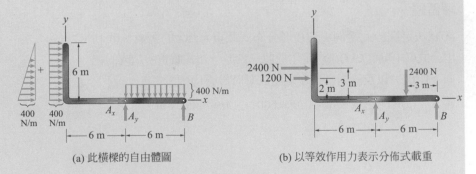

(a) 此橫樑的自由體圖　　　(b) 以等效作用力表示分佈式載重

重要提示

當分析包含分布式載重的問題時，應該總是使用如在此範例中所做的面積類比方式來表示它們嗎？當載重曲線夠簡單以至於其面積以及其形心的位置容易得到時，此面積類比方式很有用。當那不是這種案例時，可使用公式(7.10)與(7.11)來決定由一分布式載重所施加的作用力與力矩。我們在範例 7.7 中說明此過程。

範例 7.7　　承受分布式載重的橫樑(▶ 相關習題 7.49)

此橫樑承受一分布式載重、一作用力，及一力矩。此分布式載重為 $w = 300x - 50x^2 + 0.3x^4$ N/m。求固定支撐 A 點處的作用力。

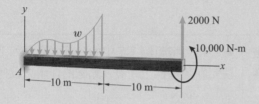

方略

由於我們知道函數 w，我們可以使用公式(7.10)與(7.11)來決定該橫樑上受到分布式載重所施加的作用力與力矩。我們則可以使用此等效方程式來決定在 A 處的作用力。

解答

我們在圖 a 中將此橫樑單獨出來並顯示於固定支撐處的作用力。

由分佈式載重所施加的向下作用力為

$$\int_L w\,dx = \int_0^{10}(300x - 50x^2 + 0.3x^4)\,dx = 4330\ \text{N}$$

由分佈式載重所施加對 A 的**順時針**力矩為

$$\int_L xw\,dx = \int_0^{10} x(300x - 50x^2 + 0.3x^4)\,dx = 25{,}000\ \text{N-m}$$

從平衡方程式

$$\Sigma F_x = A_x = 0$$

$$\Sigma F_y = A_y - 4330\ \text{N} + 2000\ \text{N} = 0$$

$$\Sigma M_{\text{point}A} = M_A - 25{,}000\ \text{N-m} + (20\ \text{m})(2000\ \text{N})$$
$$+ 10{,}000\ \text{N-m} = 0$$

我們得到 $A_x = 0$，$A_y = 2330$ N，$M_A = -25{,}000$ N-m。

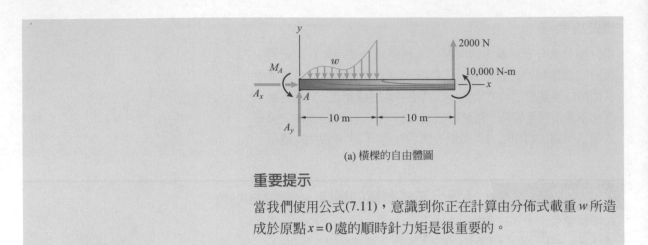

(a) 橫樑的自由體圖

重要提示

當我們使用公式(7.11)，意識到你正在計算由分佈式載重 w 所造成於原點 $x=0$ 處的順時針力矩是很重要的。

習題

▶ **7.46** 在觀念範例 7.5 中，假設該分佈式負載被調整如下所示。試決定在該橫樑上 A 與 B 點處的作用力爲何。

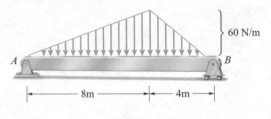

習題 7.46

7.47 試決定在 A 點與 B 點處的作用力。

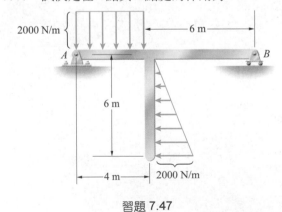

習題 7.47

▶ **7.48** 將範例 7.6 中的分佈式負載如下調整。試決定在該橫樑上 A 與 B 點處的作用力爲何。

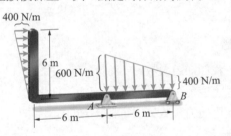

習題 7.48

▶ **7.49** 在範例 7.7 中，假設作用在該橫樑從 $x=0$ 到 $x=10\,\text{m}$ 之間的分佈式載重給爲 $w=350+0.3x^3\,\text{N/m}$。(a)求由此分布式載重所施加之向下作用力及對於 A 的順時針力矩。(b)求在固定支撐處的作用力。

7.50 試決定在固定支撐 A 點處的作用力。

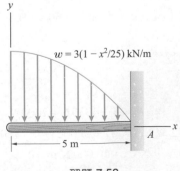

習題 7.50

7.51　一位工程師測量由大地作用在一 10-m 橫斷面之建物基礎之作用力並發現他們可以以分布式載重來描述如 $w = -10x - x^2 + 0.2x^3$ kN/m。(a)試決定由其分佈式負載作用在該基礎上之總作用力之值。(b)試決定由該分佈式負載對點 A 所作的力矩之值。

7.52　試決定於此橫樑 A 與 B 點上的作用力。

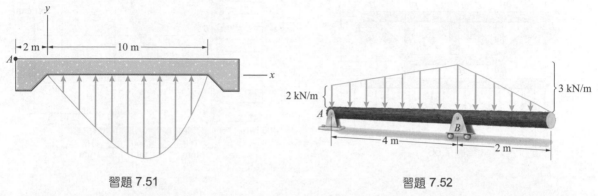

習題 7.51　　　　　　　　　　　習題 7.52

7.53　該翼面的空氣動力所造成的升力如分佈式負載描述如 $w = -300\sqrt{1 - 0.04x^2}$ N/m。該機翼質量為 27 kg，且其質心位在與翼根 R 距離 2 m 之處。(a)試決定該機翼升力對於此翼面作用力與對於 R 之力矩之值。(b)試決定在機翼上 R 處的作用力。

7.54　試決定於此桿 A 與 B 點處的作用力。

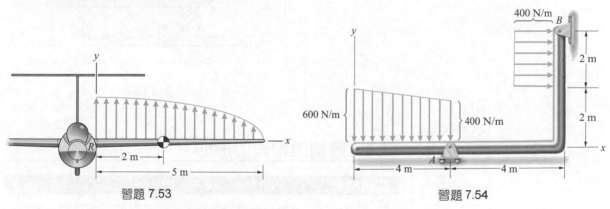

習題 7.53　　　　　　　　　　　習題 7.54

7.55　試決定於部件 AB 上 A 與 B 點處的作用力。

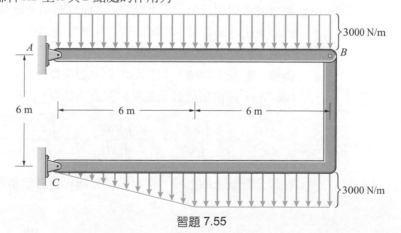

習題 7.55

7.56　試決定桁架之部件 BD、CD，與 CE 中之軸向作用力，並說明其所受之力為張力(T)或壓力(C)。

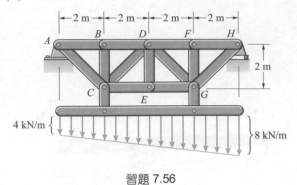

習題 7.56

7.57　試決定於部件 ABC 上 A 與 B 點處的作用力。

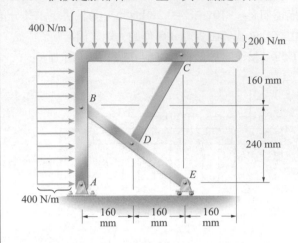

習題 7.57

7.58　試決定該架構之部件 ABC 上的作用力。

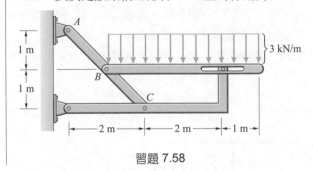

習題 7.58

7.4　體積與線段的形心

背景概念

在此我們定義體積與線段的形心或平均位置，並證明如何決定複合體積與線段的形心。將在 7.7 節證明知道體積與線段的形心允許你去決定某些種類物體的質心，該點告訴你物體重量實際上作用之處。

體積　考慮一體積 V，且令 dV 為 V 對座標軸 x、y，與 z 的微分片段(圖 7.9)。藉由類比於公式(7.6)與公式(7.7)，體積 V 形心的座標軸為

$$\bar{x} = \frac{\int_V x\,dV}{\int_V dV} \ , \quad \bar{y} = \frac{\int_V y\,dV}{\int_V dV} \ , \quad \bar{z} = \frac{\int_V z\,dV}{\int_V dV} \tag{7.15}$$

在積分符號上的下標 V 意指此積分過程包含整個體積範圍。

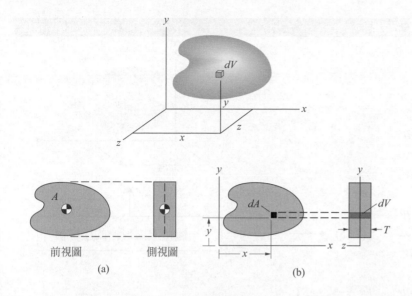

若一體積的外形爲一均勻厚度且橫斷面積 A 的平板(圖 7.10a)，其形心與 A 的形心相同且位於兩個面的中間處。爲了證明此爲眞，我們利用橫斷面片段 dA 穿過此體積之厚度 T 的投影得到一體積片段 dV，因此 $dV = TdA$(圖 7.10b)。則該體積形心的 x 與 y 座標軸爲

$$\bar{x} = \frac{\int_V x\,dV}{\int_V dV} = \frac{\int_A xT\,dA}{\int_A T\,dA} = \frac{\int_A x\,dA}{\int_A dA}$$

$$\bar{y} = \frac{\int_V y\,dV}{\int_V dV} = \frac{\int_A yT\,dA}{\int_A T\,dA} = \frac{\int_A y\,dA}{\int_A dA}$$

由於對稱，座標軸 $\bar{z} = 0$。若你知道(或可以決定)其橫斷面區域的形心，則你就知道此種體積的形心。

線段　一線段 L 之形心的座標軸爲

$$\bar{x} = \frac{\int_L x\,dL}{\int_L dL} \quad , \quad \bar{y} = \frac{\int_L y\,dL}{\int_L dL} \quad , \quad \bar{z} = \frac{\int_L z\,dL}{\int_L dL} \tag{7.16}$$

其中 dL 爲位於座標軸 x、y，與 z 上的一微分線段(圖 7.11)。

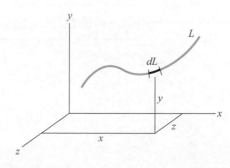

圖 7.11
線 L 以及微分元 dL

結論

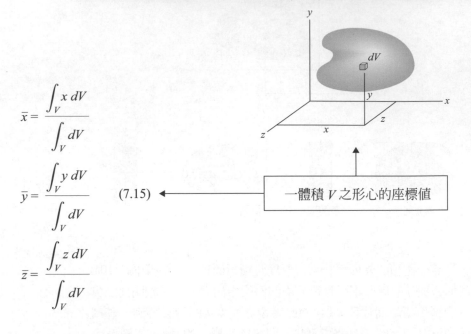

$$\bar{x} = \frac{\displaystyle\int_V x\,dV}{\displaystyle\int_V dV}$$

$$\bar{y} = \frac{\displaystyle\int_V y\,dV}{\displaystyle\int_V dV}$$　　　(7.15)　◄──── 一體積 V 之形心的座標值

$$\bar{z} = \frac{\displaystyle\int_V z\,dV}{\displaystyle\int_V dV}$$

若一體積的外形為一均勻厚度且橫斷面積 A 的平板,其形心與 A 的形心相同且位於兩個面的中間處 ──►

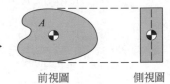

前視圖　　　　側視圖

$$\bar{x} = \frac{\displaystyle\int_L x\,dL}{\displaystyle\int_L dL}$$

$$\bar{y} = \frac{\displaystyle\int_L y\,dL}{\displaystyle\int_L dL}$$　　　(7.16)　◄──── 一線段 L 之形心的座標值

$$\bar{z} = \frac{\displaystyle\int_L z\,dL}{\displaystyle\int_L dL}$$

觀念範例 7.8　　由積分所得的一圓錐的形心 (▶ 相關習題 7.59)

試決定該圓錐的形心。

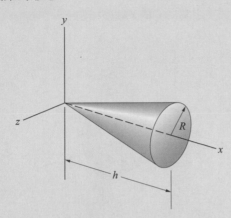

方略

由於該圓錐的軸對稱性，該形心必定在 x 軸上。我們將利用公式 $(7.15)_1$ 並使用一厚度 dx 圓盤中的單位體積 dV 來決定此形心的 x 軸座標值。

解答

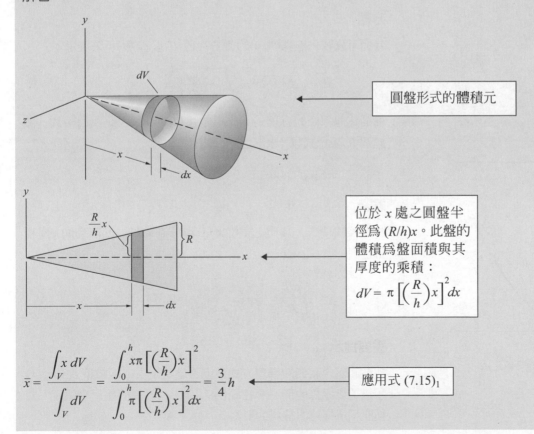

圓盤形式的體積元

位於 x 處之圓盤半徑為 $(R/h)x$。此盤的體積為盤面積與其厚度的乘積：

$$dV = \pi \left[\left(\frac{R}{h} \right) x \right]^2 dx$$

$$\bar{x} = \frac{\displaystyle\int_V x\, dV}{\displaystyle\int_V dV} = \frac{\displaystyle\int_0^h x\pi \left[\left(\frac{R}{h} \right) x \right]^2}{\displaystyle\int_0^h \pi \left[\left(\frac{R}{h} \right) x \right]^2 dx} = \frac{3}{4}h$$

應用式 $(7.15)_1$

練習題

該截頭圓錐圓形截面的半徑(單位為公尺)給定為 x 的函數如 $r = 1 + \frac{1}{4}x$。試決定其形心的 x 軸座標值。

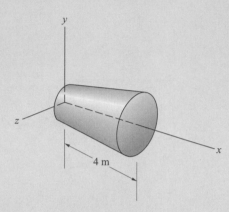

答案：2.43 公尺。

範例 7.9   **由積分求線段的形心**(▶ 相關習題 7.66)

線條 L 由函數 $y = x^2$ 所定義。試決定其形心的 x 軸座標值。

方略

我們可以將一線條(圖 a)的微分片段 dL 以 dx 與 dy 來表示：

$$dL = \sqrt{dx^2 + dy^2} = \sqrt{1 + \left(\frac{dy}{dx}\right)^2}\,dx$$

從描述此線條的方程式，此導數 $dy/dx = 2x$，因此我們得到一關於 dL 的表示式以 x 來描述：

$$dL = \sqrt{1 + 4x^2}\,dx$$

解答

將整條線積分，我們必須從 $x = 0$ 積分到 $x = 1$。此形心的 x 座標軸為

$$\bar{x} = \frac{\int_L x\,dL}{\int_L dL} = \frac{\int_0^1 x\sqrt{1 + 4x^2}\,dx}{\int_0^1 \sqrt{1 + 4x^2}\,dx} = 0.574$$

重要提示

在此範例中我們的處理方式為適當地決定由一函數型式 $y = f(x)$ 所描述之線條的形心。在範例 7.10 中我們說明如何來決定一以極座標所描述之線條的形心。

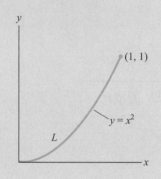

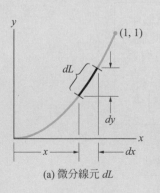

(a) 微分線元 dL

範例 7.10　由積分求半圓線段的形心(▶ 相關習題 7.70)

試決定此半圓線條的形心。

方略

由於此線的對稱性，此形心處於 x 軸上。爲決定 $\bar{x}$，我們將以極座標形式來積分。藉由令 θ 隨 $d\theta$ 的量而改變，我們得到一微分線段長度 $dL = Rd\theta$(圖 a)。dL 的 x 座標軸爲 $x = R\cos\theta$。

解答

爲積分整條線段，我們必須從 $\theta = -\pi/2$ 積分到 $\theta = +\pi/2$：

$$\bar{x} = \frac{\int_L x \, dL}{\int_L dL} = \frac{\int_{-\pi/2}^{\pi/2} (R\cos\theta)Rd\theta}{\int_{-\pi/2}^{\pi/2} Rd\theta}$$

$$= \frac{R^2[\sin\theta]_{-\pi/2}^{\pi/2}}{R[\theta]_{-\pi/2}^{\pi/2}} = \frac{2R}{\pi}$$

重要提示

注意我們的積分程序提供正確的線段長度：

$$\int_L dL = \int_{-\pi/2}^{\pi/2} Rd\theta$$

$$= R[\theta]_{-\pi/2}^{\pi/2} = \pi R$$

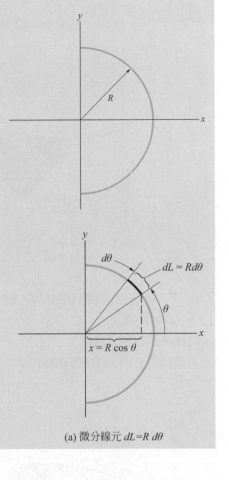

(a) 微分線元 $dL = R \, d\theta$

習題

▶7.59　利用觀念範例 7.8 中所描述的方法來決定此截頭圓錐的形心。

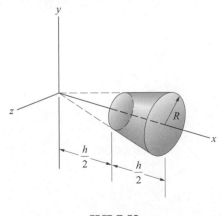

習題 7.59

7.60　一穀物儲存桶具有如下圖所示的環繞表面形式。此儲存桶高 7 m 且其在地面之直徑爲 10 m。試決定此桶的容積以及此容積形心距離地面的高度。

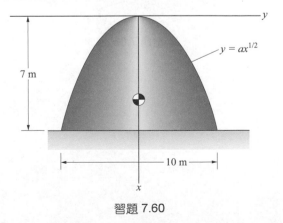

$y = ax^{1/2}$

7 m

10 m

習題 7.60

7.61　此所示之物體，被設計爲一喇叭的柱腳，具有由繞x軸之旋轉曲線$y=0.167x^2$所得到的輪廓。此物體形心之x軸座標值爲何？

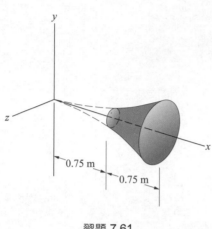

0.75 m

0.75 m

習題 7.61

7.62　一機鼻罩的體積由繞x軸旋轉的函數$y=x-0.2x^2$所產生。

(a)此機鼻罩的體積爲何？

(b)該體積形心的x軸座標值爲何？

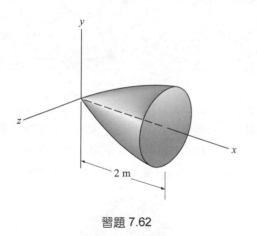

2 m

習題 7.62

7.63　試決定此半球體積的形心。

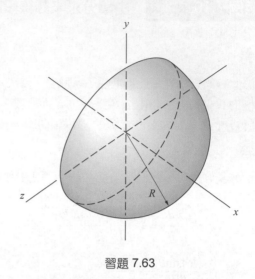

R

習題 7.63

7.64　此體積由一半徑R之球體的片段所組成。試決定其形心。

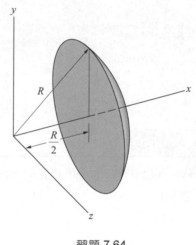

R

$\dfrac{R}{2}$

習題 7.64

7.65　一旋轉體積由繞 x 軸旋轉的曲線 $x^2/a^2+y^2/b^2$ $=1$ 所得到。試決定其形心。

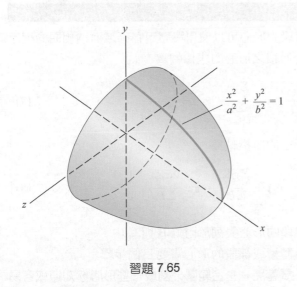

$$\frac{x^2}{a^2}+\frac{y^2}{b^2}=1$$

習題 7.65

▶7.66　在範例 7.9 中，試決定此線段形心之 y 軸座標值。

7.67　試決定此線段形心的座標值。

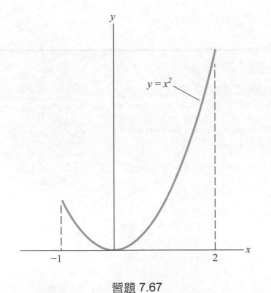

$y=x^2$

習題 7.67

7.68　試決定此線段形心的 x 軸座標值。

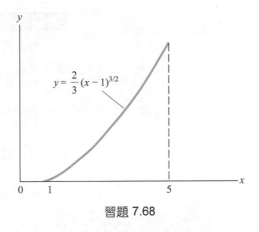

$y=\dfrac{2}{3}(x-1)^{3/2}$

習題 7.68

7.69　試決定此線段形心的 x 軸座標值。

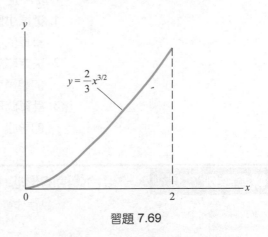

$y=\dfrac{2}{3}x^{3/2}$

習題 7.69

▶7.70　利用範例 7.10 中所描述的方法來決定此圓弧的形心。

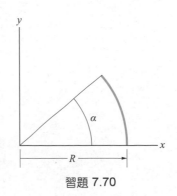

習題 7.70

7.5　複合體積與線段

背景概念

　　複合體積與線段的形心可以使用與應用在區域面積相同的程序推導得到。一複合體積之形心的座標軸為

$$\bar{x} = \frac{\sum_i \bar{x}_i V_i}{\sum_i V_i} \quad , \quad \bar{y} = \frac{\sum_i \bar{y}_i V_i}{\sum_i V_i} \quad , \quad \bar{z} = \frac{\sum_i \bar{z}_i V_i}{\sum_i V_i} \tag{7.17}$$

而一複合線段之形心的座標軸為

$$\bar{x} = \frac{\sum_i \bar{x}_i L_i}{\sum_i L_i} \quad , \quad \bar{y} = \frac{\sum_i \bar{y}_i L_i}{\sum_i L_i} \quad , \quad \bar{z} = \frac{\sum_i \bar{z}_i L_i}{\sum_i L_i} \tag{7.18}$$

某些簡單體積與線段的形心表列於附錄 B 與 C 中。

　　要決定一複合體積或線段的形心需要三個步驟：

1. **選擇小區域**：試著將一複合範圍分割成一些形心你知道或容易計算的小區域。
2. **決定關於這些小區域的值**：決定每個小區域的形心以及其個別的體積或長度。尋找對稱的例子以簡化你的工作。
3. **計算此形心**：使用公式(7.17)或(7.18)來決定該複合體積或線段的形心。

觀念範例 7.11　　**一複合體積的形心**(▶ 相關習題 7.71)

試決定此複合體積形心的 x 座標值。

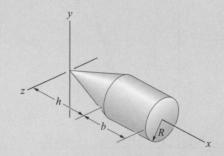

方略

我們必須將此體積分成簡單的小塊體積(在此範例中小塊體積是很明顯的)，試決定關於這些小塊體積的體積與形心位置，且利用公式 $(7.17)_1$。

解答

選此體積分成簡單的部件。這些小區域形心的 x 座標值如圖所示。見附錄 C

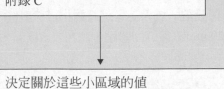

決定關於這些小區域的值
將應用公式 $(7.17)_1$ 所需的項目列表如下

	$\bar{x}_i$	V_i	$\bar{x}_i V_i$
部件1(圓錐)	$\dfrac{3}{4}h$	$\dfrac{1}{3}\pi R^2 h$	$\left(\dfrac{3}{4}h\right)\left(\dfrac{1}{3}\pi R^2 h\right)$
部件2(圓柱)	$h + \dfrac{1}{2}b$	$\pi R^2 b$	$\left(h + \dfrac{1}{2}b\right)(\pi R^2 b)$

$$\bar{x} = \frac{\bar{x}_1 V_1 + \bar{x}_2 V_2}{V_1 + V_2}$$

$$= \frac{\left(\dfrac{3}{4}h\right)\left(\dfrac{1}{3}\pi R^2 h\right) + \left(h + \dfrac{1}{2}b\right)(\pi R^2 b)}{\dfrac{1}{3}\pi R^2 h + \pi R^2 b}$$

計算形心
使用公式 $(7.17)_1$ 來決定此形心的 x 軸座標值

練習題

一複合體積包含一圓柱與一半球體。試決定此形心的 x 座標軸。

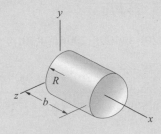

答案：$\bar{x} = \dfrac{(\dfrac{1}{2}b)(\pi R^2 b) + (b + \dfrac{3}{8}R)(\dfrac{2}{3}\pi R^3)}{\pi R^2 b + \dfrac{2}{3}\pi R^3}$。

範例 7.12　內含切除部分之體積的形心(▶ 相關習題 7.72)

試決定此體積的形心。

方略

我們可以將此體積分成五個簡單部件如圖a中所示。注意部件2與 3 沒有切除的部分。假設被「填入」，這將簡化這些部件的幾何。部件5，其為一 20-mm 直徑洞的體積，將在公式(7.17)中被視為一負的體積。

解答

選擇小區域　我們可以將此體積分成五個簡單部件如圖 a 中所示。部件 5 為一 20-mm 直徑洞的體積。

決定關於這些小區域的值　部件 1 與 3 的形心位於其半圓截面積上的形心處 (圖 b)。關於決定此形心 x-軸座標值的資訊摘錄於圖表內。部件 5 是一個負的體積。

決定 $\bar{x}$ 的資訊

	$\bar{x}_i$ (mm)	V_i (mm³)	$\bar{x}_i V_i$ (mm⁴)
部件 1	$-\dfrac{4(25)}{3\pi}$	$\dfrac{\pi(25)^2}{2}(20)$	$\left[-\dfrac{4(25)}{3\pi}\right]\left[\dfrac{\pi(25)^2}{2}(20)\right]$
部件 2	100	$(200)(50)(20)$	$(100)[(200)(50)(20)]$
部件 3	$200+\dfrac{4(25)}{3\pi}$	$\dfrac{\pi(25)^2}{2}(20)$	$\left[200+\dfrac{4(25)}{3\pi}\right]\left[\dfrac{\pi(25)^2}{2}(20)\right]$
部件 4	0	$\pi(25)^2(40)$	0
部件 5	200	$-\pi(10)^2(20)$	$-(200)[\pi(10)^2(20)]$

計算形心　此複合體積形心的 x 座標軸為

$$\bar{x}=\frac{\bar{x}_1 V_1+\bar{x}_2 V_2+\bar{x}_3 V_3+\bar{x}_4 V_4+\bar{x}_5 V_5}{V_1+V_2+V_3+V_4+V_5}$$

$$=\frac{\begin{aligned}&\left[-\dfrac{4(25)}{3\pi}\right]\left[\dfrac{\pi(25)^2}{2}(20)\right]+(100)[(200)(50)(20)]\\&+\left[200+\dfrac{4(25)}{3\pi}\right]\left[\dfrac{\pi(25)^2}{2}(20)\right]+0-(200)[\pi(10)^2(20)]\end{aligned}}{\dfrac{\pi(25)^2}{2}(20)+(200)(50)(20)+\dfrac{\pi(25)^2}{2}(20)+\pi(25)^2(40)-\pi(10)^2(20)}$$

$$=72.77\,\text{mm}$$

25 mm　20 mm
200 mm
側面視圖

40 mm　20 mm
尾端視圖

這些部件形心的 z 座標值都為零除了 $\bar{z}_4 = 30 \text{ mm}$。所以此複合體積形心的 z 座標值為

$$\bar{z} = \frac{\bar{z}_4 V_4}{V_1 + V_2 + V_3 + V_4 + V_5}$$

$$= \frac{30[\pi(25)^2(40)]}{\frac{\pi(25)^2}{2}(20) + (200)(50)(20) + \frac{\pi(25)^2}{2}(20) + \pi(25)^2(40) - \pi(10)^2(20)}$$

$$= 7.56 \text{ mm}$$

由於對稱性，$\bar{y} = 0$。

重要提示

你可以認出此範例中的體積為一機械裝置的零件。許多機械製造零件的體積由簡單體積所組成，而在此範例中所使用的方法可以用來決定其形心，若他們為均質時，亦是其質心。

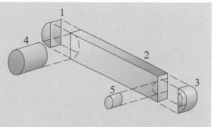

(a) 將直線部分割分成三塊

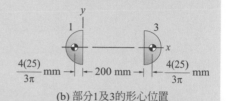

(b) 部分1及3的形心位置

範例 7.13　　一複合線段的形心（▶ 相關習題 7.81）

試決定此線段的形心。此四分之一圓弧位於 y-z 平面中。

方略

我們必須將此線段分成小線段長度(在此案例中此四分之一圓弧以及兩個直線線段)，試決定這些部件的形心，並利用公式(7.18)。

解答

選擇小區域　此線段包含一四分之一圓弧以及兩條直線線段，我們分別稱部件 1、2，與 3(圖 a)。

決定關於這些小區域的值　從附錄 B 所示，此四分之一圓弧形心的座標值為 $\bar{x}_1 = 0$，$\bar{y}_1 = \bar{z}_1 = 2(2)/\pi \text{ m}$。直線線段的形心位於其中點。關於線段 2，$\bar{x}_2 = 2 \text{ m}$，$\bar{y}_2 = 0$，而 $\bar{z}_2 = 2 \text{ m}$，以及關於線段 3，$\bar{x}_3 = 2 \text{ m}$，$\bar{y}_3 = 1 \text{ m}$，且 $\bar{z}_3 = 1 \text{ m}$。此線段 3 的長度為 $L_3 = \sqrt{(4)^2 + (2)^2 + (2)^2} = 4.90 \text{ m}$。此資訊摘錄於表中。

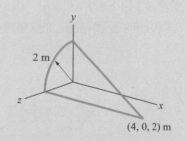

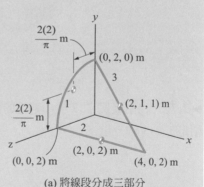

(a) 將線段分成三部分

決定形心之資訊

	$\bar{x}_i$ (m)	$\bar{y}_i$ (m)	$\bar{z}_i$ (m)	L_i (m)
部件 1	0	$2(2)/\pi$	$2(2)/\pi$	$\pi(2)/2$
部件 2	2	0	2	4
部件 3	2	1	1	4.90

計算形心　複合線段形心的座標值爲

$$\bar{x} = \frac{\bar{x}_1 L_1 + \bar{x}_2 L_2 + \bar{x}_3 L_3}{L_1 + L_2 + L_3} = \frac{0 + (2)(4) + (2)(4.90)}{\pi + 4 + 4.90} = 1.478 \text{ m}$$

$$\bar{y} = \frac{\bar{y}_1 L_1 + \bar{y}_2 L_2 + \bar{y}_3 L_3}{L_1 + L_2 + L_3} = \frac{[2(2)/\pi][\pi(2)/2] + 0 + (1)(4.90)}{\pi + 4 + 4.90} = 0.739 \text{ m}$$

$$\bar{z} = \frac{\bar{z}_1 L_1 + \bar{z}_2 L_2 + \bar{z}_3 L_3}{L_1 + L_2 + L_3} = \frac{[2(2)/\pi][\pi(2)/2] + (2)(4) + (1)(4.90)}{\pi + 4 + 4.90} = 1.404 \text{ m}$$

重要提示

你可能想要知道一線段之形心(平均位置)的原因爲何？在 7.7 節中我們顯示一細長均質棒的質心，此棒的質量可以用作用在該點的等效作用力來表示，位在近似於此棒的形心處。

習題

▶7.71　在觀念範例 7.11 中，假設該圓柱爲中空且內徑爲 R/2 如下所示。若尺寸 R = 6 m、h = 12 cm，且 b = 10 cm，此體積形心的 x 軸座標值爲何？

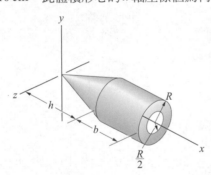

習題 7.71

▶7.72　利用範例 7.12 中所描述的程序來決定此體積形心的 x 軸分量。

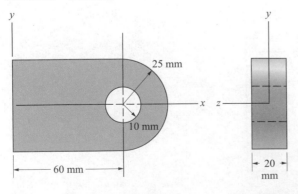

習題 7.72

對於習題 7.73 至 7.78，試決定體積的形心。

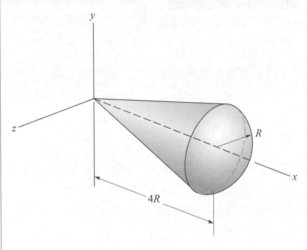

習題 7.73

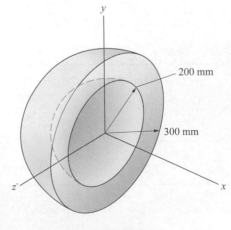

習題 7.74

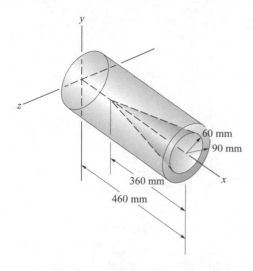

習題 7.75

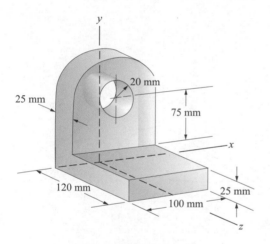

習題 7.76

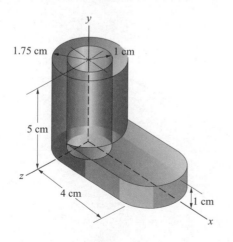

習題 7.77

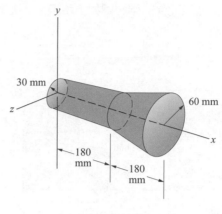

習題 7.78

7.79　雙子座太空船(Gemini spacecraft)的尺寸(單位為公尺)為 $a=0.70$、$b=0.88$、$c=0.74$、$d=0.98$、$e=1.82$、$f=2.20$、$g=2.24$，且 $h=2.98$。試決定其體積的形心。

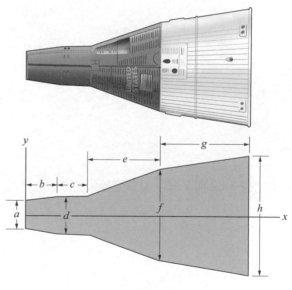

習題 7.79

7.80　一機械元件的兩視圖如下所示。試決定其體積的形心。

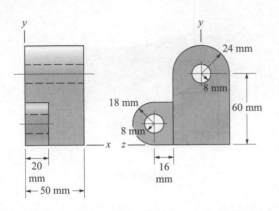

習題 7.80

▶7.81　在範例 7.13 中，假設該圓弧由一直線段所取代如下所示。試決定此三段直線的形心。

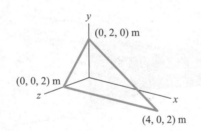

習題 7.81

對於習題 7.82 與 7.83，試決定線段的形心。

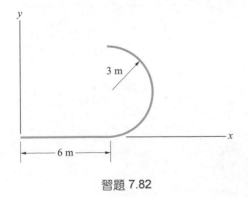

習題 7.82

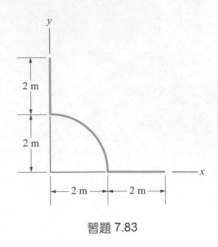

習題 7.83

7.84　此線段的半圓形部分位在 x-z 平面中。試決定此線段的形心。

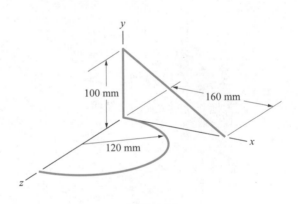

習題 7.84

7.85　試決定此線段的形心。

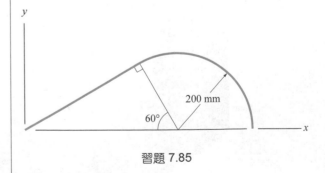

習題 7.85

7.6　巴柏－古丁諾定理

背景概念

在本節中我們討論兩個簡單且有用的定理，該定理建立線段與面積形心，及其所產生之旋轉表面與體積之間的關係。

第一定理

考慮在 *x-y* 平面中與 *x* 軸不相交的一線段 *L*(圖 7.12a)。令此線段形心的座標值為 $(\bar{x}, \bar{y})$。我們可以將此線段繞 *x* 軸轉一圈來產生一個表面(圖 7.12b)。當該線段繞 *x* 軸一圈時，該線段的形心以半徑 $\bar{y}$ 的圓形軌跡移動。

第一個巴伯－古丁諾定理說明，繞一周所構成的表面區域面積等於，該線段之形心繞該軸一周之半徑長度與該線段長度的乘積：

$$A = 2\pi\bar{y}L \tag{7.19}$$

為證明此結果，我們觀察當該線段繞 *x* 軸一周時，由線段之片段長度 *dL* 所產生的區域面積 *dA* 為 $dA = 2\pi y\, dL$，其中 *y* 是片段長度 *dL* 的 *y* 軸座標值(圖 7.12c)。因此，該繞一周之表面的總面積為

$$A = 2\pi \int_L y\, dL \tag{7.20}$$

從該線段形心 *y* 軸座標值的定義，

$$\bar{y} = \frac{\int_L y\, dL}{\int_L dL}$$

我們得到

$$\int_L y\, dL = \bar{y}L$$

將此結果代入公式(7.20)中，我們得到公式(7.19)。

第二定理

考慮一在 *x-y* 平面中不與 *x* 軸相交的區域面積 *A*(圖 7.13a)。令該區域面積形心的座標值為 $(\bar{x}, \bar{y})$。我們可以藉由將該區域面積繞 *x* 軸一周以產生一體積(圖 7.13b)。當該區域面積繞 *x* 軸一周時，該區域面積的形心以半徑長度 $2\pi\bar{y}$ 的圓形軌跡移動。

第二個巴伯－古丁諾定理說明，該繞一周之體積 *V* 等於，該區域面積形心繞一周之半徑距離與該區域面積的乘積：

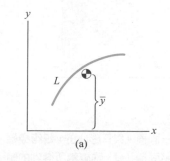

(a)

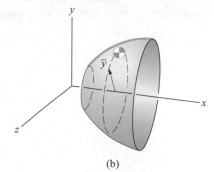

(b)

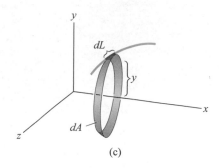

(c)

圖 7.12

(a)一線條 *L* 與其形心的 *y* 軸座標值

(b)將線條 *L* 繞 *x* 軸旋轉所得到的表面，以及該線條形心的路徑

(c)此線條的元件 *dL* 以及其所產生的面積元件 *dA*

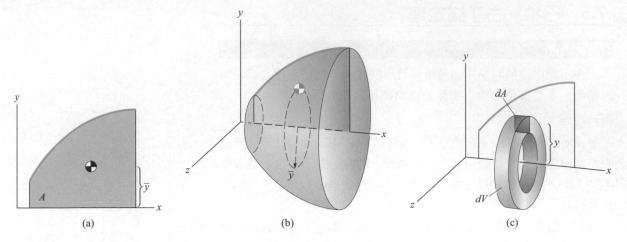

圖 7.13
(a)一面積A與其形心的y軸座標值
(b)將面積A繞x軸旋轉所得到的體積,以及該面積形心的路徑
(c)此面積的元件dA以及其所產生的體積元件dV

$$V = 2\pi\bar{y}A \qquad\qquad (7.21)$$

當該區域面積繞x軸一周時,由該區域片段面積dA所產生的體積
dV為$dV = 2\pi ydA$,其中y為片段面積dA的y軸座標值(圖7.13c)。因
此,總體積為

$$V = 2\pi \int_A ydA \qquad\qquad (7.22)$$

從該區域面積形心y軸座標值的定義,

$$\bar{y} = \frac{\int_A ydA}{\int_A dA}$$

我們得到

$$\int_A ydA = \bar{y}A$$

將此結果代入公式(7.22)中,我們得到公式(7.21)。

結論

第一巴伯−古丁諾定理

線條 L 位於 x–y 平面中。L 形心的 y 軸座標值爲 $\overline{y}$

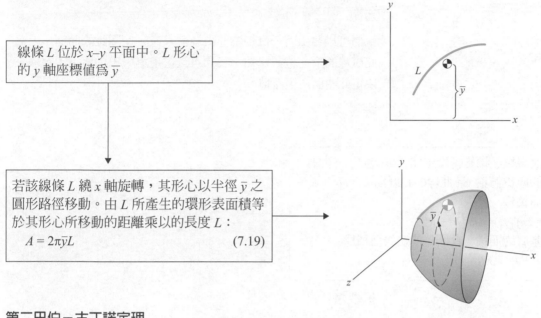

若該線條 L 繞 x 軸旋轉,其形心以半徑 $\overline{y}$ 之圓形路徑移動。由 L 所產生的環形表面積等於其形心所移動的距離乘以的長度 L:

$$A = 2\pi\overline{y}L \tag{7.19}$$

第二巴伯−古丁諾定理

面積 A 位於 x–y 平面。A 形心的 y 軸座標值爲 $\overline{y}$

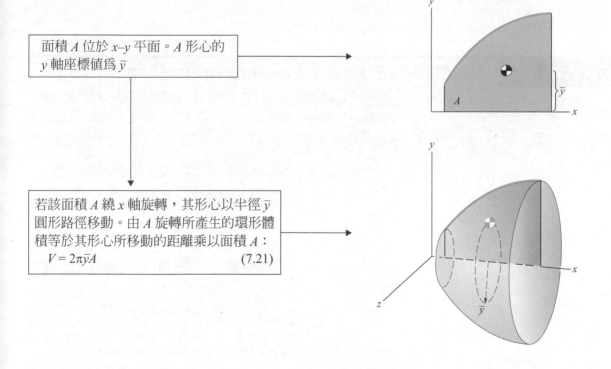

若該面積 A 繞 x 軸旋轉,其形心以半徑 $\overline{y}$ 圓形路徑移動。由 A 旋轉所產生的環形體積等於其形心所移動的距離乘以面積 A:

$$V = 2\pi\overline{y}A \tag{7.21}$$

觀念範例 7.14　**巴伯－古丁諾定理**(▶ 相關習題 7.86)

利用第一巴伯與古丁定理來決定此圓錐的表面積。

方略

我們可以藉由將一直線繞一軸旋轉來產生此圓錐的曲面。因為此直線的形心位置已知，我們可以使用第一巴伯與古丁定理來決定此曲面之表面積。

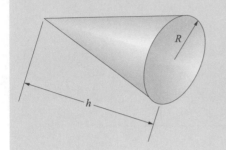

解答

將此直線繞 x 軸旋轉產生此圓錐的曲面。此線形心的座標值為 y。此線的長度為 $L=\sqrt{h^2+R^2}$。此曲面積為

$$A = 2\pi \bar{y}_L L = \pi R\sqrt{h^2+R^2}$$

加上基底的面積，此圓錐的總表面積為

$\pi R\sqrt{h^2+R^2}+\pi R^2$

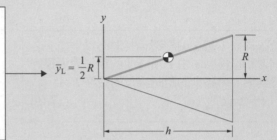

練習題

利用第二巴伯與古丁定理來決定此圓錐的體積。

答案：$V = \dfrac{1}{3}\pi h R^2$。

範例 7.15　**試以巴伯－古丁諾定理來決定一形心**(▶ 相關習題 7.88)

一半徑 R 之球體的周長為 $2\pi R$ 而其表面積為 $4\pi R^2$。利用此資訊來決定一半圓形線的形心。

方略

將一半圓形線繞一軸旋轉產生一球體面積。知道此區域面積，我們可以使用第一巴伯與古丁定理來決定此產生線段的形心。

解答

半圓形線段的長度為 $L=\pi R$，而 $\bar{y}_L$ 為此形心的 y 軸座標值。繞 x 軸旋轉此線段產生一球面。此第一巴伯與古丁定理說明此球體的表面積為

$$(2\pi\bar{y}_L)L = 2\pi^2 R\bar{y}_L$$

藉由將此表示式等同於此表面積 $4\pi R^2$，我們得到 $\bar{y}_L$：

$$\bar{y}_L = \frac{2R}{\pi}$$

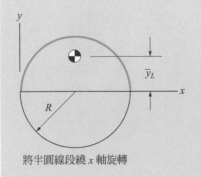

將半圓線段繞 x 軸旋轉

重要提示

若你可以由巴伯與古丁定理來得到一個結果，你通常都將比其
他的方式還要省時間與精力。比較此範例與範例 7.10，其中我
們使用積分來求一半圓形線段的形心。

習題

▶7.86　利用觀念範例 7.14 中所描述的方法來決定
此截頭圓錐表面彎曲部分的面積。

7.87　利用第二巴伯與古丁定理來決定此截頭圓錐
的體積。

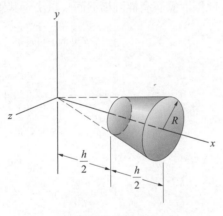

習題 7.86/7.87

▶7.88　此深色半圓形的面積爲 $\frac{1}{2}\pi R^2$。一球體的
體積爲 $\frac{4}{3}\pi R^3$。延伸在範例 7.15 中所描述的程序到
第二巴伯與古丁定理並決定此半圓區域面積的形心
$\bar{y}_S$。

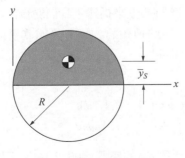

習題 7.88

7.89　利用第二巴伯與古丁定理來決定由繞 y 軸旋
轉之曲線所產生的體積。

7.90　此曲線的長度爲 $L = 1.479$，且繞 x 軸旋轉此
曲線所產生的面積爲 $A = 3.810$。利用第一巴伯與古
丁定理來決定此曲線形心的 y 軸座標值。

7.91　利用第一巴伯與古丁定理來決定由繞 y 軸旋
轉之曲線所產生的表面之面積。

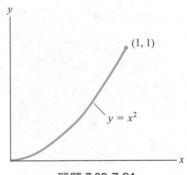

習題 7.89-7.91

7.92　一大型火箭引擎的噴嘴被設計爲一函數
$y = \frac{2}{3}(x-1)^{3/2}$ 繞 y 軸旋轉所產生。利用第一巴伯與
古丁定理來決定此噴嘴的表面積。

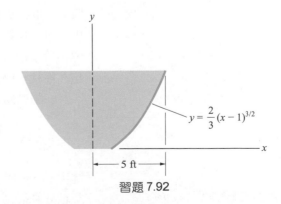

習題 7.92

7.93 此線段形心的座標值爲 $\bar{x} = 332$ mm 與 $\bar{y} = 118$ mm。利用第一巴伯與古丁定理來決定由此線段繞 x 軸旋轉所得到的環形表面積。

7.94 介於 x 軸與該線段之間面積形心之座標軸爲 $\bar{x} = 355$ mm 與 $\bar{y} = 78.4$ mm。利用第巴伯與古丁定理來決定由此面積繞 x 軸旋轉所得到的體積。

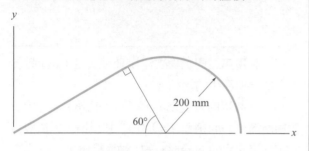

習題 7.93/7.94

7.95 此旋轉體積包含一半徑 R 的洞。
(a)使用積分方式來決定其體積。
(b)利用第二巴伯與古丁定理來決定其體積。

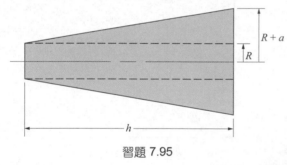

習題 7.95

7.96 試決定此圓環體之體積。
7.97 試決定此圓環體的表面積。

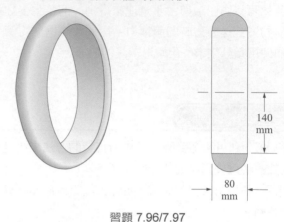

習題 7.96/7.97

7.98 此環形體具有橢圓橫截面。試決定其體積。

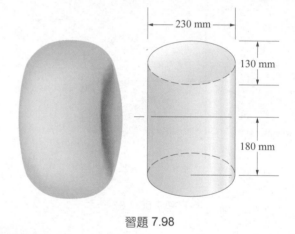

習題 7.98

7.7 物體的質心

背景概念

　　一物體的**質心**爲其質量的形心，或平均位置。在此我們給予此質心一解析定義並且說明其最重要的性質之一：**一物體的重量可以由一單一等效作用力作用在該質心上來描述**。我們隨後討論如何定位出質心的位置，並且針對特殊種類的物體，證明其質心與一體積、面積，或線段的形心是相同的。

　　一物體的質心定義爲

$$\bar{x} = \frac{\int_m x\,dm}{\int_m dm} \ , \quad \bar{y} = \frac{\int_m y\,dm}{\int_m dm} \ , \quad \bar{z} = \frac{\int_m z\,dm}{\int_m dm} \tag{7.23}$$

其中 x、y，與 z 爲質量微分片段 dm 的座標值(圖 7.14)。下標 m 意指該積分必須包含該物體的整個質量。

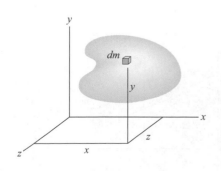

圖 7.14
一物體與微分質量片段 dm。

在考慮如何決定一物體的質心之前，我們將要來說明一物體的重量可以由一單一等效作用力作用在其質心上來描述。考慮一物體的質量片段 dm(圖 7.15a)。若此座標系統的 y 軸箭頭指向上，dm 的重量爲 $-dmg\mathbf{j}$。將此表示式對該質量 m 作積分，我們得到該物體的總重量，

$$\int_m -g\mathbf{j}\,dm = -mg\mathbf{j} = -W\mathbf{j}$$

該片段 dm 之重量對原點的力矩爲

$$(x\mathbf{i}+y\mathbf{j}+z\mathbf{k})\times(-dmg\mathbf{j}) = gz i\,dm - gx\mathbf{k}\,dm$$

將此表示式對 m 作積分，我們得到該物體重量對原點的總力矩：

$$\int_m (gz i\,dm - gx\mathbf{k}\,dm) = mg\bar{z}\mathbf{i} - mg\bar{x}\mathbf{k} = W\bar{z}\mathbf{i} - W\bar{x}\mathbf{k}$$

若我們將一物體的重量由作用在質心上的作用力 $-W\mathbf{j}$ 來表示(圖 7.15b)，該作用力對原點的力矩等於由於該重量所造成的總力矩：

$$(\bar{x}\mathbf{i}+\bar{y}\mathbf{j}+\bar{z}\mathbf{k})\times(-W\mathbf{j}) = W\bar{z}\mathbf{i} - W\bar{x}\mathbf{k}$$

此結果顯示當我們只考量由一物體重量所施加的總作用力以及總力矩，我們可以假設該重量作用在該質心處。

將公式(7.23)應用在特別的物體時，我們將藉由引進**密度**來將該積分變數從質量改變爲體積。一物體的密度 ρ 被定義使得該物體體積之一微分片段 dV 之質量爲 $dm = \rho dV$。ρ 的因次遂爲(質量／體積)。例如，它以公制來表示時可以表示爲 kg/m^3，或者以英制表示式時表示爲 $slug/ft^3$。一物體的總質量爲

$$m = \int_m dm = \int_V \rho\,dV \tag{7.24}$$

一物體之密度，若在其整個體積上都是相同的，則被稱爲**同質的** (*homogeneous*)。在此案例中，總質量等於密度與體積的乘積：

$$m = \rho \int_V dV = \rho V \quad \text{同質物體} \tag{7.25}$$

該**重量密度**被定義爲 $\gamma = g\rho$。它在公制中可以表示爲 N/m^3，或在英制中表示爲 lb/ft^3。一物體體積片段 dV 的重量 $dW = \gamma dV$，而一同質物體的總重量等於 γV。

將 $dm = \rho dV$ 代入公式(7.23)中，我們可以將質心的座標值以體積積分形式來表示如下：

$$\bar{x} = \frac{\int_V \rho x\,dV}{\int_V \rho\,dV} \;,\quad \bar{y} = \frac{\int_V \rho y\,dV}{\int_V \rho\,dV} \;,\quad \bar{z} = \frac{\int_V \rho z\,dV}{\int_V \rho\,dV} \tag{7.26}$$

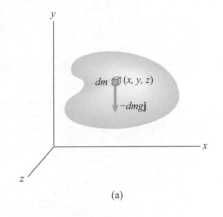

(a)

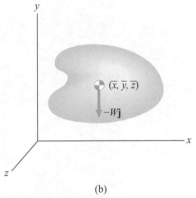

(b)

圖 7.15
(a) 元件 dm 的重量
(b) 將此重量以作用在質心處的單一作用力來表示

若 ρ 已知爲一物體中位置的函數,這些表示式決定其質心。再者,我們可以使用這些表示式來證明此特殊種類物體的質心與體積、面積,與線段的形心相同:

- **均質物體的質心與其體積的形心相同。** 若一物體爲均質的,則 ρ = 定值且公式(7.26)變成關於體積形心的方程式,

$$\bar{x} = \frac{\int_V x\,dV}{\int_V dV} \quad , \quad \bar{y} = \frac{\int_V y\,dV}{\int_V dV} \quad , \quad \bar{z} = \frac{\int_V z\,dV}{\int_V dV}$$

- **均質均勻厚度盤面的質心與其橫斷面區域面積的形心相同**(圖 7.16)。該盤面的質心與其體積的形心相同,且在 7.4 節中證實該均勻厚度圓盤體積的形心與其橫斷面區域面積的形心相同。

- **均質均勻橫斷面之細長桿件的質心近似於該桿件形心**(圖 7.17a)。該桿件的軸被定義爲通過其橫斷面形心的線條。令 $dm = \rho A\,dL$,其中 A 爲該桿件橫斷面面積而 dL 爲其軸長度的微分片段(圖 7.17b)。若我們將此表示式代入公式(7.26),它們變成關於此軸形心的方程式:

$$\bar{x} = \frac{\int_L x\,dL}{\int_L dL} \quad , \quad \bar{y} = \frac{\int_L y\,dL}{\int_L dL} \quad , \quad \bar{z} = \frac{\int_L z\,dL}{\int_L dL}$$

此結果是近似的,因爲該片段質量 dm 的質心不等同於桿件彎曲區域中橫斷面的形心。

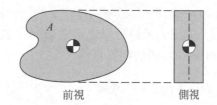

前視   側視

圖 7.16
一均勻厚度平板

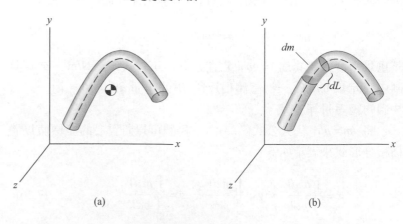

圖 7.17
(a)一細長桿件以及其軸的形心
(b)單位元件 dm

(a)   (b)

結論

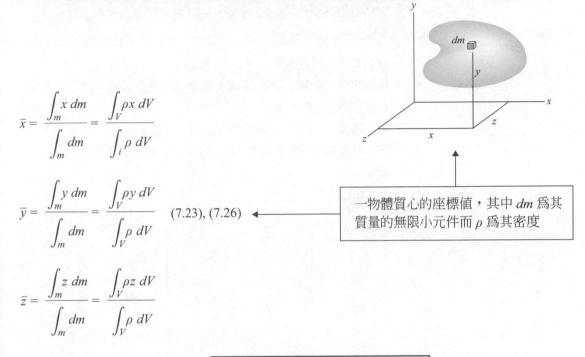

$$\bar{x} = \frac{\int_m x\, dm}{\int_m dm} = \frac{\int_V \rho x\, dV}{\int_i \rho\, dV}$$

$$\bar{y} = \frac{\int_m y\, dm}{\int_m dm} = \frac{\int_V \rho y\, dV}{\int_V \rho\, dV}$$

$$\bar{z} = \frac{\int_m z\, dm}{\int_m dm} = \frac{\int_V \rho z\, dV}{\int_V \rho\, dV}$$

(7.23), (7.26)

一物體質心的座標值，其中 *dm* 為其質量的無限小元件而 ρ 為其密度

若一物體的密度 ρ 是定值或均勻，則**該物體為均質的。一均質物體的質心與其體積的形心相同**

均質均勻厚度盤面 *A* 的質心與其橫斷面區域面積的形心相同

前視　　側視

均質均勻橫斷面之細長桿件的質心近似於該桿件形心

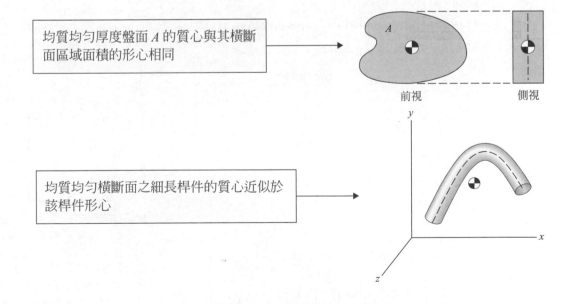

觀念範例 7.16　描繪 L-型棒的質量(▶ 相關習題 7.99)

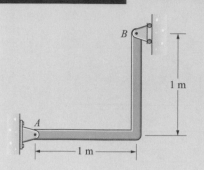

一均質細長桿的質量為 80 kg。在 A 與 B 點處的作用力為何？

方略

我們可以用兩種方式來決定此作用力。

第一方法　藉由描述此桿個別直條桿件質量透過一作用力作用在個別桿件上的質心。

第二方法　藉由決定整個桿件的質心，該質心位於其軸的質心處，並透過作用在其質心上的一作用力來描述整個桿件的質量。

解答

第一方法

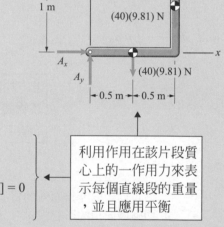

$$\Sigma F_x = A_x - B = 0$$
$$\Sigma F_y = A_y - (40)(9.81)\,\text{N} - (40)(9.81)\,\text{N} = 0$$
$$\Sigma M_{\text{point } A} = (1\,\text{m})B - (1\,\text{m})[(40)(9.81)\,\text{N}] - (0.5\,\text{m})[(40)(9.81)\,\text{N}] = 0$$

解得 $A_x = 589$ N, $A_y = 785$ N, 及 $B = 589$ N

利用作用在該片段質心上的一作用力來表示每個直線段的重量，並且應用平衡

第二方法

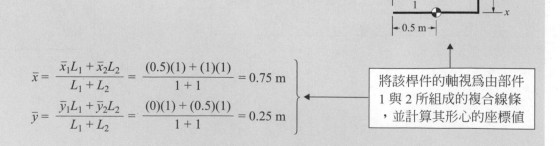

$$\bar{x} = \frac{\bar{x}_1 L_1 + \bar{x}_2 L_2}{L_1 + L_2} = \frac{(0.5)(1) + (1)(1)}{1 + 1} = 0.75\,\text{m}$$

$$\bar{y} = \frac{\bar{y}_1 L_1 + \bar{y}_2 L_2}{L_1 + L_2} = \frac{(0)(1) + (0.5)(1)}{1 + 1} = 0.25\,\text{m}$$

將該桿件的軸視為由部件 1 與 2 所組成的複合線條，並計算其形心的座標值

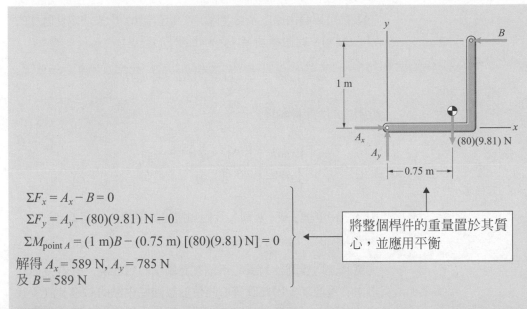

$$\Sigma F_x = A_x - B = 0$$

$$\Sigma F_y = A_y - (80)(9.81)\,\text{N} = 0$$

$$\Sigma M_{\text{point } A} = (1\,\text{m})B - (0.75\,\text{m})\,[(80)(9.81)\,\text{N}] = 0$$

解得 $A_x = 589\,\text{N}$, $A_y = 785\,\text{N}$

及 $B = 589\,\text{N}$

將整個桿件的重量置於其質心，並應用平衡

練習題

此均質圓桿的質量為 80 kg。作用在 A 與 B 點處的作用力為何？

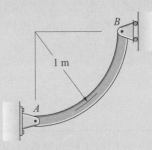

答案：$A_x = 500\,\text{N}$，$A_y = 785\,\text{N}$，$B = 500\,\text{N}$。

範例 7.17　　**非均勻密度之圓柱**(▶ 相關習題 7.105)

若(a)此圓柱為均質的密度 ρ_0，(b)此圓柱密度如方程式 $\rho = \rho_0(1 + x/L)$ 所給定，試決定其質量以及其質心位置。

方略

在(a)中，此圓柱的質量簡單地為其密度與其體積的乘積而其質心位於其體積形心處。在(b)中，該圓柱為非均質且我們必須利用公式(7.24)與(7.26)來決定其質量與質心。

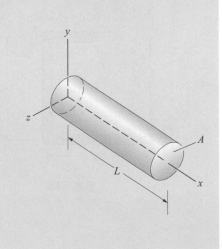

解答

(a)此圓柱的體積為 LA，因此其質量為 $\rho_0 LA$。由於此質心與圓柱體積的形心相同，此質心的座標值為 $\bar{x} = \dfrac{1}{2}L$，$\bar{y} = 0$，$\bar{z} = 0$。

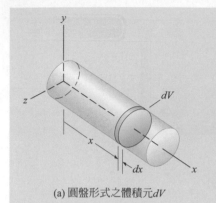

(a) 圓盤形式之體積元 dV

(b)我們可以藉由厚度 dx 之圓盤中的單位體積 dV 來決定此圓柱的質心(圖 a)。此體積 $dV = Adx$。此圓柱的質量為

$$m = \int_v \rho \, dV = \int_0^L \rho_0 \left(1 + \frac{x}{L} \right) A \, dx = \frac{3}{2} \rho_0 AL$$

此質心的 x 座標軸為

$$\bar{x} = \frac{\int_v x \rho \, dV}{\int_v \rho \, dV} = \frac{\int_0^L \rho_0 \left(x + \frac{x^2}{L} \right) A \, dx}{\frac{3}{2} \rho_0 AL} = \frac{5}{9} L$$

因為該密度與 y 或 z 無關,我們知道從對稱性 $\bar{y} = 0$ 且 $\bar{z} = 0$。

重要提示

注意此非均質圓柱的質心不位在其體積的質心處。其密度從左邊向右邊增加,因此該質心將位於該圓柱中點的右邊。許多我們在工程上所處理的物體都不是均質的,但是一物體的密度如本範例中在其體積呈現連續變化卻不常見。更常見的是由許多不同密度的零件所組成的物體(複合的),因為他們由不同材料所組成。個別零件本身幾乎都是均質的。我們討論試決定類似下節中之複合物體的質心。

習題

▶7.99　假設在觀念範例 7.16 中的桿件用此 100-kg 的均質桿件所取代。(a)此桿件質心的 x 軸座標值為何?(b)試決定在 A 與 B 處的作用力。

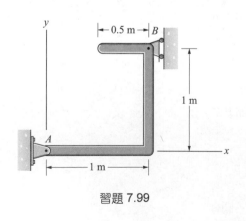

習題 7.99

7.100　此均質平板的質量為 50 kg。試決定在支撐處 A 與 B 的作用力。

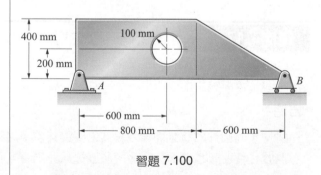

習題 7.100

7.101　此懸掛的招牌爲一質量 130 kg 的均質平板。試決定在部件 AD 與 CE 中的軸作用力。(注意 y 軸向下爲正。)

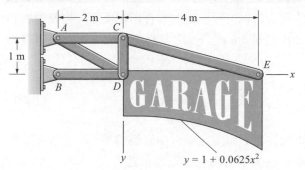

$y = 1 + 0.0625x^2$

習題 7.101

7.102　此桿件具有質量 80 kg。在 A 與 B 處的作用力爲何？

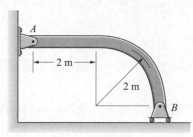

習題 7.102

7.103　單位長度的桿件質量爲 2 kg/m。試選擇 b 的尺寸以使得此懸吊桿件的 BC 部分爲水平的。b 的尺寸爲何，且在此桿件上 A 處得到的作用力爲何？

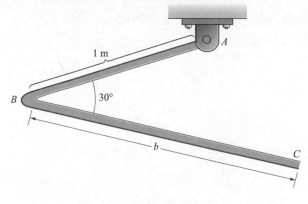

習題 7.103

7.104　此均質細長桿件的半圓型部分位於 x-z 平面中。試決定此桿件的質心。

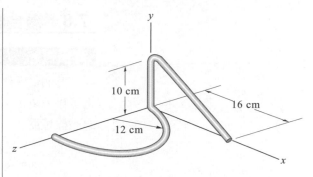

習題 7.104

▶7.105　此圓錐的密度由公式 $\rho = \rho_0(1 + x/h)$ 所給定，其中 ρ_0 爲一常數。利用範例 7.17 中所描述的程序來證明此圓錐質量爲 $m = (7/4)\rho_0 V$，其中 V 爲該圓錐的體積，而該圓錐質心的 x 軸座標值爲 $\bar{x} = (27/35)h$。

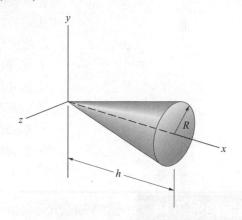

習題 7.105

7.106　一個長度 800-mm 且半徑 200-mm 的水平圓錐在 A 點處有一個固定支撐。水平圓錐的密度爲 $\rho = 6000(1 + 0.4x^2)\,\text{kg/m}^3$，其中 x 單位爲公尺。在 A 點處的作用力爲何？

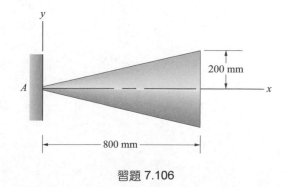

習題 7.106

7.8　複合物體的質心

背景概念

　　若個別零件的質心已知時，由這些零件所組成之一物體的質心也可以被決定。一由質量 m_1, m_2, …, 之零件所組成之複合物體質心的座標值為

$$\bar{x} = \frac{\sum_i \bar{x}_i m_i}{\sum_i m_i} \;,\; \bar{y} = \frac{\sum_i \bar{y}_i m_i}{\sum_i m_i} \;,\; \bar{z} = \frac{\sum_i \bar{z}_i m_i}{\sum_i m_i} \tag{7.27}$$

其中 $\bar{x}_i, \bar{y}_i, \bar{z}_i$ 其個別零件質心的座標值。由於個別零件的重量與其質量有 $W_i = gm_i$ 的關係，公式(7.27)也可以表示為

$$\bar{x} = \frac{\sum_i \bar{x}_i W_i}{\sum_i W_i} \;,\; \bar{y} = \frac{\sum_i \bar{y}_i W_i}{\sum_i W_i} \;,\; \bar{z} = \frac{\sum_i \bar{z}_i W_i}{\sum_i W_i} \tag{7.28}$$

當組成一複合物體之零件的質量或重量以及質心已知時，這些方程式決定其質心。

　　欲決定一複合物體的質心需要三個步驟：

1. **選擇小區域**：試著將此物體分割成一些質心你知道或容易計算的小區域。
2. **決定關於這些小區域的值**：決定每個小區域的質心以及其個別的質量或重量。尋找對稱的例子以簡化你的工作。
3. **計算質心**：利用公式(7.27)或(7.28)來決定此複合物體的質心。

觀念範例 7.18　　**複合物體的質心**(▶ 相關習題 7.107)

　　此 L-型機械零件由兩個均質桿件組成。桿件 1 為密度 14,000 kg/m³ 的鎢合金。桿件 2 為密度 7800 kg/m³ 的鋼。試決定此機械零件質心的座標值。

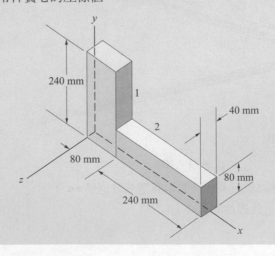

方略

可以決定每個均質桿件的質量與質心座標值並利用公式 $(7.27)_1$。

解答

桿件 1 之質量

$V_1 = (80 \text{ mm})(240 \text{ mm})(40 \text{ mm})$

$= 7.68 \times 10^5 \text{ mm}^3$

$= 7.68 \times 10^{-4} \text{ m}^3$

故其質量為

$m_1 = \rho_1 V_1$

$= (14{,}000 \text{ kg/m}^3)(7.68 \ 3 \ 10^{-4} \text{ m}^3)$

$= 10.8 \text{ kg}$

> 桿件 1 之質量

質心與桿件的體積形心重合，故

$\bar{x}_1 = \dfrac{1}{2}(80 \text{ mm}) = 40 \text{ mm}$

> 桿件 1 之質心

桿件 2 之體積同桿件 1，所以桿件 2 之質量為

$m_2 = \rho_2 V_2$

$= (7800 \text{ kg/m}^3)(7.68 \times 10^{-4} \text{ m}^3)$

$= 5.99 \text{ kg}$

> 桿件 2 之質量

桿件 2 之體積形心的 x 座標為

$\bar{x}_2 = 80 \text{ mm} + \dfrac{1}{2}(240 \text{ mm}) = 200 \text{ mm}$

> 桿件 2 之質心

$\bar{x} = \dfrac{\bar{x}_1 m_1 + \bar{x}_2 m_2}{m_1 + m_2}$

$= \dfrac{(40 \text{ mm})(10.8 \text{ kg}) + (200 \text{ mm})(5.99 \text{ kg})}{10.8 \text{ kg} + 5.99 \text{ kg}}$

$= 97.2 \text{ mm}$

> 應用式 $(7.27)_1$

練習題

試決定此 L-型機械零件的 y 軸座標值。

答案：$\bar{y} = 91.4 \text{ mm}$。

範例 7.19　**複合物體的質心**(▶ 相關習題 7.109)

此複合物體包含有一桿件焊接在一圓柱上。此均質桿件為鋁材 (重量密度 27 kN/m³)，而均質圓柱為青銅 (重量密度 85 kN/m³)。試決定此物體的質心。

側視圖

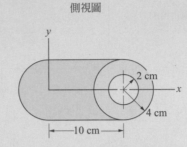

前視圖

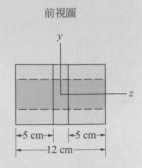

方略

我們可以藉由體積乘以密度來決定每個均質零件的重量。我們也知道每個零件的質心與其體積的形心相同。該圓柱的形心位於其中心，但是我們必須藉由將桿件事為一複合體積來決定其質心的位置。

解答

此圓柱的體積為

$$V_{cylinder} = (12\,cm)[\pi(4\,cm)^2 - \pi(2\,cm)^2]$$
$$= 452\,cm^3 = 4.52 \times 10^{-4}\,m^3$$

因此其重量為

$$W_{cylinder} = (4.52 \times 10^{-4}\,m^3) = 0.0384\,kN$$

其質心的 x 軸座標值為 $\bar{x}_{cylinder} = 10\,cm$。該桿件的體積為

$$V_{bar} = (10\,cm)(8\,cm)(2\,cm) + \frac{1}{2}\pi(4\,cm)^2(2\,cm) - \frac{1}{2}\pi(4\,cm)^2(2\,cm)$$
$$= 160\,cm^3 = 1.6 \times 10^{-4}\,m^3$$

且其質量為

$$W_{bar} = (1.6 \times 10^{-4}\,m^3)(27\,kN/m^3) = 4.43 \times 10^{-3}\,kN$$

我們可以藉由將此桿件視為三個小部件的複合體積而決定其體積形心(圖 a)。零件 3 為一半圓形「切除區域」。部件 1 與半圓形切除區域 3 的形心都位在他們半圓形截面積的形心處(圖 b)。利用於表中所摘要的資訊，我們有

$$\bar{x}_{\text{bar}} = \frac{\bar{x}_1 V_1 + \bar{x}_2 V_2 + \bar{x}_3 V_3}{V_1 + V_2 + V_3}$$

$$= \frac{-\dfrac{4(4)}{3\pi}\left[\dfrac{1}{2}\pi(4)^2(2)\right] + 5[(10)(8)(2)] - \left[10 - \dfrac{4(4)}{3\pi}\right]\left[\dfrac{1}{2}\pi(4)^2(2)\right]}{\dfrac{1}{2}\pi(4)^2(2) + (10)(8)(2) - \dfrac{1}{2}\pi(4)^2(2)}$$

$$= 1.86 \text{ cm}$$

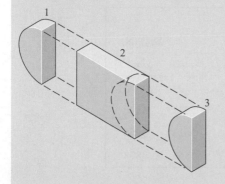

(a) 將此桿件分成三個部件

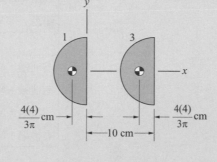

(b) 兩個半圓形部件的形心

決定桿件的形心 x 座標所需資訊

	$\bar{x}_i$ (in)	V_i (in^3)	$\bar{x}_i V_i$ (in^4)
部件 1	$-\dfrac{4(4)}{3\pi}$	$\dfrac{1}{2}\pi(4)^2(2)$	$-\dfrac{4(4)}{3\pi}\left[\dfrac{1}{2}\pi(4)^2(2)\right]$
部件 2	5	$(10)(8)(2)$	$5[(10)(8)(2)]$
部件 3	$10 - \dfrac{4(4)}{3\pi}$	$-\dfrac{1}{2}\pi(4)^2(2)$	$-\left[10 - \dfrac{4(4)}{3\pi}\right]\left[\dfrac{1}{2}\pi(4)^2(2)\right]$

所以，該複合物體質心的 x 軸座標值為

$$\bar{x} = \frac{\bar{x}_{\text{bar}} W_{\text{bar}} + \bar{x}_{\text{cylinder}} W_{\text{cylinder}}}{W_{\text{bar}} + W_{\text{cylinder}}}$$

$$= \frac{(1.86 \text{ cm})(4.43 \times 10^{-4} \text{ kN}) + (10 \text{ cm})(0.0384 \text{ kN})}{(4.43 \times 10^{-4} \text{ kN}) + (0.0384 \text{ kN})}$$

$$= 9.91 \text{ cm}$$

因為該桿件的對稱性，其質心的 y 與 z 軸座標值位於 $\bar{y}=0$ 與 $\bar{z}=0$。

重要提示

於此範例中的複合物體不為均質的，這意味著我們不能假設其質心等於其體積的形心。但是該桿件與圓柱個別是均質的，所以我們可以藉由求其個別之體積的形心來決定其個別的質心。本範例中主要的挑戰為決定該帶有半圓型端點與半圓形切除區域之桿件體積的形心。

範例 7.20 　載具的質心(▶ 相關習題 7.115、7.116)

一輛車置於一量測每個輪胎單獨被施加之正向力的平台。量測時分別讓該平台保持 $\alpha = 15°$ 及水平，如表中所示。試決定此車輛質心的位置。

輪胎產生之正向力量測

軸距 = 2.82 m		
輪距 = 1.55 m	所測載重(N)	
	$\alpha = 0$	$\alpha = 15°$
左前輪，N_{LF}	5104	4463
右前輪，N_{RF}	5027	4396
左後輪，N_{LR}	3613	3956
右後輪，N_{RR}	3559	3898

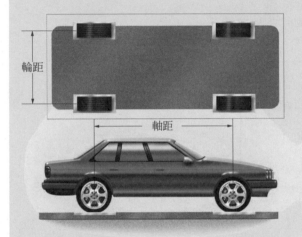

方略

所給定的量測質告訴我們該平台作用在該車上正向作用力。由繪製該車輛在兩個位置中的自由體圖，我們將得到可以求解該車輛未知質心位置的方程式。

解答

繪製該車輛於水平平台中的自由體圖於圖 a 與 b。車輛的質量為

$$W = N_{LF} + N_{RF} + N_{LR} + N_{RR}$$
$$= 5104 + 5027 + 3613 + 3559$$
$$= 17,303 \text{ N}$$

由圖 a，我們得到等效方程式

$$\sum M_{z\,axis} = (軸距)(N_{\mathrm{LF}} + N_{\mathrm{RF}}) - \bar{x}W = 0$$

其中我們可以求解 $\bar{x}$：

$$\bar{x} = \frac{(軸距)(N_{\mathrm{LF}} + N_{\mathrm{RF}})}{W}$$

$$= \frac{(2.82\ \mathrm{m})(5104\ \mathrm{N} + 5027\ \mathrm{N})}{17{,}303\ \mathrm{N}} = 1.65\mathrm{m}$$

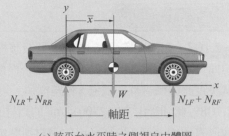

(a) 該平台水平時之側視自由體圖

從圖 b，

$$\sum M_{x\,axis} = \bar{z}W - (輪距)(N_{\mathrm{RF}} + N_{\mathrm{RR}}) = 0$$

其中我們可以求解 $\bar{z}$：

$$\bar{z} = \frac{(輪距)(N_{\mathrm{RF}} + N_{\mathrm{RR}})}{W}$$

$$= \frac{(1.55\ \mathrm{m})(5027\ \mathrm{N} + 3559\ \mathrm{N})}{17{,}303\ \mathrm{N}} = 0.769\mathrm{m}$$

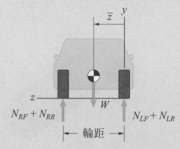

(b) 該平台水平時之前視自由體圖

現在我們知道 $\bar{x}$，我們可以從該車輛在傾斜平台中的自由體圖來決定 $\bar{y}$(圖 c)。從該等效方程式

$$\sum M_{z\,axis} = (軸距)(N_{\mathrm{LF}} + N_{\mathrm{RF}}) + \bar{y}W\sin 15° - \bar{x}W\cos 15° = 0$$

我們得到

$$\bar{y} = \frac{\bar{x}W\cos 15° - (軸距)(N_{\mathrm{LF}} + N_{\mathrm{RF}})}{W\sin 15°}$$

$$= \frac{(1.651\ \mathrm{m})(17{,}303\mathrm{N})\cos 15° - (2.82\ \mathrm{m})(4463\ \mathrm{N} + 4396\ \mathrm{N})}{(17{,}303\ \mathrm{N})\sin 15°}$$

$$= 0.584\ \mathrm{m}$$

注意，不能在沒有量測該車輛於傾斜位置中的資料下來決定 $\bar{y}$。

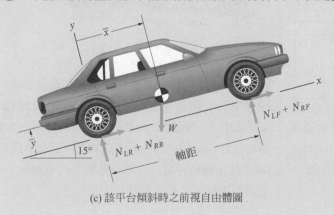

(c) 該平台傾斜時之前視自由體圖

習題

▶7.107 在觀念範例 7.18 中，假設該桿件 1 由一相同尺寸密度爲 2600 kg/m³ 的鋁合金桿件所取代。試決定此機械零件的質心 x 軸座標值。

7.108 此圓管由密度 2700 kg/m³ 的鋁材所製成。一圓形塞頭由密度 7800 kg/m³ 的鋼材所製成。試決定該複合物體質心的座標值爲何。

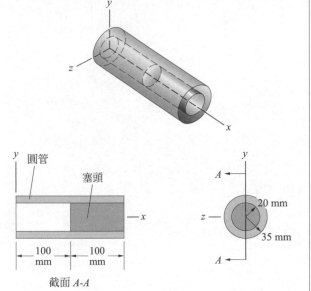

習題 7.108

▶7.109 在範例 7.19 中，假設此物體被重新設計使得在該中空圓筒中的洞半徑從 2 cm 增加到 3 cm。此物體質心的 x 座標值爲何？

7.110 一機械包含三個零件。兩個零件的質量與質心位置如下所示

零件	質量(kg)	$\bar{x}$(mm)	$\bar{y}$(mm)	$\bar{z}$(mm)
1	2.0	100	50	−20
2	4.5	150	70	0

零件 3 的質量爲 2.5 kg。此設計工程師想要放置零件 3 以使得此機械的質心位置位在 $\bar{x} = 120$ mm，$\bar{y} = 80$ mm，$\bar{z} = 0$。試決定零件 3 質心所需的位置。

7.111 一機械元件的兩視圖如下所示。零件 1 爲密度 2800 kg/m³ 的鋁合金，而零件 2 爲密度 7800 kg/m³ 的鋼材。視決定其質心的座標值。

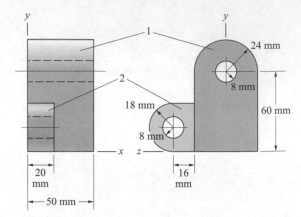

習題 7.111

7.112 負載 $F_1 = F_2 = 25$ kN。此桁架的質量爲 900 kg。此桁架的部件爲相同單一橫截面的均質桿件。(a)此桁架質心的 x 軸座標值爲何？(b)試決定在 A 與 G 處的作用力。

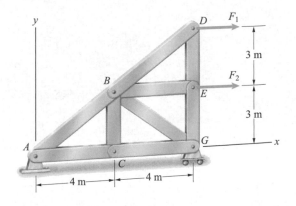

習題 7.112

7.113 一輛車的引擎被移除後，其質量變爲 1100 kg 而其質心位在 C 處。該引擎的質量爲 220 kg。(a)假設你想要配置該引擎的質心 E 以使得該車輛的質心正好在前輪 A 與後輪 B 的中間。距離 b 爲何？(b)若此車輛被停駐在 15° 的斜坡上且車頭向上，該道路對後輪 B 上的正向作用力爲何？

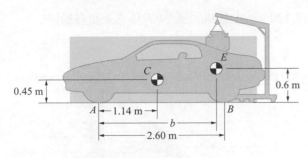

習題 7.113

7.114　飛機停駐，其起落架位在磅秤上。在 A、B，C 處所測量的重量分別爲 30 kN、140 kN，146 kN。在一貨盤裝載入此飛機後，在 A、B，與 C 處所測量的重量分別爲 31 kN、142 kN，與 147 kN。試決定該貨盤的質量以及質心的 x 與 y 軸座標值。

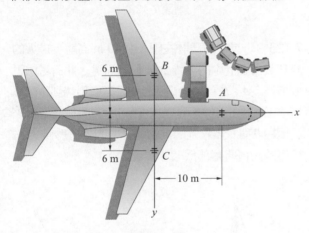

習題 7.114

►7.115　一質量 90 kg 的行李箱被放置在範例 7.20 中所描述之車輛的後箱中。此行李箱質心的位置爲 $\bar{x}_s = -0.533$ m，$\bar{y}_s = 0.762$ m，$\bar{z}_s = -0.305$ m。若該行李箱被視爲此車輛的一部分，此車輛的質心新位置爲何？

►7.116　一組工程系學生建造了如範例 7.20 中所描述之類的縮小型裝置並且利用其來量測一縮小型載具的質心。他們所得到的資料如下表所示：

軸距 = 0.9 m		
輪距 = 0.75 m	所測載重(N)	
	$\alpha = 0$	$\alpha = 10°$
左前輪，N_{LF}	157	144
右前輪，N_{RF}	162	149
左後輪，N_{LR}	122	153
右後輪，N_{RR}	131	135

試決定此載具的質心。利用範例 7.20 中所示相同的座標系統。

複習習題

7.117　試透過讓 dA 爲一寬度 dx 的垂直條來決定該區域的面積。

7.118　試透過讓 dA 爲一寬度 dy 的水平條來決定該區域的面積。

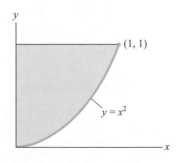

習題 7.117/7.118

7.119　試決定此區域的形心。

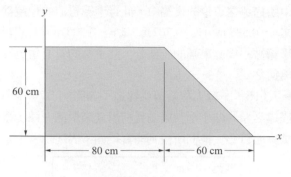

習題 7.119

7.120　試決定此區域的形心。

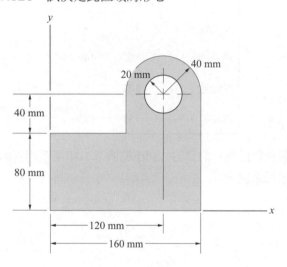

習題 7.120

7.121　該懸臂樑承受一三角形分布式載重。在 A 處的作用力為何？

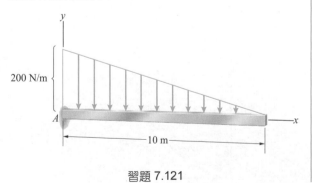

習題 7.121

7.122　在此架構的部件 BD 中之軸負載為何？

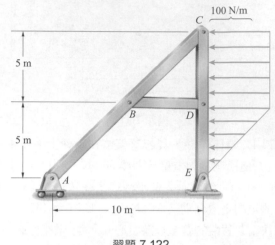

習題 7.122

7.123　一工程師估計在圖 a 中 40-m 高塔上最大的風負載由圖 b 中的分佈式負載所描述。此高塔由三個纜繩，A、B，與 C 所固定，從高塔頂端到距離高塔底部相同距離 15 m 之處(圖 c)。若風從西方吹來且纜繩 B 與 C 為鬆弛的，纜繩 A 中的張力為何？(試模擬該高塔的基部為一球窩支撐。)

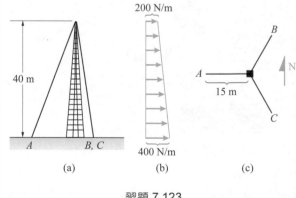

習題 7.123

7.124 求部件 *ABCD* 上於 *A* 與 *D* 點處的作用力。

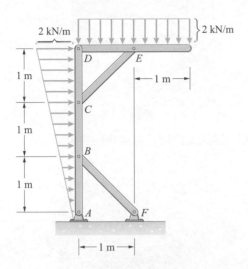

習題 7.124

7.125 試以一圓椎和圓柱來估計阿波羅登月艇 (Apollo lunar)返回地球組態之體積的形心(不包含火箭噴嘴段)。

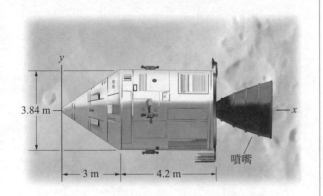

習題 7.125

7.126 阿波羅登月艇(Apollo lunar)返回地球組態之火箭噴嘴形狀類似於繞 *x* 軸旋轉之曲線所構成的形狀。以所示的座標,試決定此噴嘴體積的形心。

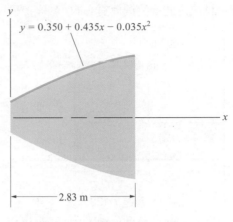

$y = 0.350 + 0.435x - 0.035x^2$

2.83 m

習題 7.126

7.127 試決定此體積之形心的座標值。

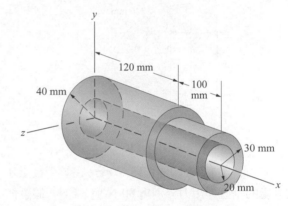

習題 7.127

7.128 試決定此環狀體的表面積。

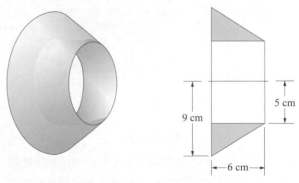

習題 7.128

7.129　試決定此均質鋼板質心的 y 軸座標值。

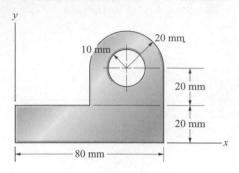

習題 7.129

7.130　試決定此均質鋼板質心的 x 軸座標值。

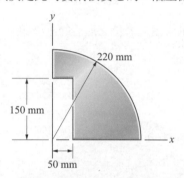

習題 7.130

7.131　此均質平板的面積為 $10\,m^2$。在該平板上 A 與 B 處的垂直作用力分別為 $80\,N$ 與 $84\,N$。假設你想要透過在該平板上鑽一個 $1\text{-}m$ 直徑的洞來平衡 A 與 B 兩點處的作用力。該洞與 A 之水平距離應該為何？在 A 與 B 點處最後結果作用力為何？

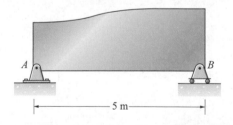

習題 7.131

7.132　一均勻厚度平板由一單位面積質量為 $2\,kg/m^2$ 的均質材料所製成。在 A 與 B 處的垂直作用力分別為 $6\,N$ 與 $10\,N$。在此洞形心的 x 軸座標值為何？

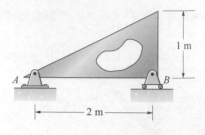

習題 7.132

7.133　試決定此均質金屬板的質心。

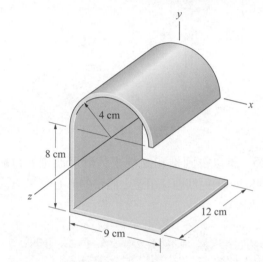

習題 7.133

7.134　試決定此均質物體的質心。

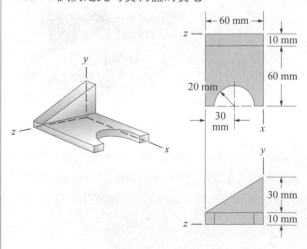

習題 7.134

7.135　試決定此均質物體的質心。

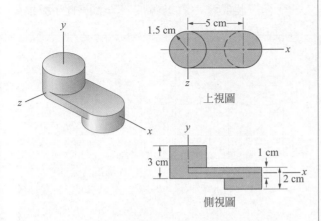

上視圖

側視圖

習題 7.135

7.136　下圖所示的安排可以用來決定一個人的質心位置。一水平板在 A 點處有一支點而在 B 點處靜置於一磅秤上測量重量。A 與 B 之間的距離為 2.3 m。當該人沒有在該板上，B 點處的磅秤測量到 90 N。

(a)當一位重 63-kg 的人在位置(1)中，該 B 點處的磅秤測量到 496 N。此人質心的 x 軸座標值為何？

(b)當相同此人在位置(2)中，該磅秤測量到 523 N。其質心的 x 軸座標值為何？

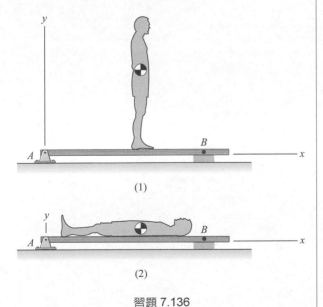

(1)

(2)

習題 7.136

7.137　若一細線綁在此細長桿件的 A 點處且此桿件被允許自由懸吊，介於 AB 與垂直軸之間的角度為何？

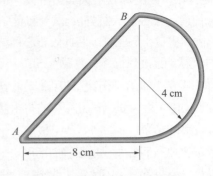

習題 7.137

7.138　當該卡車無裝載時，在其前輪與後輪處的總作用力為 $A = 54\,kN$ 與 $B = 36\,kN$。而其裝載礫石的密度為 $\rho = 1600\,kg/m^3$。在 z 軸方向中裝載的尺寸為 3 m，而其表面輪廓，由方程式所給定，與 z 無關。其裝載礫石之卡車前輪與後輪上的總作用力分別為何？

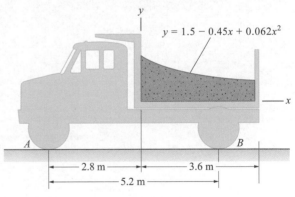

$$y = 1.5 - 0.45x + 0.062x^2$$

習題 7.138

7.139　月球的質量只有地球質量的 0.0123 倍。若月球質心距離地球質心 383,000 km，月球質心距離地月系統總質心距離多少？

設計專題

7.140　製造一均質薄平板形狀如圖 a 中所示。(使用便條紙背面的厚紙板來製造平板。選擇你的尺寸使得此平板越大越好。)試計算此平板的質心位置。盡量小心測量，將此版質心標誌在此平板的兩邊。隨後執行下列實驗。

(a)在你的手指上試著平衡此平板(圖 b)並且觀察其在其質心處平衡。試繪製此平板的自由體圖來解釋此實驗的結果。

(b)此實驗需要一個針頭或是很細的指甲、一段細繩，以及一小質量塊。將此質量塊綁在該細繩的一端並且在另一端打一個小圈節。將針頭刺穿在除了該平板質心的其他任意點處。保持該針頭水平使得此平板自由的吊在其上 (圖 c)。使用此小圈節懸掛小質量塊在該針頭上，並令該質量塊自由懸吊以使得該細繩沿著板面靠著。是觀察此細繩會通過該平板的質心。重複此實驗幾次，將該針頭刺在板上數個不同的點。試繪製此板的自由體圖來解釋此實驗的結果。

(c)固定此平板使得板面垂直，並且將此平板向上丟，像一個飛盤一樣的旋轉它。試觀察此平板繞其質心旋轉。

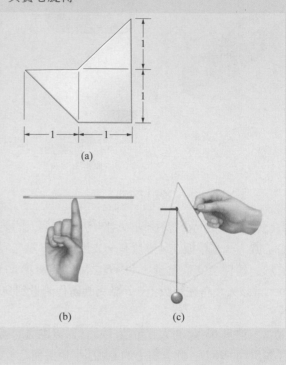

(a)

(b)　　　　(c)

8

慣性矩

稱為「慣性矩」的物理量常出現在工程問題的分析當中：面積慣性矩用在研究分布力和計算樑的撓曲變位；流體中由壓力作用在流體中的平板的彎矩也可以用平板的面積慣性矩來表示。在動力學中，質量慣性矩用來計算物體的旋轉運動。本章說明如何計算簡單面積和簡單物體的慣性矩，接著應用平行軸定理的結果計算複雜面積和複雜物體的慣性矩。

◀ 樑的抗彎及承受載重的能力和一個稱為慣性矩的截面特性有關，本章將定義並討論如何計算面積慣性矩。

面積

8.1　定義

考慮 x-y 平面上一塊面積 A(圖 8.1a)。A 的四個慣性矩定義如下：

1. **對 x 軸的慣性矩**：

$$I_x = \int_A y^2 dA \tag{8.1}$$

其中 y 是微分面積元 dA 的 y 座標(圖 8.1b)。這個慣性矩有時候會以對 x 軸的**迴轉半徑** k_x 來表示，迴轉半徑定義如下：

$$I_x = k_x^2 A \tag{8.2}$$

2. **對 y 軸的慣性矩**：

$$I_y = \int_A x^2 dA \tag{8.3}$$

其中 x 是面積元 dA 的 x 座標(圖 8.1b)。對 y 軸的迴轉半徑 k_y 定義如下：

$$I_y = k_y^2 A \tag{8.4}$$

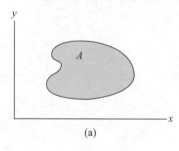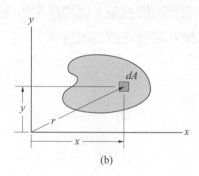

圖 8.1
(a)x-y 平面上的面積 A
(b)A 的微分面積元

3. **慣性積**：

$$I_{xy} = \int_A xy dA \tag{8.5}$$

4. **極慣性矩**：

$$J_O = \int_A r^2 dA \tag{8.6}$$

其中 r 是 dA 到座標系統原點的徑向距離(圖 8.1b)。對原點的迴轉半徑 k_O 定義如下:

$$J_O = k_O^2 A \qquad (8.7)$$

極慣性矩等於相對於 x 與 y 軸的慣性矩之和:

$$J_O = \int_A r^2 dA = \int_A (y^2 + x^2) dA = I_x + I_y$$

將以迴轉半徑表示的慣性矩代入上式,我們得到

$$k_O^2 = k_x^2 + k_y^2$$

面積慣性矩的因次(dimensions)為(長度)^4,而迴轉半徑的因次則為長度。注意到,對任何面積而言,慣性矩 I_x、I_y 以及 J_O 還有迴轉半徑的定義均隱含其為正值。這些量不可能會是負值或零。

若一塊面積 A 對 x 軸為對稱,那麼對於每一塊座標為(x, y)的面積元 dA,都有一塊座標為$(x, -y)$的面積元 dA 對應,如圖 8.2 所示。這兩塊面積元對這塊面積的慣性積 I_{xy} 的貢獻互相抵銷:$xydA + (-xy)dA = 0$,這表示這塊面積的慣性積為零。相同的論證也適用對 y 軸對稱的面積。因此若一塊面積對 x 軸或是對 y 軸對稱,**它的慣性積便為零。**

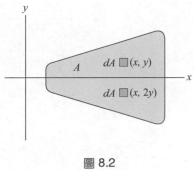

圖 8.2

觀念範例 8.1　　三角形面積的慣性矩(▶ 相關習題 8.1-8.3)

計算三角形面積的 I_x 與 I_y。

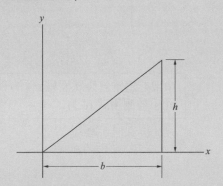

方略

式(8.3)(相對於 y 軸的慣性矩)在形式上與面積形心的 x 座標公式相當類似,所以我們能完全同求形心的方式,將微分面積元 dA 表示成寬度為 dx 的垂直長條來計算。然後再證明可以用相同的面積元來計算 I_x。

解答

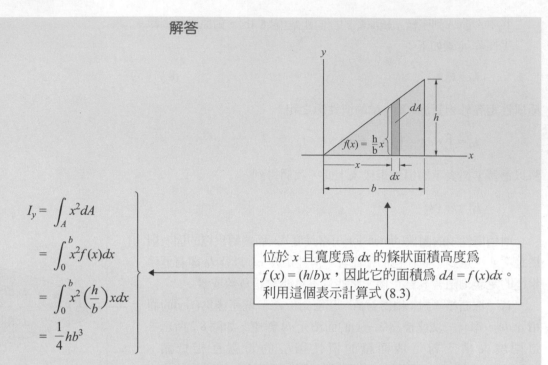

$$I_y = \int_A x^2 dA$$

$$= \int_0^b x^2 f(x)dx$$

$$= \int_0^b x^2 \left(\frac{h}{b}\right)xdx$$

$$= \frac{1}{4}hb^3$$

位於 x 且寬度為 dx 的條狀面積高度為 $f(x) = (h/b)x$，因此它的面積為 $dA = f(x)dx$。利用這個表示計算式 (8.3)

要計算 I_x，我們首先計算垂直長條 dA 相對於 x 軸的慣性矩。

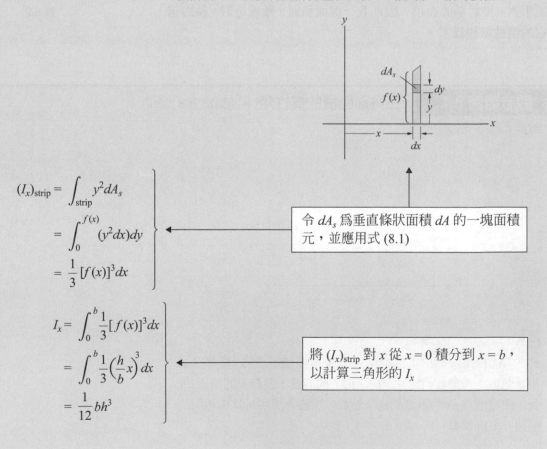

$$(I_x)_{\text{strip}} = \int_{\text{strip}} y^2 dA_s$$

$$= \int_0^{f(x)} (y^2 dx)dy$$

$$= \frac{1}{3}[f(x)]^3 dx$$

令 dA_s 為垂直條狀面積 dA 的一塊面積元，並應用式 (8.1)

$$I_x = \int_0^b \frac{1}{3}[f(x)]^3 dx$$

$$= \int_0^b \frac{1}{3}\left(\frac{h}{b}x\right)^3 dx$$

$$= \frac{1}{12}bh^3$$

將 $(I_x)_{\text{strip}}$ 對 x 從 $x = 0$ 積分到 $x = b$，以計算三角形的 I_x

練習題

計算三角形面積的 I_{xy}。先計算垂直長條 dA 的慣性積，然後把得到的表示式對 x 從 $x=0$ 到 $x=b$ 作積分。

答案：$I_{xy} = \dfrac{1}{8}b^2h^2$。

範例 8.2　　圓面積的慣性矩(▶ 相關習題 8.21)

計算圓形面積的慣性矩與迴轉半徑。

方略

我們先以極座標表示的積分來計算極慣性矩 J_O。根據面積的對稱關係我們得知 $I_x = I_y$，且由於 $I_x + I_y = J_O$，慣性矩 I_x 與 I_y 都等於 $\dfrac{1}{2}J_O$。從面積的對稱關係我們也得知 $I_{xy}=0$。

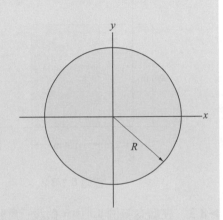

解答

令 r 改變一個 dr 的量，得到一個環形面積元 $dA = 2\pi r\, dr$(圖 a)。極慣性矩為

$$J_O = \int_A r^2\, dA = \int_0^R 2\pi r^3\, dr = 2\pi \left[\frac{r^4}{4}\right]_0^R = \frac{1}{2}\pi R^4$$

相對於 O 的迴轉半徑為

$$k_O = \sqrt{\frac{J_O}{A}} = \sqrt{\frac{(1/2)\pi R^4}{\pi R^2}} = \frac{1}{\sqrt{2}}R$$

相對於 x 與 y 軸的慣性矩為

$$I_x = I_y = \frac{1}{2}J_O = \frac{1}{4}\pi R^4$$

相對於 x 與 y 軸的迴轉半徑為

$$k_x = k_y = \sqrt{\frac{I_x}{A}} = \sqrt{\frac{(1/4)\pi R^4}{\pi R^2}} = \frac{1}{2}R$$

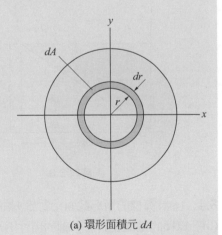

(a) 環形面積元 dA

慣性積為零：

$$I_{xy} = 0$$

重要提示

本範例的對稱關係讓我們不必非得以積分計算 I_x、I_y 與 I_{xy}。要注意到可以縮短計算工作的對稱性。特別要記得，若面積對於 x 或 y 軸之一對稱時，便有 $I_{xy}=0$ 的結果。

習題

▶8.1　利用觀念範例 8.1 所描述的方法計算矩形面積的 I_y 及 k_y。

▶8.2　利用觀念範例 8.1 所描述的方法計算矩形面積的 I_x 及 k_x。

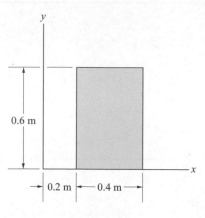

習題 8.1/8.2

▶8.3　在觀念範例 8.1 中，假設三角形面積的方位如圖改變。試以積分計算 I_y 及 k_y。

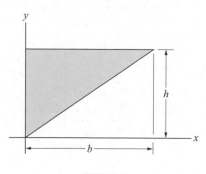

習題 8.3

8.4　(a)計算樑的矩形截面相對於 y 軸的慣性矩 I_y。
(b)計算樑的截面相對於 y' 軸的慣性矩 I_y。根據您計算的數值，證明 $I_y = I_y + d_x^2 A$，其中 A 是截面面積。

8.5　(a)計算樑的矩形截面相對於原點 O 的極慣性矩 J_O。
(b)計算樑的截面相對於原點 O' 的極慣性矩 $J_{O'}$。根據您計算的數值，證明 $J_O = J_{O'} + (d_x^2 + d_y^2)A$，其中 A 是截面面積。

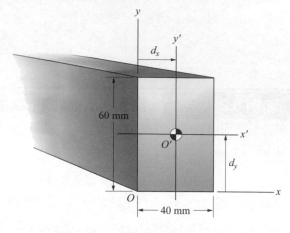

習題 8.4/8.5

8.6　計算 I_y 及 k_y。

8.7　計算 J_O 及 k_O。

8.8　計算 I_{xy}。

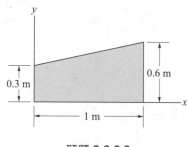

習題 8.6-8.8

8.9　計算 I_y。

8.10　計算 I_x。

8.11　計算 J_O。

8.12　計算 I_{xy}。

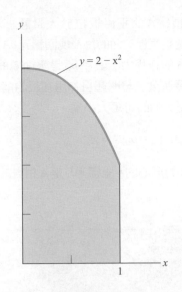

習題 8.9-8.12

8.13　計算 I_y 及 k_y。

8.14　計算 I_x 及 k_x。

8.15　計算 J_O 及 k_O。

8.16　計算 I_{xy}。

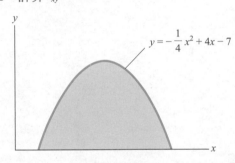

習題 8.13-8.16

8.17　計算 I_y 及 k_y。

8.18　計算 I_x 及 k_x。

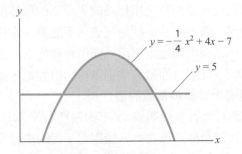

習題 8.17/8.18

8.19　(a)令 dA 為寬度 dx 的垂直長條，計算 I_y 及 k_y。

(b)圓心在原點的圓面積其極慣性矩為 $J_O = \frac{1}{2}\pi R^4$。說明您如何利用這個資訊來確認你對(a)的答案。

8.20　(a)令 dA 為一個高度 dy 的水平長條，計算 I_x 及 k_x。

(b)圓心在原點的圓面積其極慣性矩為 $J_O = \frac{1}{2}\pi R^4$。說明您如何利用這個資訊來確認你對(a)的答案。

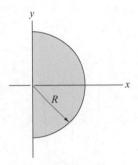

習題 8.19/8.20

▶8.21　利用範例 8.2 所描述的方法，計算環的慣性矩 I_x 及 I_y。

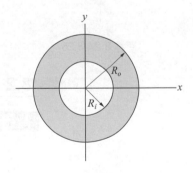

習題 8.21

8.22　飛機機翼形成的橢圓形面積其 I_y 及 k_y 之值是多少？

8.23　飛機機翼形成的橢圓形面積其 I_x 及 k_x 之值是多少？

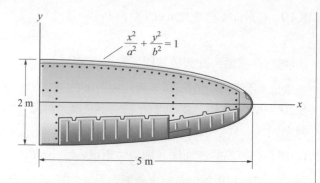

習題 8.22/8.23

8.24   計算 I_y 及 k_y。

8.25   計算 I_x 及 k_x。

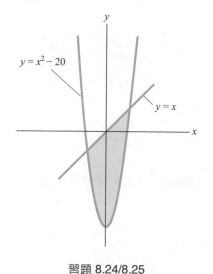

習題 8.24/8.25

8.26   面積爲 A 的垂直板位於大量靜止水面的下方。水壓使垂直板表面的每一塊面積元 dA 受到一個 $(p_o + \gamma y)\, dA$ 的作用力，其中 p_o 是水面處的壓力，γ 是水的重量密度。證明起自作用在板的前表面之壓力、相對於 x 軸的彎矩大小爲，

$$M_{x\,\text{axis}} = p_O \bar{y} A + \gamma I_x,$$

其中 $\bar{y}$ 是 A 的形心的 y 座標，I_x 是 A 相對於 x 軸的慣性矩。

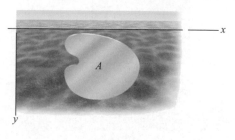

習題 8.26

8.2   平行軸定理

背景概念

一塊面積的慣性矩之值取決於座標系統與這塊面積的相對位置。

在某些情況中，我們已知某個特定座標系統表示下的面積慣性矩，但最後需要的卻是另一個不同的座標系統表示下之值。當這些座標系統互相平行時，所需要的慣性矩可用本節所介紹的理論來計算。更進一步的，若已知一塊複合面積其個別區塊的慣性矩，這些理論讓我們可以計算這塊複合面積整體的慣性矩。

假設我們已知一塊面積 A 在座標系統 $x'y'$ 下的慣性矩，其中 $x'y'$ 的原點位在 A 的形心。我們想要計算在另一個跟它平行的座標系統 xy 下的慣性矩(圖 8.3a)。我們將 A 在 xy 座標系統的形心座標記爲(d_x, d_y)，且 $d = \sqrt{d_x^2 + d_y^2}$ 爲 xy 座標系統的原點到形心的距離(圖 8.3b)。

在推導平行軸定理之前我們需要兩個預備知識。在 $x'y'$ 座標系統中，A 的形心座標為

$$\bar{x}' = \frac{\int_A x' dA}{\int_A dA} \quad , \quad \bar{y}' = \frac{\int_A y' dA}{\int_A dA}$$

但由於 $x'y'$ 座標系統的原點位在 A 的形心，所以 $\bar{x}' = 0$ 且 $\bar{y}' = 0$。因此，

$$\int_A x' dA = 0 \quad , \quad \int_A y' dA = 0 \tag{8.8}$$

相對於 x 軸的慣性矩　在 xy 座標系統中，A 相對於 x 軸的慣性矩為

$$I_x = \int_A y^2 dA \tag{8.9}$$

其中 y 是 xy 座標系統中面積元 dA 的 y 座標。從圖 8.3b，我們看到 $y = y' + d_y$，其中 y' 是 dA 在 $x'y'$ 座標系統的座標。將這個關係式代入式(8.9)，我們得到

$$I_x = \int_A (y' + d_y)^2 dA = \int_A (y')^2 dA + 2d_y \int_A y' dA + d_y^2 \int_A dA$$

右邊第一個積分為 A 相對於 x' 軸的慣性矩。根據式(8.8)，右邊第二個積分為零。因此，我們得到

$$I_x = I_{x'} + d_y^2 A \tag{8.10}$$

這就是**平行軸定理**。這個理論建立了對通過形心的 x' 軸之慣性矩，和對平行軸 x 的慣性矩兩個慣性矩間的關係(圖 8.4)。

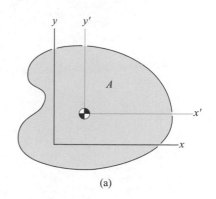

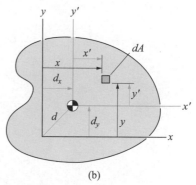

圖 8.3
(a)面積 A 及座標系統 $x'y'$ 與 xy
(b)微分面積元 dA

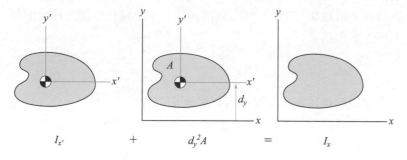

$$\begin{array}{ccccc} I_{x'} & + & d_y^2 A & = & I_x \end{array}$$

圖 8.4
相對於 x 軸的慣性矩平行軸定理

相對於 y 軸的慣性矩　在 xy 座標系統中，A 相對於 y 軸的慣性矩為

$$I_y = \int_A x^2 dA = \int_A (x' + d_x)^2 dA$$

$$= \int_A (x')^2 dA + 2d_x \int_A x' dA + d_x^2 \int_A dA$$

根據式(8.8)，右邊第二個積分等於零。因此，對於通過 A 的形心的 y' 軸和對於平行的 y 軸的兩個慣性矩間的平行軸定理為

$$I_y = I_{y'} + d_x^2 A \tag{8.11}$$

慣性積 在 xy 座標系統中，慣性積可表為

$$I_{xy} = \int_A xy\,dA = \int_A (x' + d_x)(y' + d_y)\,dA$$
$$= \int_A x'y'\,dA + d_y \int_A x'\,dA + d_x \int_A y'\,dA + d_x d_y \int_A dA$$

根據式(8.8)，第二項和第三項的積分等於零。我們可看出關於慣性積的平行軸定理為

$$I_{xy} = I_{x'y'} + d_x d_y A \tag{8.12}$$

極慣性矩 極慣性矩 $J_O = I_x + I_y$。將式(8.10)和(8.11)加總起來，可以得到極慣性矩的平行軸定理為

$$J_O = J'_O + (d_x^2 + d_y^2)A = J'_O + d^2 A \tag{8.13}$$

其中 d 是從 $x'y'$ 座標系統原點到 xy 座標系統原點的距離。

　　如何利用平行軸定理來計算複合面積的慣性矩？假設我們想要計算圖 8.5a 中的面積相對於 y 軸的慣性矩。我們可以將它分成一個三角形、一個半圓形及一個圓形待切塊等三個區塊，記為區塊 1、2 及 3(圖 8.5b)。利用 I_y 的平行軸定理，我們可以計算每一個區塊相對於 y 軸的慣性矩。例如，區塊 2(半圓形)相對於 y 軸的慣性矩為(圖 8.5c)

$$(I_y)_2 = (I_{y'})_2 + (d_x)_2^2 A_2$$

我們必須計算 $(I_y)_2$ 及 $(d_x)_2$ 的值。一些簡單面積的慣性矩及其形心位置表列於附錄B。對每一個區塊都操作一次上述程序後，複合面積的慣性矩即為

$$I_y = (I_y)_1 + (I_y)_2 - (I_y)_3$$

注意到圓形待切區塊的慣性矩要扣除。

　　我們看到在一個給定的座標系統中計算一塊複合面積的慣性矩需要三個步驟：

1. **選取區塊**：試著將複合面積分成數個你知道慣性矩是多少，或容易計算其慣性矩的區塊。
2. **計算各區塊的慣性矩**：先計算在原點位於各區塊形心的座標系統下的各區塊的慣性矩，接著利用平行軸定理計算在所給的座標系統當中的慣性矩。
3. **加總結果**：將各區塊的慣性矩加總(若是待切區塊的情形則要扣除)，以得到複合面積的慣性矩。

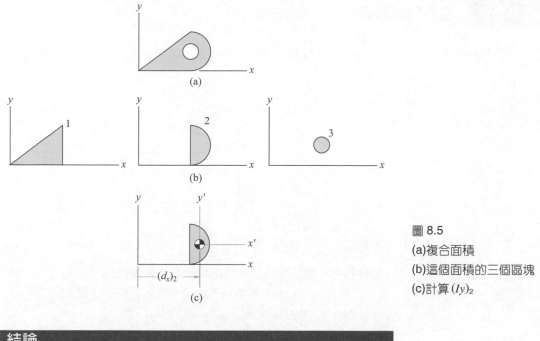

圖 8.5
(a)複合面積
(b)這個面積的三個區塊
(c)計算 $(I_y)_2$

結論

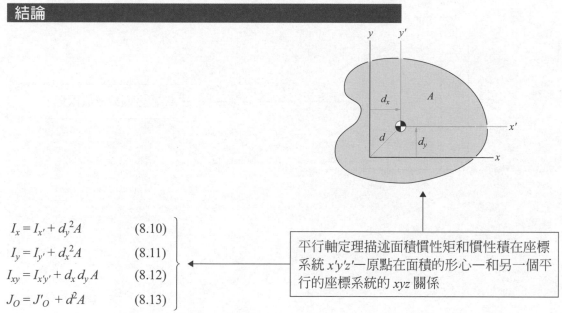

$$I_x = I_{x'} + d_y^2 A \qquad (8.10)$$

$$I_y = I_{y'} + d_x^2 A \qquad (8.11)$$

$$I_{xy} = I_{x'y'} + d_x d_y A \qquad (8.12)$$

$$J_O = J'_O + d^2 A \qquad (8.13)$$

平行軸定理描述面積慣性矩和慣性積在座標系統 $x'y'z'$—原點在面積的形心—和另一個平行的座標系統的 xyz 關係

若已知複合面積的區塊在以各區塊本身形心為原點、且彼此平行的座標系統的慣性矩及慣性積，平行軸定理可以計算在特定的 xyz 座標系統中複合面積的慣性矩及慣性積。將以 xyz 座標系統表示的各區塊的慣性矩及慣性積加總起來(若是抽離區塊則扣除)就得到複合面積的值。

觀念範例 8.3 複合面積的慣性矩(▶ 相關習題 8.27)

計算複合面積的 I_x。

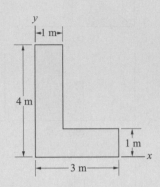

方略

我們可以把這塊面積分成兩塊矩形。且須使用平行軸定理計算每一塊矩形在 xy 座標系統下的 I_x。將各自數值加總起來即可計算複合面積的 I_x。

解答

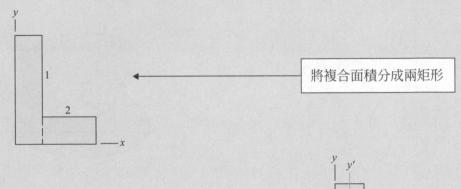

將複合面積分成兩矩形

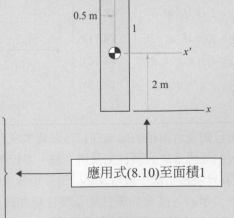

根據附錄 B，面積 1 相對於 x' 軸的慣性矩為

$$(I_{x'})_1 = \frac{1}{12}(1 \text{ m})(4 \text{ m})^3 = 5.33 \text{ m}^4$$

應用平行軸定理，面積 1 相對於 x 軸的慣性矩為

$$(I_x)_1 = 5.33 \text{ m}^4 + (2 \text{ m})^2 (1 \text{ m})(4 \text{ m}) = 21.3 \text{ m}^4$$

應用式(8.10)至面積1

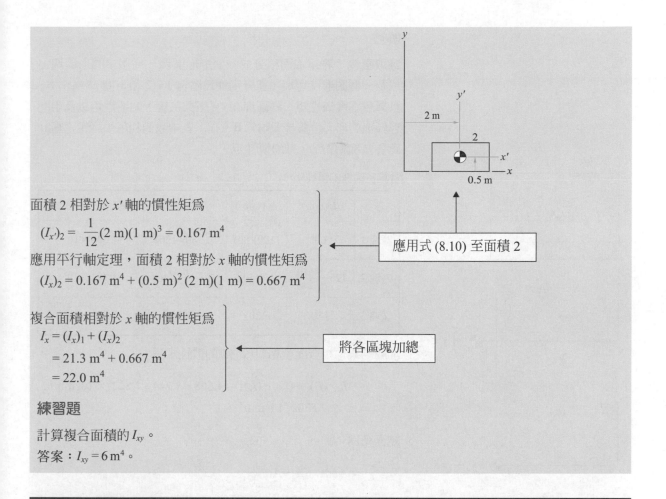

面積 2 相對於 x' 軸的慣性矩為

$$(I_{x'})_2 = \frac{1}{12}(2\text{ m})(1\text{ m})^3 = 0.167\text{ m}^4$$

應用平行軸定理，面積 2 相對於 x 軸的慣性矩為

$$(I_x)_2 = 0.167\text{ m}^4 + (0.5\text{ m})^2(2\text{ m})(1\text{ m}) = 0.667\text{ m}^4$$

> 應用式 (8.10) 至面積 2

複合面積相對於 x 軸的慣性矩為

$$I_x = (I_x)_1 + (I_x)_2$$
$$= 21.3\text{ m}^4 + 0.667\text{ m}^4$$
$$= 22.0\text{ m}^4$$

> 將各區塊加總

練習題

計算複合面積的 I_{xy}。

答案：$I_{xy} = 6\text{ m}^4$。

範例 8.4　複合面積的慣性矩(▶ 相關習題 8.30)

計算複合面積的 I_y 及 k_y。

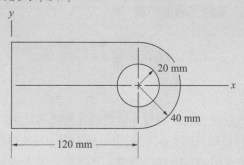

方略

可將這塊面積分成**不含半圓形待切塊**的矩形區塊、**不含半圓形待切塊**的半圓形區塊，以及一個圓形待切塊。我們可以利用平行軸定理計算每一個區塊在 xy 座標系統中的 I_y。接著把矩形和半圓形區塊的值加起來，並且扣除圓形待切塊的值，就可以計算複合面積的 I_y。然後利用式(8.4)計算複合面積的迴轉半徑 k_y。

解答

選取區塊　將這塊面積分成一個矩形區塊、一個半圓形區塊，以及一個圓形待切塊，並分別稱爲區塊 1、2 和 3(圖 a)。

計算各區塊慣性矩　各區塊在 $x'y'$ 座標系統下的慣性矩以及半圓形區塊的形心位置參考附錄B。在下表中我們利用平行軸定理計算各區塊相對於 y 軸的慣性矩。

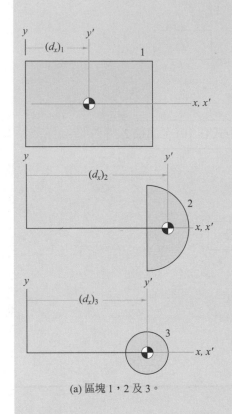

(a) 區塊 1，2 及 3。

計算各區塊的慣性矩

	d_x (mm)	A (mm^2)	I_y' (mm^4)	$I_y = I_{y'} + d_x^2 A$ (mm^4)
區塊 1	60	$(120)(80)$	$\dfrac{1}{12}(80)(120)^3$	4.608×10^7
區塊 2	$120 + \dfrac{4(40)}{3\pi}$	$\dfrac{1}{2}\pi(40)^2$	$\left(\dfrac{\pi}{8} - \dfrac{8}{9\pi}\right)(40)^4$	4.744×10^7
區塊 3	120	$\pi(20)^2$	$\dfrac{1}{4}\pi(20)^4$	1.822×10^7

加總結果　複合面積相對於 y 軸的慣性矩爲

$$I_y = (I_y)_1 + (I_y)_2 - (I_y)_3 = (4.608 + 4.744 - 1.822) \times 10^7 \text{ mm}^4$$
$$= 7.530 \times 10^7 \text{ mm}^4$$

總面積爲

$$A = A_1 + A_2 - A_3$$
$$= (120 \text{ mm})(80 \text{ mm}) + \frac{1}{2}\pi(40 \text{ mm})^2 - \pi(20 \text{ mm})^2$$
$$= 1.086 \times 10^4 \text{ mm}^2$$

所以相對於 y 軸的迴轉半徑爲

$$k_y = \sqrt{\frac{I_y}{A}} = \sqrt{\frac{7.530 \times 10^7 \text{ mm}^4}{1.086 \times 10^4 \text{ mm}^2}} = 83.3 \text{ mm}$$

重要提示

由於積分是一種相加的過程，這是爲什麼將各區塊的慣性矩加總(或者若有待切塊則要扣除)就可得到複合面積的慣性矩。但不能直接相加或相減各區塊的迴轉半徑來計算複合面積的迴轉半徑，這可從和慣性矩、迴轉半徑及面積間的關係式看出來。我們能就本範例以數值來說明：以下運算

$$(k_y)_1 + (k_y)_2 - (k_y)_3 = \sqrt{\frac{(I_y)_1}{A_1}} + \sqrt{\frac{(I_y)_2}{A_2}} - \sqrt{\frac{(I_y)_3}{A_3}} = 86.3 \text{ mm}$$

並沒有得出這塊複合面積正確的迴轉半徑。

範例 8.5　　梁截面(▶ 相關習題 8.81-8.84)

通常能選用相同面積、不同形狀的截面來設計梁截面。(具有圖示第二種截面的梁稱為I形梁。)比較它們相對於 x 軸的慣性矩。

方略

根據附錄 B 我們可以查到正方形截面的慣性矩。我們將把 I 形梁的截面分成三個矩形，再使用平行軸定理計算慣性矩。

解答

正方形截面　根據附錄 B，方形截面相對於 x 軸的慣性矩為

$$I_x = \frac{1}{12}(144.2 \text{ mm})(144.2 \text{ mm})^3 = 3.60 \times 10^7 \text{ mm}^4$$

I 形梁的截面　如圖 a 所示，我們可將面積分成三個矩形區塊。引入原點位在各區塊形心的 $x'y'$ 座標系統(圖 b)後，利用平行軸定理計算相對於 x 軸的慣性矩(見下表)。把他們加總得到

$$I_x = (I_x)_1 + (I_x)_2 + (I_x)_3 = (5.23 + 0.58 + 5.23) \times 10^7 \text{ mm}^4$$

$$= 11.03 \times 10^7 \text{ mm}^4$$

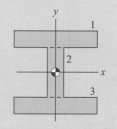

(a) 將 I- 形梁的截面分割成幾個區塊

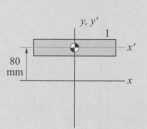
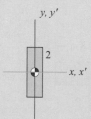
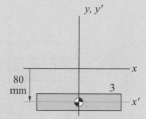

(b) 原點在各區塊形心的平行座標系統 $x'y'$

計算各區塊相對於 x 軸的慣性矩

	d_y (mm)	A (mm^2)	$I_{x'}$ (mm^4)	$I_x = I_{x'} + d_y^2 A$ (mm^4)
區塊 1	80	(200)(40)	$\frac{1}{12}(200)(40)^3$	5.23×10^7
區塊 2	0	(40)(120)	$\frac{1}{12}(40)(120)^3$	0.58×10^7
區塊 3	-80	(200)(40)	$\frac{1}{12}(200)(40)^3$	5.23×10^7

重要提示

I形梁的慣性矩是相同面積的正方形截面的 3.06 倍。一般來說，具有較大慣性矩的梁具有較大的抗撓度，並且能承受較大的橫向載重。而 I 形梁的截面便是設計成可以獲得較大的慣性矩。

習題

▶8.27　利用觀念範例 8.3 所描述的方法，將複合面積分成矩形 1 和 2 來計算複合面積的 I_x 及 k_x，如圖示。

8.28　如圖將複合面積分成矩形 1 和 2 來計算複合面積的 I_y 及 k_y。

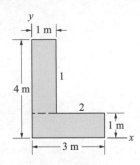

習題 8.27/8.28

8.29　計算 I_x 及 k_x。

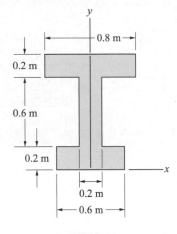

習題 8.29

▶8.30　在範例 8.4 當中，計算複合面積的 I_x 及 k_x。

8.31　計算 I_x 及 k_x。

8.32　計算 I_y 及 k_y。

8.33　計算 J_O 及 k_O。

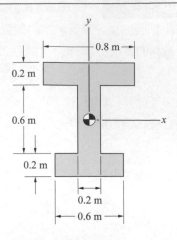

習題 8.31-8.33

8.34　假如你要設計一個 $I_x = 6.4 \times 10^5\,\mathrm{mm}^4$ 的樑截面，則對應的 I_y 及 J_O 為何？

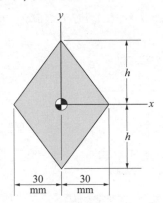

習題 8.34

8.35　計算 I_y 及 k_y。

8.36　計算 I_x 及 k_x。

8.37　計算 I_{xy}。

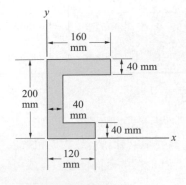

習題 8.35-8.37

8.38　計算 I_x 及 k_x。

8.39　計算 I_y 及 k_y。

8.40　計算 I_{xy}。

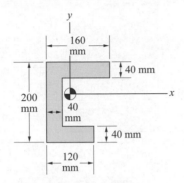

習題 8.38-8.40

8.41　計算 I_x 及 k_x。

8.42　計算 J_O 及 k_O。

8.43　計算 I_{xy}。

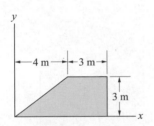

習題 8.41-8.43

8.44　計算 I_x 及 k_x。

8.45　計算 J_O 及 k_O。

8.46　計算 I_{xy}。

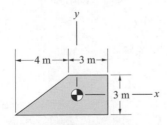

習題 8.44-8.46

8.47　計算 I_x 及 k_x。

8.48　計算 J_O 及 k_O。

8.49　計算 I_{xy}。

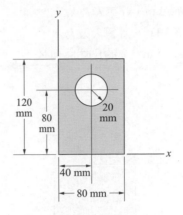

習題 8.47-8.49

8.50　計算 I_x 及 k_x。

8.51　計算 I_y 及 k_y。

8.52　計算 J_O 及 k_O。

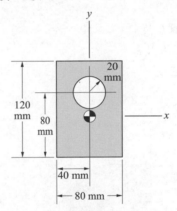

習題 8.50-8.52

8.53　計算 I_y 及 k_y。

8.54　計算 J_O 及 k_O。

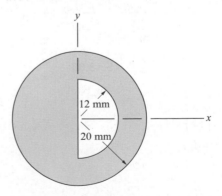

習題 8.53/8.54

8.55 若 $h = 3\,\mathrm{m}$，計算 I_y 及 k_y。

8.56 若 $h = 3\,\mathrm{m}$，計算 I_x 及 k_x。

8.57 若 $I_y = 5\,\mathrm{m}^4$，h 的尺寸為何？

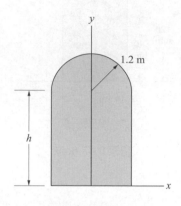

習題 8.55-8.57

8.58 計算 I_y 及 k_y。

8.59 計算 I_x 及 k_x。

8.60 計算 I_{xy}。

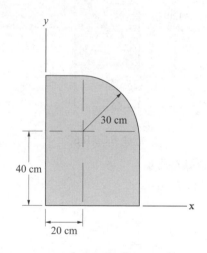

習題 8.58-8.60

8.61 計算 I_y 及 k_y。

8.62 計算 I_x 及 k_x。

8.63 計算 I_{xy}。

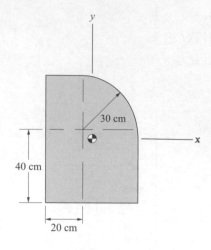

習題 8.61-8.63

8.64 計算 I_y 及 k_y。

8.65 計算 I_x 及 k_x。

8.66 計算 I_{xy}。

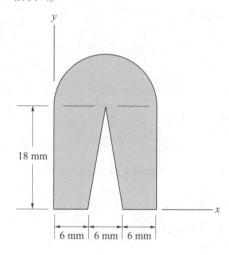

習題 8.64-8.66

8.67 計算 I_y 及 k_y。

8.68 計算 J_O 及 k_O。

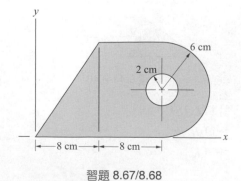

習題 8.67/8.68

8.69　計算 I_y 及 k_y。

8.70　計算 I_x 及 k_x。

8.71　計算 I_{xy}。

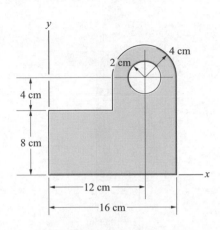

習題 8.69-8.71

8.72　計算 I_y 及 k_y。

8.73　計算 I_x 及 k_x。

8.74　計算 I_{xy}。

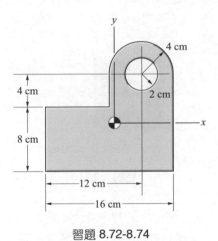

習題 8.72-8.74

8.75　計算 I_y 及 k_y。

8.76　計算 J_O 及 k_O。

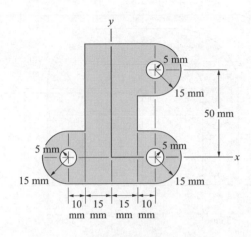

習題 8.75/8.76

8.77　計算樑截面的 I_x 及 I_y。

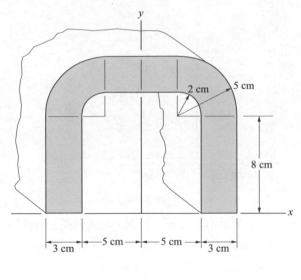

習題 8.77

8.78　計算樑截面的 I_x 及 I_y。

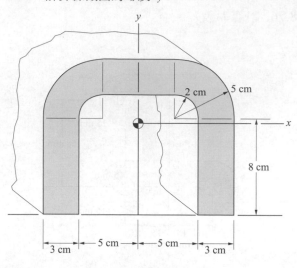

習題 8.78

8.79　面積 $A = 2 \times 10^4 \, \text{mm}^2$，相對於 y 軸的慣性矩為 $I_y = 3.2 \times 10^8 \, \text{mm}^4$。計算相對於 $\hat{y}$ 軸的慣性矩。

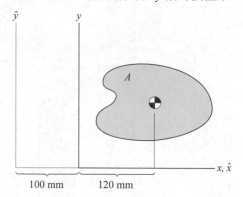

習題 8.79

8.80　面積 $A = 100 \, \text{mm}^2$，且對 x' 軸爲對稱。慣性矩 $I_{x'} = 420 \, \text{mm}^4$，$I_{y'} = 580 \, \text{mm}^4$，$J_0 = 11{,}000 \, \text{mm}^4$，$I_{xy} = 4800 \, \text{mm}^4$。試問 I_x 及 I_y 爲何？

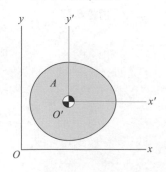

習題 8.80

▶8.81　計算樑截面相對於 x 軸的慣性矩。將您的結果和相同面積的實心正方形截面的慣性矩作比較(見範例 8.5)。

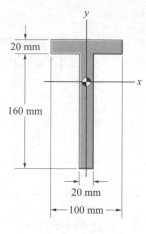

習題 8.81

▶8.82　樑截面面積爲 $5200 \, \text{mm}^2$。計算樑截面相對於 x 軸的慣性矩。將您的結果和相同面積的實心正方形截面的慣性矩作比較(見範例 8.5)。

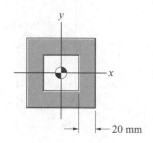

習題 8.82

▶8.83　假設圖 a 中的樑承受大小爲 M 且繞 x 軸的力偶(圖 b)，樑的縱軸被彎成半徑爲 R 的圓弧如下：

$$R = \frac{EI_x}{M}$$

其中 I_x 是樑的截面相對於 x 軸的慣性矩，而 E 這項稱爲彈性模數，其值與組成樑的材料有關。假設圖 c 中的樑截面承受大小爲 $M = 180 \, \text{N-m}$ 的力偶。然後樑被彎曲成半徑 $R = 3 \, \text{m}$ 的圓弧。試問組成樑的材料其彈性模數爲何？(見範例 8.5)

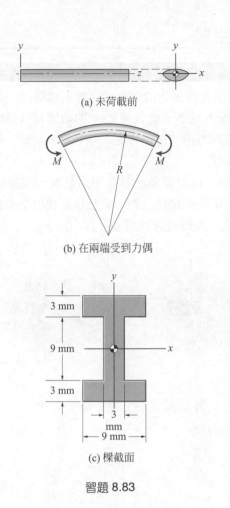

(a) 未荷載前

(b) 在兩端受到力偶

(c) 樑截面

習題 8.83

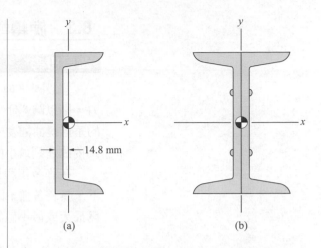

習題 8.85

▶8.84　假設您要設計的樑其材料密度爲 8000 kg/m³，且長度要 4 m，質量爲 320 kg。試爲這根樑設計一個截面，使得 $I_x = 3 \times 10^{-5}$ m⁴。(見範例 8.5)

8.85　圖 a 的面積是 C230×30 美國標準槽型樑的截面，截面面積爲 $A = 3790$ mm²，相對於 x 及 y 軸的慣性矩分別爲 $I_x = 25.3 \times 10^6$ mm⁴ 及 $I_y = 1 \times 10^6$ mm⁴。假設兩根具有 C230×30 截面的樑被鉚接成截面如圖 b 所示的一個複合樑。試問複合樑相對於 x 及 y 軸的慣性矩爲何？

8.86　圖 a 的面積是 L152×102×12.7 角樑的截面，截面面積爲 $A = 3060$ mm²，相對於 x 及 y 軸的慣性矩分別爲 $I_x = 7.24 \times 10^6$ mm⁴ 及 $I_y = 2.61 \times 10^6$ mm⁴。假設四根具有 L152×102×12.7 截面的樑被鉚接成截面如圖 b 所示的一個複合樑。試問複合樑相對於 x 及 y 軸的慣性矩爲何？

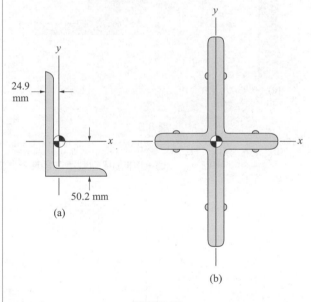

習題 8.86

8.3　旋轉軸與主軸

背景概念

假設圖 8.6a 是一個懸臂樑的截面,若在樑末端施加一個垂直力,則以圖 8.6b 的截面方位下,會較圖 8.6c 的截面方位造成較大的垂直撓曲幅度。當截面方位使得慣性矩 I_x 達到最大值時,樑的垂直撓曲達到最小(圖 8.6d)。

在許多工程應用中,我們需要計算在相對於某一個座標系統下,具有各種不同角方位的面積慣性矩,並且也要找出使得慣性矩為最大或最小值的方位。本節將討論這些計算方法。

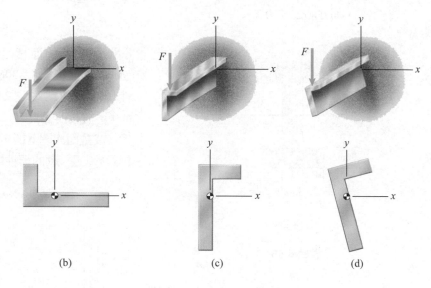

(a)　　　　　　(b)　　　　　　(c)　　　　　　(d)

圖 8.6
(a)樑的截面
(b)-(d)施加橫向載重在各種不同方向的截面上

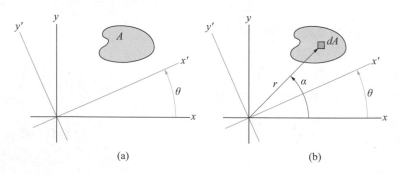

(a)　　　　　　(b)

圖 8.7
(a)$x'y'$ 座標系統相對於 xy 座標系統旋轉 θ 角
(b)微分面積元 dA

旋轉座標軸

考慮面積 A、座標系統 xy 及另一個相對於 xy 座標系統旋轉 θ 角度的座標系統 $x'y'$(圖 8.7a)。假設我們已知 A 在 xy 座標系統的慣性矩，我們的目的是計算相對於 $x'y'$ 座標系統的慣性矩。

在 xy 座標系統中，微分面積元 dA 的座標可以用圖 8.7b 所示的徑向距離 r 及角度 α 表示為

$$x = r\cos\alpha \tag{8.14}$$
$$y = r\sin\alpha \tag{8.15}$$

在 $x'y'$ 座標系統中 dA 的座標為

$$x' = r\cos(\alpha-\theta) = r(\cos\alpha\cos\theta + \sin\alpha\sin\theta) \tag{8.16}$$
$$y' = r\sin(\alpha-\theta) = r(\sin\alpha\cos\theta - \cos\alpha\sin\theta) \tag{8.17}$$

在式(8.16)及(8.17)當中，我們利用到兩個角度差的餘弦和正弦函數的恆等式(見附錄A)。將式(8.14)及(8.15)代入式(8.16)及(8.17)，我們得到 dA 的座標在兩個座標系統中的關係式：

$$x' = x\cos\theta + y\sin\theta \tag{8.18}$$
$$y' = -x\sin\theta + y\cos\theta \tag{8.19}$$

我們可利用這些式子推導 A 的慣性矩在 xy 及 $x'y'$ 座標系統間的關係。

相對於 x' 軸的慣性矩

$$I_{x'} = \int_A (y')^2 dA = \int_A (-x\sin\theta + y\cos\theta)^2 dA$$
$$= \cos^2\theta \int_A y^2 dA - 2\sin\theta\cos\theta \int_A xy\,dA + \sin^2\theta \int_A x^2 dA$$

從這個方程式我們得到

$$I_{x'} = I_x\cos^2\theta - 2I_{xy}\sin\theta\cos\theta + I_y\sin^2\theta \tag{8.20}$$

相對於 y' 軸的慣性矩

$$I_{y'} = \int_A (x')^2 dA = \int_A (x\cos\theta + y\sin\theta)^2 dA$$
$$= \sin^2\theta \int_A y^2 dA + 2\sin\theta\cos\theta \int_A xy\,dA + \cos^2\theta \int_A x^2 dA$$

由這個方程式我們得到以下結果

$$I_{y'} = I_x\sin^2\theta + 2I_{xy}\sin\theta\cos\theta + I_y\cos^2\theta \tag{8.21}$$

慣性積　在 $x'y'$ 座標系統中 A 的慣性積為

$$I_{x'y'} = (I_x - I_y)\sin\theta\cos\theta + (\cos^2\theta - \sin^2\theta)I_{xy} \tag{8.22}$$

極慣性矩　根據式(8.20)及(8.21)，在 $x'y'$ 座標系統的極慣性矩為

$$J'_O = I_{x'} + I_{y'} = I_x + I_y = J_O$$

因此極慣性矩的值不會因座標系統的旋轉而改變。

主軸

我們已看到在 $x'y'$ 座標系統中 A 的慣性矩和圖 8.7a 中的角度 θ 有關。考慮以下這個問題：哪些 θ 值使得慣性矩 $I_{x'}$ 為最大或最小值？

利用這幾個恆等式就可以很方便地回答這個問題

$$\sin2\theta = 2\sin\theta\cos\theta$$
$$\cos2\theta = \cos^2\theta - \sin^2\theta = 1 - 2\sin^2\theta = 2\cos^2\theta - 1$$

根據這些關係式，我們可以把式(8.20)至(8.22)寫成下列形式

$$I_{x'} = \frac{I_x + I_y}{2} + \frac{I_x - I_y}{2}\cos2\theta - I_{xy}\sin2\theta \tag{8.23}$$

$$I_{y'} = \frac{I_x + I_y}{2} - \frac{I_x - I_y}{2}\cos2\theta + I_{xy}\sin2\theta \tag{8.24}$$

$$I_{x'y'} = \frac{I_x - I_y}{2}\sin2\theta + I_{xy}\cos2\theta \tag{8.25}$$

我們將 $I_{x'}$ 為最大或最小值時的 θ 記為 θ_p。計算 θ_p 時，先求式(8.23)對 2θ 的導數，再令該導數為零，而得到

$$\tan2\theta_p = \frac{2I_{xy}}{I_y - I_x} \tag{8.26}$$

若令式(8.24)對 2θ 的導數為零，計算使 $I_{y'}$ 有最大或最小值的 θ 值，會再次得到式(8.26)。$I_{x'}$ 及 $I_{y'}$ 對 2θ 的二階導數的正負號相反，亦即

$$\frac{d^2I_{x'}}{d(2\theta)^2} = -\frac{d^2I_{y'}}{d(2\theta)^2}$$

這意味著在使得 $I_{x'}$ 為最大值的角度 θ_p 時，$I_{y'}$ 為最小值；而在使得 $I_{x'}$ 為最小值的角度 θ_p 時，$I_{y'}$ 為最大值。

若物體相對於旋轉一個角度後的新座標系統 $x'y'$ 時，$I_{x'}$ 及 $I_{y'}$ 為最大或最小值，則這個座標系統 $x'y'$ 的座標軸便稱為面積 A 的一組主軸。對應的慣性矩 $I_{x'}$ 及 $I_{y'}$ 稱為**主慣性矩**。下節我們將說明對應於一組主軸的慣性積 $I_{x'y'}$ 等於零。

由於正切(tangent)是一個週期函數，因此式(8.26)解 θ_p 時，解並不唯一。然而，我們可以證明式(8.26)解得的主軸方位均相差一個 90° 的任意整數倍數。觀察圖 8.8，若 $2\theta_0$ 是式(8.26)的一個解，那麼對任意整數 n 而言，$2\theta_0 + n(180°)$ 也是一個解。對應產生的 $x'y'$ 座標系統方位如圖 8.9 所示。

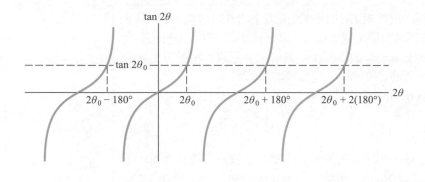

圖 8.8
同 一 個 tan$2\theta_0$ 的 值 解 到 的 重 根
$2\theta_0 + n(180°)$

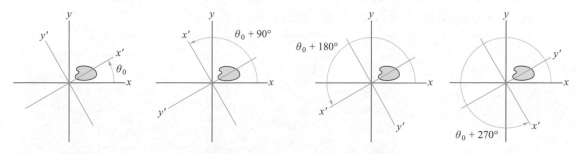

圖 8.9　$x'y'$ 座標系統的方位均差 90°的整數倍

結論

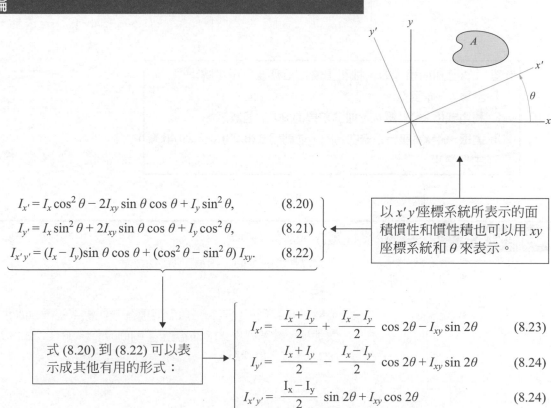

以 $x'y'$座標系統所表示的面積慣性和慣性積也可以用 xy 座標系統和 θ 來表示。

$$I_{x'} = I_x \cos^2 \theta - 2I_{xy} \sin \theta \cos \theta + I_y \sin^2 \theta, \qquad (8.20)$$

$$I_{y'} = I_x \sin^2 \theta + 2I_{xy} \sin \theta \cos \theta + I_y \cos^2 \theta, \qquad (8.21)$$

$$I_{x'y'} = (I_x - I_y)\sin \theta \cos \theta + (\cos^2 \theta - \sin^2 \theta) I_{xy}. \qquad (8.22)$$

式 (8.20) 到 (8.22) 可以表示成其他有用的形式：

$$I_{x'} = \frac{I_x + I_y}{2} + \frac{I_x - I_y}{2} \cos 2\theta - I_{xy} \sin 2\theta \qquad (8.23)$$

$$I_{y'} = \frac{I_x + I_y}{2} - \frac{I_x - I_y}{2} \cos 2\theta + I_{xy} \sin 2\theta \qquad (8.24)$$

$$I_{x'y'} = \frac{I_x - I_y}{2} \sin 2\theta + I_{xy} \cos 2\theta \qquad (8.24)$$

將根據式 (8.23) 計算得到的慣性矩 $I_{x'}$ 達到最大或最小的 θ 記為 θ_p。若 $I_{x'}$ 在 θ_p 達到最大值，則 $I_{y'}$ 達到最小值；或 $I_{x'}$ 在 θ_p 達到最小值，則 $I_{y'}$ 達到最大值。面積 A 的主軸由對應於 $\theta = \theta_p$ 的旋轉座標系統 $x'y'$ 定義，相對於主軸的慣性矩稱為主慣性矩，而對應於 $\theta = \theta_p$ 的慣性積則等於零。

對於已知的 I_x、I_y 及 I_{xy}，θ_p 可以由下式計算

$$\tan 2\theta_p = \frac{2I_{xy}}{I_y - I_x} \tag{8.26}$$

這個方程式決定唯一的主軸，但所定義的 $x'y'$ 座標系統的方向差異為 $90°$ 的整數倍。例如，若 θ_0 是式 (8.26) 的一個解，則 $\theta_0 + 90°$、$\theta_0 + 180°$ 及 $\theta_0 + 270°$ 也都是解，形成四組有效的 $x'y'$ 座標系統的方向

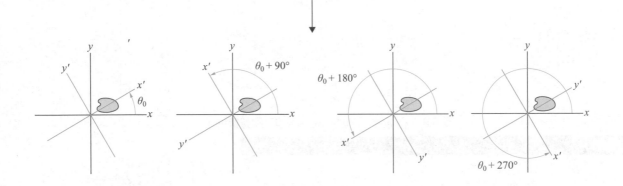

計算一個已知面積 A 的主軸和主慣性矩需要三個步驟：

1. 計算 I_x、I_y 及 I_{xy}。
2. 利用式(8.26)計算 θ_p，並令差異為 $90°$ 的整數倍。
3. 選取一組 $x'y'$ 座標系統的方向，並利用式(8.23)及(8.24)計算主慣性矩。

觀念範例 8.6　**主軸及慣性矩**(▶ 相關習題 8.87)

計算三角形面積的主軸及主慣性矩。

方略

從附錄 B 我們可以查到三角形面積在 xy 座標系統中的慣性矩及慣性積。接著利用式(8.26)決定主軸的方位，並且以式(8.23)及(8.24)計算主慣性矩。

解答

$$I_x = \frac{1}{12}(4\text{ m})(3\text{ m})^3 = 9\text{ m}^4$$

$$I_y = \frac{1}{4}(4\text{ m})^3(3\text{ m}) = 48\text{ m}^4,$$

$$I_{xy} = \frac{1}{8}(4\text{ m})^2(3\text{ m})^2 = 18\text{ m}^4$$

根據附錄 B 計算慣性矩和慣性積

$$\tan 2\theta_p = \frac{2I_{xy}}{I_y - I_x} = \frac{2(18)}{48 - 9} = 0.923$$

解得 $\theta_p = 21.4°$

以式 (8.26) 計算 θ_p

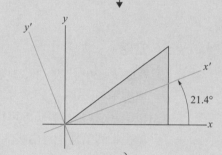

$$I_{x'} = \frac{I_x + I_y}{2} + \frac{I_x - I_y}{2}\cos 2\theta - I_{xy}\sin 2\theta$$

$$= \left(\frac{9 + 48}{2}\right) + \left(\frac{9 - 48}{2}\right)\cos[2(21.4°)] - (18)\sin[2(21.4°)]$$

$$= 1.96\text{ m}^4$$

以式 (8.23) 及 (8.24) 計算主慣性矩

$$I_{y'} = \frac{I_x + I_y}{2} - \frac{I_x - I_y}{2}\cos 2\theta + I_{xy}\sin 2\theta$$

$$= \left(\frac{9 + 48}{2}\right) - \left(\frac{9 - 48}{2}\right)\cos[2(21.4°)] + (18)\sin[2(21.4°)]$$

$$= 55.0\text{ m}^4$$

練習題

三角形面積的慣性矩及慣性積為 $I_x = 9\text{ m}^4$、$I_y = 16\text{ m}^4$，及 $I_{xy} = 6\text{ m}^4$。計算主軸及對應的主慣性矩。

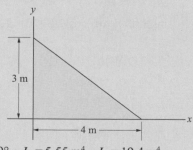

答案：$\theta_p = 29.9°$，$I_{x'} = 5.55\text{ m}^4$，$I_{y'} = 19.4\text{ m}^4$。

範例 8.7 | **旋轉軸及主軸**(▶ 相關習題 8.88，8.89)

圖示的面積在 xy 座標系統中的慣性矩為 $I_x = 22\ \text{m}^4$，$I_y = 10\ \text{m}^4$ 及 $I_{xy} = 6\ \text{m}^4$。(a)計算 $\theta = 30°$ 的 $I_{x'}$，$I_{y'}$ 及 $I_{x'y'}$。(b)計算一組主軸及對應的主慣性矩。

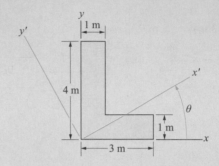

方略

(a)將 $\theta = 30°$ 代入式(8.23)至(8.25)我們可以計算 $x'y'$ 座標系統中的慣性矩。

(b)藉由式(8.26)解得 θ_p 可以決定主軸的方位。只要解得 θ_p，相對於主軸的慣性矩可由式(8.23)及(8.24)計算。

解答

(a)計算 $I_{x'}$、$I_{y'}$ 及 $I_{x'y'}$　令式(8.23)-(8.25)當中的 $\theta = 30°$ 得(慣性矩單位為 m^4)

$$I_{x'} = \frac{I_x + I_y}{2} + \frac{I_x - I_y}{2}\cos 2\theta - I_{xy}\sin 2\theta$$

$$= \left(\frac{22 + 10}{2}\right) + \left(\frac{22 - 10}{2}\right)\cos[2(30°)] - (6)\sin[2(30°)] = 13.8\ \text{m}^4$$

$$I_{y'} = \frac{I_x + I_y}{2} - \frac{I_x - I_y}{2}\cos 2\theta + I_{xy}\sin 2\theta$$

$$= \left(\frac{22 + 10}{2}\right) - \left(\frac{22 - 10}{2}\right)\cos[2(30°)] + (6)\sin[2(30°)] = 18.2\ \text{m}^4$$

$$I_{x'y'} = \frac{I_x - I_y}{2}\sin 2\theta + I_{xy}\cos 2\theta$$

$$= \left(\frac{22 - 10}{2}\right)\sin[2(30°)] + (6)\cos[2(30°)] = 8.2\ \text{m}^4$$

(b)計算 θ_p　將 xy 座標系統中的慣性矩代入式(8.26)解得

$$\tan 2\theta_p = \frac{2I_{xy}}{I_y - I_x} = \frac{2(6)}{10 - 22} = -1$$

因此 $\theta_p = -22.5°$。對應 θ_p 的主軸如圖 a 所示。

計算 $I_{x'}$ 及 $I_{y'}$　將代 $\theta_p = -22.5°$ 入式(8.23)及(8.24)求得主慣性矩：

$$I_{x'} = 24.5 \text{ m}^4 \quad , \quad I_{y'} = 7.5 \text{ m}^4$$

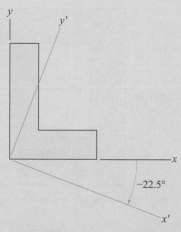

(a) 對應於 $\theta_p = -22.5°$ 的一組主軸

重要提示

切記每一組主軸的方位均相差 90°的整數倍。在這個範例中，我們是選擇將主軸設為如圖 a 所示的正 x' 軸及正 y' 軸，但選擇四組主軸中的任一者均同樣有效。

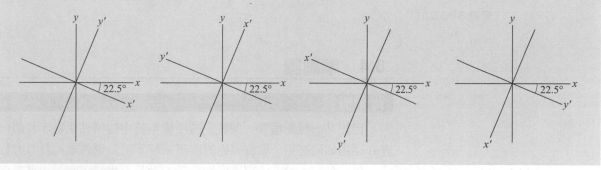

習題

▶8.87　在觀念範例 8.6 當中，假設三角形面積垂直方向的長度由 3-m 增加為 4 m。計算一組主軸及相應的主慣性矩。

▶8.88　在範例 8.7 當中，假設面積的方位重新調整如圖示。若 $\theta = 30°$，計算慣性矩 $I_{x'}$、$I_{y'}$ 及 $I_{x'y'}$。

▶8.89　在範例 8.7 當中，假設面積的方位重新調整如圖示。計算一組主軸及相應的主慣性矩。根據範例 8.7 的結果，您能不能不用式(8.26)而直接預估 θ_p 的值？

8.90　已知面積的慣性矩為 $I_x = 1.26 \times 10^6 \text{ cm}^4$，及 $I_y = 6.55 \times 10^5 \text{ cm}^4$，以及 $I_{xy} = -1.02 \times 10^5 \text{ cm}^4$。如果 $\theta = 30°$，計算面積的慣性矩 $I_{x'}$、$I_{y'}$ 及 $I_{x'y'}$。

8.91　已知面積的慣性矩為 $I_x = 1.26 \times 10^6 \text{ cm}^4$，$I_y = 6.55 \times 10^5 \text{ cm}^4$ 及 $I_{xy} = -1.02 \times 10^5 \text{ cm}^4$。計算一組主軸及相應的主慣性矩。

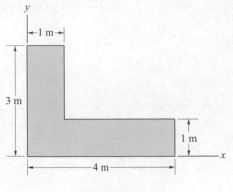

習題 8.88/8.89

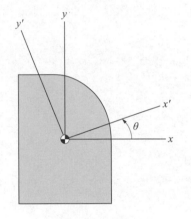

習題 8.90/8.91

8.92* 計算一組主軸及相應的主慣性矩。

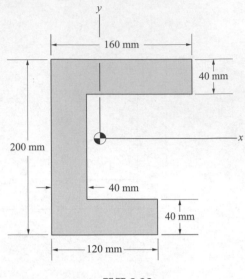

習題 8.92

8.4 摩爾圓

背景概念

　　已知某一塊面積在一個特定的座標系統中的慣性矩時，我們已經介紹過如何在另一個旋轉過的座標系統下計算慣性矩的計算方程式，以及計算主軸方位與主慣性矩等的計算方程式。利用一種稱為「**摩爾圓**」的圖解法我們也可獲得這些資訊，這個方法對於具體呈現式(8.23)至(8.25)的解非常有用。

計算 I_x、I_y 及 I_{xy}

首先我們描述如何建立摩爾圓，並解釋這個方法為什麼很好用。假設已知某一塊面積在一個座標系統 xy 中的慣性矩 I_x, I_y 及 I_{xy}，我們想要計算在另一個旋轉過的座標系統 $x'y'$ 中的慣性矩(圖 8.10)。建立摩爾圓包含三個步驟：

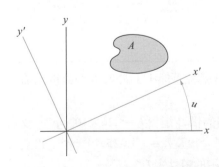

圖 8.10
xy 座標系統和旋轉過的 $x'y'$ 座標系統

1. 建立一組水平與垂直的座標軸並且畫兩點：點 1 的座標為(I_x, I_{xy})，點 2 的座標為(I_y, $-I_{xy}$)，如圖 8.11a 所示。

2. 劃一條直線連接點 1 及 2。將這條直線和水平座標軸的交點做為圓心，畫一個通過這兩個點的圓(圖 8.11b)。

3. 畫另一條通過圓心且與點 1 依逆時針方向夾角為 2θ 的直線。這條直線與圓相交於點 1′ 及點 2′，座標分別為($I_{x'}$, $I_{x'y'}$)及($I_{y'}$, $-I_{x'y'}$)，如圖 8.11c 所示。

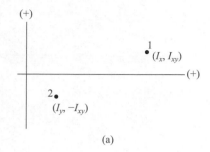

(a)

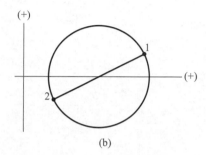

(b)

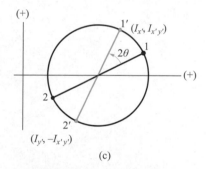

(c)

圖 8.11
(a)畫點 1 及點 2
(b)畫摩爾圓，圓心為點 1 和點 2 的連線與水平座標軸的交點
(c)求出點 1′與點 2′

因此，對於一個已知角 θ，點 1′ 及 2′ 的座標決定在這個旋轉過的座標系統下的慣性矩。為什麼這種圖解法好用？我們以圖 8.12 來說明點 1、點 2 及摩爾圓。注意到圓心的水平座標為 $(I_x + I_y)/2$。角 β 的正弦及餘弦函數為

$$\sin\beta = \frac{I_{xy}}{R} \quad , \quad \cos\beta = \frac{I_x - I_y}{2R}$$

其中，圓的半徑 R 以下式計算

$$R = \sqrt{\left(\frac{I_x - I_y}{2}\right)^2 + (I_{xy})^2}$$

圖 8.13 說明如何建立點 1′ 及點 2′。點 1′ 的水平座標為

$$\frac{I_x + I_y}{2} + R\cos(\beta + 2\theta)$$
$$= \frac{I_x + I_y}{2} + R(\cos\beta\cos2\theta - \sin\beta\sin2\theta)$$
$$= \frac{I_x + I_y}{2} + \frac{I_x - I_y}{2}\cos2\theta - I_{xy}\sin2\theta = I_{x'}$$

點 2′ 的水平座標為

$$\frac{I_x + I_y}{2} - R\cos(\beta + 2\theta)$$
$$= \frac{I_x + I_y}{2} - R(\cos\beta\cos2\theta - \sin\beta\sin2\theta)$$
$$= \frac{I_x + I_y}{2} - \frac{I_x - I_y}{2}\cos2\theta + I_{xy}\sin2\theta = I_{y'}$$

點 1′ 的垂直座標

$$R\sin(\beta + 2\theta) = R(\sin\beta\cos2\theta + \cos\beta\sin2\theta)$$
$$= I_{xy}\cos2\theta + \frac{I_x - I_y}{2}\sin2\theta = I_{x'y'}$$

點 2′ 的垂直座標為

$$-R\sin(\beta + 2\theta) = -I_{x'y'}$$

至此，我們便證明出點 1′ 的座標為($I_{x'}$, $I_{x'y'}$)，點 2′ 的座標為($I_{y'}$, $-I_{x'y'}$)。

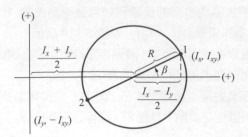

圖 8.12　點 1 及點 2 與摩爾圓

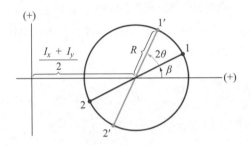

圖 8.13　點 1′及點 2′

計算主軸及主慣性矩

因為慣性矩 I_x 及 I_y 就是摩爾圓上點 1′及點 2′的水平座標，它們的極大與極小值出現在點 1′及點 2′兩點與圓及水平座標軸的兩交點相重合時(圖 8.14)。(您可以設定任何一個交點為點 1′。在圖 8.14 中，我們把慣性矩的最小值設定為點 1′。)藉由量測從點 1 到點 1′間的角度，便可以計算主軸的方位，還有點 1′及點 2′的座標即為主慣性矩。

　　注意到，摩爾圓說明了對應於一組主軸的慣性積 I_{xy}(圖 8.14 中點 1′的垂直座標)恆為零。更進一步的，我們可以利用圖 8.12 求得圓與水平座標軸交點的水平座標(也就是主慣性矩)的解析表示式：

$$主慣性矩 = \frac{I_x+I_y}{2} \pm R = \frac{I_x+I_y}{2} \pm \sqrt{\left(\frac{I_x-I_y}{2}\right)^2 + (I_{xy})^2}$$

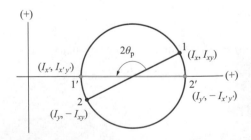

圖 8.14
要計算一組主軸的方向，令點 1′及點 2′ 為圓與水平座標軸的交點

結論

若已知面積 A 的 I_x、I_y 及 I_{xy}，摩爾圓可以用來計算相對於角 θ 的 $I_{x'}$，$I_{y'}$ 及 $I_{x'y'}$。

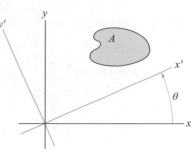

建立一組水平與垂直的座標軸，並且畫兩個點：點 1 座標為 (I_x, I_{xy})，點 2 座標為 $(I_y, -I_{xy})$

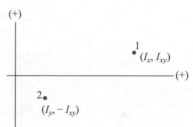

畫一條直線連接點 1 與點 2。將這條直線與水平座標軸的交點當作圓心，畫一個通過這兩點的圓

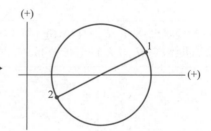

畫一條通過圓心且和點 1 依逆時針方向的夾角為 2θ 的直線，與圓相交於點 1′ 的座標為 $(I_{x'}, I_{x'y'})$，及點 2′ 的座標為 $(I_{y'}, -I_{x'y'})$

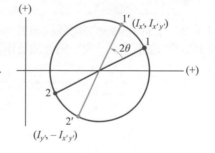

摩爾圓也可以用來計算主軸的方向和主慣性矩。

將點 1′ 置於摩爾圓和水平座標軸交點當中的一點，則從點 1′ 及點 2′ 求得的 $I_{x'}$ 及 $I_{y'}$ 即為主慣性矩。自點 1 到點 1′ 之間逆時針方向的夾角為 $2\theta_p$，因此求得主軸的方向

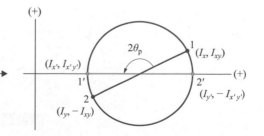

觀念範例 8.8   **摩爾圓**(▶ 相關習題 8.94，8.95)

已知面積在 xy 座標中的慣性矩及慣性積為 $I_x = 22 \, \text{m}^4$、$I_y = 10 \, \text{m}^4$
及 $I_{xy} = 6 \, \text{m}^4$。以摩爾圓求 $\theta = 30°$ 的慣性矩 $I_{x'}$、$I_{y'}$ 及 $I_{x'y'}$。

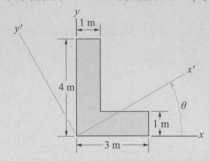

方略

以 I_x、I_y 及 I_{xy} 建立摩爾圓，便可計算 $\theta = 30°$ 的 $I_{x'}$、$I_{y'}$ 及 $I_{x'y'}$。

解答

畫出點 1 其座標為 $(I_x, I_{xy}) = (22, 6) \, \text{m}^4$
及點 2 其座標為 $(I_y, -I_{xy}) = (10, -6) \, \text{m}^4$

畫點 1 與點 2 間的連線。將這條直線與水平
座標軸的交點當作圓心，畫一個通過這兩點
的圓

畫一條通過圓心且和點 1 依逆時針方向夾角為
$2\theta = 60°$ 的直線。由點 1′ 及點 2′ 的座標求得
$I_{x'} = 14 \, \text{m}^4$，$I_{y'} = 18 \, \text{m}^4$，$I_{x'y'} = 8 \, \text{m}^4$

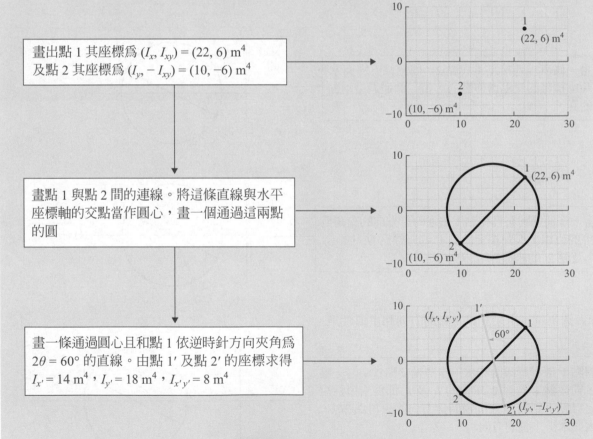

練習題

利用摩爾圓計算面積主軸的方位以及對應的主慣性矩。
答案：$\theta_p = 67.5°$，$I_{x'} = 7.5 \, \text{m}^4$，$I_{y'} = 24.5 \, \text{m}^4$。

習題

8.93　以摩爾圓解習題 8.87。

▶8.94　以摩爾圓解習題 8.88。

▶8.95　以摩爾圓解習題 8.89。

8.96　以摩爾圓解習題 8.90。

8.97　以摩爾圓解習題 8.91。

8.98*　以摩爾圓解習題 8.92。

8.99　利用我們推導式(8.20)及(8.21) 相同的方法推導關於慣性積的(8.22)。

質量

8.5　簡單物體

背景概念

　　物體的加速度由作用其上的力所造成，與其質量有關。由力與力偶所造成的角加速度，或轉動加速度，則與物體的一個「質量慣性矩」的量有關。本節討論特定物體的質量慣性矩計算方法。我們也會說明，對於一些特殊例子的物體，其質量慣性矩可以用面積慣性矩來表示(這同時解釋了那些面積分稱作慣性矩的由來)。

　　一個物體及一條線或是「軸」L_O 如圖 8.15a 所示。物體相對於軸 L_O 的**慣性矩**定義為

$$I_O = \int_m r^2 dm \qquad (8.27)$$

其中 r 是從軸到微分質量元 dm 的垂直距離(圖 8.15b)。通常 L_O 為物體繞其旋轉之軸，需要 I_O 的值來計算由相對於 L_O 的已知力偶所造成的角加速度，或旋轉率的改變率。物體其慣性矩的因次為(質量)×(長度)²。注意到，這個定義暗示其值必須為正。

細長棒

我們來計算一根細長直棒相對於通過棒子質心的垂直軸 L 的慣性矩(圖 8.16a)。「細長」意味著我們假設棒子的長度遠大於寬度。令棒子的長度為 l、截面面積為 A 且質量為 m。我們假設 A 沿棒子長度的方向為均勻一致，且棒子的材質是均質的。

　　考慮棒子上一個距離棒子質心為 r、長度為 dr 的體積元(圖 8.16b)。這個體積元的質量等於它的體積和密度的乘積：$dm = \rho A dr$。將上式代入式(8.27)我們得到相對於垂直通過棒子質心的軸時，棒子的慣性矩為：

$$I = \int_m r^2 dm = \int_{-l/2}^{l/2} \rho A r^2 dr = \frac{1}{12} \rho A l^3$$

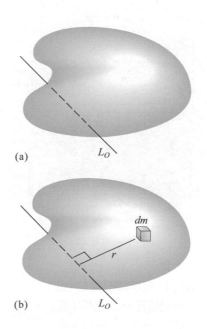

圖 8.15
(a)構件與軸 L_O
(b)微分質量元 dm

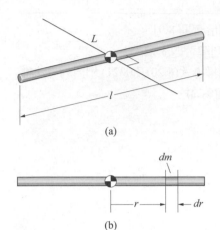

圖 8.16
(a)細長棒
(b)微分長度元 dr

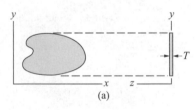

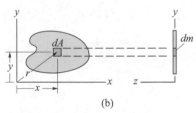

圖 8.17
(a)任意形狀且厚度均勻一致為 T 的板
(b)由面積元 dA 透過板的投影得到的
體積元

棒子的質量等於它的質量密度和體積的乘積，即 $m = \rho Al$，所以我們可將慣性矩表示為

$$I = \frac{1}{12} ml^2 \qquad (8.28)$$

得到這個結果的過程中我們忽略了棒子橫向的尺寸，亦即，我們將微分質量元 dm 視為完全集中在棒子的軸上。因此，式(8.28)是棒子慣性矩的近似式。在下一節中，我們將計算具有有限橫向尺寸的棒子的慣性矩，並且說明當棒子的寬度相較於它的長度下顯得相當小時，式(8.28)是一個良好近似式。

薄板

考慮一塊均質平板，它的質量為 m 且具有均勻一致的厚度 T，且平板的截面形狀並未特別指定。取一個卡氏座標系統，使得這塊板位在 x-y 平面上(圖 8.17a)。我們的目的是計算這塊板相對於 x、y 及 z 軸的慣性矩。

　　將一塊面積元 dA 投影透過平板的厚度 T，我們可以得到平板的一個微分體積元(圖 8.17b)。得到的體積大小為 TdA。這塊體積元的質量等於密度和體積的乘積：$dm = \rho TdA$。將這個式子代入式(8.27)，我們得到底下形式的板相對於 z 軸的慣性矩：

$$I_{z\,axis} = \int_m r^2 dm = \rho T \int_A r^2 dA$$

其中 r 是從 z 軸到 dA 的距離。由於板的質量為 $m = \rho TA$，其中 A 是板的截面面積，所以 $\rho T = m/A$，右邊的積分是板的截面面積的極慣性矩 J_O，因此我們可將板相對於 z 軸的慣性矩寫為

$$I_{z\,axis} = \frac{m}{A} J_O \qquad (8.29)$$

從圖 8.17b，我們知道從 x 軸到面積元 dA 的垂直距離就是 dA 的 y 座標。因此，板相對於 x 軸的慣性矩為

$$I_{x\,axis} = \int_m y^2 dm = \rho T \int_A y^2 dA = \frac{m}{A} I_x \qquad (8.30)$$

其中，I_x 是板的截面面積相對於 x 軸的慣性矩。板相對於 y 軸的慣性矩為

$$I_{y\,axis} = \int_m x^2 dm = \rho T \int_A x^2 dA = \frac{m}{A} I_y \qquad (8.31)$$

其中，I_y 是板的截面面積相對於相對於 y 軸的慣性矩。

　　因爲面積慣性矩 I_x 及 I_y 的和等於極慣性矩 J_o，因此薄板相對於 z 軸的質量慣性矩等於相對於 x 及 y 軸的慣性矩之和：

$$I_{z\,\text{axis}} = I_{x\,\text{axis}} + I_{y\,\text{axis}} \quad 薄板 \tag{8.32}$$

　　我們已將厚度均勻的均質薄板的慣性矩以板截面面積的慣性矩表示。實際上，這些結果說明了爲什麼面積積分 I_x、I_y 及 J_o 被稱爲慣性矩。對面積慣性矩及物體的慣性矩使用相同術語及相似符號可能會造成混淆，不過這種使用情形在實際的工程應用中已經成爲根深蒂固的習慣。所提的慣性矩其類別可由使用時的相關上下文或由單位來決定：如(長度)⁴爲面積慣性矩，而(質量)×(長度)²則爲質量慣性矩。

結論

構件的慣性矩
構件相對於軸 L_O 的慣性矩定義爲

$$I_O = \int_m r^2 dm \tag{8.27}$$

其中 r 是自 L_O 到微分質量元 dm 的垂直距離

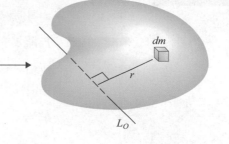

細長棒
微分質量元 $dm = \rho A\, dr$，其中 ρ 爲均質棒的密度，A 爲均勻一致的截面面積。長度爲 1 的細長棒相對於垂直通過圓心的軸的慣性矩爲

$$I = \int_m r^2 dm = \int_{-l/2}^{l/2} \rho A r^2 dr = \frac{1}{12}\rho A l^3$$

以棒子的質量 $m = \rho A l$，表示爲

$$I = \frac{1}{12} m l^2 \tag{8.28}$$

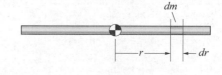

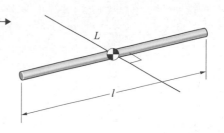

> **薄板**
> 在 $x\text{-}y$ 平面上厚度均勻一致且質量爲 m 的均質薄板，慣性矩可以用板的截面面積 A 的慣性矩來表示：
>
> $$I_{x\,\text{axis}} = \frac{m}{A} I_x \qquad\qquad (8.30)$$
>
> $$I_{y\,\text{axis}} = \frac{m}{A} I_y \qquad\qquad (8.31)$$
>
> $$I_{z\,\text{axis}} = \frac{m}{A} J_O = I_{x\,\text{axis}} + I_{y\,\text{axis}} \qquad (8.29)$$
>
> 其中 I_x 爲 A 相對於 x 軸的慣性矩，I_y 爲 A 相對於 y 軸的慣性矩，J_O 爲 A 相對爲原點的極慣性矩

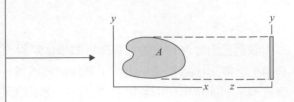

觀念範例 8.9 　三角形板的慣性矩(▶ 相關習題 8.104)

均質薄板厚度均勻一致且質量爲 m。求它相對於 x 軸的慣性矩。

方略

板相對於 x 軸的慣性矩以式(8.30)計算，並以板相對於 x 軸的面積慣性矩表示。我們可從附錄 B 查到面積慣性矩。

解答

由附錄 B，
$$I_x = \frac{1}{12} bh^3$$

> 計算板相對於 x 軸的慣性矩

板相對於 x 軸的慣性矩爲

$$
\begin{aligned}
I_{x\,\text{axis}} &= \frac{m}{A} I_x \\
&= \frac{m}{\frac{1}{2} bh} \left(\frac{1}{12} bh^3 \right) \\
&= \frac{1}{6} mh^2
\end{aligned}
$$

> 應用式 (8.30)

練習題

計算板相對於 y 軸的慣性矩。

答案：$I_{y\,\text{axis}} = \dfrac{1}{2} mb^2$。

範例 8.10　　細長棒的慣性矩(▶ 相關習題 8.100)

兩根均質的細長棒，每根皆爲長度 l、質量 m 及截面面積 A，焊接在一起形成 L-形構件。計算這個構件相對於通過點 O 的軸 L_O 的慣性矩。(軸 L_O 與這兩根棒子垂直。)

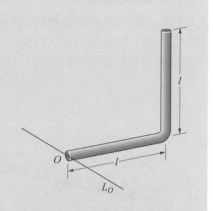

方略

利用跟計算單一棒子相同的積分程序，計算每一根棒子相對於 L_O 的慣性矩，並且把結果加總起來。

解答

第一步先引進一個 z 軸沿著 L_O 且 x 軸與 1 號棒共線的座標系統 (圖 a)。1 號棒上長度爲 dx 的微分元其質量爲 $dm = \rho A dx$。1 號棒相對於 L_O 的慣性矩爲

$$(I_O)_1 = \int_m r^2 dm = \int_0^l \rho A x^2 dx = \frac{1}{3} \rho A l^3$$

我們可以用棒子的質量，即 $m = \rho A l$，將這個結果表示爲

$$(I_O)_1 = \frac{1}{3} m l^2$$

2 號棒上長度爲 dy 的微分元，如圖 b 所示，其質量爲 $dm = \rho A dy$。從圖上我們知道從 L_O 到這塊微分元的垂直距離爲 $r = \sqrt{l^2 + y^2}$。因此，2 號棒相對於 L_O 的慣性矩爲

$$(I_O)_2 = \int_m r^2 dm = \int_0^l \rho A (l^2 + y^2) dy = \frac{4}{3} \rho A l^3$$

以棒子的質量表示時，我們得到

$$(I_O)_2 = \frac{4}{3} m l^2$$

L-形構件相對於 L_O 的慣性矩爲

$$I_O = (I_O)_1 + (I_O)_2 = \frac{1}{3} m l^2 + \frac{4}{3} m l^2 = \frac{5}{3} m l^2$$

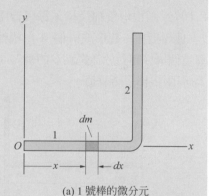

(a) 1 號棒的微分元

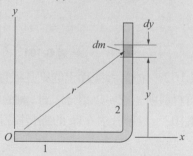

(b) 2 號棒的微分元

重要提示

範例我們利用積分計算由兩根直棒組成的構件的慣性矩。相同的方法可以應用在由這種棒子組成的更複雜構件，但明顯的會很麻煩。只要我們能以積分算出單一根棒子的慣性矩，如式 (8.28)，以這個結果計算由棒子組成的複合構件的慣性矩就會變很方便，不需要訴諸於積分。下一節將說明如何應用這個方法。

習題

▶8.100　軸 L_O 與 L-形細長棒的兩個區段皆垂直。棒的質量為 6 kg 且為均質材料組成。利用範例 8.10 所描述的方法計算棒子相對於 L_O 的慣性矩。

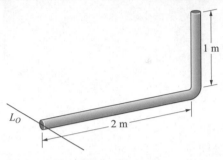

習題 8.100

8.101　兩根均質細長棒，每根皆為質量 m 與長度 l，且焊接在一起形成一個 T-形構件。利用積分計算這個構件相對於通過點 O 的軸 L_O 的慣性矩，其中 L_O 與兩根棒子皆垂直。

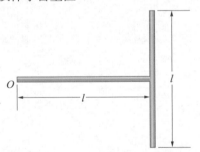

習題 8.101

8.102　位於 x-y 平面上的細長棒有質量 6 kg 且為均質材料所組成。以積分求對 z 軸的慣性矩。

8.103　以積分求 6-kg 的細長棒對 y 軸的慣性矩。

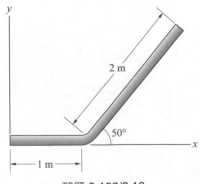

習題 8.102/8.13

▶8.104　均質薄板的質量為 m = 12 kg，尺寸為 b = 2 m 及 h = 1 m。利用觀念範例 8.9 所描述的方法計算板相對於 x 及 y 軸的慣性矩。

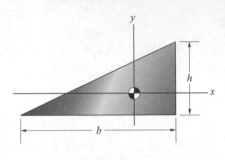

習題 8.104

8.105　厚度均勻一致且質量為 m 的均質薄板。
(a)計算它相對於 x 及 z 軸的慣性矩。
(b)令 $R_i = 0$，將您的結果與附錄 C 中圓形薄板的值比較。

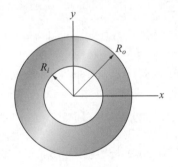

習題 8.105

8.106　厚度均勻一致且重量為 200 N 的均質薄板。計算它相對於 y 軸的慣性矩。

8.107　計算板相對於 x 軸的慣性矩。

習題 8.106/8.107

8.6　平行軸定理

背景概念

　　當對於通過物體質心的一條軸的慣性矩為已知時，對於任意一條與通過質心之軸相平行的平行軸，平行軸定理讓我們可以計算相對於這條平行軸的慣性矩。欲計算一個複合構件對某一條軸的慣性矩時，只要知道各個組成構件對其他平行軸的慣性矩，這個定理便可以用來計算複合構件對該條軸的慣性矩。

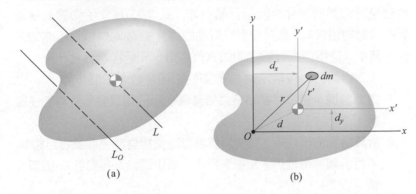

圖 8.18
(a)通過構件質心的軸 L 及平行軸 L_O
(b)xyz 及 $x'y'z'$ 座標系統

　　假設已知一個構件相對於通過質心的軸 L 的慣性矩 I，我們想要計算相對於另一條平行軸 L_O 的慣性矩 I_O(圖 8.18a)。要計算 I_O，我們引入相平行的座標系統 xyz 及 $x'y'z'$，讓 z 軸沿著 L_O 且 z' 軸沿著 L，如圖 8.18b 所示。(圖中的軸 L_O 及 L 與頁面垂直。)xyz 座標系統的原點 O 位於 x'-y' 平面。d_x 及 d_y 是質心相對於 xyz 座標系統的座標。

　　構件相對於 L_O 的慣性矩為

$$I_O = \int_m r^2 dm = \int_m (x^2 + y^2)dm \tag{8.33}$$

其中 r 是從 L_O 到微分質量元 dm 的垂直距離，x 及 y 是 dm 在 x-y 平面的座標。dm 的座標在兩個座標系統的關係為

$$x = x' + d_x \ , \ \ y = y' + d_y$$

將這些式子代入式(8.33)，我們可以寫為

$$I_O = \int_m [(x')^2 + (y')^2]dm + 2d_x \int_m x' dm + 2d_y \int_m y' dm$$
$$+ \int_m (d_x^2 + d_y^2)dm \tag{8.34}$$

由於 $(x')^2 + (y')^2 = (r')^2$，其中 r' 是從 L 到 dm 的垂直距離，這個方程式右邊的第一個積分是構件相對於 L 的慣性矩 I。回想構件相對於 $x'y'z'$ 座標系統的質心座標 $\bar{x}'$ 及 $\bar{y}'$ 定義為

$$\bar{x}' = \frac{\int_m x' dm}{\int_m dm} \quad , \quad \bar{y}' = \frac{\int_m y' dm}{\int_m dm}$$

由於構件的質心位於 $x'y'z'$ 座標系統的原點，$\bar{x}'=0$ 及 $\bar{y}'=0$。因此式 (8.34)右邊第二和第三項的積分為零。根據圖 8.18b，我們知道 $d_x^2 + d_y^2 = d^2$，其中 d 是軸 L 與 L_O 之間的垂直距離。因此，我們得到

$$I_O = I + d^2 m \tag{8.35}$$

這就是對物體的慣性矩的**平行軸定理**。式(8.35)建立了物體對**通過質心**的軸的慣性矩 I 和對任意平行軸的慣性矩 I_O 兩個慣性矩間的關係，其中 d 是兩個平行軸之間的垂直距離，m 是物體質量。

計算物體對一條給定軸 L_O 的慣性矩通常包含三個步驟：

1. **選擇區塊**：嘗試將物體分成質量慣性矩已知或容易計算的子區塊。

2. **計算區塊的慣性矩**：首先計算每個區塊相對於通過質心且和 L_O 平行的軸的慣性矩。接著利用平行軸定理計算相對於 L_O 的慣性矩。

3. **加總結果**：將每個區塊的慣性矩加總(假如是孔洞或者待切區塊則要扣除)，以求得複合構件的慣性矩。

結論

平行軸定理
質量為 m 的構件相對於軸 L_O 的慣性矩為
$$I_O = I + d^2 m \tag{8.35}$$
其中 I 是構件相對於通過質心的平行軸的慣性矩，d 為兩條平行軸之間的垂直距離

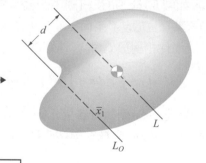

複合構件
平行軸定理使得我們可以計算複合構件相對於一條已知軸線 L_O 的慣性矩。必須要先算各個組成區塊相對於通過質心且和 L_O 平行的軸的慣性矩。接著應用平行軸定理計算各區塊相對於 L_O 的慣性矩。把結果加總起來就得到複合構件相對於 L_O 的慣性矩

觀念範例 8.11　　平行軸定理(▶ 相關習題 8.111)

質量爲 m、長度爲 l 的均質細長棒，軸 L_O 與棒垂直。

(a)利用積分計算棒子相對於 L_O 的慣性矩。

(b)棒子相對於通過質心且與棒子垂直的軸其慣性矩爲 $I = (1/12)\, ml^2$。利用這個結果及平行軸定理計算棒子相對於 L_O 的慣性矩。

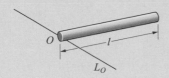

解答

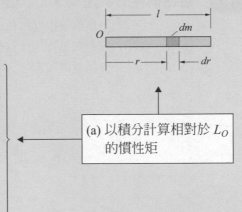

微分質量元 $dm = \rho A\, dr$，其中 ρ 爲均質細棒之密度，而 A 爲棒之均勻截面積。慣性矩爲

$$I_O = \int_m r^2\, dm = \int_O^l \rho A r^2\, dr = \frac{1}{3}\rho A l^3$$

以棒之質量表示爲 $m = \rho A l$，

$$I_O = \frac{1}{3} ml^2$$

(a) 以積分計算相對於 L_O 的慣性矩

$$I_O = I + d^2 m$$
$$= \frac{1}{12} ml^2 + \left(\frac{1}{2} l\right)^2 m$$
$$= \frac{1}{3} ml^2$$

(b) 應用平行軸定理

練習題

兩根細長棒，每根皆爲長度 l 及質量 m，焊接在一起形成一個 L-形構件。利用平行軸定理計算構件相對於軸 L_O 的慣性矩。(軸 L_O 與兩根棒子皆垂直。)

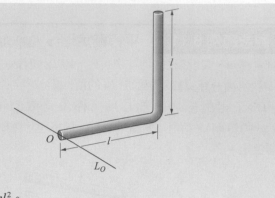

答案：$I_O = \dfrac{5}{3}ml^2$。

範例 8.12

複合構件的慣性矩(▶ 相關習題 8.127)

一個構件由焊接在一起的 3-kg 細長棒及 2-kg 薄圓盤所組成。計算相對於通過這個構件質心的軸 L 的慣性矩。(軸 L 與棒子及圓盤皆垂直。)

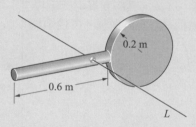

方略

先決定這個複合構件的質心位置，然後分別對各區塊應用平行軸定理，並加總最後的結果。

解答

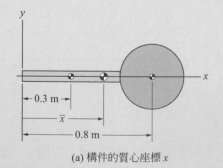

(a) 構件的質心座標 x

選擇區塊　區塊為棒及圓盤。引入如圖 a 所示的座標系統，複合構件質心的 x 座標為

$$\bar{x} = \frac{\bar{x}_{\text{bar}} m_{\text{bar}} + \bar{x}_{\text{disk}} m_{\text{disk}}}{m_{\text{bar}} + m_{\text{disk}}}$$

$$= \frac{(0.3\,\text{m})(3\,\text{kg}) + (0.6\,\text{m} + 0.2\,\text{m})(2\,\text{kg})}{(3\,\text{kg}) + (2\,\text{kg})} = 0.5\,\text{m}$$

決定區塊的慣性矩　棒子質心到複合構件的距離為 0.2 m(圖 b)，因此，棒子相對於 L 的慣性矩為

$$I_{\text{bar}} = \frac{1}{12}(3\,\text{kg})(0.6\,\text{m})^2 + (3\,\text{kg})(0.2\,\text{m})^2 = 0.210\,\text{kg-m}^2$$

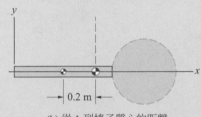

(b) 從 L 到棒子質心的距離

圓盤質心到複合構件質心的距離為 0.3 m(圖 c)，圓盤相對於 L 的慣性矩為

$$I_{\text{disk}} = \frac{1}{2}(2\,\text{kg})(0.2\,\text{m})^2 + (2\,\text{kg})(0.3\,\text{m})^2 = 0.220\,\text{kg-m}^2$$

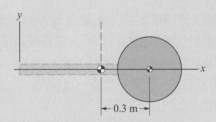

(c) 從 L 到圓盤質心的距離

加總所得結果　複合構件相對於 L 的慣性矩為

$$I = I_{\text{bar}} + I_{\text{disk}} = 0.430\,\text{kg-m}^2$$

重要提示

這個範例說明工程應用中最常用來計算構件慣性矩的程序。一個構件通常由其他零組件組合而成，個別零組件的質心，還有零組件相對於通過質心的軸的慣性矩必須先算出來。(可能必須從實驗方面得到這些資料，或者有時候須由零組件製造商提供。)接著計算複合構件的質心，並且使用平行軸定理算個別零組件相對於通過複合構件質心的軸的慣性矩。最後，將個別零組件的慣性矩加總起來，就得到複合構件整體的慣性矩。

範例 8.13　圓柱的慣性矩(▶ 相關習題 8.122, 8.123, 8.125, 8.126)

均質圓柱質量 m、長度 l 且半徑 R。計算它相對於 x、y，z 軸的慣性矩。

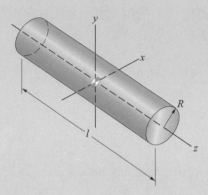

方略

我們首先計算圓柱中一個由厚度為 dz 的圓盤構成的微小圓盤元相對於 x、y 及 z 軸的慣性矩，接著將這個結果對 z 積分，得到這個圓柱的慣性矩。我們必須應用平行軸定理計算圓盤相對於 x 及 y 軸的慣性矩。

解答

考慮一塊厚度為 dz 且與圓柱中心距離為 z 的圓盤元(圖a)。(您可以想像垂直於圓柱的軸將圓柱「切片」而得到這樣的圓盤。)這塊元素的質量等於質量密度和體積的乘積，即 $dm = \rho(\pi R^2 dz)$。由附錄 C 的圓薄板數值，我們可以查到這塊元素的慣性矩。相對於 z 軸的慣性矩為

$$dI_{z\,axis} = \frac{1}{2}dmR^2 = \frac{1}{2}(\rho\pi R^2 dx)R^2$$

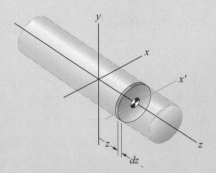

(a)以圓盤表示的圓柱微分元

將這個結果對 z 從 $-l/2$ 到 $l/2$ 積分，我們便把組成圓柱的微小圓盤元的質量慣性矩加總起來，而得到圓柱相對於 z 軸的慣性矩：

$$I_{z\,axis} = \int_{-l/2}^{l/2} \frac{1}{2}\rho\pi R^4 dz = \frac{1}{2}\rho\pi R^4 l$$

我們可以用圓柱的質量，即 $m = \rho(\pi R^2 l)$，將這個結果表示爲

$$I_{z\,axis} = \frac{1}{2}mR^2$$

圓盤元相對於 x' 軸的慣性矩爲

$$dI_{x'\,axis} = \frac{1}{4}dmR^2 = \frac{1}{4}(\rho\pi R^2 dz)R^2$$

利用這個結果及平行軸定理計算這塊元素相對於 x 軸的慣性矩：

$$dI_{x\,axis} = dI_{x'\,axis} + z^2 dm = \frac{1}{4}(\rho\pi R^2 dz)R^2 + z^2(\rho\pi R^2 dz)$$

將這個式子對 z 從 $-l/2$ 到 $l/2$ 積分，我們便得到圓柱相對於 x 軸的慣性矩：

$$I_{x\,axis} = \int_{-l/2}^{l/2}\left(\frac{1}{4}\rho\pi R^4 + \rho\pi R^2 z^2\right)dz = \frac{1}{4}\rho\pi R^4 l + \frac{1}{12}\rho\pi R^2 l^2$$

以圓柱的質量表示時，

$$I_{x\,xis} = \frac{1}{4}mR^2 + \frac{1}{12}ml^2$$

由圓柱的對稱性可得，

$$I_{y\,axis} = I_{x\,axis}$$

重要提示

當圓柱的長度遠大於寬度時，即 $l \gg R$，$I_{x\,axis}$ 的方程式當中的第一項可以忽略，我們可以得到相對於與細長棒垂直的軸的慣性矩，即式(8.28)。反過來，當圓柱的半徑遠大於長度時，即 $R \gg l$，$I_{x\,axis}$ 的方程式當中的第二項可以忽略，我們可以得到相對於與薄圓盤平行的軸的慣性矩。這也顯示出，利用「細長」棒及「薄」圓盤的慣性矩近似式時的被忽略項的大小。

習題

8.108　構件質量為 10 kg 相對於 L_1 的慣性矩為 10 kg-m²。試問相對於 L_2 的慣性矩為何？(三軸皆位在同一平面。)

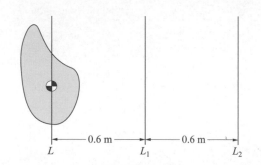

習題 8.108

8.109　一位工程師搜集設計機動裝置所需的資料，計算得到太空人的質心位於 $x=1.01$ m，$y=0.16$ m 及她相對於 z 軸的慣性矩為 105.6 kg-m²，她的質量為 81.6 kg。試問相對於通過她質心的 z' 軸的慣性矩為何？

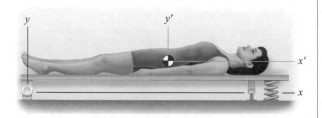

習題 8.109

8.110　兩根均質細長棒，每根皆為質量 m 及長度 l，焊接在一起形成一個 T-形構件。利用平行軸定理計算構件相對於垂直棒子且通過點 O 的軸的慣性矩。

▶8.111　利用平行軸定理計算 T-形構件相對於通過質心且垂直兩根棒子的軸的慣性矩。(見觀念範例 8.11)

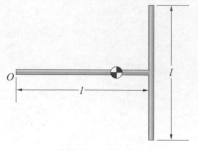

習題 8.110/8.111

8.112　均質細長棒的質量為 20 kg。計算它相對於 z 軸的慣性矩。

8.113　計算 20-kg 棒子相對於通過質心的 z' 軸的慣性矩。

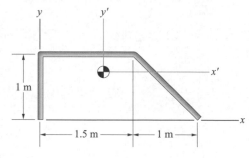

習題 8.112/8.113

8.114　均質細長棒重 5 N。計算它相對於 z 軸的慣性矩。

8.115　計算 5-N 棒子相對於通過質心的 z' 軸的慣性矩。

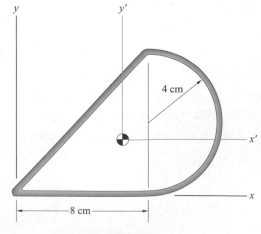

習題 8.114/8.115

8.116　圖示的火箭用來從事大氣研究。它的重量及相對於通過質心的 z 軸的慣性矩(含燃料)分別為 50 kN 及 13,770 kg-m²。火箭燃料重 30 kN，質心位於 $x=-0.9$ m、$y=0$、$z=0$ 且燃料相對於平行 z 軸且通過燃料質心的軸其慣性矩為 2970 kg-m²。若燃料耗盡，試問火箭相對於平行 z 軸且通過它的新質心的軸其慣性矩為何？

習題 8.116

8.117　均質薄板質量為 36 kg。計算它相對於 x 軸的慣性矩。

8.118　計算 36-kg 板相對於 z 軸的慣性矩。

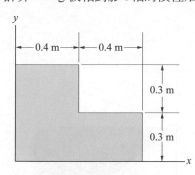

習題 8.117/8.118

8.119　均質薄板重 10 N。計算相對於 x 軸的慣性矩。

8.120　計算 10-N 板相對於 y 軸的慣性矩。

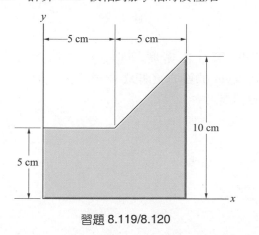

習題 8.119/8.120

8.121　熱輻射器(用來消除人造衛星多餘的熱氣)可以當作是一塊矩形均質薄板來模擬，它的質量為 80 kg。計算相對於 x、y 及 z 軸的慣性矩。

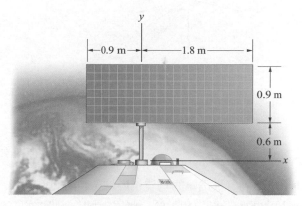

習題 8.121

▶8.122　均質圓柱質量為 m、長 l 且半徑為 R。利用範例 8.13 所描述的積分來計算相對於 x 軸的慣性矩。

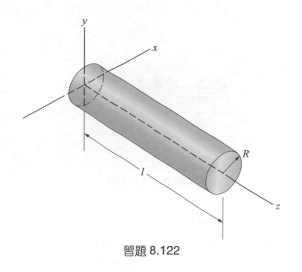

習題 8.122

▶8.123　均質圓錐質量為 m。計算相對於 z 軸的慣性矩，將您的結果與附錄 C 的值比較。(見範例 8.13)

8.124　計算質量為 m 的均質圓錐相對於 x 及 y 軸的慣性矩，將您的結果與附錄 C 的值比較。

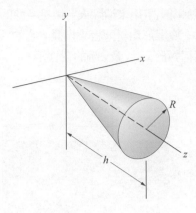

習題 8.123/8.124

▶8.125　質量爲 m 的均質楔形塊，利用範例 8.13 所描述的積分計算相對於 z 軸的慣性矩。(將您的答案以 m、a、b 及 h 表示。)

▶8.126　有一塊質量爲 m 的均質楔形塊，利用範例 8.13 所描述的積分計算相對於 x 軸的慣性矩。(將您的答案以 m、a、b 及 h 表示。)

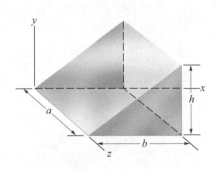

習題 8.125/8.126

▶8.127　在範例 8.12 當中，假設鋸掉 3-kg 棒子的一部份，使得棒子成爲 0.4 m 長且質量爲 2 kg。計算複合構件相對於通過改造構件質心的垂直軸 L 的慣性矩。

8.128　L-形機械零組件由兩根均質棒所組成，1 號棒的材料爲密度 14,000 kg/m³ 的鎢合金， 2 號棒的材料爲密度 7800 kg/m³ 的鋼。計算它相對於 x 軸的慣性矩。

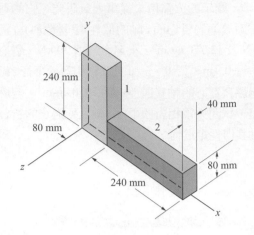

習題 8.128

8.129　內含圓錐形孔的圓錐形均質構件，尺寸爲 $R_1 = 2$ cm、$R_2 = 1$ cm、$h_1 = 6$ cm 及 $h_2 = 3$ cm，由密度 2700 kg/m³ 的鋁合金所組成。計算它相對於 x 軸的慣性矩。

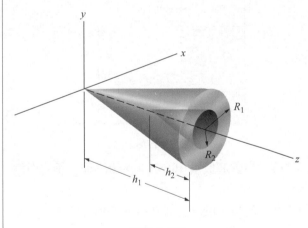

習題 8.129

8.130　圓柱由密度 2700 kg/m³ 的鋁(Al)及密度 7860 kg/m³ 的鐵(Fe)所組成。計算它相對於 x' 及 y' 軸的慣性矩。

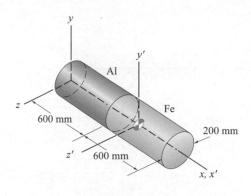

習題 8.130

8.131 均質半圓柱的質量為 m，計算相對於通過它質心的軸 L 的慣性矩。

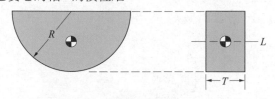

習題 8.131

8.132 均質機械零組件由密度 $\rho = 2800 \text{ kg/m}^3$ 的鋁合金所組成，計算它相對於 z 軸的慣性矩。

8.133 計算習題 8.132 所描述的機械零組件相對於 x 軸的慣性矩。

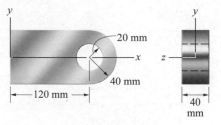

習題 8.132/8.133

8.134 構件由密度 $\rho = 7800 \text{ kg/m}^3$ 的鋼所組成，計算它相對於軸 L_O 的慣性矩。

8.135 計算習題 8.134 的構件相對於通過構件質心且平行的 L_O 慣性矩。

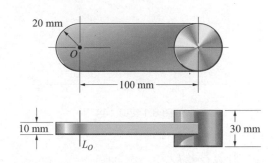

習題 8.134/8.135

8.136 厚板由密度 $r = 7800 \text{ kg/m}^3$ 的鋼所組成，計算它相對於 z 軸的慣性矩。

8.137 計算習題 8.136 的板相對於 x 軸的慣性矩。

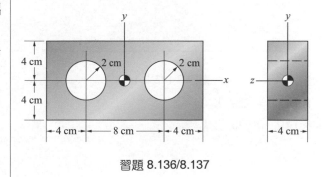

習題 8.136/8.137

複習習題

8.138 計算 I_y 及 k_y。

8.139 計算 I_x 及 k_x。

8.140 計算 J_O 及 k_O。

8.141 計算 I_{xy}。

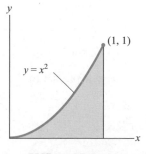

習題 8.138-8.141

8.142   計算 I_y 及 k_y。

8.143   計算 I_x 及 k_x。

8.144   計算 I_{xy}。

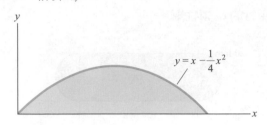

習題 8.142-8.144

8.145   計算 $I_{y'}$ 及 $k_{y'}$。

8.146   計算 $I_{x'}$ 及 $k_{x'}$。

8.147   計算 $I_{x'y'}$。

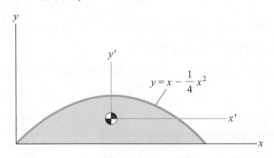

習題 8.145-8.147

8.148   計算 I_y 及 k_y。

8.149   計算 I_x 及 k_x。

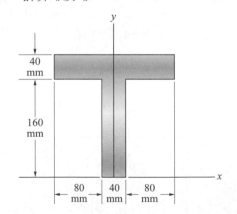

習題 8.148/8.149

8.150   計算 I_x 及 k_x。

8.151   計算 J_O 及 k_O。

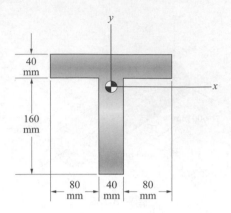

習題 8.150/8.151

8.152   計算 I_y 及 k_y。

8.153   計算 J_O 及 k_O。

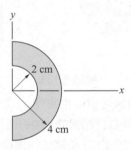

習題 8.152/8.153

8.154   計算 I_x 及 k_x。

8.155   計算 I_y 及 k_y。

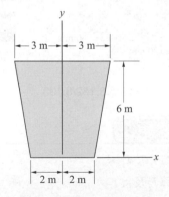

習題 8.154/8.155

8.156   面積慣性矩為 $I_x = 36 \, \text{m}^4$、$I_y = 145 \, \text{m}^4$，及 $I_{xy} = 44.25 \, \text{m}^4$。計算一組主軸及主慣性矩。

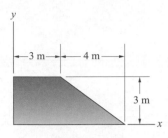

習題 8.156

8.157 質量 0.88-kg 的棒子對垂直通過點 B 的軸其慣性矩爲 0.122 kg-m² 。求棒子對垂直通過點 A 的軸的慣性矩。(點 A 是這根棒子的「瞬時中心」，或圖示瞬間的旋轉中心。)

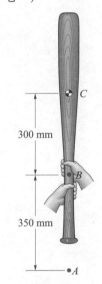

習題 8.157

8.158 求質量 4 kg 的均質板對 y 軸的慣性矩。

8.159 計算 4-kg 板相對於 z 軸的慣性矩。

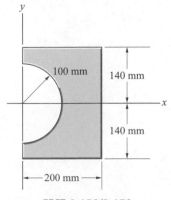

習題 8.158/8.159

8.160 質量 m 的均質角錐，求對於 z 軸的慣性矩。

8.161 求質量 m 的均質角錐對 x 及 y 軸的慣性矩。

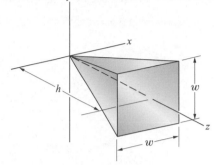

習題 8.160/8.161

8.162 求重 400 N 的均質構件對於 x 軸的慣性矩。

8.163 計算 400-N 構件相對於 y 及 z 軸的慣性矩。

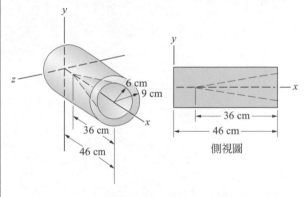

習題 8.162/8.163

8.164 計算 14-kg 的飛輪相對於軸 L 的慣性矩。

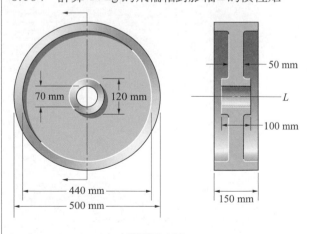

習題 8.164

9 摩擦力

在工程應用上，摩擦力具有許多重要的影響，可以是有利的也可能是有害的。摩擦力的庫倫定理(The Coulomb theory of friction)可讓我們估算出接觸表面間的最大摩擦力及滑動表面間所作用的摩擦力。這個現象開啓了分析另一類重要結構及機械的大道，包含楔子(夾片)、連結螺桿、軸承及皮帶輪。

◄ 工作品加了垂直與摩擦力於磨輪上。在本章中我們將分析接觸表面間的摩擦力。

9.1　乾摩擦力定理

背景概念

　　假設某人正爬上一個倚靠在平滑牆上的梯子。圖9.1a中顯示出此人與梯子的自由體圖。如果此人是靜止在梯子上，我們可以利用平衡公式來定出摩擦力的大小。但是僅只利用平衡公式又有一個問題無法得出解答：梯子是否會維持在原地，或是它會滑倒在地上？如果一輛卡車停在斜坡道上，路面加於其輪胎上的總摩擦力可以讓它不會從斜坡道上下滑(圖9.1b)。我們可以利用平衡公式來求出總摩擦力。然而同樣的我們無法解答另一個問題：可讓卡車停放而不下滑的斜坡最陡角度為何？

　　要解答這些問題，我們必須更詳細的檢視摩擦力的本質。將一本書放在桌上並用一小的水平作用力推著它，如圖9.2a所示。如果你施加的力不夠大，書本不會動。書本的自由體圖如圖9.2b所示。作用力 W 為書本的重量，而 N 為桌面加於接觸於桌面上之書本表面上的總垂直作用力。作用力 F 為你所加的水平作用力，而 f 為桌面所加之總摩擦力。由於書本處於平衡狀態，$f = F$。

摩擦力

(a)

摩擦力

(b)

圖 9.1

由摩擦力支撐的物體

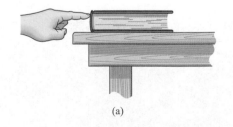

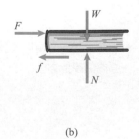

(a)

(b)

圖 9.2

(a)施加一水平作用力於書上

(b)書本的自由體圖

現在你將施加於書上的力慢慢加大。只要書本一直維持平衡狀態，摩擦力也會相對的增加，因為它相等於你所施加的作用力。當你施加的作用力變成太大時，書本會移動。它會在桌上滑動。在達到某一最大值後，摩擦力無法再讓書本維持平衡。同時，請注意你讓書本維持在桌上運行所需的作用力比造成它開始滑動的要小。(如果你曾經在地板上推過家具對這種現象應該很清楚的。)

桌面如何施加摩擦力於書本上？為什麼書本會滑動？為什麼讓書本在桌面上滑行的力比讓它開始滑動所需的力小？如果桌子與書本的表面被充份的放大後，它們都會顯得粗糙(圖 9.3)。摩擦力有一部份是肇因於接觸表面間粗糙度(或**粗糙**)相互間的交互作用而成。將此書本與桌面間的粗糙表面視為一簡單的二維模型我們可以深入了解摩擦力的機構。

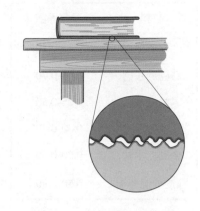

圖 9.3
表面的粗糙度可以從放大圖中看出

假設我們將書本與桌面間的粗糙表面簡化為如圖 9.4a 所示之二維「鋸齒」型。當水平作用力 F 增加時，如圖 9.4b 所示在作用力大到能造成書本向上滑動前書本會一直維持靜止。造成這現象所需之水平作用力為何？想找出答案，我們必須先找出在圖 9.4b 中維持書本處於「已滑動」平衡狀態下所需之 F 的值。圖 9.4c 示出加於書本上第 i 個鋸齒型粗糙表面上之垂直作用力 C_i。(請注意在此簡單模型中我們假設粗糙表面是平滑的)將桌面加於書本上粗糙表面之垂直作用力的總和定為 $C = \sum_i C_i$，我們可以得出下列之平衡公式

$$\Sigma F_x = F - C\sin\alpha = 0$$
$$\Sigma F_y = C\cos\alpha - W = 0$$

消去公式中的 C 後，我們得出造成書本滑動的作用力：

$$F = (\tan\alpha)W$$

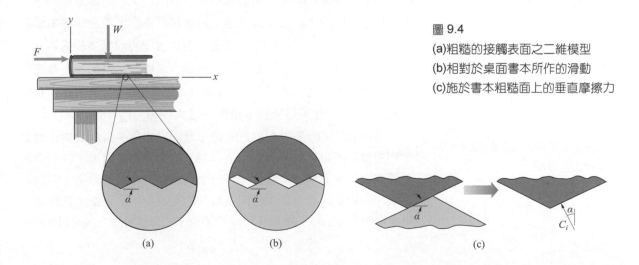

圖 9.4
(a)粗糙的接觸表面之二維模型
(b)相對於桌面書本所作的滑動
(c)施於書本粗糙面上的垂直摩擦力

(a)　　　(b)　　　(c)

表 9.1　靜摩擦係數的典型數值

材料	靜摩擦係數 μ_s
金屬於金屬	0.15-0.20
石磚於石磚	0.60-0.70
木材於木材	0.25-0.50
金屬於石磚	0.30-0.70
金屬於木材	0.20-0.60
橡皮於混凝土	0.50-0.90

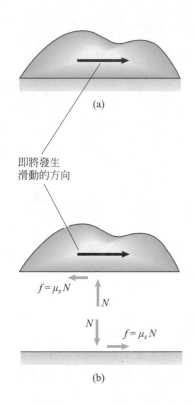

即將發生
滑動的方向

$f = \mu_s N$

N

N

$f = \mu_s N$

(b)

圖 9.5
(a)上表面處即將向右滑動的臨界點
(b)摩擦力的方向

可看出造成書本滑動所需的作用力與加壓於粗糙面上之所用作用力(書本重量)成正比。想像將相疊的書本數增加並施加水平作用力於其上。書本數量增加時造成它們滑動所需的力也相形增加。同時,在我們二維的假想實驗中,**角度 α 是對於鋸齒型表面之粗糙度的一種度量**。當 $\alpha \to 0$,表面變成平滑且造成書本滑動所需的作用力趨近零。當 α 增加,粗糙度增加且造成書本滑動所需的作用力也增加。

在以下之章節中,對於剛剛所描述的基本現象我們提出一個理論而此理論對於決定乾表面間之摩擦力是非常有用的。(在潤滑表面間的摩擦力是一種液態現象必須於流體力學範圍中來分析。)

摩擦係數

乾摩擦理論,或稱為**庫倫摩擦**(*Coulomb friction*),可預估乾燥,相互間相對地靜止的接觸表面上所施加的最大摩擦力。它也可以預估當處於相對的運動,或滑動下之接觸面間之摩擦力。我們先考慮不處於相對運動下的表面。

靜摩擦係數　在兩個平面間,表面為乾燥且相互間沒有相對的運動,可加的**最大摩擦力**之值為

$$f = \mu_s N \tag{9.1}$$

其中 N 為表面間接觸力的垂直分量而 μ_s 為稱為靜**摩擦係數**(*coefficient of static friction*)之常數。假設 μ_s 值僅與接觸面材料與各表面條件(平滑度及被其它材料污染之程度)有關。表 9.1 中列出幾種典型材料之 μ_s 的值。從各對材料數值間的變化幅度(相當大)可看出 μ_s 對於表面條件之敏感度。在工程應用上常需測量實際使用表面上之 μ_s 的值。

我們再回到書本放於桌面上的例子(圖 9.2)。假設一**固定**的作用力 F 加於書本上,且書本維持於平衡狀態,桌子施加於書本上的摩擦力為何?從圖 9.2b 之自由體圖中可以看出 $f = F$。請注意我們並沒有利用公式(9.1)來解答這個問題。如果我們要找出不造成書本滑動的**最大**作用力 F 的話。如果已知書本與桌面間的靜摩擦係數為 μ_s,公式(9.1)告訴我們可以加於書本上的最大摩擦力。因此,不造成書本滑動的最大作用力 F 為 $F = f = \mu_s N$。從圖 9.2b 之自由體圖中我們了解 $N = W$,因此不造成書本滑動的最大作用力為 $F = \mu_s W$。

式(9.1)只定出最大摩擦力的值卻沒定出方向。當兩表面正處發生相對滑動的臨界點時,利用式(9.1),其摩擦力為最大。我們說滑**動即將發生**,而摩擦力阻止即將發生的運動。在圖 9.5a 中,假設其下表面是固定的而上表面的向右滑動即將發生。上表面上的摩擦力阻止它即將發生的運動(圖 9.5b)。下表面上之摩擦力的方向是相反的。

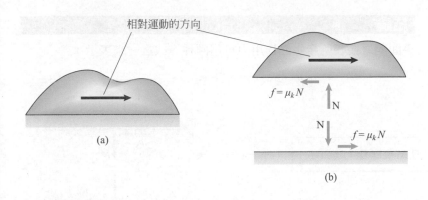

相對運動的方向

$f = \mu_k N$　　N

N　　$f = \mu_k N$

(a)

(b)

圖 9.6
(a)相對於下表面上表面向右移動
(b)摩擦力的方向

動摩擦係數　根據乾摩擦原理，在兩個處於相對運動(滑動)之乾燥接觸平面間的摩擦力之值爲

$$f = \mu_k N \qquad (9.2)$$

其中 N 爲表面間之垂直作用力而 μ_k 爲其**動摩擦係數**(*coefficient of kinetic friction*)。假設 μ_k 的值只與接觸面的材料及條件有關。以一對特定的表面來說，其值常較小於 μ_s 的值。

　　一旦你已造成圖 9.2 中的書本開始滑動，其摩擦力 $f = \mu_k N = \mu_k W$。因此，要讓書本維持均勻運動所需加的作用力爲 $F = f = \mu_k W$。

　　當兩表面正作相對滑動時，摩擦力會阻止此相對運動。圖 9.6a 中，假設下表面爲固定而上表面正向右移動。加於上表面之摩擦力的方向與運動方向相反(圖 9.6b)。下表面上之摩擦力的方向是相反的。

摩擦角

我們已將由於與另一表面之接觸而加於一表面上之反作用力以其垂直及平行於此表面之分量來表示，摩擦力 f 及垂直作用力 N(圖 9.7a)。在某些情況下使用其大小 R 及**摩擦角**(*angle of friction*)θ(反作用力與表面之法線的夾角)來表示此反作用力會較爲方便。(圖 9.7b)。作用力 f 及 N 與 R 及 θ 之關係爲

$$f = R\sin\theta \qquad (9.3)$$
$$N = R\cos\theta \qquad (9.4)$$

當滑動即將發生時之 θ 的值稱爲**靜摩擦角**(*angle of static friction*)θ_s，而當表面互相作相對滑動時之值則稱之爲**動摩擦角**(*angle of kinetic friction*)θ_k。利用公式(9.1)-(9.4)，我們可以用摩擦係數來表示靜摩擦角與動摩擦角：

$$\tan\theta_s = \mu_s \qquad (9.5)$$
$$\tan\theta_k = \mu_k \qquad (9.6)$$

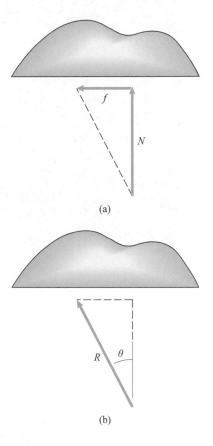

f

N

(a)

R　θ

(b)

圖 9.7
(a)摩擦力 f 與垂直作用力 N
(b)摩擦力之值 R 與角度 θ

結論

平面間之接觸所產生之作用力可用兩種方式之一來表示：

以垂直作用力 N 及摩擦力 f 表示 ⟶

以摩擦力之值 R 與角度 θ 表示 ⟶

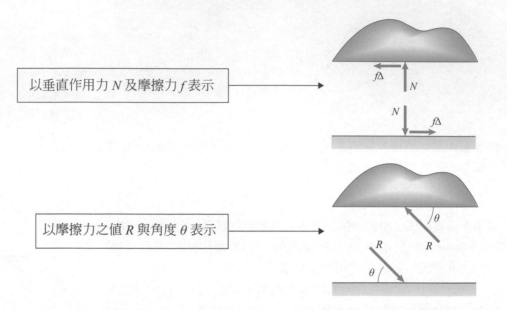

摩擦係數

乾摩擦表面間互相不作相對運動下所產生的最大摩擦力之值(亦即，當滑動即將發生)為

$$f = \mu_s N \tag{9.1}$$

其中 μ_s 為靜**摩擦係數**。當滑動發生時之摩擦角與靜摩擦係數之關係為

$$\tan\theta_s = \mu_s \tag{9.5}$$

乾摩擦表面間作相對運動下(滑動)所產生的摩擦力之值為

$$f = \mu_k N \tag{9.2}$$

其中 μ_k 為動**摩擦係數**。當滑動即將發生時之摩擦角與動摩擦係數之關係為

$$\tan\theta_k = \mu_k \tag{9.6}$$

計算摩擦力與摩擦角需要的判斷程序：

表面間是否作相對運動(滑動)？

是　　　　　　　　　　　　　　否

$f = \mu_k N$ 及 $\tan \theta_k = m_k$。
摩擦力阻止相對運動

你知道滑動是否即將發生？

是　　　　　　　　　　　　　　否

$f = \mu_s N$ 及 $\tan \theta_s = m_s$。
摩擦力阻止將發生的運動

你必須從平衡公式來判斷
摩擦力的大小與方向。
如果 $f > \mu_s N$ 或 $\tan \theta_s > \mu_s$
系統不會處於平衡

觀念範例 9.1　　求出摩擦力(▶ 相關習題 9.1)

繩子施加一水平作用力於靜止的 180-N 木箱上。木箱與斜板
間的靜摩擦係數爲 $\mu_s = 0.4$。假設繩子加一 90-N 的作用力於木箱
上，斜板施加於木箱之摩擦力爲何？

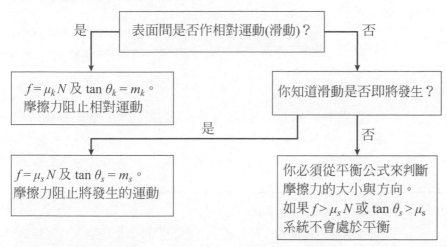

20°

方略

木箱在斜板上並沒有滑動，而且我們不知滑動是否即將發生，
因此我們需利用平衡公式來求出摩擦力。

解答

畫出木箱的自由體圖。由於摩擦力的方向不
知道，因此任意的選擇一個方向。從答案中
的正負號可以指出其方向

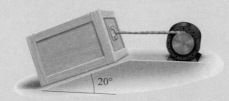

應用平衡條件。負的摩擦力之值
表示它的方向是指向斜坡下方

$\Sigma F_x = f + T\cos 20° - W\sin 20° = 0$
$\Sigma F_y = N - T\sin 20° - W\cos 20° = 0$
代 $W = 180\,\text{N}$ 及 $T = 90\,\text{N}$
解得 $N = 200\,\text{N}$ 及 $f = -23.0\,\text{N}$

計算表面可支撐之最大摩擦力來確認它不超過平衡所需之摩擦力之值 ────────→ $\mu_{sA}N = (0.4)(200\ \text{N}) = 80\ \text{N}$

練習題

不使木箱向上滑動下繩子可加於木箱的最大水平作用力為何？
答案：161 N。

範例 9.2　　分析摩擦型剎車(▶ 相關習題 9.22)

圓盤運動由剎車 ABC 施於盤上 C 點的摩擦力來控制。液壓制動器 BE 施一大小 F 的水平力於剎車 B 點。剎車與圓盤間之摩擦係數為 μ_s 及 μ_k。使圓盤在逆時針方向作等速旋轉需加多大力偶 M？

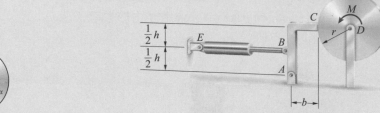

(a) 圓盤的自由體圖

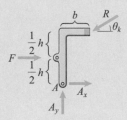

(b) 剎車的自由體圖

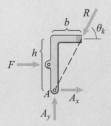

(c) R 的作用線通過點 A

方略

利用自由體圖我們可以得出 M 與剎車器加於圓盤上的反作用力之關係，再利用剎車器之自由體圖來求出反作用力與 F 之關係。

解答

畫出圓盤之自由體圖如圖 a 所示，將剎車器所施的力以單一作用力 R 來表示。作用力 R 阻止了圓盤作逆時針方向的旋轉，而摩擦角為動摩擦力角度 $\theta_k = \tan^{-1}\mu_k$。將對 D 的扭矩加總，可得出

$$\Sigma M_{\text{point }D} = M - (R\sin\theta_k)r = 0$$

則，從剎車器之自由體圓(圖 b)，我們可求出

$$\Sigma M_{\text{point }A} = -F\left(\frac{1}{2}h\right) + (R\cos\theta_k)h - (R\sin\theta_k)b = 0$$

由此聯立方程式中可解出 M 及 R。力偶 M 的解為

$$M = \frac{(1/2)hrF\sin\theta_k}{h\cos\theta_k - b\sin\theta_k} = \frac{(1/2)hrF\mu_k}{h - b\mu_k}$$

重要提示

若摩擦係數 μ_k 夠小，則在所得出之力偶 M 的式子中分母項，$h\cos\theta_k - b\sin\theta_k$，為正值。當 μ_k 變大，分母變小，因為 $\cos\theta_k$ 減小而 $\sin\theta_k$ 增加。當分母趨於零時，旋轉圓盤所需的力偶也將趨於無限大。要了解這個結果，請注意當 $\tan\theta_k = h/b$ 時其分母為零，這表示 R 的作用線通過點 A (圖 c)。當 μ_k 增加而且 R 的作用線趨向點 A 時，要平衡 F 對點 A 所生之力矩所需之 R 的值會趨向無限大。因此，M 之理論上的預測值會趨向無限大。當然，在 M 達到某一值時，作用力 F 及 R 的大小會超過剎車器所能承受的量。

範例 9.3 　判定物體是否會傾倒 (▶ 相關習題 9.45)

假設我們要用一水平作用力 F 將某一工具櫃推過地板。如果我們作用力的施加高度 h 太高，櫃子會在其開始滑動前就傾倒。地板與櫃子間的靜摩擦係數為 μ_s，讓櫃子滑動而不會傾倒的施力高度 h 最大為何？

方略

當櫃子位於即將傾倒時，它正處於 B 上沒有反作用力的平衡狀態。我們可以利用這個條件來找出 F 對 h 的關係式。然後，再找出造成櫃子滑動之 F 的值，我們就可以求出在櫃子處於即將傾倒且即將滑動時之 h 的值。

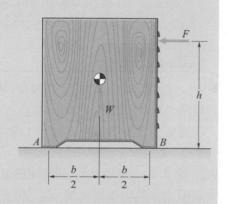

解答

在圖 a 中我們畫出櫃子處於即將傾倒時之自由體圖。將於 A 之力矩加總，得出

$$\Sigma M_{\text{point}A} = Fh - W\left(\frac{1}{2}b\right) = 0$$

平衡下要求 $f = F$ 及 $N = W$。

當櫃子即將滑動時，

$$f = \mu_s N$$

因此

$$F = f = \mu_s N = \mu_s W$$

將此式子代入力矩公式，得出

$$\mu_s Wh - W\left(\frac{1}{2}b\right) = 0$$

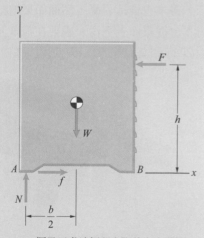

(a) 櫃子正處欲傾翻之際的自由體圖

從此式中解出 h，我們發現當櫃子即將滑動時，如果它以下列的高度推動時它也處於即將傾倒的狀態

$$h = \frac{b}{2\mu_s}$$

如果 h 比這個值小時，櫃子開始滑動前不會傾倒。

重要提示

請注意櫃子發生滑動而不會傾倒的最大高度 h 的值與 F 無關。櫃子會不會產生傾倒只與其加力之高度有關，而不是力的大小。這個例題的解答帶來什麼誘因？沉重物體發生傾倒的可能性很明顯的是一個安全上的傷害，這類的分析可以影響它們的設計工作。一旦使用這些分析，工安工程師可以建立防止傾倒的使用指南(例如，在一個直立的櫃子或機器上作一超過此線不可以推動的水平線標示)。

習題

▶9.1　在觀念範例 9.1 中，假設在 180-N 之木箱與斜板間的靜摩係數為 $\mu_s = 0.3$。要防止木箱從斜板上下滑繩索需加於木箱上之最小水平作用力的值為何？

9.2　某人將一本 10-N 的書置於相對於水平面作 15° 的桌子上。她發現如果加一非常小的作用力如圖示，書本會維持平衡，然而如果她將作用力除去，書本會從桌面上下滑。她要在書本上加多大的作用力(平行於桌面的方向)來使得書本向桌面上滑動？

15°

習題 9.2

9.3　某一學生將一箱 200-N 的書本推過地板面。地毯與書箱間的動摩擦係數為 $\mu_k = 0.15$。

(a)如果他所加之作用力 F 的角度為 $\alpha = 25°$，要將箱子推過地板所加之作用力的值為何？

(b)如果他更彎下膝部而以 $\alpha = 10°$ 的角度加了作用力 F，他要滑動箱子所需加的作用力之值為何？

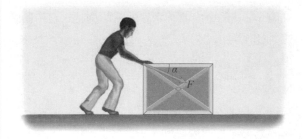

習題 9.3

9.4　一輛 15-kN 的車子停於傾斜的街道上。剎車加於前後的輪子上。

(a)如果車子輪胎與路面間的靜摩擦係數為 $\mu_s = 0.8$，車子可維持平衡的最大斜度為何(相對於水平面以度表示)？

(b)如果街道上結冰而輪胎與路面間的靜摩擦係數為 $\mu_s = 0.2$，車子可維持平衡的最大斜度為何？

習題 9.4

9.5　貨卡的絞盤加了水平的作用力於 200-kg 的木箱上來將其拉下斜板。木箱與斜板間的靜摩係數為 $\mu_s = 0.6$。

(a)假設絞盤加了一 200-N 之水平作用力於木箱上，斜板加於木箱上之摩擦力之值為何？

(b)要讓木箱開始於斜板上下滑絞盤所需加的水平作用力之值為何？

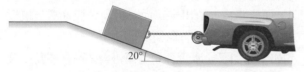

習題 9.5

9.6　圖示的機件設件來將旅行箱在斜板上移動。它施加了平行於斜板的作用力。假設旅行箱的重量為 200 N。旅行箱與斜板間之摩擦係數為 $\mu_s = 0.20$ 與 $\mu_s = 0.18$。

(a)如果這個機件沒有加上任何作用力旅行箱會不會維持靜止？

(b)要將旅行箱以等速在斜板上推動機件所需加的作用力為何？

習題 9.6

9.7　50-kg 木箱與斜板間之靜摩擦係數為 $\mu_s = 0.35$。彈簧的未變形長度為 800 mm，且彈性係數為 $k = 660 \, \text{N/m}$。木箱可在斜板上維持靜止的最小 x 之值為何？

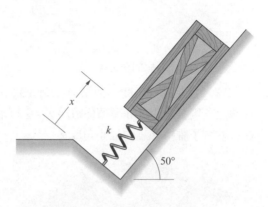

習題 9.7

9.8　40-kg 木箱與傾斜地面間的動摩擦係數為 $\mu_k = 0.3$。假設其角度為 $\alpha = 20°$，要將此木箱以等速移動此人需加於繩索上之張力為何？

9.9　在習題 9.8 中，將此木箱以等速移動之最小張力角度 α 為何？其所需之張力為何？

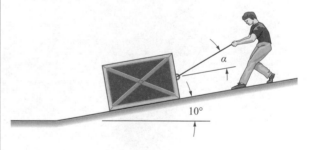

習題 9.8/9.9

9.10　盒子 A 重 100 N 而盒子 B 重為 30 N。盒子 A 與斜板間之摩擦係數為 $\mu_s = 0.30$ 與 $\mu_k = 0.28$。斜板加於盒子 A 之摩擦力之值為何？

9.11　盒子 A 重 100 N，且盒子 A 與斜板間之摩擦係數為 $\mu_s = 0.30$ 與 $\mu_k = 0.28$。要讓此系統維持靜止盒子 B 之重量範圍為何？

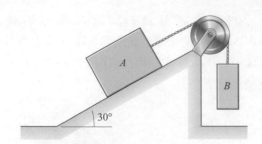

習題 9.10/9.11

9.12　左盒之質量為 30 kg，而右盒之質量為 40 kg。每個盒子與斜面間之靜摩擦係數為 $\mu_s = 0.2$。請找出讓這些盒子維持靜止的最小角度 α。

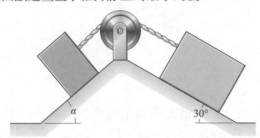

習題 9.12

9.13　100-kg 盒子與斜面間之動摩係數為 0.35。請找出讓盒面以等速拉上斜面所需之張力 T。

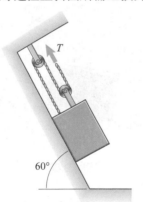

習題 9.13

9.14　盒子靜置於斜面上。盒子與斜面間之靜摩擦係數為 μ_s。

(a)假設盒子之質量為 10 kg，$\alpha = 20°$，$\beta = 30°$，且 $\mu_s = 0.24$，讓盒子開始於斜面向上滑動所需之張力 T 為何？

(b)請導出當 $\tan\beta = \mu_s$ 時讓盒子於斜面上滑所需之作用力 T 為最小。

9.15　於 1779 年在說明對於 Rochefort 港口船隻下水典禮之意見時，庫倫分析圖示的系統來找出讓盒子靜止於斜面上之最小作用力 T。請示出其結果為

$$T = \frac{(\sin\alpha - \mu_s\cos\alpha)mg}{\cos\beta - \mu_s\sin\beta}$$

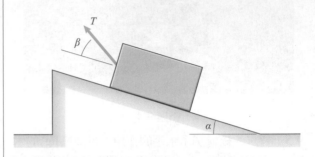

習題 9.14/9.15

9.16　兩片合成板 A 及 B 置於卡車車床上。它們具有同樣的重量 W，且兩片夾板間及夾板 B 與車床間的靜摩擦係數為 μ_s。

(a)如果你只加了水平作用力於板 A 上而不加力於板 B，你能將板 A 滑出卡車而不移動到板 B 嗎？讓板 A 開始滑動之作用力為何？

(b)如果你加了一水平作用力使得板 A 不會移動，讓板 B 開始移動之水平作用力為何？

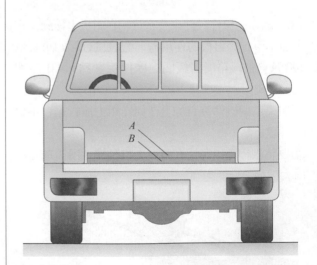

習題 9.16

9.17 兩個盒子之重量為 $W_1 = 100\,\text{N}$ 與 $W_2 = 50\,\text{N}$。左邊盒子與斜面間之摩擦係數為 $\mu_s = 0.12$ 與 $\mu_k = 0.10$。請求出將這些盒子以等速向上移動此人需加於繩索上的張力。

9.18 習題 9.17 中，繩索所力的之張力在什麼範圍中此些盒子會維持靜止？

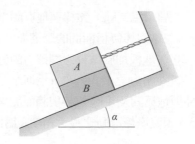

習題 9.19

9.20 盒子之質量為 $m_A = 15\,\text{kg}$ 及 $m_B = 60\,\text{kg}$。盒子 A 與盒子 B 間的靜摩擦係數及盒子 B 與斜面間的靜摩擦係數為 0.12。不讓這些盒子產生滑動之最大作用力 F 為何？

9.21 在習題 9.20 中，當這些盒子不會滑動的最小作用力 F 為何？

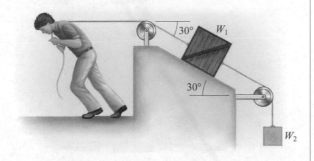

習題 9.17/9.18

9.19 每個盒子重 10 N。盒子 A 與盒子 B 間的靜摩擦係數為 0.24，且盒子 B 與斜面間的靜摩擦係數為 0.3。讓盒子 B 不滑動之最大角度 α 為何？

　　方略：畫出兩個盒子之個別自由體圖並寫下當盒子 B 即將滑動時之平衡公式。

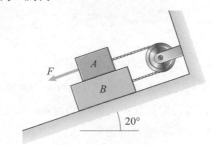

習題 9.20/9.21

▶9.22 在範例 9.2 中，使得圓盤產生順時針之等速旋轉所需加之順時針力偶 M 為何？

9.23 均質之水平棒 AB 重 200 N。均質之圓盤重 300 N。圓盤與斜面間之動摩擦係數為 $\mu_k = 0.24$。使得圓盤於順時針方向作等速旋轉需加於其上之力偶的值為何？

9.24 均質之水平棒 AB 重 200 N。均質之圓盤重 300 N。圓盤與斜面間之動摩擦係數為 $\mu_k = 0.24$。使得圓盤於反時針方向作等速旋轉需加於其上之力偶的值為何？

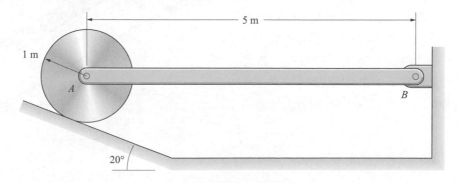

習題 9.23/9.24

9.25　鐵棒之質量為 4 kg。鐵棒與地板間之靜摩擦係數為 0.3。忽略鐵棒與牆面間的摩擦力。

(a)假設 $\alpha = 20°$，地板加於鐵棒之摩擦力的值為何？

(b)不使鐵棒產生滑動之最大角度 α 為何？

9.26　鐵棒與地板間及 4-kg 鐵棒與牆面間之靜摩擦係數為 0.3。不使鐵棒滑動之最大角度 α 為何？

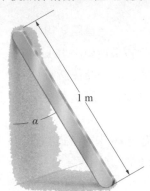

習題 9.25/9.26

習題 9.27-9.29

9.27　梯子與人之重量分別為 150 N 及 900 N。3.6-m 之梯子的質心位於其中心點。角度 $\alpha = 30°$。假設牆面加於梯子之摩擦力可忽略。

(a)假設 $x = 1.2$ m，地板加於梯子之摩擦力之值為何？

(b)讓此人能爬上梯子頂端而梯子不會滑倒梯子與地板間之最小靜摩係數為何？

9.28　梯子與人之重量分別為 150 N 及 900 N。3.6-m 之梯子的質心位於其中心點。梯子與地板間的靜摩擦係數為 $\mu_s = 0.5$。讓此人能爬上梯子頂端而梯子不會滑倒時最大之角度 α 之值為何？

9.29　梯子與人之重量分別為 150 N 及 900 N。3.6-m 之梯子的質心位於其中心點。梯子與地板間之靜摩係數 0.5 且梯子與牆面間之摩擦係數為 0.3。讓此人能爬上梯子頂端而梯子不會滑倒時最大之角度 α 之值為何？將你的答案與習題 9.28 的答案作個比較。

9.30　圓盤重 50 N 而鐵棒重 25 N。圓盤與斜面間之摩擦係數為 $\mu_s = 0.6$ 及 $\mu_k = 0.5$。

(a)不使靜止之圓盤產生轉動可加之最大力偶 M 為何？

(b)使得圓盤作等速轉動所需之力偶 M 為何？

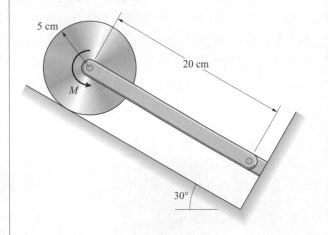

習題 9.30

9.31 40-kg 均質圓柱體之半徑爲 $R = 0.15\,m$。傾斜之牆面是平滑的且其角度 $\alpha = 30°$。圓柱體與地板間的靜摩擦係數爲 $\mu_s = 0.2$。不使圓柱體產生滑動可加之最大力偶 M 爲何？

9.32 均質圓柱體重 W。圓柱體與兩表面間的靜摩擦係數爲 μ_s。不使圓柱體產生滑動可加之最大力偶 M 爲何？(假設圓柱體在滾上表面前先發生滑動。)

9.33 均質圓柱體重量爲 W。圓柱體與兩個表面間的靜摩擦係數爲 μ_s。力偶 M 使得圓柱體滾上斜面而不發生滑動之 μ_s 的最小值爲何？

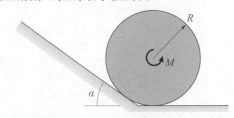

習題 9.31-9.33

9.34 夾剪之夾嘴與其所夾物體間的靜摩擦係數爲 0.36。不使物體滑出之角度 α 的最大值爲何？忽略物體的重量。

　　方略：畫出物體的自由體圖並假設滑動即將發生。

習題 9.34

9.35 半徑 300-mm 的靜止圓盤附掛於 D 之梢型支撐上。圓盤由刹車 ABC 將其固定其接觸點爲圓盤上之 C 點。液壓制動器 BE 加了 400-N 的水平作用力於刹車之 B 上。圓盤與刹車間之摩擦係數爲 $\mu_s = 0.6$ 及 $\mu_k = 0.5$。要造成圓盤作逆時針方向的滑動所需加於靜止之圓盤上的力偶 M 爲何？

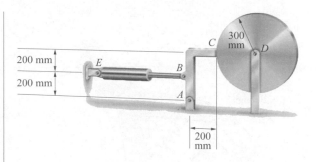

習題 9.35

9.36 圖示爲一當繩索被作用力 T 下拉時一個可以施加刹車作用力於繩索上之元件的初步構想。繩索與兩個條鐵塊間的動摩擦係數爲 $\mu_k = 0.28$。請求出將繩索以等速下拉時所需之作用力 T 假設 $F = 10\,N$ 且(a)$\alpha = 30°$；(b)$\alpha = 30°$。

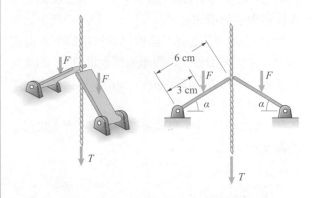

習題 9.36

9.37 方塊 B 的質量爲 8 kg。夾子之表面與方塊體間之靜摩擦係數爲 $\mu_s = 0.2$。當夾子如圖示之傾斜時，防止方塊滑出下彈簧所需加的最小作用力爲何？

9.38 經由改變它的大小，重新設計過習題 9.37 中的夾子後使得其防止方塊體滑出所需的最小作用力爲 180 N。請畫出你新設計的草圖。

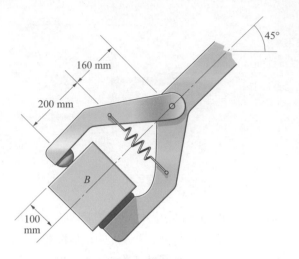

習題 9.37/9.38

9.39　水平的鐵棒附於一可滑動於平滑的垂直棒的軸環上。在 P 處的軸環在平滑的水平棒上滑動。水平棒與兩個軸環的質量為 12 kg。整個系統由圓型滑槽上的插梢固定著。插梢只與滑槽的下表面接觸，且插梢與滑槽間的靜摩擦係數為 0.8。如果此系統處於平衡且 $y = 260$ mm，滑槽加於插梢上之摩擦力的值為何？

9.40　習題 9.39 中，整個系統能處於平衡下之最小的高度 y 為何？

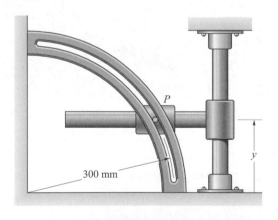

習題 9.39/9.40

9.41　100-N 長方型板子由插梢 A 與 B 支撐著。假設在 A 處的摩擦力可以忽略且 B 處的插梢與滑槽間的靜摩擦係數為 $\mu_s = 0.4$，板子不致於滑動下最大的角度 α 為何？

9.42　假設在 B 處的摩擦力可以忽略且 A 處的插梢與滑槽間的靜摩擦係數為 $\mu_s = 0.4$，100-N 板子不致於滑動下最大的角度 α 為何？

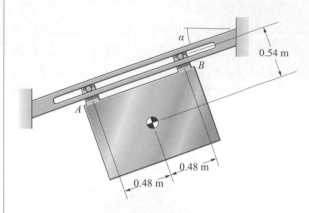

習題 9.41/9.42

9.43　飛機的重量為 $W = 12$ kN。它的剎車使得其後輪不會動，而輪子與跑道間的靜摩擦係數為 $\mu_s = 0.6$。前(鼻)輪可以自由轉動因此對跑道所加的摩擦力可以忽略。請求出不使後輪滑動下飛機的螺旋槳可加的最大的推力 T。

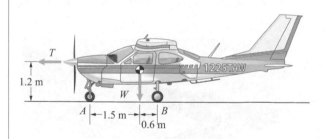

習題 9.43

9.44　冰箱重 900 N。它在 A 與 B 處支撐著。支撐點與地板間的靜摩擦係數為 $\mu_s = 0.2$。假設冰箱開始滑動前不會傾倒，產生即將滑動下的需求作用力 F 為何？

▶9.45　冰箱重 900 N。它在 A 與 B 處支撐著。支撐點與地板間的靜摩擦係數為 $\mu_s = 0.2$。距離 $h = 1.5$ m 且 $b = 0.75$ m。當利用作用力 F 來推著冰箱通過地板時，它會不會在滑動前先傾倒？(參考範例 9.3。)

習題 9.44/9.45

9.46　在初步估算轉彎車輛的穩定性時，想像在一靜止車輛的質心高度上加上一個逐漸加大的橫向作用力 F，並判斷車子會不會在傾倒前先作滑動(側滑)。請導出如果 $b/h > 2\mu_s$ 時此現象會發生。(請注意質心的高度相對於車子寬度的重要性。這個影響到最近對於相對高質心位置如戶外休閒車輛及箱型車之安定性的討論上。)

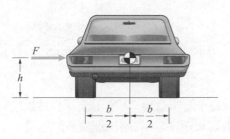

習題 9.46

9.47　此人加了作用力 P 於車子上其角度為 $\alpha = 20°$。此部 1760-kg 的車子為前輪驅動。駕駛轉動前輪，且其動摩擦係數為 $\mu_k = 0.02$。車後輪的雪堆加了一個水平的阻力 S。要使得車子移動需要克服阻力 $S = 420\,N$。此人需加的作用力 P 為何？

9.48　在習題 9.47 中，此人要克服雪堆加於後輪的阻力 $S = 420\,N$ 所需加的作用力 P 為最小時之 α 的角度值為何？他所需加的作用力為何？

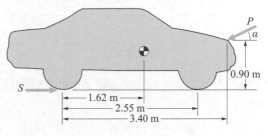

習題 9.47/9.48

9.49　15-kN 車子與路面間之靜摩擦係數為 $\mu_s = 0.5$。請求出此車可以等速爬上的最大陡度(最大角度的 α)假設車子為(a)後輪驅動；(b)前輪驅動；(c)四輪驅動。

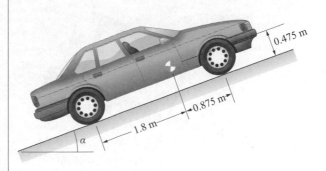

習題 9.49

9.50　靜止櫃子重量為 W。請求出造成櫃子移動的作用力 F 假設(a)在 A 與 B 的靜摩擦係數為 μ_s；(b)在 A 的靜摩擦係數為 μ_{sA} 而在 B 的靜摩擦係數為 μ_{sB}。

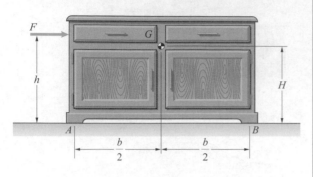

習題 9.50

9.51　桌子重 250 N 且其桌腳與斜面間之靜摩係數為 0.7。

(a)如果你在 A 加了一平行於斜面的作用力將桌子推上斜面，桌子會不會在滑動前先傾倒？如果不會，將桌子開始推上斜面的需求作用力為何？

(b)如果你在 B 加了一平行於斜面的作用力將桌子推下斜面，桌子會不會在滑動前先傾倒？如果不會，將桌子開始推下斜面的需求作用力為何？

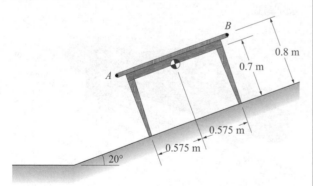

習題 9.51

9.52　右邊鐵棒與在 A 的表面間之靜摩擦係數為 $\mu_s = 0.6$。忽略兩個棒子的重量。如果 $\alpha = 20°$，在 A 處所加之摩擦力的值為何？

9.53　右邊鐵棒與在 A 的表面間之靜摩擦係數為 $\mu_s = 0.6$。忽略兩個鐵棒的重量。讓此結構維持靜止而不會滑動之最大角度 α 為何？

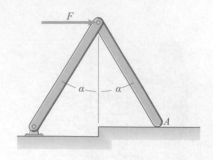

習題 9.52/9.53

9.54　棒子 BC 在 C 處由粗糙地板支撐著。假設 $F = 2$ kN 且棒子 BC 在 C 處不會滑動，請問在 C 處加於棒子之摩擦力的值為何？

9.55　棒子 BC 在 C 處由粗糙地板支撐著。假設 $F = 2$ kN，使得棒子 BC 在 C 處不會滑動的最小靜摩擦係數為何？

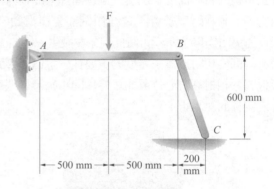

習題 9.54/9.55

9.56　盒子的重量為 20 N 且盒子與地板間的靜摩擦係數為 $\mu_s = 0.65$。忽略兩個鐵棒的重量。不使盒子發生滑動的最大作用力 F 為何？

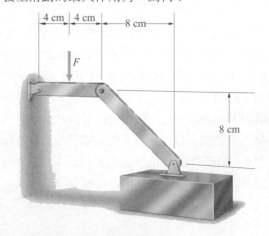

習題 9.56

9.57 懸吊物體的質量為 6 kg。整個結構在 B 處由牆面加於平板的垂直作用力與摩擦力支撐著。忽略兩個棒子的重量。

(a)在 B 處加於平板上的摩擦力之值為何？

(b)維持結構平衡在 B 所需求之最小靜摩擦係數為何？

9.58 假設在習題 9.57 中之棒子的長度為 $L_{AB} = 1.2$ m 及 $L_{AC} = 1.0$ m 且它們的質量為 $m_{AB} = 3.6$ kg 及 $m_{AC} = 3.0$ kg。

(a)在 B 處加於平板上的摩擦力之值為何？

(b)維持結構平衡在 B 所需求之最小靜摩擦係數為何？

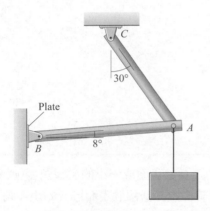

習題 9.57/9.58

9.59 整個框架由固定表面在 A 及 G 所加於平板上之垂直作用力與摩擦力支撐著。在 A 處之靜摩擦係數為 $\mu_s = 0.6$。當框架承受圖示之負荷時其在 A 處會不會滑動？

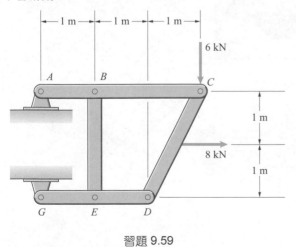

習題 9.59

9.60 整個框架由牆面在 A 處所加於平板上之垂直作用力與摩擦力支撐著。

(a)在 A 處加於平板上的摩擦力之值為何？

(b)維持結構平衡在 A 處所需求之最小靜摩擦係數為何？

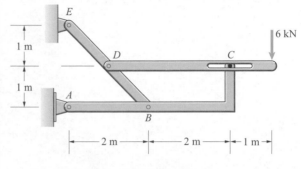

習題 9.60

9.61 吊車纜線之方向餘弦為 $\cos\theta_x = 0.588$，$\cos\theta_y = 0.766$，$\cos\theta_z = 0.260$。y 軸為垂直的。纜線所附掛的靜止潛水箱重 2000 lb 且靜置於水平面上。潛水箱與地面間的靜摩擦係數為 $\mu_s = 0.4$，請問造成潛水箱滑動纜線中所需之張力為何？

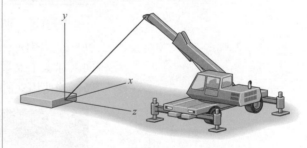

習題 9.61

9.62* 100-N 的金屬圓盤 A 置於斜面的中心點。在纜線 AB 中的張力為 50 N。避免圓盤滑動圓盤與表面間所需之最小靜摩係數為何？

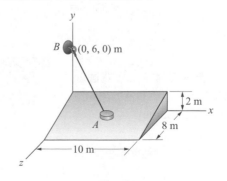

習題 9.62

9.63*　5-kg 的盒子靜置於斜面上。y 軸指向上。單位向量 $0.557\mathbf{i}+0.743\mathbf{j}+0.371\mathbf{k}$ 垂直於斜面。表面加於盒子上的摩擦力之值為何？

9.64*　在習題 9.63 中，讓盒子可以維持靜置於斜面上所需之最小靜摩係數為何？

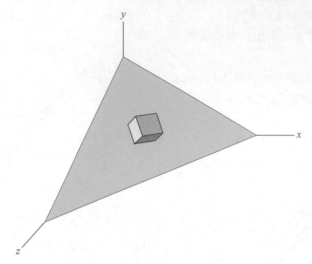

習題 9.63/9.64

9.2　楔子

　　楔子是一個雙面形的工具其表面成一小的尖銳角度(圖 9.8a 及 b)。當一個楔子被推向前時，由於其兩個表面形成的小尖角它的表面上加上了大量的垂直作用力(圖 9.8c)。經由不同的形狀，楔子被廣泛的使用在許多工程應用上。

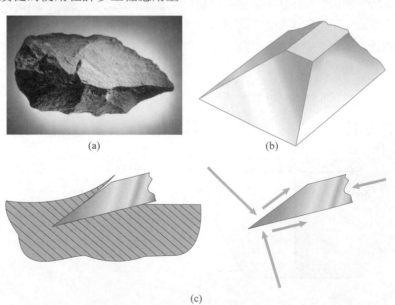

圖 9.8

(a)古代的楔子工具－一個雙面的
　「手斧頭」來自東非洲的歐迪派
　峽谷(Olduvai Gorge)

(b)現代的鑿刻刀刃

(c)楔子表面可施加很大的橫向作用力

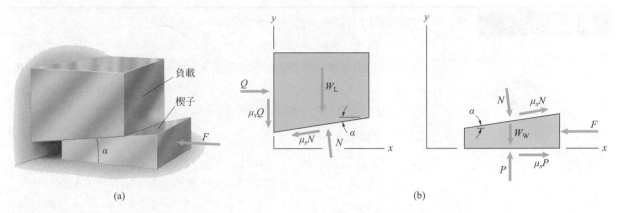

圖 9.9
(a)利用楔子升起負載
(b)當滑動即將發生時負載與楔子之自由體圖

　　由楔子產生的大量橫向作用力可用來升起一個負載(圖 9.9a)。假設 W_L 為負載的重量而 W_W 為楔子的重量。要求出開始舉起負載所需的作用力 F，我們假設負載與楔子間的滑動即將發生(圖 9.9b)。由負載的自由體圖，我們得出其平衡公式

$$\Sigma F_x = Q - N\sin\alpha - \mu_s N\cos\alpha = 0$$

及

$$\Sigma F_y = N\cos\alpha - \mu_s N\sin\alpha - \mu_s Q - W_L = 0$$

從楔子的自由體圖，我們得出下列之公式

$$\Sigma F_x = N\sin\alpha + \mu_s N\cos\alpha + \mu_s P - F = 0$$

及

$$\Sigma F_y = P - N\cos\alpha + \mu_s N\sin\alpha - W_W = 0$$

由此四個公式可得出三個垂直作用力 Q、N 及 P，與作用力 F。F 的解為

$$F = \mu_s W_W + \left[\frac{(1-\mu_s^2)\tan\alpha + 2\mu_s}{(1-\mu_s^2)-2\mu_s\tan\alpha}\right]W_L$$

假設 $W_W = 0.2W_L$ 且 $\alpha = 10°$。如果 $\mu_s = 0$，舉起負載所需之作用力僅為 $0.176W_L$。然而如果 $\mu_s = 0.2$，則作用力變為 $0.680W_L$，且當 $\mu_s = 0.4$，它成為 $1.44W_L$。從這觀點來看，摩擦力是我們不希望有的作用。然而如果沒有摩擦力，當作用力 F 除去時楔子是不會維持在原處的。

觀念範例 9.4　**楔子上的作用力**(▶ 相關習題 9.65、9.66、9.67)

利用一個楔子來分開一塊木頭。其角度為 $\alpha = 10°$。楔子與木頭間的摩擦係數為 $\mu_s = 0.22$ 及 $\mu_k = 0.20$。如果此楔子被一垂直作用力 F 以等速打入木頭中，楔子施加於木頭上的垂直作用力之值為何(換言之，使得木頭分開之作用力的值為何)？

方略

木頭施加於楔子上的摩擦力阻止楔子進入木頭，且摩擦力大小為 $\mu_k N$。我們可應用平衡條件於楔子上來求出 N 與 F 的關係式。

解答

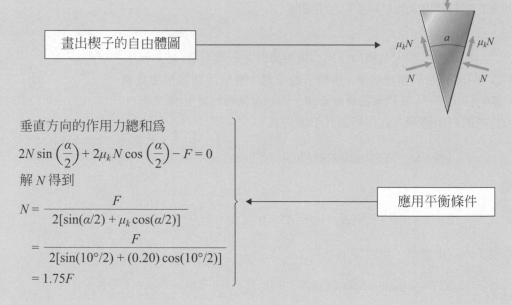

畫出楔子的自由體圖

垂直方向的作用力總和為

$$2N \sin\left(\frac{\alpha}{2}\right) + 2\mu_k N \cos\left(\frac{\alpha}{2}\right) - F = 0$$

解 N 得到

$$N = \frac{F}{2[\sin(\alpha/2) + \mu_k \cos(\alpha/2)]}$$

$$= \frac{F}{2[\sin(10°/2) + (0.20)\cos(10°/2)]}$$

$$= 1.75F$$

應用平衡條件

練習題

如果作用力 F 移開後，楔子會不會維持在木頭中的位置？

答案：會。

習題

▶9.65　在觀念範例 9.4 中，木頭與楔子間的摩擦係數為 $\mu_s = 0.22$ 及 $\mu_k = 0.20$。當作用力 F 移開後可讓楔子仍維持在木頭中的最大楔子角度 α 為何？

▶9.66　圖示的楔子用來分開木頭。楔子重 100 N 而其角度 α 為 30°。楔子表面與木頭間的動摩擦係數為 0.28。假設要分開木頭楔子每一表面所加之垂直作用力需等於 600 N，要將楔子以等速打入木頭所需之垂直作用力 F 為何？(參考範例 9.4。)

▶9.67　習題 9.67 中楔子表面與木頭間之靜摩係數為 0.30。當垂直作用力 F 移去後楔子是否會維持在木頭中？(參考範例 9.4。)

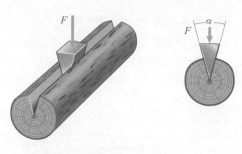

習題 9.66/9.67

9.68　兩個塊體的重量爲 $W_A = 100\,N$ 及 $W_B = 25\,N$。在所有的接觸表面間，$\mu_s = 0.32$ 及 $\mu_k = 0.30$。使得 B 以等速向左移動所需之作用力 F 爲何？

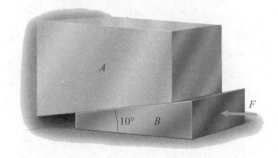

習題 9.68

9.69　兩個塊體的質量爲 $m_A = 30\,kg$ 及 $m_B = 70\,kg$。在所有的接觸表面間，$\mu_s = 0.1$。不致使塊體發生滑動可加之最大作用力 F 爲何？

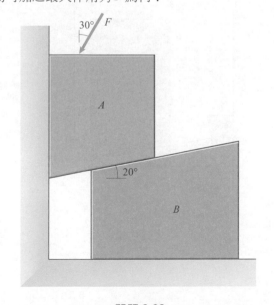

習題 9.69

9.70　每個塊體重 200 N。在所有的接觸表面間，$\mu_s = 0.1$。不致使塊體 B 向上滑動可加之最大作用力 F 爲何？

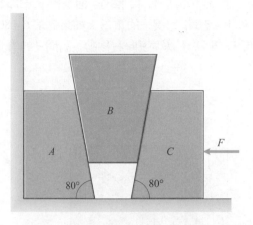

習題 9.70

9.71　稱爲墊片的小形楔子可用來將物體固定。接觸表面間的動摩擦係數爲 0.4。要使物體 A 上所加之水平作用力達到 200 N 將墊片向下推入所需之作用力 F 爲何？

9.72　接觸表面間的靜摩擦係數爲 0.44。如果墊片定位了並且施加 200-N 之水平作用力於物體 A 上，要將左邊的墊片鬆開需加之向上作用力爲何？

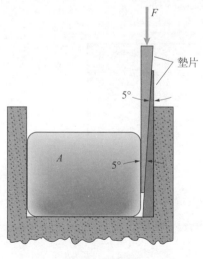

習題 9.71/9.72

9.73　木箱 A 重 600 N。在所有接觸表面間，$\mu_s = 0.32$ 及 $\mu_k = 0.30$。忽略楔子的重量。將 A 以等速向右移動所需之作用力 F 爲何？

9.74　假設在所有接觸表面間，$\mu_s = 0.32$ 及 $\mu_k = 0.30$。忽略 5° 楔子的重量。如果需求 $F = 800$ N 的作用力來將 A 以等速向右移動，請問 A 的質量爲何？

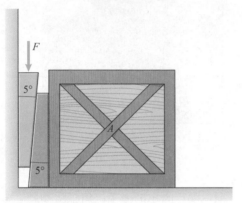

習題 9.73/9.74

9.75　盒子 A 之質量爲 80 kg，而楔子 B 之質量爲 40 kg。在所有接觸面間，$\mu_s = 0.15$ 及 $\mu_k = 0.12$。將 A 以等速舉起所需之作用力 F 爲何？

9.76　假設 A 重 800 N 而 B 重 400 N。所有接觸表面間之摩擦係數爲 $\mu_s = 0.15$ 與 $\mu_k = 0.12$。當作用力 F 移開後 B 是否維持原位？

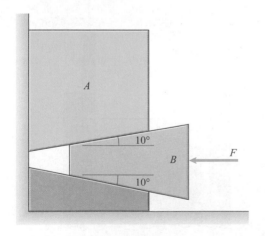

習題 9.75/9.76

9.77　在 A 與 B 之間，$\mu_s = 0.20$，而在 B 與 C 之間，$\mu_s = 0.18$。在 C 與牆面間，$\mu_s = 0.30$。重量爲 $W_B = 20$ N 及 $W_C = 80$ N。請問讓 C 開始向上移動所需之作用力 F 爲何？

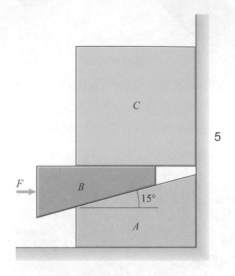

習題 9.77

9.78　A、B 及 C 之質量分別爲 8 kg、12 kg 及 80 kg。在所有的接觸表面間，$\mu_s = 0.4$。請問讓 C 開始向上移動所需之作用力 F 爲何？

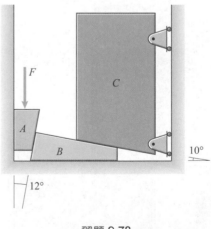

習題 9.78

9.3 螺紋

從木螺絲、機器螺絲及其它機器元件的應用上我們對螺桿已有所熟悉。在圖 9.10a 中顯示一具方形螺紋的螺桿。從一螺紋到下一螺紋間的軸向距離 p 稱為**螺距**(*pitch*)，而角度 α 為其**螺紋角**(*slope*)。我們在此只考慮具有單一連續螺紋之螺桿，因此其螺距與螺紋角之關係為

$$\tan\alpha = \frac{p}{2\pi r} \tag{9.7}$$

其中 r 為螺紋的平均半徑。

假設螺桿以一含有匹配溝槽之固定套管包住且受了一軸向負載 F(圖 9.10b)。以圖示方向施加一力偶 M 將使螺桿開始旋轉且以相反於 F 的方向之軸向移動。我們的目的是求出讓螺桿開始旋轉所需之力偶 M。

圖 9.10c 中我們畫出對於長度為 dL 之螺紋元素的自由體圖，以作用力 dR 表示出匹配溝槽所施加之反作用力。如果螺桿即將發生旋轉，dR 阻止即將發生的運動且摩擦角度為其靜摩角度 θ_s。加於此元件上之反作用的垂直分量為 $dR\cos(\theta_s + \alpha)$。欲求出加於整個螺紋上的總垂直作用力，我們需將此表示式對螺紋的長度 L 作積分。因平衡，所以其結果必須等於施加於螺桿上的軸向作用力 F：

$$\cos(\theta_s + \alpha)\int_L dR = F \tag{9.8}$$

經由此反作用力之元件對螺桿之中心點所生之扭矩為 $rdR\sin(\theta_s + \alpha)$。整個力矩也必須相等於加於螺桿之力偶 M：

$$r\sin(\theta_s + \alpha)\int_L dR = M$$

將此式子除以式子(9.8)，我們得出在即將發生旋轉且以相反於 F 之軸向移動所需之力偶 M：

$$M = rF\tan(\theta_s + \alpha) \tag{9.9}$$

將式子中之靜摩擦角 θ_s 以動摩擦角 θ_k 取代後得出使得螺桿以等速旋轉所需之力偶。

如果力偶 M 以相反之方向加於螺桿上(圖 9.11a)，螺桿會開始旋轉並以負載之軸向方向移動。圖 9.11b 顯示出當滑動即將發生時長度為 dL 之螺紋元素上之反作用力。反作用力的方向與螺桿旋轉之

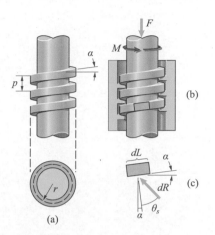

圖 9.10

(a) 具方螺紋之螺桿

(b) 在具匹配溝槽之軸套中的螺桿且可造成螺桿在相反於 F 之方向開始在軸向作移動之 M 的方向

(c) 當滑動即將發生時一個微量螺紋

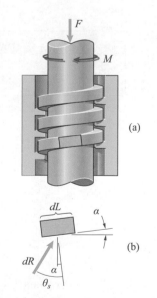

圖 9.11

(a) 可造成螺桿在 F 之軸向作移動之 M 的方向

(b) 當滑動即將發生時的螺紋元素

方向相反。在此情形下，此元件上之反作用力之垂直分量為 $dR\cos(\theta_s-\alpha)$。平衡條件的要求為

$$\cos(\theta_s-\alpha)\int_L dR = F \tag{9.10}$$

此反作用力對於螺桿中心之力矩為 $rdR\sin(\theta_s-\alpha)$，因此

$$r\sin(\theta_s-\alpha)\int_L dR = M$$

將此式子除以公式(9.10)，我們得出在即將發生旋轉且以相同於 F 之軸向移動所需之力偶 M：

$$M = rF\tan(\theta_s-\alpha) \tag{9.11}$$

將式中之 θ_s 以 θ_k 取代後得出使得螺桿以等速旋轉所需之力偶。

請注意公式(9.11)中當 $\theta_s=\alpha$ 時即將發生運動所需之力偶為零。當靜摩擦角小於此值時，不加上力偶螺桿也會旋轉且以 F 之方向作移動。

結論

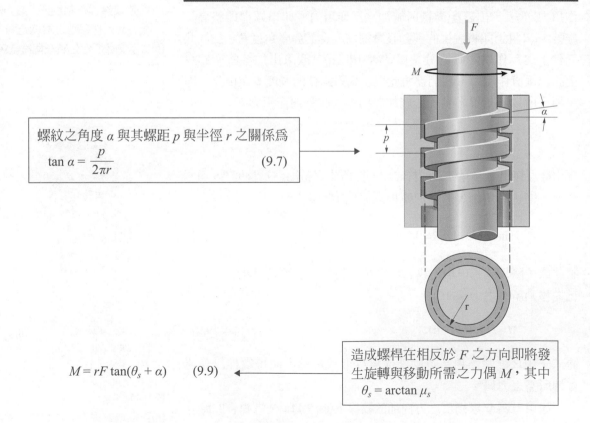

螺紋之角度 α 與其螺距 p 與半徑 r 之關係為
$$\tan\alpha = \frac{p}{2\pi r} \tag{9.7}$$

$$M = rF\tan(\theta_s+\alpha) \tag{9.9}$$

造成螺桿在相反於 F 之方向即將發生旋轉與移動所需之力偶 M，其中 $\theta_s = \arctan\mu_s$

造成螺桿在相反於 F 之方向即將發生旋轉與移動所需之力偶 M (相反於圖示之方向)。如果 $\theta_s < \alpha$，螺桿將在沒有力偶施加下作旋轉且在 F 的方向作移動。

$$M = rF \tan(\theta_s - \alpha) \qquad (9.11)$$

觀念範例 9.5   螺紋軸套的旋轉(▶ 相關習題 9.79)

桿子 AB 的右端與靜置於螺紋軸套 C 上之未加螺紋軸套 B 梢接著。垂直螺桿之平均半徑為 $r = 1.6$ cm 且其螺距為 $p = 0.2$ cm。軸套 C 與垂直螺桿間之摩擦係數為 $\mu_s = 0.25$ 及 $\mu_k = 0.22$。400-N 的懸掛物體可以經由旋轉軸套 C 來升起或下降。當整個系統在圖示位置時，桿子 AB 為水平，請問讓軸套 C 以等速旋轉並將懸掛物體向上升起所需施加於其上的力偶值為何？

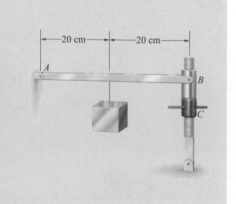

方略

畫出桿子 AB 與軸套 B 之自由體圖後，我們可以得出加於軸套 C 上的軸向作用力。然後再利用公式(9.9)，將 θ_s 以 θ_k 取代，可以得出所需之力偶。

解答

畫出桿子與軸套 B 的自由體圖

從對點 A 的力矩的總和，
$$\Sigma M_{\text{point } A} = (40 \text{ cm})F - (20 \text{ cm})(400 \text{ N}) = 0$$
作用力 $F = 200$ N。此為加於軸套 C 上的軸向作用力。

應用平衡條件

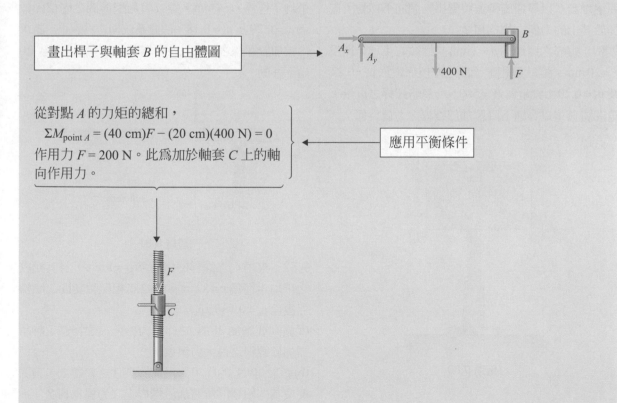

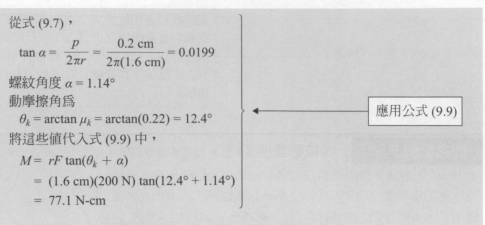

從式 (9.7)，

$$\tan \alpha = \frac{p}{2\pi r} = \frac{0.2 \text{ cm}}{2\pi(1.6 \text{ cm})} = 0.0199$$

螺紋角度 $\alpha = 1.14°$

動摩擦角為

$$\theta_k = \arctan \mu_k = \arctan(0.22) = 12.4°$$

將這些值代入式 (9.9) 中，

$$M = rF \tan(\theta_k + \alpha)$$
$$= (1.6 \text{ cm})(200 \text{ N}) \tan(12.4° + 1.14°)$$
$$= 77.1 \text{ N-cm}$$

應用公式 (9.9)

練習題

當整個系統處於圖示之位置，桿子 AB 為水平，請問讓軸套 C 以等速旋轉並將懸掛物體向下移動所需加於其上的力偶之值為何？

答案：63.8 N-cm。

習題

▶9.79　在觀念範例 9.5 中，假設螺紋之螺距由 $p = 0.2$ cm 換成 $p = 0.24$ cm 時。螺紋之角度為何？請問讓軸套 C 以等速旋轉並將懸掛物體向下移動所需加於其上的力偶之值為何？

9.80　螺桿之螺距為 $p = 2$ mm 且螺紋之平均半徑為 $r = 20$ mm。螺紋與相配溝間之摩擦係數為 $\mu_s = 0.22$ 及 $\mu_k = 0.20$。負重為 $W = 500$ N。忽略螺桿之重量。請問將負重以等速下降需加於螺桿之力偶為何？

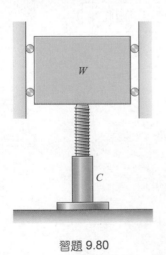

習題 9.80

9.81　水平樑的位置可由旋轉機器螺絲 A 來調整。忽略樑的重量。螺桿之螺距為 $p = 1$ mm，且螺紋之平均半徑為 $r = 4$ mm。螺紋與相配溝間之摩擦係數為 $\mu_s = 0.20$ 及 $\mu_k = 0.18$。假設系統期初為靜止，請求出需加於螺絲之力偶以使得樑開始(a)向上移動；(b)向下移動。

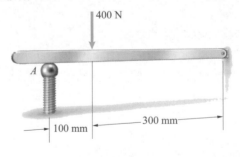

400 N

A

100 mm　　300 mm

習題 9.81

9.82　夾子 C 之螺桿的螺距為 $p = 1$ mm，且其螺紋之平均半徑為 $r = 3$ mm。螺紋與相配軸套間之摩擦係數為 $\mu_s = 0.18$ 及 $\mu_k = 0.16$。

(a)請問要施加 30-N 之作用力於所夾之物體上時所需加於螺桿之最大力偶為何？

(b)如果 30-N 的作用力已加於夾住之物體上，請問要使其開始鬆開所需加於螺桿上之力偶為何？

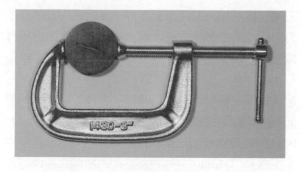

習題 9.82

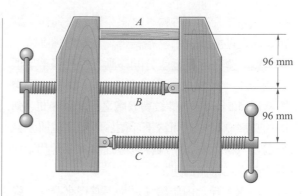

習題 9.84/9.85

9.83　塊體 A 之質量為 60 kg。忽略 5°楔子之重量。塊體 A、楔子、桌子與牆壁接觸面間之動摩擦係數為 $\mu_k = 0.4$。螺桿之螺距 5 mm，螺紋之平均半徑為 15 mm，且螺紋與相配溝槽間之動摩擦係數為 0.2。請問要以等速升起塊體 A 需加於螺桿之力偶為何？

9.86　螺桿在 B 處由球窩支撐著。400-N 之負載 A 可經由螺桿之旋轉來上升或下降，造成螺紋軸套 C 對螺桿作相對移動。忽略所有成員之重量。螺桿之螺距為 $p = 10$ mm，螺紋之平均半徑為 $r = 2.5$ mm，且螺紋與匹配溝槽間之靜摩擦係數為 0.24。假設系統靜止於圖示之位置，請問要使螺桿開始旋轉來升起負載所需之力偶為何？

9.87　在習題 9.86 中，如果系統靜止於圖示之位置，請問要使螺桿開始旋轉來降下負載所需之力偶為何？

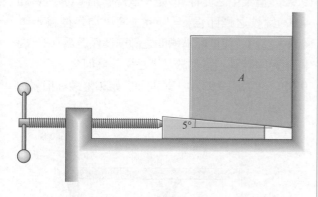

習題 9.83

9.84　虎頭鉗加了 80-N 的作用力於 A。螺桿僅承受虎頭鉗之鉗嘴之軸向負載。螺紋之螺距為 $p = 3$ mm，螺紋之平均半徑為，$r = 1$ mm，且螺紋與匹配溝槽間之靜摩擦係數為 0.2。如果你要旋轉其中一個螺桿來鬆開虎頭鉗。請求出你需加之力偶於(a)於螺桿 B；(b)於螺桿 C。

9.85　在習題 9.84 中假設你要旋轉其中之一的螺桿來夾緊虎頭夾。請求出你所需加之力偶
(a)於螺桿 B；
(b)於螺桿 C。

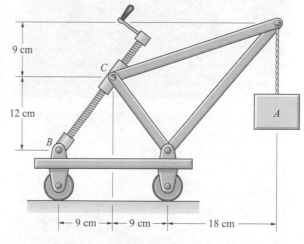

習題 9.86/9.87

9.88　汽車千斤頂由旋轉 A 之水平螺桿來運作。螺桿與 B 處之匹配螺紋軸套相結合。當螺桿轉動時，點 A 與點 B 會一起靠近或分開移動，因此將千斤頂上升或降下。螺桿之螺距 $p=2.5\,$mm，螺紋之平均半徑為 $r=5.5\,$mm，且螺紋與 B 處之匹配軸套間之動摩擦係數為 0.15。請問當千斤頂於所示之位置上且負載為 $L=6500\,$N 要將螺桿以等速旋轉並升起千斤頂需加於 A 之力偶為何？

9.89　汽車千斤頂由旋轉 A 之水平螺桿來應作。螺桿與 B 處之匹配螺紋軸套相結合。當螺桿轉動時，點 A 與點 B 會一起靠近或分開移動，因此將千斤頂上升或降下。螺桿之螺距為 $p=2.5\,$mm 且螺紋之平均半徑為 $r=5.5\,$mm，且螺紋與 B 處之匹配軸套間之動摩擦係數為 0.15。請問當千斤頂於所示之位置上且負載為 $L=6500\,$N 要將螺桿以等速旋轉並降下千斤頂需加於 A 之力偶為何？

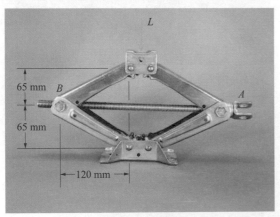

習題 9.88/9.89

9.90　螺絲扣，常用來調整桿子或纜線的長度或張力，在其兩端都有螺紋。經由旋轉它可以將桿子有螺紋之一端或是纜線拉近或鬆開。假設螺紋之螺距為 $p=3\,$mm，其平均半徑為 $r=25\,$mm，且螺紋與匹配溝槽間之靜摩擦係數為 0.24。假設 $T=800\,$N，請問要開始拉緊螺絲扣需加之力偶為何？

9.91　假設螺絲扣之螺紋螺距為 $p=3\,$mm，其平均半徑為 $r=25\,$mm，且螺紋與匹配溝槽間之靜摩擦係數為 0.24。假設 $T=800\,$N，請問要開始鬆開螺絲扣需加之力偶為何？

習題 9.90/9.91

9.92　框架中之元件 BE 是一個螺絲扣。(參考習題 9.90.)螺紋之螺距為 $p=1\,$mm，其平均半徑為 $r=6\,$mm，且螺紋與匹配溝槽間之靜摩擦係數為 0.2。要開始鬆開螺絲扣需加於其上之力偶為何？

9.93　在習題 9.92 中，請問要開始鎖緊螺絲扣需加之力偶為何？

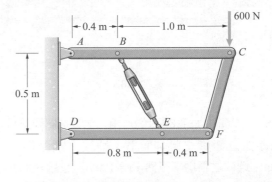

習題 9.92/9.93

9.94　桁架中元件 CD 及 DG 為螺絲扣。(參考習題 9.90.)螺紋之螺距為 $p=4\,$mm，其平均半徑為 $r=10\,$mm，且螺紋與匹配溝槽間之靜摩擦係數為 0.18。請問要開始鬆開元件 CD 需加於其上之力偶為何？

9.95　在習題 9.94 中，開始鬆開元件 DG 需加於其上之力偶為何？

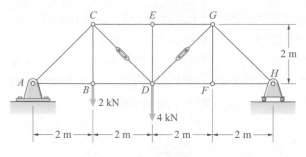

習題 9.94/9.95

9.96* 負載 $W = 800\,\text{N}$ 可經由旋轉螺桿來升起或下降。距離為 $b = 75\,\text{mm}$ 及 $h = 200\,\text{mm}$。梢撐桿子的長度各為 $300\,\text{mm}$。螺桿之螺距 $p = 5\,\text{mm}$，螺紋之平均半徑為 $r = 15\,\text{mm}$，且螺紋與匹配溝槽間之動摩擦係數為 0.2。當系統於所示之位置，要以等速旋轉螺桿，升起負載所需之力偶為何？

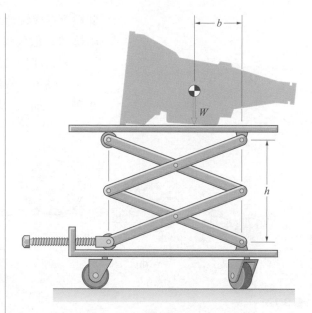

習題 9.96

9.4 軸頸軸承

背景概念

　　軸承是一個支撐元件。這個名詞常用來指，被設計為可讓其支撐物移動的支撐元件。例如，在圖 9.12a 中，一水平軸桿由兩個**軸頸軸承**支撐著，它們允許軸桿可以轉動。如此軸桿可以用來支撐垂直於其軸線的負載，例如帶輪所加的負載(圖 9.12b)。

　　我們在此所分析的軸頸軸承包含可以讓軸桿通過具有洞口的支架。軸桿的半徑略小於軸承之孔洞的半徑。我們的目標是算出使得軸桿能在軸承內滾動需加之力偶。假設 F 為包含軸桿本身之重量在內軸桿所支撐之負載。當無力偶加於軸桿時，作用力 F 將它壓在軸承上如圖 9.12c 所示。當力偶 M 加於軸桿時，它在軸承表面往上滾動(圖 9.12d)。α 項為軸桿期初之接觸點與 M 加上後之接觸點間的角度。

　　在圖 9.12e 中，我們畫出當力偶夠大到讓軸桿即將發生滑動時的自由體圖。作用力 R 為兩個軸承加於軸桿上的反作用力之總和。由於 R 及 F 為加於軸桿上僅有的作用力，由平衡的條件要求 $\alpha = \theta_s$ 與 $R = F$(圖 9.12f)。軸承加於軸桿上的反作用力讓它移動了一與通過軸桿中心之垂直線的距離 $r\sin\theta_s$。將對軸桿中心之力矩相加，我們得出造成即將發生滑動時之力偶 M：

$$M = rF\sin\theta_s \qquad\qquad (9.12)$$

此爲不造成軸桿開始發生滾動可加上之最大力偶。將式中之 θ_s 以動摩擦角 θ_k 取代可得出讓軸桿以等速轉動所需之力偶。

對大部份的應用而言我們所分析的簡單型軸頸軸承太過於基本了。在軸承與軸桿接觸間的表面會很快的破損。設計者通常會在軸頸軸承中加上「球」或「滾輪」軸承來減小摩擦力(圖 9.13)。

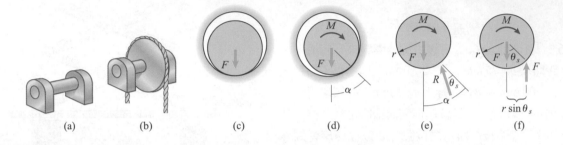

(a)　　　　(b)　　　　(c)　　　　(d)　　　　(e)　　　　(f)

圖 9.12

(a)由軸頸軸承支撐的軸桿

(b)由軸桿支撐的滑輪

(c)當無力偶加於軸桿時之軸桿與軸承

(d)力偶使得軸桿在軸承內滾轉

(e)軸桿之自由體圖

(f)軸桿上的兩個作用力必需相等且方向相反

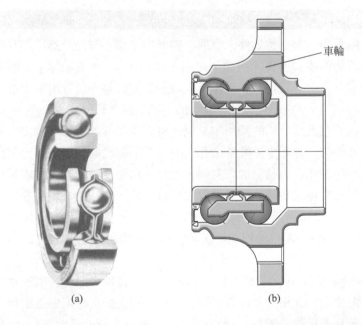

圖 9.13

(a)具一排滾珠之軸頸軸承

(b)汽車車輪上之軸頸軸承零件在轉動對車輪與固定之內部圓柱體間有兩排滾珠

車輪

(a)　　　　　　　　(b)

結論

軸頸軸承有一個略大於其所支撐之圓形軸桿之圓形孔

造成圓形軸桿對軸頸軸承發生即將滑動所需加的力偶 M 為

$M = rF \sin \theta_s$ 　　　　　　(9.12)

其中 r 為軸桿之半徑，F 為軸桿所支撐橫向負載，且 $\theta_s = \arctan \mu_s$

觀念範例 9.6　　**由軸頸軸承支撐的滑輪**(▶ 相關習題 9.97)

懸掛負載的重量為 $W = 1000\,\text{N}$。滑輪 P 之半徑為 6-cm 且剛性連接軸頸軸承支撐的水平圓形軸桿上。軸桿的半徑為 0.5 cm，而軸桿與軸承之靜摩擦係數為 $\mu_k = 0.2$。忽略滑輪與軸桿之重量。請問以等速拉起負載絞盤 A 必須施加於繩索上的張力為何？

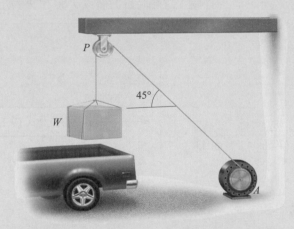

方略

將公式(9.12)中之 θ_s 以 θ_k 取代後可得出以等速轉動滑輪所需之力偶 M 與軸桿所支撐之橫向作用力 F 的關係。將 M 及 F 以繩索施加於滑輪上的作用力來表示並應用公式(9.12)，我們可得出絞盤所需施加張力的公式。

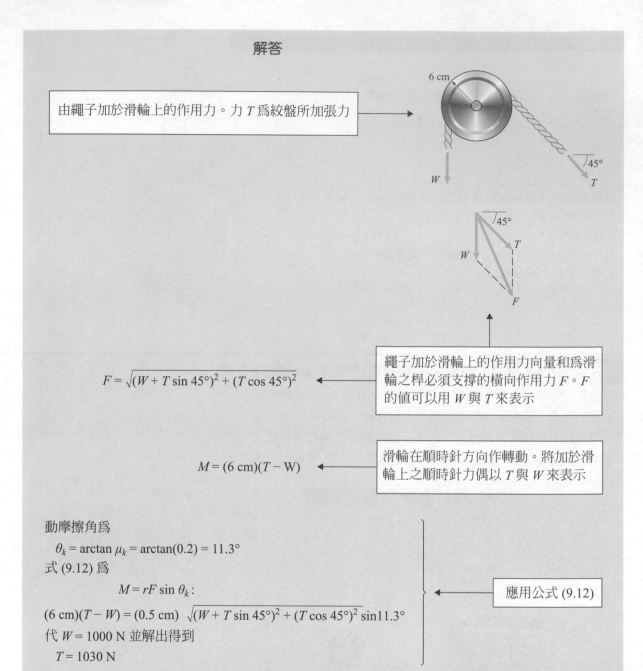

由繩子加於滑輪上的作用力。力 T 爲絞盤所加張力

$$F = \sqrt{(W + T \sin 45°)^2 + (T \cos 45°)^2}$$

繩子加於滑輪上的作用力向量和爲滑輪之桿必須支撐的橫向作用力 F。F 的值可以用 W 與 T 來表示

$$M = (6 \text{ cm})(T - W)$$

滑輪在順時針方向作轉動。將加於滑輪上之順時針力偶以 T 與 W 來表示

動摩擦角爲

$\theta_k = \arctan \mu_k = \arctan(0.2) = 11.3°$

式 (9.12) 爲

$$M = rF \sin \theta_k :$$

$(6 \text{ cm})(T - W) = (0.5 \text{ cm}) \sqrt{(W + T \sin 45°)^2 + (T \cos 45°)^2} \sin 11.3°$

代 $W = 1000$ N 並解出得到

$T = 1030$ N

應用公式 (9.12)

練習題

請問要以等速降下負載絞盤 A 必須加於繩索上之的張力爲何？

答案：$T = 970$ N。

習題

▶**9.97** 範例習題 9.6 中，假設絞盤 A 的位置改變了以至於從 A 到 P 之繩索與水平之夾角從 45°增加為 60°。假設懸掛之負載重爲 1500 N，請問要以等速升起負載絞盤 A 必須加於繩索上之的張力爲何？

9.98 滑輪之半徑爲 4 cm。滑輪剛性連接於水平之軸桿上，軸桿由兩個軸頸軸承支撐著。軸桿之半徑爲 1 cm，且滑輪與軸桿之組合之重量爲 20 N。軸桿與滑輪間之摩擦係數爲 $\mu_s=0.30$ 及 $\mu_k=0.28$。請求出圖示中不使靜止之軸桿於軸承中滑動下可支撐之最大負載 W。

9.99 在習題 9.98 中，假設負載重爲 $W=4\,N$。要將負重以等速升起需加於水平軸桿上之力偶爲何？

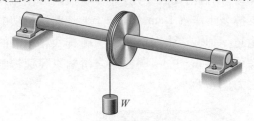

習題 9.98/9.99

9.100 滑輪附於由軸頸軸承支撐之水平軸桿上。軸桿與軸承間的動摩擦係數爲 $\mu_k=0.3$。軸桿之半徑爲 20 mm，且滑輪之半徑爲 150 mm。質量 $m=10$ kg。忽略滑輪與軸桿之質量。請問要以等速升起負重需加於纜線的作用力 T 爲何？

9.101 在習題 9.100 中，請問要以等速降下負重需加於纜線的作用力 T 爲何？

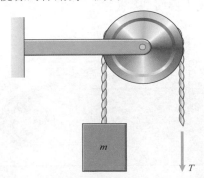

習題 9.100/9.101

9.102 半徑 8-cm 之滑輪附於半徑 1-cm 之軸桿上。軸桿由兩個軸頸軸承支撐著。軸承與軸桿的靜摩擦係數爲 $\mu_s=0.15$。忽略滑輪與軸桿之重量。50-N 的塊體靜置於地板 A 上。如果沙子慢慢的加入水桶 B 中，當軸桿在承軸中開始滑動時水桶之沙子之重量爲何？

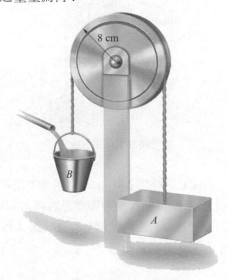

習題 9.102

9.103 半徑 50-mm 之滑輪附於半徑 10-mm 之軸桿上。軸桿由兩個軸頸軸承支撐著。塊體 A 之質量爲 8 kg。忽略滑輪與軸桿之重量。如果將塊體 A 以等速升起所需之作用力爲 $T=84\,N$，請問軸桿與軸承間之動摩擦係數爲何？

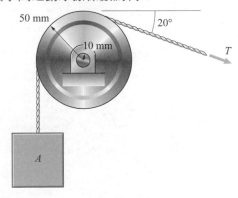

習題 9.103

9.104　懸掛物具質量 4 kg。滑輪半徑為 100-mm 且剛性連接由軸頸軸承支撐之水平軸桿。水平軸桿半徑為 10 mm 且軸桿與軸承間具動摩擦係數 0.26。求等速舉起負載此人須加於繩索之張力。

9.105　在習題 9.104 中，請問要以等速降下負重此人需加之張力為何？

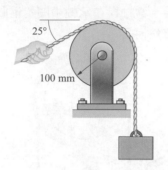

習題 9.104/9.105

9.106　滑輪之半徑為 200 mm，且附於半徑 20-mm 之軸桿上。滑輪與軸桿的靜摩擦係數為 $\mu_s = 0.18$。如果 $F_A = 200$ N，不使滑輪轉動可加之最大作用力 F_B 為何？忽略滑輪之重量。

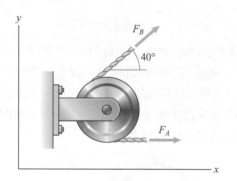

習題 9.106

9.107　盒子質量為 $m_A = 15$ kg 及 $m_B = 60$ kg。盒 A 與 B 及盒 B 與斜面間具靜摩擦係數 0.12。半徑 60 mm 滑輪附於半徑 10-mm 軸桿。滑輪與軸桿具靜摩擦係數 0.16。求不使盒子滑動之最大作用力 F。

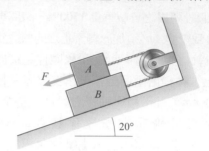

習題 9.107

9.108　兩個滑輪之半徑為 4 cm 並附於由軸頸軸承支撐著半徑為 1-cm 之軸桿上。忽略滑輪與軸桿之重量。彈簧之張力為 40 N。軸桿與軸承間的動摩擦係數為 $\mu_k = 0.3$。將左邊之滑輪以等速轉動所需之力偶 M 為何？

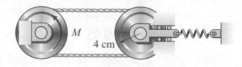

習題 9.108

9.109　盒子之重量為 $W_A = 65$ N 及 $W_B = 130$ N。盒子 A 與 B 及盒子 B 與地板間之靜摩擦係數為 0.12。半徑 4 cm 之滑輪附於半徑 0.8-cm 之軸桿上。滑輪與軸桿的靜摩擦係數為 0.16。不使盒子滑動之最大作用力 F 為何？

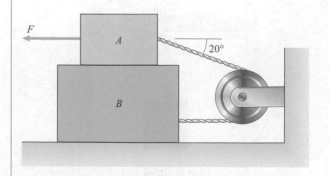

習題 9.109

9.110　100-kg 之盒子與傾斜表面間之動摩擦係數 0.35。每個滑輪之半徑為 100 mm 並附於由軸頸軸承支撐著半徑為 5-mm 之軸桿上。軸桿與軸承間的動摩擦係數為 0.18。請求出將盒子以等速拉上傾斜面所需之張力 T。

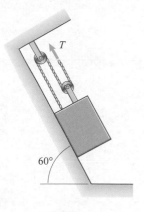

習題 9.110

9.5　止推軸承與離合器

背景概念

　　止推軸承可支撐承受軸向負載之旋轉軸桿。在圖 9.14a 及 b 所示之例子中，軸桿之錐形尾端由一軸向之負載 F 緊壓在匹配之錐形空隙中。讓我們來求出要轉動軸桿所需之力偶 M。

　　圖 9.14c 所示之微分元具有面積 dA 為

$$dA = 2\pi r ds = 2\pi r \left(\frac{dr}{\cos\alpha}\right)$$

將此式子從 $r = r_i$ 至 $r = r_o$ 作積分，我們可得出接觸的面積為：

$$A = \frac{\pi(r_o^2 - r_i^2)}{\cos\alpha}$$

(a) (b)

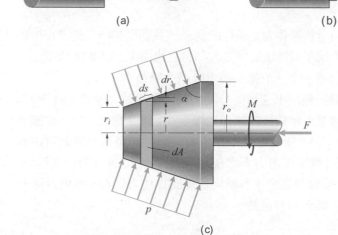

(c)

圖 9.14
(a,b)止推軸承支撐受軸向負載之軸桿
(c)微分元 dA 及空穴加之均勻壓力 p

如果我們假設匹配之表面加了均勻的壓力 p，則由 p 造成之總作用力的軸向分量必須等於 F：$pA\cos\alpha = F$。因此，其壓力為

$$p = \frac{F}{A\cos\alpha} = \frac{F}{\pi(r_o^2 - r_i^2)}$$

由於軸桿對它的中心作旋轉，由元件 dA 上之摩擦力對中心軸所生之力矩為 $r\mu_k(p\,dA)$。力矩之總和為

$$M = \int_A \mu_k rp\,dA = \int_{r_i}^{r_o} \mu_k r\left[\frac{F}{\pi(r_o^2 - r_i^2)}\right]\left(\frac{2\pi r\,dr}{\cos\alpha}\right)$$

作積分，我們得出以等速轉動軸桿所需之力偶 M：

$$M = \frac{2\mu_k F}{3\cos\alpha}\left(\frac{r_o^3 - r_i^3}{r_o^2 - r_i^2}\right) \tag{9.13}$$

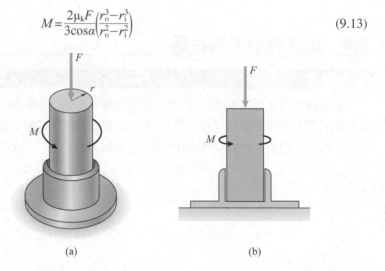

圖 9.15

支撐平坦端軸桿之止推軸承

(a)　　　　　　　(b)

圖 9.15a 及 b 中所示為較簡單之止推軸承。托架支撐著承受軸向負載 F 半徑為 r 之軸桿的平坦尾端。設定公式(9.13)中之 $\alpha = 0$，$r_i = 0$，及 $r_o = r$ 我們可以得出讓軸桿以等速旋轉所需之力偶：

$$M = \frac{2}{3}\mu_k Fr \tag{9.14}$$

雖然此為分析摩擦力上很好的例子，我們剛剛所描述之止推軸承會很容易的磨損而無法使用於大部份之應用上。圖 9.16 所示之止推軸承中設計者加上「滾輪」軸承來減少摩擦力。

離合器是一種用來連結與分開兩個同軸旋轉之軸桿。圖 9.17a 及 b 所示之種類由兩個接於軸桿尾端半徑為 r 之圓盤組成。當圓盤分開時(圖 9.17a)，離合器是**不作用的**，而軸桿可以相對的自由旋轉。當圓盤因軸向作用力 F 之加壓而相接使得離合器作用時(圖 9.17b)，由於圓盤間之摩擦力軸桿可以支撐住力偶 M。如果力偶 M 變成太大時，離合器會滑動。

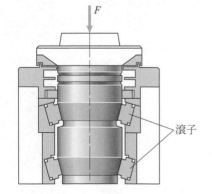

滾子

圖 9.16

在軸桿與固定支撐間具有兩排圓柱形滾輪的止推軸承

由離合器之一表面加於另一表面之摩擦力與圖 9.15 中之托架加於軸桿之平坦端者相同。因此我們可以將公式(9.14)中之 μ_k 以 μ_s 取代而得出離合器不產生滑動下可支撐之最大力偶。

$$M = \frac{2}{3}\mu_s Fr \qquad (9.15)$$

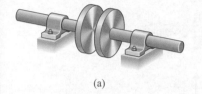

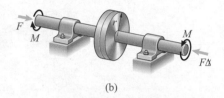

(a)　　　　　　　　　　　(b)

圖 9.17
離合器
(a)不作用下的位置
(b)作用時的作置

結論

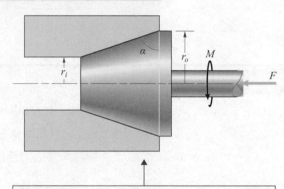

$$M = \frac{2\mu_k F}{3\cos\alpha}\left(\frac{r_o^3 - r_i^3}{r_o^2 - r_i^2}\right) \qquad (9.13)$$

轉動由止推軸承支撐之軸桿所需之力偶以軸桿支撐之軸向作用力來表示

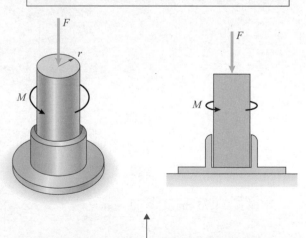

$$M = \frac{2}{3}\mu_k Fr \qquad (9.14)$$

轉動由止推軸承支撐之平坦端軸桿所需之力偶以軸桿支撐之軸向作用力來表示

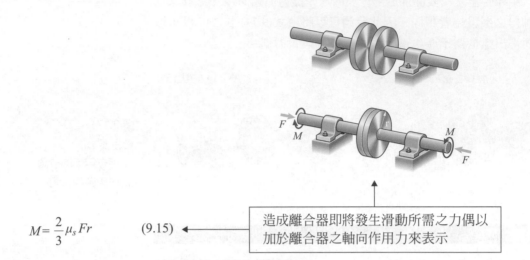

$$M = \frac{2}{3}\mu_s Fr \qquad (9.15)$$

造成離合器即將發生滑動所需之力偶以加於離合器之軸向作用力來表示

觀念範例 9.7 　　止推軸承(▶ 相關習題 9.111)

加於止推軸承上的軸向作用力為 $F = 200\,\text{N}$。直徑為 $D_o = 3\frac{1}{2}\,\text{cm}$ 又 $D_i = 1\,\text{cm}$，且角度為 $\alpha = 72°$。動摩擦係數為 $\mu_k = 0.18$。將軸桿以等速旋轉所需之力偶為何？

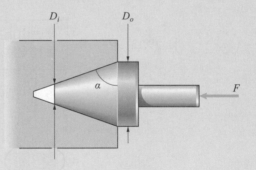

方略

力偶可由公式(9.13)得出。

解答

半徑 $r_o = 1.75\,\text{cm}$ 及 $r_i = 0.5\,\text{cm}$

$$
\begin{aligned}
M &= \frac{2\mu_k F}{3\cos\alpha}\left(\frac{r_o^3 - r_i^3}{r_o^2 - r_i^2}\right) \\
&= \frac{2(0.18)(200\,\text{N})}{3\cos 72°}\left[\frac{(1.75\,\text{cm})^3 - (0.5\,\text{cm})^3}{(1.75\,\text{cm})^2 - (0.5\,\text{cm})^2}\right] \\
&= 145\,\text{N-cm}
\end{aligned}
$$

應用式 (9.13)

練習題

加於止推軸承上的軸向作用力為 $F = 200\,\text{N}$。直徑為 $D_o = 3\frac{1}{2}\,\text{cm}$ 及 $D_i = 1\,\text{cm}$，且 $b = 5\,\text{cm}$。動摩擦係數為 $\mu_k = 0.18$ 將軸桿以等速旋轉所需之力偶為何？

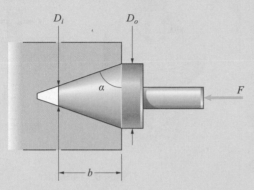

答案：$M = 184\,\text{N-cm}$。

範例 9.8　　砂輪上的摩擦力(▶ 相關習題 9.118)

手持之砂輪上有一個粘著砂紙半徑為 4-cm 之轉盤 D。操作者所施加作用力與砂輪之重量的總和為 15 N。砂紙與平面間之動摩擦係數為 $\mu_k = 0.6$。請問要使砂輪以等速旋轉馬達需加力偶(扭力) M 為何？

方略

當圓盤 D 轉動時，它所承受的摩擦力與由止推軸承支撐之軸桿的平坦尾端上的摩擦力相似。我們可以從公式(9.14)中求出使圓盤 D 以等速旋轉所需之力偶。

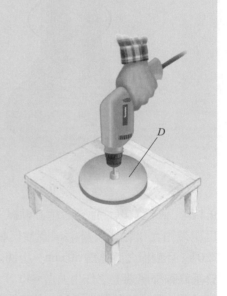

解答

將圓盤以等速旋轉所需之力偶為

$$M = \frac{2}{3}\mu_k rF = \frac{2}{3}(0.6)(4\,\text{cm})(15\,\text{N}) = 24\,\text{N-cm}$$

重要提示

導出公式(9.13)-(9.15)時我們假設垂直作用力(摩擦力也是)是均勻分佈於接觸表面的。要計算與修正這個假設時，需要對特定應用中之表面的變形作分析如此範例中之圓盤砂輪。

習題

▶9.111　在觀念範例 9.7 中，假設直徑為 $D_o = 3\frac{1}{2}$ cm 且 $D_i = 1\frac{1}{2}$ cm 及角度 $\alpha = 72°$。將軸桿以等速旋轉所需之力偶爲何？

9.112　平坦尾端之圓形軸桿由 600 N 的軸向負載壓入止推軸承內。忽略軸桿的重量。軸桿尾端與軸承間之摩擦係數爲 $\mu_s = 0.20$ 及 $\mu_k = 0.15$。請問不造成靜止軸桿在軸承中旋轉可加上之最大力偶 M 爲何？

9.113　平坦尾端之圓形軸桿由 100 N 的軸向負載壓入止推軸承內。忽略軸桿的重量。軸桿尾端與軸承間之摩擦係數爲 $\mu_s = 0.20$ 及 $\mu_k = 0.15$。請問要使軸桿以等速旋轉所需之力偶 M 爲何？

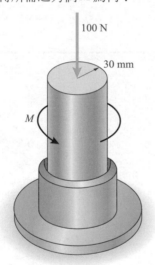

習題 9.112/9.113

9.114　圓盤 D 剛性連結於垂直軸桿上。軸桿之平坦尾端由止推軸承支撐著。圓盤與軸桿之質量和 220 kg 且軸桿之直徑爲 50 mm。上面之止推軸承加於垂直軸桿尾端上之作用力爲 440 N。軸桿尾端與軸承間的動摩擦係數爲 0.25。請問要使軸桿以等速旋轉所需之力偶 M 爲何？

9.115　假設在習題 9.114 中之軸桿尾端由圖 9.14 所示之止推軸承來支撐，且的 $r_o = 25$ mm，$r_i = 6$ mm，$\alpha = 45°$，及 $\mu_k = 0.25$。請問要使軸桿以等速旋轉所需之力偶 M 爲何？

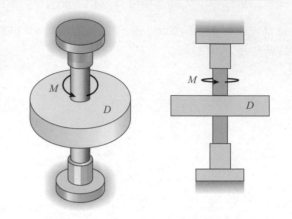

習題 9.114/9.115

9.116　軸桿由一承受了 800 N 之軸向負載的止推軸承支撐著。軸桿與左右兩個軸承間之動摩擦係數分別爲 0.20 及 0.26。將軸桿以等速旋轉所需之力偶爲何？

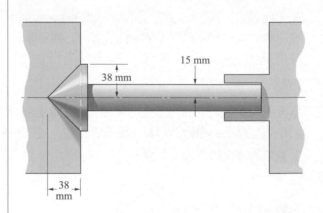

習題 9.116

9.117　馬達用來旋轉混合化學原料的攪拌槳。馬達與攪拌槳間的結合是使用圖 9.17 所示之摩擦力離合器。離合器之圓盤的半徑爲 120 mm，且圓盤間之靜摩擦係數爲 0.6。如果馬達傳送到攪拌槳的最大扭力爲 15 N-m，請問要防止圓盤滑動離合器之圓盤上需加的最小垂直作用力爲何？

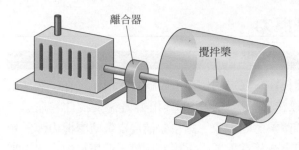

習題 9.117

▶9.118　止推軸承經由軸套 C 與固定平板之接觸來支撐。接觸之面積為內部直徑為 $D_1 = 40\,mm$ 及外部直徑為 $D_2 = 120\,mm$ 之環形面積。軸套與平板間的動摩擦係數為 $\mu_k = 0.3$。作用力 $F = 400\,N$。請問要使軸桿以等速旋轉所需之力偶 M 為何？(參考範例 9.8。)

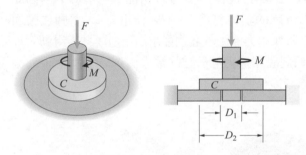

習題 9.118

9.119　某一實驗的汽車刹車設計是由加壓圖示之固定的紅色環形平板與轉動之車輪上來運作。假設 $\mu_k = 0.6$，請問要於車輪上加上 $200\,N\text{-}m$ 的力偶平板需加於車輪上之作用力 F 為何？

9.120　某一實驗的汽車刹車設計是由加壓圖示之固定的紅色環形平板與轉動之車輪上來運作。假設 $\mu_k = 0.65$ 且平板加壓於車輪的作用力為 $F = 2\,kN$。
(a)加於車輪上之力偶為何？
(b)請問當刹車的外圓半徑由 $90\,mm$ 變為 $100\,mm$ 時加於車輪上的力偶可以得到多少百分比的增加？

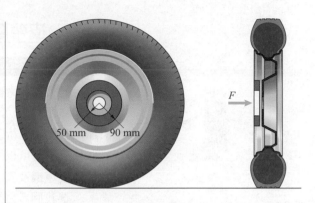

習題 9.119/9.120

9.121　汽車離合器之圓盤間的靜摩擦係數為 0.8。假設其圓盤由 $F = 2.60\,kN$ 之作用力壓作一起，離合器不發生滑動下可支撐之最大扭力為何？

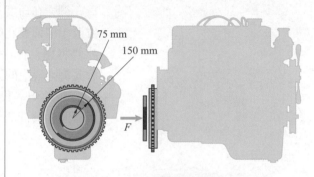

習題 9.121

9.122*　圖示之「摩斯圓錐」(Morse taper)是用來支撐機械技師車床上的工作品。圓錐塞入轉軸中並以摩擦力固定住。如果轉軸加了均勻的壓力 $p = 187.5\,kPa$ 於圓錐上且 $\mu_s = 0.2$，請問對圓錐之軸心需加多大的力偶來鬆開它？

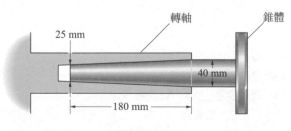

習題 9.122

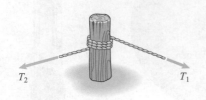

圖 9.18

纏繞在標桿上的繩子

9.6　皮帶摩擦力

背景概念

　　如果一繩索纏繞在一固定的標桿上如圖 9.18 所示，在一端加上的大作用力 T_2 可以在另一端以較小的作用力 T_1 來支撐住。在這一節裡我們將分析這個熟悉的現象。這現象稱為**皮帶型摩擦力**因為類似分析步驟可以用來分析在機器上常用的皮帶，例如在汽車上用來帶動發電機及其它機件的皮帶。

　　讓我們考慮繩索在以角度 β 繞在固定的圓柱體上(圖 9.19a)。我們假設張力 T_1 為已知。我們的目標是求出不造成繩索滑動可在另一端上施加的最大作用力 T_2。

　　開始前我們先畫出一小段繩索的自由體圖它兩邊從繩索與圓柱體開始之接觸點量起之角度為 α 及 $\alpha+\Delta\alpha$(圖 9.19b 及 c)。作用力 T 為在繩索在角度 α 之位置上的張力。我們知道繩索內的張力是隨著位置不同而變化的，因為它從在 $\alpha=0$ 的 T_1 增加到 $\alpha=\beta$ 的 T_2。因此我們將繩索在 $\alpha+\Delta\alpha$ 處的張力寫為 $T+\Delta T$。作用力 ΔN 為圓柱體加於此繩索段上的垂直作用力。由於我們要求出不造成繩索滑動下最大之 T_2 的值，我們假設摩擦力等於它的最大值 $\mu_s\Delta N$，其中 μ_s 為繩索與圓柱體間的靜摩擦係數。

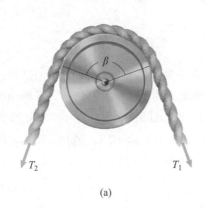

(a)

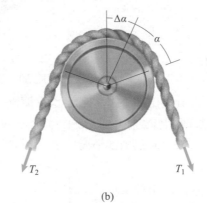

(b)

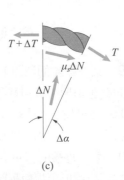

(c)

圖 9.19

(a)纏繞在固定之圓柱體上的繩子

(b)邊緣角度為 α 及 $\alpha+\Delta\alpha$ 之微分元

(c)微分元之自由體圖

在繩索之切線與法線方向上的平衡公式爲

$$\Sigma F_{tangential} = \mu_s \Delta N + T\cos\left(\frac{\Delta\alpha}{2}\right) - (T + \Delta T)\cos\left(\frac{\Delta\alpha}{2}\right) = 0$$

$$(9.16)$$

$$\Sigma F_{normal} = \Delta N - (T + \Delta T)\sin\left(\frac{\Delta\alpha}{2}\right) - T\sin\left(\frac{\Delta\alpha}{2}\right) = 0$$

消去 ΔN 後，我們可將最後的公式寫成

$$\left[\cos\left(\frac{\Delta\alpha}{2}\right) - \mu_s\sin\left(\frac{\Delta\alpha}{2}\right)\right]\frac{\Delta T}{\Delta\alpha} - \mu_s T\frac{\sin(\Delta\alpha/2)}{\Delta\alpha/2} = 0$$

估算此公式當 $\Delta\alpha \rightarrow 0$ 時的極限值並注意到

$$\frac{\sin(\Delta\alpha/2)}{\Delta\alpha/2} \rightarrow 1$$

我們得出

$$\frac{dT}{d\alpha} - \mu_s T = 0$$

此微分式代表了繩索中之張力的變化。變數分離後得出

$$\frac{dT}{T} = \mu_s d\alpha$$

此時我們可以取積分後得出張力 T_2 與張力 T_1 及角度 β 的關係式：

$$\int_{T_1}^{T_2}\frac{dT}{T} = \int_0^\beta \mu_s d\alpha$$

如此，我們得出當另一端的作用力爲 T_1 時，不造成繩索滑動下可加之最大作用力 T_2：

$$T_2 = T_1 e^{\mu_s\beta} \qquad\qquad (9.17)$$

公式中的角度 β 必須以弳度爲單位。將 μ_s 以動摩擦係數 μ_k 取代後可得出造成繩索以等速滑動所需之作用力 T_2。

　　公式(9.17)說明了爲什麼當繩索繞在一固定的支撐上時較小的作用力可用來撐住較大的作用力。造成繩索滑動所需之作用力與繩索纏繞的角度成指數的增加關係。假設 $\mu_s = 0.3$。當繩索纏繞一整圈時($\beta = 2\pi$)，其比值爲 $T_2/T_1 = 6.59$。當繩索在標桿上纏繞了四整圈時($\beta = 8\pi$)，其比值爲 $T_2/T_1 = 1880$。

結論

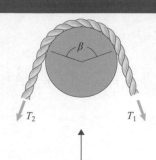

$T_2 = T_1 e^{\mu_s \beta}$　　(9.17) ◄─────── 造成繩子在 T_2 方向相對於固定之支撐即將發生滑動所需之作用力 T_2，其中角度 β 之單位為弳度且 μ_s 為繩子與支撐間之靜摩擦係數。

觀念範例 9.9 ┃ **纏繞在固定圓柱體上的繩索**(► 相關習題 9.123)

100-N 的盒子懸掛在通過兩個固定圓柱體的繩索上。繩索與左邊圓柱體間的靜摩擦係數為 0.2 而與右邊之圓柱體間為 0.4。請問此女人要撐住此靜止的盒子需加於繩索上的最小作用力為何？

方略

當繩索在兩個圓柱體上即將發生滑動時她所需加的作用力為最小。如果我們假設滑動即將發生並應用公式(9.17)於每個圓柱體上，我們可求出她需加的作用力。

解答

設 T 為兩個圓柱體間之繩子上的張力。重量 $W = 100$ N 且 F 為此女人所加之作用力。繩子在每個圓柱體上纏繞的角度 (以強度為單位)
$\beta = \pi/2$

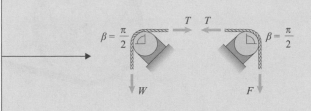

$W = Te^{\mu_s \beta} = Te^{(0.2)(\pi/2)}$
解 T 得
$T = We^{-(0.2)(\pi/2)} = (100 \text{ N})e^{-(0.2)(\pi/2)} = 73.0$ N

> 應用公式 (9.17) 於左邊之圓柱體上。假設在作用力 W 之方向繩子即將發生滑動

$T = Fe^{\mu_s \beta} = Fe^{(0.4)(\pi/2)}$
解 F 得
$F = Te^{-(0.4)(\pi/2)} = (73.0 \text{ N})e^{-(0.4)(\pi/2)} = 39.0$ N

> 應用公式 (9.17) 於右邊之圓柱體上。假設在作用力 T 之方向繩子即將發生滑動

練習題

請問當繩索即將於她所拉的方向發生滑動時她所需加於繩索上的作用力為何？換言之，要使盒子即將發生向上移動時她需用多大的力拉著盒子？她是不是需要別人幫助？
答案：257 N。會。

範例 9.10　　**圓皮帶與滑輪**(▶ 相關習題 9.134)

滑輪以等速作轉動。大滑輪附於固定的支撐上。小滑輪由一水平的平滑溝槽支撐住且由 $F = 200$ N 的作用力拉向右邊。皮帶與滑輪間的靜摩擦係數為 $\mu_s = 0.8$，$b = 500$ mm，且滑輪的半徑為 $R_A = 200$ mm 及 $R_B = 100$ mm。不造成皮帶滑動下最大的力偶 M_A 及 M_B 為何？

方略

畫出滑輪的自由體圖後，我們應用平衡公式來找出皮帶之張力與 M_A 及 M_B 之關係並得出皮帶之張力與作用力 F 之關係。當滑動即將發生，張力也同樣與公式(9.17)有關。從這些公式中我們可求出 M_A 及 M_B。

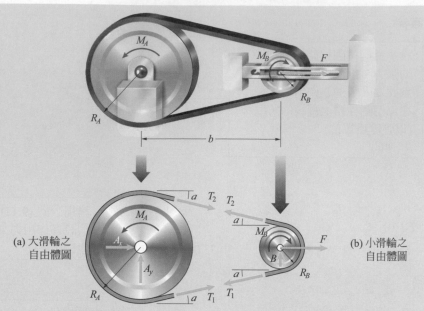

(a) 大滑輪之
自由體圖

(b) 小滑輪之
自由體圖

解答

從大滑輪的自由體圖(圖 a),我們得出平衡公式

$$M_A = R_A(T_2 - T_1) \tag{1}$$

且從小滑輪的自由體圖(圖 b),我們得出

$$F = (T_1 + T_2)\cos\alpha \tag{2}$$

$$M_B = R_B(T_2 - T_1) \tag{3}$$

皮帶與小滑輪以角度 $\pi - 2\alpha$ 作接觸(圖 c)。從平行於皮帶的虛線,我們發現角度 α 滿足下列的關係式

$$\sin\alpha = \frac{R_A - R_B}{b} = \frac{200\,\text{mm} - 100\,\text{mm}}{500\,\text{mm}} = 0.2$$

因此,$\alpha = 11.5° = 0.201\,\text{rad}$。如果我們假設在皮帶與小滑輪間滑動即將發生,公式(9.17)指出

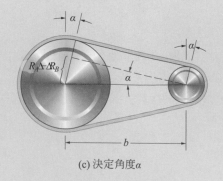

(c) 決定角度 α

$$T_2 = T_1 e^{\mu_s \beta} = T_1 e^{0.8(\pi - 2\alpha)} = 8.95 T_1$$

將此公式與二維的公式(2)聯立解來求兩張力後，我們得出 $T_1 = 20.5\,\text{N}$ 及 $T_2 = 183.6\,\text{N}$。再從公式(1)與(3)，力偶為 $M_A = 32.6$ N-m 及 $M_B = 16.3$ N-m。

　　如果我們假設大滑輪與皮帶間即將發生滑動，我們得出 $M_A = 36.3$ N-m 及 $M_B = 18.1$ N-m，因此皮帶以較小的力偶下在小滑輪上發生滑動。

習題

▶9.123　在觀念範例9.9中，假設左邊的固定圓柱體以一滑輪取代。假設繩索兩邊之張力近似相等。要撐住此靜止之盒子此女人需加於繩索上的最小作用力為何？

9.124　假設你將一條繩索繞過樹枝要提起 200-N 的木箱離開地面如圖示。繩子與樹枝間的靜摩擦係數為 0.2，且繩子繞過樹枝的角度為 135°。請問要將木箱開始提起所需之作用力為何？

習題 9.124

9.125　絞盤用於帆船上來幫助支撐船帆加於繩索(船纜)上作用力將它們固定住。圖示之絞盤能於順時針方向旋轉(從上面看來)，但不能在逆時針方向作旋轉。船帆加了 $T_S = 800$ N 的張力於船纜上，船纜在絞盤上纏繞了二整圈。船纜與絞盤間的靜摩擦係數為 $\mu_s = 0.2$。請問要防止船纜在絞盤上滑動船員需加於船纜上的張力 T_C 為何？

9.126　習題 9.125 中船纜與絞盤間的動摩擦係數為 $\mu_k = 0.16$。若船員要讓船纜以等速滑動，鬆開船帆，當它開始滑動時他須加於船纜的張力 T_C 為何？

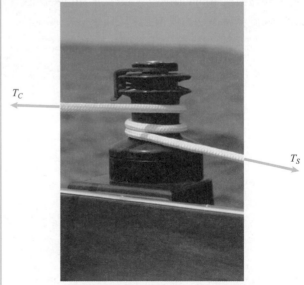

習題 9.125/9.126

9.127　盒子 A 重 20 N。繩索在固定的木質標桿上纏繞了一又四分之一圈。繩索與標桿間的摩擦係數為 $\mu_s = 0.15$ 及 $\mu_k = 0.12$。

(a)請問撐住靜止盒子此人需加的最小作用力為何？

(b)請問將盒子以等速提起此人須加的作用力為何？

習題 9.127

9.128　塊體 A 的重量 W。圓盤由平滑的軸承支撐著。圓盤與皮帶間的動摩擦係數為 μ_k 請問要將圓盤以等速旋轉所需之力偶 M 為何？

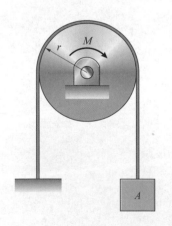

習題 9.128

9.129　旋轉運動腳踏車的輪子所需之力偶由改變負重 W 來調整。車輪與皮帶間的動摩擦係數為 μ_k。假設輪子以順時針旋轉。

(a)導出轉動車輪所須力偶 M 為 $M = WR(1 - e^{-3.4\mu_k})$。

(b)如果負重 $W = 200\,N$ 且 $\mu_k = 0.2$，當腳踏車在使用時量表 S 的指數為何？

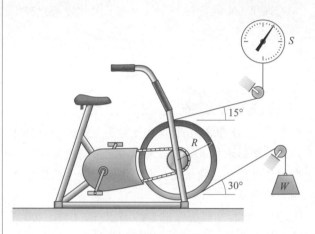

習題 9.129

9.130　盒子 B 重 50 N。纜線與固定支撐間之摩擦係數為 $\mu_s = 0.4$ 及 $\mu_k = 0.3$。

(a)請問要撐住此盒子所需之最小作用力 F 為何？

(b)將盒子以等速提起所需之作用力 F 為何？

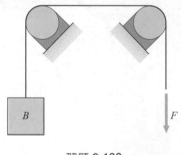

習題 9.130

9.131 50-N 之盒子與斜面間之靜摩擦係數為 0.10。繩索與固定圓柱體間靜摩擦係數為 0.05。請求出將盒子開始拉上斜面此女人需加於繩索上的作用力。

9.132 習題 9.131 中，要將盒子維持平衡於斜面上此女人需加於繩索上之最小作用力為何？

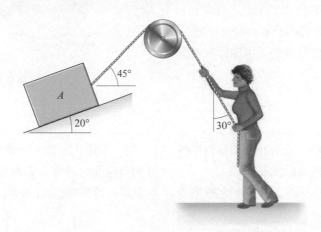

習題 9.131/9.132

9.133 塊體 B 與 C 之質量各為 20 kg。接觸面間之靜摩擦係數 0.2。塊體 A 由繞過固定的圓柱體且附於塊體 B 的繩索懸掛著。繩索與固定圓柱體間之靜摩擦係數為 0.3。請問不使塊體 B 向左滑動塊體 A 能有的最大質量為何？

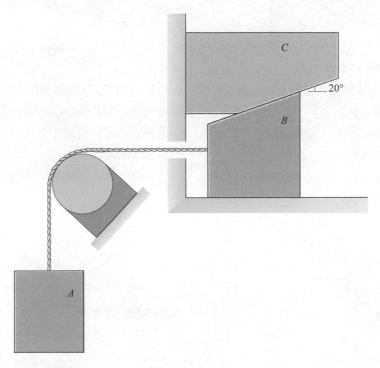

習題 9.133

▶9.134　如果範例 9.10 中的作用力 F 增加為 400 N，請問不使皮帶滑動力偶 M_A 及 M_B 之最大值為何？

9.135　彈簧加了 320-N 之作用力於左邊之滑輪上。扁平皮帶與滑輪間的靜摩擦係數為 $\mu_s=0.5$。右邊的滑輪不能旋轉。請問不使皮帶滑動下可加於左邊滑輪之最大力偶 M 為何？

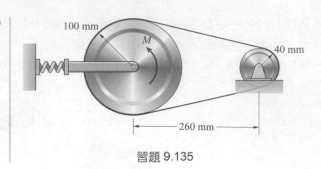

習題 9.135

複習習題

9.136　盒子重量為 $W=30\,\text{N}$，且作用力 F 垂直於斜面。盒子與斜面間之靜摩擦係數為 $\mu_s=0.2$。

(a)如果 $F=30\,\text{N}$，請問加於靜止之盒子上之摩擦力的值為何？

(b)如果 $F=10\,\text{N}$，請導出盒子無法靜置於斜面上。

9.137　習題 9.136 中，將盒子維持靜止於斜面上之最小作用力 F 為何？

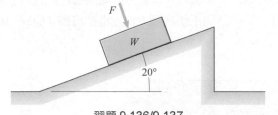

習題 9.136/9.137

9.138　塊體 A 與 B 由水平桿子連接。斜面與 400-N 之塊體 A 間的靜摩擦係數為 0.3。斜面與 300-N 之塊體 B 間的靜摩擦係數為 0.5。請問要防止這些塊體從表面上滑下的最小作用力 F 為何？

9.139　習題 9.138 中造成這些塊體開始於斜面上向上滑動所需之作用力 F 為何？

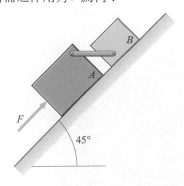

習題 9.138/9.139

9.140　木箱 A 與 B 的質量分別為 25 kg 及 30 kg。接觸表面間的靜摩擦係數為 $\mu_s=0.34$。請問使得這些木箱維持平衡最大的角度 α 之值為何？

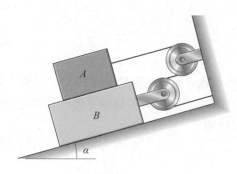

習題 9.140

9.141　砂石堤防的側邊具 45° 的斜率(圖 a)。如果砂石與砂石間的靜摩擦係數為 $\mu_s=0.6$，請問這個堤防是穩定的還是會垮下？如果它會垮下，請問能穩定的最小斜率為何？

　　方略：畫出隔離堤防部份之自由體圖如圖 b。

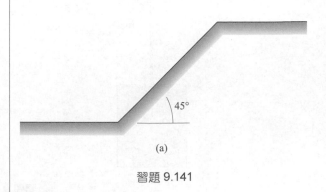

(a)

習題 9.141

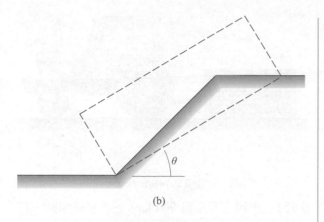

習題 9.141　(續)

9.142　箱型車之質量為 2250 kg，且其輪胎與路面間之靜摩擦係數為 0.6。如果它的前輪鎖住而其後輪可自由轉動，請問讓它能維持平衡之最大 α 之值為何？

9.143　習題 9.142 中，如果車子朝向斜面上方請問讓它能維持平衡之最大 α 之值為何？

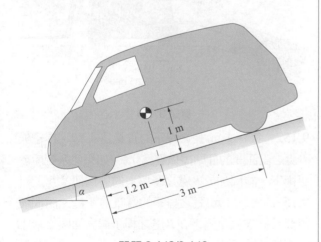

習題 9.142/9.143

9.144　此架子的設計讓它能處於垂直樑柱上的任何地方。架子由兩個水平圓柱體與垂直樑柱間的摩擦力來支撐。架子與攝影機得重量和為 W。如果垂直樑柱與水平圓柱體間的靜摩擦係數為 μ_s，請問讓架子維持原處所需之最小距離 b 為何？

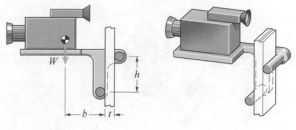

習題 9.144

9.145　20-N 的均質物體支撐在 A 與 B 上。距離 h=4 cm，B 點處的摩擦力可以略去，而在 A 點的靜摩擦係數為 0.4。請求出不使物體滑動下可加的最大作用力 F。

9.146　習題 9.145 中，假設在 B 點的靜摩擦係數為 0.36。請問此物體滑動前不會傾倒的最大 h 之值為何？

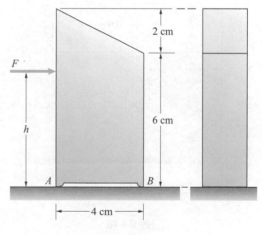

習題 9.145/9.146

9.147　900-N 重的爬岩者在「煙囪」內由加於其鞋子與肩上的摩擦力與垂直作用力支撐著。他的鞋子與牆面間及其背部與牆面間的靜摩擦係數分別為 0.8 及 0.6。請問他的鞋子所需加的最小作用力為何？

習題 9.147

9.148   1000-N 重的門之兩邊鬆鬆的卡於牆面上的凹槽中。纜線 A 及 B 以等速拉起此門。門與凹槽間的動摩擦係數為 μₖ=0.3。如果在 B 的纜線斷了要繼續以等速拉起此門需加於 A 處之纜線上的作用力為何？

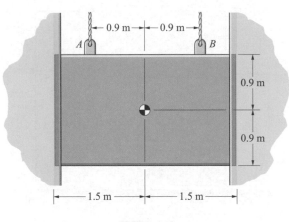

習題 9.148

9.149   1000-kg 拖拉機之輪胎與地面間的靜摩擦係數及 450-kg 之木箱與地面間的靜摩擦係數分別為 0.8 及 0.3。從靜止開始，請問造成木箱開始移動拖拉機之引擎需加於其後輪上的扭力為何？(前輪可以自由轉動。)

9.150   在習題 9.149 中，如果引擎可以提供足夠的扭力請問此拖拉機可移動的最重木箱質量為何？所需之扭力為何？

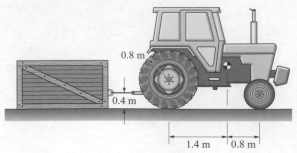

習題 9.149/9.150

9.151   車輛之質量為 900 kg，它為後輪驅動，且其輪胎與表面間之靜摩擦係數為 0.65。木箱與表面間的靜摩擦係數為 0.4。如果此車試著將此木箱拉上斜坡，請問在車子的輪胎發生滑動前可以讓木箱滑上斜面的最大木箱之質量為何？

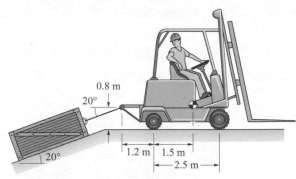

習題 9.151

9.152   每一 1-m 長之桿子的質量為 4 kg。桿子與 B 處之表面間的靜摩擦係數為 0.2。如果此系統處於平衡下，請問加於 B 處之摩擦力的值為何？

9.153   每一 1-m 長之桿子的質量為 4 kg。請問使得此系統處於平衡下在 B 處之桿子與表面間之最小靜摩擦係數為何？

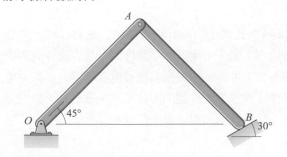

習題 9.152/9.153

9.154　軸套 A 與 B 之質量各爲 2 kg。如果軸套 B 與桿子間的摩擦力可略去，請問讓此系統於圖示之位置上處於平衡，軸套 A 與桿子間所需之最小靜摩擦係數爲何？

9.155　如果各爲 2-kg 之軸套 A 與 B 與桿子間的靜摩擦係數各爲相同之 μ_s，請問讓此系統於圖示之位置上處於平衡，軸套 A 與桿子間所需之最小靜摩擦係數 μ_s 爲何？(假設在 A 與 B 處之滑動即將發生。)

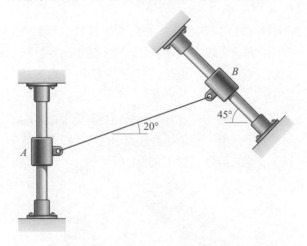

習題 9.154/9.155

9.156　夾子將兩個木材夾在一起。螺紋之螺距爲這 $p=2$ mm，螺紋之平均半徑爲 $r=8$ mm，且螺紋與匹配凹槽間之動摩擦係數爲 0.24。請問要將木板以 200 N 的作用力夾在一起所需加於螺桿上之力偶爲何？

9.157　在習題 9.156 中，螺紋與匹配凹槽間之靜摩擦係數爲 0.28。請問要在將木板以 200 N 的作用力夾在一起後，要鬆開它所需加於螺桿上之力偶爲何？

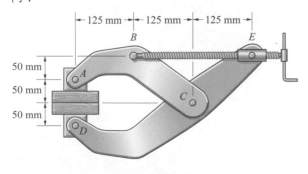

習題 9.156/9.157

9.158　煤車的輪軸由軸頸軸承支撐。輪子的半徑爲 75 mm，輪軸的半徑爲 15 mm，且輪軸與軸承間之動摩擦係數爲 $\mu_k=0.14$。煤車與其負載的質量和爲 160 kg。如果煤車與其負載的重量平分於輪軸上，請問將此煤車以等速推動所需之作用力 P 爲何？

習題 9.158

9.159　兩個滑輪之半徑爲 120 mm 且置於由軸頸軸承支撐半徑爲 20-mm 之軸桿上。忽略滑輪與軸桿之重量。軸桿與軸承間的動摩擦係數爲 $\mu_k=0.2$。如果將此男人以等速拉起所需之作用力 $T=1000$ N，請問他的重量爲何？

9.160　在習題 9.159 中假設此人重 800 N，請問將他以等速下降所需之作用力 T 爲何？

習題 9.159/9.160

9.161　如果此兩個圓柱體被固定住，請問讓兩個負重維持靜止下 W 的重量範圍爲何？

9.162　如果此系統開始是靜止的且左邊的圓柱體緩慢的轉動，請求出下列情況下之最大的 W

(a)上升；

(b)下降。

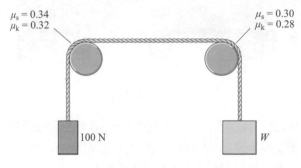

$\mu_s = 0.34$
$\mu_k = 0.32$

$\mu_s = 0.30$
$\mu_k = 0.28$

100 N

W

習題 9.161/9.162

設計專題 1

如圖示將楔子敲入木頭中它可用來分開木材(參考觀念範例 9.4)。假設你要設計這種楔子來銷售於工具店中。實驗證明鋼製之楔子與各類之木頭間的靜摩擦係數介於 0.2 到 0.4 之間。

(a)根據所給靜摩擦係數之範圍，請求出無外加之作用力下楔子可維持在木頭中之位置的最大楔子角度 α。

(b)利用於(a)中求出之楔子角度，並假設其動摩擦係數爲 0.9 倍於其靜摩擦係數，請求出要將楔子以等速打入木頭中所需之垂直作用力的的範圍。

(c)寫一個小報告描述你的分析並推薦要製造之產品的楔子角度。考量是否在選用之楔子角度上提供一安全之界限可能是適當的。

設計專題 2

設計並製造一個可以測量兩種材質間的靜摩擦係數 μ_s。用它來測量表 9.1 中所列之幾種材料間的 μ_s 並將結果與表中之值作比較。討論你的儀器可能發生誤差的來源並判斷當你將兩種相同的材料重複作實驗時你的數值吻合的程度。

10

內力與扭矩

在我們開始學習平衡時，先畫出個別物體的自由體圖來
求出加於它們之上的末知作用力與扭矩。在本章中我們
將此過程進一步應用並畫出個別物體的自由體圖來求出
其內力與扭矩。經由這個步驟，我們可得到結構設計工
程師主要的關注點：用來判斷物體是否能支撐其所承受
之外在負載是物體中的內力。

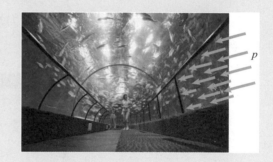

◀ 水所加於玻璃窗上的作用力分佈於玻璃窗之面積上。在本章中我
們分析作用力在樑、懸掛纜線及靜止液體內的分佈。

樑

10.1 軸向力、剪力與彎矩

背景概念

　　為確保結構內的構件不會因施加於其上的作用力與力矩而失效(斷裂或崩塌)，設計工程師不只需了解施加於其構件上之外在負載與反作用力，還要**包含施**加於其內的作用力與力矩。

　　考慮一承受外在負載與反作用力之樑(圖 10.1a)。我們如何求出樑中的作用力與力矩？在圖 10.1b 中，我們以一平面在樑的任意位置上「切」下並將樑位於平面左邊之部份隔離。很清楚的除非在其與樑之其它部份的交接平面上有承受某種作用力與力矩之系統此隔離之部份是不可能處於平衡的。這些就是我們所尋求的內部作用力與力矩。

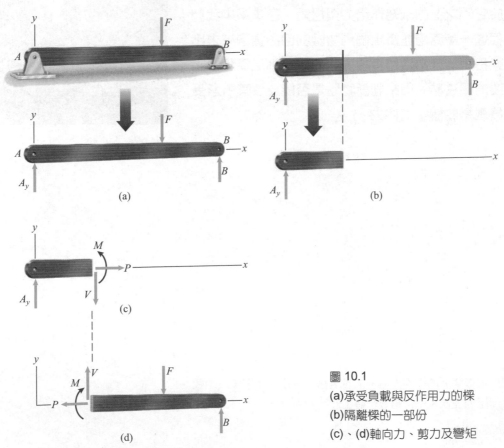

圖 10.1
(a)承受負載與反作用力的樑
(b)隔離樑的一部份
(c)、(d)軸向力、剪力及彎矩

在第 4 章中，我們示範過作用力與力矩之系統可以用包含作用力與力偶之等量系統來表示。在樑上外在的負載與反作用力系統為二維的，我們可以將內力與力矩以一包含兩個作用力分量及一力偶之等量系統來表示(圖 10.1c)。平行於樑之軸的分量 P 稱為**軸向力**(*axial force*)。垂直於樑之軸的分量 V 稱為**剪力**(*shear force*)，而力偶 M 稱為**彎矩**(*bending moment*)。在圖 10.1d 中顯示出在切割面之右邊之樑上的軸向力、剪力及彎矩。請注意他們與圖 10.1c 所示之內力與力矩大小相同方向相反。

在圖 10.1c 與 10.1d 中所示之軸向力、剪力與彎矩之方向為此些量之正向的定義。正的軸向力 P 讓樑承受張力。正剪力 V 會將樑的軸以順時針方向旋轉(圖 10.2a)。正彎矩 M 將造成樑之軸作向上的彎曲(圖 10.2b)。請注意正彎矩會使樑的上面部份承受壓力，在平行於樑之軸的方向將樑縮短，而使樑的下面部份承受張力，在平行於樑之軸的方向將樑拉長。

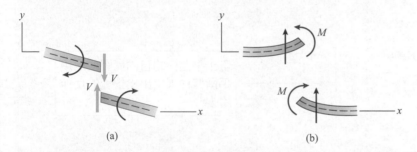

(a)　　　　　　　　　　(b)

圖 10.2
(a)正剪力會使樑的軸順時針旋轉
(b)正彎矩會使樑的軸向上彎曲

結論

軸向力 P、剪力 V 與彎矩 M 為代表樑在橫切面處之內力與力之等效系統。這些定義為正向

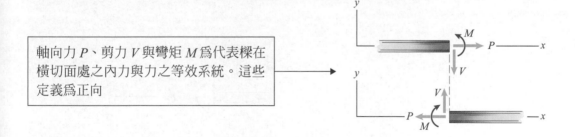

要求出樑中某特定橫切位置之 P、V 及 M 的值包含三個步驟：
1. 畫出樑之自由體圖並求出在其支撐處之反作用力。
2. 在樑上求內力與力矩之橫切面處通過一個平面。畫出樑切割後之任一部份上的自由體圖，以它們的正向表示出 P、V 及 M。
3. 應用平衡條件來求出 P、V 及 M。

觀念範例 10.1　　求出內力與力矩(▶ 相關習題 10.1)

求出 C 點之內力與力矩。

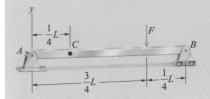

方略

首先我們需要畫出整個樑的自由體圖並求出在 A 與 B 處的反作用力。然後我們在 C 處用平面將樑切開並畫出樑在平面左邊之部份的自由體圖。應用平衡公式，我們將得出在 C 處之內力與力矩。

解答

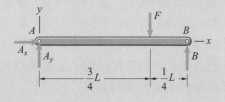

$$\Sigma F_x = A_x = 0$$

$$\Sigma F_y = A_y + B - F = 0$$

$$\Sigma M_{\text{point } A} = LB - \left(\frac{3}{4}L\right)F = 0$$

解得 $A_x = 0,\ A_y = \dfrac{1}{4}F,\quad B = \dfrac{3}{4}F$

畫出整個樑的自由體圖並應用平衡條件來求出支撐處的反作用力

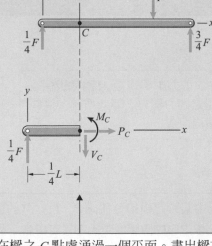

$$\Sigma F_x = P_C = 0$$

$$\Sigma F_y = \frac{1}{4}F - V_C = 0$$

$$\Sigma M_{\text{point } C} = M_C - \left(\frac{1}{4}L\right)\left(\frac{1}{4}F\right) = 0$$

解得 $P_C = 0,\ V_C = \dfrac{1}{4}F,\quad M_C = \dfrac{1}{16}LF$

在樑之 C 點處通過一個平面。畫出樑在 C 點左邊部份之自由體圖。應用平衡條件來求出內力

練習題

在樑之 C 點處通過一個平面求出其內力與力矩並畫出樑在 C 右邊之部份的自由體圖。

答案：$P_C = 0$，$V_C = \dfrac{1}{4}F$，$M_C = \dfrac{1}{16}LF$。

| 範例 10.2 | 求出內力與力矩(▶ 相關習題 10.8) |

請求出在 B 點之內力與力矩。

方略

求支撐點處的反作用力時，我們將以等效的作用力來代表三角形的分佈負載。然後我們用一平面在 B 點將樑切開來求出樑之左邊部份的內力與力矩並畫出其自由體圖，**包含在切割面左邊之分佈負載**。

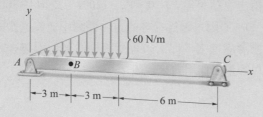

解答

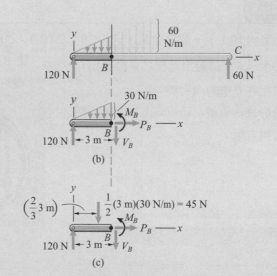

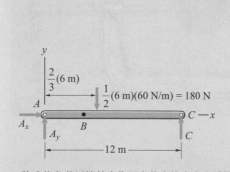

(a) 將分佈負載以等效之作用力代表後之自由體圖　　(b)，(c) 樑在 B 點左邊部份的自由體圖

求出外部的作用力與力矩　我們畫出自由體圖並以等效作用力來代示分佈負載如圖 a。平衡公式為

$$\Sigma F_x = A_x = 0 \quad , \quad \Sigma F_y = A_y + C - 180\,\text{N} = 0$$
$$\Sigma M_{\text{point}A} = (12\,\text{m})C - (4\,\text{m})(180\,\text{N}) = 0$$

解出它們，得出 $A_x=0$，$A_y=120\,\text{N}$，及 $C=60\,\text{N}$。

畫出這部份樑的自由體圖　我們在 B 點處將樑切開，得出其自由體圖如圖 b。由於 B 點處於三角形分佈負載之中點，在 B 點處之分佈負載的值為 30 N/m。將圖 b 之分佈負載以等量作用力代表後，我們得出其自由體圖如圖 c。從平衡公式

$$\Sigma F_x = P_B = 0$$
$$\Sigma F_y = 120\,\text{N} - 45\,\text{N} - V_B = 0$$
$$\Sigma M_{\text{point }B} = M_B + (1\,\text{m})(45\,\text{N}) - (3\,\text{m})(120\,\text{N}) = 0$$

我們得出 $P_B=0$，$V_B=75\,\text{N}$，及 $M_B=315\,\text{N-m}$。

重要提示

如果你用圖 a 的自由體圖在 B 點處切開後試著來求出其內力與力矩，將得不到正確的結果。(你可以從切割後在 B 點之左邊的自由體圖中得出之結果為 $P_B=0$，$V_B=120\,\text{N}$，及 $M_B=360\,\text{N-m}$ 來得到確認。)其原因是因為在你的自由體圖中並沒適當的將分佈負載的效應考慮進來。你必須等到將樑做部份隔離後才可以將分佈負載以等量之作用力來代表。

習題

▶10.1　在觀念範例 10.1 中，假設從點 A 至點 C 的距離從 $\frac{1}{4}L$ 增加至 $\frac{1}{2}L$。請畫出此樑之草圖標出 C 的新位置。請求出在 C 處的內力與力矩。

10.2　圖中三角形分佈負載之值為 $w_0=2\,\text{kN/m}$。請求出 A 處的內力與力矩。

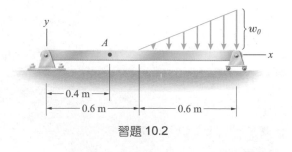

習題 10.2

10.3　C 形夾頭加了 30-N 的作用力於所夾之物體上。請求出夾頭於 A 處之內力與力矩。

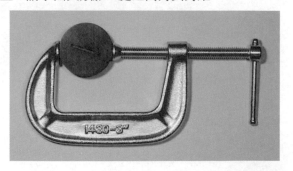

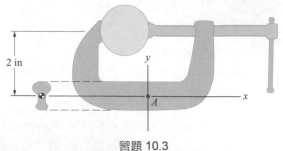

習題 10.3

10.4　請求出在 A 處的內力與力矩。

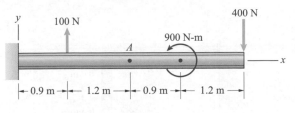

習題 10.4

10.5　管子左端有固定支撐。求 A 處內力與力矩。

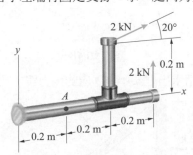

習題 10.5

10.6　請求出在每個負載下 A 處的內力與力矩。

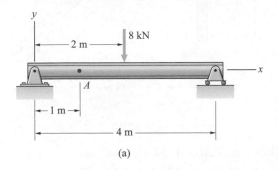

(a)

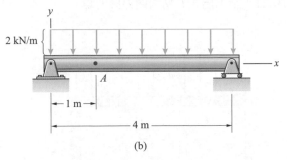

(b)

習題 10.6

10.7　將梯子的橫木視為一簡單支撐(梢支)的架構且假設此人所加之 750-N 的負載為均勻分佈。請求出在 A 處的內力與力矩。

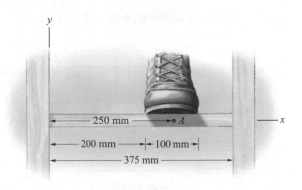

習題 10.7

▶10.8　在範例 10.2 中，假設點 A 與點 B 間的距離由 3 m 增加至 4 m。畫出 B 在新位置上之樑的草圖。請求出在 B 點之內力與力矩。

10.9　如果 $x = 3\,m$，在 A 處的內力與力矩為何？

10.10　如果 $x = 4\,m$，在 A 處的內力與力矩為何？

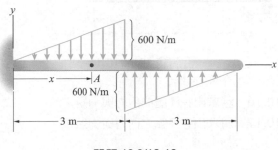

習題 10.9/10.10

10.11　求出在負載(a)及(b)下 A 處的內力與力矩。

10.12　求出在負載(a)及(b)下 B 處的內力與力矩。

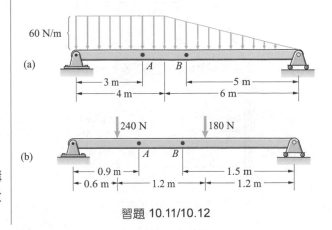

習題 10.11/10.12

10.13 請求出在 A 處的內力與力矩。

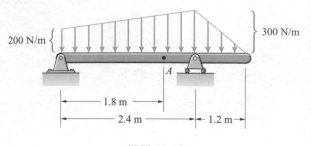

習題 10.13

10.14 請求出在 A 處的內力與力矩。

10.15 請求出在 B 點之內力與力矩。

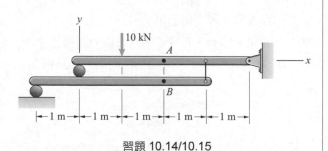

習題 10.14/10.15

10.16 請求出在 A 處的內力與力矩。

10.17 請求出在 B 點之內力與力矩。

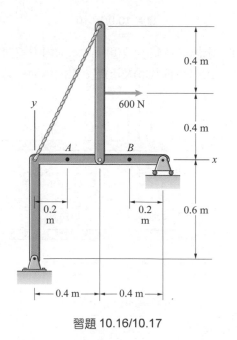

習題 10.16/10.17

10.18 繩子張力爲 10 kN。求 A 處的內力與力矩。

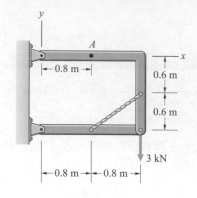

習題 10.18

10.19 請求出框架中在 A 處的內力與力矩。

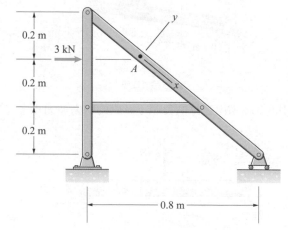

習題 10.19

10.20 請求出在 A 處的內力與力矩。

10.21 請求出在 B 點之內力與力矩。

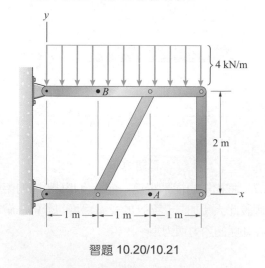

習題 10.20/10.21

10.2　剪力與彎矩圖

背景概念

在設計樑時，工程師必須要了解在樑的整個長度上之內力與力矩的分佈。特別需要關注的是其最大與最小之剪力與彎矩的值與其發生的位置。在本節中我們將示範如何將 P、V 及 M 的值以 x 的關係式來求出，並介紹剪力與彎矩圖。

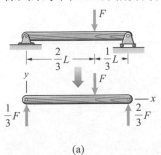 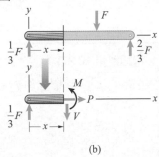 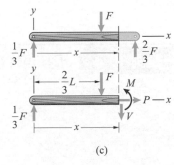

(a)　　　　　　　　　(b)　　　　　　　　　(c)

圖 10.3
(a)承受作用力 F 之負載的樑及其自由體圖
(b)於距 F 之左邊 x 的任何位置上切開樑
(c)於距 F 之右邊 x 的任何位置上切開樑

考慮一承受負載之簡支樑(圖 10.3a)。不再將樑在某特定位置上切開來求該點上的內力與力矩，而在負載 F 與樑之左端間的任何位置 x 上將樑切開(圖 10.3b)。應用平衡公式於自由體圖上，我們得出

$$\left.\begin{array}{l} P=0 \\[4pt] V=\dfrac{1}{3}F \\[8pt] M=\dfrac{1}{3}Fx \end{array}\right\} \quad 0<x<\dfrac{2}{3}L$$

求當 x 的值大於 $\dfrac{2}{3}L$ 時之內力與力矩，我們在負載 F 與樑之右端間之任意位置 x 處將樑切開來得出其自由體圖(圖 10.3c)其結果為

$$\left.\begin{array}{l} P=0 \\[4pt] V=-\dfrac{2}{3}F \\[8pt] M=\dfrac{2}{3}F(L-x) \end{array}\right\} \quad \dfrac{2}{3}L<x<L$$

其**剪力與彎矩圖**只是分別為 V 及 M，對 x 之關係式(圖 10.4)。它們可以讓你看出剪力與彎矩沿著樑的長度上之變化情形及其最大與最小的值。(所謂的**最大值**我們指的是其剪力或彎矩的最小上限值，而**最小值**我們指的是其最大的下限值)

因此經由考慮在任意距離樑之端點 x 處之平面並解出其上之 P、V 及 M 對 x 之關係式我們可以求出樑上之內力與力矩的分佈。依據負載的複雜性，可能需要畫出幾個自由體圖來求出沿著整個樑上之分佈。對於 V 及 M 之結果公式讓我們可以畫出其剪力與彎矩圖。

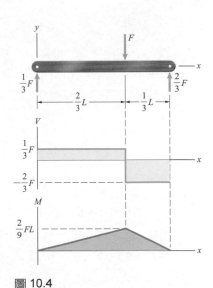

圖 10.4

剪力與彎矩圖指出最大與最小之 V 與 M 的值

結論

經由通過樑上之任意位置 x 處之平面，其 P、V 及 M 的值可以求出為 x 之關係式。依據負載與支撐之不同，可以需要畫出幾個自由體圖來求出整個樑上之分佈。

樑的剪力與彎矩圖只是其 V 與 M 對 x 之關係式

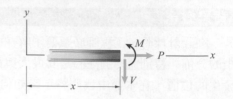

觀念範例 10.3　剪力與彎矩圖 (▶ 相關習題 10.27)

請求出當 $0 < x < 2\,\text{m}$ 樑之剪力 V 及彎矩 M 對 x 之關係式。

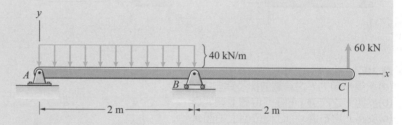

方略

首先我們需畫出整個樑的自由體圖並求出反作用力 A 與 B。然後我們在 A 與 B 間的任意位置 x 上以平面將樑切開來求出適用於 $0 < x < 2\,\text{m}$ 範圍中之 V 與 M 的關係式。

解答

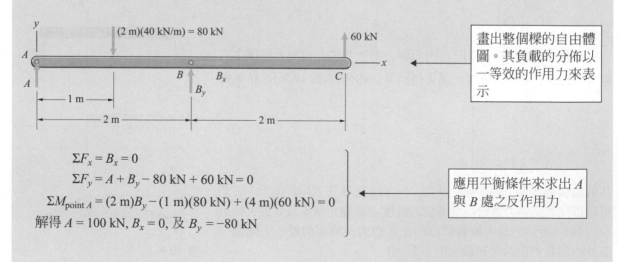

畫出整個樑的自由體圖。其負載的分佈以一等效的作用力來表示

$$\Sigma F_x = B_x = 0$$

$$\Sigma F_y = A + B_y - 80\,\text{kN} + 60\,\text{kN} = 0$$

$$\Sigma M_{\text{point } A} = (2\,\text{m})B_y - (1\,\text{m})(80\,\text{kN}) + (4\,\text{m})(60\,\text{kN}) = 0$$

解得 $A = 100\,\text{kN}$, $B_x = 0$, 及 $B_y = -80\,\text{kN}$

應用平衡條件來求出 A 與 B 處之反作用力

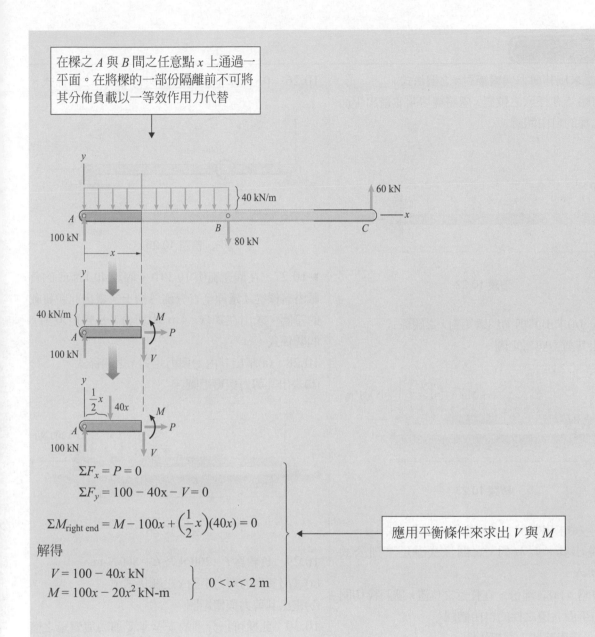

在樑之 A 與 B 間之任意點 x 上通過一平面。在將樑的一部份隔離前不可將其分佈負載以一等效作用力代替

40 kN/m

60 kN

A

x

B

C

100 kN

80 kN

40 kN/m

M

A

P

100 kN

V

$\frac{1}{2}x$　40x

M

A

P

100 kN

V

$\Sigma F_x = P = 0$

$\Sigma F_y = 100 - 40x - V = 0$

$\Sigma M_{\text{right end}} = M - 100x + \left(\frac{1}{2}x\right)(40x) = 0$

應用平衡條件來求出 V 與 M

解得

$V = 100 - 40x$ kN

$M = 100x - 20x^2$ kN-m

$0 < x < 2$ m

練習題

(a)求出在 $2 < x < 4$ m 中樑之剪力 V 及彎矩 M 對 x 之關係式。(b)畫出整個樑之剪力與彎矩圖。

答案：$V = -60$ kN，$M = 60(4-x)$ kN-m。

習題

10.22　求出其剪力與彎矩對 x 之關係式。

　　方略：在任意之位置 x 處將樑切開並畫出平面左邊之樑的自由體圖。

習題 10.22

10.23　(a)求出其剪力與彎矩對 x 之關係式。
(b)畫出其剪力與彎矩圖。

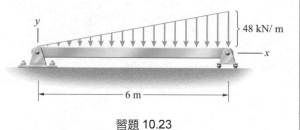

習題 10.23

10.24　(a)求出其剪力與彎矩對 x 之關係式。
(b)請導出其 V 與 M 對 x 之關係式滿足下列公式 $V = dM/dx$。

　　方略：(a)之部份，在任意之位置 x 處將樑切開並畫出平面右邊之樑的自由體圖。

10.25　畫出其剪力與彎矩圖。

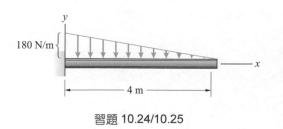

習題 10.24/10.25

10.26　$0 < x < 2\,m$ 時求剪力與彎矩對 x 之關係式。

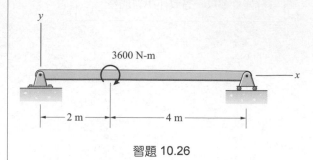

習題 10.26

▶10.27　在觀念範例 10.3 中，假設 40 kN/m 的負載沿著樑從 A 延伸至 C 分佈於樑上。畫出此新負載的草圖。求出在 $2 < x < 4\,m$ 中剪力 V 及彎矩 M 對 x 的關係式。

10.28　(a)請出其內力與力矩對 x 之關係式。
(b)畫出其剪力與彎矩圖。

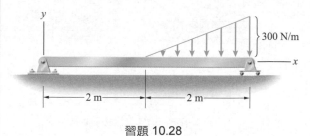

習題 10.28

10.29　負載為 $F = 200\,N$ 及 $C = 800\,N\text{-}m$。
(a)求出其內力與力矩對 x 之關係式。
(b)畫出其剪力與彎矩圖。

10.30　此樑可以分別的安全承受剪力與彎矩之值為 2 kN 及 6.5 kN-m。在這個條件基礎下，請問它能承受負載 $F = 1\,kN$、$C = 1.6\,kN\text{-}m$？

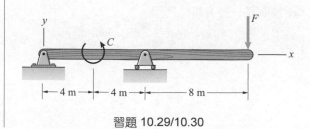

習題 10.29/10.30

10.31　將梯子的橫木視為一簡單支撐(梢支)的架構且假設此人所加之 750-N 的負載為均勻分佈。畫出其剪力與彎矩圖。

10.32　習題 10.31 中其最大的彎矩之值為何且其發生於何處？

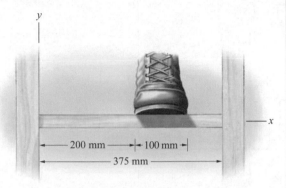

習題 10.31/10.32

10.33　假設此樑所靜置之平面加了一均勻的負載。畫出其剪力與彎矩圖。

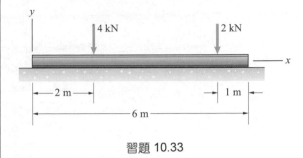

習題 10.33

10.34　均質樑 AB 及 CD 分別重 600 N 及 500 N。畫出樑 AB 之剪力與彎矩圖。

10.35　均質樑 AB 及 CD 分別重 600 N 及 500 N。畫出樑 CD 之剪力與彎矩圖。

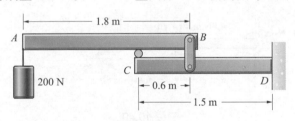

習題 10.34/10.35

10.36　求出在 $0 < x < 3\,m$ 中剪力 V 及彎矩 M 對 x 的關係式。

10.37　畫出此樑之剪力與彎矩圖。

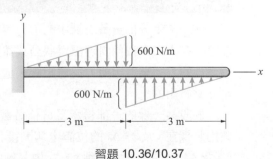

習題 10.36/10.37

10.38　在初步設計研討中，飛機機翼上之垂直作用力以圖示之結構表示。此分佈之負載代表了機翼之氣動作用力與其重量所加之作用力。在 $x = 4.4\,m$ 處之 80-kN 代表其發動機之重量所加之作用力。請畫出在 $0 < x < 4.4\,m$ 中機翼之剪力與彎矩圖。

10.39　請畫出整個機翼的剪力與彎矩圖。

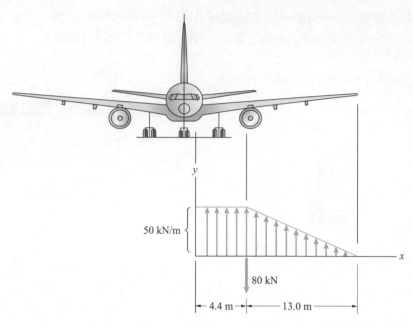

習題 10.38/10.39

10.40*　畫出其剪力與彎矩圖。

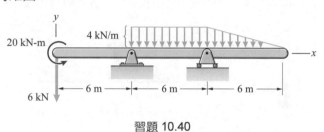

習題 10.40

10.3　負載分佈、剪力及彎矩間之關係

背景概念

在一承受分佈負載之樑中的剪力與彎矩由一簡單的微分公式來運算。在本節中我們將導出這些公式並顯示它們提供一個有趣且具啓發性的方式來得出剪力與彎矩圖。這些公式對於求出樑的變形也是非常有用的。

假設某一樑的一部份承受分佈負載 w (圖 10.5a)。在圖 10.5b 中經由將樑在 x 及 $x+\Delta x$ 的位置上切開後我們得出一自由體圖。ΔP、ΔV 及 ΔM 分別表示從 x 到 $x+\Delta x$ 中其軸向力、剪力及彎矩之變化。在 x 方向之作用力的總向為

$$\Sigma F_x = P + \Delta P - P = 0$$

將此公式除以 Δx 並取其當 $\Delta x \to 0$ 時之極限值，我們得出

$$\frac{dP}{dx}=0$$

這個只是簡單的說明了當一個樑的一部份只是承受了橫向負載時其軸向作用力與 x 之位置無關。要將作用於自由體圖之 y 方向上的作用力加總，我們必須先求出分佈負載所加的作用力。在圖 10.5b 中我們介紹一個表示從自由體圖左端開始量測之距離座標 $\hat{x}$。利用這個座標，由分佈負載所施加向下作用力為

$$\int_0^{\Delta x} w(x+\hat{x})\,d\hat{x}$$

其中 $w(x+\hat{x})$ 表示 w 在 $x+\hat{x}$ 的值。要估算這個積分，我們將 $w(x+\hat{x})$ 以 $\hat{x}$ 的泰勒數列來表示：

$$w(x+\hat{x})=w(x)+\frac{dw(x)}{dx}\hat{x}+\frac{1}{2}\frac{d^2w(x)}{dx^2}\hat{x}^2+\cdots \tag{10.1}$$

將上式代入向下作用力的積分表示式中，再逐項取積分，我們得出

$$\int_0^{\Delta x} w(x+\hat{x})\,d\hat{x}=w(x)\Delta x+\frac{1}{2}\frac{dw(x)}{dx}(\Delta x)^2+\cdots$$

因此在自由體圖 y 方向上之作用力的總和為

$$\Sigma F_y=V-V-\Delta V-w(x)\Delta x-\frac{1}{2}\frac{dw(x)}{dx}(\Delta x)^2+\cdots=0$$

除以 Δx 並取當 $\Delta x\to 0$ 時之極限值，我們得出

$$\frac{dV}{dx}=-w \tag{10.2}$$

其中 $w=w(x)$。

　　接著我們要求出圖 10.5b 中自由體圖上對於點 Q 之力矩。由於分佈負載對 Q 產生之順時針方向的力矩為

$$\int_0^{\Delta x}\hat{x}w(x+\hat{x})\,d\hat{x}$$

將公式(10.1)代入，並逐項積分，則對 Q 之順時針力矩為

$$\int_0^{\Delta x}\hat{x}w(x+\hat{x})\,d\hat{x}=\frac{1}{2}w(x)(\Delta x)^2+\frac{1}{3}\frac{dw(x)}{dx}(\Delta x)^3+\cdots$$

因此對於 Q 點之力矩的總和為

$$\Sigma M_{\mathrm{point}\,Q}=M+\Delta M-M-(V+\Delta V)\Delta x$$
$$-\frac{1}{2}w(x)(\Delta x)^2-\frac{1}{3}\frac{dw(x)}{dx}(\Delta x)^3+\cdots=0$$

除以 Δx 並取當 $\Delta x\to 0$ 時之極限值得出

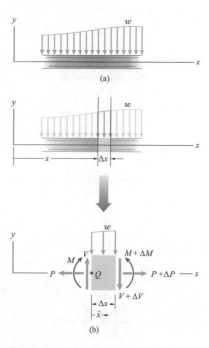

圖 10.5

(a)樑的片段承受一分佈負載 w

(b)得出樑之片段的自由體圖

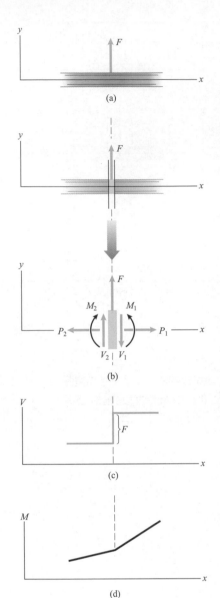

圖 10.6

(a)樑之片段在正 y 方向承受分佈力 F

(b)在緊接 F 左邊與右邊將樑切開得出
　其自由體圖

(c)剪力圖發生大小為 F 的正值跳躍

(d)彎矩圖是連續的

$$\frac{dM}{dx} = V \tag{10.3}$$

原則上，我們可以利用公式(10.2)及(10.3)來求出一樑上之剪力與彎矩圖。公式(10.2)可以積分後求出 V 對 x 之關係式，而公式(10.3)可以積分後來求出 M 對 x 之關係式。然而，我們導出之樑之片段的這些公式只是承受某特定的分佈負載。要將它們應用到更一般化的負載，我們需考慮到任何作用於樑上之點作用力與力偶的效應。

讓我們求出當樑在正 y 方向承受一作用力 F 時，剪力與彎矩發生的變化(圖 10.6a)。將樑在緊接著作用力之左邊與右邊切開，我們得出圖 10.6b 中之自由體圖，其中之下標 － 及 ＋ 分別代表作用力左邊與右邊之值。平衡條件需求

$$V_+ - V_- = F$$
$$M_+ - M_- = 0$$

剪力圖上發生一大小為 F 的不連續跳躍(圖 10.6c)，但彎矩圖是連續的(圖 10.6d)。當作用力指向正 y 方向時，這個剪力的跳躍為正值的。

接著我們來考慮當一樑承受一逆時針方向之力偶 C 時，剪力與彎矩圖發生之變化(圖 10.7a)。將樑在緊接著力偶的左邊與右邊切開後，我們得出

$$V_+ - V_- = 0$$
$$M_+ - M_- = -C$$

其剪力圖是連續的(圖 10.7b)，然而其彎矩圖發生了一大小為 C 的不連續跳躍(圖 10.7c)，當樑承受一力偶的作用下。當其力偶之方向為逆時針時其彎矩之跳躍為負。

現在我們已得出建立剪力與彎矩圖所需結果。

建立剪力圖

當樑的片段只承受一分佈負載時，我們已顯示出其剪力與分佈負載之關係為

$$\frac{dV}{dx} = -w \tag{10.4}$$

此式說明剪力對 x 的導數或斜率等於其承受負載的負值。請注意當整個片段上沒有分佈負載時($w = 0$)，其斜率為零且其剪力是固定的。如果在整個片段中 w 為固定的，其剪力的斜率是固定的，這表示此樑片段的剪力圖是一直線。將公式(10.4)對 x 從位置 x_A 積分至 x_B，

$$\int_{x_A}^{x_B} \frac{dV}{dx} dx = -\int_{x_A}^{x_B} w\, dx$$

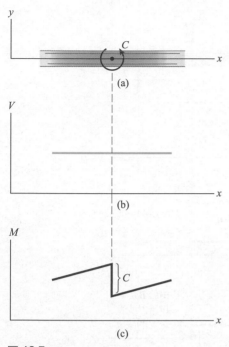

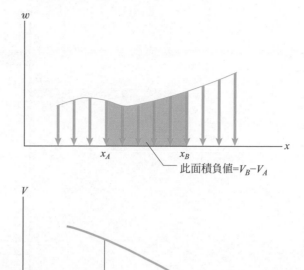

此面積負值$=V_B-V_A$

圖 10.8

剪力的變化相等於由負載曲線所涵蓋之面積的負值

圖 10.7

(a)樑的片段承受一逆時針的力偶 C

(b)剪力圖是連續的

(c)彎矩發生大小為 C 的負值跳躍

得出

$$V_B-V_A=-\int_{x_A}^{x_B}w\,dx$$

在這兩個位置間之剪力的變化相等於其負載曲線在這兩個位置上所涵蓋面積的負值。(圖 10.8)：

$$V_B-V_A=-(\text{分佈負載曲線從 }x_A\text{ 至 }x_B\text{ 涵蓋的面積})\qquad(10.5)$$

當樑在正 y 方向承受大小 F 的點作用力時，我們已顯示其剪力圖發生一大小為 F 的增加。當樑承受一力偶下，剪力圖是不變的(連續的)。

　　讓我們以求出圖 10.9 中的樑的剪力圖來驗證這個結果。此樑承受一向下的作用力 F 導至在 A 及 C 發生向上的反作用力。請注意其中並沒有任何的分佈負載。我們的步驟先從樑的左邊端點開始並從左至右建立其剪力圖。圖 10.10a 顯示出由於 A 處的反作用力所生之 V 之值的增加。由於沒有其它的分佈負載，V 的值在 A 與 B 間維持固定(圖 10.10b)。在 B 處，V 的值因為向下作用力而減少(圖 10.10c)。在 B 與 C 之間 V 的值維特固定，這樣就完成其剪力圖(圖 10.10d)。將圖 10.10d 與我們在圖 10.4 中經由畫出自由體圖且應用平衡公式所得出之剪力圖作比較。

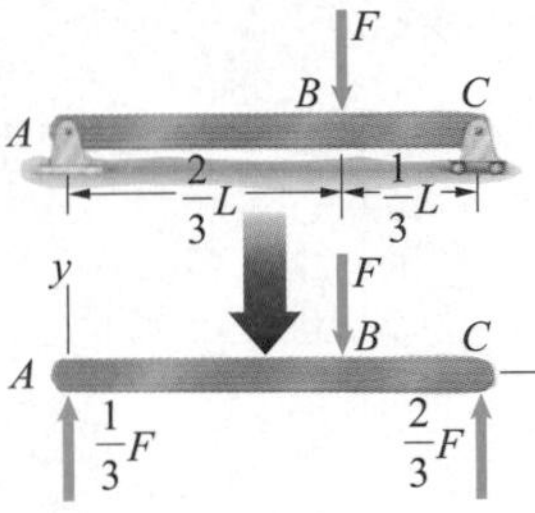

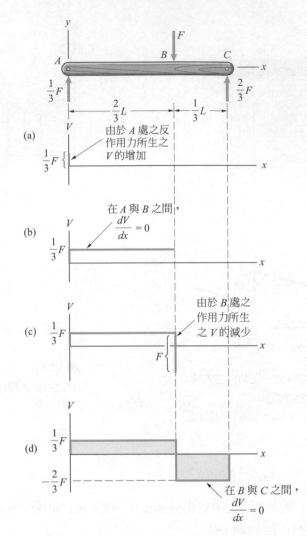

圖 10.9
承受作用力 F 的樑及其自由體圖

圖 10.10
建立圖 10.9 中之樑的剪力圖

建立彎矩圖

在一僅承受分佈負載之樑的片段中，其彎矩與剪力之關係為

$$\frac{dM}{dx} = V \tag{10.6}$$

這說明彎矩對 x 的斜率等於剪力的值。如果在整個片段中 V 是固定的，其彎矩圖是一直線。將公式(10.6)從位置 x_A 至 x_B 對 x 作積分得出

$$M_B - M_A = \int_{x_A}^{x_B} V dx$$

這兩位置上的彎矩變化值等於剪力圖在兩位置間所涵蓋的面積值(圖 10.11)：

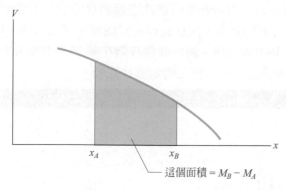

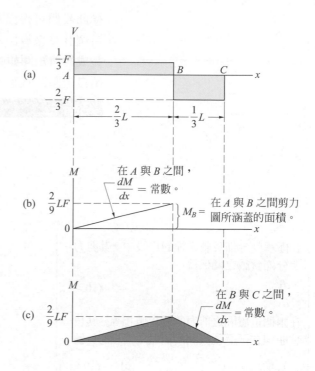

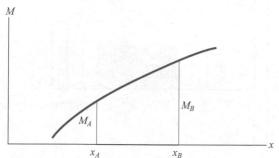

圖 10.11
彎矩變化值等於剪力圖所涵蓋的面積

圖 10.12
建立圖 10.9 中之樑的彎矩圖

$$M_B - M_A = \text{由剪力從 } x_A \text{ 至 } x_B \text{ 所涵蓋的面積} \qquad (10.7)$$

當一樑承受一逆時針方向的力偶 C 時，其彎矩圖發生一大小為 C 的減少。當一樑承受一點作用力時，其彎矩圖是固定的。

　　當成一範例，我們將求出在圖 10.9 中之樑的彎矩圖。我們先以我們已求出的剪力圖開始(圖 10.12a)並從左至右進行彎矩圖的建立。由於樑在 A 處並未承受力偶，因此 $M_A = 0$。在 A 與 B 之間，彎矩的斜率是固定的($dM/dx = V = F/3$)，這告訴我們在 A 與 B 之間其彎矩圖是一直線(10.12b)。在 A 與 B 間之彎矩的變化值相等於其剪力在 A 與 B 之間所涵蓋的面積：

$$M_B - M_A = \left(\frac{2}{3}L\right)\left(\frac{1}{3}F\right) = \frac{2}{9}LF$$

　　因此，$M_B = 2LF/9$。在 B 與 C 間其彎矩之斜率為固定($dM/dx = V = -2F/3$)。因此彎矩圖在 B 與 C 間是一直線。在 B 與 C 之間其彎矩之變化相等於其剪力在 B 與 C 之間所涵蓋之面積，或是

$$M_C - M_B = \left(\frac{1}{3}L\right)\left(-\frac{2}{3}F\right) = -\frac{2}{9}LF$$

從此我們可得出 $M_C = M_B - 2LF/9 = 0$。(請注意我們實際上並不需要這個計算來導出 $M_C = 0$ 的結論,因為此樑在 C 處並未承受力偶。) 完成的彎矩圖如圖 10.12c 所示。將此圖與我們在圖 10.4 中經由畫出自由體圖且應用平衡公式所得出之彎矩圖作比較。

結論

在僅承受分佈負載之樑的片段中,其剪力與分佈負載之關係為

$$\frac{dV}{dx} = -w \qquad (10.4)$$

在兩個位置間之剪力的變化值相等於其負載曲線在兩個位置間所涵蓋之面積的負值

$$V_B - V_A = -\begin{pmatrix} w\text{ 在 } x_A \text{ 與 } x_B \text{ 間} \\ \text{所涵蓋的面積} \end{pmatrix} \qquad (10.5)$$

在僅承受分佈負載之樑的片段中,其彎矩與剪力之關係為

$$\frac{dM}{dx} = V \qquad (10.6)$$

在兩個位置間之彎矩的變化值相等於其剪力在兩個位置所涵蓋之面積

$$M_B - M_A = \begin{pmatrix} V\text{ 在 } x_A \text{ 與 } x_B \text{ 間} \\ \text{所涵蓋的面積} \end{pmatrix} \qquad (10.7)$$

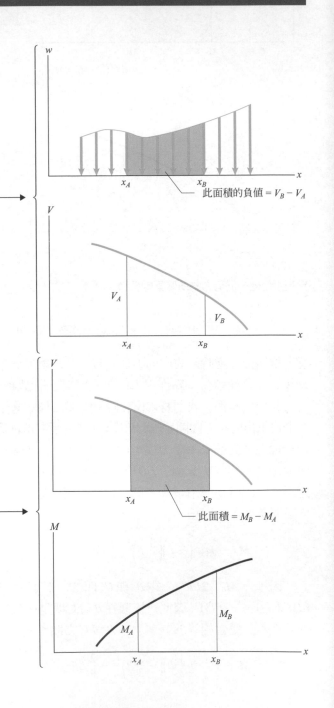

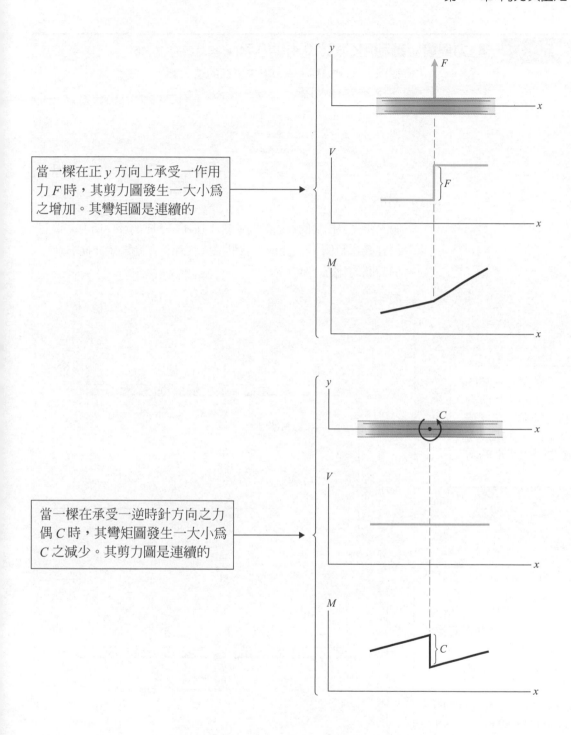

當一樑在正 y 方向上承受一作用力 F 時，其剪力圖發生一大小為之增加。其彎矩圖是連續的

當一樑在承受一逆時針方向之力偶 C 時，其彎矩圖發生一大小為 C 之減少。其剪力圖是連續的

觀念範例 10.4 　**剪力與彎矩圖利用公式(10.4)-(10.7)**(▶ 相關習題 10.45)

利用公式(10.4)及(10.5)來求出樑的剪力圖。

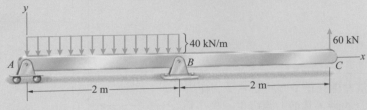

方略

第一步先畫出樑的自由體圖並求出在 A 與 B 處的反作用力。這個已在觀念範例 10.3 完成。我們將先從樑的左端開始並向右進行剪力圖的建立工作。

解答

開始前先考慮樑之左端的左邊是有幫助的，其剪力之期初值定為零。在 A 處的 100-kN 向上反作用力造成剪力產生一大小為的增加 100-kN

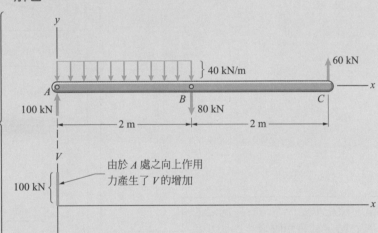

由於 A 處之向上作用力產生了 V 的增加

在 A 與 B 之間，樑上的分佈負載是固定的從公式 (10.4)，這表示其在 A 與 B 之間其剪力圖是固定的其圖是一直線。在 A 與 B 之間 V 的變化可從公式 (10.5) 求出

$$V_B - V_A = -(2\ m)(40\ kN/m)$$
$$= -80\ kN$$

因此 V 從 A 處的 100 kN 線性的減少至 B 處的 100 kN − 80 kN = 20 kN。這個結果也可以將公式 (10.4) 積分後求得：

$$\int_{100}^{V} dV = \int_{0}^{x} -40\ dx$$
$$V = 100 - 40x\ kN$$

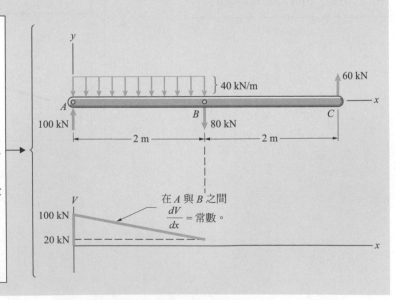

在 A 與 B 之間 $\dfrac{dV}{dx}$ = 常數。

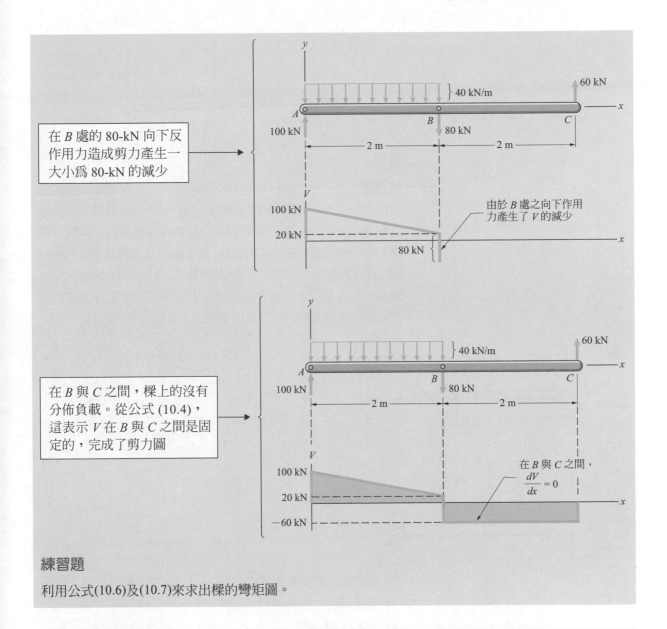

在 B 處的 80-kN 向下反作用力造成剪力產生一大小為 80-kN 的減少

由於 B 處之向下作用力產生了 V 的減少

在 B 與 C 之間，樑上的沒有分佈負載。從公式 (10.4)，這表示 V 在 B 與 C 之間是固定的，完成了剪力圖

在 B 與 C 之間，$\dfrac{dV}{dx} = 0$

練習題

利用公式(10.6)及(10.7)來求出樑的彎矩圖。

範例 10.5　　**剪力與彎矩圖利用公式(10.4)-(10.7)** (▶ 相關習題 10.44)

求出此樑之剪力與彎矩圖。

方略

我們可以先從樑的自由體圖開始並利用公式(10.4)及(10.5)來建立剪力圖。然後我們可利用剪力圖及公式(10.6)及(10.7)來建立其彎矩圖。在求解剪力與彎矩圖兩者中，我們必須考慮作用於樑上的點作用力與力偶的效應。

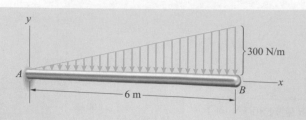

解答

剪力圖　第一步先畫出樑的自由體圖並求出在內建支撐點 A 處的反作用力。利用此步驟之結果，如圖 a 所示，我們可以從左至右進行建立剪力圖。圖 b 顯示出由於在 A 處之向上作用力造成 V 之值的增加。在 A 與 B 之間，樑上的分佈負載從 0 至 300 N/m 作線性的增加。因此，剪力圖的斜率從 0 至 −300 N/m 作線性的減少。在 B 處，其剪力必須為 0，因為沒有作用力加施於那裡。根據這個資料，我們可以定性畫出其剪力圖(圖 c)。

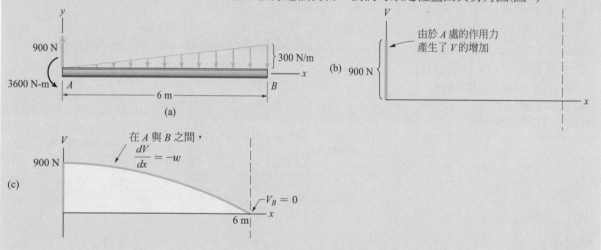

我們可以經由對公式(10.4)的積分得出在 A 與 B 之間之剪力的明顯公式。分佈負載與 x 之關係式為 $w = (x/6)300 = 50x$ N/m。我們公式(10.4)寫成

$$dV = -w\,dx = -50x\,dx$$

並取積分來求出在任一位置 x 上對 V 的值：

$$\int_{V_A}^{V} dV = \int_0^x -50x\,dx$$
$$V - V_A = -25x^2$$

由於在 A 處之 900-N 的向上反作用力，$V_A = 900$ N，因此我們可得出

$$V = 900 - 25x^2 \text{ N} \tag{1}$$

彎矩圖　我們由左至右來建立其彎矩圖。圖 d 顯示出由於 A 處的逆時針方向力偶的作用 M 的值在開始的減少。在 A 與 B 之間，彎矩圖的斜率相等於剪力 V。我們從(圖 c)的剪力圖中可看出在 A 處，其彎矩圖之斜率為正值($900\,N$)。當 x 增加時，其斜率開始減少，且其減少的速率增加直到其斜率的值達到 B 處的零為止。在 B 處，我們知道其彎矩之值為零，因為在 B 處沒有力偶作用於樑上。利用這些資料，我們可以具品質的畫出其彎矩圖(圖 e)。請注意其斜率從 A 之的正值減少至 B 之的零，且減少的速率隨著 x 的增加而增加。

　　我們可以經由將公式(10.6)作積分後得出在 A 與 B 間之彎矩的公式。剪力與 x 之關係式由公式(1)定義。我們將公式(10.6)寫成

$$dM = V\,dx = (900 - 25x^2)\,dx$$

並作積分：

$$\int_{M_A}^{M} dM = \int_0^x (900 - 25x^2)\,dx$$

$$M - M_A = 900x - \frac{25}{3}x^3$$

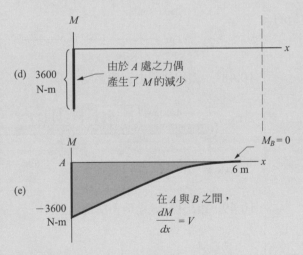

(d) 3600 N-m　由於 A 處之力偶產生了 M 的減少

(e) -3600 N-m　A　6 m　$M_B = 0$　在 A 與 B 之間，$\dfrac{dM}{dx} = V$

由於在 A 處之逆時針方向之 3600 N-m 力偶的作用，$M_A = -3600$ N-m，得出其彎矩分佈為

$$M = -3600 + 900x - \frac{25}{3}x^3\ \text{N-m}$$

重要提示

如本範例所展示的，公式(10.4)-(10.7)可以有兩種應用方法。它們提供可快速定性得出正確的剪力與彎矩圖的基礎。同時，經由對公式(10.4)及(10.6)的積分可以得出其圖的外在公式。

習題

下列的習題將利用公式(10.4)至(10.7)來解答。

10.41　畫出其剪力與彎矩圖。

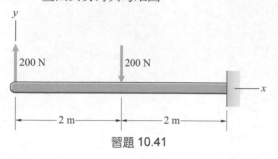

習題 10.41

10.42　畫出其剪力與彎矩圖。

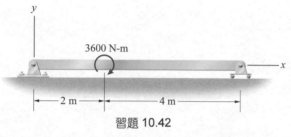

習題 10.42

10.43　圖示的安排用來使樑的一段承受了均勻的彎矩。畫出其剪力與彎矩圖。

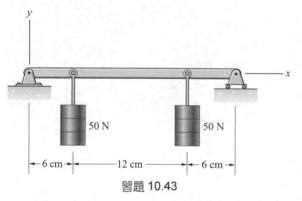

習題 10.43

▶10.44　利用範例 10.5 說明的步驟來畫出此樑的剪力與彎矩圖。

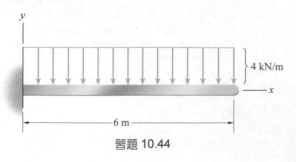

習題 10.44

▶10.45　在觀念範例 10.4 中，假設此 40 kN/m 的分佈負載在樑上從 A 一直延伸至 C。請畫出此新負載的樑的草圖。請畫出其剪力與彎矩圖。

10.46　畫出其剪力與彎矩圖。

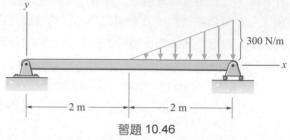

習題 10.46

10.47　請求出此樑之剪力 V 及彎矩 M 對 x 之關係式。

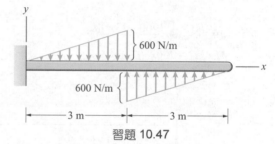

習題 10.47

10.48*　畫出其剪力與彎矩圖。

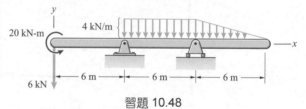

習題 10.48

10.49　畫出樑 AB 之剪力與彎矩圖。

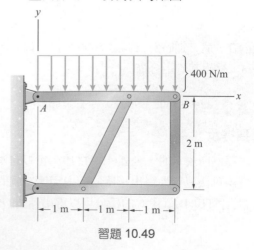

習題 10.49

纜線

由於它們獨特的結合了堅強性、輕盈性與柔軟性，繩子與纜線經常被使用於結構、機械及車輛中來支撐負載與傳送作用力。偉大的吊橋常用巨大的鋼纜來支撐。建築師也常用纜線來創造具內部空間的美感結構(圖 10.13)。在下面的章節中我們將求出承受分佈與不連續負載之繩索與纜線中的張力。

圖 10.13
利用纜線來支撐此體育館的屋頂提供了觀眾不受支撐樑柱影響的視野

10.4　負載沿直線均勻分佈之負載

背景概念

　　吊橋之主纜線是承受沿著直線均勻分佈負載纜線的典型例子(圖 10.14)。橋的重量是(近似的)水平的均勻分佈。這個負載，經由大量的垂直纜線傳送到主纜線上，可以架構為一個分佈的負載。在此節中我們將求出承受此方式之負載的纜線的形狀及其中張力之變化。

主纜線

(a)　　　　　　(b)

圖 10.14
(a)吊橋的主纜線
(b)負載水平的分佈

考慮一懸吊的纜線承受沿著水平線作均勻分佈的負載(圖 10.15a)。我們忽略此纜線的重量。座標系統的原點位於纜線的最低點。設函數 $y(x)$ 為在 x-y 平面上描述此纜線之曲線。我們的目標是求出這個曲線 $y(x)$ 及纜線中的張力。

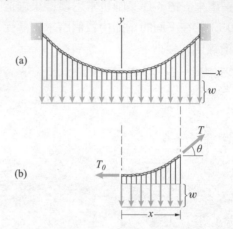

圖 10.15
(a)纜線承受沿著水平線均勻分佈的
　負載
(b)在 $x=0$ 與任意之位置 x 間之纜線
　的自由體圖

纜線形狀

將纜線在其最低點及任意之 x 的位置切斷後我們得出一自由體圖(圖 10.15b)。T_0 項為在最低點處纜線中的張力,而 T 為在 x 處的張力。由分佈負載所加之向下作用力為 wx。從此自由體圖中,我們得出其平衡公式

$$T\cos\theta = T_0$$
$$T\sin\theta = wx \tag{10.8}$$

將第二個公式除以第一個公式我們消去張力 T,得出

$$\tan\theta = \frac{w}{T_0}x = ax$$

其中

$$a = \frac{w}{T_0}$$

纜線位於 x 之斜率為 $dy/dx = \tan\theta$,因此我們得出一描述此纜線之曲線的微分式:

$$\frac{dy}{dx} = ax. \tag{10.9}$$

我們已選用的這個座標系統使得 $y=0$ 當 $x=0$ 時。將公式(10.9)作積分,

$$\int_0^y dy = \int_0^x ax\,dx$$

我們發現描述此纜線的曲線為一拋物線

$$y = \frac{1}{2}ax^2 \tag{10.10}$$

纜線中的張力

要求出纜線中張力的分佈，我們將公式(10.8)之兩邊平方後並將其相加，得出

$$T = T_0\sqrt{1 + a^2 x^2} \qquad (10.11)$$

此張力在纜線的最低點為最小值並隨著與最低點之距離增加而增加。

纜線的長度

在某些應用中有一以 x 來表示纜線之長度的關係式是非常有用的。我們可以將此關係式寫為 $ds^2 = dx^2 + dy^2$，其中 ds 為一纜線片段的長度(圖 10.16)，另一形式為

$$ds = \sqrt{1 + \left(\frac{dy}{dx}\right)^2}\, dx$$

將公式(10.9)代入此表示式中並取積分後，我們得出在從 0 至 x 之水平間隔中纜線之長度 s 的公式：

$$s = \frac{1}{2}\left\{ x\sqrt{1 + a^2 x^2} + \frac{1}{a}\ln[ax + \sqrt{1 + a^2 x^2}] \right\} \qquad (10.12)$$

圖 10.16

在從 0 至 x 間之水平間隔內之纜線的長度 s

結論

懸吊的纜線承受著沿著水平線均勻分佈的垂直負載座標的原點位在纜線的最低點。纜線所描述的曲線為一拋物線。

$$y = \frac{1}{2}ax^2 \qquad (10.10)$$

參數 $a = w/T_0$，其中 w 為分佈負載的值而 T_0 為在其最低點處纜線內的張力

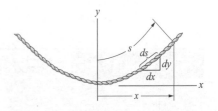

$$T = T_0\sqrt{1 + a^2 x^2} \qquad (10.11)$$

張力

纜線中的張力以在其最低處之張力及相對於纜線之最低點之水平座標 x 來表示

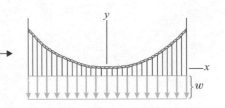

$$s = \frac{1}{2}\left\{ x\sqrt{1+a^2x^2} + \frac{1}{a}\ln[ax+\sqrt{1+a^2x^2}\,] \right\} \qquad (10.12)$$

長度
由纜線之最低點 $x = 0$ 至水平座標 x
間所量得之纜線的長度

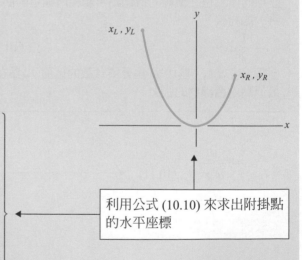

觀念範例 10.6　承受水平分佈負載之纜線(▶ 相關習題 10.50)

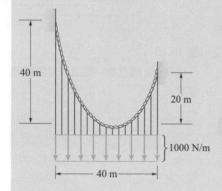

此纜線支撐一 1000 N/m 的分佈負載。請問在其最低點之張力為何？

方略

此纜線之最低點的水平位置為未知。然而，每一個相對於原點位於其最低點之座標系統之附掛點的座標必須滿足公式(10.10)。利用這些座標我們可以求出每個附掛點的水平座標。公式(10.10)可用來求出 $a = w/T_0$，這可告訴我們在最低點處的張力。

解答

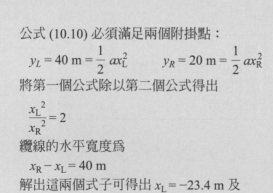

公式 (10.10) 必須滿足兩個附掛點：

$$y_L = 40\text{ m} = \frac{1}{2}ax_L^2 \qquad y_R = 20\text{ m} = \frac{1}{2}ax_R^2$$

將第一個公式除以第二個公式得出

$$\frac{x_L^2}{x_R^2} = 2$$

纜線的水平寬度為

$$x_R - x_L = 40\text{ m}$$

解出這兩個式子可得出 $x_L = -23.4$ m 及 $x_R = 16.6$ m

利用公式 (10.10) 來求出附掛點的水平座標

將此右邊附掛點的座標代入公式 (10.10) 中，

$$y_R = \frac{1}{2}ax_R{}^2：$$

$$20\ \text{m} = \frac{1}{2}a(16.6\ \text{m})^2$$

並度解得出$a = 0.146\ \text{m}^{-1}$。因此在最低點之張力爲

$$T_0 = \frac{w}{a} = \frac{1000\ \text{N/m}}{0.146\ \text{m}^{21}} = 6860\ \text{N}$$

利用公式 (10.10) 來度出最低點的張力

練習題

求出纜線中的最大張力。

答案：24400 N。

範例 10.7 承受水平分佈負載之纜線(▶相關習題 10.51)

紐約曼哈頓橋支撐塔間之水平距離爲 490 m。塔之尖端高於主支撐線的最低點 50 m。請求出描述此纜線之曲線的公式。

方略

我們知道纜線之各附掛點相對於其最低點之座標。將這些座標代入公式(10.10)，我們可求出參數 a。一旦知道 a 之後公式(10.10)可用來描述纜線的形狀。

解答

支撐纜線的最低點右邊支撐塔尖的座標爲 $x_R = 245\ \text{m}$，$y_R = 50\ \text{m}$ (圖 a)。將此代入公式(10.10)，

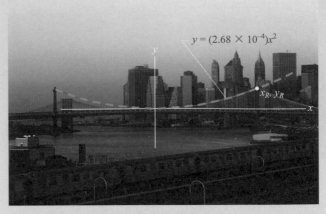

(a) 理論曲線相疊於支撐纜線之相片上

$$y = \frac{1}{2}ax^2 :$$

$$50\,\text{m} = \frac{1}{2}a(245\,\text{m})^2$$

我們可得出 $a = 1.66 \times 10^{-3}\,\text{m}$。描述支撐纜線的曲線為

$$y = \frac{1}{2}ax^2 = (8.33 \times 10^{-4})x^2$$

圖 a 將此拋物線與撐物纜線之相片作個比較。

重要提示

知道纜線最高與最低點之相對位置可求出 a 值。這個參數不僅可求出描述纜線形狀的公式，如同我們在此範例所展示，它也是加於纜線上之分佈負載 w 與纜線在最低點處之張力的比值。如果 w 的值也是已知，沿整個纜線的張力可用公式(10.16)來求出。

習題

▶10.50   纜線支撐之分佈負載為 $w = 12{,}000\,\text{N/m}$。以觀念範例 10.6 中的步驟，求纜線中的最大張力。

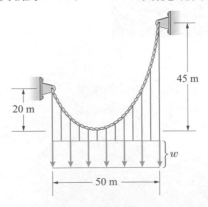

習題 10.50

▶10.51　在範例 10.7 中，假設某一橋之主支撐纜線之一在最低點之張力爲 8 百萬牛頓。請問在纜線中之最大張力爲何？

10.52　某纜線用來支撐跨越河道的管線。支撐纜線的塔相隔 36 m。纜線的最低點低於塔尖 1.4 m。受支撐之管子的質量爲 2700 kg。
(a)纜線中的最大張力爲何？
(b)支撐纜線之長度爲何？

10.53　在習題 10.52 中，假設纜線之最低點低於支撐纜線之塔尖的距離爲 h。
(a)如果纜線將安全的支撐 70 kN 的張力，請問 h 的最小安全值爲何？
(b)如果 h 的值爲(a)部份所求出的，請問此支撐纜線之長度爲何？

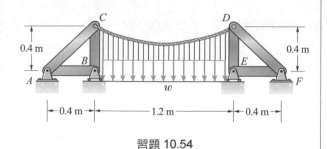

習題 10.52/10.53

10.54　此纜線支撐均勻分佈負載爲 $w = 750$ N/m。纜線之最低點低於其附掛點 C 及 D 0.18 m。請求出桁架元件 AC 及 BC 中的軸向力。

習題 10.54

10.55　纜線支撐兩隧道間的鐵路橋樑。其分佈負載爲 $w = 1$ MN/m，且 $h = 40$ m。
(a)請問此纜線中的最大張力爲何？
(b)請問此纜線之長度爲何？

10.56　習題 10.55 中的纜線將支撐 40 MN 的張力。請問可以用的最短纜線及其相對之 h 的值爲何？

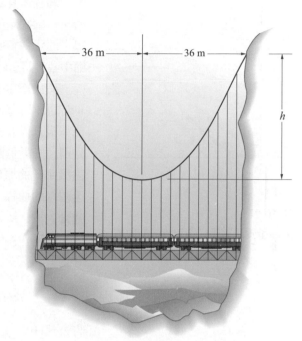

習題 10.55/10.56

10.57　某一海洋研究船用纜線拖著一儀器包裹。海水的阻力讓纜線承受之均勻分佈負載爲 $w = 30$ N/m。纜線在 1 及 2 處之張力分別爲 4000 N 及 6500 N。請求出距離 h。

10.58　請畫出問題 10.57 中之纜線形狀的圖。

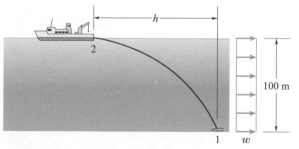

習題 10.57/10.58

10.5　沿著纜線均勻分佈之負載

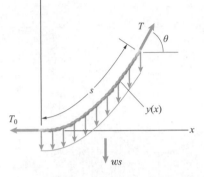

圖 10.17
纜線承受沿著長度均勻分佈的負載

　　纜線本身的重身讓它承受一種沿著它的長度均勻分佈的負載。如果一纜線承受了相等的，沿著它的長度均勻間隔且平行，加於纜線上的這種負載常常可架構成沿著它的長度均勻分佈的負載。在本節中我們將示範如何求出纜線變成的形狀及其張力的變化兩種步驟。

　　假設纜線被加上的分佈負載可讓其每個長度為 ds 的片段承受 wds 的作用力，其中 w 是一常數。在圖 10.17 中我們顯示出將纜線在其最低點及沿著它的長度距離為 s 處切開後之自由體圖。T_0 及 T 分別為在最低點及 s 處之張力。此分佈負載加了一向下作用力 ws。座標系統的原點位於纜線的最低點。設函數 $y(x)$ 為在 x-y 平面上描述纜線的曲線。我們的目標是求出 $y(x)$ 及張力 T。

纜線形狀

從圖 10.17 之自由體圖中，我們得出其平衡公式

$$T\sin\theta = ws \tag{10.13}$$

$$T\cos\theta = T_0 \tag{10.14}$$

將公式(10.13)除以公式(10.14)，我們得出

$$\tan\theta = \frac{w}{T_0}s = as \tag{10.15}$$

其中

$$a = \frac{w}{T_0} \tag{10.16}$$

纜線的斜率 $dy/dx = \tan\theta$，因此公式(10.15)可寫為

$$\frac{dy}{dx} = as$$

此公式對 x 之導數為

$$\frac{d}{dx}\left(\frac{dy}{dx}\right) = a\frac{ds}{dx} \tag{10.17}$$

利用關係式

$$ds^2 = dx^2 + dy^2$$

我們可將 s 對 x 的導數寫成

$$\frac{ds}{dx} = \sqrt{1 + \left(\frac{dy}{dx}\right)^2} = \sqrt{1 + \sigma^2} \tag{10.18}$$

其中

$$\sigma = \frac{dy}{dx} = \tan\theta$$

為其斜率。接著，利用公式(10.18)，我們可將公式(10.17)寫成

$$\frac{d\sigma}{\sqrt{1+\sigma^2}} = a\,dx$$

當 $x=0$ 時斜率 $\sigma=0$。積分此公式得出

$$\int_0^\sigma \frac{d\sigma}{\sqrt{1+\sigma^2}} = \int_0^x a\,dx$$

因此我們得出斜率對 x 的關係式：

$$\sigma = \frac{dy}{dx} = \frac{1}{2}(e^{ax} - e^{-ax}) = \sinh ax \tag{10.19}$$

然後，將此公式對 x 取積分可得出描述纜線之曲線，它又稱為**懸鏈線**(*catenary*)：

$$y = \frac{1}{2a}(e^{ax} + e^{-ax} - 2) = \frac{1}{a}(\cosh ax - 1) \tag{10.20}$$

纜線中的張力

利用公式(10.14)及關係式 $dx = \cos\theta\,ds$，我們得出

$$T = \frac{T_0}{\cos\theta} = T_0 \frac{ds}{dx}$$

將公式(10.18)代入此式並利用公式(10.19)得出纜線中的張力對 x 的關係式：

$$T = T_0 \sqrt{1 + \frac{1}{4}(e^{ax} - e^{-ax})^2} = T_0 \cosh ax \tag{10.21}$$

纜線長度

從公式(10.15)，從原點到纜線與 x 軸之夾角為 θ 之點的纜線長度 s 為

$$s = \frac{1}{a}\tan\theta = \frac{\sigma}{a}$$

將公式(10.19)代入此公式中，我們可得出纜線從其最低點至 x 之水平間隔內之長度 s 的表示式：

$$s = \frac{1}{2a}(e^{ax} - e^{-ax}) = \frac{\sinh ax}{a} \tag{10.22}$$

結論

懸吊的纜承受沿著纜線長度均勻分佈的垂直負載。座標系統的原點位於纜線的最低點。描述纜線的曲線稱為懸鏈線(*catenary*)。

$$y = \frac{1}{2a}(e^{ax} + e^{-ax} - 2) = \frac{1}{a}(\cosh ax - 1) \qquad (10.20)$$

參數 $a = w/T_0$，其中 w 為分佈負載的大小而 T_0 為在纜線最低點處的張力

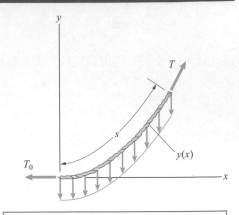

$$T = T_0\sqrt{1 + \frac{1}{4}(e^{ax} - e^{-ax})^2} = T_0\cosh ax \qquad (10.21)$$

張力
纜線中的張力以在其最低處之張力及相對於纜線之最低點之水平座標 x 來表示

$$s = \frac{1}{2a}(e^{ax} - e^{-ax}) = \frac{\sinh ax}{a} \qquad (10.22)$$

由纜線之最低點 $x = 0$ 至水平座標間所量得之纜線的長度

觀念範例 10.8　　**承受其本身重量負載的纜線**(▶ 相關習題 10.59)

纜線單位長度之質量為 $1\,\text{kg/m}$。位於其最低點處對張力為 $50\,\text{N}$。請求出附掛點相對於最低點之高度 h。

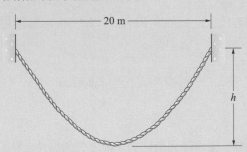

方略

纜線承受了沿著它的長度均勻分佈之負載 $w = (9.81\,\text{m/s}^2)(1\,\text{kg/m}) = 9.81\,\text{N/m}$。由於 w 及 T_0 為已知，我們可以求出 $a = w/T_0$。然後我們可以利用公式(10.20)來求出 h。

解答

$$a = \frac{w}{T_0} = \frac{9.81\,\text{N/m}}{50\,\text{N}} = 0.196\,\text{m}^{-1}$$

求出參數 a

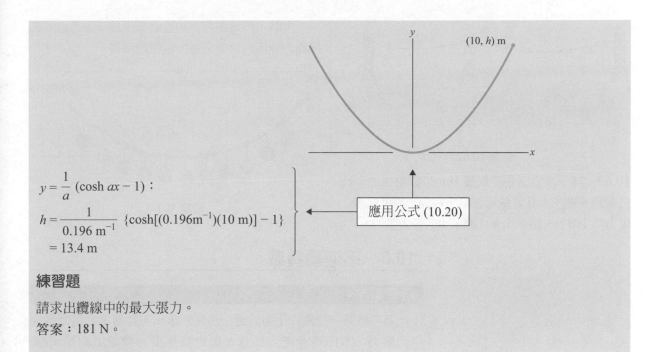

$$y = \frac{1}{a}(\cosh ax - 1):$$

$$h = \frac{1}{0.196 \text{ m}^{-1}}\{\cosh[(0.196 \text{m}^{-1})(10 \text{ m})] - 1\}$$

$$= 13.4 \text{ m}$$

應用公式 (10.20)

練習題

請求出纜線中的最大張力。

答案：181 N。

習題

▶10.59　繩子單位長度的質量為 0.1 kg/m。位於最低點的張力為 4.6 N。利用我們在觀念範例 10.8 中所說的步驟，請求出(a)繩子中的最大張力及(b)此繩子的長度。

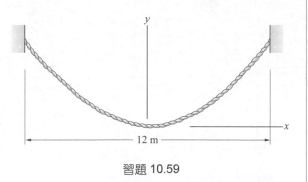

習題 10.59

10.60　靜止氣球之繫繩在它繫於卡車之 O 點上為水平的。繫繩之單位長度的質量為 0.45 kg/m。繫繩加了 50-N 的水平作用力於卡車上。從 O 點到繫繩附於氣球之 A 點的水平距離為 20 m。請問 A 點相對於 O 點之高度為何？

10.61　在習題 10.60 中，請求出繫繩於 A 點加於氣球之作用力的水平與垂直分量的大小。

習題 10.60/10.61

10.62　線段 AB 及 BC 之單位長度的質量為 2 kg/m。位於纜線 AB 之最低點處的張力為 1.8 kN。兩個纜線加了相同的水平作用力於 B 上。

(a)請求出其下垂距離 h_1 及 h_2。

(b)請求出兩個纜線中的最大張力。

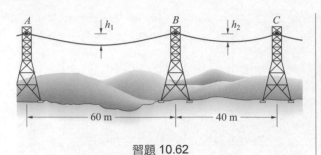

習題 10.62

10.63　繩子承受沿長度以每 1-m 間隔懸掛的 2-kg 質量體。繩子本身質量可忽略。在繩子最低點處之張力爲 100 N。請求出 h 及繩子中的最大張力。

方略：將此不連線的負載架構爲一沿著它的長度均勻分佈的負載來得出近似的解答。

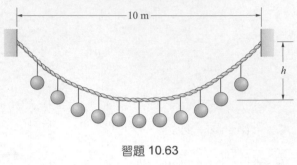

習題 10.63

10.6　不連續負載

背景概念

　　第三章第一個關於平衡的應用涉及到求出支撐懸吊物體之纜線中的張力。本節將考慮到任意 N 個物體懸吊於纜線上的情況(圖 10.18a)。我們假設相較於所懸吊之重量下，纜線的重量可以忽略，且纜線的柔軟度足夠使我們用一序列的直線段來近似代表它的形狀。

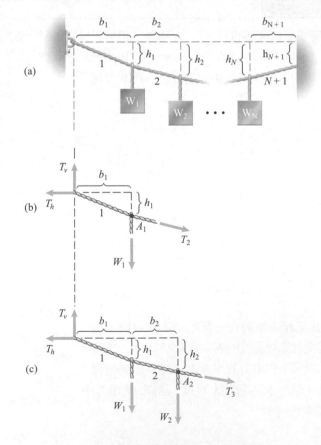

圖 10.18

(a) N 個負重懸掛於纜線上

(b) 第一個自由體圖

(c) 第二個自由體圖

求出外形及張力

假設水平距離 $b_1, b_2, \cdots, b_{N+1}$ 為已知且定義纜線之右端附掛點的垂直距離 h_{N+1} 亦為已知。我們有兩個目標：(1)解出各個負重之附掛點的垂直距離 $h_1, h_2, \cdots, h_N$ 來求出纜線的外形(形狀)及(2)求出纜線 $1, 2, \cdots,$ $N+1$ 各個分段內之張力。

先畫出自由體圖來開始，在纜線左邊附掛點及緊接著負重 W_1 之右邊將纜線切斷(圖 10.18b)。將位於左邊附掛點之張力分解為水平及垂直之分量 T_h 及 T_v。將對於附掛點 A_1 之力矩相加後，我們得出

$$\Sigma M_{\text{point} A_1} = h_1 T_h - b_1 T_v = 0$$

下一個步驟是將纜線在左邊附掛點及緊接著負重 W_2 之右邊將纜線切斷來得出自由體圖(圖 10.18c)。將對 A_2 的扭矩加總，可得出

$$\Sigma M_{\text{point} A_2} = h_2 T_h - (b_1 + b_2) T_v + b_2 W_1 = 0$$

依此方式繼續進行，在緊接著 N 個負重之每一個的右邊切斷，我們得出 N 個公式。我們同時也將纜線在其左邊附掛點及右邊附掛點切斷畫出其自由體圖並將對於右邊附掛點的力矩加總。依這種方式，我們得出 $N+1$ 個公式有 $N+2$ 個未知數：張力的兩個分量 T_h 及 T_v 與負重附掛點的垂直位置 $h_1, h_2, \cdots, h_N$。如果只要有一個附掛點的垂直位置被設定後，我們就能解出整個公式組來求出其它之附掛點之垂直位置，也就求出了纜線的外形了。

一旦我們知道纜線之外形及作用力 T_h 後，每個分段之張力可在將纜線在左邊附掛點及在每個分段之中切斷並將水平方向的作用力加總後得出。

連續及不連續的模型解釋

將承受分佈性與不連續負載之纜線作比較後，我們可以對在工程上如何架構連續性與不連續系統得出幾點觀察。考慮一纜線承受水平分佈之負載 w(圖 10.19a)。加於其上之總作用力為 wL。由於纜線通過 $x = L/2$，$y = L/2$ 這個點，我們從公式(10.10)發現到 $a = 4/L$，因此纜線所描述之曲線的公式為 $y = (2/L)x^2$。

在圖 10.19b 中，我們將不計重量之纜線在承受分佈性負載與承受 3 個水平等間隔負重 $W = wL/3$ 下之形狀作個比較。(我們選擇承受不連續負載的纜線尺寸使得兩個纜線之中間點的高度是相同的。)在圖 10.19c 中，我們將承受分佈性負載的纜線與承受 5 個水平等間隔負重 $W = wL/5$ 的纜線外形作比較。在圖 10.20a 及 10.20b 中，我們將承受分佈性負載之纜線的張力與承受 3 個及 5 個不連續負載之纜線張力作比較。

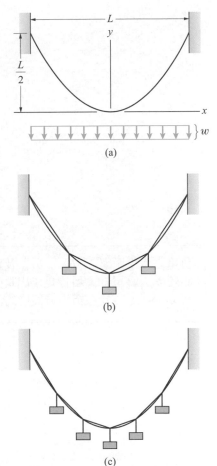

圖 10.19
(a)承受連續性負載的纜線
(b)承受 3 個不連續性負重
(c)承受 5 個不連續性負重

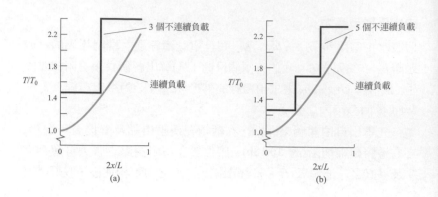

圖 10.20

(a)受連續負載之纜線的張力與受 3 個不連續負重之纜線的比較

(b)受連續負載之纜線的張力與受 5 個不連續負重之纜線的比較

受分佈性負載之纜線的外形與張力由受不連續負載之纜線作近似的比擬。雖然張力的相似度不像外形的相似度那麼令人印象深刻，很清楚的前者的相似度可由增加不連續負重的數量來改進。

這種方法，即以不連續架構來近似比擬連續性分佈，在工程應用上是非常重要的。這是有限微分與有限元素方法的始祖。相反的步驟，以連續性架構來架構不連續性系統，也是廣泛的被使用，舉例來說在橋上被車輛所加的作用力被架構成分佈性負載。

結論

負重之水平距離 b_1, b_2,..., b_{N+1} 及垂直距離 h_{N+1} 為已知。目標是求出垂直距離 h_1, h_2,..., h_N 及在纜線分段中的張力

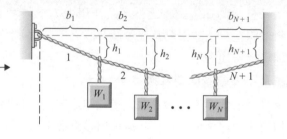

將纜線在左邊附掛點及緊接著負重 W_1 之右邊切斷。將對 A_1 之力矩加總：

$$\Sigma M_{\text{point } A_1} = h_1 T_h - b_1 T_v = 0$$

將纜線在左邊附排點及緊接著負重 W_2 之右邊切斷。將對 A_2 之力矩加總：

$$\Sigma M_{\text{point } A_2} = h_2 T_h - (b_1 + b_2) T_v + b_2 W_1 = 0$$

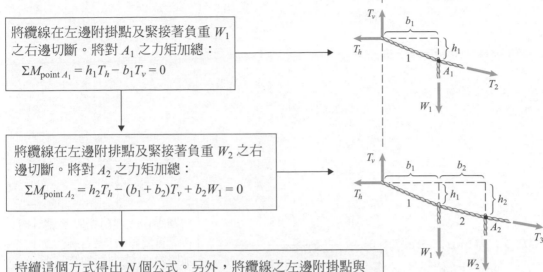

持續這個方式得出 N 個公式。另外，將纜線之左邊附掛點與右邊附掛點切斷並將右邊附掛點之力矩加總。這樣可得出含有 $N+2$ 個未知數之 $N+1$ 個公式：右邊附掛點之張力的兩個分量 T_h 及 T_v 與垂直位置 $h_1, h_2,..., h_N$。如果一個負重的垂直位置已知，纜線的外形及分量 T_h 及 T_v 可以求出。一旦這個步驟完成後，每一個纜線分段之張力可以將纜線在左邊附掛點與分段之中切斷後將水平方向之作用力加總後得出

觀念範例 10.9　　**承受不連續負載之纜線**(▶ 相關習題 10.64)

纜線承受兩個質量體 $m_1 = 10\,\text{kg}$ 及 $m_2 = 20\,\text{kg}$。請求出垂直距離 h_2。

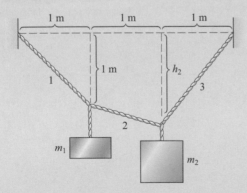

方略

依據結論中的步驟，我們可以得出含有右邊附掛點張力之水平與垂直分量與垂直距離 h_2 之 3 個方程式。

解答

$$\Sigma M_{\text{point } A_1} = (1\text{m})T_h - (1\text{m})T_v = 0$$

將纜線在左邊附掛點與緊接著質量體 m_1 之右邊切斷並將對 A_1 之力矩加總

$$\Sigma M_{\text{point } A_2} = h_2 T_h - (2\text{m})T_v + (1\text{m})m_1 g = 0$$

將纜線在左邊附掛點與緊接著質量體 m_2 之右邊切斷並將對 A_2 之力矩加總

$$\Sigma M_{\text{point } A_3} = -(3\text{ m})T_v + (2\text{ m})m_1 g + (1\text{ m})m_2 g = 0$$

將纜線在左邊附掛點與右邊附掛點切斷並將對 A_3 之力矩加總

一共有含有未知數 T_h、T_v 及 h_2 之 3 個方程式。解出它們後可得
出 $T_h = T_v = 131\,\text{N}$ 及 $h_2 = 1.25\,\text{m}$。

練習題

求出纜線分段 2 中之張力。

答案：135 N。

習題

►10.64　在觀念範例 10.9 中，纜線分段 1 及 3 中
的張力爲何？

10.65　每個燈重 12 N。

(a)請問將燈以圖示之方式懸掛所需之電線 *ABCD* 的
長度爲何？

(b)電線中的最大張力爲何？

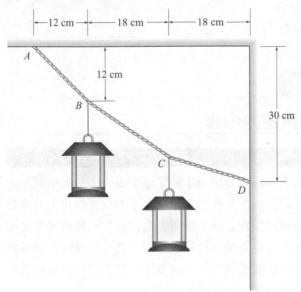

習題 10.65

10.66　兩個負重，$W_1 = W_2 = 50\,\text{N}$，懸掛於纜線
上。垂直距離 $h_1 = 4\,\text{m}$。

(a)求出垂直距離 h_2。

(b)纜線中的最大張力爲何？

10.67　負重爲 $W_1 = 50\,\text{N}$ 及 $W_2 = 100\,\text{N}$，垂直距離
$h_1 = 4\,\text{m}$。

(a)請求出垂直距離 h_2。

(b)纜線中的最大張力爲何？

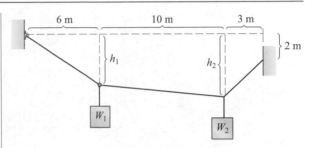

習題 10.66/10.67

10.68　3 個相同的質量體 $m = 10\,\text{kg}$ 懸掛於纜線上。
請求出垂直距離 h_1 及 h_3 並畫出纜線外形之草圖。

10.69　求習題 10.68 中在纜線段 1 及 2 中之張力。

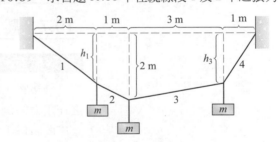

習題 10.68/10.69

10.70　3 個質量體懸掛於纜線上，其中 $m = 30\,\text{kg}$，
且垂直距離 $h_1 = 400\,\text{mm}$。請求出垂直距離 h_2 及 h_3。

10.71　在習題 10.70 中，纜線中的最大張力爲何且
其發生於何處？

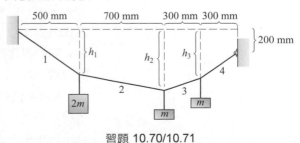

習題 10.70/10.71

10.72   每個懸掛物體具同樣的重量 W。請求出垂直距離 h_2 及 h_3。

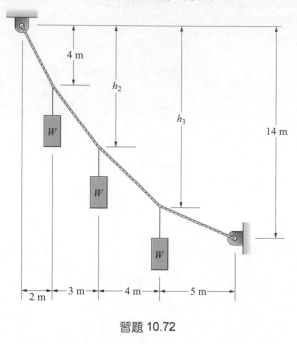

習題 10.72

液體與氣體

10.7　壓力與壓力中心

背景概念

　　建築物上的風力與車輛及飛機上的氣動力是分佈於區域範圍上之作用力的例子。碎石堆加於砂石卡車車床上的向下作用力分佈於車床的區域上。支撐建築物之向上作用力分佈於它的整個地基區域上。積雪分佈於屋頂上之負載可能是有害的。在工程應用上許多關心的作用力是分佈於區域範圍上的。在本節中我們將分析最熟悉的例子，由氣體或液體之壓力所加的作用力。

　　沉於氣體或液體中的表面承受分子撞擊所加的作用力。如果氣體或液體是靜止的，此負載可以用一個函數 p 來描述，**壓力** (*pressure*)，定義為使得加於表面上之微量元素 dA 上的正交作用力為 pdA (圖 10.21a 及 b)。(請注意壓力與沿著直線分佈於纜線上之負載 w 間的對比性，w 的定義是使得加於直線上之微量元素 dx 上的作用力為 wdx。)

　　p 的單位為(作用力)／(面積)。在美制單位系統中，壓力可以表示為每平方呎之磅或每平方吋之磅(psi)。在 SI 單位系統中，壓力可表示為每平方米之牛頓，這又稱為巴斯卡(pascals)(Pa)。

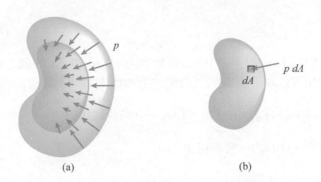

圖 10.21
(a)加於區域上的壓力
(b)加於元件 dA 上的作用力為 pdA

在某些應用中，使用**錶壓力**(*gage pressure*)較為方便

$$p_g = p - p_{atm} \tag{10.23}$$

式中 p_{atm} 為大氣壓力。大氣壓力隨著位置與氣候而有不同的變化。它在海平面上的近似值約為 1×10^5 pa 以 SI 單位表示及 14.7 psi 或是 2120 lb/ft^2 以美制單位表示。

壓力中心

如果將由於壓力加於表面上所產生之分佈作用力以一等效之作用力來代表，此作用力之作用線與表面相交之點稱為**壓力中心**(*center of pressure*)。考慮一平面區域 A 承受壓力 p 並引入一座標系統使得此區域置於 x-y 平面上(圖 10.22a)。加於此面積上之每一微量元素 dA 上的正交作用力為 pdA(圖 10.22b)，因此加於 A 上之總正交作用力為

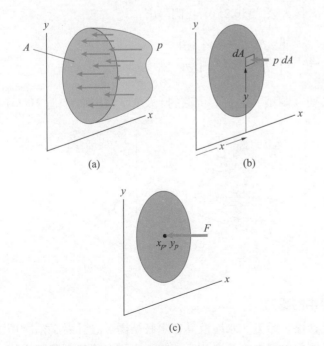

圖 10.22
(a)承受壓力的平面區域
(b)加於微量元素 dA 上的作用力
(c)總作用力加於壓力中心上

$$F = \int_A p\, dA \tag{10.24}$$

現在我們將求出座標壓力中心的座標(x_p, y_p)(圖 10.22c)。讓F對原點之力矩相等於壓力對原點之力矩的總和得出

$$(x_p\mathbf{i} + y_p\mathbf{j}) \times (-F\mathbf{k}) = \int_A (x\mathbf{i} + y\mathbf{j}) \times (-p\, dA\mathbf{k})$$

並利用公式(10.24)，我們得出

$$x_p = \frac{\int_A x p\, dA}{\int_A p\, dA} \ , \quad y_p = \frac{\int_A y p\, dA}{\int_A p\, dA} \tag{10.25}$$

當壓力p已知時這些公式可求出壓力中心的位置。如果壓力p為均勻的，其總正交作用力為$F = pA$且公式(10.25)指出壓力中心為A的質心。

　　在第 7 章中曾經示範過如果我們計算由沿著直線分佈之負載所定義出的「面積」並將得出作用力置於其質心上，這個作用力相等於此分佈負載。對分佈於平面區域上之壓力可得出類似的結果。在公式(10.24)中之$p\, dA$項相等於由壓力分佈所定義的表面與面積A之間所定義出的「體積」上的一微量元素dV(圖 10.23a)。因此由壓力所加的作用力相等於這個「體積」：

$$F = \int_V dV = V$$

將$p\, dA = dV$代入公式(10.25)，我們得出

$$x_p = \frac{\int_V x\, dV}{\int_V dV} \ , \quad y_p = \frac{\int_V y\, dV}{\int_V dV}$$

壓力中心與「體積」之質心位置的x及y座標相吻合(圖 10.23)。

圖 10.23
(a)微量元素 $dV = p\, dA$
(b)F的作用線通過V的質心

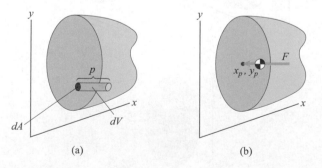

(a)　　　　　　　　(b)

靜止液體中的壓力

壓力槽及管線、船隻、水庫及其它水底結構之設計者必須關切由水壓所加之作用力與力矩。在靜止液體中之壓力隨著深度而增加，這

點你可以在游泳池中沉入池底並注意壓力對你耳朵造成的影響。如果我們局限深度的改變使得液體密度的改變可以忽略,我們可以用簡單的自由體圖求出壓力對於深度的關係。

　　引入一座標系統使得其原點置於液體表面上且其正 x 軸向下(圖10.24a),我們畫出一從表面延伸至深度 x 之液體圓柱體的自由體圖(圖 10.24b)。圓柱體之頂端承受位於表面上之壓力,這個我們稱為 p_0。圓柱體側面與底部承受周圍液體的壓力,它從表面上的 p_0 增加至深度 x 處為 p。圓柱體的體積為 Ax,式中之 A 為其截面積。因此,它的重量為 $W=\gamma Ax$,其中 γ 為此液體之重量密度。(請記住重量密度與質量密度之關係為 $\gamma=\rho g$。)由於液體為靜止的,此圓柱體因此處於平衡。從平衡公式

$$\Sigma F_x = p_0 A - pA + \gamma Ax = 0$$

我們得出在深度 x 處之液體壓力 p 的表示式:

$$p = p_0 + \gamma x \tag{10.26}$$

因此,壓力隨著深度作線性的增加,而我們所用的導出的方式說明了為什麼:在已定深度之壓力可以逐層的擋住此深度上之液體。如果液體的表面置於大氣下。$p_0=p_{atm}$,則我們可以將公式(10.26)以錶壓力 $p_g=p-p_{atm}$ 來表示寫成

$$p_g = \gamma x \tag{10.27}$$

在 SI 單位系統中,在海平面條件下水的密度為 $\rho=1000\,kg/m^3$,因此其重量密度約為 $\gamma=\rho g=9.81\,kN/m^3$。在美制單位系統中,水的重量密度約為 $62.4\,lb/ft^3$。

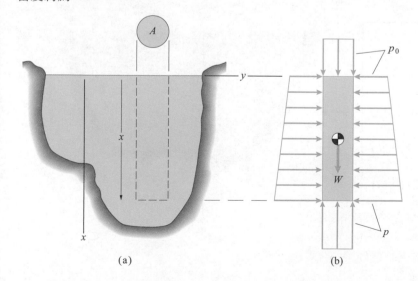

圖 10.24

(a)在靜止液體中延伸至深度 x 之圓柱形體積

(b)圓柱體的自由體圖

結論

壓力定義

液體或氣體之壓力 p 的定義是使得加於表面一微量區域 dA 上的正交作用力為 pdA。由於分佈壓力加於表面上所產生之作用力與力矩可以用積分求出。

錶壓力的定義為 (*gage pressure*)

$$p_g = p - p_{atm} \qquad (10.23)$$

其中 p_{atm} 為大氣壓力。在 SI 單位系統中在海平面的大氣壓力約為 1×10^5 Pa。而美制單位系統中為 14.72 psi 或是 2120 lb/ft^2

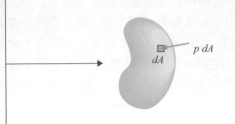

壓力中心

如果將由於分佈壓力加於區域 A 上的作用力以一等效作用力向量來代表，此作用力向量與 A 之交點稱為**壓力中心**(*center of pressure*)

體積類比法

由於壓力 p 之分佈加於平面區域 A 上之所生之總作用力 F 相等於 A 與函數 p 間的「體積」。如果將 F 以一作用於「體積」之質心得作用力向量來代表，此作用力向量等於其壓力分佈－它的作用線與 A 相交於壓力中心

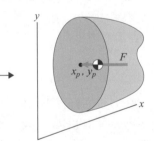

在靜止液體中的壓力

在靜止液體內深度 x 處的壓力為

$$p = p_0 + \gamma x \qquad (10.26)$$

其中 p_0 為在液體表面處之壓力且 $\gamma = \rho g$ 為液體之重量密度。在 SI 單位系統中水的重量密度為 9.81 kN/m^3 而在美制單位系統中為 62.4 lb/ft^3。如果 $p_0 = p_{atm}$，公式 (10.26) 可以用錶壓力來表示成

$$p_g = \gamma x \qquad (10.27)$$

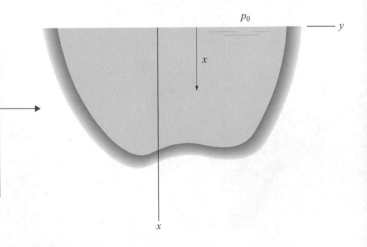

觀念範例 10.10　　承受壓力分佈的水門(▶相關習題 10.78)

大量的靜止水加了壓力於水門 AB 的右側上。水門的寬度(指向頁面的尺寸)3 m，且水門重 1000 N。水的重量密度為 9.81 kN/m³。請求出水門之支撐點 A 與 B 上的反作用力。

方略

我們將使用積分來求出水之壓力加於水門上的作用力與力矩。然後我們可以應用平衡條件於水門的自由體圖上來求出 A 與 B 上的反作用力。

解答

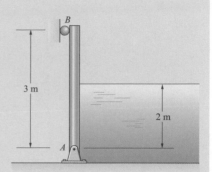

位於水面上之水門之左面與右面暴露於大氣壓力下。從公式 (10.23) 與 (10.26)，在水中的壓力為大氣壓力與錶壓 $p_g = \gamma x$ 力之和，其中從水面向下量起。大氣壓力的效應可以抵消，因此只有錶壓力加於水門上的作用力與力矩必須考慮

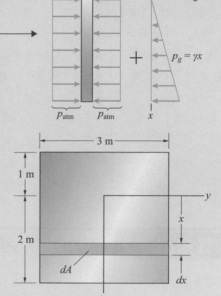

座標原點在水面。水門之面積元 $dA = (3\text{ m})dx$。錶壓力產生之總力為

$$F = \int_A p_g dA = \int_0^2 (\gamma x)(3\text{ m})dx = 58.86 \text{ kN}$$

取積分來求出錶壓力所加於水門的總作用力

錶壓力產生的對 y 軸之總力矩為

$$M = \int_A x p_g dA = \int_0^2 x(\gamma x)(3\text{ m})dx = 78.48 \text{ kN-m}$$

取積分來求出錶壓力所加於水門的總力矩

$$x_p = \frac{M}{F} = \frac{78.48 \text{ kN-m}}{58.86 \text{ kN}} = 1.33 \text{ m}$$

由平衡條件 $M = x_p F$ 來求出壓力中心的位置

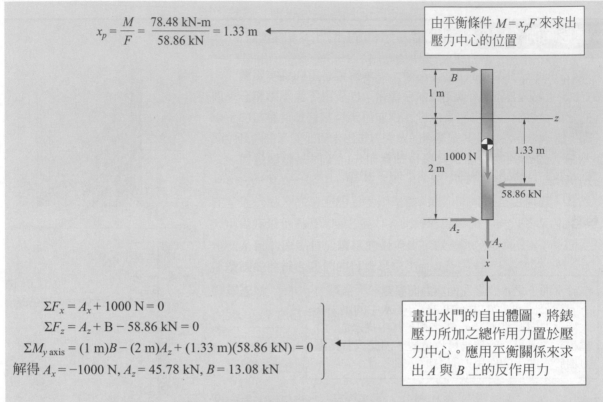

$$\Sigma F_x = A_x + 1000 \text{ N} = 0$$

$$\Sigma F_z = A_z + B - 58.86 \text{ kN} = 0$$

$$\Sigma M_{y \text{ axis}} = (1 \text{ m})B - (2 \text{ m})A_z + (1.33 \text{ m})(58.86 \text{ kN}) = 0$$

解得 $A_x = -1000 \text{ N}$, $A_z = 45.78 \text{ kN}$, $B = 13.08 \text{ kN}$

畫出水門的自由體圖，將錶壓力所加之總作用力置於壓力中心。應用平衡關係來求出 A 與 B 上的反作用力

練習題

請求出水門之支撐點 A 與 B 上的反作用力。解答時，使用體積類比法來求出錶壓力所加之總作用力及壓力中心的位置。

答案：$A_x = -1000 \text{ N}$，$A_z = 45.78 \text{ kN}$，$B = 13.08 \text{ kN}$。

範例 10.11　　**壓力作用力與壓力中心**(▶ 相關習題 10.79，10.80)

某工程師在對溝渠鎖在初步設計分析時需要求出加於沉入水裡之長方形平板的的總壓力作用力及其壓力中心的位置。平板的上緣距離水面 6 m。大氣壓力為 $p_{\text{atm}} = 1 \times 10^5$ pa，且水的重量密度為 $\gamma = 9.81 \text{ kN/m}^3$。

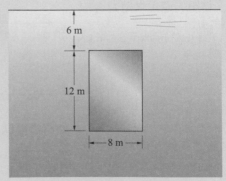

方略

我們將先求出加於平板上成水平條狀之的微量元素區域上的壓力作用力再取積分後來求出壓力所加的總作用力與力矩。

解答

以原點位於水面且正 x 軸向下之座標系標(圖 a)來表示,水的壓力爲 $p = p_{atm} + \gamma x$。水平條塊之 $dA = (8\,m)dx$。因此,壓力加於平板上之總作用力爲

$$F = \int_A p\,dA = \int_6^{18} (p_{atm} + \gamma x)(8\,m)dx$$
$$= p_{atm}(8\,m)\int_6^{18} dx + \gamma(8\,m)\int_6^{18} x\,dx$$
$$= \left(1 \times 10^5 \frac{N}{m^2}\right)(8\,m)(12\,m) + \left(9810 \frac{N}{m^3}\right)(8\,m)(144\,m^2)$$
$$= 20.9 \times 10^6\,N$$

由壓力加於平板上所產生對於 y 軸之力矩爲

$$M = \int_A xp\,dA = \int_6^{18} x(p_{atm} + \gamma x)(8m)dx$$
$$= p_{atm}(8\,m)\int_6^{18} x\,dx + \gamma(8\,m)\int_6^{18} x^2 dx$$
$$= 262 \times 10^6\,N\text{-}m$$

作用力 F 加於壓力中心上(圖 b)對 y 軸所加之力矩等於 M:

$$x_p F = M$$

因此,其壓力中心的位置爲

$$x_p = \frac{M}{F} = \frac{262\,MN\text{-}m}{20.9\,MN} = 12.5\,m$$

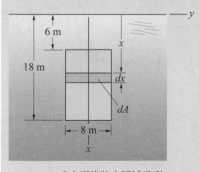

(a) 成水平條狀之區域元素

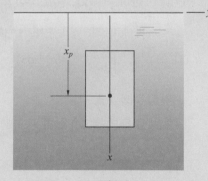

(b) 壓力中心

重要提示

請注意此壓力中心的位置並不與此區域之質心相吻合。只有當壓力是均勻分佈時平面區域上之壓力中心才會與此區域之質心相吻合。在本範例中,壓力是隨深度增加的,結果是,其壓力中心在質心的下方。

範例 10.12   求出壓力作用力(▶ 相關習題 10.91)

容器裝滿重量密度 γ 的液體。請求出液體的壓力加於圓柱形側邊 AB 上之作用力。

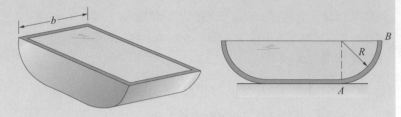

方略

液體加於圓柱形側邊上壓力隨深度改變(圖 a)。要求的是壓力分佈所加之作用力。可對圓柱形表面作積分來求出,但我們可對緊接著 A 之四分之一圓柱部份的液體畫自由體圖來避免作積分。

解答

我們在圖 b 中畫出四分之一圓柱體之液體部份的自由體圖。加於圓柱形液體表面上之壓力分佈與加於圓柱形側邊上的相同。如果我們將壓力分佈加於液體上的作用力寫爲 $\mathbf{F}_p$,則液體加於圓柱形側邊上的作用力爲 $-\mathbf{F}_p$。

(a) 加於側邊 AB 上的液體壓力

其它加於四分之一圓柱形液體且平行於 x-y 平面之作用力有液體的重量、上表面的大氣壓力及加於左邊之壓力分佈。液體的體積爲 $\left(\frac{1}{4}\pi R^2\right)b$,因此由液體重量所加於自由體圖上的作用力爲 $\frac{1}{4}\gamma\pi R^2 b\mathbf{i}$。由大氣壓力所加於上表面之的作用力 $Rbp_{atm}\mathbf{i}$。

我們可用積分求出壓力加於自由體圖左邊之作用力。其值爲

$$\int_A p\,dA = \int_0^R (p_{atm} + \gamma x)b\,dx = Rb\left(p_{atm} + \frac{1}{2}\gamma R\right)$$

應用平衡公式

$$\Sigma\mathbf{F} = \frac{1}{4}\gamma\pi R^2 b\mathbf{i} + Rbp_{atm}\mathbf{i} + Rb\left(p_{atm} + \frac{1}{2}\gamma R\right)\mathbf{j} + \mathbf{F}_p = \mathbf{0}$$

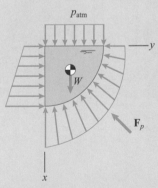

(b) A 點右邊之液體的自由體圖

我們可得出液體壓力加於側邊 AB 上的作用力:

$$-\mathbf{F}_p = Rb\left(p_{atm} + \frac{\pi}{4}\gamma R\right)\mathbf{i} + Rb\left(p_{atm} + \frac{1}{2}\gamma R\right)\mathbf{j}$$

重要提示

選用適當的自由體圖常常可以避免在曲線表面上作積分來算出壓力作用力如我們在這個範例中所作的。

習題

10.73 某工程人員在規劃新社區之供水系統時估算在最大使用量時，中央供水系統與計畫中之最遠處的消防栓間的壓力差將為 200 kPa。消防隊人員指出在消防栓的錶壓力需為 320 kPa。水的重量密度為 $\gamma = 9.81\,kN/m^3$。請問要提供所需之壓力中央供水系統之水塔高度需為何？

10.74 某立方體的材料懸吊於重量密度為 γ 液體表面下。計算出壓力加於立方體表面上之作用力，來顯示出它們的總和是一個大小為 γb^3 的向上作用力。

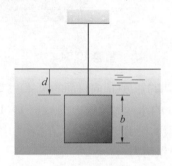

習題 10.74

10.75 圖示區域承受一均勻壓力 $p_{atm} = 1 \times 10^5\,pa$。
(a)請問壓力加於此區域上之總作用力為何？
(b)由於壓力加於此區域對 y 軸所生之力矩為何？

10.76 圖示之區域承受一均勻的壓力。請求出其壓力中心的座標。

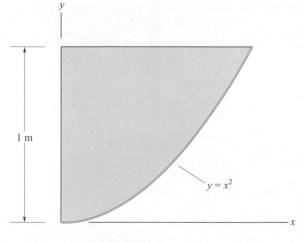

習題 10.75/10.76

10.77 圖示區域承受一均勻壓力 $p_{atm} = 1 \times 10^5\,pa$。
(a)請問壓力加於此區域上之總作用力為何？
(b)由於壓力加於此區域對 y 軸所生之力矩為何？

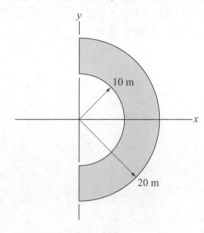

習題 10.77

▶**10.78** 在觀念範例 10.10 中，假設相對於 A 點的水深從 2 m 增加至 3m。請求出在水門在支撐 A 與 B 上的反作用力。

▶**10.79** 長方形平板之上緣位於湖水面下 2 m。大氣壓力為 $p_{atm} = 1 \times 10^5\,pa$ 且水的質量密度為 $\rho = 1000\,kg/m^3$。
(a)請問水加於平板上的最大壓力為何？
(b)請求出水的壓力加於平板表面上的作用力。(參考範例 10.11)。

▶**10.80** 在習題 10.79 中，壓力中心低於平板的上緣多遠？(參考範例 10.11)。

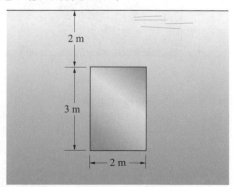

習題 10.79/10.80

10.81　水壩的寬度(指向頁面的尺寸)爲 100 m。水的質量密度爲 $\rho = 1000\,kg/m^3$。請求出水的錶壓力加於水壩的作用力。

(a)使用積分法；

(b)以計算出壓力分佈的「體積」法。

10.82　在習題 10.81 中，由於水之錶壓力加於水壩的壓力中心低於水面多遠？

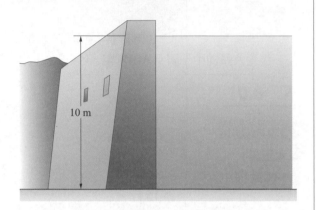

習題 10.81/10.82

10.83　水門的寬度(指向頁面的尺寸)爲 3 m。大氣壓力爲 $p_{atm} = 1 \times 10^5\,pa$ 且水的質量密度爲 $\rho = 1000\,kg/m^3$。請求出水門之內含支撐 A 所加於水門之水平作用力與力偶。

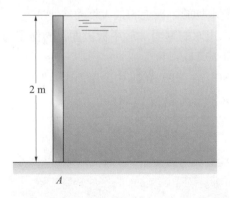

習題 10.83

10.84　均質的水門重 500 N，且其寬度(指向頁面的尺寸)爲 0.9 m。水的重量密度爲 $\gamma = 9.81\,kN/m^3$，大氣壓力爲 $p_{atm} = 100\,kPa$。請求出在 A 與 B 之處的反作用力。

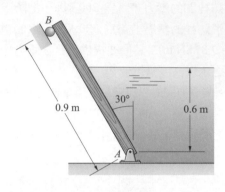

習題 10.84

10.85　水門的寬度(指向頁面的尺寸)爲 2 m 且其右在深 $d = 1\,m$ 的水。大氣壓力爲 $p_{atm} = 1 \times 10^5\,pa$ 且水的質量密度爲 $\rho = 1000\,kg/m^3$。請求出加於水門之 A 與 B 處水平作用力。

10.86　在習題 10.85 中之水門的設計是當水深 d 超過某個特定值時可以旋轉並將水放出。請問這個深度爲何？

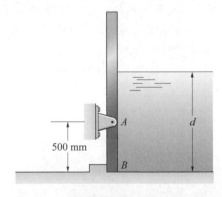

習題 10.85/10.86

10.87* 水壩一邊有深度 4 m 的水。水壩的寬度（指入頁面的尺寸）為 8 m。水的重量密度則為 $\gamma = 9.81\ kN/m^3$，且大氣壓力為 $p_{atm} = 100\ kPa$。若忽略水壩的重量，請問在 A 與 B 處的反作用力為何？

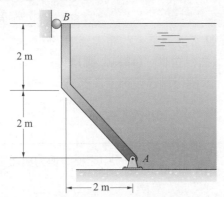

習題 10.87

10.88* 水壩之一邊有深度 4 m 的水。水壩的寬度（指入頁面的尺寸）為 8 m。水的重量密度則為 $\gamma = 9.81\ kN/m^3$，且大氣壓力為 $p_{atm} = 100\ kPa$。若忽略水壩的重量，請問在 A 與 B 處的反作用力為何？

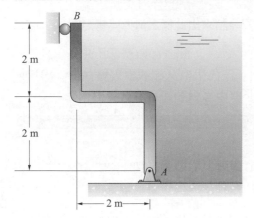

習題 10.88

10.89 考慮在液體表面下一平面、垂直的區域 A。設 p_0 為在液面上的壓力。

(a)請導出壓力加於此區域之作用力為 $F = \bar{p}A$，其中 $\bar{p} = p_0 + \gamma\bar{x}$ 為位於區域之質心的液體壓力。

(b)請導出壓力中心的 x 座標為。

$$x_p = \bar{x} + \frac{\gamma I_{y'}}{\bar{p}A}$$

其中 $I_{y'}$ 為此區域對通過質心之 y' 軸的慣性矩。

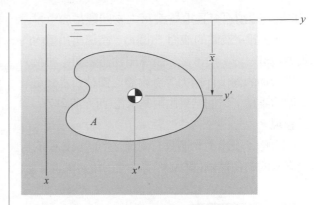

習題 10.89

10.90 半徑為 1-m 的圓形平板置於靜止的池水下。大氣壓力為 $p_{atm} = 1 \times 10^5\ pa$ 且水的質量密度為 $\rho = 1000\ kg/m^3$。請求出(a)水的壓力加於平板之表面上的作用力；(b)壓力中心的 x 座標。(參考習題 10.89。)

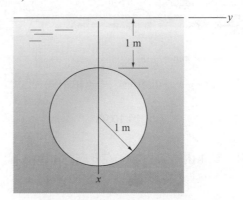

習題 10.90

10.91* 水槽由圓柱形與兩端的半球形組成。它裝滿了水($\rho = 1000\ kg/m^3$)。在水槽頂端的水壓為 140 kPa。請求出水的壓力加於水槽之每一半球形端點之作用力的值。(參考範例 10.12)。

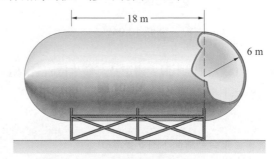

習題 10.91

10.92 體積為 V 且重量為 W 之物體懸吊於重量密度為 γ 之靜止液體的液面下(圖 a)。請導出吊纜內的張力為 $W - V\gamma$。換言之,請導出物體表面上的壓力分佈所加的向上作用力等於物體之體積與水之重量密度的乘積。這個結果由阿基米德(西元前287-212)所發現。

方略:畫出與物體具有同樣之形狀與位置的份量之水的自由體圖(圖 b)。

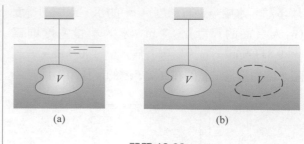

習題 10.92

複習習題

10.93 請求出在 B 處的內力與力矩(a)如果 $x = 250$ mm;(b)如果 $x = 750$ mm。

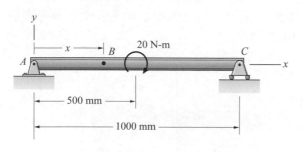

習題 10.93

10.94 試求內力與力矩(a)在 B 處的;(b)在 C 處。

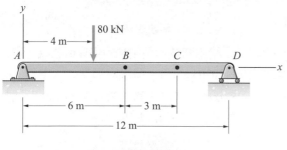

習題 10.94

10.95 (a)試求樑中最大彎矩及其發生位置之 x 值。(b)請導出 V 與 M 對 x 之關係式滿足 $V = dM/dx$。

10.96 請畫出習題 10.95 中之樑的剪力與彎矩圖。

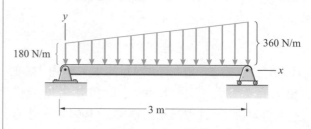

習題 10.95/10.96

10.97 請求出此樑之剪力與彎矩圖。

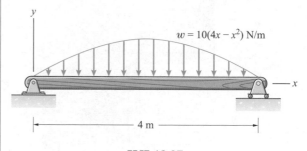

習題 10.97

10.98 請求出樑 ABC 之 V 與 M 對 x 之關係式。

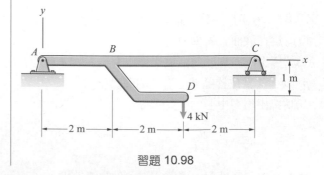

習題 10.98

10.99　畫出樑 *ABC* 之剪力與彎矩圖。

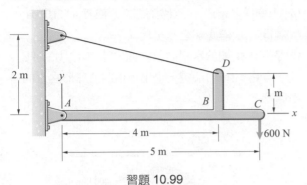

習題 10.99

10.100　請求出在 *A* 處的內力與力矩。

10.101　畫出樑 *BC* 之剪力與彎矩圖。

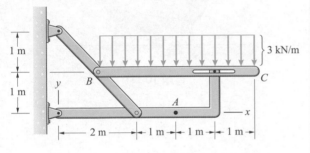

習題 10.100/10.101

10.102　請求出在 *B* 點之內力與力矩。

(a)如果 $x = 250\,mm$；

(b)如果 $x = 750\,mm$。

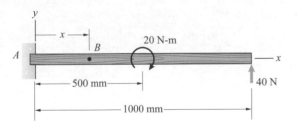

習題 10.102

10.103　畫出其剪力與彎矩圖。

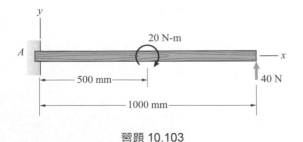

習題 10.103

10.104　均質樑重 1000 N。求中點之內力與力矩。

10.105　均質樑重 1000 N。試繪剪力與彎矩圖。

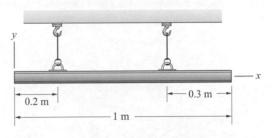

習題 10.104/10.105

10.106　*A* 處吊橋的主纜線是水平的且其張力為 $5 \times 10^8\,N$。(a)請求出加於纜線上的分佈負載。(b)在 *B* 處的張力為何？

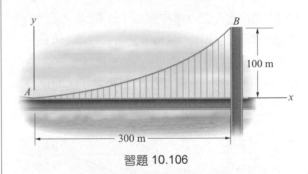

習題 10.106

10.107　電纜線的質量為 1.4 kg/m。如果這個纜線可以安全的支撐 5 kN 的張力，請求出其是否可以安全的支撐住 0.4 kg/m 的積冰。

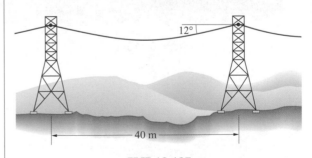

習題 10.107

10.108　在橢圓形窗戶之中心點的水深為 6 m。請求出海水($\gamma = 10.06\,kN/m^3$)及另一面之大氣壓力加於此窗戶之淨作用力的值。(參考習題 10.89。)

10.109 在橢圓形窗戶之中心點的水深為 6 m。請求出海水($\gamma = 10.06$ kN/m³)及另一面之大氣壓力加於此窗戶對於水平軸 L 之淨力矩的值。(參考習題 10.89。)

1.05 m

L

1.8 m

習題 10.108/10.109

10.110* 水門之一邊有深度 2-m 的水。水門的寬度(指向頁面的尺寸)為 4 m，且其質量為 160 kg。水的質量密度為 $\rho = 1000$ kg/m³，且大氣壓力為 $p_{\text{atm}} = 1 \times 10^5$ pa。請求出水門在 A 與 B 處的反作用力。(支撐點 B 僅施加水平反作用力於水門)。

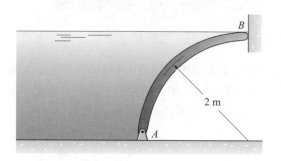

B

2 m

A

習題 10.110

10.111 內半徑為 400-mm 的球形水槽裝滿了水($\rho = 1000$ kg/m³)。在水槽頂端之水壓為 4×10^5 pa。
(a)請問在水槽底部之水壓為何？
(b)請問水壓加於水槽內部表面之總作用力為何？

方略：(b)的部份，畫出水槽內部球形之水的自由體圖。

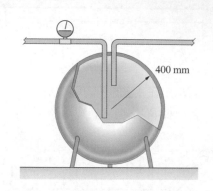

400 mm

習題 10.111

11

虛功與位能

當一彈簧被拉伸時,其所受的功以位能的形態存於彈簧內。以吊車拉起一負載時會增加它的重力位能。在本章內我們將定義功與位能並介紹一個平常且好用的結果稱為虛功原理。

◀ 扭轉彈簧儲存位能來驅動時鐘的機構。在本章中利用虛功及虛位能的觀念來分析處於平衡的物體。

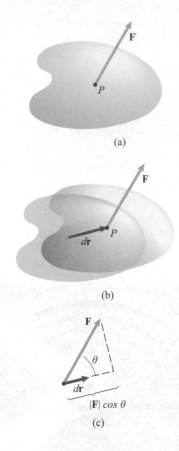

圖 11.1
(a)作用力 **F** 施加於物體上
(b)點 P 的位移 $d\mathbf{r}$
(c)功 $dU = (|\mathbf{F}|\cos\theta)|d\mathbf{r}|$

11.1 虛功

背景概念

　　虛功原理是說明當物體或結構承受各種假想性之動作時，作用力及力偶作功的敘述。介紹這個原理前，須先定義什麼是功。

功

想像作用力正施於物體之點 P(圖 11.1a)。設物體作微小動作，而 P 產生微小位移 $d\mathbf{r}$(圖 11.1b)。因位移 $d\mathbf{r}$ 而由力 **F** 所作之**功** dU 定義為

$$dU = \mathbf{F} \cdot d\mathbf{r} \tag{11.1}$$

由點積定義，$dU = (|\mathbf{F}|\cos\theta)|d\mathbf{r}|$，式中為 **F** 及 $d\mathbf{r}$ 間之夾角 θ (圖 11.1c)。功等於 **F** 在 $d\mathbf{r}$ 方向上之分量與 $d\mathbf{r}$ 之值的乘積。請注意如果平行於 $d\mathbf{r}$ 之 **F** 分量若指向與 $d\mathbf{r}$ 相反之方向，則功為負的。同時也請注意如果 **F** 與 $d\mathbf{r}$ 垂直，其功為零。功的單位為(力)×(長度)。

　　接著考慮一力偶作用於某物體上(圖 11.2a)。經由此力偶產生會力矩為 $M = Fh$ 其方向為逆時針。假設此物體逆時針旋轉微小的角度 $d\alpha$(圖 11.2b)，作用力之作用點會作一微小的物移 $\frac{1}{2}hd\alpha$。因此，其所作的功為 $dU = F\left(\frac{1}{2}hd\alpha\right) + F\left(\frac{1}{2}hd\alpha\right) = Md\alpha$。

　　可得物體受力偶 M 而在力偶方向旋轉 $d\alpha$ 角時(圖 11.2c)作功為

$$dU = Md\alpha \tag{11.2}$$

如果力偶之方向與 $d\alpha$ 相反時，其功為負值。

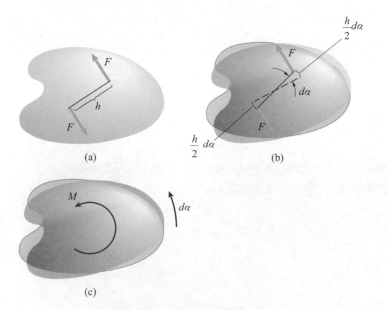

圖 11.2
(a)施加於物體上的力偶
(b)物體所作的微量旋轉
(c)施加了力偶 M 的物體旋轉角度 $d\alpha$

虛功原理

定義了作用力與力偶所作的功後，我們可以介紹虛功原理了。開始之前，我們先討論一個例子來讓各位了解此原理之來龍去脈。

圖 11.3a 中的均質桿由牆壁支撐著且在其 A 處之梢支點上承受了力偶 M。桿子的自由體圖如示圖 11.3b 所示。其平衡公式為

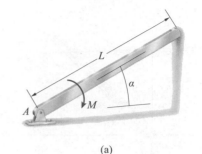

(a)

$$\Sigma F_x = A_x - N = 0 \tag{11.3}$$

$$\Sigma F_y = A_y - W = 0 \tag{11.4}$$

$$\Sigma M_{\text{point}\,A} = NL\sin\alpha - W\frac{1}{2}L\cos\alpha - M = 0 \tag{11.5}$$

可解出這三個公式來得出 A_x、A_y 及 N。然而，我們有其它目的。

考慮下列的問題：如果這個桿子被加上了作用力與力偶如圖 11.3b 所示且我們讓它在 x 方向上承受一虛構性的微小移動，如圖 11.4所示，所作的功為何？此假性的位移 δx 稱為桿子的**虛位移**(*virtual displacement*)，而其結果的功 δU 稱為**虛功**(*virtual work*)。梢支與牆壁防止桿子在 x 方向作實質上的移動：虛位移是一種理論上的技巧。我們的目的是要計算出其造成的虛功：

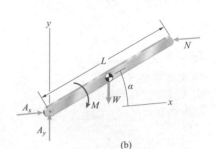

(b)

圖 11.3
(a)承受力偶 M 的桿子
(b)桿子的自由體圖

$$\delta U = A_x\delta_x + (-N)\delta_x = (A_x - N)\delta_x \tag{11.6}$$

作用力 A_y 與 W 並沒有作功，因為它們的作用線與位移垂直。力偶 M 同樣沒有作功，因為桿子沒有作旋轉。將此結果與公式(11.3)作比較，我們發現其虛功為零。

其次，讓桿子在 y 方向作一虛移動(圖 11.5)。其產生的虛功為

$$\delta U = A_y\delta y + (-W)\delta y = (A_y - W)\delta y \tag{11.7}$$

從公式(11.4)，再次的其虛功為零。

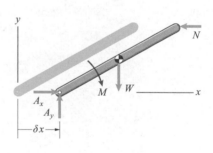

圖 11.4　虛位移 δx

最後，我們將 A 點固定住再給桿子作一個虛的旋轉(圖 11.6a)。作用力 A_x 及 A_y 並未作功因為它們作用的點沒有移動。力偶 M 所作的功為 $-M\delta\alpha$，因為它的方向與旋轉的相反。作用力 N 及 W 之作用點的位移如圖 11.6b 所示，而這些作用力在位移方向的分量如圖 11.6c 所示。N 所作的功為 $(N\sin\alpha)(L\delta\alpha)$，而 W 所作的功為 $(-W\cos\alpha)(\frac{1}{2}L\delta\alpha)$。作的總功為

$$\delta U = (N\sin\alpha)(L\delta\alpha) + (-W\cos\alpha)\left(\frac{1}{2}L\delta\alpha\right) - M\delta\alpha$$

$$= \left(NL\sin\alpha - W\frac{1}{2}L\cos\alpha - M\right)\delta\alpha \tag{11.8}$$

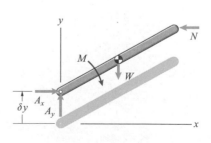

圖 11.5　虛位移 δy

從公式(11.5)，此虛旋轉所造成虛功亦為零。

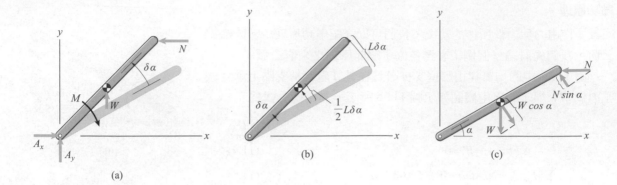

圖 11.6
(a)虛旋轉 $\delta\alpha$
(b)N 與 W 之作用點的位移
(c)N 與 W 在位移方向上的分量

我們已經導出對於桿子的三種虛動作，其虛功為零。這些結果是虛功原理型式之一的例子：

如果一物體處於平衡，對任何虛擬的移動或旋轉外加的作用力或力偶所作的虛功為零：

$$\delta U = 0 \tag{11.9}$$

就如我們的例子所說明的，這個原理可以用來導出物體的平衡公式。讓桿子承受虛移動 δx 與 δy 及虛旋轉 $\delta\alpha$ 而產生公式(11.6)至(11.8)。由於三種情況中的虛功均須為零，遂會得出公式(11.3)至(11.5)。然而這個方法與單單畫出物體的自由體圖，再寫出平衡公式的這個一般方法相比，並沒有較有利。當我們考慮到結構時，虛功原理的優點才變得明顯。

對結構之應用

上節所提及的虛功原理適用於結構中的每個元件。讓某些處於平衡下之特定類別的結構承受虛動作並計算出其總虛功，我們可以求出在它們的支撐上的未知反作用與它們組成元件的內力。這個步驟率涉到找出，造成可由已知之負載與未知之作用力與力偶兩者產生虛功的虛動作。

假設我們想要求出圖 11.7a 中之桁架 BD 的軸向負載。桁架的其它元件承受 4-kN 的負載及元件 BD 所加的作用力(圖 11.7b)。如果我們給此結構一虛旋轉 $\delta\alpha$ 如圖 11.7c 所示，虛功由加於 B 的作用力 T_{BD} 及加於 C 的 4-kN 負載所作。再者，由這兩個作用力所作的虛功即為加於結構之元件上的總虛功，因為元件相互間之內力所作的虛功互相抵消。

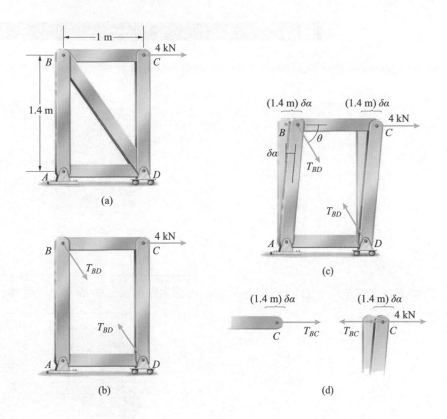

圖 11.7
(a)受 4-kN 負載的桁架
(b)元件 BD 所加的作用力
(c)結構的虛動作
(d)計算出在接點 C 上之元件 BC 與 CD 的虛功

　　舉例來說，考慮接點 C(圖 11.7d)。作用力 T_{BC} 為元件 BC 上的軸向負載。加於元件 BC 上之 C 的虛功為 $T_{BC}(1.4\,\text{m})\delta\alpha$，而加於元件 CD 上之 C 虛功為 $(4\,\text{kN}-T_{BC})(1.4\,\text{m})\delta\alpha$。當我們將加於兩個元件上的虛功相加後得出加於整個結構上的總虛功，由內力 T_{BC} 所作的虛功會抵消掉。(如果在 C 點上元件互相加了一個內**力偶**－比如說，由於梢支的摩擦力－這虛功不會抵消掉。)因此，我們可以在計算加於結構之總虛功時可以忽略內力：

$$\delta U=(T_{BD}\cos\theta)(1.4\,\text{m})\delta\alpha+(4\,\text{kN})(1.4\,\text{m})\delta\alpha=0$$

角度 $\theta=\arctan(1.4/1)=54.5°$。解出此公式，我們得出 $T_{BD}=-6.88\,\text{kN}$。

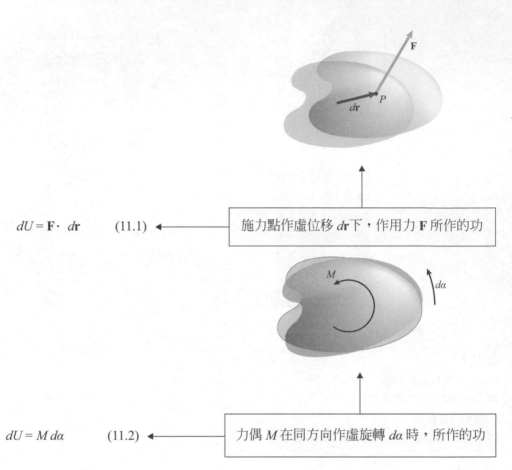

功

$$dU = \mathbf{F} \cdot d\mathbf{r} \qquad (11.1)$$

施力點作虛位移 $d\mathbf{r}$ 下，作用力 $\mathbf{F}$ 所作的功

$$dU = M \, d\alpha \qquad (11.2)$$

力偶 M 在同方向作虛旋轉 $d\alpha$ 時，所作的功

虛功原理

（若物體虛於平衡，對於任意虛位移或旋轉，外力及外力偶所作之虛功為零）：

$$\delta U = 0 \qquad\qquad (11.9)$$

虛位移或旋轉是一種假想的微量位移或旋轉

如果結構之元件間所作用力的力與力偶所作的淨功為零。虛功原理可以應用於結構上。這包含兩個步驟：

1. 選擇虛動作：設定一個可由已知之負載與須求解之未知的作用力與力偶產生虛功的虛動作。
2. 求出虛功：計算出虛動作所產生的總虛功來得出未知作用力或力偶之公式。

觀念範例 11.1　　應用虛功於結構上(▶ 相關習題 11.12 至 11.16)

利用虛功原理來求出結構在 C 處的水平反作用力。

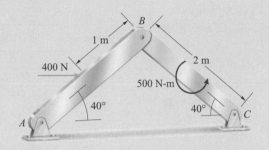

方略

即使結構在 A 與 C 處為固定的，它也可以承受假想的虛動作。
我們必須選擇一個可讓 C 處的水平反作用力及已知的外加負載
作功的虛動作。在計算其所作之虛功後，我們可以求出在 C 的
水平反作用力。

解答

結構的自由體圖，目的是求出 C_x ⟶

選擇一個虛動作－將 A 點固定住並使 C
點發生一水平的虛位移 δx。其結果是，
桿子發生順時針的虛旋轉 $\delta\alpha$ ⟶

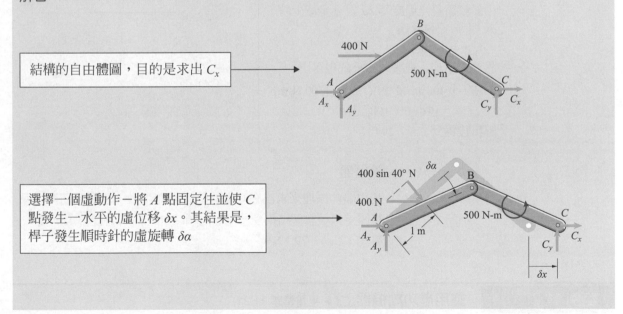

由作用力 400-N 所作的功爲

$(400\sin 40° \text{ N})(1 \text{ m})\delta\alpha$

桿子 BC 發生逆時針方向的旋轉 $\delta\alpha$，因此由力偶作的功爲 $(500 \text{ N-m})\delta\alpha$。由作用力 C_x 所作的功爲 $C_x\delta x$。總虛功爲

$\delta U = (400\sin 40° \text{ N})(1 \text{ m})\delta\alpha\ 1$
$\qquad (500 \text{ N-m})\delta\alpha + C_x\delta x = 0$

要從此公式得出C_x，$\delta\alpha$ 與 δx 間的關係必須先求出

> 求出虛功

由結構的幾何形狀，

$x = 2 (2\cos \alpha)$

此公式對 α 的導數爲

$\dfrac{dx}{da} = -4\sin \alpha$

因此 x 的微量改變與 α 的微量改變之關係爲

$dx = -4\sin \alpha\ d\alpha$

由於順時針之虛旋轉 $\delta\alpha$ 對 α 是減少的，δx 與 $\delta\alpha$ 之關係爲

$\delta x = 4\sin 40° \ \delta\alpha$

將此表示代入總虛功的公式中得出

$\delta U = \big[(400\sin 40° \text{ N})(1 \text{ m}) + (500 \text{ N-m})$
$\qquad + (4\sin 40° \text{ m})C_x\big]\delta\alpha = 0$

解出後得到 $C_x = -294 \text{ N}$

> 得出 δx 與 $\delta\alpha$ 之關係

練習題

利用虛功原理來求出在 C 處的垂直反作用力。求解時將點 A 保持固定再讓整個結構受一剛性之順時針方向的虛旋轉 $\delta\alpha$。

答案：$C_y = -79.3 \text{ N}$。

範例 11.2　　**應用虛功於機器上**(▶ 相關習題 11.21)

可升降的平台由液壓缸 BC 升起及降下。平台與人員之總重量爲 W。支撐平台之樑的重量可以忽略不計。請問在圖示之位置下要維持平台處於平衡液壓缸需加的軸向作用力爲何？

方略

我們可以選用與當液壓缸的長度改變時平台與樑實際動作的方向相同的虛動作。從計算由液壓缸及平台與人員所作之虛功，我們可以求出由液壓缸所作的作用力。

解答

選擇虛動作

在圖 a 中我們畫出平台與樑的自由體圖。我們的目的是求出由液壓缸所加的作用力 F。如果我們固定住 A 點且讓 C 點受一水平的虛位移 δx，唯一有作虛功的外在作用力是 F 及重量 W。(在 C 處之滾輪支撐上的反作用力是垂直於虛位移。)

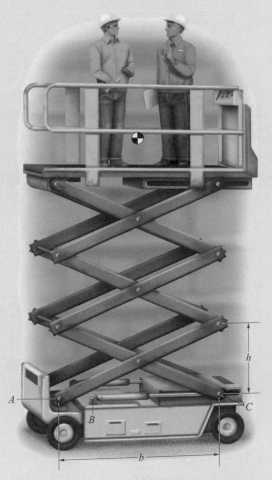

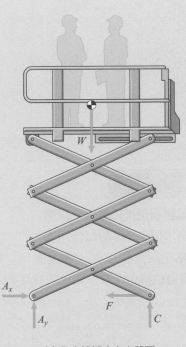

(a) 平台與支撐樑之自由體圖

求出虛功 由作用力 F 在 C 點發生向右之 δx 的虛位移(圖 b)所作虛功為 $-F\delta x$。要求出由重量 W 所作的虛功，我們必須求出當 C 向右移動 δx 之距離時圖 b 中之 D 點的垂直位移。尺寸 b 與 h 的關係為

$$b^2 + h^2 = L^2$$

其中 L 為樑 AD 的長度。將此公式對 b 取微分，我們得出

$$2b + 2h\frac{dh}{db} = 0$$

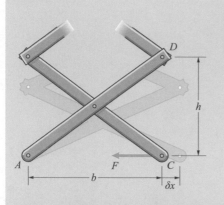

(b) 固定住 A 點且 C 水平移動後之虛位移

從中我們可以解出 dh 對 db 的關係式：

$$dh = -\frac{b}{h}db$$

因此，當 b 增加 δx 的量時，尺寸 h 減少的量為 $(b/h)\delta x$。由於共有三對的樑，平台的下降距離為 $(3b/h)\delta x$，因此由重量作的虛功為 $(3b/h)W\delta x$。總虛功為

$$\delta U = \left[-F + \left(\frac{3b}{h}\right)W \right]\delta x = 0$$

因此我們得出 $F = (3b/h)W$。

重要提示

我們設計這個問題來示範，用虛功法來解某些特定問題時的好處。你可以看出如果要畫出支撐平台之樑中的每一個元件的自由體圖再解出平衡公式來求出液壓缸的作用力將有多繁瑣。相對的，求出由加於樑上之外在作用力所作的虛功就比較簡單了。

習題

下列習題請利用虛功原理來求解。

11.1 請求出位於 A 的反作用力。

方略：讓此樑承受三個虛動作：1.水平位移 δx；2.垂直位移 δy；及 3.對 A 的旋轉 $\delta\theta$。

習題 11.1

11.2 (a)當此樑對 A 點作 $\delta\theta$ 角度之逆時針旋轉時請求出由 2-kN 作用力及 2.4 kN-m 之力偶所作的功。
(b)利用(a)的結果求出在 B 的反作用力。

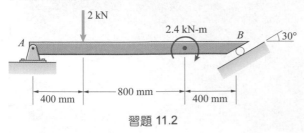

習題 11.2

11.3 請求出纜線中的張力。

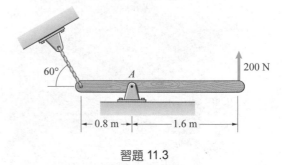

習題 11.3

11.4 L-型的桿子處於平衡。請求出 F。

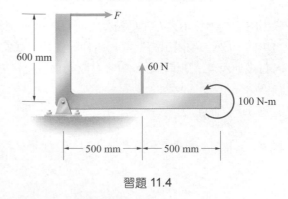

習題 11.4

11.5　尺寸 $L=4\,\mathrm{m}$ 且 $w_0 = 300\,\mathrm{N/m}$。請求出位於 A 與 B 之反作用力。

方略：想求出由分佈負載所作之虛功，將負載以一等量的作用力來代表。

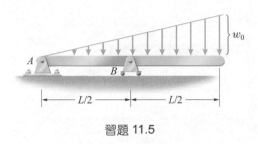

習題 11.5

11.6　請求出位於 A 與 B 之反作用力。

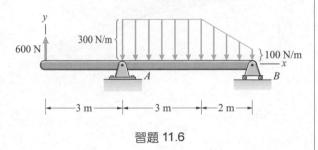

習題 11.6

11.7　此機構處於平衡。請求出作用力 R 與 F 之關係式。

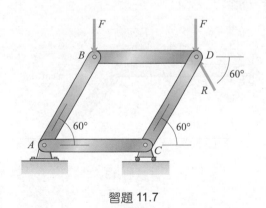

習題 11.7

11.8　請求出位於滾輪支撐之反作用力。

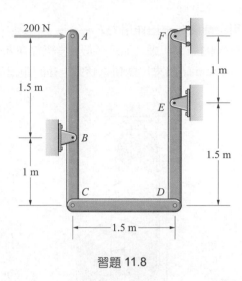

習題 11.8

11.9　請求出使得此機構平衡所需之力偶 M。

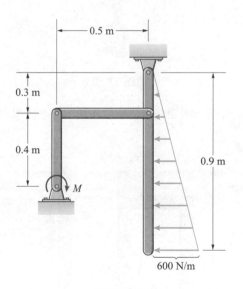

習題 11.9

11.10　此系統處於平衡。懸掛之負載 A 與零件之質量和爲 120 kg。

(a)利用平衡法，求出作用力 F。

(b)利用(a)的結果與虛功原理，假設當纜線在 B 處向下拉 300 mm 時請求出懸掛之負載上升的距離。

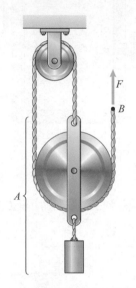

習題 11.10

11.11　請求出讓此機構處於平衡所需之作用力 P。

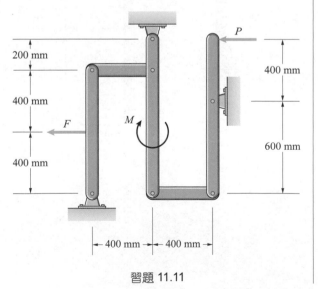

習題 11.11

▶11.12*　請導出 δx 與 $\delta \alpha$ 之關係爲

$$\delta x = (L_1 \tan\beta)\, \delta\alpha$$

(參考範例 11.1。)

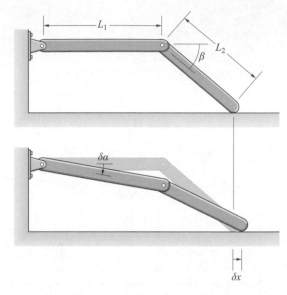

習題 11.12

▶11.13　水平的表面是平滑的。請求出讓此機構處於平衡所需之水平作用力 F。

(參考範例 11.1。)

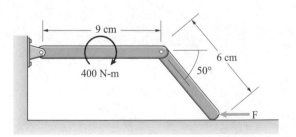

習題 11.13

▶11.14* 請導出 δx 與 $\delta\alpha$ 之關係為

$$\delta x = \frac{L_1 x \sin\alpha}{x - L_1 \cos\alpha} \delta\alpha$$

方略：以 α 項寫下餘弦定理再將所得之公式對 α 取微分。(參考範例 11.1。)

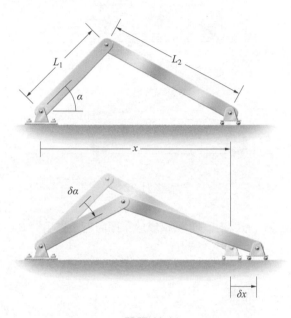

習題 11.14

▶11.15 此連桿處於平衡。作用力 F 為何？
(參考範例 11.1。)

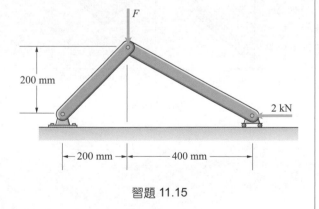

習題 11.15

▶11.16 此連桿處於平衡。作用力 F 為何？
(參考範例 11.1。)

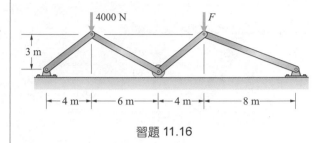

習題 11.16

11.17 桿子 AC 與桿子 BD 由卡於平滑垂直滑槽內之插梢相連結。桿子的質量可以略去不計。假設 $M_A = 30$ N-m，讓此系統處於平衡所需之力偶 M_B 為何？

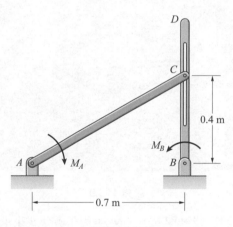

習題 11.17

11.18 角度 $\alpha = 20°$，由壓力加於靜止活塞上的作用力為 4 kN 向左。請問讓此系統維持平衡所需之力偶 M 為何？

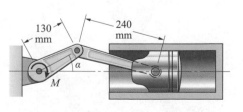

習題 11.18

11.19 此結構承受 400-N 的負載且由水平纜線固定住。請求出纜線中的張力。

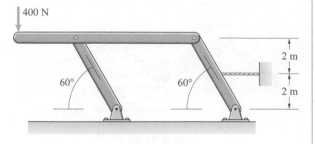

習題 **11.19**

11.20 如果汽車起重器上的負載為 $L = 6.5\,kN$，請問 A 與 B 間之螺桿中的張力為何？

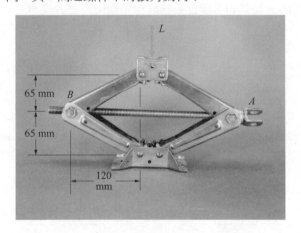

習題 **11.20**

▶**11.21** 求 A 與 B 上之反力(用平衡公式來求反力的水平分量，再用範例 11.2 的步驟求垂直分量。)

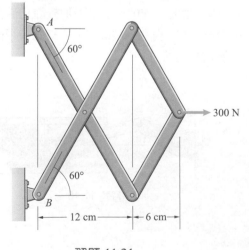

習題 **11.21**

11.22 此機件由伸長液壓致動器 DE 來將負載 W 升高。桿子 AD 與 BC 各長 2 m，且距離 $b = 1.4\,m$ 與 $h = 0.8\,m$。如果 $W = 4\,kN$，要維持負載平衡致動器所需加的作用力為何？

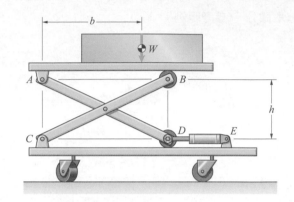

習題 **11.22**

11.23 請求出讓此機構處於平衡所需之作用力 P。

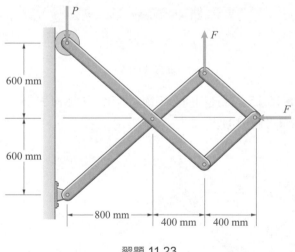

習題 **11.23**

11.24　軸套 A 在平滑之垂直桿上滑動。質量爲 $m_A = 20\,\text{kg}$ 及 $m_B = 10\,\text{kg}$。(a)如果軸套 A 被加了一向上的虛位移 δy，其造成質量 B 之向下位移爲何？(b)請利用虛功法來求出彈簧中的張力。

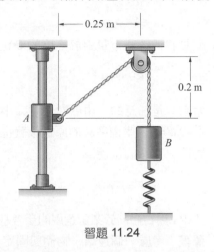

習題 11.24

11.2　位能

背景概念

由於其作用點的微量位移作用力 **F** 所作的功爲

$$dU = \mathbf{F} \cdot d\mathbf{r}$$

如果存在著一個位置函數 V 使得對任一 $d\mathbf{r}$，

$$dU = \mathbf{F} \cdot d\mathbf{r} = -dV \tag{11.10}$$

此函數 V 稱爲結合於作用力 **F** 之**位能**(*potential energy*)，而 **F** 稱爲**保守**(*conservative*)(在公式中的負號是爲了讓 V 可解釋爲「位能」。正的功會導至 V 的減少)。如果系統中作功的作用力爲保守，我們將示範整個系統的總位能可以用來求出它平衡的位置。

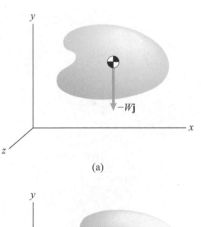

(a)

保守力例子

物體重量與線性彈簧產生的作用力便爲保守力。在以下各節中，我們將導出結合於這些作用力的位能。

重量　以 y 軸向上之座標系統來表示，由物體之重量所加的作用力爲 $\mathbf{F} = -W\mathbf{j}$(圖 11.8a)。如果我們讓此物體作一任意的位移 $d\mathbf{r} = dx\mathbf{i} + dy\mathbf{j} + dz\mathbf{k}$(圖 11.8b)，由它本身之重量所作的功爲

$$dU = \mathbf{F} \cdot d\mathbf{r} = (-W\mathbf{j}) \cdot (dx\mathbf{i} + dy\mathbf{j} + dz\mathbf{k}) = -W\,dy$$

我們找出一個位能 V 使得

$$dU = -W\,dy = -dV \tag{11.11}$$

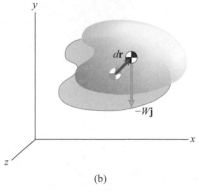

(b)

圖 11.8
(a)物體本身重量所施加的作用力
(b)微量位移

或者

$$\frac{dV}{dy} = W$$

假設我們忽略重量對於高度的變化並取積分後，我們得出

$$V = Wy + C$$

常數 C 是任意的。由於對任意大小 C 此函數皆滿足公式(11.11)，我們設 $C=0$。座標系統的原點位置也可以任意的選擇。因此，結合於物體之重量的位能為

$$V = Wy \qquad\qquad (11.12)$$

式中 y 為物體高於某個選用的參考基礎或稱**基準線**(*datum*)上的高度。

彈簧　考慮一個連結一物體與固定支撐間的線性彈簧(圖 11.9a)。以變形長度 $S=r-r_0$ 來表示，式中 r 為彈簧的長度而 r_0 為其未變形長度，作用於物體上的作用力為 kS(圖 11.9b)。如果彈簧附掛於物體之點發生一微量位移 $d\mathbf{r}$(圖 11.9c)，作用力施加於物體的功為

$$dU = -kSdS$$

式中 dS 為位移所造成彈簧長度變化值(圖 11.9d)。我們找出一個位能 V 使得

$$dU = -kSdS = -dV \qquad\qquad (11.13)$$

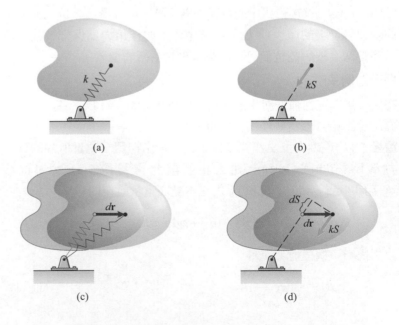

圖 11.9
(a)彈簧連接於一物體
(b)作用力加於物體上
(c)物體的微量位移
(d)作用力所作的功為 $dU = -kSdS$

或者

$$\frac{dV}{dS} = kS$$

將此公式積分後並設積分常數為零，我們得出關於線性彈簧之作用力的位能：

$$V = \frac{1}{2}kS^2 \tag{11.14}$$

請注意不論彈簧是拉長(S 是正的)或是壓短(S 是負的)V 都是正的。位能(可作功的能量)可經拉長或壓短彈簧來儲存於其中。

保守力的虛功原理

由於保守作用力所作的功可以透過公式(11.10)以它的位能來表示，當物體承受於保守作用力時我們可以給虛功原理另一種敘述：

> **設一物體處於平衡。如果由於虛位移或旋轉而作功於物體上之作用力與力偶為保守，則總位能之改變為零：**

$$\delta V = 0 \tag{11.15}$$

要強調的一點是，上面結果無須所有物體上的作用力及力偶為保守時才成立；只有那些作功的作用力與力偶須為保守。本原理亦適用於相連接物體之系統如果作功的外加作用力為保守的且位於連接點處之內力不作功或是為保守的這類的系統稱為**保守系統**(*conservative system*)。

　　如果某系統的位置可用單一的座標 q 來定義，此系統稱為**具一自由度**(*degree of freedom*)。對一保守的，具一自由度之系統的總位能可用 q 來表示而我們可將公式(11.15)寫成

$$\delta V = \frac{dV}{dq}\delta q = 0$$

因此，當一物體或系統處於平衡，其總位能對於 q 的微分為零：

$$\frac{dV}{dq} = 0 \tag{11.16}$$

我們可以利用這個公式來求出系統處於平衡時之 q 的值。

平衡的穩定性

假設某一重量為 W 且長度為 L 的均質桿在其一端點以插梢懸吊著。如圖 11.10a 所示以角度 α 來表示，相對於梢支的端點其質心的高度為 $-\frac{1}{2}L\cos\alpha$。選用插梢的位置當成基準線，我們就可以將結合於桿子之重量的位能表示為

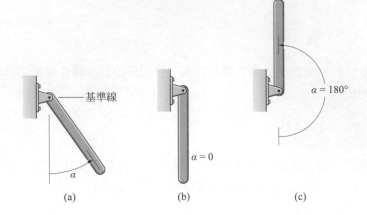

圖 11.10
(a)桿子從一端吊著
(b)平衡位置 α = 0
(c)平衡位置 α = 180°

$$V = -\frac{1}{2}WL\cos\alpha$$

當桿子處於平衡下，

$$\frac{dV}{d\alpha} = \frac{1}{2}WL\sin\alpha = 0$$

當 α = 0(圖 11.10b)及當 α = 180° 時這個條件可以滿足(圖 11.10c)。

在這兩個桿子的平衡位置之間有一個基本上的差異。在圖 11.10b 所示的位置上，如果我們將桿子從其平衡位置移開後再放開，桿子會再維持於平衡位置附近。我們稱這個平衡位置是**穩定的**(*stable*)。當桿子處於圖 11.10c 所示之位置上，如果我們稍微的移動它再放開，桿子會從其平衡位置離開。這個平衡位置是**不穩定的**(*unstable*)。

圖 11.11a 中顯示出桿子的位能 V 與 α 之關係圖。在穩定平衡位置 α = 0 上其位能為最小的而在不穩定平衡位置 α = 180° 上其位能的值最大。V 的微分值(圖 11.11b)在這兩個位置上都是零。V 的二次微分值(圖 11.11c)在穩定平衡位置 α = 0 上是正的而在不穩定平衡位置 α = 180° 上是負的。

如果一保守的、具一自由度的系統處於平衡下，且其 V 的二次微分在平衡位置上算出的值為正的，此平衡位置是穩定的。如果 V 的二次微分值是負的，其為不穩定的(圖 11.12)。

$$\frac{dV}{dq} = 0 \ , \quad \frac{d^2V}{dq^2} > 0 : 穩定平衡$$

$$\frac{dV}{dq} = 0 \ , \quad \frac{d^2V}{dq^2} < 0 : 不穩定平衡$$

要證明這些結論需要對系統接近於平衡位置上之運動作分析。

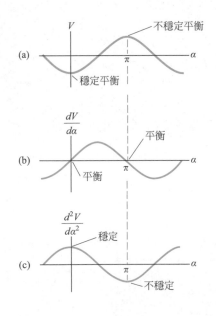

圖 11.11
V、dV/dα 及 d²V/dα² 的圖

利用位能來分析具一自由度之系統的平衡通常包括三個步驟：

1. **求出其位能**：將總位能以定出系統位置的單一座標來表示。
2. **找出其平衡位置**：從計算出位能的一次微分，求出一個或多個平衡位置。
3. **檢查其穩定性**：利用位能之二次微分的正負號來求出平衡位置是否穩定。

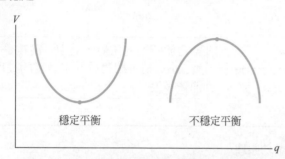

圖 11.12 位能 V 對座標 q 的關係圖其中存在穩定與不穩定平衡的位置

結論

位能

如果存在著一個位置函數 V 使得對任意之微量位移 $d\mathbf{r}$，$\mathbf{F}$ 所作的為

$$dU = \mathbf{F} \cdot d\mathbf{r} = -dV$$

此函數稱為結合於作用力 $\mathbf{F}$ 之**位能**(*potential energy*)，而 $\mathbf{F}$ 稱為**保守的**(*conservative*)。

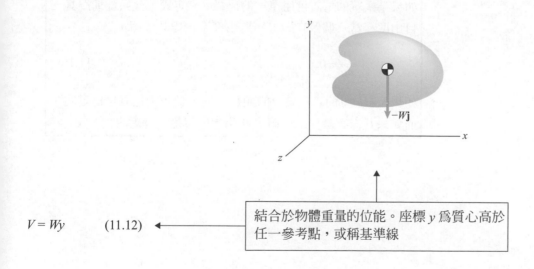

$V = Wy$ (11.12) ← 結合於物體重量的位能。座標 y 為質心高於任一參考點，或稱基準線

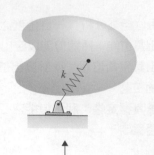

$$V = \frac{1}{2}kS^2 \qquad (11.14)$$

結合於彈簧的位能，其中 S 為其變形長度(stretch)，相對於其未負載的長度之彈簧長度

保守力之虛功原理

設一物體處於平衡。如果由於虛位移或旋轉而作功於物體上之作用力與力偶爲保守，則總位能之改變爲零：

$$\delta V = 0 \qquad (11.15)$$

如果有作功之外在作用力爲保守的，且其物體間的內力不是不作功就是保守的，這個原理也可以應用於具相連接之物體的系統中。這種系統稱爲**保守系統**。

如果某系統的位置可用單一的座標 q 來定義，此系統稱爲具一**自由度**。當一個保守的，一自由度系統處於平衡，

$$\frac{dV}{dq} = 0 \qquad (11.16)$$

如果 V 對於 q 的二次微分的值爲正的，此平衡位置是穩定的，而如果其二次微分是負值，此平衡位置是不穩定的

觀念範例 11.3　　**保守系統的穩定性**(▶相關習題 11.27 至 11.29)

重 W 的木箱由彈簧整天花板懸吊下來。座標 x 量測木箱之質心相對於彈簧未變形時之質心的垂直位置。請求出木箱於平衡時相對於彈簧未變形時之位置

方略

作用於木箱上的作用力－它的重量及由彈簧所加的作用力－皆為保守的。我們可以將總位能以座標 x 來表示再利用公式(11.16)來求出其平衡之位置。

解答

設 $x = 0$ 時為其基準線。由於 x 向下時為正值，其位能為$-Wx$。　　　　→　與重量相關之位能

彈簧的變形長度等於 x，因此其位能為
$\dfrac{1}{2} kx^2$　　　　　　　→　與彈簧相關之位能

總位能為
$$V = \frac{1}{2} kx^2 - Wx$$
當木箱處於平衡時，
$$\frac{dV}{dx} = kx - W = 0$$　　　→　應用式 (11.16)
其平衡之位置為
$$x = \frac{W}{k}$$

練習題

請求出此平衡位置是否為穩定。
答案：是的。

範例 11.4　平衡位置的穩定性(▶ 相關習題 11.31，11.32)

均質的半球體置靜於平面上。請導出它在圖示的位置上是平衡的。請問這個平衡位置是否為穩定？

方略

要解出這個半球體是否處於平衡及其平衡是否穩定，我們必須引用一個可以定出它的方向的座標並將它的位能用此來座標來表示。我們可以使用半球體相對於圖示位置之轉動角度來當作座標。

解答

求出位能　假設半球體相對於它的起始位置轉動一個角度 α(圖 a)。如此，從所示的基準線，其結合於半球體之重量 W 的位能為

$$V = -\frac{3}{8}RW\cos\alpha$$

找出平衡位置　當半球體處於平衡，

$$\frac{dV}{d\alpha} = \frac{3}{8}RW\sin\alpha = 0$$

上式確定了當 $\alpha = 0$ 時是個平衡位置。

檢查穩定性　位能的二次微分為

$$\frac{d^2V}{d\alpha^2} = \frac{3}{8}RW\cos\alpha$$

當 $\alpha = 0$ 時此個式子的值是正的，因此此平衡位置是穩定的。

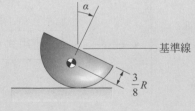

(a) 半球轉一角度 α。

重要提示

請注意我們忽略了平面所加於半球體的垂直作用力。這個作用力沒有作功也就不影響位能。

範例 11.5　　平衡位置的穩定性(▶相關習題 11.41，11.42)

梢支的桿子由線性彈簧拉住不動。每個桿子的重量為 W 且長度為 L。當 $\alpha=0$ 時彈簧為未變形狀態，而當 $\alpha=60°$ 時桿子處於平衡。請求出彈簧常數 k，並求出這個平衡位置是否為穩定。

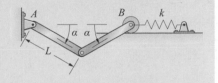

方略

有作功的作用力為桿子們的重量與彈簧所加的作用力。將總位能以 α 來表示並利用公式(11.16)，我們可以得出能用來解出彈簧常數 k 的公式。

解答

求出位能　如果我們使用圖 a 所示的基準線，結合於兩個桿子之位能為

$$W\left(-\frac{1}{2}L\sin\alpha\right)+W\left(-\frac{1}{2}L\sin\alpha\right)=-WL\sin\alpha$$

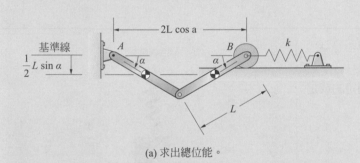

(a) 求出總位能。

當 $\alpha=0$ 時彈簧為未變形狀態而點 A 與 B 間的距離為 $2L\cos\alpha$(圖 a)，因此彈簧的變形長度為 $2L-2L\cos\alpha$。因此，結合於彈簧的位能為 $\frac{1}{2}k(2L-2L\cos\alpha)^2$，所以總位能為

$$V=-WL\sin\alpha+2kL^2(1-\cos\alpha)^2$$

當系統處於平衡下，

$$\frac{dV}{d\alpha}=-WL\cos\alpha+4kL^2(\sin\alpha)(1-\cos\alpha)=0$$

因為當 $\alpha=60°$ 時系統處於平衡，我們可以解出以 W 及 L 來表示之彈簧常數：

$$k=\frac{W\cos\alpha}{4L(\sin\alpha)(1-\cos\alpha)}=\frac{W\cos60°}{4L(\sin60°)(1-\cos60°)}=\frac{0.289W}{L}$$

檢查穩定性　位能的二次微分為

$$\frac{d^2V}{d\alpha^2} = WL\sin\alpha + 4kL^2(\cos\alpha - \cos^2\alpha + \sin^2\alpha)$$

$$= WL\sin60° + 4kL^2(\cos60° - \cos^2 60° + \sin^2 60°)$$

$$= 0.866WL + 4kL^2$$

這是一個正數,因此此平衡位置是穩定的。

重要提示

你如何知道何時可應用保守作用力的虛功原理於系統上?這個系統需為保守的,也就是說當系統發生虛動作時有作功的作用力與力偶是保守的。保守作用力是有位能存在的作用力。在本範例中,功由桿子的重量與彈簧所加的作用力所作,這些都是保守的作用力。

習題

11.25　某一保守系統的位能為 $V = 2x^3 + 3x^2 - 12x$。

(a)讓此系統處於平衡之 x 的值為何?

(b)請求出你在(a)中所得出的平衡位置是穩定的或是不穩定的。

11.26　已知某保守系統的位能為

$V = 2q^3 - 21q^2 + 72q$。

(a)讓此系統處於平衡之 q 的值為何?

(b)請求出你在(a)中所得出的平衡位置是穩定的或是不穩定的。

▶**11.27**　質量 $m = 2\,\text{kg}$ 且彈簧常數 $k = 100\,\text{N/m}$。當 $x = 0$ 時彈簧為未變形狀態。

(a)請求出讓質量處於平衡之 x 的值。

(b)此平衡位置是穩定或不穩定的?(參考範例 11.3)。

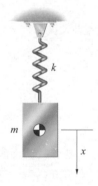

習題 11.27

▶**11.28**　非線性彈簧加了作用力 $-kx + \varepsilon x^3$ 於質量體上,其中 k 與 ε 為數。請求出結合於彈簧所加於質量體上之作用力的位能 V。(參考範例 11.3)。

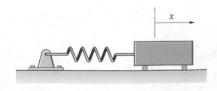

習題 11.28

▶11.29 1-kg 的質量體由習題 11.28 中所描述的彈簧所懸吊。常數 $k=10$ 且 $\varepsilon=1$，式中 x 的單位為米。

(a)請導出當 $x=1.12$ m 及當 $x=2.45$ m 時質量體處於平衡。

(b)請求出這些平衡位置是穩定還是不穩定的。(參考範例 11.3)。

習題 11.29

11.30 圖中桿子的兩個直線分段各重 W 且長度為 L。請求出所示的平衡位置是否為穩定的如果(a) $0<\alpha_0<90°$；(b) $90°<\alpha_0<180°$。

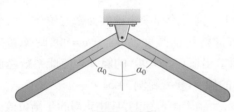

習題 11.30

▶11.31 均質的合成物體包含一半球體與一圓柱體。它靜置於平面上。請導出只有當 $L<R/\sqrt{2}$ 時此平衡位置才是穩定的。

(參考範例 11.4)。

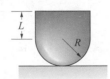

習題 11.31

▶11.32 均質的合成物體包含半個圓柱體與一個三角錐體。它靜置於平面上。請導出只有當 $h<\sqrt{2}R$ 時此平衡位置才是穩定的。

(參考範例 11.4)。

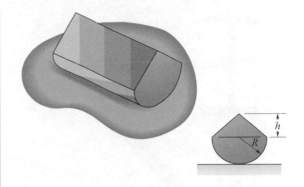

習題 11.32

11.33 均質桿子重為 W，且當桿子垂直($\alpha=0$)彈簧為未變形。

(a)請利用位能來導出當 $\alpha=0$ 時桿子處於平衡。

(b)請導出只有當 $2kL>W$ 時此平衡才是穩定的。

11.34 假設在習題 11.33 中的桿子當 $\alpha=20°$ 時是平衡的。

(a)請導出其彈簧常數 $k=0.490\,W/L$。

(b)求出此平衡位置是否為穩定的。

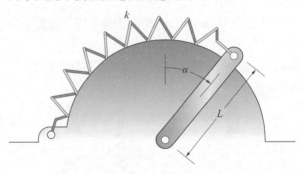

習題 11.33/11.34

11.35 桿子 AB 質量為 m 且長度為 L。當桿子垂直($\alpha=0$)時彈簧為未變形。輕質的軸套 C 在平滑的垂直桿子上滑動使得彈簧維持水平。請導出只有當 $2kL>mg$ 時此平衡位置 $\alpha=0$ 才是穩定的。

11.36 習題 11.35 中的桿子 AB 質量 $m=4$ kg，長為 2 m，且彈簧常數 $k=12$ N/m。

(a)請求出在 $0<\alpha<90°$ 的範圍中使得桿子處於平衡之 α 的值。

(b)請問(a)中所求出的平衡位置是否為穩定的？

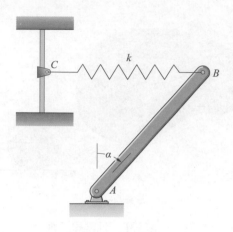

習題 **11.35/11.36**

11.37 桿子 *AB* 重量為 *W* 且長度為 *L*。當桿子垂直 (*α*＝0)時彈簧為未變形。輕質的軸套 *C* 在平滑的垂直桿子上滑動使得彈簧維持水平。請導出在 *α*＝0 時的平衡位置是不穩定的。

11.38 習題 11.37 中的桿子 *AB* 質量為 2 kg，而彈簧常數 *k*＝80 N/m。

(a)請求出在 0＜*α*＜90° 的範圍中使得桿子處於平衡之 *α* 的值。

(b)請問(a)中所求出的平衡位置是否為穩定的？

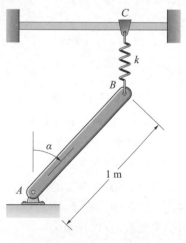

習題 **11.37/11.38**

11.39 每個均質桿子的質量為 *m* 而長度為 *L*。彈簧當 *α*＝0 時是未變形。如果 mg＝kL，請求出在 0＜*α*＜90° 的範圍中使此系統處於平衡之 *α* 的值。

11.40 請求出習題 11.39 中求得的平衡位置是穩定或是不穩定的。

習題 **11.39/11.40**

▶**11.41** 梢支的桿子由線性彈簧定位住。每個桿子的重量為 *W* 而長度為 *L*。當 *α*＝90° 時彈簧未變形。請求出在 0＜*α*＜90° 的範圍中使此系統處於平衡之 *α* 的值。(參考範例 11.5)。

▶**11.42** 請求出習題 11.41 中求得的平衡位置是穩定或是不穩定的(參考範例 11.5)。

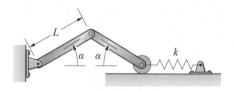

習題 **11.41/11.42**

11.43　桿子重 150 N，當 $\alpha=0$ 時彈簧未變形。當 $\alpha=30°$ 時桿子處於平衡。請求出彈簧常數 k。

11.44　請求出習題 11.43 中求得的平衡位置是穩定或是不穩定的。

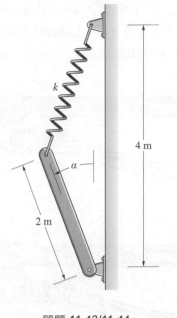

習題 **11.43/11.44**

複習習題

11.45　(a)請求出加於樑之 A 處的力偶。
(b)請求出加於樑之 A 處上的垂直作用力。

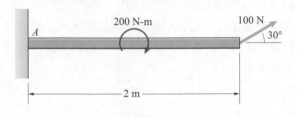

習題 **11.45**

11.46　此結構承受 20 kN-m 的力偶。請求出在 C 處的水平反作用力。

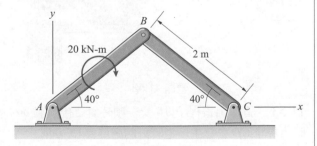

習題 **11.46**

11.47　這個「齒條與齒輪」機構於加壓操作時用來施加一垂直的作用力於 A 處的樣品上。如果一作用力 $F=30$ N 加於把手上，請利用虛功原理來求出加於樣品上的作用力。

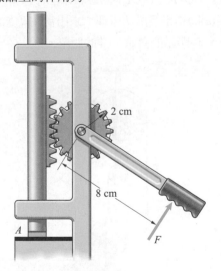

習題 **11.47**

11.48　如果你被指定要計算當手柄上承受了作用力 F 時夾子加於螺釘上的作用力如圖 a 所示，你可以仔細的量出尺寸，畫出自由體圖再利用平衡公式。但是另一種步驟也可能是量出當手柄間的距離作小量的改變時夾嘴間距離的變化。如果你的測量

顯示出當圖 b 中的距離 D 減少了 8 mm 時 d 減少了 1 mm，請問當作用力 F 加上時每個夾嘴加於螺釘上的作用力約為多少？

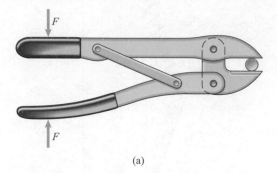

(a)

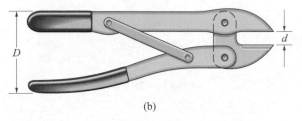

(b)

習題 11.48

11.49　此系統處於平衡。懸掛的負載與零件 A 的總重量為 300 N。(a)以平衡法，求出作用力 F。(b)利用(a)的結果及虛功原理，求出當在 B 處的纜線下拉 1 m 時懸吊的負載上升的距離。

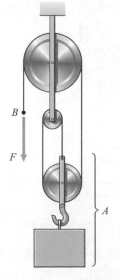

習題 11.49

11.50　此系統處於平衡。
(a)以畫出自由體圖及利用平衡公式，求出力偶 M。
(b)利用(a)的結果及虛功原理，求出當滑輪 A 轉動一個 α 角度時滑輪 B 轉動的角度。

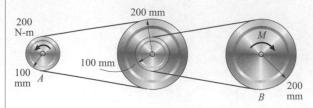

習題 11.50

11.51　此機構處於平衡。忽略水平桿子與滑套間的摩擦力。請以 F、α 及 L 表示出 M 的值。

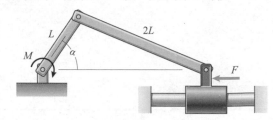

習題 11.51

11.52　在一射出成型的機器中，加於桿臂 AB 上的力偶 M 加了作用力於 C 處的射出活塞上。已知加於 C 處之作用力的水平分量為 4 kN，請利用虛功原理來求出 M。

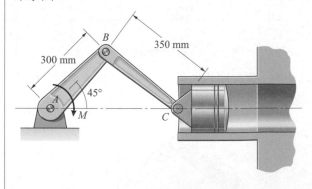

習題 11.52

11.53　請導出當桿子 AB 受一順時針之虛旋轉 $\delta\alpha$ 時，桿子 CD 會發生一逆時針的虛旋轉 $(b/a)\delta\alpha$。

11.54　此系統處於平衡，$a = 800$ mm，且 $b = 400$ mm。請利用虛功原理來求出作用力 F。

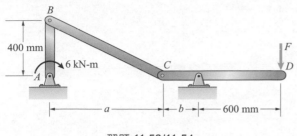

習題 11.53/11.54

11.55 請導出當桿子 AB 受一順時針之虛旋轉 $\delta\alpha$ 時，桿子 CD 會發生一逆時針的虛旋轉 $[ad/(ac+bc-bd)]\delta\alpha$。

11.56 此系統處於平衡，$a = 300$ mm，$b = 350$ mm，$c = 350$ mm 而 $d = 200$ mm。請利用虛功原理來求出力偶 M。

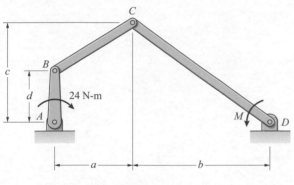

習題 11.55/11.56

11.57 桿子的質量爲 10 kg，且其長度爲 1 m。忽略兩個軸套的質量。當桿子垂直時($\alpha = 0$)彈簧未變形，且其彈簧常數 $k = 100$ N/m。請求出讓桿子處於平衡之 α 的值。

11.58 請求出習題 11.57 中求得的平衡位置是穩定或是不穩定的。

習題 11.57/11.58

11.59 當 $\alpha = 90°$ 時彈簧未變形。請求出在 $0 < \alpha < 90°$ 的範圍中使此系統處於平衡之 α 的值。

11.60 請求出習題 11.59 中求得的平衡位置是穩定或是不穩定的

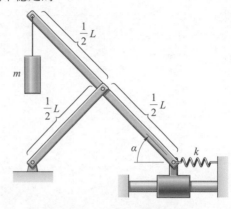

習題 11.59/11.60

11.61 液壓缸 C 在 A 之加了水平的作用力，將負重 W 舉起。請求出要支撐此負重液壓缸需加的作用力以 W 及 α 來表示。

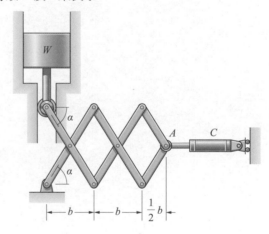

習題 11.61

11.62 均質的合成物體包含一半球體與一圓錐體。它靜置於平面上。請導出只有當 $h < \sqrt{3}R$ 時此平衡位置才是穩定的。

習題 11.62

實用數學工具

A.1 代數

二次方程式

二次方程式的解

$$ax^2 + bx + c = 0$$

為

$$x = \frac{-b \pm \sqrt{b^2 - 4ac}}{2a}$$

自然對數

一個正實數 x 的自然對數記為 $\ln x$。定義如下:

$$e^{\ln x} = x$$

其中 $e = 2.7182\cdots$ 為自然對數的底。

對數具有以下特性:

$$\ln(xy) = \ln x + \ln y$$
$$\ln(x/y) = \ln x - \ln y$$
$$\ln y^x = x \ln y$$

A.2　三角函數

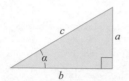

直角三角形的三角函數為

$$\sin \alpha = \frac{1}{\csc \alpha} = \frac{a}{c}, \quad \cos \alpha = \frac{1}{\sec \alpha} = \frac{b}{c}, \quad \tan \alpha = \frac{1}{\cot \alpha} = \frac{a}{b}$$

正弦及餘弦滿足以下關係

$$\sin^2 \alpha + \cos^2 \alpha = 1$$

兩個角的和及差取正弦和餘弦時，滿足下列關係

$$\sin(\alpha + \beta) = \sin \alpha \cos \beta + \cos \alpha \sin \beta$$
$$\sin(\alpha - \beta) = \sin \alpha \cos \beta - \cos \alpha \sin \beta$$
$$\cos(\alpha + \beta) = \cos \alpha \cos \beta - \sin \alpha \sin \beta$$
$$\cos(\alpha - \beta) = \cos \alpha \cos \beta + \sin \alpha \sin \beta$$

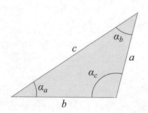

任意三角形的餘弦定理為

$$c^2 = a^2 + b^2 - 2ab \cos \alpha_c$$

及正弦定理為

$$\frac{\sin \alpha_a}{a} = \frac{\sin \alpha_b}{b} = \frac{\sin \alpha_c}{c}$$

A.3　導數

$$\frac{d}{dx}x^n = nx^{n-1} \qquad \frac{d}{dx}\sin x = \cos x \qquad \frac{d}{dx}\sinh x = \cosh x$$

$$\frac{d}{dx}e^x = e^x \qquad \frac{d}{dx}\cos x = -\sin x \qquad \frac{d}{dx}\cosh x = \sinh x$$

$$\frac{d}{dx}\ln x = \frac{1}{x} \qquad \frac{d}{dx}\tan x = \frac{1}{\cos^2 x} \qquad \frac{d}{dx}\tanh x = \frac{1}{\cosh^2 x}$$

A.4　積分

$$\int x^n \, dx = \frac{x^{n+1}}{n+1} \quad (n \neq -1)$$

$$\int x^{-1} \, dx = \ln x$$

$$\int (a + bx)^{1/2} \, dx = \frac{2}{3b}(a + bx)^{3/2}$$

$$\int x(a + bx)^{1/2} \, dx = -\frac{2(2a - 3bx)(a + bx)^{3/2}}{15b^2}$$

$$\int (1 + a^2x^2)^{1/2} \, dx = \frac{1}{2}\left\{ x(1 + a^2x^2)^{1/2} \right.$$
$$\left. + \frac{1}{a}\ln\left[x + \left(\frac{1}{a^2} + x^2\right)^{1/2} \right] \right\}$$

$$\int x(1 + a^2x^2)^{1/2} \, dx = \frac{a}{3}\left(\frac{1}{a^2} + x^2\right)^{3/2}$$

$$\int x^2(1 + a^2x^2)^{1/2} \, dx = \frac{1}{4}ax\left(\frac{1}{a^2} + x^2\right)^{3/2}$$
$$- \frac{1}{8a^2}x(1 + a^2x^2)^{1/2} - \frac{1}{8a^3}\ln\left[x + \left(\frac{1}{a^2} + x^2\right)^{1/2} \right]$$

$$\int (1 - a^2x^2)^{1/2} \, dx = \frac{1}{2}\left[x(1 - a^2x^2)^{1/2} + \frac{1}{a}\arcsin ax \right]$$

$$\int x(1 - a^2x^2)^{1/2} \, dx = -\frac{a}{3}\left(\frac{1}{a^2} - x^2\right)^{3/2}$$

$$\int x^2(a^2 - x^2)^{1/2} \, dx = -\frac{1}{4}x(a^2 - x^2)^{3/2}$$
$$+ \frac{1}{8}a^2\left[x(a^2 - x^2)^{1/2} + a^2 \arcsin\frac{x}{a} \right]$$

$$\int \frac{dx}{(1 + a^2x^2)^{1/2}} = \frac{1}{a}\ln\left[x + \left(\frac{1}{a^2} + x^2\right)^{1/2} \right]$$

$$\int \frac{dx}{(1 - a^2x^2)^{1/2}} = \frac{1}{a}\arcsin ax \quad \text{or} \quad -\frac{1}{a}\arccos ax$$

$$\int \sin x \, dx = -\cos x$$

$$\int \cos x \, dx = \sin x$$

$$\int \sin^2 x \, dx = -\frac{1}{2}\sin x \cos x + \frac{1}{2}x$$

$$\int \cos^2 x \, dx = \frac{1}{2}\sin x \cos x + \frac{1}{2}x$$

$$\int \sin^3 x \, dx = -\frac{1}{3}\cos x(\sin^2 x + 2)$$

$$\int \cos^3 x \, dx = \frac{1}{3}\sin x(\cos^2 x + 2)$$

$$\int \cos^4 x \, dx = \frac{3}{8}x + \frac{1}{4}\sin 2x + \frac{1}{32}\sin 4x$$

$$\int \sin^n x \cos x \, dx = \frac{(\sin x)^{n+1}}{n+1} \quad (n \neq -1)$$

$$\int \sinh x \, dx = \cosh x$$

$$\int \cosh x \, dx = \sinh x$$

$$\int \tanh x \, dx = \ln \cosh x$$

$$\int e^{ax} \, dx = \frac{e^{ax}}{a}$$

$$\int xe^{ax} \, dx = \frac{e^{ax}}{a^2}(ax - 1)$$

A.5　泰勒級數

函數 $f(x)$ 的泰勒級數為

$$f(a + x) = f(a) + f'(a)x + \frac{1}{2!}f''(a)x^2 + \frac{1}{3!}f'''(a)x^3 + \cdots$$

其中「' (primes)」代表導數。

一些實用的泰勒級數為

$$e^x = 1 + x + \frac{x^2}{2!} + \frac{x^3}{3!} + \cdots$$

$$\sin(a + x) = \sin a + (\cos a)x - \frac{1}{2}(\sin a)x^2 - \frac{1}{6}(\cos a)x^3 + \cdots$$

$$\cos(a + x) = \cos a - (\sin a)x - \frac{1}{2}(\cos a)x^2 + \frac{1}{6}(\sin a)x^3 + \cdots$$

$$\tan(a + x) = \tan a + \left(\frac{1}{\cos^2 a}\right)x + \left(\frac{\sin a}{\cos^3 a}\right)x^2$$

$$+ \left(\frac{\sin^2 a}{\cos^4 a} + \frac{1}{3\cos^2 a}\right)x^3 + \cdots$$

B 面積與線的特性

B.1 面積

面積 A 的形心座標為

$$\bar{x} = \frac{\int_A x\,dA}{\int_A dA} \qquad \bar{y} = \frac{\int_A y\,dA}{\int_A dA}$$

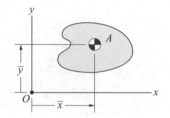

對 x 軸的慣性矩 I_x，y 軸的慣性矩 I_y，以及慣性積 I_{xy} 分別為

$$I_x = \int_A y^2\,dA \qquad I_y = \int_A x^2\,dA \qquad I_{xy} = \int_A xy\,dA$$

對於 O 點的極慣性矩為

$$J_O = \int_A r^2\,dA = \int_A (x^2 + y^2)\,dA = I_x + I_y$$

面積 $= bh$

$$I_x = \frac{1}{3}bh^3 \qquad I_y = \frac{1}{3}hb^3 \qquad I_{xy} = \frac{1}{4}b^2h^2$$

$$I_{x'} = \frac{1}{12}bh^3 \qquad I_{y'} = \frac{1}{12}hb^3 \qquad I_{x'y'} = 0$$

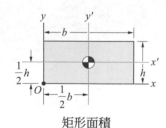

矩形面積

面積 $= \dfrac{1}{2}bh$

$$I_x = \frac{1}{12}bh^3 \qquad I_y = \frac{1}{4}hb^3 \qquad I_{xy} = \frac{1}{8}b^2h^2$$

$$I_{x'} = \frac{1}{36}bh^3 \qquad I_{y'} = \frac{1}{36}hb^3 \qquad I_{x'y'} = \frac{1}{72}b^2h^2$$

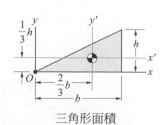

三角形面積

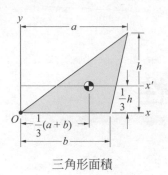

三角形面積

$$面積 = \frac{1}{2}bh \qquad I_x = \frac{1}{12}bh^3 \qquad I_{x'} = \frac{1}{36}bh^3$$

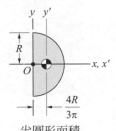

圓形面積

$$面積 = \pi R^2 \qquad I_{x'} = I_{y'} = \frac{1}{4}\pi R^4 \qquad I_{x'y'} = 0$$

半圓形面積

$$面積 = \frac{1}{2}\pi R^2 \qquad I_x = I_y = \frac{1}{8}\pi R^4 \qquad I_{xy} = 0$$

$$I_{x'} = \frac{1}{8}\pi R^4 \qquad I_{y'} = \left(\frac{\pi}{8} - \frac{8}{9\pi}\right)R^4 \qquad I_{x'y'} = 0$$

四分之一圓面積

$$面積 = \frac{1}{4}\pi R^2 \qquad I_x = I_y = \frac{1}{16}\pi R^4 \qquad I_{xy} = \frac{1}{8}R^4$$

$$I_{x'} = I_{y'} = \left(\frac{\pi}{16} - \frac{4}{9\pi}\right)R^4 \qquad I_{x'y'} = \left(\frac{1}{8} - \frac{4}{9\pi}\right)R^4$$

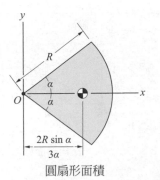

圓扇形面積

$$面積 = \alpha R^2$$

$$I_x = \frac{1}{4}R^4\left(\alpha - \frac{1}{2}\sin 2\alpha\right) \qquad I_y = \frac{1}{4}R^4\left(\alpha + \frac{1}{2}\sin 2\alpha\right)$$

$$I_{xy} = 0$$

面積 $= \dfrac{1}{4}\pi ab$

$$I_x = \dfrac{1}{16}\pi ab^3 \qquad I_y = \dfrac{1}{16}\pi a^3 b \qquad I_{xy} = \dfrac{1}{8}a^2 b^2$$

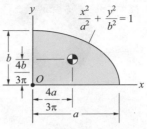

四分之一橢圓形面積

面積 $= \dfrac{cb^{n+1}}{n+1}$

$$I_x = \dfrac{c^3 b^{3n+1}}{9n+3} \qquad I_y = \dfrac{cb^{n+3}}{n+3} \qquad I_{xy} = \dfrac{c^2 b^{2n+2}}{4n+4}$$

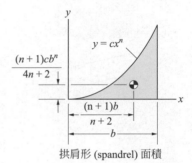

拱肩形 (spandrel) 面積

B.2　線

線 L 的形心座標為

$$\bar{x} = \dfrac{\displaystyle\int_L x\, dL}{\displaystyle\int_L dL} \qquad \bar{y} = \dfrac{\displaystyle\int_L y\, dL}{\displaystyle\int_L dL} \qquad \bar{z} = \dfrac{\displaystyle\int_L z\, dL}{\displaystyle\int_L dL}$$

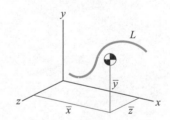

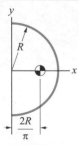

半圓弧線段

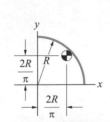

四分之一圓弧線段

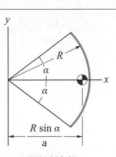

圓弧線段

體積與均質物體的特性

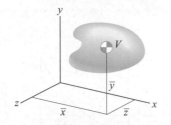

體積 V 的形心座標為

$$\bar{x} = \frac{\int_V x \, dV}{\int_V dV} \qquad \bar{y} = \frac{\int_V y \, dV}{\int_V dV} \qquad \bar{z} = \frac{\int_V z \, dV}{\int_V dV}$$

均質物體的質心與形心重合。

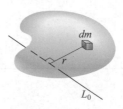

物體對軸 L_0 的慣性矩

$$I_0 = \int_m r^2 \, dm$$

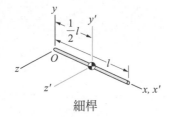

細桿

$$I_{x \text{ axis}} = 0 \qquad I_{y \text{ axis}} = I_{z \text{ axis}} = \frac{1}{3}ml^2$$

$$I_{x' \text{ axis}} = 0 \qquad I_{y' \text{ axis}} = I_{z' \text{ axis}} = \frac{1}{12}ml^2$$

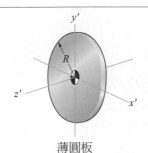

薄圓板

$$I_{x' \text{ axis}} = I_{y' \text{ axis}} = \frac{1}{4}mR^2 \qquad I_{z' \text{ axis}} = \frac{1}{2}mR^2$$

$$I_{x\,\text{axis}} = \frac{1}{3}mh^2 \qquad I_{y\,\text{axis}} = \frac{1}{3}mb^2 \qquad I_{z\,\text{axis}} = \frac{1}{3}m(b^2 + h^2)$$

$$I_{x'\,\text{axis}} = \frac{1}{12}mh^2 \qquad I_{y'\,\text{axis}} = \frac{1}{12}mb^2 \qquad I_{z'\,\text{axis}} = \frac{1}{12}m(b^2 + h^2)$$

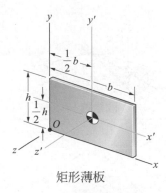

矩形薄板

$$I_{x\,\text{axis}} = \frac{m}{A}I_x \qquad I_{y\,\text{axis}} = \frac{m}{A}I_y \qquad I_{z\,\text{axis}} = I_{x\,\text{axis}} + I_{y\,\text{axis}}$$

I_x 與 I_y 兩項為薄板的截面積 A 對 x 軸與 y 軸的慣性矩

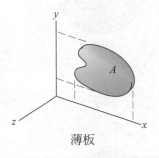

薄板

體積 $= abc$

$$I_{x'\,\text{axis}} = \frac{1}{12}m(a^2 + b^2) \qquad I_{y'\,\text{axis}} = \frac{1}{12}m(a^2 + c^2)$$

$$I_{z'\,\text{axis}} = \frac{1}{12}m(b^2 + c^2)$$

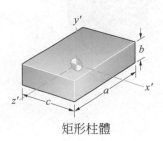

矩形柱體

體積 $= \pi R^2 l$

$$I_{x\,\text{axis}} = I_{y\,\text{axis}} = m\left(\frac{1}{3}l^2 + \frac{1}{4}R^2\right) \qquad I_{z\,\text{axis}} = \frac{1}{2}mR^2$$

$$I_{x'\,\text{axis}} = I_{y'\,\text{axis}} = m\left(\frac{1}{12}l^2 + \frac{1}{4}R^2\right) \qquad I_{z'\,\text{axis}} = \frac{1}{2}mR^2$$

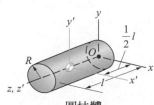

圓柱體

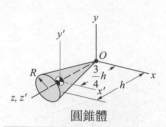

圓錐體

$$體積 = \frac{1}{3}\pi R^2 h$$

$$I_{x\ axis} = I_{y\ axis} = m\left(\frac{3}{5}h^2 + \frac{3}{20}R^2\right) \qquad I_{z\ axis} = \frac{3}{10}mR^2$$

$$I_{x'\ axis} = I_{y'\ axis} = m\left(\frac{3}{80}h^2 + \frac{3}{20}R^2\right) \qquad I_{z'\ axis} = \frac{3}{10}mR^2$$

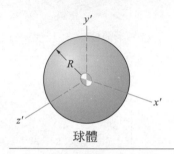

球體

$$體積 = \frac{4}{3}\pi R^3$$

$$I_{x'\ axis} = I_{y'\ axis} = I_{z'\ axis} = \frac{2}{5}mR^2$$

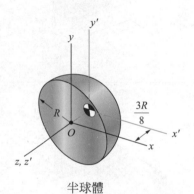

半球體

$$體積 = \frac{2}{3}\pi R^3$$

$$I_{x\ axis} = I_{y\ axis} = I_{z\ axis} = \frac{2}{5}mR^2$$

$$I_{x'\ axis} = I_{y'\ axis} = \frac{83}{320}mR^2 \qquad I_{z'\ axis} = \frac{2}{5}mR^2$$

單位轉換因子表

時間

1 min = 60 s
1 h = 60 min = 3600 s
1 day = 24 h = 86,400 s

長度

1 m = 3.281 ft = 39.37 in
1 km = 0.6214 mi
1 in = 0.08333 ft = 0.02540 m
1 ft = 12 in = 0.3048 m
1 mi = 5280 ft = 1.609 km
1 nautical mile = 1852 m = 6080 ft

角度

1 rad = $180/\pi$ deg = 57.30 deg
1 deg = $\pi/180$ rad = 0.01745 rad
1 revolution = 2π rad = 360 deg
1 rev/min (rpm) = 0.1047 rad/s

面積

$1\ mm^2 = 1.550 \times 10^{-3}\ in^2 = 1.076 \times 10^{-5}\ ft^2$
$1\ m^2 = 10.76\ ft^2$
$1\ in^2 = 645.2\ mm^2$
$1\ ft^2 = 144\ in^2 = 0.0929\ m^2$

體積

$1\ mm^3 = 6.102 \times 10^{-5}\ in^3 = 3.531 \times 10^{-8}\ ft^3$
$1\ m^3 = 6.102 \times 10^4\ in^3 = 35.31\ ft^3$
$1\ in^3 = 1.639 \times 10^4\ mm^3 = 1.639 \times 10^{-5}\ m^3$
$1\ ft^3 = 0.02832\ m^3$

速度

1 m/s = 3.281 ft/s = 39.37 in/s
1 km/h = 0.2778 m/s = 0.6214 mi/h = 0.9113 ft/s
1 mi/h = (88/60) ft/s = 1.609 km/h = 0.4470 m/s
1 knot = 1 nautical mile/h = 0.5144 m/s = 1.689 ft/s

加速度

$1\ m/s^2 = 3.281\ ft/s^2 = 39.37\ in/s^2$
$1\ in/s^2 = 0.08333\ ft/s^2 = 0.02540\ m/s^2$
$1\ ft/s^2 = 0.3048\ m/s^2$
$1\ g = 9.81\ m/s^2 = 32.2\ ft/s^2$

質量

1 kg = 0.0685 slug
1 slug = 14.59 kg
1 t (metric tonne) = 10^3 kg = 68.5 slug

力

1 N = 0.2248 lb
1 lb = 16 oz = 4.448 N
1 kip = 1000 lb = 4448 N
1 ton = 2000 lb = 8896 N

功與能量

1 J = 1 N-m = 0.7376 ft-lb
1 ft-lb = 1.356 J

功率

$1\ W = 1\ N\text{-}m/s = 0.7376\ ft\text{-}lb/s = 1.340 \times 10^{-3}\ hp$
1 ft-lb/s = 1.356 W
1 hp = 550 ft-lb/s = 746 W

壓力

$1\ Pa = 1\ N/m^2 = 0.0209\ lb/ft^2 = 1.451 \times 10^{-4}\ lb/in^2$
$1\ bar = 10^5\ Pa$
$1\ lb/in^2\ (psi) = 144\ lb/ft^2 = 6891\ Pa$
$1\ lb/ft^2 = 6.944 \times 10^{-3}\ lb/in^2 = 47.85\ Pa$

練習題詳解

觀念範例 1.1

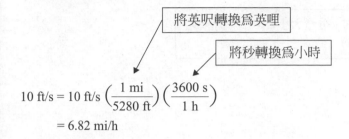

將英呎轉換爲英哩

將秒轉換爲小時

$$10 \text{ ft/s} = 10 \text{ ft/s} \left(\frac{1 \text{ mi}}{5280 \text{ ft}}\right)\left(\frac{3600 \text{ s}}{1 \text{ h}}\right)$$

$$= 6.82 \text{ mi/h}$$

觀念範例 1.4

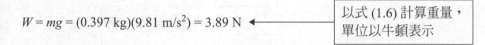

$$W = mg = (0.397 \text{ kg})(9.81 \text{ m/s}^2) = 3.89 \text{ N}$$

以式 (1.6) 計算重量，單位以牛頓表示

觀念範例 2.1

依比例畫 U 與 2V 這兩個向量，並讓他們首尾相接

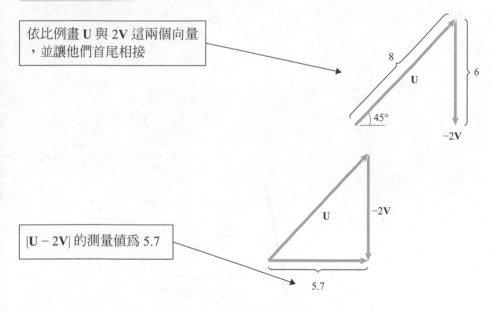

|U − 2V| 的測量值爲 5.7

觀念範例 2.3

$|F_y| = 3|F_x|$

F 的大小為

$$900 \text{ N} = \sqrt{F_x^2 + F_y^2}$$

$$= \sqrt{F_x^2 + (3F_x)^2}$$

解得 $F_x = 285$ N

向量 **F** 的分量表示法為

$$\mathbf{F} = 285\mathbf{i} - 3(285)\mathbf{j} \text{ (N)}$$

$$= 285\mathbf{i} - 854\mathbf{j} \text{ (N)}$$

F 的 y 分量大小要求為 x 分量大小的三倍

利用相似三角形計算點 B 的位置：

$$\frac{x_B}{80 \text{ m}} = \frac{|F_x|}{3|F_x|} :$$

$$x_B = 26.7 \text{ m}$$

觀念範例 2.6

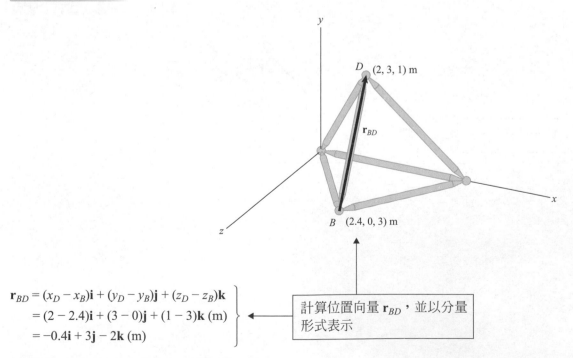

$$\mathbf{r}_{BD} = (x_D - x_B)\mathbf{i} + (y_D - y_B)\mathbf{j} + (z_D - z_B)\mathbf{k}$$

$$= (2 - 2.4)\mathbf{i} + (3 - 0)\mathbf{j} + (1 - 3)\mathbf{k} \text{ (m)}$$

$$= -0.4\mathbf{i} + 3\mathbf{j} - 2\mathbf{k} \text{ (m)}$$

計算位置向量 $\mathbf{r}_{BD}$，並以分量形式表示

$$|\mathbf{r}_{BD}| = \sqrt{r^2_{BDx} + r^2_{BDy} + r^2_{BDz}}$$
$$= \sqrt{(-0.4\text{ m})^2 + (3\text{ m})^2 + (-2\text{ m})^2}$$
$$= 3.63\text{ m}$$

計算 $\mathbf{r}_{BD}$ 的大小

$$\mathbf{e}_{BD} = \frac{\mathbf{r}_{BD}}{|\mathbf{r}_{BD}|}$$
$$= \frac{-0.4\mathbf{i} + 3\mathbf{j} - 2\mathbf{k}\text{ (m)}}{3.63\text{ (m)}}$$
$$= -0.110\mathbf{i} + 0.827\mathbf{j} - 0.551\mathbf{k}$$

$\mathbf{r}_{BD}$ 除以本身大小後，求得以分量形式表示的 $\mathbf{e}_{BD}$

觀念範例 2.11

若 $\mathbf{U} \cdot \mathbf{V} = 0$，則向量 $\mathbf{U}$ 及 $\mathbf{V}$ 相垂直。使用此條件來決定 V_x。

$$\mathbf{U} \cdot \mathbf{V} = U_x V_x + U_y V_y + U_z V_z$$
$$= (6)V_x + (-5)(2) + (-3)(2)$$
$$= 6V_x - 16$$

利用向量的分量計算 $\mathbf{U} \cdot \mathbf{V}$

$$\mathbf{U} \cdot \mathbf{V} = 6V_x - 16 = 0$$
$$V_x = 2.67$$

令 $\mathbf{U} \cdot \mathbf{V}$ 等於零而解出 V_x

觀念範例 2.14

外積 $\mathbf{U} \times \mathbf{V}$ 與 $\mathbf{U}$ 垂直且與 $\mathbf{V}$ 垂直。以分量計算向量 $\mathbf{U} \times \mathbf{V}$，並除以它的長度 $|\mathbf{U} \times \mathbf{V}|$，我們可以得到一個與 $\mathbf{U}$ 垂直也與 $\mathbf{V}$ 垂直的單位向量的分量。

$$\mathbf{U} \times \mathbf{V} = (U_y V_z - U_z V_y)\mathbf{i} - (U_x V_z - U_z V_x)\mathbf{j}$$
$$+ (U_x V_y - U_y V_x)\mathbf{k}$$
$$= [(2)(-4) - (-1)(-3)]\mathbf{i} - [(3)(-4) - (-1)(5)]\mathbf{j}$$
$$+ [(3)(-3) - (2)(5)]\mathbf{k}$$
$$= -11\mathbf{i} + 7\mathbf{j} - 19\mathbf{k}$$

以向量 $\mathbf{U}$ 與 $\mathbf{V}$ 的分量計算 $\mathbf{U} \times \mathbf{V}$

$$|\mathbf{U} \times \mathbf{V}| = \sqrt{(-11)^2 + (7)^2 + (-19)^2}$$
$$= 23.0$$
$$\frac{\mathbf{U} \times \mathbf{V}}{|\mathbf{U} \times \mathbf{V}|} = \frac{-11\mathbf{i} + 7\mathbf{j} - 19\mathbf{k}}{23.0}$$
$$= -0.477\mathbf{i} + 0.304\mathbf{j} - 0.825\mathbf{k}$$

將向量 $\mathbf{U} \times \mathbf{V}$ 除以其本身長度

觀念範例 3.1

畫出車輛的自由體圖

先畫出孤立後的車子概圖

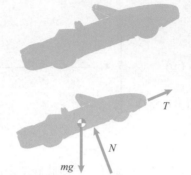

再繪出車重、纜線及斜坡對車輛
的作用力而完成自由體圖

應用平衡方程式

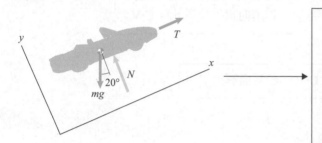

$$\Sigma F_x = T - mg \sin 20° = 0,$$
$$\Sigma F_y = N - mg \cos 20° = 0.$$

解得 T 為

$$T = mg \sin 20°$$
$$= (1440 \text{ kg})(9.81 \text{ m/s}^2)\sin 20°$$
$$= 4830 \text{ N}$$

觀念範例 3.5

繪製自由體圖及應用平衡條件

將纜線系統靠近點的部分孤立出來,並將
纜線張力的作用力繪出。合力須為零:
$$\Sigma \mathbf{F} = \mathbf{T}_{AB} + \mathbf{T}_{AC} + \mathbf{T}_{AD} - (981 \text{ N})\mathbf{j} = \mathbf{0}$$

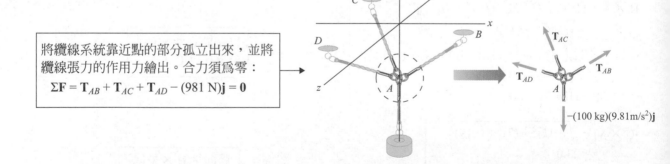

以分量形式寫出各作用力

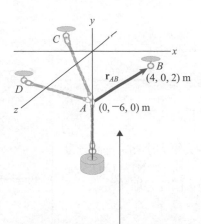

$$\mathbf{r}_{AB} = (x_B - x_A)\mathbf{i} + (y_B - y_A)\mathbf{j} + (z_B - z_A)\mathbf{k}$$
$$= 4\mathbf{i} + 6\mathbf{j} + 2\mathbf{k} \text{ (m)}$$
$$\mathbf{e}_{AB} = \frac{\mathbf{r}_{AB}}{|\mathbf{r}_{AB}|} = 0.535\mathbf{i} + 0.802\mathbf{j} + 0.267\mathbf{k}$$

將點 A 到點 B 的位置向量 $\mathbf{r}_{AB}$ 除以本身的長度，可以得到與作用力 $\mathbf{T}_{AB}$ 相同方向的單位向量

$$\mathbf{T}_{AB} = T_{AB}\,\mathbf{e}_{AB}$$
$$= T_{AB}\,(0.535\mathbf{i} + 0.802\mathbf{j} + 0.267\mathbf{k})$$
$$\mathbf{T}_{AC} = T_{AC}\,(-0.302\mathbf{i} + 0.905\mathbf{j} - 0.302\mathbf{k})$$
$$\mathbf{T}_{AD} = T_{AD}\,(-0.408\mathbf{i} + 0.817\mathbf{j} + 0.408\mathbf{k})$$

作用力 $\mathbf{T}_{AB}$ 的分量形式可表示為張力 T_{AB} 與單位向量 $\mathbf{e}_{AB}$ 的乘積。相同的程序可以用來表示作用力 $\mathbf{T}_{AC}$ 和 $\mathbf{T}_{AD}$ 的分量形式

將這些表示式代入平衡方程式
$$\mathbf{T}_{AB} + \mathbf{T}_{AC} + \mathbf{T}_{AD} - (981 \text{ N})\mathbf{j} = \mathbf{0}$$
因為 $\mathbf{i}$、$\mathbf{j}$ 與 $\mathbf{k}$ 分量必須個別均等於零，遂導致三條方程式：

$$0.535T_{AB} - 0.302T_{AC} - 0.408T_{AD} = 0$$
$$0.802T_{AB} + 0.905T_{AC} + 0.817T_{AD} - 981 \text{ N} = 0$$
$$0.267T_{AB} - 0.302T_{AC} + 0.408T_{AD} = 0$$

解這三條方程式可得 T_{AB}=432N，T_{AC}=574N，以及 T_{AD}=141N。

觀念範例 4.1

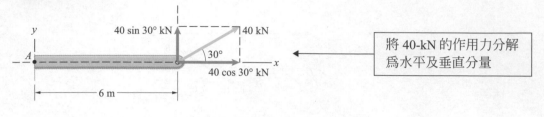

水平分量相對於 A 的力矩大小爲。垂直分量的力矩大小爲 (6 m)(40 sin30° N) = 120 kN-m ，方向爲順時針方向，因此力矩和爲

$M_A = 120$ kN-m

將 40-kN 的作用力分解爲水平及垂直分量

計算各分量相對於 A 的力矩之和

觀念範例 4.4

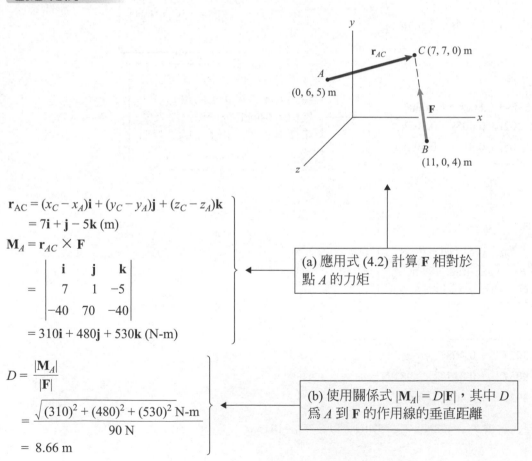

$$\mathbf{r}_{AC} = (x_C - x_A)\mathbf{i} + (y_C - y_A)\mathbf{j} + (z_C - z_A)\mathbf{k}$$
$$= 7\mathbf{i} + \mathbf{j} - 5\mathbf{k} \text{ (m)}$$
$$\mathbf{M}_A = \mathbf{r}_{AC} \times \mathbf{F}$$
$$= \begin{vmatrix} \mathbf{i} & \mathbf{j} & \mathbf{k} \\ 7 & 1 & -5 \\ -40 & 70 & -40 \end{vmatrix}$$
$$= 310\mathbf{i} + 480\mathbf{j} + 530\mathbf{k} \text{ (N-m)}$$

(a) 應用式 (4.2) 計算 $\mathbf{F}$ 相對於點 A 的力矩

$$D = \frac{|\mathbf{M}_A|}{|\mathbf{F}|}$$
$$= \frac{\sqrt{(310)^2 + (480)^2 + (530)^2} \text{ N-m}}{90 \text{ N}}$$
$$= 8.66 \text{ m}$$

(b) 使用關係式 $|\mathbf{M}_A| = D|\mathbf{F}|$，其中 D 爲 A 到 $\mathbf{F}$ 的作用線的垂直距離

觀念範例 4.6

$$\mathbf{r} = (x_A - x_C)\mathbf{i} + (y_A - y_C)\mathbf{j} + (z_A - z_C)\mathbf{k}$$
$$= 4\mathbf{i} - 2\mathbf{j} + 2\mathbf{k} \text{ (m)}$$

> 計算從點 C 到 $\mathbf{F}$ 作用點的向量其各分量

$$\mathbf{M}_C = \mathbf{r} \times \mathbf{F}$$

$$= \begin{vmatrix} \mathbf{i} & \mathbf{j} & \mathbf{k} \\ 4 & -2 & 2 \\ -2 & 6 & 3 \end{vmatrix}$$

$$= -18\mathbf{i} - 16\mathbf{j} + 20\mathbf{k} \text{ (kN-m)}$$

> 計算 $\mathbf{F}$ 相對於點 C 的力矩

$$\mathbf{M}_{BC} = (\mathbf{e}_{BC} \cdot \mathbf{M}_C)\mathbf{e}_{BC}$$
$$= [(0)(-18) + (0.8)(-16) + (-0.6)(20)]\mathbf{e}_{BC}$$
$$= -24.8\mathbf{e}_{BC} \text{ (kN-m)}$$

> 應用式 (4.4) 計算 $\mathbf{F}$ 相對於軸 BC 的力矩。雖然 $\mathbf{F}$ 相對於點 C 的力矩與 $\mathbf{F}$ 相對於點 B 的力矩並不相同，但他們平行於軸 BC 的分量相同

觀念範例 4.9

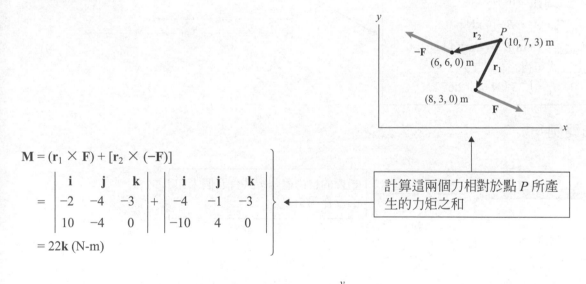

$$\mathbf{M} = (\mathbf{r}_1 \times \mathbf{F}) + [\mathbf{r}_2 \times (-\mathbf{F})]$$

$$= \begin{vmatrix} \mathbf{i} & \mathbf{j} & \mathbf{k} \\ -2 & -4 & -3 \\ 10 & -4 & 0 \end{vmatrix} + \begin{vmatrix} \mathbf{i} & \mathbf{j} & \mathbf{k} \\ -4 & -1 & -3 \\ -10 & 4 & 0 \end{vmatrix}$$

$$= 22\mathbf{k} \text{ (N-m)}$$

> 計算這兩個力相對於點 P 所產生的力矩之和

> 力矩大小為 22 N-m。將右手大姆指指向單位向量 $\mathbf{k}$ 的方向，力矩在 x–y 平面上的方向為逆時針方向

22 N-m

觀念範例 4.12

$$\mathbf{F}' = \mathbf{F}$$
$$= 20\mathbf{i} + 15\mathbf{j} - 5\mathbf{k} \text{ (kN)}$$

作用力 $\mathbf{F}'$ 必須等於系統 2 中的作用力之和

$$\mathbf{M}' = \begin{vmatrix} \mathbf{i} & \mathbf{j} & \mathbf{k} \\ 4 & 3 & -2 \\ 20 & 15 & -5 \end{vmatrix} + (-105\mathbf{i} + 110\mathbf{j} + 90\mathbf{k})$$
$$= -90\mathbf{i} + 90\mathbf{j} + 90\mathbf{k} \text{ (kN-m)}$$

力偶 $\mathbf{M}'$ 必須等於系統 2 中的力和力矩相對於原點的力矩和

觀念範例 5.1

(a) 將樑從銷支承與滾子支承獨立出來畫圖，並圖示支承的反作用力

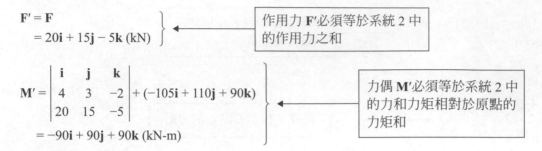

(b) 寫下平衡方程式，
$$\Sigma F_x = A_x = 0$$
$$\Sigma F_y = A_y + B - 4 \text{ kN} = 0$$
$$\Sigma M_{\text{left end}} = (3 \text{ m})B - (2 \text{ m})(4 \text{ kN}) = 0$$
解以上三式可得
$$A_x = 0, \ A_y = 1.33 \text{ kN}, \ B = 2.67 \text{ kN}$$

觀念範例 5.5

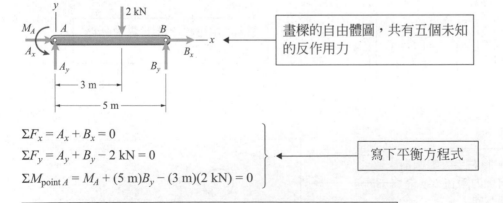

畫樑的自由體圖，共有五個未知的反作用力

$$\Sigma F_x = A_x + B_x = 0$$
$$\Sigma F_y = A_y + B_y - 2 \text{ kN} = 0$$
$$\Sigma M_{\text{point } A} = M_A + (5 \text{ m})B_y - (3 \text{ m})(2 \text{ kN}) = 0$$

寫下平衡方程式

因為有三個獨立的平衡方程式，因此這個樑為靜不定，靜不定次數為 5−3=2。我們無法從平衡方程式決定任何反作用力。

觀念範例 5.7

畫出桿子的自由體圖

 將桿子孤立出來，並繪出纜線及球窩支承的反作用力

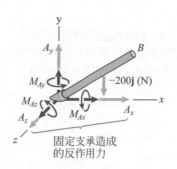

固定支承造成的反作用力

應用平衡方程式

$\Sigma F_x = A_x = 0$

$\Sigma F_y = A_y - 200 \text{ N} = 0$

$\Sigma F_z = A_z = 0$

各座標方向上的合力為零

$$\Sigma \mathbf{M}_{\text{point } A} = M_{Ax}\mathbf{i} + M_{Ay}\mathbf{j} + M_{Az}\mathbf{k} + \left[\frac{1}{2} \; \mathbf{r}_{AB} \times (-200\mathbf{j}) \right]$$

$$= M_{Ax}\mathbf{i} + M_{Ay}\mathbf{j} + M_{Az}\mathbf{k} + \begin{vmatrix} \mathbf{i} & \mathbf{j} & \mathbf{k} \\ 0.5 & 0.3 & 0.2 \\ 0 & -200 & 0 \end{vmatrix}$$

$$= (M_{Ax} + 40)\mathbf{i} + M_{Ay}\mathbf{j} + (M_{Az} - 100)\mathbf{k}$$

相對於任意點的力矩和為零

這個向量的分量(相對於三個座標軸的力矩和)必須為零

$\Sigma M_x = M_{Ax} + 40 \text{ N-m} = 0$

$\Sigma M_y = M_{Ay} = 0$

$\Sigma M_z = M_{Az} - 100 \text{ N-m} = 0$

解這六個純量平衡方程式得
$A_x = 0, \; A_y = 200 \text{ N}, \; A_z = 0, \; M_{Ax} = -40 \text{ N-m},$
$M_{Ay} = 0, \text{ and } M_{Az} = 100 \text{ N-m}$

觀念範例 5.10

桿 AB 作用在薄板上的作用力必須沿著 A 與 B 連線的方向,由於薄板本身重量的力作用線是垂直的,所以這三個作用在板上的作用力並不平行。因此它們必須共點

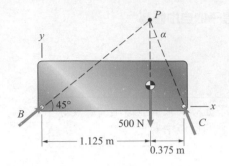

角度$\alpha = \arctan(1/3) = 18.4°$

$\Sigma F_x = B \sin 45° - C \sin \alpha = 0$

$\Sigma F_y = B \cos 45° + C \cos \alpha - 500 \text{ N} = 0$

解得反作用力 $B = 176.4$ N, $C = 395.2$ N

應用平衡方程式

觀念範例 6.1

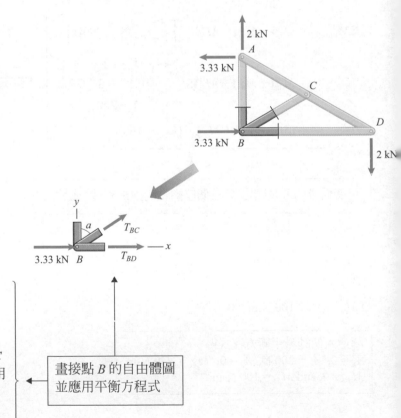

角度$\alpha = \arctan(5/3) = 59.0°$

$\Sigma F_x = T_{BC} \sin \alpha + T_{BD} + 3.33 \text{ kN} = 0$

$\Sigma F_y = T_{BC} \cos \alpha = 0$

解得 $T_{BC} = 0$ 與 $T_{BD} = -3.33$ kN。構件 BC 的軸向作用力為零,構件 BD 的軸向作用力為壓縮力 3.33 kN,或

　BC:零,BD:3.33 kN (C)

(注意到,接點 C 是我們討論過的「特殊接點」的一種。我們也是可由觀察得出 $T_{BC} = 0$。)

畫接點 B 的自由體圖並應用平衡方程式

觀念範例 6.3

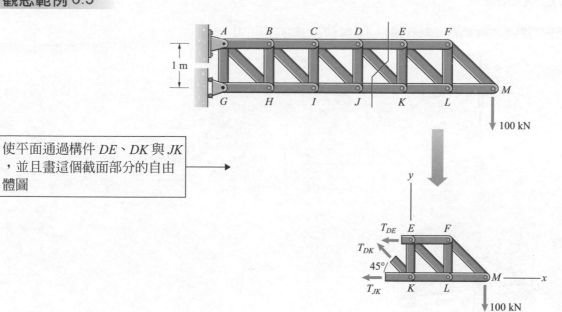

使平面通過構件 *DE*、*DK* 與 *JK*，並且畫這個截面部分的自由體圖

$\Sigma F_x = -T_{DE} - T_{DK} \cos 45° - T_{JK} = 0$

$\Sigma F_y = T_{DK} \sin 45° - 100 \text{ kN} = 5 \, 0$

$\Sigma M_{\text{point } K} = (1 \text{ m})T_{DE} - (2 \text{ m})(100 \text{ kN}) = 0$

解得 $T_{DE} = 200$ kN, $T_{DK} = 141$ kN

與 $T_{JK} = -300$ kN。軸向載重爲

　　DE：200 kN (T), *DK*：141 kN (T)

　　JK：300 kN (C)

應用平衡方程式

觀念範例 6.5

利用分析接點 A，我們可以計算構件 AB 與 CD 的軸向作用力。

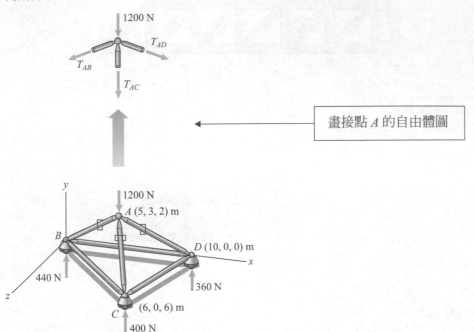

畫接點 A 的自由體圖

將由 A 指 B 向的位置向量除以它本身的長度，可以得到由 A 指向 B 的單位向量 $\mathbf{e}_{AB}$。構件 AB 的軸向作用力的分量形式可以表示為 $T_{AB}\mathbf{e}_{AB}$。以相同的方法可以將構件 AC 與 AD 的軸向作用力表為分量形式

$$\mathbf{r}_{AB} = -5\mathbf{i} - 3\mathbf{j} - 2\mathbf{k} \text{ (m)}$$

$$\mathbf{e}_{AB} = \frac{\mathbf{r}_{AB}}{|\mathbf{r}_{AB}|} = -0.811\mathbf{i} - 0.487\mathbf{j} - 0.324\mathbf{k}$$

$$T_{AB}\mathbf{e}_{AB} = -T_{AB}(0.811\mathbf{i} + 0.487\mathbf{j} + 0.324\mathbf{k})$$

$$T_{AC}\mathbf{e}_{AC} = T_{AC}(0.196\mathbf{i} - 0.588\mathbf{j} + 0.784\mathbf{k})$$

$$T_{AD}\mathbf{e}_{AD} = T_{AD}(0.811\mathbf{i} - 0.487\mathbf{j} - 0.324\mathbf{k})$$

$$T_{AB}\mathbf{e}_{AB} + T_{AC}\mathbf{e}_{AC} + T_{AD}\mathbf{e}_{AC} - (1200 \text{ N})\mathbf{j} = 0$$

這個方程式 $\mathbf{i}$、$\mathbf{j}$ 與 $\mathbf{k}$ 分量必須各為零，得到三條方程式：

$$-0.811T_{AB} + 0.196T_{AC} + 0.811T_{AD} = 0$$
$$0.487T_{AB} + 0.588T_{AC} + 0.487T_{AD} + 1200 \text{ N} = 0$$
$$-0.324T_{AB} + 0.784T_{AC} - 0.324T_{AD} = 0$$

應用平衡條件

解得 $T_{AB} = -904$ N, $T_{AC} = -680$ N, 與
$T_{AD} = -740$ N。軸向作用力為
AB：904 N (C)，AC：680 N (C)

觀念範例 6.6

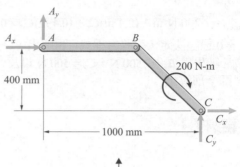

$\Sigma F_x = A_x + C_x = 0$

$\Sigma F_y = A_y + C_y = 0$

$\Sigma M_{\text{point } A} = -200 \text{ N-m} + (0.4 \text{ m})C_x + (1 \text{ m})C_y = 0$

我們無法從這三條方程式決定任何一個反作用力。
整個框架的自由體圖為靜不定

畫整個框架的自由體圖並
應用平衡方程式

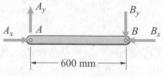

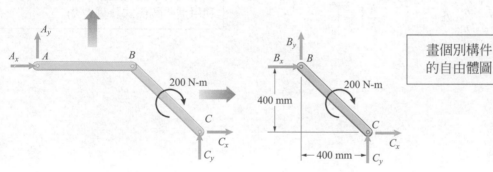

畫個別構件
的自由體圖

$\Sigma F_x = A_x - B_x = 0$

$\Sigma F_y = A_y - B_y = 0$

$\Sigma M_{\text{point } A} = -(0.6 \text{ m})B_y = 0$

解得 $A_y = 0$，$B_y = 0$ 與 $A_x = B_x$
(注意到，AB 為一個二力構件。我
們也是可由觀察得到這些結果。)

將平衡條件應用至構件 AB

$\Sigma F_x = B_x + C_x = 0$

$\Sigma F_y = B_y + C_y = 0$

$\Sigma M_{\text{point } B} = -200 \text{ N-m} + (0.4 \text{ m})C_x + (0.4 \text{ m})C_y = 0$

因為 $B_y = 0$ 已經決定，這些方程式可再解出 B_x，C_x 和 C_y。結果為 $B_x = -500$ N，$C_x = 500$ N 以及 $C_y = 0$，即全部解出

$\boxed{\text{將平衡條件應用至構件 } BC} \longleftarrow$

觀念範例 7.1

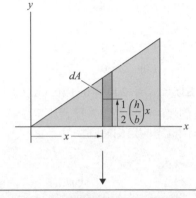

$$\bar{y} = \frac{\displaystyle\int_A y\,dA}{\displaystyle\int_A dA} = \frac{\displaystyle\int_0^b \frac{1}{2}\left(\frac{h}{b}x\right)\left(\frac{h}{b}x\,dx\right)}{\displaystyle\int_0^b \frac{h}{b}x\,dx} = \frac{\dfrac{1}{2}\left(\dfrac{h}{b}\right)^2\left[\dfrac{x^3}{3}\right]_0^b}{\dfrac{h}{b}\left[\dfrac{x^2}{2}\right]_0^b} = \frac{1}{3}h$$

$\longleftarrow \boxed{\text{帶狀區域的面積為 } dA = (h/b)x\,dx。\text{帶狀區域的中點高度為 } y = (1/2)(h/b)x。\text{利用這些關係式計算 } (7.7)}$

觀念範例 7.3

選擇區塊
將整個面積分為幾個簡單區塊，這些
區塊其形心的 y 座標如圖示 →

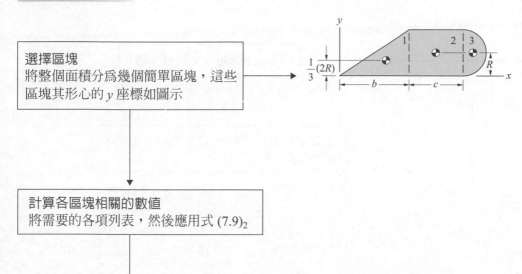

計算各區塊相關的數值
將需要的各項列表，然後應用式 (7.9)$_2$

	$\bar{y}_i$	A_i	$\bar{y}_i A_i$
區塊 1(三角形)	$\frac{1}{3}(2R)$	$\frac{1}{2}b(2R)$	$\left[\frac{1}{3}(2R)\right]\left[\frac{1}{2}b(2R)\right]$
區塊 2(矩形)	R	$c(2R)$	$R[c(2R)]$
區塊 3(半圓形)	R	$\frac{1}{2}\pi R^2$	$R\left(\frac{1}{2}\pi R^2\right)$

$$\bar{y} = \frac{\bar{y}_1 A_1 + \bar{y}_2 A_2 + \bar{y}_3 A_3}{A_1 + A_2 + A_3}$$

$$= \frac{\left[\frac{1}{3}(2R)\right]\left[\frac{1}{2}b(2R)\right] + R[c(2R)] + R\left(\frac{1}{2}\pi R^2\right)}{\frac{1}{2}b(2R) + c(2R) + \frac{1}{2}\pi R^2}$$

← 計算形心
利用式 (7.9)$_2$ 計算形心
的 y 分量

觀念範例 7.5

(a)

$$w = ax + b$$ ← 將 w 表示成 x 的線性函數

$$0 = a(0) + b$$
$$100 \text{ N/m} = a(12 \text{ m}) + b$$
解得 $a = (100/12) \text{ N/m}^2$
與 $b = 0$。因此
$$w = \frac{100}{12} x \text{ N/m}$$

← 已知 w 在 $x = 0$ 與 $x = 12$ m 的值，可用來計算常數 a 與 b

(b)

$$F = \int_L w \, dx$$
$$= \int_0^{12} \frac{100}{12} x \, dx$$
$$= 600 \text{ N}$$

← 應用式 (7.10) 計算由分佈載重造成的向下作用力

$$M = \int_L x w \, dx$$
$$= \int_0^{12} \frac{100}{12} x^2 \, dx$$
$$= 4800 \text{ N-m}$$

← 應用式 (7.11) 計算由分佈載重造成的相對於原點之順時針方向力矩

觀念範例 7.8

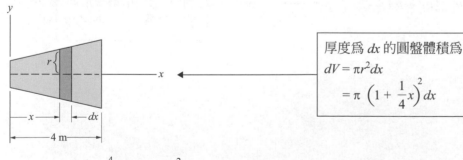

厚度為 dx 的圓盤體積為
$$dV = \pi r^2 dx$$
$$= \pi \left(1 + \frac{1}{4} x\right)^2 dx$$

$$\bar{x} = \frac{\int_V x \, dV}{\int_V dV} = \frac{\int_0^4 x \pi \left(1 + \frac{1}{4} x\right)^2 dx}{\int_0^4 \pi \left(1 + \frac{1}{4} x\right)^2 dx} = 2.43 \text{ m}$$ ← 應用式 $(7.15)_1$

觀念範例 7.11

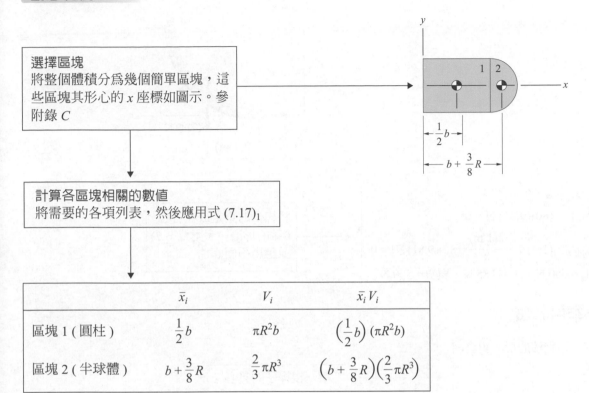

選擇區塊
將整個體積分為幾個簡單區塊，這些區塊其形心的 x 座標如圖示。參附錄 C

計算各區塊相關的數值
將需要的各項列表，然後應用式 (7.17)$_1$

	$\bar{x}_i$	V_i	$\bar{x}_i V_i$
區塊 1（圓柱）	$\dfrac{1}{2}b$	$\pi R^2 b$	$\left(\dfrac{1}{2}b\right)(\pi R^2 b)$
區塊 2（半球體）	$b + \dfrac{3}{8}R$	$\dfrac{2}{3}\pi R^3$	$\left(b + \dfrac{3}{8}R\right)\left(\dfrac{2}{3}\pi R^3\right)$

$$\bar{x} = \frac{\bar{x}_1 V_1 + \bar{x}_2 V_2}{V_1 + V_2}$$

$$= \frac{\left(\dfrac{1}{2}b\right)\left(\pi R^2 b\right) + \left(b + \dfrac{3}{8}R\right)\left(\dfrac{2}{3}\pi R^3\right)}{\pi R^2 b + \dfrac{2}{3}\pi R^3}$$

計算形心
利用式 (7.17)$_1$ 計算形心的 x 分量

觀念範例 7.14

將這塊三角形面積繞 x 軸旋轉可以得到圓錐的體積。這塊面積的形心的 y 座標如圖示。三角形的面積為

$A = \dfrac{1}{2}hR$，圓錐的體積為

$$V = 2\pi \bar{y}_T A = \frac{1}{3}\pi h R^2$$

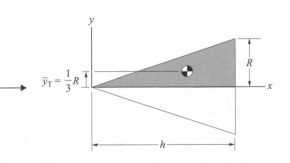

觀念範例 7.16

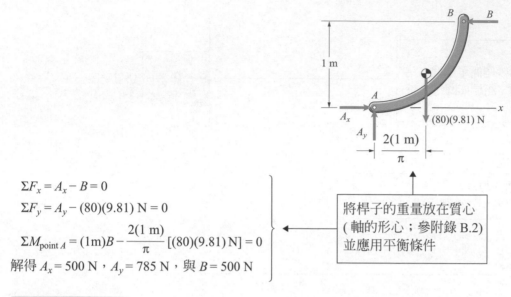

$$\Sigma F_x = A_x - B = 0$$
$$\Sigma F_y = A_y - (80)(9.81)\ \text{N} = 0$$
$$\Sigma M_{\text{point } A} = (1\text{m})B - \frac{2(1\ \text{m})}{\pi}[(80)(9.81)\ \text{N}] = 0$$

解得 $A_x = 500\ \text{N}$，$A_y = 785\ \text{N}$，與 $B = 500\ \text{N}$

> 將桿子的重量放在質心
> (軸的形心；參附錄 B.2)
> 並應用平衡條件

觀念範例 7.18

棒的質心和體積的形心重合，因此

$$\bar{y}_1 = \frac{1}{2}(240\ \text{mm}) = 120\ \text{mm}$$

> 第一根桿子的質心

體積形心的 y 座標為

$$\bar{y}_2 = \frac{1}{2}(80\ \text{mm}) = 40\ \text{mm}$$

> 第二根桿子的質心

$$\bar{y} = \frac{\bar{y}_1 m_1 + \bar{y}_2 m_2}{m_1 + m_2}$$
$$= \frac{(120\ \text{mm})(10.8\ \text{kg}) + (40\ \text{mm})(5.99\ \text{kg})}{10.8\ \text{kg} + 5.99\ \text{kg}}$$
$$= 91.4\ \text{mm}$$

> 應用式 $(7.27)_2$

觀念範例 8.1

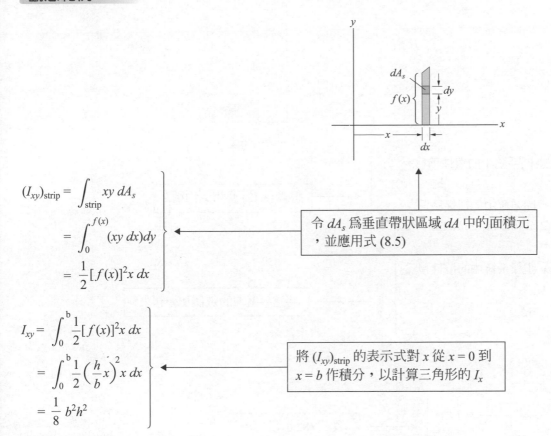

$$(I_{xy})_{\text{strip}} = \int_{\text{strip}} xy \, dA_s$$

$$= \int_0^{f(x)} (xy \, dx) dy$$

$$= \frac{1}{2}[f(x)]^2 x \, dx$$

令 dA_s 為垂直帶狀區域 dA 中的面積元，並應用式 (8.5)

$$I_{xy} = \int_0^b \frac{1}{2}[f(x)]^2 x \, dx$$

$$= \int_0^b \frac{1}{2}\left(\frac{h}{b}x\right)^2 x \, dx$$

$$= \frac{1}{8}b^2 h^2$$

將 $(I_{xy})_{\text{strip}}$ 的表示式對 x 從 $x = 0$ 到 $x = b$ 作積分，以計算三角形的 I_x

觀念範例 8.3

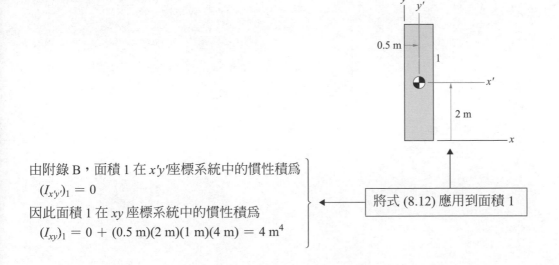

由附錄 B，面積 1 在 $x'y'$ 座標系統中的慣性積為
$(I_{x'y'})_1 = 0$
因此面積 1 在 xy 座標系統中的慣性積為
$(I_{xy})_1 = 0 + (0.5 \text{ m})(2 \text{ m})(1 \text{ m})(4 \text{ m}) = 4 \text{ m}^4$

將式 (8.12) 應用到面積 1

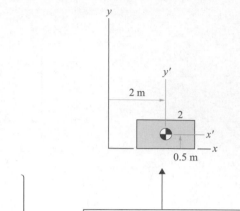

面積 2 在 $x'y'$ 座標系統中的慣性積為
$(I_{x'y'})_2 = 0$

面積 2 在 xy 座標系統中的慣性積為
$(I_{xy})_2 = 0 + (2 \text{ m})(0.5 \text{ m})(2 \text{ m})(1 \text{ m}) = 2 \text{ m}^4$

> 將式 (8.12) 應用到面積 2

複合面積在 xy 座標系統中的慣性積為
$$I_{xy} = (I_{xy})_1 + (I_{xy})_2$$
$$= 4 \text{ m}^4 + 2 \text{ m}^4$$
$$= 6 \text{ m}^4$$

> 將這些區塊的數值加總起來

觀念範例 8.6

$$\tan 2\theta_\text{p} = \frac{2I_{xy}}{I_y - I_x} = \frac{2(6)}{16 - 9} = 1.71$$
遂得 $\theta_\text{p} = 29.9°$

> 從式 (8.26) 計算 θ_p

29.9°

$$I_{x'} = \frac{I_x + I_y}{2} + \frac{I_x - I_y}{2}\cos 2\theta - I_{xy}\sin 2\theta$$

$$= \left(\frac{9+16}{2}\right) + \left(\frac{9-16}{2}\right)\cos[2(29.9°)] - (6)\sin[2(29.9°)]$$

$$= 5.55 \text{ m}^4$$

$$I_{y'} = \frac{I_x + I_y}{2} - \frac{I_x - I_y}{2}\cos 2\theta + I_{xy}\sin 2\theta$$

$$= \left(\frac{9+16}{2}\right) - \left(\frac{9-16}{2}\right)\cos[2(29.9°)] + (6)\sin[2(29.9°)]$$

$$= 19.4 \text{ m}^4$$

> 由式 (8.23) 和 (8.24)
> 計算主慣性矩

觀念範例 8.8

> 將點 1′ 置於摩爾圓水平軸的其中一個相交點。主慣性矩為 $I_{x'} = 7.5 \text{ m}^4$，$I_{y'} = 24.5 \text{ m}^4$。從點 1 到點 1′ 按逆時針方向量得角度為 $2\theta_p = 135°$，因此 $\theta_p = 67.5°$

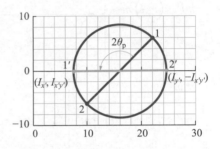

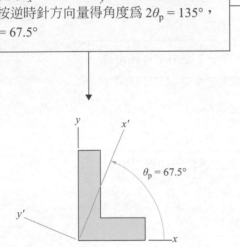

觀念範例 8.9

根據附錄 B，

$$I_y = \frac{1}{4}hb^3$$

> 計算板面積相對於 y 軸的慣性矩

板相對於 y 軸的慣性矩為

$$I_{y\,\text{axis}} = \frac{m}{A}I_y$$

$$= \frac{m}{\frac{1}{2}bh}\left(\frac{1}{4}hb^3\right)$$

$$= \frac{1}{2}mb^2$$

> 應用式 (8.30)

觀念範例 8.11

將這個物體當作是桿子 1 與桿子 2 組成的複合構件。軸 L_O 和通過桿子 1 與桿子 2 的形心的平行軸的距離如圖示

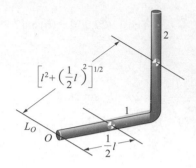

$$(I_O)_1 = I + d^2 m$$
$$= \frac{1}{12}ml^2 + \left(\frac{1}{2}l\right)^2 m$$
$$= \frac{1}{3}ml^2$$

對桿子 1 應用平行軸定理

$$(I_O)_2 = I + d^2 m$$
$$= \frac{1}{12}ml^2 + \left[l^2 + \left(\frac{1}{2}l\right)^2\right] m$$
$$= \frac{4}{3}ml^2$$

對桿子 2 應用平行軸定理

$$I_O = (I_O)_1 + (I_O)_2$$
$$= \frac{1}{3}ml^2 + \frac{4}{3}ml^2$$
$$= \frac{5}{3}ml^2$$

將上述結果加總起來

觀念範例 9.1

畫條板桶的自由體圖。假設條板桶是正要開始沿著斜坡向上滑動,所以作用在條板桶上的磨擦力的方向為沿著斜坡向下,大小為 $\mu_s N$

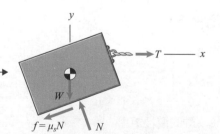

$$\Sigma F_x = T - N\sin 20° - \mu_s N\cos 20° = 0$$
$$\Sigma F_y = N\cos 20° - \mu_s N\sin 20° - W = 0$$
解上述方程式可得 $T = 161$ N

應用平衡條件

觀念範例 9.4

畫楔形塊的自由體圖，且假設 $F = 0$ 及楔形塊正要滑出圓木

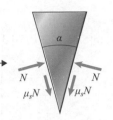

垂直方向的合力為

$$2N \sin\left(\frac{a}{2}\right) - 2\mu_s N \cos\left(\frac{a}{2}\right) = 0$$

楔形塊處於平衡狀態若

$$\mu_s = \tan\left(\frac{a}{2}\right) = \tan\left(\frac{10°}{2}\right) = 0.0875$$

這是讓楔形塊保持在圓木中的原來位置、不致於滑出下所需的最小靜摩擦係數

> 應用平衡條件

觀念範例 9.5

作用力 $F = 200$ N，螺紋的斜度為 $\alpha = 1.14°$，摩擦角為

$$\theta_k = \arctan \mu_k = \arctan (0.22) = 12.4°$$

將上面這些數值代入式 (9.11)，

$$\begin{aligned} M &= rF \tan(\theta_k - \alpha) \\ &= (1.6 \text{ cm})(200 \text{ N}) \tan(12.4° - 1.14°) \\ &= 63.8 \text{ N-cm} \end{aligned}$$

> 應用式 (9.11)

觀念範例 9.6

$$M = (6 \text{ cm})(W - T)$$

> 滑輪沿逆時針方向運動。將滑輪上沿逆時針方向的力偶以 T 和 W 表示

動摩擦角為

$$\theta_k = \arctan \mu_k = \arctan(0.2) = 11.3°$$

式 (9.12) 為

$$M = rF \sin \theta_k :$$

$$(6 \text{ cm})(W - T) = (0.5 \text{ cm}) \sqrt{(W + T \sin 45°)^2 + (T \cos 45°)^2} \sin 11.3°$$

令 $W = 1000$ N 可解得

$$T = 970 \text{ N}$$

> 應用式 (9.12)

觀念範例 9.7

半徑分別為 $r_o = 1.75$ cm 與 $r_i = 0.5$ cm。

$\alpha = \arctan[b/(r_o - r_i)] = \arctan[5/(1.75 - 0.5)] 5\ 76.0°$

計算角度 α

$$M = \frac{2\mu_k F}{3 \cos \alpha} \frac{r_o^3 - r_i^3}{r_o^2 - r_i^2}$$

$$= \frac{2(0.18)(200\ \text{N})}{3 \cos 76.0°} \left[\frac{(1.75\ \text{cm})^3 - (0.5\ \text{cm})^3}{(1.75\ \text{cm})^2 - (0.5\ \text{cm})^2}\right]$$

$$= 184\ \text{N-cm}$$

應用式 (9.13)

觀念範例 9.9

$T = We^{\mu_s \beta} = (100\ \text{N})e^{(0.2)(\pi/2)} = 137\ \text{N}$

將式 (9.17) 應用到左邊的圓柱。假設絞繩正要開始沿著作用力 T 的方向滑動

$F = Te^{(0.4)(\pi/2)} = (137\ \text{N})e^{(0.4)(\pi/2)} = 257\ \text{N}$

將式 (9.17) 應用到右邊的圓柱。假設絞繩正要開始沿著作用力 F 的方向滑動

觀念範例 10.1

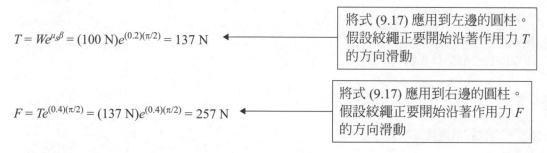

$$\Sigma F_x = -P_C = 0$$

$$\Sigma F_y = V_C - F + \frac{3}{4} F = 0$$

$$\Sigma M_{\text{point } C} = -M_C - \left(\frac{1}{2}L\right) F + \left(\frac{3}{4}L\right)\left(\frac{3}{4}F\right) = 0$$

解得 $P_C = 0$，$V_C = \frac{1}{4} F$，與 $M_C = \frac{1}{16} LF$

針對樑在 C 右邊的部分畫自由體圖。(注意 P_C、V_C 與 M_C 所定義的正方向。) 應用平衡條件計算內力與彎矩

觀念範例 10.3

(a) 用一個平面通過樑在 B 與 C 之間任意一個位置 x。將樑在這個平面右邊的部分作孤立，而得到一個最簡單的自由體圖

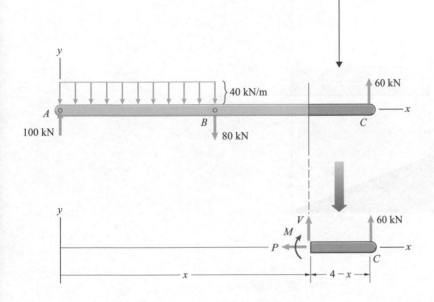

$\Sigma F_x = -P = 0$

$\Sigma F_y = V + 60 = 0$

$\Sigma M_{\text{left end}} = -M + 60(4 - x) = 0$

解得

$\left. \begin{array}{l} V = -60 \text{ kN} \\ M = 60(4 - x) \text{ kN-m} \end{array} \right\} 2 < x < 4 \text{ m}$

應用平衡條件計算 V 與 M

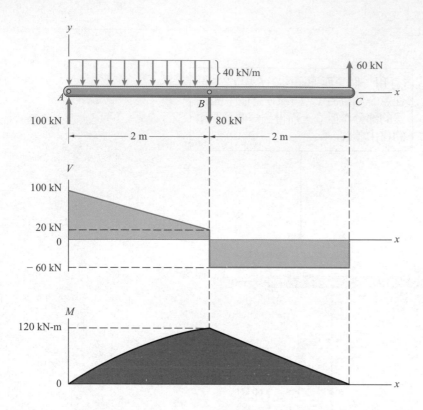

觀念範例 10.4

並無力偶作用在樑上 A 處，所以在 A 的彎矩為零。在 A 與 B 之間的剪力為 $V = 100 - 40x$ kN。利用這個關係式，可將式 (10.6) 積分而計算 A 與 B 之間的彎矩：

$$\int_0^M dM = \int_0^x (100 - 40x)dx :$$

$$M = 100x - 20x^2 \text{ kN-m}$$

在 B 處之 M 值為

$$100(2) - 20(2)^2 = 120 \text{ kN-m}$$

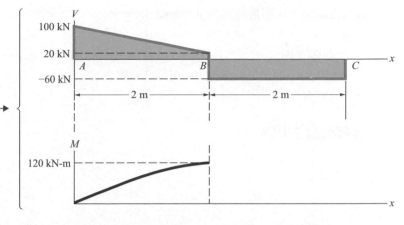

B 與 C 之間的剪力為 $V = -60$ kN。由於 V 是常數，式 (10.6) 顯示彎矩的斜率也是常數－圖形是一條直線。因為在並無力偶作用在樑上 C 處，在 C 的彎矩為零。因此 M 從 B 處之 120 kN-m 線性遞減至 C 處之零。

這個結果也可由式 (10.6) 的積分得到：

$$\int_{120}^M dM = \int_2^x -60dx :$$

$$M = 240 - 60x \text{ kN-m}$$

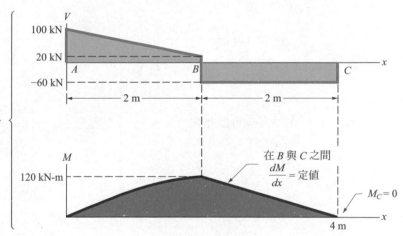

觀念範例 10.6

張力由式 (10.11) 給出，即以最低點的張力和相對於最低點的水平座標來表示。由式 (10.11) 可知，最大張力顯然發生在與最低點的水平距離為最大值之處，在這個範例中是在左邊的連結點。最大張力為

$$T = T_0 \sqrt{1 + a^2 x_L^2}$$
$$= (6860 \text{ N}) \sqrt{1 + (0.146 \text{ m}^{-1})^2 (-23.4 \text{ m})^2}$$
$$= 24400 \text{ N}$$

應用式 (10.11) 以計算最大張力

觀念範例 10.8

最大張力發生在與最低點的水平距離
爲最大值之處，即在 at $x = 10$ m：

$T = T_0 \cosh ax$

$\quad = (50 \text{ N})\cosh[(0.196 \text{ m}^{-1})(10 \text{ m})]$

$\quad = 181$ N

$\left.\phantom{\begin{array}{c}a\\a\\a\\a\end{array}}\right\}$ ←———— 應用式 (10.21)

觀念範例 10.9

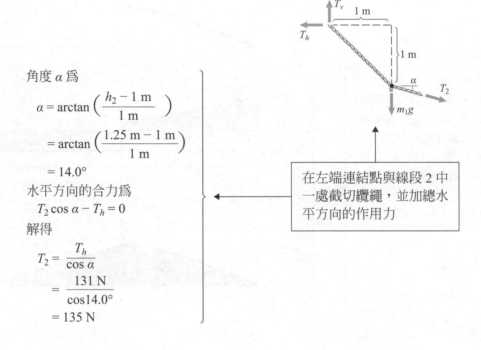

角度 α 爲

$\quad \alpha = \arctan\left(\dfrac{h_2 - 1 \text{ m}}{1 \text{ m}}\right)$

$\quad\quad = \arctan\left(\dfrac{1.25 \text{ m} - 1 \text{ m}}{1 \text{ m}}\right)$

$\quad\quad = 14.0°$

水平方向的合力爲

$\quad T_2 \cos \alpha - T_h = 0$

解得

$\quad T_2 = \dfrac{T_h}{\cos \alpha}$

$\quad\quad = \dfrac{131 \text{ N}}{\cos 14.0°}$

$\quad\quad = 135$ N

←———— 在左端連結點與線段 2 中
一處截切纜繩，並加總水
平方向的作用力

觀念範例 10.10

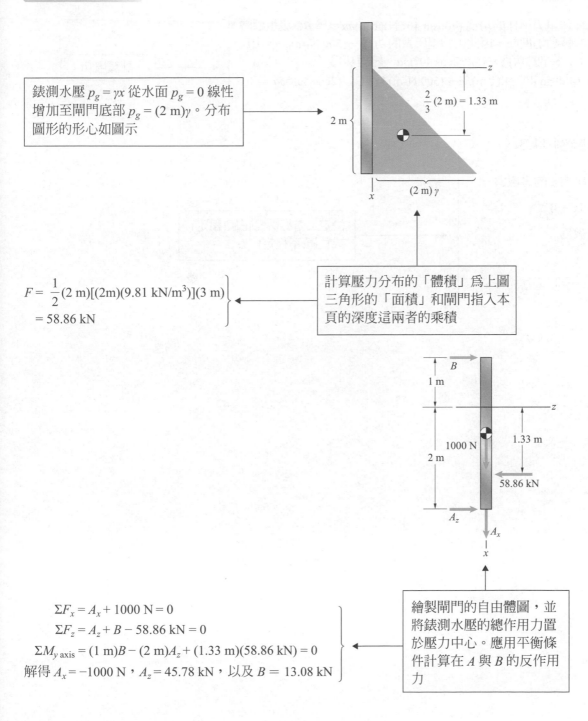

錶測水壓 $p_g = \gamma x$ 從水面 $p_g = 0$ 線性增加至閘門底部 $p_g = (2\text{ m})\gamma$。分布圖形的形心如圖示

$$F = \frac{1}{2}(2\text{ m})[(2\text{m})(9.81\text{ kN/m}^3)](3\text{ m})$$
$$= 58.86\text{ kN}$$

計算壓力分布的「體積」為上圖三角形的「面積」和閘門指入本頁的深度這兩者的乘積

$$\Sigma F_x = A_x + 1000\text{ N} = 0$$
$$\Sigma F_z = A_z + B - 58.86\text{ kN} = 0$$
$$\Sigma M_{y\text{ axis}} = (1\text{ m})B - (2\text{ m})A_z + (1.33\text{ m})(58.86\text{ kN}) = 0$$
解得 $A_x = -1000$ N，$A_z = 45.78$ kN，以及 $B = 13.08$ kN

繪製閘門的自由體圖，並將錶測水壓的總作用力置於壓力中心。應用平衡條件計算在 A 與 B 的反作用力

觀念範例 11.1

由 400-N 作用力所作的功為 $(400\sin 40° \text{ N})(1 \text{ m})\delta\alpha$。棒 BC 發生順時針方向的轉動幅度 $\delta\alpha$，因此由力偶所做的功為 $-(500 \text{ N-m})\delta\alpha$。由反作用力 C_y 所作的功為 $-C_y 2(2\cos 40°)\delta\alpha$。總虛功為

$$\delta U = (400\sin 40° \text{ N})(1 \text{ m})\delta\alpha - (500 \text{ N-m})\delta\alpha - C_y 2(2\cos 408)\delta\alpha = 0$$

解得 $C_y = -79.3 \text{ N}$

計算虛功

觀念範例 11.3

位能對座標 x 的導數為

$$\frac{dV}{dx} = kx - W$$

二階導數為

$$\frac{d^2V}{dx^2} = k,$$

且為正值。平衡位置為穩定

決定二階導數為正值(穩定)或負值(不穩定)

偶數題習題解答

Chapter 1

1.2 (a) $e = 2.7183$; (b) $e^2 = 7.3891$; (c) $e^2 = 7.3892$.
1.4 17.8 m^2.
1.6 The 1-in wrench fits the 25-mm nut.
1.8 (a) 267 mi/h; (b) 392 ft/s.
1.10 310 N-m.
1.12 $g = 32.2 \text{ ft/s}^2$.
1.14 (a) 0.0208 m^2; (b) 32.2 in^2.
1.16 2.07×10^6 Pa.
1.18 27.4 lb/ft.
1.20 (a) kg-m/s; (b) 2.70 slug-ft/s.
1.22 (a) 0.397 kg; (b) 0.643 N.
1.24 (a) 4.60×10^{19} slugs; (b) 6.71×10^{20} kg.
1.26 730 N.
1.28 32.1 km.
1.30 345,000 km.

Chapter 2

2.2 $|\mathbf{F}_{AB} + \mathbf{F}_{AC}| = 146$ kN, direction is 32° above the horizontal.
2.4 $|\mathbf{F}_A + \mathbf{F}_B + \mathbf{F}_C| = 83$ N
2.6 $|\mathbf{r}_{AC}| = 181$ mm.
2.8 $|\mathbf{F}_B| = 86.6$ N; $|\mathbf{F}_C| = 50.0$ N.
2.10 $|\mathbf{L}| = 3170$ N, $|\mathbf{D}| = 1480$ N.
2.12 $|\mathbf{F}_{BA}| = 802$ N.
2.14 $|\mathbf{r}_{BC}| = 390$ m, $\alpha = 21.2°$.
2.18 $F_y = -102$ MN.
2.20 $|\mathbf{F}| = 447$ kN
2.22 $V_x = 16$, $V_y = 12$ or $V_x = -16$, $V_y = -12$.
2.24 (a) $\mathbf{F} = 282\mathbf{i} + 102.5\mathbf{j}$ (N); (b) 447.5 N
2.26 $\mathbf{r}_{AD} = -1.8\mathbf{i} - 0.3\mathbf{j}$ (m), $|\mathbf{r}_{AD}| = 1.825$ m.
2.28 $\mathbf{r}_{AB} - \mathbf{r}_{BC} = \mathbf{i} - 1.73\mathbf{j}$ (m).
2.30 (a) $\mathbf{r}_{AB} = 1.2\mathbf{i} + 0.4\mathbf{j}$ (m);
(b) $\mathbf{r}_{BC} = -1.4\mathbf{i} + 0.1\mathbf{j}$ (m);
(c) $|\mathbf{r}_{AB} + \mathbf{r}_{BC}| = 0.539$ m.
2.32 (a) $\mathbf{r}_{AB} = 52.0\mathbf{i} + 30\mathbf{j}$ (mm);
(b) $\mathbf{r}_{AB} = -42.4\mathbf{i} - 42.4\mathbf{j}$ (mm).
2.34 $x_B = 785$ m, $y_B = 907$ m or $x_B = 255$ m, $y_B = 1173$ m.
2.36 $\mathbf{e}_{CA} = 0.458\mathbf{i} - 0.889\mathbf{j}$.
2.38 $\mathbf{e} = 0.806\mathbf{i} + 0.593\mathbf{j}$.
2.40 $\mathbf{F} = -937\mathbf{i} + 750\mathbf{j}$ (N).
2.42 14,500 N.
2.44 $|\mathbf{F}_{BA}| = 802$ N.
2.46 $|\mathbf{F}_A| = 1720$ N, $\alpha = 33.3°$.
2.48 $57.9° \le \alpha \le 90°$.
2.50 $|\mathbf{F}_A| = 10$ kN, $|\mathbf{F}_D| = 8.66$ kN.

2.52 $|\mathbf{L}| = 641$ N, $|\mathbf{D}| = 256.4$ N.
2.54 $|\mathbf{F}_A| = 68.2$ kN.
2.56 $|\mathbf{F}_{AC}| = 2.11$ kN; $|\mathbf{F}_{AD}| = 2.76$ kN.
2.58 $x = 1.5 - 0.880s$, $y = 0.24 + 0.476s$.
2.60 $\mathbf{r} = (0.814s - 6)\mathbf{i} + (0.581s + 1)\mathbf{j}$ (m).
2.62 $e_z = \dfrac{2}{3}$ or $e_z = -\dfrac{2}{3}$.
2.64 $U_x = 3.61$, $U_y = -7.22$, $U_z = -28.89$
or $U_x = -3.61$, $U_y = 7.22$, $U_z = 28.89$.
2.66 (a) $|\mathbf{U}| = 7$, $|\mathbf{V}| = 13$;
(b) $|3\mathbf{U} + 2\mathbf{V}| = 27.5$.
2.68 (a) $\cos \theta_x = 0.333$, $\cos \theta_y = -0.667$,
$\cos \theta_z = -0.667$;
(b) $\mathbf{e} = 0.333\mathbf{i} - 0.667\mathbf{j} - 0.667\mathbf{k}$.
2.70 $\mathbf{F} = -0.5\mathbf{i} + 0.2\mathbf{j} + 0.843\mathbf{k}$.
2.72 $\mathbf{r}_{BD} = -\mathbf{i} + 3\mathbf{j} - 2\mathbf{k}$ (m), $|\mathbf{r}_{BD}| = 3.74$ m.
2.74 $\mathbf{e}_{CD} = -0.535\mathbf{i} + 0.802\mathbf{j} + 0.267\mathbf{k}$.
2.76 $\mathbf{F} = (1500\mathbf{i} + 2385\mathbf{j} + 1025\mathbf{k})$ N.
2.78 (a) $|\mathbf{r}_{AB}| = 16.2$ m;
(b) $\cos \theta_x = 0.615$, $\cos \theta_y = -0.492$,
$\cos \theta_z = -0.615$.
2.80 $\mathbf{r}_{AR}$: $\cos \theta_x = 0.667$, $\cos \theta_y = 0.667$, $\cos \theta_z = 0.333$.
$\mathbf{r}_{BR}$: $\cos \theta_x = -0.242$, $\cos \theta_y = 0.970$, $\cos \theta_z = 0$.
2.82 $h = 8848$ m.
2.84 $|\mathbf{F}_A + \mathbf{F}_B| = 217$ N.
2.86 $\mathbf{F} = 474\mathbf{i} + 516\mathbf{j} + 565\mathbf{k}$ (N).
2.88 (a) $\mathbf{e}_{BC} = -0.286 - 0.857\mathbf{j} + 0.429\mathbf{k}$;
(b) $\mathbf{F} = -2.29\mathbf{i} - 6.86\mathbf{j} + 3.43\mathbf{k}$ (kN).
2.90 $|\mathbf{F}| = 424$ N.
2.92 259 N.
2.94 $|\mathbf{F}_{AC}| = 1116$ N, $|\mathbf{F}_{AD}| = 910$ N.
2.96 $\mathbf{T} = -137.1\mathbf{i} + 8.7\mathbf{j} - 60.15\mathbf{k}$ (N).
2.98 $\mathbf{T} = -41.1\mathbf{i} + 28.8\mathbf{j} + 32.8\mathbf{k}$ (N).
2.100 32.4°.
2.102 Either $|\mathbf{V}| = 0$ or $\mathbf{V}$ is perpendicular to $\mathbf{U}$.
2.104 $U_x = 2.857$, $V_y = 0.857$, $W_z = -3.143$.
2.108 $\theta = 62.3°$.
2.110 $\theta = 53.5°$.
2.112 $14.0\mathbf{i} + 11.2\mathbf{j} - 8.40\mathbf{k}$ (N).
2.114 (a) 42.5°;
(b) $-423\mathbf{j} + 604\mathbf{k}$ (N).
2.116 $\mathbf{F}_p = 5.54\mathbf{j} + 3.69\mathbf{k}$ (N),
$\mathbf{F}_n = 10\mathbf{i} + 6.46\mathbf{j} - 9.69\mathbf{k}$ (N).
2.118 $\mathbf{T}_n = -37.1\mathbf{i} + 31.6\mathbf{j} + 8.2\mathbf{k}$ (N).
2.120 $\mathbf{F}_p = -0.615\mathbf{i} + 0.152\mathbf{j} - 0.376\mathbf{k}$ (N).
2.122 $\mathbf{v}_p = -1.30\mathbf{i} - 1.68\mathbf{j} - 3.36\mathbf{k}$ (m/s).
2.124 (a) $\mathbf{U} \times \mathbf{V} = 44\mathbf{i} + 56\mathbf{j} - 16\mathbf{k}$.

2.126 $2180\mathbf{i} + 1530\mathbf{j} - 1750\mathbf{k}$ (N-m).

2.128 Either $|\mathbf{V}| = 0$ or $\mathbf{V}$ is parallel to $\mathbf{U}$.

2.130 (a), (c) $\mathbf{U} \times \mathbf{V} = -51.8\mathbf{k}$;   (b), (d) $\mathbf{V} \times \mathbf{U} = 51.8\mathbf{k}$.

2.134 (a) $\mathbf{r}_{OA} \times \mathbf{r}_{OB} = -4\mathbf{i} + 36\mathbf{j} + 32\mathbf{k}$ (m^2);
(b) $-0.083\mathbf{i} + 0.745\mathbf{j} + 0.662\mathbf{k}$
or $0.083\mathbf{i} - 0.745\mathbf{j} - 0.662\mathbf{k}$.

2.136 $\mathbf{r}_{AB} \times \mathbf{F} = -2400\mathbf{i} + 9600\mathbf{j} + 7200\mathbf{k}$ (N-m).

2.138 $\mathbf{r}_{CA} \times \mathbf{T} = -4.72\mathbf{i} - 3.48\mathbf{j} - 7.96\mathbf{k}$ (N-m).

2.140 $x_B = 2.81$ m, $y_B = 6.75$ m, $z_B = 3.75$ m.

2.144 1.8×10^6 mm^2.

2.146 $U_y = -2$.

2.148 $|\mathbf{A}| = 5550$ N, $\alpha = 29.7°$.

2.150 $|\mathbf{E}| = 1341.7$ N, $|\mathbf{F}| = 600$ N.

2.152 $\mathbf{e}_{AB} = 0.625\mathbf{i} - 0.469\mathbf{j} - 0.625\mathbf{k}$.

2.154 $\mathbf{F}_p = 8.78\mathbf{i} - 6.59\mathbf{j} - 8.78\mathbf{k}$ (N).

2.156 $\mathbf{r}_{BA} \times \mathbf{F} = -70\mathbf{i} + 40\mathbf{j} - 100\mathbf{k}$ (N-m).

2.158 (a), (b) $686\mathbf{i} - 486\mathbf{j} - 514\mathbf{k}$ (N-m).

2.160 (a) $\mathbf{F} = 139\mathbf{i} + 58.2\mathbf{j} - 80\mathbf{k}$ (N).
(b) $\theta_x = 35.5°$, $\theta_y = 70°$, $\theta_z = 62.0°$.

2.162 $\mathbf{F}_p = 1.29\mathbf{i} - 3.86\mathbf{j} + 2.57\mathbf{k}$ (kN),
$\mathbf{F}_n = -1.29\mathbf{i} - 2.14\mathbf{j} - 2.57\mathbf{k}$ (kN).

2.164 $\mathbf{r}_{AG} \times \mathbf{W} = -16.4\mathbf{i} - 82.4\mathbf{k}$ (N-m).

2.166 $\mathbf{r}_{BC} \times \mathbf{T} = 33.3\mathbf{i} - 125\mathbf{j} - 183\mathbf{k}$ (N-m).

Chapter 3

3.2 $F_2 = 4.77$ N, $\alpha = 35.2°$.

3.4 $T_{AB} = T_{AC} = 1.53$ kN.

3.6 $T = 785$ N, $P = 823$ N.

3.8 $k = 1960$ N/m, $m_A = 4$ kg, $m_B = 6$ kg.

3.10 (a) $|N_{\text{crane}}| = 197$ kN, $|f_{\text{crane}}| = 0.707$ kN;
(b) $|N_{\text{caisson}}| = 3.22$ kN, $|f_{\text{caisson}}| = 0.707$ kN.

3.12 (a) $|N| = 11.06$ kN, $|f| = 4.03$ kN;
(b) $\alpha = 31.0°$.

3.14 (a) 254 N;   (b) 41.8°.

3.16 5.91 kN.

3.18 (a) 128 N;   (b) 98.1 N.

3.20 $T_{\text{left}} = 1490$ N; $T_{\text{right}} = 1500$ N.

3.22 935.9 N.

3.24 (a) 66.1 N;   (b) 12.3 N.

3.26 $T_{AB} = 2.75$ kN, $T_{BC} = 2.06$ kN.

3.28 Upper cable tension is $0.828W$, lower cable tension is $0.132W$.

3.30 $T_{AB} = 1.21$ N, $T_{AD} = 2.76$ N.

3.32 $m = 12.2$ kg.

3.34 $F_B = 3680$ N, $F_C = 2330$ N.

3.36 $h = b$.

3.38 $T_{AB} = 688$ N.

3.40 $T_{AB} = 64.0$ kN, $T_{BC} = 61.0$ kN.

3.44 $\alpha = 79.7°$, $T_{AB} = 120$ N,
$T_{BC} = 21.4$ N, $T_{CD} = 62.6$ N.

3.46 $W_1 = 133$ N.

3.48 (b) Left surface: 36.6 N;   right surface: 25.9 N.

3.50 $k = 1420$ N/m.

3.52 $T = mgL/(h + R)$.

3.56 $m_2 = 12.5$ kg.

3.58 (a) $T = W/2$;   (b) $T = W/4$;   (c) $T = W/8$.

3.60 $L = 131.1$ kN, $D = 36.0$ kN.

3.62 (a) $\gamma = -14.0°$;   (b) 4 km.

3.64 $T_{AB} = 405$ N, $T_{AC} = 395$ N, $T_{AD} = 103$ N.

3.66 $T_{AB} = 1.54$ N, $T_{AC} = 1.85$ N.

3.68 Two at B,   three at C,   and three at D.

3.70 $T_{AB} = 9390$ N, $T_{AC} = 5390$ N, $T_{AD} = 10{,}980$ N.

3.72 $D = 1176$ N, $T_{OA} = 6774$ N.

3.74 $T_{BC} = 1.61$ kN, $T_{BD} = 1.01$ kN.

3.76 $T_{EF} = T_{EG} = 738$ kN.

3.78 (a) The tension $= 2.70$ kN;
(b) The force exerted by the bar $= 1.31\mathbf{i} - 1.31\mathbf{k}$ (kN).

3.80 $T_{AB} = 357$ N.

3.82 $F = 36.6$ N.

3.84 $W = 25.0$ N.

3.86 (a) 83.9 N;   (b) 230.5 N.

3.88 $T = mg/26$.

3.90 $F = 162.0$ N.

3.92 $T_{AB} = 420$ N, $T_{AC} = 533$ N, $|\mathbf{F}_S| = 969$ N.

3.94 $N = 13.29$ kN, $f = 4.19$ kN.

3.96 $T_{AC} = 206$ N, $T_{AD} = 214$ N, $T_{AE} = 117$ N.

3.98 Normal force $= 12.15$ kN,   friction force $= 4.03$ kN.

Chapter 4

4.2 134 N-m.

4.4 $F = 36.2$ N.

4.6 25.0 kN-m clockwise.

4.8 $L = 2.4$ m.

4.10 $15.8° \leq \alpha \leq 37.3°$.

4.12 0.961 kN-m counterclockwise.

4.14 $M_S = 308.2$ N-m.

4.16 $M_P = 298$ N-m.

4.18 410 N-m counterclockwise.

4.20 (a) $F_B = 37.5$ N, $F_C = 22.5$ N, $F_D = 26.0$ N;
(b) Zero.

4.22 (a) $A = 56.6$ N, $B = 24.4$ N, $C = 12.2$ N;
(b) Zero.

4.24 640 N.

4.26 $M = 2.39$ kN-m.

4.28 (a) $A_x = 18.1$ kN, $A_y = -29.8$ kN, $B = -20.4$ N;
(b) Zero.

4.30 (a) $A_x = 300$ N, $A_y = 240$ N, $B = 280$ N;
(b) Zero.

4.32 84 N-m.

4.34 -33.4 N-m.

4.36 $M = -2340$ N-m.

4.38 $T_{AB} = T_{AC} = 223$ kN.

4.40 617 N-m.

4.42 $M_A = -3.00$ kN-m, $M_D = 7.50$ kN-m.

4.44 796 N.

4.46 (a), (b) $480\mathbf{k}$ (N-m).

4.48 (a) $800\mathbf{k}$ (kN-m);
(b) $-400\mathbf{k}$ (kN-m).

4.50 $\mathbf{F} = 20\mathbf{i} + 40\mathbf{j}$ (N).

4.52　$M_O = -560\mathbf{k}$ (N-m).
4.54　(a), (b) 1270 N-m.
4.56　128 N-m.
4.58　9850 N-m.
4.60　58.0 kN.
4.62　(a) $|\mathbf{F}| = 1586$ N;
　　　(b) $|\mathbf{F}| = 1584$ N.
4.64　$-16.4\mathbf{i} - 111.9\mathbf{k}$ (N-m).
4.66　$\mathbf{F} = 4\mathbf{i} - 4\mathbf{j} + 2\mathbf{k}$ (kN) or
　　　$\mathbf{F} = 4\mathbf{i} - 3.38\mathbf{j} + 2.92\mathbf{k}$ (kN).
4.68　$\mathbf{M}_D = 1.25\mathbf{i} + 1.25\mathbf{j} - 6.25\mathbf{k}$ (kN-m).
4.70　$T_{AC} = 2.23$ kN, $T_{AD} = 2.43$ kN.
4.72　$T_{AB} = 1.60$ kN, $T_{AC} = 1.17$ kN.
4.74　$T_{BC} = 886$ N, $T_{BD} = 555$ N.
4.76　$\mathbf{M} = 482\mathbf{k}$ (kN-m).
4.78　(a) $\mathbf{M}_{x\,axis} = 80\mathbf{i}$ (N-m);
　　　(b) $\mathbf{M}_{y\,axis} = -140\mathbf{j}$ (N-m);
　　　(c) $\mathbf{M}_{z\,axis} = \mathbf{0}$.
4.80　(a) Zero; (b) 2.7 $\mathbf{k}$ (kN-m).
4.82　(a) $\mathbf{M}_{x\,axis} = -16\mathbf{i}$ (kN-m);
　　　(b) $\mathbf{M}_{z\,axis} = 15\mathbf{k}$ (kN-m).
4.84　$\mathbf{F} = 80\mathbf{i} + 80\mathbf{j} + 40\mathbf{k}$ (N).
4.86　$-16.4\mathbf{i}$ (N-m).
4.88　(a), (b) $\mathbf{M}_{AB} = -76.1\mathbf{i} - 95.1\mathbf{j}$ (N-m).
4.90　$\mathbf{M}_{AO} = 119.1\mathbf{j} + 79.4\mathbf{k}$ (N-m).
4.92　$\mathbf{M}_{AB} = -22.55\mathbf{k}$ (N-m).
4.94　$\mathbf{M}_{y\,axis} = 215\mathbf{j}$ (N-m).
4.96　$\mathbf{M}_{x\,axis} = 44\mathbf{i}$ (N-m).
4.98　$128.28\mathbf{j}$ (N-m).
4.100　$|\mathbf{F}| = 65$ N.
4.102　$\mathbf{M}_{axis} = -478\mathbf{i} - 174\mathbf{k}$ (N-m).
4.104　1 N-m.
4.106　$124\mathbf{k}$ (N-m).
4.108　28 N-m clockwise.
4.110　$\alpha = 30.9°$ or $\alpha = 71.8°$.
4.112　(b) $FL\cos 30°$.
4.114　40 N-m clockwise, or $-40\mathbf{k}$ (N-m)
4.116　2200 N-m clockwise.
4.118　(a) $C = 26$ kN-m; (b) Zero.
4.120　(a) $\mathbf{M} = -14\mathbf{i} - 10\mathbf{j} - 8\mathbf{k}$ (kN-m); (b) $D = 6.32$ m.
4.122　118.74 N-m.
4.124　$|\mathbf{M}| = 6.13$ kN-m.
4.126　$M_{Cy} = 7$ kN-m, $M_{Cz} = -2$ kN-m.
4.128　Yes.
4.130　Systems 1, 2, and 4 are equivalent.
4.134　$F = 265$ N.
4.136　$F = 70$ N, $M = 13$ N-m.
4.138　(a) $\mathbf{F} = -10\mathbf{j}$ (N), $M = -10$ N-m; (b) $D = 1$ m.
4.140　$\mathbf{F} = 200\mathbf{i} + 180\mathbf{j}$ (N), $d = 0.317$ m.
4.142　(a) $A_x = 12$ kN, $A_y = 10$ kN, $B = -10$ kN;
　　　(b) $\mathbf{F} = -12\mathbf{i}$ (kN), intersects at $y = 5$ m;
　　　(c) They are both zero.
4.144　$\mathbf{F} = 104\mathbf{j}$ (kN), $M = 13.2$ kN-m counterclockwise.
4.146　$\mathbf{F} = 100\mathbf{j}$ (N), $M = 0$.

4.148　(a) $\mathbf{F} = 920\mathbf{i} - 390\mathbf{j}$ (N), $M = -419$ N-m;
　　　(b) intersects at $y = 456$ mm.
4.150　$\mathbf{F} = 800\mathbf{j}$ (N), intersects at $x = 0.1875$ m.
4.152　(a) $-30\mathbf{k}$ (N-m);
　　　(b) $-3\mathbf{j}$ (N-m);
　　　(c) $\mathbf{F} = 10\mathbf{i} - 30\mathbf{j} + 3\mathbf{k}$ (N), $\mathbf{M} = -3\mathbf{j} - 30\mathbf{k}$ (N-m).
4.154　$x = 2.00$ m, $z = -0.857$ m.
4.156　$\mathbf{F} = 100\mathbf{j} + 80\mathbf{k}$ (N), $\mathbf{M} = 240\mathbf{j} - 300\mathbf{k}$ (N-m).
4.158　(a) $\mathbf{F} = 0$, $\mathbf{M} = rA\mathbf{i}$;
　　　(b) $\mathbf{F}' = 0$, $\mathbf{M}' = rA\mathbf{i}$.
4.160　(a) $\mathbf{F} = 0$, $\mathbf{M} = 4.60\mathbf{i} + 1.86\mathbf{j} - 3.46\mathbf{k}$ (kN-m);
　　　(b) 6.05 kN-m.
4.162　$\mathbf{F} = -20\mathbf{i} + 20\mathbf{j} + 10\mathbf{k}$ (N),
　　　$\mathbf{M} = 0.5\mathbf{i} + 2.5\mathbf{j} + 1\mathbf{k}$ (N-m).
4.164　(a) $\mathbf{F} = 28\mathbf{k}$ (kN), $\mathbf{M} = 180\mathbf{i} - 300\mathbf{j}$ (N-m).
　　　(b) $x = 2$ m, $y = 1.2$ m.
4.166　$\mathbf{F} = 100\mathbf{i} + 20\mathbf{j} - 20\mathbf{k}$ (N),
　　　$\mathbf{M} = -143\mathbf{i} + 406\mathbf{j} - 280\mathbf{k}$ (N-m).
4.168　$\mathbf{M}_p = 0$, line of action intersects at $y = 0$, $z = 2$ m.
4.170　$x = 2.41$ m, $y = 3.80$ m.
4.172　$\mathbf{F} = 40.8\mathbf{i} + 40.8\mathbf{j} + 81.6\mathbf{k}$ (N),
　　　$\mathbf{M} = -179.6\mathbf{i} + 391.9\mathbf{j} - 32.7\mathbf{k}$ (N-m).
4.174　(a) $40\mathbf{i}$ (N-m);
　　　(b) $\mathbf{F} = -100\mathbf{k}$ (N), $\mathbf{M} = 40\mathbf{i} + 82.5\mathbf{j}$ (N-m).
　　　(c) $\mathbf{M}_t = 0$, $x = 0.825$ m, $y = -0.4$ m.
4.176　$|\mathbf{M}_P| = 244$ N-m.
4.178　(a) -76.2 N-m;
　　　(b) -66.3 N-m.
4.180　$|\mathbf{F}| = 224$ N, $|\mathbf{M}| = 1600$ N-m.
4.182　2502 N.
4.184　$-228.1\mathbf{i} - 68.4\mathbf{k}$ (N-m).
4.186　$\mathbf{M}_{x\,axis} = -229.5$ (N-m).
4.188　$\mathbf{M}_{CD} = -1052$ (N-m).
4.190　(a) $\mathbf{T}_{AB} = \mathbf{T}_{CD} = 866$ N
　　　(b) $\mathbf{F} = 1500\mathbf{j}$ (N) at $x = 1.5$ m.
4.192　$\mathbf{F} = -20\mathbf{i} + 70\mathbf{j}$ (N), $M = -22.55$ (N-m).
4.194　$\mathbf{F}' = -100\mathbf{i} + 40\mathbf{j} + 30\mathbf{k}$ (N),
　　　$\mathbf{M} = -80\mathbf{i} + 117\mathbf{j} + 44\mathbf{k}$ (N-m).
4.196　$\mathbf{F} = 1166\mathbf{i} + 566\mathbf{j}$ (N), $y = 13.9$ m.
4.198　$\mathbf{F} = 190\mathbf{j}$ (N), $\mathbf{M} = -98\mathbf{i} + 184\mathbf{k}$ (N-m).
4.200　$\mathbf{F} = -0.364\mathbf{i} + 4.908\mathbf{j} + 1.090\mathbf{k}$ (kN),
　　　$\mathbf{M} = -0.131\mathbf{i} - 0.044\mathbf{j} + 1.112\mathbf{k}$ (kN-m).

Chapter 5

5.2　$A_x = -1$ kN, $A_y = -5.73$ kN,
　　　$M_A = -22.9$ kN-m.
5.4　Tension is 386 N, $B_x = 493$ N, $B_y = 186$ N.
5.6　(b) $A_x = 0$, $A_y = -1.85$ kN, $B_y = 2.74$ kN.
5.8　(b) $A_x = 0$, $A_y = -5$ kN, $B_y = 15$ kN.
5.10　(b) $A = 100$ N, $B = 200$ N.
5.12　(b) $A_x = 502$ N, $A_y = 870$ N.
5.14　(b) $A_x = 4$ kN, $A_y = -2.8$ kN, $B_y = 2.8$ kN.
5.16　On each hand, 290.9 N. On each foot, 109.1 N.
5.18　$A_x = -100$ N, $A_y = -225$ N, $E = 625$ N.

5.20 $k = 3380$ N/m, $B_x = -188.0$ N, $B_y = 98.7$ N.
5.22 5.93 kN.
5.24 $R = 62.3$ N, $B_x = 56.3$ N, $B_y = 76.7$ N.
5.26 (a) 106 N;　(b) 150 N.
5.28 $W_L = 800$ N.
5.30 28.8 N.
5.32 $T = 15.8$ N.
5.34 $T_{AE} = 143$ N, $D_x = -134.4$ N, $D_y = 161.1$ N.
5.36 $A_x = -1.83$ kN, $A_y = 2.10$ kN, $B_y = 2.46$ kN
5.38 $A_x = -200$ N, $A_y = -100$ N, $M_A = 1600$ N-m.
5.40 $k = 32.1$ N/m.
5.42 $A_x = 3.46$ kN, $A_y = -2$ kN,
　　　$B_x = -3.46$ kN, $B_y = 2$ kN.
5.44 $\mathbf{F} = 28.3\mathbf{i} + 58.3\mathbf{j}$ (N), $D = 7.03$ m, $A_x = -28.3$ N,
　　　$A_y = -58.3$ N, $M_A = -410$ N-m.
5.46 $A_x = -1.57$ kN, $A_y = 1.57$ kN, $E_x = 1.57$ kN.
5.48 $A_x = 0$, $A_y = 1000$ N, $M_A = 1500$ N-m.
5.50 $A_x = 57.7$ N, $A_y = -1.33$ N, $B = 15.3$ N.
5.52 $W = 15$ kN.
5.54 (b) $C_x = 500$ N, $C_y = -200$ N.
5.56 $T_{BC} = 54.5$ N, $A_x = 50.3$ N, $A_y = 79.0$ N.
5.58 20.3 kN.
5.60 $W_2 = 2484$ N, $A_x = -2034$ N, $A_y = 2425$ N.
5.62 $W = 46.2$ N, $A_x = 22.3$ N, $A_y = 61.7$ N.
5.64 $F = 222.65$ N, $A_x = 126.67$ N, $A_y = -9.645$ N.
5.66 $W = 657.3$ N.
5.68

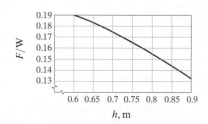

5.76 (1) and (2) are improperly supported. For (3), reactions
　　　are $A = F/2$, $B = F/2$, $C = F$.
5.78 (b) $A_x = -6.53$ kN, $A_y = -3.27$ kN,
　　　$A_z = 3.27$ kN, $M_{Ax} = 0$, $M_{Ay} = -6.53$ kN-m,
　　　$M_{Az} = -6.53$ kN-m.
5.80 12.48 kN
5.82 $C_x = -349$ N, $C_y = 698$ N,
　　　$C_z = 175$ N, $M_{Cx} = -3490$ N-m,
　　　$M_{Cy} = -2440$ N-m, $M_{Cz} = 2790$ N-m.
5.84 (a) $-17.8\mathbf{i} - 62.8\mathbf{k}$ (N-m);
　　　(b) $A_x = 0$, $A_y = 360$ N, $A_z = 0$,
　　　　$M_{Ax} = 17.8$ N-m, $M_{Ay} = 0$, $M_{Az} = 62.8$ N-m.
5.86 $A_x = 166.7$ N, $A_y = 200$ N, $A_z = 66.7$ N,
　　　$T_{BC} = 100$ N, $T_{BD} = 170$ N.
5.88 $|\mathbf{F}| = 10.9$ kN.
5.90 $T_{AB} = 553$ N, $T_{AC} = 289$ N,
　　　$O_x = 632$ N, $O_y = 574$ N, $O_z = 0$.
5.92 $x = 0.1$ m, $z = 0.133$ m.

5.94 $T_{BD} = 251$ N, $A_x = -172$ N,
　　　$A_y = 87.5$ N, $A_z = -120.5$ N,
　　　$M_{Ax} = 0$, $M_{Ay} = 24.1$ N-m.
5.96 $\mathbf{F} = 4\mathbf{j}$ (kN) at $x = 0$, $z = 0.15$ m.
5.98 (b) $A_x = -0.74$ kN, $A_y = 1$ kN, $A_z = -0.64$ kN,
　　　$B_x = 0.74$ kN, $B_z = 0.64$ kN.
5.100 $F_y = 34.5$ N.
5.102 $T_{BD} = 1.47$ kN, $T_{BE} = 1.87$ kN,
　　　$A_x = 0$, $A_y = 4.24$ kN, $A_z = 0$.
5.104 $T = 139$ N, $A_x = 46.4$ N, $A_y = -26.8$ N.
　　　$A_z = 31.7$ N, $M_{Ax} = -63.4$ N-m, $M_{Ay} = -110$ N-m
5.106 Tension is 60 N, $B_x = -10$ N, $B_y = 90$ N,
　　　$B_z = 10$ N, $M_{By} = 1$ N-m, $M_{Bz} = -3$ N-m.
5.108 Tension is 60 N, $B_x = -10$ N, $B_y = 75$ N,
　　　$B_z = 15$ N, $C_y = 15$ N, $C_z = -5$ N.
5.110 $A_x = -14.29$ kN, $A_y = 89.29$ kN, $A_z = -40.48$ kN.
　　　$B_y = 17.86$ kN, $B_z = 61.90$ kN.
5.112 $A_x = 0$, $A_y = 400$ N, $B_x = 1000$ N,
　　　$B_y = -400$ N, $B_z = 0$, $T = 1080$ N.
5.114 $|\mathbf{A}| = 8.54$ kN, $|\mathbf{B}| = 10.75$ kN.
5.116 $A_x = 3.62$ kN, $A_y = 5.89$ kN, $A_z = 5.43$ kN,
　　　$C_x = 8.15$ kN, $C_y = 0$, $C_z = 0.453$ kN.
5.118 $T_{AB} = 2439.9$ N, $T_{CD} = 1867.04$ N, reaction is
　　　$155.55\mathbf{i} + 4116.63\mathbf{j} - 435.57\mathbf{k}$ (N)
5.120 $A_x = -76.7$ N, $A_y = 97.0$ N, $A_z = -54.3$ N,
　　　$M_{Ax} = -2.67$ N-m, $M_{Ay} = 6.39$ N-m,
　　　$M_{Az} = 2.13$ N-m.
5.122 (a) 60 N;
　　　(b) $A_x = 38.1$ N, $A_y = 46.3$ N　or
　　　　$A_x = -38.1$ N, $A_y = -46.3$ N.
5.124 Tension is 33.3 N; magnitude of reaction is 44.1 N.
5.126 $\alpha = 10.9°$, $F_A = 1.96$ kN, $F_B = 2.27$ kN.
5.128 (a) No, because of the 3 kN-m couple; (b) magnitude at
　　　A is 7.88 kN; magnitude at B is 6.66 kN; (c) no.
5.130 (b) $A_x = -8$ kN, $A_y = 2$ kN, $C_x = 8$ kN.
5.134 (b) $T_A = 7.79$ N, $T_B = 10.28$ N, (c) 6.61 N.
5.136 (a) There are four unknown reactions and three equilib-
　　　rium equations; (b) $A_x = -50$ N, $B_x = 50$ N
5.138 (b) Force on nail = 550 N, normal force = 507.7 N,
　　　friction force = 90.63 N.
5.140 $k = 13,500$ N/m.
5.142 $A_y = 3635.35$ N, $H_x = 1125.8$ N, $H_y = 566.4$ N.
5.144 $\alpha = 0$ and $\alpha = 59.4°$.
5.146 The force is 800 N upward; its line of action passes
　　　through the midpoint of the plate.
5.148 $m = 67.2$ kg.
5.150 $\alpha = 90°$, $T_{BC} = W/2$, $A = W/2$.

Chapter 6

6.2 AB: 915 N (C); AC: 600 N (C); BC: 521 N (T).
6.4 BC: 800 N (T); CD: 600 N (C).

6.6 (a) Tension: 2.43 kN in AB and BD.
Compression: 2.88 kN in CD.
(b) Tension: 1.74 kN in BD.
Compression: 1.60 kN in CD.

6.8 Tension, 159.4 kN in AC, CE, EG, and GH. Compression, 212.5 kN in BD and DF.

6.10 BD: zero; CD: 10 kN (T); CE: 16 kN (C).

6.12 (a) Tension: 27.7 kN in BD. Compression: 39.6 kN in CE.
(b) Tension: 13.9 kN in BD. Compression: 18.8 kN in CE.

6.14 $F = 8.33$ kN.

6.16 DE: 3.66 kN (C); DF: 1.45 kN (C); DG: 3.36 kN (T).

6.18 AB: 10.56 kN (T); AC: 17.58 kN (C); BC: 6.76 kN (T);
BD: 1.81 kN (T); CD: 16.23 kN (C).

6.20 AB: 1875 N (C); AC: 3125 N (T); BC: 1500 N (T).

6.22 BC: 90.1 kN (T); CD: 90.1 kN (C); CE: 300 kN (T).

6.24 BC: 1200 kN (C); BI: 300 kN (T); BJ: 636 kN (T).

6.26 AB: 12,619 N (C); BC: 10,817 N (C); CD: 8413 N (C).

6.32 BC: 400 kN (T); BI: 141 kN (T); HI: 500 kN (C).

6.34 (a), (b) 141 kN (C).

6.36 AB: $1.33F$ (C); BC: $1.33F$ (C); CE: $1.33F$ (T).

6.38 BD: 478.1 kN (C); BE: 205.5 kN (T); CE: 292.2 kN (T).

6.40 DF: 345.3 kN (C); DG: 146.8 kN (C); EG: 478.1 kN (T).

6.42 96.2 kN (T).

6.44 AC: 2000 N (C); BC: 800 N (T); BD: 1000 N (T).

6.46 DF: 16 kN (T); DG: 6.67 kN (C); EG: 26.7 kN (C).

6.48 2.50 kN (C).

6.50 CE: 680 kN (T); CF: 374 kN (C); DF: 375 kN (C).

6.52 (a) 5792 N (C).

6.54 IL: 16 kN (C); KM: 24 kN (T).

6.58 AD: 4.72 kN (C); BD: 4.16 kN CD (C);
CD: 4.85 kN (C).

6.60 AB, AC, AD: $0.408F$ (C).

6.62 AB: 5691.7 N (C); AC: 9977.8 N (C); AD: 2393.4 N (C).

6.64 BC: 32.7 kN (T); BD: 45.2 kN (T); BE: 112.1 kN (C).

6.66 $P_3 = -315$ kN.

6.68 5.59 kN (C) in each member.

6.70 $A_x = 400$ N, $A_y = -900$ N, $B_x = -400$ N,
$B_y = 900$ N, $M_A = -540$ N-m.

6.72 $C_x = 736$ N, $C_y = 2450$ N, $E_x = 245$ N,
$E_y = -1720$ N.

6.74 $C_x = 422$ N, $C_y = 53.6$ N

6.76 $A_x = 0$, $A_y = -400$ N, $C_x = -600$ N,
$C_y = -300$ N, $D_x = 0$, $D_y = 1000$ N.

6.78 $D_x = -1475$ N, $D_y = -516$ N, $E_x = 0$,
$E_y = -516$ N, $M_E = 619$ N-m.

6.80 $A_x = -2.35$ kN, $A_y = 2.35$ kN,
$B_x = 0$, $B_y = -4.71$ kN,
$C_x = 2.35$ kN, $C_y = 2.35$ kN.

6.82 Tension = 312.5 N, $F_x = -375$ N, $F_y = 125$ N.

6.84 $B_x = -4000$ N, $B_y = -3000$ N, $C_x = 4000$ N,
$C_y = 2000$ N, $D_x = 0$, $D_y = 1000$ N.

6.86 $A_x = -750$ N, $A_y = 600$ N, $B_x = 900$ N
$B_y = -150$ N, $D_x = -150$ N, $D_y = -450$ N.

6.88 $A_x = -1550$ N, $A_y = -175$ N, $B_x = 400$ N,
$B_y = -400$ N, $C_x = 1550$ N, $C_y = 975$ N,
$D_x = -400$ N, $D_y = -400$ N.

6.90 $A_x = 850$ N, $A_y = 646$ N,
$B_x = -850$ N, $B_y = -1046$ N.

6.94 $A_x = -220$ N, $A_y = 150$ N,
$C_x = -140$ N, $C_y = 30$ N.

6.96 1500 N (C).

6.98 B: 73.5 N; C: 88.8 N.

6.100 $T_{BC} = 1410$ N, $T_{DF} = 625$ N.

6.102 $A_x = 2$ kN, $A_y = -1.52$ kN,
$B_x = -2$ kN, $B_y = 1.52$ kN.

6.104 $E_x = 3020$ N, $E_y = 895$ N, axial force is 3080 N.

6.106 100 N.

6.108 At B: 1750 N. DE: 1320 N (C).

6.110 7420 N.

6.112 4600 N.

6.114 $K_x = 847$ N, $K_y = 363$ N.

6.116 $T_{AB} = 7.14$ kN (C), $T_{AC} = 5.71$ kN (T),
$T_{BC} = 10$ kN (T).

6.118 BC: 120 kN (C); BG: 42.4 kN (T); FG: 90 kN (T).

6.120 AB: 25 kN (C); AC: zero; BC: 37.5 kN (T);
BD: 45.07 kN (C); CD: 25 kN (C); CE: 45.07 kN (T).

6.122 $T_{BD} = 13.3$ kN (T), $T_{CD} = 11.7$ kN (T),
$T_{CE} = 28.3$ kN (C).

6.124 AC: 480 N (T); CD: 240 N (C); CF: 300 N (T).

6.126 Tension: member AC, 480 N (T);
Compression: member BD, 633 N (C).

6.128 CD: 11.42 kN (C); CJ: 4.17 kN (C); IJ: 12.00 kN (T).

6.130 AB: 7.20 kN (C); AC: 4.56 kN (C).

6.132 $A_x = -1.57$ kN, $A_y = 1.18$ kN,
$B_x = 0$, $B_y = -2.35$ kN, $C_x = 1.57$ kN,
$C_y = 1.18$ kN.

6.134 $B_x = 19.1$ kN, $B_y = 33.5$ kN, $C = 45.1$ kN
$D_x = -6.95$ kN, $D_y = -9.63$ kN.

6.136 973 N.

6.138 $A_x = -52.33$ kN, $A_y = -43.09$ kN,
$E_x = 0.81$ kN, $E_y = -14.86$ kN.

Chapter 7

7.2 $\bar{x} = 3/8$.

7.4 $\bar{x} = 1.25$, $\bar{y} = 0.825$.

7.8 $\bar{x} = 0.711$ m, $y = 0.584$ m.

7.10 $\bar{x} = 0$, $\bar{y} = 1.6$ m.

7.12 $\bar{x} = 8$, $\bar{y} = 3.6$.

7.14 $\bar{x} = 0.533$.

7.16 $\bar{x} = 1$.

7.18 $\bar{y} = -7.6$.

7.20 $\bar{y} = 2.53$.

7.22 $a = 0.656$, $b = 6.56 \times 10^{-5}$ m^{-2}.

7.24 $\bar{x} = \bar{y} = 4R/3\pi$.

7.26 $\bar{x} = 3.31$.

7.28 $\bar{x} = 116$ mm.

7.30 $\bar{x} = 9.90$ cm, $\bar{y} = 0$.

7.32 $\bar{x} = 23.9$ cm, $\bar{y} = 33.3$ cm.

7.34 $\bar{x} = 2.88$ m, $\bar{y} = 3.20$ m.

7.36 $\bar{x} = 3.67$ mm, $\bar{y} = 21.52$ mm.

7.38 $b = 39.6$ mm, $h = 18.2$ mm.

7.40 $\bar{x} = 9.64$ m, $\bar{y} = 4.60$ m.

7.44 $\bar{x} = 6.47$ mm, $\bar{y} = 10.60$ mm.

7.46 $A_x = 0$, $A_y = 160$ N, $B = 200$ N.

7.48 $A_x = -1200$ N, $A_y = 800$ N, $B = 2200$ N.

7.50 $A_x = 0$, $A_y = 10$ kN, $M_A = -31.3$ kN-m.

7.52 $A_x = 0$, $A_y = 4.17$ kN, $B_y = 8.83$ kN.

7.54 $A_x = 3267$ N, $B_x = -800$ N, $B_y = -1267$ N

7.56 BD: 21.3 kN (C); CD: 3.77 kN (C); CE: 24 kN (T).

7.58 $A_x = -18$ kN, $A_y = 20$ kN,
$B_x = 0$, $B_y = -4$ kN,
$C_x = 18$ kN, $C_y = -16$ kN.

7.60 $V = 275$ m^3, height = 2.33 m.

7.62 $V = 4.16$ m^3, $\bar{x} = 1.41$ m.

7.64 $\bar{x} = 0.675R$, $\bar{y} = 0$, $\bar{z} = 0$.

7.66 $\bar{y} = 0.410$.

7.68 $\bar{x} = 3.24$.

7.70 $\bar{x} = R\sin\alpha/\alpha$, $\bar{y} = R(1 - \cos\alpha)/\alpha$.

7.72 $\bar{x} = 38.3$ mm.

7.74 $\bar{x} = -128$ mm, $\bar{y} = \bar{z} = 0$.

7.76 $\bar{x} = 0$, $\bar{y} = 43.7$ mm, $\bar{z} = 38.2$ mm.

7.78 $\bar{x} = 229.5$ mm, $\bar{y} = \bar{z} = 0$.

7.80 $\bar{x} = 23.65$ mm, $\bar{y} = 36.63$ mm, $\bar{z} = 3.52$ mm.

7.82 $\bar{x} = 6$ m, $\bar{y} = 1.83$ m.

7.84 $\bar{x} = 65.9$ mm, $\bar{y} = 21.7$ mm, $\bar{z} = 68.0$ mm.

7.86 $A = \frac{3}{4}\pi R\sqrt{h^2 + R^2}$.

7.88 $\bar{y}_s = 4R/3\pi$.

7.90 $\bar{y} = 0.410$.

7.92 $A = 138$ m^2.

7.94 $V = 0.0377$ m^3.

7.96 $V = 2.48 \times 10^6$ mm^3.

7.98 Volume = 0.0266 m^3.

7.100 $A_x = 0$, $A_y = 294$ N, $B_y = 196$ N.

7.102 $A_x = 0$, $A_y = 316$ N, $B = 469$ N.

7.104 $\bar{x} = 6.59$ cm, $\bar{y} = 2.17$ cm, $\bar{z} = 6.80$ cm.

7.106 $A_x = 0$, $A_y = 3.16$ kN, $M_A = 1.94$ kN-m.

7.108 $\bar{x} = 121$ mm, $\bar{y} = 0$, $\bar{z} = 0$.

7.110 $\bar{x}_3 = 82$ mm, $\bar{y}_3 = 122$ mm, $\bar{z}_3 = 16$ mm.

7.112 (a) $\bar{x} = 5.17$ m; (b) $A_x = -50$ kN, $A_y = -25.0$ kN, $G = 33.8$ kN.

7.114 Mass = 408 kg, $\bar{x} = 2.5$ m, $\bar{y} = -1.5$ m.

7.116 $\bar{x} = 0.502$ m, $\bar{y} = 0.192$ m, $\bar{z} = 0.384$ m.

7.118 $\bar{x} = 3/8$, $\bar{y} = 3/5$.

7.120 $\bar{x} = 87.3$ mm, $\bar{y} = 55.3$ mm.

7.122 917 N (T).

7.124 $A_x = 7$ kN, $A_y = -6$ kN, $D_x = 4$ kN, $D_y = 0$.

7.126 $\bar{x} = 1.87$ m.

7.128 $A = 682$ cm^2.

7.130 $\bar{x} = 110$ mm.

7.132 $\bar{x} = 1.70$ m.

7.134 $\bar{x} = 25.24$ mm, $\bar{y} = 8.02$ mm, $\bar{z} = 27.99$ mm.

7.136 (a) $\bar{x} = 1.511$ m; (b) $\bar{x} = 1.611$ m.

7.138 $A = 80.7$ kN, $B = 171.6$ kN.

Chapter 8

8.2 $I_x = 0.0288$ m^4, $k_x = 0.346$ m.

8.4 (a) $I_y = 12.8 \times 10^5$ mm^4; (b) $I_{y'} = 3.2 \times 10^5$ mm^4.

8.6 $I_y = 0.175$ m^4, $k_y = 0.624$ m.

8.8 $I_{xy} = 0.0638$ m^4.

8.10 $I_x = 1.69$.

8.12 $I_{xy} = 0.583$.

8.14 $I_x = 1330$, $k_x = 4.30$.

8.16 $I_{xy} = 2070$.

8.18 $I_x = 953$, $k_x = 6.68$.

8.20 (a) $I_x = \frac{1}{8}\pi R^4$, $k_x = \frac{1}{2}R$.

8.22 $I_y = 49.09$ m^4, $k_y = 2.50$ m.

8.24 $I_y = 522$, $k_y = 2.07$.

8.28 $I_y = 10$ m^4, $k_y = 1.29$ m.

8.30 $I_x = 6.00 \times 10^6$ mm^4, $k_x = 23.5$ mm.

8.32 $I_y = 0.0125$ m^4, $k_y = 0.177$ m.

8.34 $I_y = 3.6 \times 10^5$ mm^4, $J_O = 1 \times 10^6$ mm^4.

8.36 $I_x = 2.65 \times 10^8$ mm^4, $k_x = 129$ mm.

8.38 $I_x = 7.79 \times 10^7$ mm^4, $k_x = 69.8$ mm.

8.40 $I_{xy} = 1.08 \times 10^7$ mm^4.

8.42 $J_O = 363$ m^4, $k_O = 4.92$ m.

8.44 $I_x = 10.7$ m^4, $k_x = 0.843$ m.

8.46 $I_{xy} = 7.1$ m^4.

8.48 $J_O = 5.63 \times 10^7$ mm^4, $k_O = 82.1$ mm.

8.50 $I_x = 1.08 \times 10^7$ mm^4, $k_x = 36.0$ mm.

8.52 $J_O = 1.58 \times 10^7$ mm^4, $k_O = 43.5$ mm.

8.54 $J_O = 2.35 \times 10^5$ mm^4, $k_O = 15.1$ mm.

8.56 $I_x = 49.7$ m^4, $k_x = 2.29$ m.

8.58 $I_y = 2.55 \times 10^6$ cm^4, $k_y = 27.8$ cm.

8.60 $I_{xy} = 2.54 \times 10^6$ cm^4.

8.62 $I_x = 1.26 \times 10^6$ cm^4, $k_x = 19.5$ cm.

8.64 $I_y = 4.34 \times 10^4$ mm^4, $k_y = 10.5$ mm.

8.66 $I_{xy} = 4.83 \times 10^4$ mm^4.

8.68 $J_O = 4.01 \times 10^4$ cm^4, $k_O = 14.6$ m.

8.70 $I_x = 8.89 \times 10^3$ cm^4, $k_x = 7.18$ cm.

8.72 $I_y = 3.52 \times 10^3$ cm^4, $k_y = 4.52$ cm.

8.74 $I_{xy} = 995$ cm^4.

8.76 $J_O = 5.80 \times 10^6$ mm^4, $k_O = 37.5$ mm.

8.78 $I_x = 1470$ cm^4, $I_y = 3120$ cm^4.

8.80 $I_x = 4020$ mm^4, $I_y = 6980$ mm^4, or $I_x = 6820$ mm^4, $I_y = 4180$ mm^4.

8.82 $I_x = 4.01 \times 10^6$ mm^4.

8.86 $I_x = 59.8 \times 10^6$ mm^4, $I_y = 18.0 \times 10^6$ mm^4.

8.88 $I_{x'} = 7.80$ m^4, $I_{y'} = 24.2$ m^4, $I_{x'y'} = -2.20$ m^4.

8.90 $I_{x'} = 1.20 \times 10^6$ cm^4, $I_{y'} = 7.18 \times 10^5$ cm^4, $I_{x'y'} = 2.11 \times 10^5$ cm^4.

8.92　$\theta_p = -12.1°$, principal moments of inertia are 80.2×10^{-6} m^4 and 27.7×10^{-6} m^4.

8.94　$I_{x'} = 7.8$ m^4, $\quad I_{y'} = 24.2$ m^4, $\quad I_{x'y'} = -2.2$ m^4.

8.96　$I_{x'} = 1.20 \times 10^6$ cm^4, $\quad I_{y'} = 7.18 \times 10^5$ cm^4, $I_{x'y'} = 2.11 \times 10^5$ cm^4.

8.98　$\theta_p = -12.1°$, principal moments of inertia are 80.2×10^{-6} m^4 and 27.7×10^{-6} m^4.

8.100　$I_O = 14$ kg-m^2.

8.102　$I_{z\,axis} = 15.1$ kg-m^2.

8.104　$I_{x\,axis} = 0.667$ kg-m^2, $\quad I_{y\,axis} = 2.67$ kg-m^2.

8.106　$I_{y\,axis} = 65.3$ kg-m^2.

8.108　20.8 kg-m^2.

8.110　$I_O = \frac{17}{12}ml^2$.

8.112　$I_{z\,axis} = 47.0$ kg-m^2.

8.114　$I_{z\,axis} = 3.79 \times 10^{-3}$ kg-m^2.

8.116　4607.3 kg-m^2.

8.118　$I_{z\,axis} = 9.00$ kg-m^2.

8.120　$I_{y\,axis} = 4.162 \times 10^{-3}$ kg-m^2.

8.122　$I_{x\,axis} = m\left(\frac{1}{3}l^2 + \frac{1}{4}R^2\right)$.

8.124　$I_{x\,axis} = I_{y\,axis} = m\left(\frac{3}{20}R^2 + \frac{3}{5}h^2\right)$.

8.126　$I_{x\,axis} = \frac{1}{6}mh^2 + \frac{1}{3}ma^2$.

8.128　$I_{x\,axis} = 0.221$ kg-m^2.

8.130　$I_{x'} = 0.995$ kg-m^2, $\quad I_{y'} = 20.1$ kg-m^2.

8.132　$I_{z\,axis} = 0.00911$ kg-m^2.

8.134　$I_O = 0.00367$ kg-m^2.

8.136　$I_{z\,axis} = 0.00924$ kg-m^2.

8.138　$I_y = \frac{1}{5}$, $\quad k_y = \sqrt{\frac{3}{5}}$.

8.140　$J_O = \frac{26}{105}$, $\quad k_O = \sqrt{\frac{26}{35}}$.

8.142　$I_y = 12.8$, $\quad k_y = 2.19$.

8.144　$I_{xy} = 2.13$.

8.146　$I_{x'} = 0.183$, $\quad k_{x'} = 0.262$.

8.148　$I_y = 2.75 \times 10^7$ mm^4, $\quad k_y = 43.7$ mm.

8.150　$I_x = 5.03 \times 10^7$ mm^4, $\quad k_x = 59.1$ mm.

8.152　$I_y = 94.2$ cm^4, $\quad k_y = 2.24$ cm.

8.154　$I_x = 396$ m^4, $\quad k_x = 3.63$ m.

8.156　$\theta_p = 19.5°$, $\quad 20.3$ m^4, $\quad 161$ m^4.

8.158　$I_{y\,axis} = 0.0702$ kg-m^2.

8.160　$I_{z\,axis} = \frac{1}{10}mw^2$.

8.162　$I_{x\,axis} = 1810$ kg-cm^2.

8.164　0.537 kg-m^2.

Chapter 9

9.2　5.2 N.

9.4　(a) $\alpha = 38.7°$; (b) $\alpha = 11.3°$.

9.6　(a) No; (b) 102.2 N.

9.8　177 N.

9.10　20 N.

9.12　$\alpha = 14.0°$.

9.14　(a) $T = 56.5$ N.

9.16　(a) Yes. The force is $\mu_s W$; (b) $3\mu_s W$.

9.18　$89.6 \le T \le 110.4$ N.

9.20　$F = 267$ N.

9.22　$M = hrF\mu_k/[2(h + b\mu_k)]$.

9.24　94 N-m.

9.26　$\alpha = 33.4°$.

9.28　$\alpha = 28.3°$.

9.30　(a) $M = 162$ N-cm; (b) $M = 135$ N-cm.

9.32　$M = \mu_s RW[\sin\alpha + \mu_s(1 - \cos\alpha)]/[(1 + \mu_s^2)\sin\alpha]$.

9.34　$\alpha = 39.6°$.

9.36　(a) $T = 9.42$ N; (b) $T = 33.3$ N.

9.40　$y = 234$ mm.

9.42　$\alpha = 9.27°$.

9.44　$F = 180$ N

9.48　$\alpha = 1.54°$, $\quad P = 202$ N.

9.50　(a) $F = \mu_s W$;
(b) $F = (W/2)(\mu_{sA} + \mu_{sB})/[1 + (h/b)(\mu_{sA} - \mu_{sB})]$.

9.52　$F/2$.

9.54　333 N.

9.56　$F = 74.3$ N.

9.58　(a) $f = 24.5$ N; (b) $\mu_s = 0.503$.

9.60　(a) $f = 8$ kN; (b) $\mu_s = 0.533$.

9.62　$\mu_s = 0.432$.

9.64　$\mu_s = 0.901$.

9.66　$F = 139$ N.

9.68　$F = 102$ N.

9.70　$F = 1360$ N.

9.72　$F = 156$ N.

9.74　343 kg.

9.76　No. The minimum value of μ_s required is 0.176.

9.78　$F = 1160$ N.

9.80　1.84 N-m.

9.82　(a) 0.01934 N-m; (b) 0.01132 N-m.

9.84　(a) 0.69 N-m; (b) 0.39 N-m.

9.86　1.412 N-m.

9.88　14863 N-mm.

9.90　10412 N-mm.

9.92　4.18 N-m.

9.94　4.88 N-m.

9.96　17.4 N-m.

9.98　$W = 1.55$ N.

9.100　106 N.

9.102　51.9 N.

9.104　$T = 40.9$ N.

9.106　$F_B = 207$ N.

9.108　$M = 0.23$ N-m.

9.110　$T = 346$ N.

9.112　$M = 0.4$ N-m

9.114　$M = 12.7$ N-m.

9.116　$M = 7.81$ N-m.

9.118　$M = 5.20$ N-m.

9.120　(a) $M = 93.5$ N-m; (b) 8.17 percent.

9.122　11.41 N-m.

9.124 320.4 N.
9.126 $T_C = 107$ N.
9.128 $M = rW(e^{\pi\mu_k} - 1)$.
9.130 (a) 14.2 N;   (b) 128.3 N.
9.132 13.1 N.
9.134 $M_A = 65.2$ N-m, $M_B = 32.6$ N-m.
9.136 (a) $f = 10.3$N
9.138 $F = 290$ N
9.140 $\alpha = 65.7°$.
9.142 $\alpha = 24.2°$.
9.144 $b = (h/\mu_s - t)/2$.
9.146 $h = 5.82$ cm
9.148 1428.6 N.
9.150 1130 kg, torque $= 2.67$ kN-m.
9.152 $f = 2.63$ N.
9.154 $\mu_s = 0.272$.
9.156 $M = 1.13$ N-m.
9.158 $P = 43.5$ N.
9.160 729.3 N.
9.162 (a) $W = 110$ N;   (b) $W = 265$ N.

Chapter 10

10.2 $P_A = 0$, $V_A = 100$ N, $M_A = 40$ N-m.
10.4 $P_A = 0$, $V_A = 400$ N, $M_A = -60$ N-m.
10.6 (a) $P_A = 0$, $V_A = 4$ kN, $M_A = 4$ kN-m;
         (b) $P_A = 0$, $V_A = 2$ kN, $M_A = 3$ kN-m.
10.8 $P_B = 0$, $V_B = 40$ N, $M_B = 373$ N-m.
10.10 $P_A = 0$, $V_A = -400$ N, $M_A = 267$ N-m.
10.12 (a) $P_B = 0$, $V_B = -310$ N, $M_B = 5720$ N-m.
          (b) $P_B = 0$, $V_B = 240$ N, $M_B = 6000$ N-m.
10.14 $P_A = 0$, $V_A = -2$ kN, $M_A = 6$ kN-m.
10.16 $P_A = 300$ N, $V_A = -150$ N, $M_A = 330$ N-m.
10.18 $P_A = 4$ kN, $V_A = 6$ kN, $M_A = 4.8$ kN-m.
10.20 $P_A = 0$, $V_A = -6$ kN, $M_A = 6$ kN-m.
10.22 $V = 400$ N, $M = 400x$ N-m.
10.24 (a) $V = (45/2)(x - 4)^2$ N,
          $M = -(45/2)(x - 4)^3$ N-m.
10.26 $V = -600$ N, $M = -600x$ N-m.
10.28 (a) $0 < x < 2$ m, $P = 0$, $V = 300$ N,
          $M = 300x - 1000$ N-m; $2 < x < 4$ m,
          $P = 0$, $V = 300\left(x - \dfrac{x^2}{4}\right)$ N,
          $M = -800 + 150x^2 - 25x^3$ N-m.

(b)

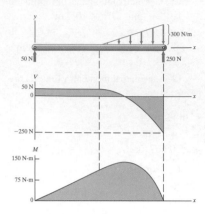

10.30 No. The maximum bending moment magnitude is 8 kN-m.
10.32 $M = 54.2$ N-m at $x = 233$ mm.
10.34

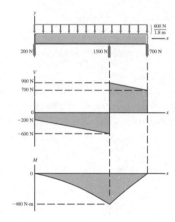

10.36 $V = 2100x_2$ N, $M = -33.3x^3 + 1800$ N-m.
10.38

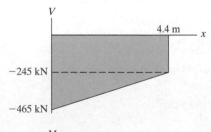

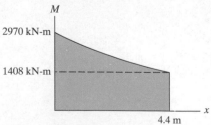

10.40

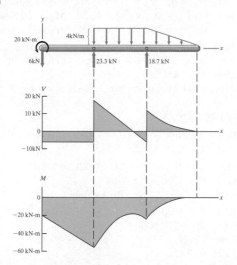

10.42

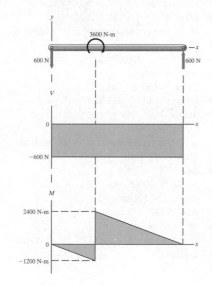

10.44

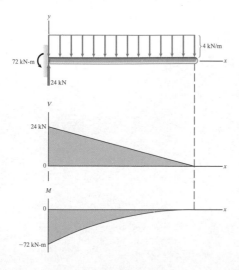

10.46

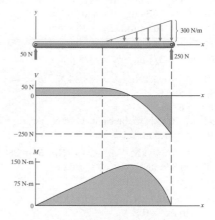

10.48

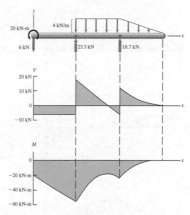

10.50　759 kN
10.52　(a) T_{max} = 86.2 kN;　(b) 36.14 m.
10.54　AC: 1061 N (T),　BC: 1200 N (C).
10.56　Length = 108.3 m,　h = 37.2 m.
10.58

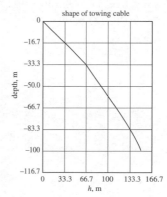

10.60　22.8 m.
10.62　(a) h_1 = 4.95 m,　h_2 = 2.19 m;
　　　　(b) T_{AB} = 1.90 kN,　T_{BC} = 1.84 kN.
10.64　T_1 = 185 N,　T_3 = 209 N.

10.66 (a) $h_2 = 4$ m;　(b) 90.1 N.
10.68 $h_1 = 1.739$ m,　$h_3 = 0.957$ m.
10.70 $h_2 = 464$ mm,　$h_3 = 385$ mm.
10.72 $h_2 = 8.38$ m;　$h_3 = 12.08$ m.
10.76 $x_p = 3/8$ m,　$y_p = 3/5$ m.
10.78 $A_x = -1$ kN,　$A_z = 88.3$ kN,　$B = 44.1$ kN
10.80 1.55 m.
10.82 6.67 m.
10.84 A: 1073 N to the right, 1120 N upward;　B: 595.9 N.
10.86 $d = 1.5$ m.
10.88 $A_x = 340$ kN,　$A_y = 314$ kN,　$B_x = 288$ kN
10.90 (a) 376 kN;　(b) $x_p = 2.02$ m.
10.94 (a) $P_B = 0$,　V_B
　　　　 $= -26.7$ kN,　$M_B = 160$ kN-m.;
　　　　(b) $P_C = 0$,　$V_C = -26.7$ kN,　$M_B = 80$ kN-m.
10.96

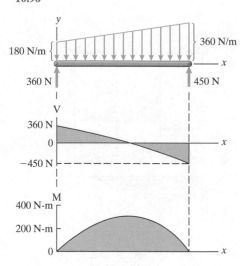

10.98 $0 < x < 2$ m,　$P = 0$,　$V = 1.33$ kN,
　　　　$M = 1.33x$ kN-m;
　　　　$2 < x < 6$ m,　$P = 0$,　$V = -2.67$ kN,
　　　　$M = 2.67(6 - x)$ kN-m.

10.100 $P_A = 0$,　$V_A = 8$ kN,　$M_A = -8$ kN-m.
10.102 (a) $P_B = 0$,　$V_B = -40$ N,　$M_B = 10$ N-m;
　　　　 (b) $P_B = 0$,　$V_B = -40$ N,　$M_B = 10$ N-m.
10.104 $P = 0$,　$V = -100$ N,　$M = -5$ N-m.
10.106 (a) $w = 1.1111 \times 10^6$ N/m　(b) 6.01×10^8 N.
10.108 358.4 kN.
10.110 A: 44.2 kN to the left, 35.3 kN upward;　B: 34.3 kN.

Chapter 11

11.2 (a) Work $= -3.20\,\delta\theta$ kN-m;　(b) $B = 2.31$ kN.
11.4 $F = 217$ N.
11.6 $A_x = 0$,　$A_y = -237$ N,　$B_y = 937$ N.
11.8 $F = 3600$ N.
11.10 (a) $F = 392$ N;　(b) 100 mm.
11.16 $F = 3600$ N.
11.18 $M = 270$ N-m.
11.20 12 kN.
11.22 9.17 kN.
11.24 (a) $0.625\,\delta y$;　(b) 216 N.
11.26 (a) $q = 3$,　$q = 4$;
　　　　(b) $q = 3$ is unstable and $q = 4$ is stable.
11.28 $V = \frac{1}{2}kx^2 - \frac{1}{4}\varepsilon x^4$.
11.30 (a) Stable;　(b) Unstable.
11.34 (b) It is stable.
11.36 (a) $\alpha = 35.2°$;　(b) No.
11.38 (a) $\alpha = 28.7°$;　(b) Yes.
11.40 Stable.
11.42 Unstable.
11.44 $\alpha = 0$ is unstable and $\alpha = 30°$ is stable.
11.46 $C_x = -7.78$ kN.
11.48 $8F$.
11.50 (a) $M = 800$ N-m;　(b) $\alpha/4$.
11.52 $M = 1.50$ kN-m.
11.54 $F = 5$ kN.
11.56 $M = 63$ N-m.
11.58 $\alpha = 0$ is unstable and $\alpha = 59.4°$ is stable.
11.60 Unstable.
11.62 $\alpha = 30°$.